国外著名高等院校
信息科学与技术优秀教材

程序设计方法（第2版）

[美] 马蒂亚斯·费雷森（Matthias Felleisen）罗伯特·布鲁斯·芬德勒（Robert Bruce Findler）
马修·弗拉特（Matthew Flatt）施拉姆·克里斯纳默西（Shriram Krishnamurthi） 著
朱崇恺 译

人民邮电出版社
北京

图书在版编目（CIP）数据

程序设计方法 ：第2版 / (美) 马蒂亚斯•费雷森 (Matthias Felleisen) 等著 ；朱崇恺译. -- 北京 ：人民邮电出版社，2020.10
书名原文：How to Design programs: An Introduction to Programming and Computing, Second Edition
国外著名高等院校信息科学与技术优秀教材
ISBN 978-7-115-52915-2

Ⅰ. ①程… Ⅱ. ①马… ②朱… Ⅲ. ①程序设计－高等学校－教材 Ⅳ. ①TP311.1

中国版本图书馆CIP数据核字(2019)第289565号

内 容 提 要

本书从系统设计的角度出发介绍计算以及程序设计的方法和过程。全书由 6 个部分和 5 个独立章节组成，6 个部分侧重于介绍程序设计，分别介绍从数值和图像等原子数据到区间、枚举、条目、结构体及其组合等新方法的基本概念，任意大的复合数据及其用途，用于创建和使用抽象的设计诀窍，迭代改进的思想，生成递归以及关于累积器的用法；5 个独立章节引入编程机制和计算的概念，分别介绍教学语言的语法和语义、引用和反引用、作用域和抽象、数值的本质以及计算的成本。

本书强调程序设计的计划和构建、设计诀窍、抽象和迭代改进等思想，逻辑清晰，循序渐进，示例丰富，可以指导有一定编程经验的读者系统地学习程序设计，也可作为高等院校计算机科学与技术专业程序设计导论和计算导论的教材和教学参考书。

◆ 著　　[美] 马蒂亚斯•费雷森（Matthias Felleisen）
[美] 罗伯特•布鲁斯•芬德勒（Robert Bruce Findler）
[美] 马修•弗拉特（Matthew Flatt）
[美] 施拉姆•克里斯纳默西（Shriram Krishnamurthi）
译　　朱崇恺
责任编辑　杨海玲
责任印制　王　郁　焦志炜

◆ 人民邮电出版社出版发行　北京市丰台区成寿寺路 11 号
邮编　100164　电子邮件　315@ptpress.com.cn
网址　https://www.ptpress.com.cn
北京鑫正大印刷有限公司印刷

◆ 开本：787×1092　1/16
印张：31.5
字数：809 千字　2020 年 10 月第 1 版
印数：1 – 2 000 册　2020 年 10 月北京第 1 次印刷

著作权合同登记号　图字：01-2018-3403 号

定价：99.00 元

读者服务热线：(010)81055410　印装质量热线：(010)81055316
反盗版热线：(010)81055315
广告经营许可证：京东市监广登字 20170147 号

版权声明

How to Design programs: An Introduction to Programming and Computing, Second Edition by Matthias Felleisen, Robert Bruce Findler, Matthew Flatt, and Shriram Krishnamurthi.

© 2018 Massachusetts Institute of Technology.

Simplified Chinese translation copyright © 2020 by Posts & Telecom Press.

This edition published by arrangement with MIT Press through Bardon-Chinese Media Agency. All rights reserved.

本书简体中文版由 Bardon-Chinese Media Agency 代理 MIT Press 授权人民邮电出版社独家出版发行。未经出版者书面许可，不得以任何方式复制或节录本书中的任何内容。

版权所有，侵权必究。

译 者 序

本书源自第一作者 Matthias Felleisen 所带领的实验室团队在教授大学入门编程课程时，观察到许多高中毕业生对计算机科学准备质量之差而产生的挫折感。事实上，我和本书第一作者 Matthias Felleisen 发现，那些在高中学过计算机科学的学生往往比没有学过的学生表现得糟糕。作为教育者和研究人员，我们并没有抱怨这种现象，而是因此开始与各高中合作，一起来解决这一问题。经过 20 多年，本教材获得了很大的成功，在许多国家的众多高中和大学中得到采用，我们对高中教师的推广活动也获得了 95%以上的支持率。

多年以来，我们也逐渐扩大了自己的愿景。我们的使命是将计算和编程转变为素质教育课程中不可或缺的组成部分。计算和编程所教授的技能与写论文和解决数学问题一样重要，并与之密切相关。

我们希望本书能帮助读者成为一名优秀的程序员。本书代表了一种截然不同的编程方法，这种方法强调系统设计而不是修补。换句话说，这种方法与传统方法之间的距离与东西方思维方式之间的距离一样大。

我们希望，随着本中文版的出版，本书能够影响世界上最大的语言板块，实际上也是程序员数量增长最快的人口群体。

前　言

许多职业在工作中都需要进行某种形式的计算机编程。会计师使用电子表格程序编程，音乐家使用音响合成器编程，作家使用文字处理程序编程，网页设计师使用样式表编程。当我们为本书的第 1 版（1995—2000）写下这些话时，读者可能会认为它们是在描述未来。到目前为止，编程已成为一项必需的技能，这方面的众多书籍、在线课程、中小学课程都以提高人们的就业前景为目标。

典型的编程课程教授“修补程序直到它能工作”这一方法。当这一方法起作用时，学生会惊呼“成功！”然后继续前进。可悲的是，“成功”是计算方面最短的谎言，而且它导致很多人浪费了很多宝贵的时间。与此不同，本书侧重于*良好编程*的习惯，同时针对专业程序员和职业程序员。

“良好编程”指的是创建软件的方法，软件从一开始就在每个阶段和每一步都依赖系统的思考、规划和理解。为了强调这一点，我们会讨论*系统的程序设计*（program design）和*系统地设计的程序*（designed program）。至关重要的是，后者必须阐明期望功能的原理。良好编程还能满足审美的成就感，好程序的优雅可以与久经考验的诗歌或久远时代的黑白照片相媲美。简而言之，编程不同于良好编程，就好比小餐馆中的蜡笔素描不同于博物馆中的油画。

不，本书不会让任何人成为艺术大师。但是，如果不是确信

任何人都可以设计程序。

以及

每个人都可以体验到创意设计带来的满足感。

我们绝不会花 15 年时间编写本书的这一版。

实际上，我们更进一步地认为：

*程序设计——***而不是编程***——在人文教育中的地位应该与数学和语言技能一样重要。*

学过设计但以后再也不接触编程的学生仍将获得普遍有用的解决问题的技能，体验深刻的创造性活动，并学会欣赏新的审美形式。本前言的其余部分会详细解释这里的“系统的设计”的意义，何人以何种方式受益，以及我们如何进行教学。

系统的程序设计

程序会和人（也称为*用户*）及其他程序（如我们所说的*服务器*和*客户端组件*）交互。因此，任何合理、完整的程序都包含许多构建块：一些处理输入，一些创建输出，而另一些则连接这两者。我们选择使用函数作为基本的构建块，因为每个人在中学代数中都遇到过函数，并且最简单的程序就是这样的函数。关键是要发现需要哪些函数，如何连接它们，以及如何用基本要素构建它们。

在这种背景下，“系统的程序设计”指的是两个概念的混合：设计诀窍（design recipe）和迭代改

进（iterative refinement）。[①]设计诀窍是本书作者的原创，而它们令我们可以使用迭代改进。

设计诀窍对完整程序和单个函数都适用。本书仅涉及两种关于完整程序的诀窍：一种用于带图形用户界面（GUI）的程序，另一种用于批处理程序。相比之下，关于单个函数的设计诀窍有很多不同的风格：关于原子形式数据的（如数值），关于不同类型数据的枚举的，关于以固定方式组合成其他数据的数据的，关于有限但任意大的数据的，等等。

函数级别的设计诀窍共享相同的**设计过程**，图 0-1 展示了其 6 个基本步骤。每个步骤的标题指明该步骤的预期结果，具体的“命令”则表明所需的关键操作。示例几乎在每个阶段都发挥了核心作用。[②]对于第 1 步中选择的数据，写下示例证明如何将现实世界的信息编码为数据，以及如何将数据解释为信息。第 3 步说明，问题解决者必须通过具体场景来理解所需函数对于特定示例所需计算的内容。在定义函数时，第 5 步又利用了这种理解。最后，第 6 步要求将示例转换为自动化的测试代码，以确保该函数在某些情况下能正常工作。对于真实世界的数据，运行该函数可能还会揭示期望和结果之间的其他差异。

1. 从问题分析到数据定义

   确定必须要表示的信息，以及如何使用选择的编程语言表示信息。编写数据定义，并用示例说明之。
2. 签名、目的声明、头部

   声明所需函数输入和输出的数据类型。为函数计算什么编写简明的答案。定义符合签名的桩（stub）。
3. 函数示例

   通过示例说明函数的用途。
4. 函数模板

   将数据定义翻译为函数的提纲。
5. 函数定义

   填写函数模板中的空白。需要用到目的声明和示例。
6. 测试

   将示例表示为测试，并确保函数通过所有测试。这样就可以发现错误。测试还是示例的补充，它们可以帮助其他人在需要时阅读和理解定义，对于重要的程序，这种需求就会出现。

图 0-1 函数设计诀窍的基本步骤

设计过程的每一步都有明确的问题需要回答。对于某些步骤（如函数示例或模板的创建），问题可能是关于数据定义的。[③]相应的答案几乎自动创建了所需的中间结果。搭建提纲的作用体现在最需要创造性的步骤——完成函数定义时，即便在这一步骤，也可以几乎在所有情况下获得帮助。

这种方法的新颖之处在于，为初级程序创建了中间产品。当新手遇到问题被卡住时，专家或讲师可以检查现有的中间产品。这样的检查可能会使用设计过程中的一般性问题，从而促使新手自行纠正。这种自主赋权过程正是编程和程序设计之间的本质区别。

迭代改进可以解决复杂而多面的问题。一下子正确完成所有事情几乎是不可能的，取而代之的是，计算机科学家借用物理科学的迭代改进来解决这种设计问题。本质上，迭代改进建议首先剥离所有不必要的细节，并找到剩余核心问题的解决方案。每个改进步骤添加回其中一个被省略的细节，同时尽可能使用现有解决方案重新解决扩展后的问题。这些改进步骤的重复（也

① 我们的灵感来自 Michael Jackson 创建 COBOL 程序的方法、与 Daniel Friedman 关于递归的对话、与 Robert Harper 关于类型理论的对话以及与 Daniel Jackson 关于软件设计的对话。

② 指导老师：让学生在索引卡的一面复制图 0-1。当学生遇到问题被卡住时，请他们出示卡片，然后指出他们被卡住的步骤。

③ 指导老师：最重要的问题是第 4 步和第 5 步的问题。要求学生在索引卡的背面用自己的语言写下这些问题。

称为迭代）最终通向完整的解决方案。

从这个意义上说，程序员就是小科学家。科学家为某些理想化版本的世界创建近似模型，以对其进行预测。只要模型的预测成真，一切就都好；当预测事件与实际事件不同时，科学家们会修改他们的模型以减少差异。类似地，当程序员被赋予任务时，他们创建第一个设计，将其转换为代码，让实际用户进行评估，并迭代地改进设计，直到程序的行为与所需产品紧密匹配。

本书以两种不同的方式介绍迭代改进。既然即使在程序设计变得复杂时，通过改进后设计也可以变得有用，那么一旦问题达到一定的难度，本书就在第四部分中明确地介绍该技术。此外，在介绍本书前三部分的过程中，我们使用迭代改进来陈述同一问题日益复杂的各种变体。也就是说，我们选择一个核心问题，在某一章中处理它，然后在随后的章中提出类似的问题，其中带有与新引入的概念相匹配的细节。

DrRacket 和教学语言

学习程序设计需要反复地实操练习。正如没有人能在不弹钢琴的情况下成为钢琴演奏者一样，没有人能在没有创建实际程序并使之正常工作的情况下成为程序设计师。因此，本书提供了一些软件支持：一种用于编写程序的语言以及一种*程序开发环境*，用于编辑程序（如同 Word 文档）和运行程序。

我们遇到的很多人告诉我们，他们希望自己知道如何编码，然后询问他们应该学习*哪种编程语言*。考虑到各种关于编程语言的传闻，这个问题并不令人惊讶，但这个问题完全不适合。[①]使用当前流行的编程语言学习编程通常会导致学生的最终失败。当今世界上，时尚极其短暂。典型的“X 语言快速编程”书或课程所教授的原则无法转移到下一种时尚语言上。更糟糕的是，在表达解决方案和处理编程错误的层面上，语言本身往往会分散对可转移技能的获取。

相比之下，学习设计程序的关键是关于原则的研究和可转移技能的获取。理想的编程语言必须支持这两个目标，但没有现成的工业语言能做到。关键问题是，初学者在基本了解语言之前就会犯错误，但编程语言总是会假设程序员已经了解语言的全部，然后诊断出这些错误。因此，诊断报告通常会使初学者陷入困境。

我们的解决方案是从自己量身定制的教学语言（称为“初级语言”，即 BSL）开始。该语言本质上是学生在中学代数课程中所学的“外语”。它包括函数定义、函数调用和条件表达式的表示法。此外，表达式可以是嵌套的。[②]因此，这种语言非常简单，以便于只了解中学代数的读者也可以使用完整语言进行错误诊断。

当学生掌握了结构设计的原则之后，就可以转到“中级语言”或其他高级方言（统称为教学语言，即*SL）。本书使用这些方言来教授抽象和一般递归的设计原则。我们坚信，使用这样一系列的教学语言，可以为读者使用各种专业编程语言（JavaScript、Python、Ruby、Java 等）创建程序做好准备。

注意 教学语言是在 Racket 中实现的，Racket 是我们为构建编程语言而构建的编程语言。Racket 已经逃离实验室，来到现实世界，成为多种场景下的编程工具，从游戏到望远镜阵列的控制。虽然教学语言借用了 Racket 语言中的元素，但本书**并不**教授 Racket。当然，完成了本书学习的学生可以轻松地转到 Racket。

---

① 指导老师：对于不是针对初学者的课程，可以配合现成的语言使用设计诀窍。

② 指导老师：可以将初级语言解释为中学代数外加其他形式的数据及其上大量的预定义函数。

在编程环境方面，我们面临着与语言一样糟糕的选择。专业人士用的编程环境类似于大型喷气式飞机的驾驶舱。它拥有众多控件和显示器，能压倒任何首次启动此类软件应用程序的人。新手程序员需要的相当于双座单引擎螺旋桨飞机，他们可以用它来练习基本技能。因此，我们创建了 DrRacket，一种面向初学者的编程环境。

DrRacket 只用两个简单的交互式区域支持非常有趣、反馈导向的学习，包含函数定义的定义区，以及允许程序员要求表达式求值（可能引用定义的）的交互区。在这种情况下，可以像在电子表格应用程序中一样轻松地探索各种“假设”场景。第一次接触时就可以使用传统的计算器式示例开始实验，并快速进入使用图像、文字和其他形式的数据进行计算。

像 DrRacket 这样的交互式程序开发环境以两种方式简化了学习过程。首先，它使新手程序员能直接操作数据。由于不需要用于从文件或设备读取输入信息的设施，因此新手不需要花费宝贵的时间来弄清楚这些东西的工作方式。其次，这种安排严格地将数据和数据操作与来自“现实世界”的输入和输出信息分离开来。如今，这种分离被认为对于软件的系统设计如此基础，以至于它还有自己的名称：*模型-视图-控制器架构*。通过在 DrRacket 工作，新程序员从一开始就以自然的方式接触这种基本的软件工程理念。

转移的技能

学习程序设计所获得的技能系统地向两个方向转移。当然，这些技能总体上适用于编程，包括对电子表格、合成器、样式表甚至文字处理器的编程。我们的观察表明，图 0-1 中的设计过程几乎可以用于任何编程语言，适用于 10 行长的程序，也适用于 10 000 行的程序。在整个语言范围和编程问题规模上采用此设计过程则需要一些反思，但是一旦这个过程成为第二天性，其使用会在很多方面得到回报。

学习程序设计还意味着获得两种普遍有用的技能。程序设计当然会教授与数学尤其是（中学）代数和几何相同的分析技能。但是，与数学不同的是，使用程序是一种主动的学习方法。创建软件可提供即时反馈，以便进行探索、实验和自我评估，其结果往往是互动产品，与教科书中的练习相比，这种方法大大提升了成就感。

除了提高学生的数学技能，程序设计还教分析性阅读和写作技巧。即使最简单的设计任务也由文字表达。如果没有扎实的阅读和理解能力，就不可能设计出能够解决有一定复杂性问题的程序。反过来，程序设计方法迫使创作者用恰当和精确的语言表达自己的思想。事实上，如果学生真正掌握了设计诀窍，这些诀窍就会比其他任何事情更能提高他们的阐述技巧。

为了说明这一点，再看一下图 0-1 中的过程描述，其表明设计师必须：

（1）分析问题陈述，通常以文字表达；

（2）抽象地提炼并表达其本质；

（3）用示例说明其本质；

（4）根据此分析制定大纲和计划；

（5）评估有关预期产出的结果；

（6）依据检查和测试失败修改产品。

每个步骤都需要分析、精准、描述、聚焦以及对细节的关注。任何经验丰富的企业家、工程师、记者、律师、科学家或任何其他专业人士都可以解释这些技能中有多少对于他们的日常工作是必需的。练习程序设计（在纸上以及在 DrRacket 中）是获得这些技能的快乐方式。

同样，改进设计不仅限于计算机科学和程序创建。建筑师、作曲家、作家和其他专业人士也这样做。他们从头脑中的想法开始，并以某种方式表达其本质。他们在纸上改进这些想法，直到他们的产品尽可能地反映他们的心理形象。当将自己的想法带到纸上时，他们所采取的技巧类似于完全掌握后的设计诀窍：绘画、书写或钢琴演奏，从而表达建筑物的某些风格元素、描述人的性格或者制定旋律的某些部分。迭代开发过程富有成效的原因是，他们已经掌握了基本的设计方法，并学会了如何选择用于当前情况的诀窍。

本书及各个部分

本书的目的是向没有以往经验的读者介绍程序的*系统设计*。同时，我们也介绍了*计算的符号视图*，解释程序应用到数据如何工作的方法。粗略地说，这种方法概括了学生在小学算术和中学代数中学到的东西。但不要害怕。DrRacket 自带机制（代数步进器）可以说明这种计算的步骤。

这本书由 6 个部分组成，每个部分之间共穿插 5 个独立章节，并由开篇开始、尾声结束。主要部分侧重于程序设计，而独立章节引入了有关编程机制和计算的补充概念。

- 开篇“如何编程”是对简单编程的快速介绍。它解释了如何在教学语言中编写简单的动画。一旦完成，任何初学者都必然同时会感到权力和压力。因此，最后的注释解释了为什么简单编程是错误的，以及系统的、渐进的程序设计方法如何消除每个初级程序员通常经历的恐惧感。这为全书设定了基础。
- 第一部分“固定大小的数据”使用简单的示例解释了系统设计最基本的概念。其中心思想是，设计人员通常会大致了解程序应该使用和生成的数据。因此，系统的设计方法必须从流入和流出程序的数据描述中提取尽可能多的提示。为简单起见，这部分从原子数据——数值、图像等开始，然后逐渐引入描述数据的新方法：区间、枚举、条目、结构体以及它们的组合。
- 独立章节 1“初级语言”详细描述了教学语言：词汇、文法及其含义。计算机科学家将这些称为语法和语义。程序设计人员使用这种计算模型来预测他们创建的程序在运行时计算的内容或分析错误诊断。
- 第二部分“任意大的数据”扩展了第一部分，可以用来描述最有趣和最有用的数据形式：任意大的复合数据。虽然程序员可以嵌套第一部分中的各种数据来表示信息，但嵌套总是具有固定的深度和广度。这一部分展示了一种微妙的泛化是如何使我们获得任意大小的数据的。接下来的重点转向系统地设计处理此类数据的程序。
- 独立章节 2“Quote 和 Unquote”为记下大量数据引入了简洁而强大的表示法：引用和反引用。
- 第三部分“抽象”承认第二部分中许多函数看起来都很相似。编程语言不应该强制程序员创建彼此非常相似的代码片段。相反，任何优秀的编程语言都提供了消除这种相似性的方法。计算机科学家将消除相似性的步骤及其结果称为抽象，他们知道抽象大大提高了程序员的生产效率。因此，本部分介绍用于创建和使用抽象的设计诀窍。
- 独立章节 3“作用域和抽象”起两个作用。一方面，它介绍*词法作用域*这一概念，即编程语言将每个出现的名称与程序员可以通过检查代码找到的定义联系起来。另一方面，它解释一个带有额外抽象机制的库，其中包括所谓的 for *循环*。
- 第四部分“交织的数据”概括了第二部分，并明确地在设计概念中引入迭代改进的思想。
- 独立章节 4“数值的本质”解释并说明了为什么十进制数在所有编程语言中以如此奇怪的方式工作。新秀程序员应该了解这些基本事实。

- 第五部分“生成递归”增加了一个新的设计原则。虽然结构设计和抽象足以包含程序员遇到的大多数问题，但它们偶尔会导致程序“性能”不够。也就是说，从结构上设计的程序可能需要太多的时间或能量来计算所需的答案。因此，计算机科学家用理解问题领域特定洞察力的程序来替换从结构上设计的程序。这部分恰好展示了如何设计一大类这样的程序。
- 独立章节 5“计算的成本”使用第五部分“生成递归”中的示例来说明计算机科学家如何思考性能。
- 第六部分“知识的累积”给设计者的工具箱增加最后一个技巧：累积器。粗略地说，累积器给函数添加了“记忆”。记忆的添加极大地提高了本书前四部分从结构上设计的函数的性能。对于第五部分中的特定程序，累积器可以带来能找到和找不到答案的区别。
- 尾声“继续前进”既是对过去的评估，又是对下一步的展望。

独立读者应该完成整本书，从第一页到最后一页。我们说“完成”是因为真的表示读者应该完成所有的习题，或者至少知道如何解答习题。

同样，教师也应该尽可能多地涵盖从开篇一直到尾声的元素。我们的教学经验表明这是可行的。通常，我们这样组织课程，以便读者能在一学期的课程上创建一个相当大的娱乐性程序。当然，我们也理解，某些情况下需要大幅削减内容，而某些教师的喜好导致要求使用本书的方式略有不同。

如果希望从书中挑选内容，图 0-2 是提供依赖关系的导航图。从一章到另一章的实线箭头表示强制顺序，例如，第二部分需要对第一部分的理解。对比而言，虚线箭头主要是建议，例如，理解开篇对于完成本书的其余部分不是必需的。

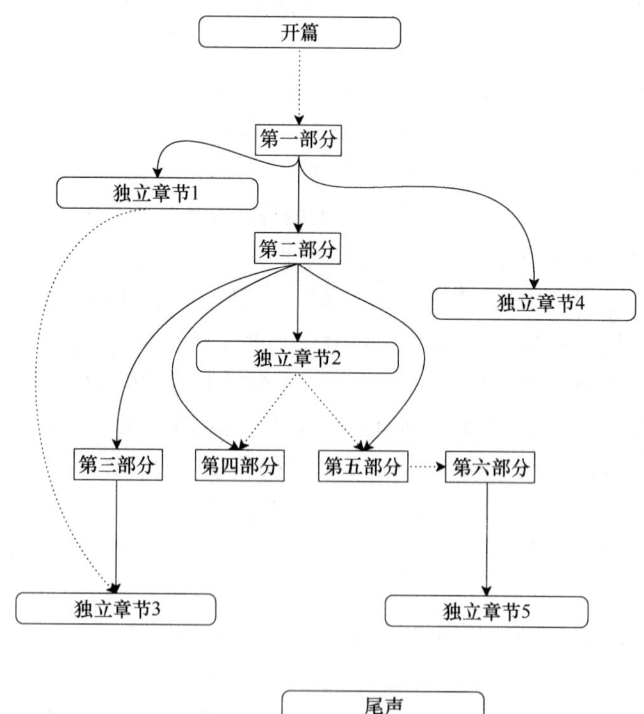

图 0-2 各部分和独立章节之间的依赖关系

根据图 0-2，下面提供 3 条阅读本书的可行路径。

- 高中教师可能想要（尽可能多地）涵盖第一部分和第二部分，其中包括一个小项目，如游戏。

- 季度制（每年 4 学期）系统中的大学讲师可能希望专注于第一部分、第二部分、第三部分和第五部分，外加独立章节 1 和独立章节 3。
- 学期制的大学讲师可能更希望尽早讨论设计中的性能权衡。在这种情况下，最好先完成第一部分和第二部分，然后讨论第六部分中不依赖第五部分的累积器材料。接下来可以讨论独立章节 5，并从这个角度继续研究本书的其余部分。

示例主题的反复出现 本书一次又一次地在某些习题和示例中讨论同一个主题。例如，虚拟宠物不断在第一部分中出现，甚至还出现在第二部分中。同样，这两个部分中不断地讨论实现交互式文本编辑器的各种可供选择的方法。第五部分中出现了图形，并立即再次出现在第六部分中。这种反复出现的目的是推进迭代改进。我们竭力推荐教师布置这些主题化的系列作业，或者创建自己的系列。

与第 1 版的区别

本版与第 1 版在以下几个主要方面有明显的不同。

（1）第 2 版明确承认设计整个程序与构成程序的函数之间的区别。具体来说，此版本侧重于两种程序：事件驱动（主要是 GUI，但也包括网络）程序和批处理程序。

（2）程序设计分为自上而下的计划阶段，以及自下而上的构建阶段。我们明确地展示了库的接口如何决定某些程序元素的形状。特别地，程序设计的第一阶段产生了函数的愿望清单。虽然第 1 版中存在愿望清单的概念，但第 2 版将其视为明确的设计元素。

（3）完成愿望清单中的条目取决于函数的设计诀窍，而这是 6 个主要部分的主题。

（4）结构设计的关键要素之一是定义组成其他函数的函数。这种组合式设计对批处理程序来说尤其有用。就像生成递归一样[①]，它需要*尤里卡时刻*，特别是认识到一个函数创建中间数据，然后另一个函数处理这个中间结果简化了整体的设计。这种方法也需要愿望清单，但制定这种愿望需要有洞察地开发中间数据定义。这一版编写了许多明确的关于组合式设计的习题。

（5）虽然测试一直是我们设计理念的一部分，但教学语言和 DrRacket 直到 2002 年我们发布第 1 版之后才开始真正支持它。本新版很大程度上依赖这种测试支持。

（6）这一版本放弃了命令式程序的设计。旧的章节仍可在线获取。本系列的第二卷书 *How to Design Components* 将对这些材料进行改编。

（7）本书的示例和习题采用了新的教学包。要链接这些库，推荐的样式是适用 `require`，但仍然可以通过 DrRacket 中的菜单来添加教学包。

（8）最后，第 2 版与第 1 版使用了不同的术语和表示法：

第 2 版	第 1 版
签名（signature）	合约（contract）
条目（itemization）	联合体（union）
`'()`	`empty`
`#true`	`true`
`#false`	`false`

最后这 3 个差异极大地方便了链表的引用。

① 感谢 Kathi Fisler 提醒我们注意这一点。

第 1 版的致谢

本书特别感谢以下 4 个人：Robert “Corky” Cartwright，他与本书的第一作者合作开发了莱斯大学入门性课程的前身；Daniel P. Friedman，他在 1984 年要求本书的第一作者重写了 *The Little LISPer*（也由麻省理工学院出版社出版），而这是本书写作计划的开始；John Clements，他负责设计、实施和维护 DrRacket 的步进器；还有 Paul Steckler，他忠实地支持我们，帮助我们开发所需的编程工具组件。

有许多友人和同事帮助我们开发这本教材，他们在自己的课堂上使用本教材，并且/或者对本书的初稿给出具体的评论。我们对他们的帮助和耐心表示感谢，这些人包括 Ian Barland、John Clements、Bruce Duba、Mike Ernst、Kathi Fisler、Daniel P. Friedman、John Greiner、Géraldine Morin、John Stone 和 Valdemar Tamez。

在莱斯大学，本书初稿在课程 Comp 210 上使用了 12 次，学生们以不同方式提出了许多改进意见。众多 TeachScheme! 研讨会的参加者在他们的课堂上使用了本书的初稿，他们中的许多人提交了评论和建议。作为其中的代表，这里列出一些作出过积极贡献的人，他们是：Barbara Adler 女士、Stephen Bloch 博士、Karen Buras 女士、Jack Clay 先生、Richard Clemens 博士、Kyle Gillette 先生、Marvin Hernandez 先生、Michael Hunt 先生、Karen North 女士、Jamie Raymond 先生和 Robert Reid 先生。Christopher Felleisen 和他的父亲耐心地参与了本书前几部分的工作，让我们直接了解到年轻学生的观点。Hrvoje Blazevic（当时在 LPG/C 船哈丽雅特号上航行的大师）、Joe Zachary（犹他大学）和 Daniel P. Friedman（印第安纳大学）发现了第 1 版中的许多录入错误，我们现在都已修订。感谢你们中的每一位。

最后，Matthias 在这里表达他对 Helga 的感激，感谢她多年以来的耐心，感谢她为一个心不在焉的丈夫和父亲建立了一个家庭。Robby 要感谢黄清薇的支持和鼓励，没有她，他不可能完成任何事。Matthew 感谢袁文对他恒久的支持和不朽的音乐。Shriram 感激 Kathi Fisler 的支持、耐心和所说的双关语，同时对她参与本书部分工作表示感谢。

致谢

与 2001 年一样，我们感谢 John Clements 设计、验证、实施和维护 DrRacket 中的代数步进器。他已经做了近 20 年了，步进器已经成为解释和指导不可或缺的工具。

在过去几年中，一些同事对本书的各种草稿进行了评论并提出了改进意见。我们非常感谢与下面这些人进行的各种深思熟虑的对话和交流：Kathi Fisler（伍斯特理工学院、布朗大学）、Gregor Kiczales（不列颠哥伦比亚大学）、Prabhakar Ragde（滑铁卢大学）和 Norman Ramsey（塔夫茨大学）。

多年来，成千上万的教师参加了我们的各种研讨会，许多人提供了宝贵的反馈，Dan Anderson、Stephen Bloch、Jack Clay、Nadeem Abdul Hamid 和 Viera Proulx 脱颖而出，我们希望指出他们在本版本的编写中发挥的作用。

Guillaume Marceau 与 Kathi Fisler 和 Shriram 合作，花了很多时间研究和改进 DrRacket 中的错误信息。我们感谢他的出色工作。

Celeste Hollenbeck 是有史以来最令人惊叹的读者。在理解语句之前，她从不厌倦，直到每个章节支持其主题，其组织方式与之匹配，并且其中各句相关时，她才停止。非常感谢你难以置信的努力。

我们还要感谢以下人对第 2 版草稿的评论：Saad Bashir、Steven Belknap、Stephen Bloch、Joseph Bogart Tomas Cabrera、Estevo Castro、Stephen Chang、Jack Clay、Richard Cleis、John Clements、Mark Engelberg、Christopher Felleisen、Sebastian Felleisen、Vladimir Gajić、Adrian German、Ryan Golbeck、Jane Griscti、Alberto E. F. Guerrero、Nadeem Abdul Hamid、Wayne Iba、Jordan Johnson、Marc Kaufmann、Gregor Kiczales、Eugene Kohlbecker、Jackson Lawler、Ben Lerner、Elena Machkasova、Jay Martin、Jay McCarthy、Ann E. Moskol、Paul Ojanen、Klaus Ostermann、Alanna Pasco、S. Pehlivanoglu、David Porter、Norman Ramsey、Ilnar Salimzianov、Brian Schack、Tubo Shi、Stephen Siegel、Kartik Singhal、Marc Smith、Dave Smylie、Vincent St-Amour、Éric Tanter、Sam Tobin-Hochstadt、Manuel del Valle、David Van Horn、Mitch Wand、Roelof Wobben 和 Andrew Zipperer。

Matthew Butterick 为我们的在线文档创建了样式。

最后，我们感谢麻省理工学院出版社（MIT Press）的编辑 Ada Brunstein 和 Marie Lufkin Lee，他们允许我们在网上开发这本《程序设计方法（第 2 版）》。我们还要感谢麻省理工学院的 Christine Bridget Savage 和威彻斯特出版服务公司的 John Hoey 管理最终的制作过程。John Donohue、Jennifer Robertson 和 Mark Woodworth 在书稿的编辑加工方面做得非常出色。

资源与支持

本书由异步社区出品，社区（https://www.epubit.com/）为您提供相关资源和后续服务。

配套资源

本书提供免费的源代码下载。要获得以上配套资源，请在异步社区本书页面中点击配套资源，跳转到下载界面，按提示进行操作即可。注意：为保证购书读者的权益，该操作会给出相关提示，要求输入提取码进行验证。

提交勘误

作者和编辑尽最大努力来确保书中内容的准确性，但难免会存在疏漏。欢迎您将发现的问题反馈给我们，帮助我们提升图书的质量。

当您发现错误时，请登录异步社区，按书名搜索，进入本书页面，点击“提交勘误”，输入勘误信息，点击“提交”按钮即可。本书的作者和编辑会对您提交的勘误进行审核，确认并接受后，您将获赠异步社区的 100 积分。积分可用于在异步社区兑换优惠券、样书或奖品。

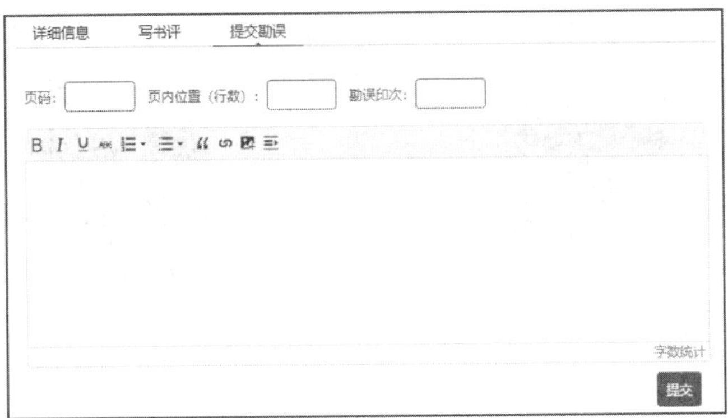

扫码关注本书

扫描下方二维码，您将会在异步社区微信服务号中看到本书信息及相关的服务提示。

与我们联系

我们的联系邮箱是 contact@epubit.com.cn。

如果您对本书有任何疑问或建议，请您发邮件给我们，并请在邮件标题中注明本书书名，以便我们更高效地做出反馈。

如果您有兴趣出版图书、录制教学视频，或者参与图书翻译、技术审校等工作，可以发邮件给我们；有意出版图书的作者也可以到异步社区在线投稿（直接访问 www.epubit.com/selfpublish/submission 即可）。

如果您来自学校、培训机构或企业，想批量购买本书或异步社区出版的其他图书，也可以发邮件给我们。

如果您在网上发现有针对异步社区出品图书的各种形式的盗版行为，包括对图书全部或部分内容的非授权传播，请您将怀疑有侵权行为的链接发邮件给我们。您的这一举动是对作者权益的保护，也是我们持续为您提供有价值的内容的动力之源。

关于异步社区和异步图书

“异步社区”是人民邮电出版社旗下 IT 专业图书社区，致力于出版精品 IT 技术图书和相关学习产品，为作译者提供优质出版服务。异步社区创办于 2015 年 8 月，提供大量精品 IT 技术图书和电子书，以及高品质技术文章和视频课程。更多详情请访问异步社区官网 https://www.epubit.com。

“异步图书”是由异步社区编辑团队策划出版的精品 IT 专业图书的品牌，依托于人民邮电出版社近 30 年的计算机图书出版积累和专业编辑团队，相关图书在封面上印有异步图书的 LOGO。异步图书的出版领域包括软件开发、大数据、AI、测试、前端、网络技术等。

异步社区

微信服务号

目　录

第二部分 任意大的数据

第三部分 抽象

第四部分 交织的数据

第五部分　生成递归

第六部分　知识的累积

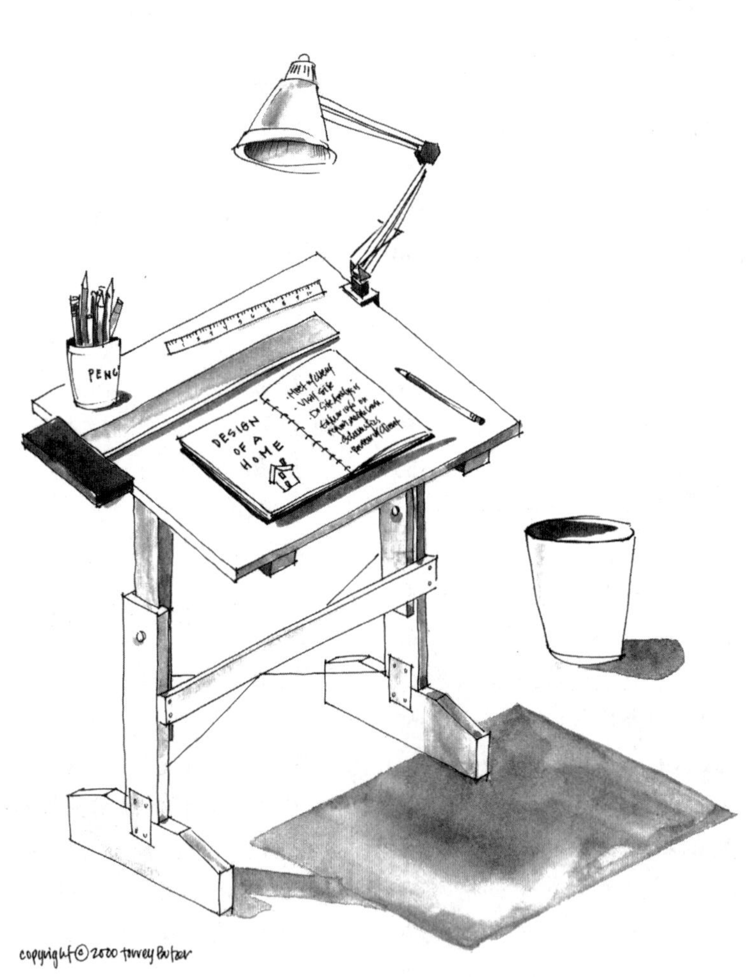
PENC
DESIGN OF A HOME
copyright © 2020 Torrey Butzer

开篇：如何编程

当你还是一个孩子的时候，父母会教你用手指计数并进行简单的计算："1 + 1 等于 2"，"1 + 2 等于 3"，等等。然后他们会问"3 + 2 等于多少？"然后你会数完一只手的手指。父母进行了编程，而你做了计算。在某种意义上，这就是编程和计算的全部内容。

现在是时候切换角色了。启动 DrRacket①。这样做会打开图 00-1 所示的窗口。从"语言"菜单中选择"选择语言"，就会打开一个对话框，其中列出本书的"教学语言"。选择"初级"（英文为 BSL）并单击"确定"以设置 DrRacket。完成此任务后，你就可以编程了，DrRacket 软件将成为孩子。从最简单的所有计算开始。在 DrRacket 上方输入

```
(+ 1 1)
```

单击"运行"按钮，下方就会出现 2。

图 00-1　初遇 DrRacket

编程就是这么简单。你来提问题，DrRacket 就好比是孩子，会为你进行计算。你还可以要求 DrRacket 一次处理多个请求：

```
(+ 2 2)
(* 3 3)
(- 4 2)
(/ 6 2)
```

单击"运行"按钮后，会在 DrRacket 的下半部分看到 4 9 2 3，也就是预期的结果。

让我们放慢脚步，介绍一些术语。

- DrRacket 的上半部分称为定义区。在此区域中可以创建程序，这被称为编辑。只要在定义区中添加了词或更改了任何内容，左上角就会显示"保存"按钮。当第一次单击"保存"时，DrRacket 会询问文件的名称，以便它可以保存程序。将定义区与某文件相关联后，单击"保存"可确保定义区的内容安全地存储于该文件中。

① 从 DrRacket 网站下载 DrRacket。从"帮助/Help"菜单中选择"使用简体中文作为 DrRacket 界面语言"。

- 程序由表达式组成。大家已经看到过数学中的表达式。现在，表达式要么是一个普通的数值，要么是以左括号“(”开头并以匹配的右括号“)”结尾的东西——DrRacket 会通过对这对括号之间的区域进行着色来显示之。
- 单击“运行”按钮时，DrRacket 将对定义区中的表达式进行计算（或称求值），并在交互区中显示其结果。接下来，忠实的仆人 DrRacket 会在提示符（>）处等待命令。提示符的出现表明 DrRacket 正在等待你输入其他表达式，然后它会像在定义区中那样进行计算：

  ```
  > (+ 1 1)
  2
  ```

  在提示符下输入表达式，点击键盘上的“return”或“enter”键（回车键），观察 DrRacket 如何响应结果。可以多次这样做：

  ```
  > (+ 2 2)
  4
  > (* 3 3)
  9
  > (- 4 2)
  2
  > (/ 6 2)
  3
  > (sqr 3)
  9
  > (expt 2 3)
  8
  > (sin 0)
  0
  > (cos pi)
  #i-1.0
  ```

仔细看看上面的最后一个数。其中的前缀“#i”表示*非精确数*（inexact number），意思是“我不知道精确的数值，所以先拿这个用吧”。与计算器或其他编程系统不同，DrRacket 是诚实的。当它不知道确切的数值时，它会用这个特殊的前缀警告你。稍后，我们将展示关于“计算机数值”的非常奇怪的事实，然后你就会由衷地感谢 DrRacket 能发出此类警告。

到这里，读者可能想知道，DrRacket 是否可以一次加两个以上的数值，回答是：是的，可以！事实上，可以通过两种不同的方式实现：

```
> (+ 2 (+ 3 4))
9
> (+ 2 3 4)
9
```

前者是*嵌套算术*（nested arithmetic），正如在学校所学的那样。后者是*初级语言算术*（BSL arithmetic），这么做很自然，因为在这种表示法中，总是使用括号将运算和数值组合在一起。

在初级语言中①，每当需要使用“计算器运算”时，要写下左括号、想要执行的运算（如+）、被运算的数值（用空格或换行符分隔），最后是右括号。运算后面的项称为*运算数*（operand）。嵌套算术意味着表达式可以用作运算数，所以

```
> (+ 2 (+ 3 4))
9
```

是正确的程序。可以根据需要反复这样运算：

① 尽管编辑器名为 DrRacket，但本书不教 Racket。关于开发自己的语言这一抉择的详细信息，参见前言，特别是“DrRacket 和教学语言”那一节。

```
> (+ 2 (+ (* 3 3) 4))
15
> (+ 2 (+ (* 3 (/ 12 4)) 4))
15
> (+ (* 5 5) (+ (* 3 (/ 12 4)) 4))
38
```

只要有耐心，嵌套层数没有限制。

当然，当 DrRacket 计算时，它会使用大家熟悉并喜欢的数学规则。和人一样，它只有在所有运算数都是普通数值时才能确定加法的结果。如果运算数是带括号的运算符表达式（以“(”和运算开头的东西），它会首先确定该嵌套表达式的结果。与人不同的是，它从不需要考虑首先计算哪个表达式，因为这第一个规则就是唯一的规则。

DrRacket 此项便利的代价是，括号是有意义的。必须输入所有完整的括号，不能输入多余的括号。例如，虽然数学老师可以接受额外的括号，但初级语言不接受。表达式`(+ (1) (2))`包含了太多的括号，DrRacket 会明确告知：

```
> (+ (1) (2))
function call:expected a function after the open parenthesis, found a number
```

但是，一旦习惯了初级语言编程，就会发现这根本不是问题。首先，如果条件合适，就可以同时对几个运算数进行运算：

```
> (+ 1 2 3 4 5 6 7 8 9 0)
45
> (* 1 2 3 4 5 6 7 8 9 0)
0
```

对于多个运算数，如果不知道某个运算作用于哪些运算数，可以在交互区输入示例然后按回车键，DrRacket 会告知它是否成立，又是如何运作的。或者使用“帮助台”阅读文档[①]。其次，当阅读其他人编写的程序时，永远不必琢磨首先计算哪些表达式，括号和嵌套会立即说明这一点。

在这种意义下，编程就是写下可理解的算术表达式，而计算则是确定它们的值。使用 DrRacket，很容易探索这种编程和计算。

算术

如果编程只是关于数值和算术，那它就会像数学一样无聊[②]。幸运的是，编程不止于数值，还有文本、真值、图像等多得多的东西。

需要知道的第一件事是，在初级语言中，文本是用双引号（"）括起来的任何键盘字符的序列，我们称之为字符串。因此，`"hello world"`是一个完美的字符串，当 DrRacket 计算这个字符串时，只会在交互区回显它，就像数值一样：

```
> "hello world"
"hello world"
```

实际上，很多人的第一个程序就是正确显示这个字符串的程序。

此外，需要知道除了数值算术，DrRacket 还支持字符串算术。下面是说明这种算术形式的两个交互：

① 读者可能已经注意到，在线文本中的运算名称直接链接到帮助台中的文档。中文版文档可在互联网上搜索关键字“HtDP 语言与教学包文档中文翻译”找到。

② 开个玩笑而已：数学是一门引人入胜的课程，但现在不需要太多数学。

```
> (string-append "hello" "world")
"helloworld"
> (string-append "hello " "world")
"hello world"
```

像+一样，string-append 也是一个运算，它通过将第二个字符串添加到第一个字符串的末尾来创建新字符串。正如第一个交互所展示的，这在字面上完成，不会在两个字符串之间添加任何内容：没有空格，也没有逗号等任何东西。因此，如果想看到短语"hello world"，真的需要在其中一个字符串的某个地方添加一个空格，这就是第二个互动所展示的。当然，用两个单词创建这个短语，最自然的方式是输入

```
(string-append "hello" " " "world")
```

因为 string-append 和+一样，可以处理多个期望数量的运算数。

可以对字符串执行更多的运算，而不仅是追加字符串。可以从字符串中提取出片段、反转字符串、将所有字母呈现为大写（或小写）、去除左侧和右侧的空白，等等。最重要的是，不必记住其中任何一个。如果需要知道如何处理字符串，只需在帮助台[①]（HelpDesk）中查找相关的术语。

如果查询初级语言的基本运算，会看到*基本*（primitive）（有时也称为*预定义*（pre-defined）或*内置*（built-in））运算还可以读入字符串并生成数值：

```
> (+ (string-length "hello world") 20)
31
> (number->string 42)
"42"
```

还有一个运算将字符串转换为数值：

```
> (string->number "42")
42
```

如果想要得到“forty-two”或某些聪明的返回值，抱歉，这不是你想的那种字符串计算器。

不过，最后这个表达式提出了一个问题。如果有人用的不是包含在字符串引号中的数值字符串使用 string->number，该怎么办？在这种情况下，运算会给出不同类型的结果：

```
> (string->number "hello world")
#false
```

这既不是数值，也不是字符串，而是布尔值。与数值和字符串不同，布尔值只有两种，即#true和#false。前者是真值，后者是假值。即便如此，DrRacket 还是有几个组合布尔值的运算：

```
> (and #true #true)
#true
> (and #true #false)
#false
> (or #true #false)
#true
> (or #false #false)
#false
> (not #false)
#true
```

这就会得到运算名所暗示的结果。（不知道 and、or 和 not 计算什么？很简单：如果 x 和 y 都为真，那么(and x y)为真；如果 x 或 y 为真或者两者都为真，那么(or x y)为真；最

① 使用 F1 或右侧的下拉菜单即可打开帮助台。查看初级语言的手册及其有关预定义运算的部分，尤其是字符串的操作。中文版的语言手册也可以在互联网上搜索关键字“HtDP 语言与教学包文档中文翻译”找到。

后，当且仅当 x 是#false 时，(not x) 求值为#true。）

将两个数值"转换"为布尔值也很有用：

```
> (> 10 9)
#true
> (< -1 0)
#true
> (= 42 9)
#false
```

停一下！尝试以下 3 个表达式：(>= 10 10)、(<= -1 0) 和 (string=? "design" "tinker")。最后一个又有所不同，但不要担心，可以做到的。

有这么多新类型的数据（是的，数值、字符串和布尔值都是数据）和运算，很容易忘记一些基础知识，例如嵌套的算术：

```
(and (or (= (string-length "hello world")
            (string->number "11"))
         (string=? "hello world" "good morning"))
     (>= (+ (string-length "hello world") 60) 80))
```

这个表达式的结果是什么？是怎么得出的？全靠自己？或者只是将其输入 DrRacket 的交互区并按回车键？如果是后者，你认为自己会知道如何靠自己得出结果吗？毕竟，如果无法预测 DrRacket 对小表达式做了些什么，那么当提交比求值更大的任务时，又怎么能信任它呢？

在我们展示如何进行一些"真正的"编程之前，我们来讨论另外一种增添情趣的数据——图像。[1]当将图像插入交互区并按回车键时，就像这样：

> 

DrRacket 回复同样的图像。与许多其他编程语言不同，初级语言能理解图像，也支持图像算术，就像支持数值或字符串的算术一样。简而言之，程序可以使用图像进行计算，并可以在交互区中进行此类计算。此外，初级语言程序员（就像其他编程语言的程序员一样）可以创建对其他人有用的库（library）。使用这样的库就好比用新单词扩展词汇表或用新基本运算扩展编程词汇表。我们将这样的库称为教学包（teachpack），因为它们有助于教学。

一个重要的库——*2htdp/image* 库[2]——支持计算图像宽度和高度的运算：

```
(* (image-width  ) (image-height  ))
```

将库添加到程序之后，单击"运行"按钮将得到 1176，也就是 28×42 图像的面积。

不必使用谷歌查找图像然后使用"插入"菜单将图像插入 DrRacket 程序中。还可以指示 DrRacket 从头开始创建简单的图像：

```
> (circle 10 "solid" "red")
> (rectangle 30 20 "outline" "blue")
```

当表达式的结果是图像时，DrRacket 将其绘制到交互区中。但除此之外，初级语言程序将

① 要将火箭等图像插入 DrRacket，请使用插入菜单。或者，将图像从浏览器中复制并粘贴到 DrRacket 中。

② 在**定义区**添加 (require 2htdp/image)，或从"语言"菜单中选择"加载教学包"，然后从"自带的 HtDP/2e 教学包"菜单中选择"image"。

图像作为数据处理，就像处理数值一样。特别地，初级语言提供了组合图像的操作，其操作方式与将数值相加或追加字符串的操作相同：

```
> (overlay (circle 5 "solid" "red")
           (rectangle 20 20 "solid" "blue"))
```

以相反的顺序叠加这些图像则会生成纯蓝色方块：

```
> (overlay (rectangle 20 20 "solid" "blue")
           (circle 5 "solid" "red"))
```

暂停一下，思考上面最后的结果。

正如这里所看到的，overlay 更类似于 string-append 而非+，但它确实“添加”了图像，就像 string-append“添加”字符串，以及+相加数值一样。该想法的另一个例证是：

```
> (image-width (square 10 "solid" "red"))
10
> (image-width
    (overlay (rectangle 20 20 "solid" "blue")
             (circle 5 "solid" "red")))
20
```

这些与 DrRacket 的互动不会绘制任何图像，它们只衡量图像的宽度。

还有两个重要的运算，即 empty-scene 和 place-image。前者创建场景，即一种特殊的矩形，后者将图像放入这样的场景：

```
(place-image (circle 5 "solid" "green")
             50 80
             (empty-scene 100 100))
```

会得到[①]

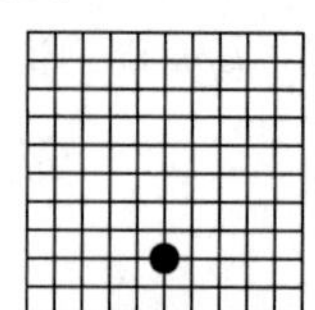

从这张图像中可以看出，原点（即(0, 0)）位于左上角。与数学中不同，y 坐标的方向是**向下**，而非向上。除此以外，图像的显示符合预期：在 100×100 的空矩形中坐标(50, 80)处的实心绿色圆盘。

我们再次总结一下。编程就是写下算术表达式，但不局限于无聊的数值。在初级语言中，算术包括了数值、字符串、布尔值甚至图像。但是，计算仍然意味着确定表达式的值，当然值可以是字符串、数值、布尔值或图像。

现在我们已经准备好编写让火箭飞起来的程序了。

输入和输出

到目前为止，编写的程序都很无聊。我们写下一个或几个表达式，单击“运行”按钮，看到一些结果。如果再次单击“运行”按钮，就会看到完全相同的结果。事实上，可以根据需要

① 不完全是。图像不包含网格。我们在空场景上叠加了网格，以便读者可以看到绿点的确切位置。

随时单击“运行”按钮，然后看到相同的结果。简而言之，程序实际上就像计算器上的计算一样，唯一的区别是 DrRacket 可以计算所有类型的数据，而不只是计算数值。

这既是好消息，又是坏消息。好的地方是，因为编程和计算应该是使用计算器的自然一般化。坏的地方是，因为编程的目的是处理大量的数据并获得大量不同的结果，使用或多或少相同的计算。（它还应该快速地计算这些结果，至少比人快。）也就是说，在知道如何编程之前，你还需要学习更多的东西。但是不用担心：凭借对数值、字符串、布尔值和图像的算术的所有知识，我们几乎已经准备好编写一个创建电影的程序，而不只是一些用于在某处显示“hello world”的愚蠢程序。这就是我们接下来要做的事情。

如果读者不熟悉的话，电影就是按顺序快速显示的一系列图像。如果代数老师知道上一节中看到的“图像算术”，就可以用代数制作电影，而不是用无聊的数值序列。例如，一个这样的表格：

$x =$	1	2	3	4	5	6	7	8	9	10
$y =$	1	4	9	16	25	36	49	64	81	?

老师现在会要求读者填写空白，即用数值替换“?”标记。

事实证明，制作电影并不比完成这样的数值表格更复杂。实际上，就是下面这样的表格：

$x =$	1	2	3	4
$y =$				?

具体来说，老师应该在这里要求你绘制第 4 张、第 5 张以及第 1273 张图像，因为电影就是很多图像，每秒约有 20 张或 30 张。所以需要 1200～1800 张图像才能制作一分钟的电影。

读者可能还记得，老师不仅要求某个序列中的第 4 个或第 5 个数值，还要求一个表达式来确定序列中对应任何给定 x 的元素。对于我们的数值的示例，老师希望看到如下内容：

$$y = x \cdot x$$

如果为 x 插入 1、2、3 等，得到的 y 是 1、4、9 等，和表中给出的数值一样。对于图像序列，我们可以描述类似以下的内容：

$y =$ 包含在顶部下方 x^2 像素位置的圆点的图像

关键在于，这一行不只是表达式，而是函数。

乍一看，函数就像表达式一样，左边是 y，后跟符号=和一个表达式。然而，函数不是表达式。你经常在学校看到的函数表示法完全是误导。在 DrRacket 中，函数的编写方式略有不同：

```
(define (y x) (* x x))
```

`define` 表示“`y` 是一个函数”，它像表达式一样会计算出一个值。但是，函数的值取决于称为输入的值，我们用 `(y x)` 来表示。由于还不知道这个输入是什么，因此我们使用一个名称来表示输入。遵循数学的传统，在这里使用 `x` 代表未知输入，但很快，我们将使用各种不同的名称。

第二部分表示必须为 `x` 提供一个数值，用以确定特定的 `y` 的值。当这样做时，DrRacket 将 `x` 的值插入与函数关联的表达式中。这里的表达式就是 `(* x x)`。一旦 `x` 被值（如 `1`）替换，DrRacket 就可以计算表达式的结果，这也称为函数的输出。

单击“运行”按钮，可以观察到没有任何反应。在交互区中没有显示任何内容。DrRacket 中任何其他地方似乎都没有变化，就好像没有完成任何事情一样。但实际上完成了一件事，即定义了一个函数，并告知 DrRacket 该函数的存在。事实上，DrRacket 现在已准备好使用该函数。在交互区的提示符处输入

```
(y 1)
```

就可以看到返回 1 作为回应。在 DrRacket 中，(y 1) 被称为函数调用（function application）[①]。试试

```
(y 2)
```

可以看到返回 4。当然，也可以在定义区中输入所有这些表达式，然后单击“运行”按钮：

```
(define (y x) (* x x))

(y 1)
(y 2)
(y 3)
(y 4)
(y 5)
```

作为回应，DrRacket 显示：1 4 9 16 25。这正是表格中的数值。现在请确定缺失的那一项。

这一切意味着，函数提供了一种相当经济的通过单个表达式计算大量值的方式。事实上，程序就是函数。一旦很好地理解了函数，就几乎知道了有关编程的所有知识。鉴于它们的重要性，我们回顾一下到目前为止对函数的了解。

- 首先，

  ```
  (define (FunctionName InputName) BodyExpression)
  ```

  是一个**函数定义**。我们可以识别它，因为它以关键字 define 开头。它本质上由 3 部分组成：两个名称和一个表达式。第一个名称是函数的名称，使用它来调用函数。第二个名称称为参数或**形式参数**（parameter），表示函数的输入，在调用函数之前是未知的。表达式（称为**函数体**）计算对于特定输入的函数的输出。

- 其次，

  ```
  (FunctionName ArgumentExpression)
  ```

  是一个**函数调用**。前一部分告知 DrRacket 希望使用哪个函数。后一部分是调用函数的输入。如果是 Windows 或 Mac 的手册，可能会告诉读者此表达式“启动”名为 *FunctionName*（函数名）的“应用程序”，并且它将作为输入处理 *ArgumentExpression*（实际参数表达式）。像所有表达式一样，后一部分可以是简单的数据，也可以是深层嵌套的表达式。

函数的输入不仅限于数值，函数也可以输出各种类型的数据。我们的下一个任务是，创建函数模拟第二张表（带有彩色点的图像），就像模拟数值表的第一个函数一样。由于从表达式创建图像不是在高中时学习的，因此我们从简单的开始吧。还记得 empty-scene 吗？我们在上一节的末尾简要地提及过，当在交互区中键入它时，像这样：

```
> (empty-scene 100 60)
```

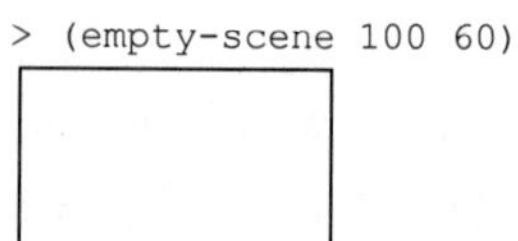

DrRacket 生成了空矩形，也称为场景。可以使用 place-image 将图像添加到场景中：

① 数学上也将 $y(1)$称为函数调用。

```
> (place-image  50 23 (empty-scene 100 60))
```

请把火箭想象成一个对象，就像前面数学课上表格中的点一样。不同之处在于，火箭更有意思。

接下来要让火箭下降，就像前面表格中的点一样。从上一节中，我们知道如何通过增加传给 `place-image` 的 *y* 坐标来实现此效果：

```
> (place-image  50 20 (empty-scene 100 60))
> (place-image  50 30 (empty-scene 100 60))
> (place-image  50 40 (empty-scene 100 60))
```

现在需要的只是简便地大量制作这些场景，并快速显示所有的场景。

当然，第一个目标可以用函数来实现，参见图 00-2[①]。是的，这是一个函数定义。它的名称为 `picture-of-rocket`，而不是 `y`，该名称可以立即告诉我们函数输出的内容：带火箭的场景。函数定义使用 `height` 作为其参数的名称，而不是 `x`，该名称表明它是一个数值，并告知函数放置火箭的位置。函数体的表达式与我们刚刚实验过的一系列表达式完全相同，只不过是用 `height` 代替了数值。我们可以使用这一函数方便地创建所有图像：

```
(picture-of-rocket 0)
(picture-of-rocket 10)
(picture-of-rocket 20)
(picture-of-rocket 30)
```

请在定义区或交互区中尝试这样做，两种做法都会创建预期的场景。

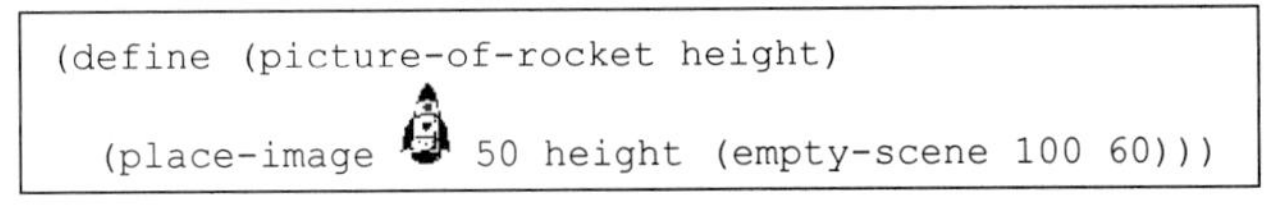

```
(define (picture-of-rocket height)
  (place-image  50 height (empty-scene 100 60)))
```

图 00-2 火箭着陆（第 1 版）

要完成第二个目标，需要了解 *2htdp/universe* 库[②]中的另一个基本运算：`animate`。那么，单击“运行”按钮然后输入以下表达式：

```
> (animate picture-of-rocket)
```

① 在初级语言中，可以在名称中使用各种字符，包括“-”和“.”。

② 不要忘记将 *2htdp/universe* 库添加到定义区。

停一下，注意这里的参数表达式是一个函数。目前无须担心使用函数作为参数，它适用于 animate，但先不要尝试自行定义像 animate 一样的函数。

一旦按下回车键，DrRacket 就会计算表达式，但它不会显示结果，甚至不会显示提示符。它会打开另一个窗口——称为*画布*（canvas），并启动一个每秒滴答 28 次的时钟。每当时钟滴答时，DrRacket 都会将 picture-of-rocket 应用于自此函数调用以来所经过的滴答数。这些函数调用的结果会显示在画布中，产生动画电影的效果。模拟会持续运行直到用户关闭窗口。此时，animate 返回已经过的滴答数。

问题是窗口中的图像来自何处。对此问题的简短解释是，animate 对数值 0、1、2 等调用其运算数[①]，然后显示得到的图像。详细的解释是下面这样的：

- animate 启动一个时钟，计算滴答数；
- 时钟每秒滴答 28 次；
- 每当时钟滴答时，animate 将函数 picture-of-rocket 应用于当前的时钟滴答数；
- 这个调用所创建的场景将显示到画布上。

这意味着火箭首先出现在高度 0，然后是 1，然后是 2，依次类推，这就解释了为什么火箭从画布顶部下降到底部。也就是说，我们这 3 行程序在大约 3.5 秒内创建了约 100 张图片，快速地显示这些图片会产生火箭下降到地面的效果。

以上就是本节学到的内容。函数很有用，因为它们可以在短时间内处理大量数据。可以手动选择几个输入来启动函数，以确保它给出正确的输出。这被称为函数测试。或者，DrRacket 可以在一些库的帮助下，对许多输入启动某一个函数，这样做的时候就运行了该函数。当然，DrRacket 可以在按键盘上的按键或操作计算机鼠标时启动函数。要了解具体方法，请继续阅读。究竟是什么触发了函数调用并不重要，但务必记住（简单的）程序就是函数。

计算的多种方式

计算(animate picture-of-rocket)时，火箭最终会消失在地面上。这很可笑。传统科幻电影中的火箭不会沉入地下，它们优雅地使用底部降落，动画也应该在那儿结束。

这个想法表明，计算应该以不同的方式进行，这取决于具体的情况。在我们的示例中，picture-of-rocket 应用程序应该在火箭飞行时“按原样”工作。然而，当火箭的底部接触到画布的底部时，它应该阻止火箭继续下降。

从某种意义上说，这个想法对读者来说不应该是新的。数学老师也定义过区分各种不同情况的函数：

$$sign(x)=\begin{cases}+1, x>0\\ \ \ 0, x=0\\ -1, x<0\end{cases}$$

这个 *sign* 函数区分了 3 种输入：大于 0 的数、等于 0 的数和小于 0 的数。取决于输入，函数的结果为+1、0 或−1。

在 DrRacket 中可以使用 cond 条件表达式定义此函数，并不太麻烦：

```
(define (sign x)
  (cond
```

① 习题 298 解释了如何设计 animate。

```
    [(> x 0) 1]
    [(= x 0) 0]
    [(< x 0) -1]))
```

单击“运行”按钮后[1]，就可以像任何其他函数一样与 sign 交互：[2]

```
> (sign 10)
1
> (sign -5)
-1
> (sign 0)
0
```

通常，条件表达式（conditional expression）的形状是

```
(cond
  [ConditionExpression1 ResultExpression1]
  [ConditionExpression2 ResultExpression2]
  ...
  [ConditionExpressionN ResultExpressionN])
```

也就是说，(cond 条件）表达式由任意多个需要的条件行组成。每行包含两个表达式：左边的一个通常称为条件（condition），右边的一个称为结果（result），偶尔我们也会分别称它们为问题和答案。要计算 cond 表达式，DrRacket 先计算第一个条件表达式 *ConditionExpression1*，如果得到了#true，DrRacket 就用 *ResultExpression1* 替换 cond 表达式，然后对其进行求值，并将该值用作整个 cond 表达式的结果。如果 *ConditionExpression1* 的求值结果为#false，那么 DrRacket 会丢弃第一行并重新开始。如果所有条件表达式的求值结果都为#false，则 DrRacket 会报错。

有了这些知识，我们现在就可以修改模拟了。目标是不让火箭下降到 100×60 场景的地面以下。由于函数 picture-of-rocket 读入将火箭放置在场景中的高度，因此将给定高度与最高高度进行比较的简单测试似乎就足够了。

修订后的函数定义如图 00-3 所示。该定义使用名称 picture-of-rocket.v2 来区分两个版本。使用不同的名称还允许我们在交互区中使用这两个函数，并比较结果。下面是原始版本：

```
> (picture-of-rocket 5555)
```

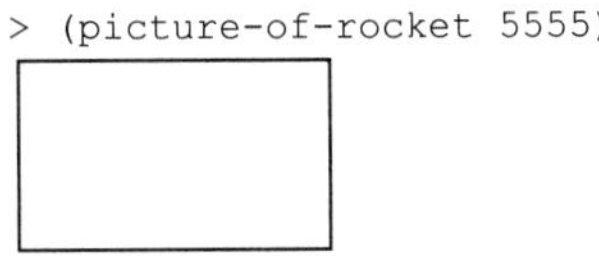

下面是第二个版本：

```
> (picture-of-rocket.v2 5555)
```

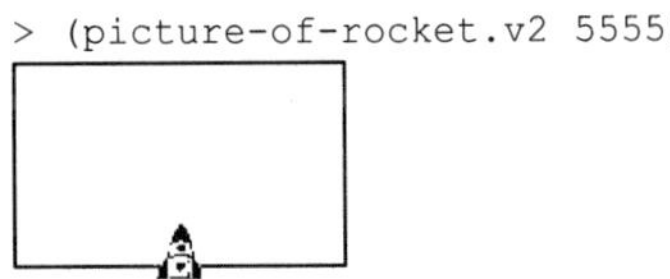

无论给 picture-of-rocket.v2 传入什么数值，如果超过 60，都会获得相同的场景。特别地，如果运行

```
> (animate picture-of-rocket.v2)
```

① 在 DrRacket 中打开新的标签页，从干净的状态开始。

② 现在是探索“单步执行”按钮的好时机。将(sign -5)添加到定义区，然后对上述 sign 程序单击“单步执行”按钮。当新窗口出现时，单击其中的左右箭头。

火箭会下降并沉入地面一半然后停止。

```
(define (picture-of-rocket.v2 height)
  (cond
    [(<= height 60)
     (place-image 🚀 50 height
                  (empty-scene 100 60))]
    [(> height 60)
     (place-image 🚀 50 60
                  (empty-scene 100 60))]))
```

图 00-3 火箭着陆（第 2 版）

停一下！你认为我们想看到的是什么？

火箭下降这么多很糟糕。不过，读者应该知道如何修复程序的这一方面。正如大家所看到的，初级语言懂得图像的算术。当 place-image 将图像添加到场景时，即使图像具有实际的高度和宽度，它也只使用其中心点，就好像中心点是整个图像一样。读者可能还记得，可以使用 image-height 运算来测量图像的高度。这个函数在这里能派上用场，因为需要的是在火箭底部接触地面时就停止飞行。

把这些放到一起，可以得出

```
(- 60 (/ (image-height 🚀) 2))
```

是需要火箭停止下降的地方。可以通过直接运行该程序来得出这个结果，也可以使用图像算术在交互区进行实验。

第一次尝试是

```
(place-image 🚀 50 (- 60 (image-height 🚀))
             (empty-scene 100 60))
```

接下来在上面的函数调用中替换第三个参数为

```
(- 60 (/ (image-height 🚀) 2))
```

停一下！请进行实验。你更喜欢哪种结果？

按照这些思路进行思考和试验，最终会得到图 00-4 中的程序。给定代表火箭高度的数值，首先测试火箭的底部是否高于地面。如果是，它会像以前一样将火箭放入场景中。如果不是，它会放置火箭的图像，使其底部接触地面。

```
(define (picture-of-rocket.v3 height)
  (cond
    [(<= height (- 60 (/ (image-height 🚀) 2)))
     (place-image 🚀 50 height
                  (empty-scene 100 60))]
    [(> height (- 60 (/ (image-height 🚀) 2)))
     (place-image 🚀 50 (- 60 (/ (image-height 🚀) 2))
                  (empty-scene 100 60))]))
```

图 00-4 火箭着陆（第 3 版）

一个程序，多个定义

现在假设朋友观看了动画，但不喜欢画布的大小。他们可能会要求使用 200×400 场景的版本。这个简单的请求需要在程序中的 5 个地方用 400 替换 100，在另外两个地方用 200 替换 60，更不用说还有出现 50 的情况，它实际上意味着“画布的中间”。

停一下！在继续阅读之前，尽力完成此任务，以便了解对这个只有 5 行的程序完成该请求的难度。在继续阅读时，请记住，实际的程序会包含 5 万行或 50 万行，甚至至 500 万行或更多行的代码。

在理想的程序中，一个小的请求（如改变画布的大小）应该需要同样小的改变。初级语言中实现这种简单性的工具就是 define。除定义函数之外，define 还可以引入*常量定义*，也就是为常量指定名称。常量定义的一般形状很简单：

```
(define Name Expression)
```

因此，如果在程序中写下

```
(define HEIGHT 60)
```

表示的就是 HEIGHT 总是代表数值 60。这样一个定义的含义就是大家所期望的。每当 DrRacket 在计算过程中遇到 HEIGHT 时，它就会使用 60。

现在看一下图 00-5 中的代码，它实现了这一简单的更改，并对火箭图像进行了命名。将程序复制到 DrRacket，单击“运行”按钮后，对以下交互求值：

```
> (animate picture-of-rocket.v4)
```

确认程序仍然像以前一样运行。

```
(define (picture-of-rocket.v4 h)
  (cond
    [(<= h (- HEIGHT (/ (image-height ROCKET) 2)))
     (place-image ROCKET 50 h (empty-scene WIDTH HEIGHT))]
    [(> h (- HEIGHT (/ (image-height ROCKET) 2)))
     (place-image ROCKET
                  50 (- HEIGHT (/ (image-height ROCKET) 2))
                  (empty-scene WIDTH HEIGHT))]))

(define WIDTH 100)
(define HEIGHT 60)
(define ROCKET 🚀)
```

图 00-5　火箭着陆（第 4 版）

图 00-5 中的程序由 4 个定义组成：一个函数定义外加 3 个常量定义。数值 100 和 60 仅各出现一次——分别是 WIDTH 的值和 HEIGHT 的值。读者可能还注意到，函数 picture-of-rocket.v4 的参数使用了 h 而不是 height。严格来说，这种修改是不必要的，因为 DrRacket 不会混淆 height 和 HEIGHT，但我们这样做是为了避免让读者感到困惑。

当 DrRacket 计算 (animate picture-of-rocket.v4) 时，它会在每次遇到这些名称时，将 HEIGHT 替换为 60，WIDTH 替换为 100，并将 ROCKET 替换为图像。要体验真正的程序员的乐趣，将 HEIGHT 旁的 60 更改为 400 然后单击“运行”按钮。你会看到火箭在 100×400 的场景中降落并着陆。一个小小的改变就全实现了。

用现代的说法，我们刚刚体验了第一次*程序重构*（program refactoring）。每当重新组织程序以便为将来可能的更改请求做准备时，都对程序进行了重构。这个词听起来不错，把它加到自己的简历上。未来的雇主可能也喜欢阅读这样的流行词语，即使它不能让你成为一名优秀的程序员。然而，一个优秀的程序员永远不会忍受的是，一个程序包含 3 次相同的表达式：

```
(- HEIGHT (/ (image-height ROCKET) 2))
```

每当朋友和同事阅读这个程序时，他们都需要了解这个表达式计算的内容，即画布顶部与搁在地面上的火箭中心点之间的距离。每次 DrRacket 计算表达式的值时，它必须执行 3 个步骤：（1）确定图像的高度；（2）除以 2；（3）从 HEIGHT 中减去其结果。并且，每次都会得到相同的数值。

这一观察需要引入另一个定义：

```
(define ROCKET-CENTER-TO-TOP
  (- HEIGHT (/ (image-height ROCKET) 2)))
```

现在将程序其余部分中的表达式(- HEIGHT (/ (image-height ROCKET) 2))替换为 ROCKET-CENTER-TO-TOP。读者可能想知道，这个定义是应该放在 HEIGHT 定义的上方还是下方。更一般地说，应该想知道定义的顺序是否重要。答案是，对于常量定义，顺序很重要；而对于函数定义，顺序不重要。DrRacket 一遇到常量定义，它就会确定表达式的值，然后将名称与此值相关联。例如，

```
(define HEIGHT (* 2 CENTER))
(define CENTER 100)
```

导致 DrRacket 在遇到 HEIGHT 定义时抱怨“CENTER is used here before its definition”，也就是“在定义 CENTER 之前使用它”。相反，

```
(define CENTER 100)
(define HEIGHT (* 2 CENTER))
```

按预期工作。首先，DrRacket 将 CENTER 与 100 关联在一起。接下来，它对(* 2 CENTER)求值，得到 200。最后，DrRacket 将 HEIGHT 与 200 关联起来。

虽然常量定义的顺序很重要，但是相对于函数定义，在哪里放置常量定义并不重要。实际上，如果你的程序由许多函数定义组成，那么它们之间的顺序也无关紧要，尽管最好先引入所有常量定义，然后按重要性递减的顺序定义函数。当你开始编写包含多个定义的程序时，就会了解到为什么这个顺序很重要。

一旦消除了所有重复的表达式，就会得到图 00-6 中的程序。它由一个函数定义和 5 个常量定义组成。除了火箭的中心位置，这些常量定义还提取出了图像本身以及空场景的创建。

```
; 常量
(define WIDTH  100)
(define HEIGHT  60)
(define MTSCN  (empty-scene WIDTH HEIGHT))
(define ROCKET  )
(define ROCKET-CENTER-TO-TOP
  (- HEIGHT (/ (image-height ROCKET) 2)))

; 函数
(define (picture-of-rocket.v5 h)
  (cond
    [(<= h ROCKET-CENTER-TO-TOP)
     (place-image ROCKET 50 h MTSCN)]
    [(> h ROCKET-CENTER-TO-TOP)
     (place-image ROCKET 50 ROCKET-CENTER-TO-TOP MTSCN)]))
```

图 00-6 火箭着陆（第 5 版）[①]

① 该程序中还包含两行注释，以分号;引入。虽然 DrRacket 会忽略这种注释，但阅读程序的人不应该忽略之，因为注释就是写给人阅读的。它是程序作者与所有未来读者之间进行沟通的“后门”，以传达关于程序的信息。

在继续阅读之前，请考虑对程序进行以下更改。

- 如何更改程序，以创建 200×400 的场景？
- 如何更改程序，以便描绘绿色 UFO（不明飞行物）的着陆？绘制 UFO 很简单：

```
(overlay (circle 10 "solid" "green")
         (rectangle 40 4 "solid" "green"))
```

- 如何更改程序，以使背景始终为蓝色？
- 如何更改程序，以使火箭落在比场景底部高 10 个像素的平坦岩床上？别忘了同时修改场景。

比思考更好的是去做。这是学习的唯一方法，所以我们不阻止读者。去做就对了。

魔术数 再看一下 picture-of-rocket.v5。因为我们消除了所有重复的表达式，所以函数定义之中只剩下一个数值了，在编程中，这种数值被称为*魔术数*（magic number），没人喜欢它们。在没有意识到的情况下，人们就会忘记这个数值所扮演的角色，以及对其来说哪些修改是合法的。最好在定义中对这些数值进行命名。

在这里，我们实际上知道 50 是我们选择的火箭的 x 坐标。尽管 50 看起来不怎么像表达式，但它实际上还是个重复的表达式。因此，我们有两个理由从函数定义中消除 50，这个任务留给读者完成。

另一个定义

回想一下，animate 实际上将它的函数应用于从自己首次调用以来已经过的时钟滴答数。也就是说，picture-of-rocket 得到的参数不是高度而是时间。之前的 picture-of-rocket 定义使用了函数的错误的参数名[①]，应该使用 t 代表时间，而不是 h 代表高度：

```
(define (picture-of-rocket t)
  (cond
    [(<= t ROCKET-CENTER-TO-TOP)
     (place-image ROCKET 50 t MTSCN)]
    [(> t ROCKET-CENTER-TO-TOP)
     (place-image ROCKET
                  50 ROCKET-CENTER-TO-TOP
                  MTSCN)]))
```

对定义的这一小改动立即表明，该程序将时间当成距离来使用了。这不是什么好主意。

即使从未上过物理课程，大家也知道，时间不是距离。所以程序能工作是出于偶然。不过不用担心，这很容易修复。需要知道的只是一点儿高深的东西而已，我们称之为物理学。

物理学？！？好吧，也许读者已经忘记了在那门课程中学到的东西。或者出于某种原因从来没有学过物理课程。别担心。这种情况也一直发生在最优秀的程序员身上，因为他们需要帮助那些在音乐、经济、摄影、护理和各种其他学科方面遇到问题的人。显然，程序员不可能知道一切。所以他们会查阅需要知道的内容，或者与正确的人交谈。如果和物理学家交谈，就会发现行进的距离与时间成正比：

$$d = v \cdot t$$

也就是说，如果物体的速度是 v，那么它在 t 秒内行进 d 公里（或米、像素及其他单位）。

当然，老师会给出真正的函数定义：

① 前方高能！本节用到了一项物理学知识。如果物理学吓到了读者，请在第一次阅读时跳过去，编程不需要物理知识。

$$d(t) = v \cdot t$$

因为这立即表明，d 的计算取决于 t，而 v 是常量。程序员会更进一步，为这些单字母缩写使用更有意义的名称：

```
(define V 3)

(define (distance t)
  (* V t))
```

这段程序由两个定义组成：用于计算以恒定速度运动的物体所行进距离的函数 distance，以及描述速度的常量 V。

读者可能想知道，为什么这里 V 是 3。其实没有特殊原因。我们认为每个时钟滴答 3 像素的速度很合适。当然读者也可以不同意。试着调整这个数值，看看动画会变成什么样。

接下来我们可以再次修复 picture-of-rocket。该函数可以使用 (distance t) 来计算火箭下降的距离，而不是将 t 与高度进行比较。最终的程序如图 00-7 所示，其中包含两个函数定义：picture-of-rocket.v6 和 distance。其余的常量定义使函数定义更可读、更可修改。与之前一样，可以使用 animate 运行此程序：

```
> (animate picture-of-rocket.v6)
```

```
; “世界”和下行火箭的属性
(define WIDTH  100)
(define HEIGHT  60)
(define V 3)
(define X 50)

; 图形常量
(define MTSCN  (empty-scene WIDTH HEIGHT))

(define ROCKET  )
(define ROCKET-CENTER-TO-TOP
  (- HEIGHT (/ (image-height ROCKET) 2)))

; 函数
(define (picture-of-rocket.v6 t)
  (cond
    [(<= (distance t) ROCKET-CENTER-TO-TOP)
     (place-image ROCKET X (distance t) MTSCN)]
    [(> (distance t) ROCKET-CENTER-TO-TOP)
     (place-image ROCKET X ROCKET-CENTER-TO-TOP MTSCN)]))

(define (distance t)
  (* V t))
```

图 00-7　火箭着陆（第 6 版）

与之前版本的 picture-of-rocket 相比，此版本表明，程序中可以包含若干个函数定义，它们可以相互引用。当然，第一个版本的程序其实也使用了+和/——只是大家认为那些是内置于初级语言的。

当成为真正的程序员时，你会发现，程序包含了许多函数定义和许多常量定义。还将看到，函数总是相互引用。真正需要练习的是如何组织它们，以便可以轻松地阅读程序，即使是在程序完成几个月后。毕竟，将来的自己或其他人会想要对这些程序进行更改，而如果无法理解程序的组织，那么即使面对最小的任务，也会遇到困难。除此之外的事情，你大多都知道了。

现在你是一名程序员了

在上一节结尾处声称你是程序员可能会让你感到意外，但事实确实如此。你已经知道了有关初级语言的所有技术知识。你知道编程使用数值、字符串、图像，以及所选择的编程语言支持的任何其他数据的算术。你知道程序包含函数定义和常量定义。你还知道，因为我们已经说明了，最终的目的是要正确组织这些定义。最后但并非最不重要的是，你知道 DrRacket 和教学包支持许多其他的函数，以及 DrRacket 中的帮助台解释了这些函数的作用。

你可能认为自己仍然不太了解编写对击键、鼠标点击等做出反应的程序。事实证明，你能做到。除 `animate` 函数之外，*2htdp/universe* 库还提供其他函数，可以将程序连接到计算机中的键盘、鼠标、时钟和其他动态部件。实际上，它甚至还支持编写将自己的计算机与世界上任何其他人的计算机连接起来的程序。所以这不是一个真正的问题。

简而言之，你已经看到了几乎所有将程序组合在一起的机制。如果阅读了所有可用的函数，你就可以编写有趣的电脑游戏、运行模拟程序，或编写跟踪商业账户的程序。问题是，这是否真的意味着你是一名程序员了。你是吗？

停一下！思考一下再继续！

不！

在某个书店查阅“编程”书架时，你会看到大量书籍，它们承诺会让你当场变成程序员。然而，既然已经完成了一些初步的示例，你可能会意识到，这不可能发生。

获得编程的机械技能（学会编写计算机能理解的表达式，了解哪些函数和库可用，以及类似的活动）并没有帮助你学会**真正的**编程。如果是这样的话，那么等同于你只需记住字典中的 1000 个单词外加语法书中的一些规则就能学会外语。

好的编程远不止是掌握语言的机制。最重要的是，需要记住程序员创建程序是为其他人将来阅读的。好的程序反映了问题陈述及其中的重要概念，它带有简洁的自我描述。示例说明了此描述，并将其与需要解决的问题联系起来。这些示例还确保未来的读者知道代码的工作原理和方式。简而言之，好的编程是有系统地解决问题，并通过代码传达此系统。最重要的是，这种编程方法实际上使每个人都可以编程——因此它同时提供了两种服务。

本书的其余部分都是关于这些事情的，本书的内容实际上很少涉及 DrRacket、初级语言或库的技术。这本书向读者展示的是，好的程序员思考问题的方法。此外，读者还会了解这种解决问题的方式也适用于生活中的其他情况，例如医生、记者、律师和工程师的工作。

顺便说一下，本书的后续部分所使用的语气比这个开篇更适合严肃的课本。阅读愉快！

注意本书不是关于什么的　许多编程的入门书都包含很多关于作者最喜欢的编程应用学科的材料：谜题、数学、物理、音乐等。在某种程度上，包括这样的材料是很自然的，因为编程在所有这些领域显然是有用的。与此同时，这种材料分散了对正确编程的注意力，通常也无法将次要的和本质的事件区分开。因此，本书侧重于编程和解决问题，以及计算机科学在这方面可以教给读者什么。我们尽一切努力以尽量减少对其他领域知识的使用，对于那些少数走得太远的情况，我们道歉。

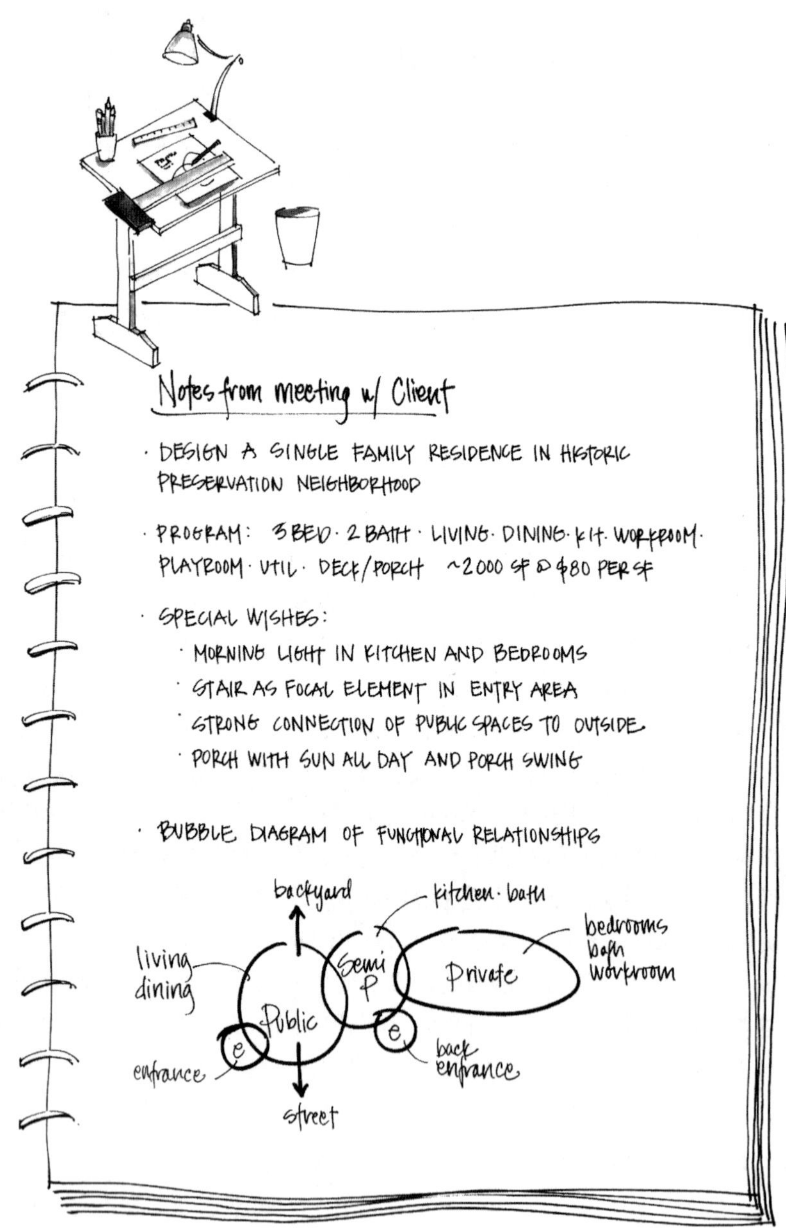
Notes from meeting w/ Client
· DESIGN A SINGLE FAMILY RESIDENCE IN HISTORIC PRESERVATION NEIGHBORHOOD
· PROGRAM: 3 BED · 2 BATH · LIVING · DINING · KIT · WORKROOM · PLAYROOM · UTIL · DECK/PORCH ~2000 SF @ $80 PER SF
· SPECIAL WISHES:
· MORNING LIGHT IN KITCHEN AND BEDROOMS
· STAIR AS FOCAL ELEMENT IN ENTRY AREA
· STRONG CONNECTION OF PUBLIC SPACES TO OUTSIDE
· PORCH WITH SUN ALL DAY AND PORCH SWING
· BUBBLE DIAGRAM OF FUNCTIONAL RELATIONSHIPS
backyard
kitchen · bath
bedrooms
bath
workroom
living
dining
Public
Semi P
Private
e
e
entrance
back entrance
street

copyright © 2000 Howell Baker

第一部分　固定大小的数据

每种编程语言都提供了数据的语言和数据运算的语言。数据的语言通常提供某些形式的原子数据，要将真实世界中的各种信息表示为数据，程序员必须学会组合基本的数据并描述这些组合。类似地，数据运算的语言提供了对于原子数据的某些基本运算，程序员的任务是将这些运算组合起来，形成执行所需计算任务的程序。为了将编程语言的这两部分结合起来，我们将讨论算术，因为这概括了在小学学习的内容。

本书的第一部分会介绍开篇中使用的初级语言的算术。从算术出发，很快就可以得出你要编写的第一个简单程序，也就是数学中的**函数**。然而，在你了解编写程序之前，编写程序的过程看起来会很混乱，你会想方设法组织想法。我们将“组织想法”与**设计**等同起来，本书的第一部分将介绍一种设计程序的系统的方法。

第1章　算　　术

通过开篇，我们学习了如何使用初级语言的表示法来编写小学一年级所学的表达式：[①]

- 先写“(”；
- 写下基本运算的名称；
- 逐一写下参数，参数间用空格分隔；
- 最后写下“)”。

为了帮助回忆，下面举一个基本表达式的例子：

```
(+ 1 2)
```

这里用+（将两个数值相加的加法运算符），后跟两个参数（它们是基本的数值）。下面是另一个例子：

```
(+ 1 (+ 1 (+ 1 1) 2) 3 4 5)
```

这第二个例子说明前面的描述中有两点需要解释：第一点，基本运算可以带有两个以上的参数；第二点，参数不一定非得是数值，也可以是表达式。

对表达式求值也很简单。首先，初级语言会对基本运算的所有参数求值。接下来，它将所得到的数据“反馈”给运算，从而产生结果。因此，

```
(+ 1 2)
==②
3
```

同理

```
(+ 1 (+ 1 (+ 1 1) 2) 3 (+ 2 2) 5)
==
(+ 1 (+ 1 2 2) 3 4 5)
==
(+ 1 5 3 4 5)
==
18
```

这些计算看起来应该很熟悉，因为它们与数学课上进行的计算类型相同。你写下这些步骤的方式可能有所不同，数学课上可能从未教过如何写下一系列的计算步骤。当然，初级语言会像人一样进行计算，这应该使你感到轻松。这保证了你能明白它是如何处理基本运算和基本数据的，所以你可以期望自己能预测程序将会计算出什么。一般来说，对于程序员，知道所选语言的计算方式至关重要，否则程序的计算可能会损害使用它的人或本该受益于程序计算的人。

本章其余部分将介绍初级语言中4种形式的*原子数据*（atomic data）：数值、字符串、图片和布尔值。[③]“原子”这个词在这里类似于物理学上的意义。你不能窥探原子数据的内部，但确实有函数可以将多个原子数据片段合并为另一个原子数据，还可以根据原子数据检索它们的“属

---

① 请快速浏览第1章，然后进行第2章。当遇到你不认识的“算术”时，可以回到这里。

② 我们用==来表示“按计算规律等于”。

③ 本书的下一卷 *How to Design Components* 将解释如何设计原子数据。

性”，等等。本章将介绍一些这样的函数，它们被称为基本运算或预定义运算。你可以在 DrRacket 附带的初级语言文档[①]中找到其他函数。

1.1 数值的算术

大多数人在听到“算术”时都会想到“数值”和“对数值的运算”。“对数值的大运算”可以是将两个数值相加以产生另一个数值、从一个数值中减去另一个数值、求两个数值的最大公因数等。如果我们不只是从字面上理解算术，那么它还可以包括某个角度的正弦值、将某个实数舍入到最接近的整数等。

初级语言支持数值（Number）和数值的算术。正如在开篇中所讨论的那样，类似于+这样的算术运算应该这么用：

```
(+ 3 4)
```

也就是前缀表示形式。下面是我们的语言所提供的一些对数的运算：+、-、*、/、abs、add1、ceiling、denominator、exact->inexact、expt、floor、gcd、log、max、numerator、quotient、random、remainder、sqr 和 tan。我们按字母顺序选择这些运算作为代表，探索它们计算的内容，然后找出还有多少其他运算。

如果你需要某个来自数学课的数值运算，很有可能初级语言提供了该运算。你可以猜测其名字并在交互区试验。假设你需要计算某个角度的正弦，试试

```
> (sin 0)
0
```

以后你就可以愉快地使用它了。或者，看看 DrRacket 的帮助台。你会发现，除运算外，初级语言还能识别一些广泛使用的数值的名称，如 pi 和 e[②]。

当涉及数值时，初级语言程序可能使用自然数、整数、有理数、实数和复数。我们假定你了解除复数之外的所有概念。复数可能在高中课上被提及过，如果没有也无须担心，虽然复数对于各种类型的计算都很有用，但新手无须了解它。

有一个真正重要的区别，涉及数值的精确性。目前，初级语言将数值分为精确数（exact number）和不精确数（inexact number）是很重要的。当使用精确数计算时，初级语言会尽可能保留其为精确的。例如，(/ 4 6) 会求得精确的分数 2/3，DrRacket 可以将其呈现为真分数或（循环）小数。使用计算机鼠标进行操作，找到将分数改变为（循环）小数呈现的菜单。

初级语言中的某些数值运算无法产生精确的结果。例如，对 2 求平方根（sqrt）会得到一个无理数，不能用有限位数的小数表示。由于计算机的容量是有限的，初级语言必须以某种方式将这些数值放入计算机中，因此它选择了近似值 1.4142135623730951。正如开篇中提到的那样，前缀#i 警示初学程序员，它缺乏精确度。虽然大多数编程语言选择以这样的方式降低精度，但很少有语言明示这一点，甚至几乎没有语言会警示程序员这一点。

关于数值 “数值”一词指的是各种各样的数，包括计数的数、整数、有理数、实数甚至复数。对于大多数用途，你可以安全地将数值与小学中数的概念等同起来，但在少数情况下这种等同并不精确。如果需要精确，我们会使用更合适的词，如整数、有理数等，我们甚至可以使用正整数、非负数、负数等标准术语来细化这些概念。

---

① 中文版的 DrRacket 初级语言文档也可以在互联网上搜索关键字“HtDP 语言与教学包文档中文翻译”找到。——译者注

② 你可能在微积分课程中学过 e。这是一个实数，接近 2.718，称为“自然常数”。

习题 1　将以下关于 x 和 y 的定义添加到 DrRacket 的定义区：

```
(define x 3)
(define y 4)
```

接下来，想象 x 和 y 是某个点的笛卡儿坐标。写出计算该点到原点的距离的表达式，原点就是坐标为(0, 0)的点。

对这些值，预期的结果是 5，但即使在更改 x 和 y 定义之后，该表达式也应返回正确的结果。

为了防止你没有学过几何课程，或者忘记了学过的公式，点(x, y)到原点的距离是

$$\sqrt{x^2 + y^2}$$

毕竟，我们这里教的是如何设计程序，而不是如何学习几何。

为了开发所需的表达式，最好的方式是单击“运行”按钮，并在交互区中试验。“运行”动作告诉 DrRacket x 和 y 的当前值是什么，以便你尝试涉及 x 和 y 的表达式：

```
> x
3
> y
4
> (+ x 10)
13
> (* x y)
12
```

一旦表达式产生了正确的结果，就将其从交互区复制到定义区。

要确认此表达式工作正常，将 x 更改为 12，y 更改为 5，然后单击“运行”按钮。结果应该是 13。

数学老师会说，你计算了**距离公式**。要对其他输入使用该公式，只需打开 DrRacket，编辑 x 和 y 的定义使之代表所需的坐标，然后单击“运行”按钮。但是，这种重新使用距离公式的方式非常笨拙、原始。我们很快就会展示定义函数的方法，从而使复用公式更为简单。这里，我们使用这类习题来引起你对函数这一概念的关注，并为用函数编写程序做好准备。■

1.2　字符串的算术

对计算机的一种广泛偏见与其内在相关。许多人认为计算机的本质就是位和字节（不管它们是什么），可能还包括数值（因为每个人都知道计算机能够进行计算）。虽然对电子工程师来说，要理解并研究计算机必须从这个角度出发，但初级程序员和其他人（几乎）从来不会按这种想法操作。

编程语言关心的是使用信息进行计算，信息有各种形式。例如，某个程序可以处理颜色、名称、商务信函或者人与人之间的对话。即便我们可以将这种信息编码为数值，这也是一个可怕的想法。想象一下，需要记住很大的编码表，如 0 代表“红色”，1 代表“你好”，等等。

取而代之的做法是，大多数编程语言提供至少一种处理此类符号信息的数据。这里我们来讨论初级语言中的字符串。一般来说，字符串是一系列可以在键盘上输入的字符（还有一些其他字符，我们目前不关心它们），用双引号引起来。在开篇中，我们看到了不少初级语言的字符串，如"hello"、"world"、"blue"、"red"等。前两个是可能在对话或信件中出现的词，后两个是可能使用的颜色的名称。

注释 我们使用1String来指代组成字符串的键盘字符。例如，"red"由3个1String组成，即"r"、"e"和"d"。以后我们会看到，1String的定义不止于此，但现在可以认为它们是长度为1的字符串。

初级语言中只包含一个读入并返回字符串的运算——string-append，正如我们在开篇中所看到的，它将两个给定的字符串拼接成一个字符串。可以将string-append想象成类似于+的运算。+运算读入两个（或更多）数值并生成一个新数值，string-append读入两个或更多字符串并生成一个新字符串：

```
> (string-append "what a " "lovely " "day" " 4 BSL")
"what a lovely day 4 BSL"
```

当+将给定的数值加起来时，数值本身不会发生任何变化；当string-append将给定的字符串拼接成大字符串时，给定的字符串本身也不会发生任何变化。如果要对这样的表达式求值，只需认为类似于+的明确规则同样适用于string-append：

```
(+ 1 1) == 2   (string-append "a" "b") == "ab"
(+ 1 2) == 3   (string-append "ab" "c") == "abc"
(+ 2 2) == 4   (string-append "a" " ") == "a "
...            ...
```

习题2 将下面两行添加到定义区：

```
(define prefix "hello")
(define suffix "world")
```

然后使用字符串基本运算创建一个表达式，将prefix和suffix拼接起来，并在它们之间加上"_"。当运行此程序时，在交互区应该会看到"hello_world"。

参考习题1，了解如何使用DrRacket创建表达式。■

1.3 二者的混合

（在初级语言中）所有其他关于字符串的运算都会读入或返回字符串以外的数据。下面是几个例子：

- string-length读入一个字符串并返回一个数值；
- string-ith读入字符串s和数值i，提取出位于第i个位置（从0开始计数）的1String；
- number->string读入一个数值并返回一个字符串。

查找substring，找出它的作用。

如果帮助台中的文档不好理解，可以尝试使用交互区的功能。给它们提供适当的参数，并以此找出其计算的内容。对于某些运算也可以使用**不合适**的参数来试试初级语言的反应：

```
> (string-length 42)
string-length:expects a string, given 42
```

正如所见，初级语言报告了一个错误。第一部分“string-length”告知与误用相关的运算是哪个，第二部分表明错误的参数是什么。在这个特定的例子中，string-length应该作用于字符串，但实际收到数值42。

当然，读入和返回不同种类数据的运算是可以嵌套的，**只要你合理地记录下什么是适当的、什么不是**。考虑开篇中的这个表达式：

```
(+ (string-length "hello world") 20)
```

内层的表达式将 string-length 应用于我们最喜欢的字符串"hello world"。外层的表达式将内层的表达式的结果和 20 传给+。

我们来逐步确定此表达式的求值结果：

```
(+ (string-length "hello world") 20)
==
(+ 11 20)
==
31
```

毫无疑问，对这种处理混合数据的嵌套表达式进行计算，与数值表达式的计算没有区别。再举一个例子：

```
(+ (string-length (number->string 42)) 2)
==
(+ (string-length "42") 2)
==
(+ 2 2)
==
4
```

在继续讨论之前，先构建一些**错误地**混合数据的嵌套表达式，例如，

```
(+ (string-length 42) 1)
```

在 DrRacket 中运行之。请研究红色的出错信息，也请观察 DrRacket 在定义区中高亮显示的部分。

习题 3 将以下两行添加到定义区：

```
(define str "helloworld")
(define i 5)
```

然后创建这样的表达式，使用字符串基本运算在位置 i 处添加"_"。一般来说，这意味着结果字符串比原始字符串长，这里预期的结果是"hello_world"。

这里的*位置*指的是字符串从左边数起的第 i 个的字符，但程序员从 0 开始计数。因此，本例中的第 5 个字母是"w"，因为第 0 个字母是"h"。**提示** 当遇到此类“计数问题”时，你可以在 str 之下添加一个数字字符串以帮助计数：

```
(define str "helloworld")
(define ind "0123456789")
(define i 5)
```

参考习题 1，了解如何使用 DrRacket 创建表达式。■

习题 4 使用与习题 3 中相同的设置，创建从 str 中删除第 i 个位置的表达式。显然，这个表达式创建的字符串比输入的字符串要短。哪些 i 的值是合法的？■

1.4 图像的算术

图像（image）是一种可视的矩形数据，如照片或方形框架内的几何图形[①]。你可以在 DrRacket 中任意可以写入表达式的位置插入图像，因为图像也是值，就像数值和字符串一样。

程序同样可以使用基本运算来处理图像。这些基本运算分成 3 类。第一类涉及创建基本图像：

- circle 读入半径、模式字符串和颜色字符串，以此生成圆形图像；

① 记得要在新标签页中加载 *2htdp/image* 库。

- ellipse 读入两个半径、模式字符串和颜色字符串，以此生成椭圆；
- line 读入两个点和颜色字符串，以此生成线段；
- rectangle 读入宽度、高度、模式字符串和颜色字符串，以此生成矩形；
- text 读入字符串、字体大小和颜色字符串，以此生成文本的图像；
- triangle 读入大小、模式字符串和颜色字符串，以此生成指向向上的等边三角形。

这些运算的名称大多已经解释了它们创建的图像类型。你需要了解的是，模式字符串可以是"solid"（实心）或"outline"（空心），颜色字符串是诸如"orange"（橙色）、"black"（黑色）的字符串。

在交互窗口中试用这些操作：

```
> (circle 10 "solid" "green")

> (rectangle 10 20 "solid" "blue")

> (star 12 "solid" "gray")
```

等一下！这里用到了前面未提及的运算。请查阅其文档[①]，并找出 *2htdp/image* 库包含的其他此类运算。试用你找到的运算。

第二类关于图像的函数涉及图像的属性：

- image-width 以像素为单位返回图像的宽度；
- image-height 返回图像的高度；

它们从图像中提取出相应的值：

```
> (image-width (circle 10 "solid" "red"))
20
> (image-height (rectangle 10 20 "solid" "blue"))
20
```

停一下！解释一下 DrRacket 是怎样确定下面表达式的值的：

```
(+ (image-width (circle 10 "solid" "red"))
   (image-height (rectangle 10 20 "solid" "blue")))
```

要正确理解第三类合成图像的基本操作，需要引入一个新的概念——**锚点**（anchor point）。图像并不仅是一个像素，它由许多像素组成。具体而言，每个图像就像是一张照片，即由像素组成的矩形。其中有一个像素是隐式锚点。当使用图像操作组合两个图像时，除非你明确指定了其他点，否则组合的构图相对于锚点进行：

- overlay 读入多个图像，使用它们的中心作为锚点，将其堆叠起来；
- overlay/xy 类似于 overlay，但在两个图像参数之间接受两个数值——x 和 y，它会将第二个图像向右移 x 个像素，向下移 y 个像素——均相对于第一个图像的左上角而言；不出所料，负的 x 值会将图像左移，负的 y 值上移；
- overlay/align 类似于 overlay，但额外接受两个字符串，将锚点移到矩形的其他部分。总共有 9 个不同的位置；请尝试所有的可能性！

2htdp/image 库还提供了许多其他用于组合图像的基本函数。熟悉图像处理的过程中，你需要阅读这些内容。这里我们再介绍 3 个此类函数，因为它们对于为游戏创建动画场景和图像很重要：

① 中文版的教学包文档可在互联网上搜索关键字“HtDP 语言与教学包文档中文翻译”找到。——译者注

- `empty-scene` 创建给定宽度和高度的矩形场景；
- `place-image` 将图像放置在场景中的指定位置。如果图像不符合指定场景的尺寸，则对图像进行适当裁剪；
- `scene+line` 读入场景、4 个数值和颜色，在给定图像中绘制一条线。试试看它是如何工作的。

图像的算术规则与数值的算术规则类似，图 1-1 是相关的示例以及与数值算术的比较。再次强调，没有图像被破坏或改变。和+一样，这些原始运算只是以某种方式组合给定图像以生成新图像。

数值的算术	图像的算术

`(+ 1 1) == 2`	`(overlay (square 4 "solid" "orange")`
	`         (circle 6 "solid" "yellow"))`
	`==`

`(+ 1 2) == 3`	`(underlay (circle 6 "solid" "yellow")`
	`          (square 4 "solid" "orange"))`
	`==`

`(+ 2 2) == 4`	`(place-image (circle 6 "solid" "yellow")`
	`             10 10`
	`             (empty-scene 20 20))`
	`==`

…	…

图 1-1　图像创作规则

习题 5　使用 *2htdp/image* 库创建简单的船或树的图像。请确保你可以轻松更改整个图像的范围。■

习题 6　将下面一行添加到定义区：[①]

`(define cat`  `)`

编写计算图像中像素数量的表达式。■

1.5　布尔值的算术

在设计程序之前，我们还需要最后一种原始数据：布尔值。只有两种布尔值：`#true` 和 `#false`。程序使用布尔值来表示决定或开关的状态。

用布尔值进行计算也很简单。特别地，初级语言程序支持 3 种运算：`or`、`and` 和 `not`。这些运算有点类似数值的加法、乘法和取负。当然，因为只有两种布尔值，所以实际上可以展示这些函数在**所有**可能的情况下如何工作。

① 将图像复制并粘贴到 DrRacket 中。

- or 检查是否有**任何**给定的布尔值是#true：

```
> (or #true #true)
#true
> (or #true #false)
#true
> (or #false #true)
#true
> (or #false #false)
#false
```

- and 检查是否所有**给定**的布尔值都是#true：

```
> (and #true #true)
#true
> (and #true #false)
#false
> (and #false #true)
#false
> (and #false #false)
#false
```

- not 总是给出相反的布尔值：

```
> (not #true)
#false
```

不出所料，or 和 and 可以和两个以上的表达式一起使用。最后，关于 or 和 and 还有未能解释的地方，但若要更多的解释需等后文再次讨论嵌套表达式时进行。

习题 7 布尔表达式可以表达一些日常问题。假设你想决定今天是否适合去商场。如果不是晴天，或者今天是星期五（因为商店在周五发售新的卖品），你就去商场。[1]

使用关于布尔值的新知识，可以这样解决此问题。首先将这两行添加到 DrRacket 的定义区：

```
(define sunny #true)
(define friday #false)
```

现在创建表达式来计算 sunny 为假，或者 friday 为真。所以在这个特例中，答案是#false。（为什么？）

参考习题 1，了解如何在 DrRacket 中创建表达式。有多少种布尔值组合可以与 sunny 和 friday 关联在一起？■

1.6 布尔值的混合

布尔值的重要用途之一是用于对不同种类的数据进行计算。我们从开篇中知道，初级语言程序可以用定义来给数值命名。例如，我们可以从下面这个程序开始：

```
(define x 2)
```

然后计算其倒数：

```
(define inverse-of-x (/ 1 x))
```

只要我们不编辑程序并将 x 更改为 0，一切正常。

这就是用到布尔值的地方，特别是有条件的计算。首先，基本函数=确定两个（或更多）数

① 这个习题的表述由 Nadeem Hamid 提出。

值是否相等。如果相等，它会给出#true，否则给出#false。其次，初级语言有一种表达式，我们到目前为止还没有提到过：if 表达式。单词“if”看上去像是一个基本函数，但它不是。单词“if”后面跟着 3 个表达式，由空白（包括制表符、换行符等）分隔。自然地，整个表达式被括在括号中。下面是一个例子：

```
(if (= x 0) 0 (/ 1 x))
```

这个 if 表达式包含 3 个子表达式，即(= x 0)、0 和(/ 1 x)。这个表达式的求值分两步进行：

（1）第一个表达式总会被求值。其结果必须是布尔值；

（2）如果第一个表达式的结果是#true，则对第二个表达式求值；否则对第三个求值。无论结果是什么，它们就是整个 if 表达式的求值结果①。

基于上面的 x 的定义，你可以在交互区中试验 if 表达式：

```
> (if (= x 0) 0 (/ 1 x))
0.5
```

使用算术规则，你也可以自己求出结果：

```
(if (= x 0) 0 (/ 1 x))
== ; 因为 x 代表 2
(if (= 2 0) 0 (/ 1 2))
== ; 2 不等于 0，所以(= 2 0)为#false
(if #false 0 (/ 1 x))
(/ 1 2)
== ; 将其标准化为十进制表示
0.5
```

换句话说，DrRacket 知道 x 表示 2，且后者不等于 0。因此，(= x 0)求得结果#false，这表明 if 选择其第三个子表达式进行求值。

停一下！想象一下你编辑定义，使其看起来像这样：

```
(define x 0)
```

你认为

```
(if (= x 0) 0 (/ 1 x))
```

在这种情况下求值是什么呢？为什么？给出计算过程。

除=之外，初级语言还提供了大量其他比较运算。解释以下 4 个比较基本运算（<、<=、>和>=）是如何比较数值的。

字符串不用=等运算比较。如果需要比较字符串，你必须使用 string=?、string<=?或者 string>=?。显然 string=?检查两个给定的字符串是否相等，而另外两个基本运算需要进一步解释。查阅这些基本运算的文档。或者，试验，猜测一般规则，然后检查文档，看看是否猜对了。

你可能想知道为什么有必要比较字符串。可以想象处理交通信号灯的程序。它可能使用字符串"green"、"yellow"和"red"。这类程序可能包含如下的片段：

```
(define current-color ...)②

(define next-color
  (if (string=? "green" current-color) "yellow" ...))
```

① 右键单击结果并选择其他表示。

② 当然，current-color 定义中的...并不是程序的一部分，将它们替换为指代某种颜色的字符串。

应该很容易想象，这个程序片段处理的是确定接下来要打开哪个灯泡，以及哪个灯泡应该关闭的计算。

接下来的几章会介绍比 if 表达式更适合表达条件计算的表达式，最重要的是，介绍设计它们的系统化方法。

习题 8 将以下行添加到定义区：

(define cat )

创建计算图像是高还是宽的条件表达式。如果图像的高度大于或等于其宽度，则图像应被标记为"tall"（高）；否则标记为"wide"（宽）。关于如何在 DrRacket 中创建此类表达式，参见习题 1；在试验时，请用你选择的矩形（图像）替换猫（的图像），以确保自己知道预期的答案。

现在尝试下面的修改。创建计算图片是"tall"、"wide"还是"square"（方）的表达式。■

1.7 谓词：了解你的数据

记住表达式(string-length 42)和它的结果。实际上，此表达式没有结果，计算时它会报错。DrRacket 可通过交互区中的红色文本让你了解错误，并会突出显示错误的表达式（位于定义区中）。当你使用这个表达式（或类似的表达式）深深地嵌套在其他表达式中时，这种标记错误的方式特别有用：

```
(* (+ (string-length 42) 1) pi)
```

将此表达式分别输入 DrRacket 的交互区和定义区（然后单击“运行”按钮），以此尝试使用之。

当然，你并不想在自己的程序中使用这种发送错误消息的表达式。通常，你不会犯类似于把 42 用作字符串那样明显的错误。然而，程序处理可能同时代表数值和字符串的变量还是相当常见的：

```
(define in ...)

(string-length in)
```

类似于 in 这样的变量可以是任何值的占位符（包括数值）之后该值出现在 string- length 表达式中。

防止此类事故的一种方法是使用**谓词**，谓词是一种函数，它会读入一个值并确定这个值是否属于某类数据。例如，谓词 number?确定给定值是否为数值：

```
> (number? 4)
#true
> (number? pi)
#true
> (number? #true)
#false
> (number? "fortytwo")
#false
```

如你所见，谓词返回布尔值。因此，结合使用谓词和条件表达式时，程序就可以保护表达式不被误用：

```
(define in ...)

(if (string? in) (string-length in) ...)
```

本章介绍的每类数据都带有相应的谓词。尝试使用 number?、string?、image?和 boolean?以确保自己了解它们的工作方式。

除区分不同形式的数据的谓词之外，编程语言还带有区分不同类型数值的谓词。在初级语言中，数值按两种方式分类：结构和精确性。结构是指熟悉的数的集合：integer?（整数）、rational?（有理数）、real?（实数）和 complex?（复数）[①]，但是包括初级语言在内的许多编程语言也选择使用有限值来近似熟悉的常量，这会导致 rational?谓词产生令人惊讶的结果：

```
> (rational? pi)
#true
```

至于精确性，我们之前已经提到过这个想法。现在，尝试 exact?（精确的）和 inexact?（不精确的）以确保它们执行其名字表明的检查。稍后我们将详细讨论数值的性质。

习题 9 将以下行添加到 DrRacket 的定义区中：

```
(define in ...)
```

然后创建表达式，将 in 的值转换为正数。对于字符串，它是字符串的长度；对于图像，它是图像的面积；对于数值，它将数值减 1，除非它已经是 0 或负数；对于#true，它是 10，而对于#false 则是 20。

参考习题 1，了解如何在 DrRacket 中创建表达式。■

习题 10 现在请放松，然后阅读下一章。■

① 在交互区的提示处输入(sqrt -1)并点击回车键。仔细观察结果。你看到的结果是一般人遇到的第一个所谓的复数。虽然老师可能告诉过你，不计算负数的平方根，但事实是数学家和一些程序员发现这是可以接受的并且有用的。但是不要担心：理解复数对成为程序设计师来说并不重要。

第 2 章　函数和程序

就编程而言，“算术”是游戏的一半，另一半是“代数”。当然，“代数”与学校教的代数概念相关，就好比与前一章的“算术”概念相关的是小学数学中的算术。具体而言，所需的代数概念是变量、函数定义、函数调用和函数的复合。本章以有趣且易于理解的方式重新让你熟悉这些概念。

2.1　函数

程序由函数组成。与函数一样，程序读入输入并产生输出。与你可能知道的函数不同，程序使用各种数据：数值、字符串、图像，以及所有这些的混合等。此外，程序由现实世界中的事件触发，程序的输出又影响真实世界。例如，电子表格程序可能会对会计师的按键做出反应，例如在单元格中填入一些数值，或者计算机上的日历程序可能会在每个月的最后一天启动月度工资计算程序。最后，程序可能不会立即使用所有的输入数据，而是可能决定以增量方式处理数据。

定义　尽管许多程序设计语言模糊了程序和函数之间的关系，但初级语言却强调了这一点。每个初级语言程序都由若干定义组成，通常后跟一个包含这些定义的表达式。有以下两种定义：

- *常量定义*，形如`(define` *`Variable Expression`*`)`，我们在前一章遇到过；
- *函数定义*，有很多种形式，我们在开篇中用到了其中的一种。

类似于表达式，初级语言中函数定义的形式很一致：

```
(define (FunctionName Variable ... Variable)
  Expression)
```

也就是说，要定义一个函数，我们这样写：

- “`(define (`”；
- 函数的名称；
- 后跟几个变量，以空格分隔并以“`)`”结尾；
- 接着是一个表达式后跟“`)`”。

这就是函数定义的全部。这里有一些小例子：

- `(define (f x) 1)`
- `(define (g x y) (+ 1 1))`
- `(define (h x y z) (+ (* 2 2) 3))`

在解释为什么这些例子有点蠢之前，我们需要解释一下函数定义的含义。粗略地说，函数定义引入了对数据的新运算；换句话说，如果我们将基本运算看作始终可用的运算，则函数定义会作为新的运算添加进来。像基本函数一样，被定义的函数会读入输入。变量的数量决定了函数读入多少个输入（也称为参数）。因此，`f` 是单参数函数，有时称为*一元*函数。相反，`g` 是双参数函数，也称为*二元*函数，而 `h` 是三参数函数或者*三元*函数。（后面的）表达式（通常称为函数体）决定输出。

这些例子有点儿蠢，因为函数内部的表达式不涉及变量。由于变量是关于输入的，因此在表达式中不提及它们就意味着函数的输出与其输入无关，从而输出总是相同的。如果输出总是相同的，我们就不需要编写函数或程序。

变量不是数据，它们代表数据。例如，常量定义如

```
(define x 3)
```

表明 x 总是表示 3。函数头中的变量，即函数名称后面的变量，是**未知**数据的占位符，即函数的输入。使用这些数据的方式是在函数体中使用对应的变量，这样在调用函数时就知道变量的值了。

考虑下面的定义片段：

```
(define (ff a) ...)
```

它的函数头是(ff a)，这意味着 ff 读入一个输入，而变量 a 是这个输入的占位符。当然，在我们定义函数的时候，我们不知道它的输入是什么。事实上，定义函数的目的就是，我们可以对许多不同的输入多次使用此函数。

有用的函数体中会用到函数的参数。对函数参数的引用实际上是对作为函数输入的数据的引用。如果这样完成 ff 的定义：

```
(define (ff a)
  (* 10 a))
```

就表示函数的输出是其输入的十倍。可以假定这个函数的输入是数值，因为将图像、布尔值或字符串乘以 10 是没有意义的。

目前，唯一剩下的问题是函数如何获得输入。为此，我们转向函数调用的概念。

调用 函数调用使通过 define 定义的函数起作用，它看起来就和调用预定义运算一样：

- 写下“(”；
- 写下被定义函数的名称 f；
- 写下和 f 读入数量一样多的实参，以空格分隔；
- 在最后加上“)”。

解释了这一点之后，你现在可以在交互区中尝试使用函数了，就像之前我们建议通过尝试使用基本运算来找出它们计算的内容一样。例如，以下 3 个试验证实，无论调用哪种输入，上面的 f 都会产生相同的值：

```
> (f 1)
1
> (f "hello world")
1
> (f #true)
1
```

(f (circle 3 "solid" "red"))返回什么？[①]

可以看到，即使用图像作输入也不会改变 f 的行为。但是，当函数作用于太少或太多实参时会发生这种情况：

```
> (f)
f:expects 1 argument, found none
```

① 请记得在定义区添加(require 2htdp/image)。

```
> (f 1 2 3 4 5)
f:expects only 1 argument, found 5
```

DrRacket 给出的错误与你将基本运算作用于错误数量的实参时看到的错误类似：

```
> (+)
+:expects at least 2 arguments, found none
```

函数不必非得在交互区的提示符后调用。嵌套在其他函数调用中的函数调用是完全可以接受的：

```
> (+ (ff 3) 2)
32
> (* (ff 4) (+ (ff 3) 2))
1280
> (ff (ff 1))
100
```

习题 11 定义一个函数，它读入两个数值 x 和 y，计算点 (x, y) 到原点的距离。

在习题 1 中，你为具体的 x 和 y 的值设计了此函数的右侧部分。现在只需添加函数头。■

习题 12 定义函数 `cvolume`，它读入正方体的边长并计算其体积。如果你有时间，也可以考虑定义 `csurface`（计算其表面积）。

提示 正方体是由 6 个正方形构成的三维容器。只需知道正方形的面积是其边长的平方，你就可以确定立方体的表面积。它的体积是其边长乘以其中一个正方形的面积。（为什么？）■

习题 13 定义函数 `string-first`，它从**非空**字符串中提取第一个 1String。■

习题 14 定义函数 `string-last`，它从非空字符串中提取最后一个 1String。■

习题 15 定义==>。该函数读入两个布尔值，称之为 `sunny` 和 `friday`。如果 `sunny` 为假或 `friday` 为真，它的返回值就是`#true`。**注意** 逻辑学家将这个布尔运算称为蕴涵，并且他们使用符号 *sunny => friday* 来表示这个表达式。■

习题 16 定义函数 `image-area`，它计算给定图像中像素的数量。参见习题 6 获取思路。■

习题 17 定义函数 `image-classify`，它读入一幅图像。如果图像高度大于宽度，则返回`"tall"`；如果图像宽度大于高度，则返回`"wide"`；如果宽度和高度相等，则返回`"square"`。参见习题 8 获取思路。■

习题 18 定义函数 `string-join`，它读入两个字符串并在它们之间加上`"_"`。参见习题 2 获取思路。■

习题 19 定义函数 `string-insert`，它读入字符串 `str` 和数值 `i`，并在 `str` 的第 *i* 个位置插入`"_"`。假定 `i` 是介于 `0` 和给定字符串的长度（包含）之间的数。参见习题 3 获取思路。思考 `string-insert` 如何处理`""`。■

习题 20 定义函数 `string-delete`，它读入字符串 `str` 和数值 `i`，并从 `str` 中删除第 *i* 个位置的字符。假设 `i` 是 `0`（包含）和给定字符串的长度（不包含）之间的数。参见习题 4 获取思路。`string-delete` 可以处理空字符串吗？■

2.2 计算

函数定义和函数调用协同工作。如果想设计程序，你必须理解这种协作，因为需要想象

DrRacket 如何运行自己的程序，并且因为**当**出错时需要弄清楚问题**在哪**，而且**会**出错。

虽然你可能已经在代数课程中看到过这个想法，但我们更愿意用自己的方式来解释它。现在就开始。函数调用的求值过程分 3 步进行：DrRacket 确定实参表达式的值；检查实参的数量和函数形参的数量是否相同；如果相同，DrRacket 计算函数体的值，其中所有形参都被相应的实参的数值替代。最后求得的值就是函数调用的值。有点拗口，所以我们需要例子说明。

下面是对 f 计算的示例：

```
(f (+ 1 1))
== ; DrRacket 知道(+ 1 1) == 2
(f 2)
== ; DrRacket 将所有的 x 都替换为 2
1
```

最后一个等式有点儿怪，因为 x 没有出现在 f 的函数体中。因此，在函数体中用 2 替代 x 的出现得到 1，也就是函数体本身。

对于 ff，DrRacket 执行的计算就不同了：

```
(ff (+ 1 1))
== ; 同前，DrRacket 知道(+ 1 1) == 2
(ff 2)
== ; DrRacket 将 ff 函数体中的 a 替换为 2
(* 10 2)
== ; 这一步 DrRacket 用的就是一般的算术
20
```

好消息是，将这些计算规则与算术规则结合起来时，几乎可以预测初级语言中任何程序的结果：

```
(+ (ff (+ 1 2)) 2)
== ; DrRacket 知道(+ 1 2) == 3
(+ (ff 3) 2)
== ; DrRacket 将 ff 函数体中的 a 替换为 3
(+ (* 10 3) 2)
== ; 接下去就是算术规则了
(+ 30 2)
==
32
```

自然而然地，我们可以在其他计算中重复使用此计算的结果：

```
(* (ff 4) (+ (ff 3) 2))
== ; DrRacket 将 ff 函数体中的 a 替换为 4
(* (* 10 4) (+ (ff 3) 2))
== ; DrRacket 知道(* 10 4) == 40
(* 40 (+ (ff 3) 2))
== ; 这一步使用上述的计算结果
(* 40 32)
==
1280 ; 只是数学而已
```

总而言之，DrRacket 是一位快得令人难以置信的代数学生，它知道所有的算术规则，而且对替换十分拿手。更好的是，DrRacket 不仅可以确定表达式的值，它还可以告诉你是**如何**做到的。也就是说，如果你要确定表达式的值，它可以逐步展示如何解决这些代数问题。

再看一下 DrRacket 附带的按钮。其中一个看起来像是音频播放器上的“快进到下一首曲目”按钮。如果单击此按钮，则会弹出**步进器**（stepper）窗口，你可以单步执行定义区中的程序。

在定义区中输入 ff 的定义。在其下加上(ff (+ 1 1))。接下来点击“单步执行”按钮。步进器窗口将会弹出，图 2-1 显示了 DrRacket 软件的版本 6.2 中的它的外观。此时，你可以使用向前和向后箭头查看 DrRacket 用于确定表达式值的所有计算步骤。观察步进器如何执行与我们相同的计算。

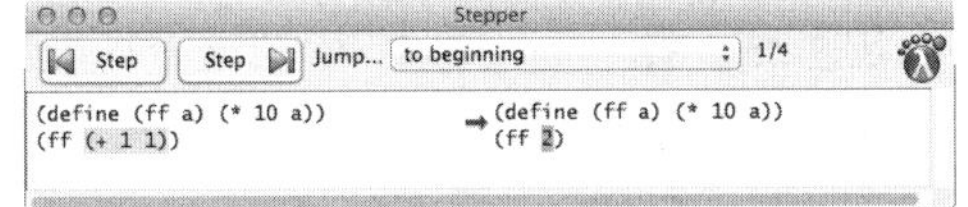

图 2-1 DrRacket 的步进器

停一下！是的，你可以使用 DrRacket 来解决自己的某些代数作业。试用步进器提供的各种选项。

习题 21 使用 DrRacket 的步进器对`(ff (ff 1))`逐步求值。另请试试`(+ (ff 1) (ff 1))`。DrRacket 的步进器有没有复用计算结果？■

这里，你可能会觉得自己回到了代数课程中，所有这些计算涉及的都是无趣的函数和数值。幸运的是，这种方法适用于本书中的**所有**程序，包括有趣的程序。

我们先看看处理字符串的函数。回想一下字符串算术的规则：

```
(string-append "hello" " " "world") == "hello world"
(string-append "bye" ", " "world") == "bye, world"
...
```

现在假设我们定义了一个创建信件开头的函数：

```
(define (opening first-name last-name)
  (string-append "Dear " first-name ","))
```

当这个函数作用于两个字符串时，你会得到一个信件开头：

```
> (opening "Matthew" "Fisler")
"Dear Matthew,"
```

更重要的是，计算规则解释了 DrRacket 如何确定这个结果，以及如何预测 DrRacket 的功能：

```
(opening "Matthew" "Fisler")
==  ; DrRacket 将 first-name 替换为"Matthew"
(string-append "Dear " "Matthew" ",")
==
"Dear Matthew,"
```

由于`opening`的定义中不包含`last-name`，因此将其替换为`"Fisler"`没有任何效果。

本书的其余部分将介绍更多形式的数据。①为了解释数据运算，我们在本书中总是使用类似的算术规则。

习题 22 对下面这个程序片段使用 DrRacket 的步进器：

```
(define (distance-to-origin x y)
  (sqrt (+ (sqr x) (sqr y))))
(distance-to-origin 3 4)
```

其解释是否符合你的直觉？■

习题 23 `"hello world"`中的第一个 1String 是`"h"`。下面这个函数如何计算其结果？

```
(define (string-first s)
  (substring s 0 1))
```

用步进器来证实你的想法。■

习题 24 下面是`==>`的定义：

```
(define (==> x y)
  (or (not x) y))
```

① 最终你会遇到命令式运算，它们不是将值组合起来或提取出来，而是会**修改**它们。对于这种运算求值，你需要在算术规则和替代规则的基础上添加一些规则。

用步进器来确定`(==> #true #false)`的值。■

习题 25　看一下习题 17 中的这个可能的解：

```
(define (image-classify img)
  (cond
    [(>= (image-height img) (image-width img)) "tall"]
    [(= (image-height img) (image-width img)) "square"]
    [(<= (image-height img) (image-width img)) "wide"]))
```

用步进器试试此函数的调用，有什么需要修正的吗？■

习题 26　对于下面这个程序，你期望它的值是什么：

```
(define (string-insert s i)
  (string-append (substring s 0 i)
                 "_"
                 (substring s i)))

(string-insert "helloworld" 6)
```

用 DrRacket 及其步进器证实你的期望。■

2.3 函数的复合

程序很少由单个函数定义组成。通常，程序由主定义和其他几个函数组成，一个函数调用的结果就是另一个函数的输入。借助代数术语，我们称这种函数定义的方式为复合，并将这些附加函数称为*辅助函数*。

考虑图 2-2 中用于填写信件模板的程序。它由 4 个函数组成。第一个是主函数，它读入收件人的名字和姓氏，外加一个签名，生成完整的信件。主函数用到了 3 个辅助函数，用于生成信件的 3 个部分（开头、正文和签名），并使用 `string-append` 以正确的顺序将结果复合起来。

```
(define (letter fst lst signature-name)
  (string-append
    (opening fst)
    "\n\n"
    (body fst lst)
    "\n\n"
    (closing signature-name)))

(define (opening fst)
  (string-append "Dear " fst ","))

(define (body fst lst)
  (string-append
   "We have discovered that all people with the" "\n"
   "last name " lst " have won our lottery. So, " "\n"
   fst ", " "hurry and pick up your prize."))

(define (closing signature-name)
  (string-append
   "Sincerely,"
   "\n\n"
   signature-name
   "\n"))
```

图 2-2　一个批处理程序

停一下！将这些定义输入 DrRacket 的定义区，单击“运行”按钮，然后在交互区中对这些表达式求值：

```
> (letter "Matthew" "Fisler" "Felleisen")
"Dear Matthew,\n\nWe have discovered that ...\n"
> (letter "Kathi" "Felleisen" "Findler")
"Dear Kathi,\n\nWe have discovered that ...\n"
```

附注 结果是包含"\n"的长字符串，"\n"表示**打印**字符串时的换行。现在在程序中添加(require 2htdp/batch-io)，这会导入write-file函数，它允许你将字符串**打印**到控制台：[①]

```
> (write-file 'stdout (letter "Matt" "Fiss" "Fell"))
Dear Matt,

We have discovered that all people with the
last name Fiss have won our lottery. So,
Matt, hurry and pick up your prize.

Sincerely,

Fell
'stdout
```

2.5节在一定程度上解释了这里的批处理程序。

一般来说，当问题涉及不同的计算任务时，程序应该由多个函数组成，每个任务对应一个函数，此外还有将所有任务集中在一起的主函数。我们将这个想法归结为简单的口号：

为每个任务定义一个函数。

遵循这个口号的好处是，你可以获得相当短小的函数，每个函数都很容易理解，而且其复合也易于理解。一旦学会了设计函数，你就会意识到让小函数正常工作比让大函数正常工作容易得多。另一个好处是，如果由于对问题陈述的一些改变而需要更改程序的一部分，那么当它被组织为一组小函数而不是大型的单个函数时，寻找相关部分程序要容易得多。

下面用一个示例问题来说明这一点。

示例问题 在一个小镇上，垄断性电影院的业主可以完全自由地设定票价。他收费越多，买得起门票的人越少。他收费越少，由于到场人数增多，运营的费用就越高。在最近的一次实验中，业主确定了票价和平均到场人数之间的关系。

当票价为每张5.00美元时，120人会观看节目。票价每变动10美分，平均到场人数会变动15人。也就是说，如果业主收取5.10美元，平均有105人观看；如果价格降至4.90美元，那么平均到场人数将增加到135人。让我们将这个想法转化为数学公式：

平均到场人数 = 120人 − (票价改变额美元) / (0.10美元) × 15人

停一下！先解释一下这里的减号。

但是，到场人数的增加也会导致成本增加。每场演出的固定成本为180美元，每位到场者的可变成本为0.04美元。

业主想知道利润和票价之间的确切关系，以获得最大利润。

虽然任务很明确，但如何解决并不明确。现在可以确定的是，几个数量之间都互为依赖。当我们面对这样的情况时，最好逐个梳理各种依赖关系。

（1）问题陈述表明到场人数（attendees）取决于票价（ticket-price）。计算到场人

① 现在可以将'stdout当作字符串。

数显然是一个单独的任务，因此应该有其自己的函数定义：

```
(define (attendees ticket-price)
  (- 120 (* (- ticket-price 5.0) (/ 15 0.1))))
```

（2）收入（revenue）完成由门票销售产生，这意味着它是票价和到场人数的乘积：

```
(define (revenue ticket-price)
  (* ticket-price (attendees ticket-price)))
```

（3）成本（cost）由两部分组成：固定部分（180 美元）和取决于到场人数的可变部分。鉴于到场人数是票价的函数，计算演出成本的函数也必须读入票价，以便复用到场人数函数（attendees）：

```
(define (cost ticket-price)
  (+ 180 (* 0.04 (attendees ticket-price))))
```

（4）最后，利润（profit）是给定票价之后，收入和成本之间的差额：

```
(define (profit ticket-price)
  (- (revenue ticket-price)
     (cost ticket-price)))
```

使用初级语言定义的 profit（利润函数）直接遵循了非正式问题描述的建议。

这 4 个函数就是计算利润所需要的全部了，现在我们可以使用利润函数来确定适合的票价。

习题 27 对这个示例问题的解决方案中，几个函数都包含了常量。正如开篇中的“一个程序，多个定义”一节所指出的，最好给这些常量赋予名称，以便将来的读者理解这些数值的来源。整理 DrRacket 的定义区中的所有定义，更改它们，将所有魔术值重构为常量定义。■

习题 28 求出这些票价对应的潜在利润：1 美元、2 美元、3 美元、4 美元和 5 美元。哪种票价能使电影院的利润最大化？以 10 美分为最小单位，确定最佳票价。■

下面是同一个程序的另一种版本，以单个函数定义的形式给出：

```
(define (profit price)
  (- (* (+ 120
           (* (/ 15 0.1)
              (- 5.0 price)))
        price)
     (+ 180
        (* 0.04
           (+ 120
              (* (/ 15 0.1)
                 (- 5.0 price)))))))
```

将此定义输入 DrRacket，并用 1 美元、2 美元、3 美元、4 美元和 5 美元作为输入，确保它与原始版本生成的结果相同。看一眼就能明白，与前述 4 个函数相比，要理解这个函数难度大多了。

习题 29 在研究了节目的成本之后，业主发现了几种降低成本的方法。这些改进的结果是，固定成本消失了，每位到场者的可变成本为 1.50 美元。

修改这两个程序以反映此更改。修改程序之后，再以 3 美元、4 美元和 5 美元的票价测试之并比较结果。■

2.4 全局常量

正如开篇中说的那样，类似于 profit 的函数会从使用全局常量中受益。每种编程语言都允许程序员定义常量。在初级语言中，这种定义具有以下形式：

- 写下“(define ”；
- 写下名称；
- 后跟空格和一个表达式；
- 最后写下“)”。

常量的名称是*全局变量*，而这种定义被称为*常量定义*。我们倾向于将常量定义中的表达式称为定义的*右侧*。

常量定义可为所有形式的数据引入名称，这些数据包括数值、图像、字符串等。下面是一些简单的例子：

```
; 当前电影院的票价：
(define CURRENT-PRICE 5)

; 对计算圆盘的面积很有用：
(define ALMOST-PI 3.14)

; 空行：
(define NL "\n")

; 空白场景：
(define MT (empty-scene 100 100))
```

前两个是数值常量，后两个分别是字符串和图像。按照惯例，全局常量使用大写字母，因为这可以确保无论程序有多大，程序的读者都可以轻松地将这些变量与其他变量区分开。

程序中的所有函数都可以引用这些全局变量。对变量的引用就和使用相应的常量一样。使用变量名称而不是常量的好处是，编辑一处常量定义就会影响所有用到它的地方。例如，我们可能希望增加 ALMOST-PI 的数字位数，或放大空白场景：

```
(define ALMOST-PI 3.14159)

; 空白场景：
(define MT (empty-scene 200 800))
```

这里大多数示例定义在右侧使用*字面常量*，但最后一个例子使用了表达式。事实上，程序员可以使用任意表达式来计算常量。假设某个程序需要处理某种大小和中心位置的图像：

```
(define WIDTH 100)
(define HEIGHT 200)

(define MID-WIDTH (/ WIDTH 2))
(define MID-HEIGHT (/ HEIGHT 2))
```

这里，在右侧用到了两个字面常量，也用到了两个*计算常量*，即，变量的值不只是字面常量，而且是表达式求值的结果。

我们再次强调口号：

为问题陈述中提到的每一个常量，引入对应的常量定义。

习题 30 为电影院的价格优化程序定义常数，使到场人数的价格敏感度（每 10 美分 15 人）变为计算常量。■

2.5 程序

你已准备好创建简单程序了。从编码的角度来看，程序只是一堆函数和常量的定义。通常，有一个函数是“主”函数，它的功能主要是复合其他函数。然而，从启动程序的角度来看，程序可以分成两种截然不同的类型。

- 批处理程序会立即读入所有的输入并计算结果。它的主函数会复合辅助函数，而辅助函数又可以调用其他辅助函数，依次类推。当启动批处理程序时，操作系统会根据输入调用主函数，然后等待程序的输出。
- 交互式程序会读入部分输入，计算，生成部分输出，读入更多的输入，诸如此类。当某个输入出现定时，我们称之为一个事件，而创建的交互式程序就是事件驱动的程序。此类事件驱动程序的主函数用表达式来描述哪些函数可以处理哪种事件。这些函数被称为事件处理程序。

  当启动交互式程序时，主函数会告知操作系统这个描述。只要输入事件发生，操作系统就会调用匹配的事件处理程序。类似地，操作系统从描述中得知何时以及如何将这些函数调用的结果呈现为输出。

本书主要关注通过图形用户界面（GUI）进行交互的程序，还有其他类型的交互式程序，当继续学习计算机科学时，你会了解这些。

1. 批处理程序

如前所述，批处理程序会立即读入所有输入，并根据这些输入计算结果。它的主函数读入一些参数，将它们传递给辅助函数，从这些辅助函数中接收结果，并将结果复合成它自己的最终答案。

一旦创建了程序，我们就要使用它。在 DrRacket 中，我们在交互区启动批处理程序，以便我们可以观察程序的运行。

如果程序可以从某个文件中读入输入并将输出写入另一个文件，那么这些程序就会更有用。事实上，“批处理程序”这个名称可以追溯到计算机早期，当时程序从打洞的卡片中读取（一个或多个）文件并将结果放入其他文件（也同样存放在卡片中）。从概念上讲，批处理程序一次性读取输入文件，并且一次性生成结果文件。

我们使用 *2htdp/batch-io* 库来创建这种基于文件的批处理程序，该库给我们的词汇表中添加了如下两个函数（它还提供其他函数）：

- `read-file`，它将整个文件的内容作为字符串读入；
- `write-file`，用给定的字符串创建一个文件。

下面的函数[①]将字符串写入文件，再从文件中读取字符串：

```
> (write-file "sample.dat" "212")
"sample.dat"
> (read-file "sample.dat")
"212"
```

第一次交互之后，名为`"sample.dat"`的文件内容是

```
212
```

`write-file` 的结果确认字符串已被放入文件中。如果文件已经存在，它会用给定的字符串替换文件的内容；否则，它会创建新文件并将给定的字符串作为文件内容。第二个交互`(read-file "sample.dat")`生成`"212"`，因为它将`"sample.dat"`的内容读入为字符串。

① 在对这些表达式求值之前，请将定义区保存到文件中。

出于实用的原因，write-file 也接受'stdout 为第一个参数，这是一种特殊的标记。此时它会在当前交互区显示所生成文件的内容，例如：[①]

```
> (write-file 'stdout "212\n")
212
'stdout
```

同样，read-file 接受'stdin 作为文件名的替代，并从当前交互区读取输入。

我们举一个简单的例子说明批处理程序的创建过程。假设我们希望创建程序，将华氏温度计测量的温度转换为摄氏温度。别担心，这个问题不是要测试你的物理知识，转换公式是：[②]

$$C = \frac{5}{9} \cdot (f - 32)$$

当然，在这个公式中，f 是华氏温度，C 是摄氏温度。虽然这个公式对代数入门的教科书来说可能足够好了，但数学家或程序员会将等式的左边写成 $C(f)$，以提醒读者 f 是给定的值，而 C 是从 f 计算而来的。

将此公式转换成初级语言很简单：

```
(define (C f)
  (* 5/9 (- f 32)))
```

想一想，5/9 是一个数值，准确地说是一个有理分式，函数表示法所表达的意思是，C 的值取决于给定的 f。

在交互区启动此批处理程序，工作如常：

```
> (C 32)
0
> (C 212)
100
> (C -40)
-40
```

不过，假设我们希望使用该函数作为程序的一部分，从文件中读取华氏温度，将该数值转换为摄氏温度，然后创建另一个包含结果的文件。

现在我们已经有了用初级语言表述的转换公式，创建主函数就是将现有的基本函数和 C 复合起来：

```
(define (convert in out)
  (write-file out
    (string-append
      (number->string
        (C
          (string->number
            (read-file in))))
      "\n")))
```

我们称此主函数为 convert。它读入两个文件名：in 是包含华氏温度的文件，out 则包含我们想要的摄氏温度的结果。5 个函数的复合计算 convert 的结果。我们来仔细研究 convert 的函数体。

（1）(read-file in) 以字符串形式读入指定文件的内容。

（2）string->number 将此字符串转换为数值。

① 名称'stdout 和'stdin 分别是标准输出设备和标准输入设备的缩写。

② 本书不需要你记忆事实，但我们确实希望你知道在哪里查找它们。你知道去哪里找温度转换的规则吗？

（3）c 将此数值理解为华氏温度，并将其转换为摄氏温度。

（4）number->string 读入摄氏温度并将其转换为字符串。

（5）(write-file out ...)将该字符串放入名为 out 的文件中。

这一长串步骤可能看起来很复杂，这还没有包含 string-append 部分。停一下！解释一下。

```
(string-append ... "\n")
```

作为对比，入门代数课程中一般的函数复合只涉及两个函数，也可能是 3 个函数。但请记住，程序要完成真实世界的任务，而代数练习仅仅是说明函数复合的思想。

现在，我们可以尝试 convert 了。首先，我们用 write-file 创建用于 convert 的输入文件：①

```
> (write-file "sample.dat" "212")
"sample.dat"
> (convert "sample.dat" 'stdout)
100
'stdout
> (convert "sample.dat" "out.dat")
"out.dat"
> (read-file "out.dat")
"100"
```

这里的第一个交互中使用了'stdout，以便我们可以查看 DrRacket 交互区中 convert 的输出。第二个交互中，convert 被输入"out.dat"。正如所料，调用 convert 返回此字符串。根据 write-file 的描述，我们还知道它在文件中留存了华氏温度。这里我们用 read-file 来读取此文件的内容，但你也可以用文本编辑器来查看它。

对于批处理程序，除运行之外，单步执行计算也很有指导意义。确保文件"sample.dat"存在并且只包含一个数值，然后单击 DrRacket 中的“单步执行”按钮。这样做会打开另一个窗口，你可以在其中细读调用批处理程序触发的主函数的计算过程。你会看到该过程遵循上述提纲。

习题 31 回顾 2.3 节中的 letter 程序。我们这样启动程序，并将其输出写入交互区：

```
> (write-file
   'stdout
   (letter "Matthew" "Fisler" "Felleisen"))
Dear Matthew,

We have discovered that all people with the
last name Fisler have won our lottery. So,
Matthew, hurry and pick up your prize.

Sincerely,

Felleisen
'stdout
```

当然，程序的用途在于，你可以用许多不同的输入启动它。选择 3 个输入来运行 letter。下面是一个写信的批处理程序，它从 3 个文件中读取名称，然后将信写入一个文件中：

```
(define (main in-fst in-lst in-signature out)
  (write-file out
```

① 你也可以使用文件编辑器来创建"sample.dat"。

```
(letter (read-file in-fst)
        (read-file in-lst)
        (read-file in-signature))))
```

该函数读入 4 个字符串：前 3 个是输入文件的名称，最后一个用作输出文件。它使用前 3 个字符串从 3 个给定文件名的文件中各读取一个字符串，将这些字符串传给 letter，最后将此函数调用的结果写入由 out（main 的第 4 个参数）命名的文件。

创建合适的文件，启动 main，然后检查它是否在给定的文件中写出预期的信件。■

2. 交互式程序

批处理程序是计算机业务用途的重要组成部分，但现在人们遇到的程序是交互式的。在当今这个时代，人们主要通过键盘和鼠标与桌面应用程序进行交互。此外，交互式程序还可以对计算机生成的事件做出反应，例如时钟的滴答或来自其他计算机的消息。

习题 32 大多数人不再只使用台式计算机来运行应用程序，而是也使用手机、平板电脑和汽车的信息控制屏幕。不久的未来，人们将使用可穿戴式的计算机，如智能眼镜、智能衣物和智能运动装备。在更遥远的将来，人们可能会使用直接与身体功能交互的内置生物计算机。想象十种不同形式的、此类计算机上的软件应用程序必须处理的事件。■

本节的目的是介绍编写**交互式**初级语言程序的机制。因为本书中许多项目风格的例子都是交互式程序，所以我们会缓慢而仔细地介绍这些概念。在处理某些交互式编程项目时，你可以回来阅读本节。第二次或第三次阅读可能会澄清一些机制的高端细节。

没有安装软件的计算机本身只是一种没什么用处的物理设备。它被称为*硬件*是因为你可以触摸到它。一旦安装了*软件*，即一套程序，这种设备就变得有用了。通常，要在计算机上安装的第一个软件是*操作系统*。它的任务是管理计算机，包括其上连接的设备，如显示器、键盘、鼠标、扬声器等。其工作方式是，当用户按下键盘上的某个键时，操作系统将运行处理按键的函数。我们称按键为*键盘事件*，而称函数为*事件处理程序*。同样，操作系统运行时钟滴答、鼠标操作等事件处理程序。对应的，在事件处理程序完成其工作后，操作系统必须更新屏幕上的图像、响铃、打印文档或执行类似操作。为了完成这些任务，它需要运行函数以将操作系统的数据转换为声音、图像、打印机操作等。

当然，不同的程序有不同的需求。一个程序可以将击键理解为控制核反应堆的信号，另一个程序则将击键传递给文字处理器。为了使通用计算机能够处理各种根本不同的任务，不同的程序会安装不同的事件处理程序。也就是说，火箭发射程序使用一种函数来处理时钟滴答，而烤箱的软件则使用另一种函数来处理同样的时钟滴答。

要设计交互式程序，就需要一种方法来指定函数，如一个函数处理键盘事件、另一个函数处理时钟滴答、第三个函数将某些数据作为图像呈现，等等。交互式程序主函数的任务就是将这些指定传送给操作系统，也就是启动程序的软件平台。

DrRacket 是一个小型操作系统，初级语言则是其编程语言之一。该语言带有 *2htdp/universe* 库，其中提供了 big-bang，这种机制能告诉操作系统哪个函数处理哪个事件。另外，big-bang 会跟踪程序的*状态*。为此，它需要有一个子表达式，其值将成为程序的*初始状态*。除此之外，big-bang 由一个必需的子句和许多可选的子句组成。必需的 to-draw 子句告诉 DrRacket 如何呈现程序的状态，这也包括初始状态。其他每个可选的子句都告诉操作系统某个函数负责某个事件。在初级语言中，处理某个事件意味着负责它的函数读入程序的状态和事件的描述，并产生程序的下一个状态，我们称其为程序的当前状态。

术语　从某种意义上说，big-bang 表达式描述了程序如何与世界的一小部分相连。这个世界可能是程序的用户玩的游戏、用户观看的动画或者用户用来做笔记的文本编辑器。因此编程语言研究人员经常说，big-bang 是对某个小世界的描述：它的初始状态、状态如何转换、状态如何呈现，以及 big-bang 如何确定当前状态的其他属性。本着这种精神，我们还称 big-bang 为世界的状态，甚至称 big-bang 程序为世界程序。

我们来一步一步地研究这个想法，从下面这个定义开始：

```
(define (number->square s)
  (square s "solid" "red"))
```

该函数读入一个正数，生成大小为这个数值的实心红色正方形。先单击“运行”按钮，然后尝试使用该函数，例如：

```
> (number->square 5)
■
> (number->square 10)
■
> (number->square 20)
■
```

其行为类似于批处理程序，读入数值并生成由 DrRacket 所呈现的图像。

接下来，在互动区尝试以下的 big-bang 表达式：

```
> (big-bang 100 [to-draw number->square])
```

这会弹出一个单独的窗口，其中显示 100×100 的红色正方形图像。另外，DrRacket 的交互区不会显示下一个提示符，看上去程序一直在运行，事实也的确如此。要停止该程序，请单击 DrRacket 的“中断”①按钮或窗口的“关闭”按钮：

```
> (big-bang 100 [to-draw number->square])
100
```

终止 big-bang 表达式的求值时，DrRacket 会返回其当前状态，在这个例子中，就是其初始状态：100。

下面是一个更有趣的 big-bang 表达式：

```
> (big-bang 100
    [to-draw number->square]
    [on-tick sub1]
    [stop-when zero?])
```

这个 big-bang 表达式在前一个表达式的基础上增加了两个可选子句：on-tick 子句告诉 DrRacket 如何处理时钟滴答；stop-when 子句说明什么时候终止程序。我们按下述步骤解读该程序，初始状态从 100 开始。

（1）每当时钟滴答时，从当前状态中减 1。

（2）然后检查新状态的 zero?是否为真，如果是，就停止。

（3）每当事件处理程序返回一个值时，使用 number->square 将其呈现为图像。

现在按回车键并观察发生了什么。最终对表达式的求值会终止，DrRacket 显示 0。

---

① DrRacket 中文界面中对应英文 stop 的中文就是中断。——译者注

big-bang 表达式会跟踪当前状态。最初的状态值为 100。每当时钟滴答时，它就调用时钟滴答处理程序并获得新的状态。因此，big-bang 的状态变化如下：

```
100, 99, 98, ..., 2, 1, 0
```

当状态值变为 0 时，求值完成。对于其他所有状态（从 100 到 1），big-bang 会遵从 to-draw 子句的指示，用 number->square 将其转换为图像。因此，窗口中会显示红色正方形，其大小经时钟滴答 100 次后会从 100×100 像素缩小为 1×1 像素。

我们来添加一个处理键盘事件的子句。首先，我们需要一个函数，它读入当前状态和描述键盘事件的字符串，然后返回新状态：

```
(define (reset s ke)
  100)
```

这个函数忽略其参数并返回 100，也就是我们希望修改的 big-bang 表达式的初始状态。接下来，我们在 big-bang 表达式中添加 on-key 子句：

```
> (big-bang 100
    [to-draw number->square]
    [on-tick sub1]
    [stop-when zero?]
    [on-key reset])
```

停一下！解释一下：当你按回车键，然后数到 10，最后按“a”键时会发生什么。

你会看到的是，红色方块以每时钟滴答一个像素的速度缩小。然而，只要按下“a”键，红色方块会重新扩张为全尺寸的，因为 reset 会被调用，传入当前正方形边长和"a"，返回 100。这个数值将成为 big-bang 的新状态，然后 number->square 将其呈现为全尺寸的红色正方形。

为了理解一般的 big-bang 表达式求值，我们来看一下它的简略版本：

```
(big-bang cw0
  [on-tick tock]
  [on-key ke-h]
  [on-mouse me-h]
  [to-draw render]
  [stop-when end?]
  ...)
```

这个 big-bang 表达式指定了 3 个事件处理程序，即 tock、ke-h 和 me-h，外加一个 stop-when 子句。

该 big-bang 表达式的求值从 cw0 开始，通常 cw0 是一个表达式。我们的操作系统 DrRacket 会将 cw0 的值设置为当前状态。它会用 render 将当前状态转换为图像，然后将图像显示在单独的窗口中。事实上，render 是 big-bang 表达式向世界呈现数据的**唯一**手段。

以下是处理事件的方式。

- 每当时钟滴答时，DrRacket 都会对 big-bang 的当前状态调用 tock 并接收其返回值，big-bang 会将此返回值视为接下来的当前状态。
- 每当按某键时，DrRacket 都会对 big-bang 的当前状态和表示该键的字符串调用 ke-h，例如，按“a”键就用"a"表示，而左箭头键用"left"表示。当 ke-h 返回某个值时，big-bang 将它视为接下来的当前状态。
- 每当鼠标进入窗口、离开窗口、在窗口中移动或被点击时，DrRacket 将对 big-bang 的当前状态、事件的 x 坐标和 y 坐标，以及表示发生鼠标事件的种类的字符串调用 me-h，例如，点击鼠标按钮会用"button-down"表示。当 me-h 返回某个值时，big-bang 将它视为接下来的当前状态。

所有事件都会按顺序处理。如果两个事件看起来同时发生，DrRacket 将会起仲裁作用，按照某种顺序将其排列处理。

事件处理完毕后，big-bang 会使用 end?和 render 来检查当前状态。

- (end? cw)返回布尔值。如果这个值是#true，那么 big-bang 立即停止计算，否则，它就继续。
- (render cw)应该返回图像，然后 big-bang 会在单独的窗口中显示该图像。

图 2-3 中的表格简要地总结了这一过程。

当前状态	cw_0	cw_1	…
事件	e_0	e_1	…
当时钟滴答时	(tock cw_0)	(tock cw_1)	…
当按键时	(ke-h cw_0 e_0)	(ke-h cw_1 e_1)	…
当发生鼠标事件时	(me-h cw_0 e_0 ...)	(me-h cw_1 e_1 ...)	…
其图像	(render cw_0)	(render cw_1)	…

图 2-3 big-bang 的工作原理

在图 2-3 中表格的第一行列出了当前状态的名称。第二行枚举了 DrRacket 遇到的事件的名称：e_0、e_1 等。每个 e_i 可能是时钟滴答、按键操作或鼠标事件。接下来的 3 行给出了事件处理的结果。

- 如果 e_0 是时钟滴答，那么 big-bang 对(tock cw_0)求值以获得 cw_1。
- 如果 e_0 是键盘事件，那么对(ke-h $cw0$ e_0)求值以获得 cw_1。处理程序必须被调用于事件本身，因为一般来说，程序将对不同的每个键做出不同的反应。
- 如果 e_0 是鼠标事件，那么 big-bang 运行(me-h cw_0 e_0 ...)以获得 cw_1。这个调用只是简述，因为鼠标事件 e_0 实际上与多个数据相关联——它的类型和坐标，这里只是想表明这一点。
- 最后一行表明，render 将当前状态转换为图像。DrRacket 在单独的窗口中显示这个图像。

cw_1 后面的列显示如何生成 cw_2，具体则取决于发生的事件 e_1 的类型。

让我们用如下的特定事件序列来解释此表格：用户按下“a”键，然后时钟滴答，最后用户在(90,100)这个位置点击鼠标触发“按钮向下”事件。因此，用 Racket 表示法表示：

（1）cw1 是(ke-h cw0 "a")的结果；

（2）cw2 是(tock cw1)的结果；

（3）cw3 是(me-h cw2 90 100 "button-down")的结果。

我们实际上可以将这 3 个步骤表示为 3 个定义的序列：

```
(define cw1 (ke-h cw0 "a"))
(define cw2 (tock cw1))
(define cw3 (me-h cw2 "button-down" 90 100))
```

停一下！big-bang 是如何展示这 3 种状态的？

现在让我们考虑 3 个时钟滴答的序列。在这种情况下：

（1）cw1 是(tock cw0)的结果；

（2）cw2 是(tock cw1)的结果；

（3）cw3 是(tock cw2)的结果。

或者，用初级语言表示：

```
(define cw1 (tock cw0))
(define cw2 (tock cw1))
(define cw3 (tock cw2))
```

事实上，我们也可以用一个表达式来确定 cw3：

```
(tock (tock (tock cw0)))
```

这决定了在 3 次时钟滴答后 big-bang 计算出的状态。停一下！将第一个事件序列重新表达为一个表达式。

简而言之，事件的顺序决定了概念上 big-bang 在每个时隙按什么顺序穿过上述表格中的可能状态达到当前状态。当然，big-bang 并不触及当前状态，它只是将其保护起来，并在需要时将它传递给事件处理程序和其他函数。

基于这些，定义我们的第一个交互式程序就很简单了。参见图 2-4。该程序包含两个常量定义和 3 个函数定义。函数定义是：main，它启动 big-bang 交互式程序；place-dot-at，它将当前状态转换为图像；stop，它忽略输入并返回 0。

```
(define BACKGROUND (empty-scene 100 100))
(define DOT (circle 3 "solid" "red"))

(define (main y)
  (big-bang y
    [on-tick sub1]
    [stop-when zero?]
    [to-draw place-dot-at]
    [on-key stop]))

(define (place-dot-at y)
  (place-image DOT 50 y BACKGROUND))

(define (stop y ke)
  0)
```

图 2-4　第一个交互式程序

单击“运行”按钮之后，我们就可以要求 DrRacket 计算这些处理函数的调用了。这也是证实它们工作正常的一种方法：

```
> (place-dot-at 89)
```

```
> (stop 89 "q")
0
```

停一下！现在试着理解一下当按下某键时 main 的反应。

一种检查你的猜想是否正确的方法是，用合理的数值来调用 main 函数：

```
> (main 90)
```

放轻松。

到目前为止，你可能会觉得前两章好难啊。这里引入了许多新概念，包括新语言、语言的词汇、语言的含义、语言的习惯用语、用这些词汇来编写文本的工具，以及运行这些程序的方法。面对这么多的概念，你可能想知道如何在给定问题陈述后创建程序。为了回答这个核心问题，下一章将回过头来，明确地阐述系统的程序设计方法。所以请休息一下，准备好后再继续。

第3章 程序设计方法

本书的前几章表明，学习编程需要掌握许多概念。一方面，编程需要一种语言，即表达我们所希望计算的表示法。用于编写程序的语言是人造的结构，但是学习编程语言与学习自然语言有共通之处。两者都需要学习词汇、语法和对“短语”意思的理解。

另一方面，这里的关键是学习如何从问题陈述得出程序。我们需要确定问题陈述中哪些内容是相关的，哪些可以忽略。我们需要梳理出程序的输入是什么，输出是什么，以及程序如何将输入与输出联系起来。我们必须知悉或者发现所选择的语言及其库是否提供了程序处理数据所需的那些基本运算。如果没有，我们可能不得不开发实现这些运算的辅助函数。最后，一旦得出了程序，我们必须检查它是否实际执行了预期的计算。这么做可能会揭示出各种错误，对于错误我们需要能够理解并修复。

所有这些听起来都相当复杂，你可能会想，为什么我们不只是勉强应付，做做各种试验，直到结果看起来不错就行了。这种编程方法通常被称为“车库编程”，它很常见，而且很多时候也能成功。不少初创公司的启动就是这么来的。尽管如此，初创公司无法对外销售“车库努力”的成果，因为只有原来的程序员和他们的朋友才知道如何使用这些成果。

好的程序自带简短的说明，这个说明解释程序的作用、程序期望的输入以及程序返回的内容。理想情况下，程序还带有一定的保证，确保程序确实能运行。最好情况下，程序与问题陈述的联系很明显，因此对问题陈述的小改动很容易转化为对程序的小改动。软件工程师称之为“编程产品”。

所有这些额外的工作是必要的，因为程序员不是为自己编写程序。程序员编写程序以供其他[①]程序员阅读，只是有些时候，人们运行这些程序来完成工作。大多数程序都是庞大而复杂、互相协作的函数的集合，没有人可以在一天内编写所有这些函数。程序员加入项目，编写代码，再离开项目，其他程序员接管他们的程序并在之前的基础上工作。另一个难点是，程序员的客户倾向于修改有关他们想要解决问题的思路。他们通常能搞清需求，但更多的时候，他们会弄错一些细节。更糟糕的是，像程序这样复杂的逻辑结构几乎总是遭遇人为错误。总之，程序员会犯错误。最终有人会发现这些错误，程序员必须修复错误。他们需要重新阅读一个月前、一年前或二十年前的程序并对其进行修改。

习题 33 研究一下“2000年”问题。■

在本书中，我们会给出一套设计诀窍，这是一个围绕问题数据组织程序的方法的逐步整合的过程。对不喜欢长时间盯着空白屏的读者来说，设计诀窍提供了一种系统化的方法以取得进展。对那些教导别人设计程序的人来说，诀窍可以诊断新手遇到了哪种困难。对其他人来说，我们的诀窍可能适用于其他领域，例如医学、新闻学或工程。对那些希望成为真正的程序员的人来说，设计诀窍则提供了一种理解和处理现有程序的方法——尽管并非所有的程序员都使用类似于这种设计决窍的方法来设计程序。本章的后续部分专门介绍最基本的设计诀窍，本书后

① “其他”一词还包括这种情况：过了一段时间之后的程序员，通常无法回想起之前自己放入程序中的所有想法。

续的章节则以各种方式改进和扩展诀窍。

3.1 设计函数

信息和数据

程序的目的是描述读入一些信息并产生新信息的计算过程。从这个意义上讲，程序就好似数学老师给小学生的指令。然而，与学生不同的是，程序打交道的不仅限于数值，它还可以计算导航信息、查找人员的地址、打开开关或检查视频游戏的状态。所有这些信息都来自真实世界的一部分——通常称之为程序的领域——程序计算的结果则代表了该领域更多的信息。

*信息*在我们的描述中起着核心作用。请将信息理解为有关程序领域的事实。对于处理家具目录的程序，“五脚桌”或“2m×2m 的方桌”就是信息。游戏程序处理不同类型的领域，其中“五”可能指的是某个对象每个时钟滴答的从画布的一部分到另一部分所移动的像素数。或者，工资计算程序可能会处理“五个扣减项”。

程序要处理信息，就必须将信息转换为编程语言中某种形式的*数据*，接下来它就处理数据，处理完成之后它会再将结果数据转换为信息。交互式程序甚至可以混合这些步骤，根据需要从外部世界获取更多信息，并互相传递信息。

我们使用初级语言和 DrRacket，这样你就**不**必操心将信息转换为数据了。在 DrRacket 的初级语言中，你可以直接将函数应用于数据并观察其产生的结果。因此，我们避免了严重的、先有鸡还是先有蛋的问题，即编写将信息转换为数据和将数据转换为信息的函数。对简单的信息来说，设计这样的程序是微不足道的，但对于不那么简单的信息，你需要了解解析等概念，而**这**需要大量程序设计方面的专业知识。

对于这种初级语言和 DrRacket 将数据处理与信息解析为数据/数据变为信息相分离的方式，软件工程师称之为*模型-视图-控制器*（model-view-controller，MVC）。事实上，这是现在公认的明智方法，精心设计的软件系统应该实施此种分离，尽管大多数入门书籍仍将这两者混合在一起。因此，使用初级语言和 DrRacket 可以让你专注于程序核心的设计，并且有了足够的经验之后，你可以学习设计信息/数据转换的部分。

这里，我们使用两个预装的教学包来演示数据和信息的分离：*2htdp/batch-io* 和 *2htdp/universe*。从本章开始，我们为**批处理**程序和**交互式**程序开发设计诀窍，以便你了解如何设计完整的程序。一定要记住，完整的编程语言库为完整的程序提供了更多的背景环境，因此你需要适当地调整设计诀窍。

鉴于信息和数据的核心作用，程序设计必须从它们之间的连接开始。具体来说，我们程序员必须决定如何使用所选的编程语言将相关信息*表示为*数据，以及应该如何将数据*解释为*信息。图 3-1 用抽象图解释了这个想法。

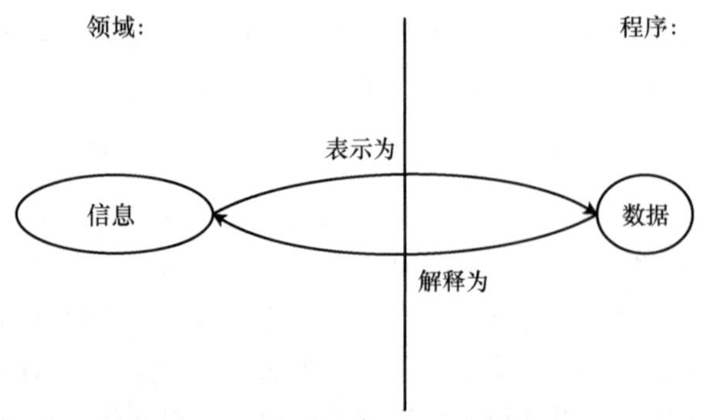

图 3-1　从信息到数据，再从数据到信息

为了使这个想法具体化，让我们来看一些例子。假设正在设计的程序以数值的形式读入和返回信息。尽管选择表示法很容易，但是需要解释数值，例如，`42` 在领域中的含义：

- 在图像领域，`42` 可以是距离顶部边缘的像素的数量；
- 在游戏或者模拟中，`42` 可以表示某个对象每个时钟滴答所移动的像素的数量；
- 在物理学领域，`42` 可以是华氏温度、摄氏温度或开氏温度；
- 如果程序的领域是家具目录，`42` 可以是某个表的大小；
- `42` 可能只是某个字符串中的字符计数。

关键是要知道如何从数值信息到数值数据，以及如何从数值数据到数值信息。

因为这些知识对每个阅读该程序的人都非常重要，所以我们通常以注释的形式将这些知识写下来，并称之为*数据定义*。数据定义有两个目的。首先，它给数据的集合（也就是类[1]）命名，并且使用有意义的名字。其次，它告诉读者如何创建这个类的元素，以及如何确定某个数据是否属于该集合。

以下是上述示例之一的数据定义：

```
; Temperature 是 Number。
; 解释：表示摄氏度
```

第一行给出数据集合的名称 Temperature（温度），并告诉我们该类由 Number（数值）组成。因此，例如，如果我们询问 `102` 是否是温度，那么回答可以是“是”，因为 `102` 是数值，而所有数值都是温度。同样地，如果我们询问`"cold"`是否是温度，回答是“否”，因为字符串不属于温度。此外，如果我们要求给出温度的样本，你可能会给出如`-400`。

如果你碰巧知道最低的温度大约是-274℃，你可能会想知道是否可以在数据定义中表达这种知识。由于我们的数据定义实际上只是对类的文字描述，因此确实可以用比这里显示的精确得多的方式来定义温度的类。在本书中，我们使用一种格式化的语言来表达这种数据定义，下一章中将介绍施加约束的格式，如“大于`-274`”。

到目前为止，我们遇到过 4 类数据的名称：数值、字符串、图像和布尔值。因此，规划新的数据定义只不过是为现有的数据形式引入新的名称，例如“温度”是数值。尽管这里所用的知识有限，但足以解释我们设计过程的主要轮廓了。

设计过程

了解如何将输入信息表示为数据并将输出数据解释为信息后，单个函数的设计将按照下面这个简单过程进行[2]。

（1）表明你希望如何将信息表示为数据。一行注释就足够了：

```
; 我们用数值表示厘米
```

针对你认为对程序成功至关重要的数据类，写出数据定义，例如前面的 Temperature。

（2）写下签名、目的声明和函数头。

*函数签名*是注释，它告诉阅读设计的人函数读入多少个输入，函数是从哪个类中得来的，以及函数返回什么样的数据。下面是分别对于 3 个函数的例子。

- 读入 String（字符串）并返回 Number（数值）：

```
; String -> Number
```

- 读入 Temperature（温度）并返回 String（字符串）：

---

① 计算科学家使用“类”来表示类似于“数学中的集合”的意思。

② 这里，你可能希望重新阅读前言中的“系统的程序设计”一节，特别是图 0-1。

```
; Temperature -> String
```

正如此签名所指出的那样，将数据定义作为现有数据形式的别名引入，可以帮助读者理解签名背后的意图。

不过，我们建议暂时避开别名数据定义。这种名字的大量使用可能会引起相当多的混淆。通过练习才能平衡对新名称的需求和程序的可读性，而现在我们有更重要的思想需要理解。

- 读入 Number（数值）、String（字符串）和 Image（图像）：

```
; Number String Image -> Image
```

停一下！这个函数返回什么？

*目的声明*是初级语言中的注释，应在一行中总结该函数的用途。如果你不确定目标声明应该是什么，请写下对此问题尽可能简短的答案：

这个函数计算了什么？

程序的每位读者都应该能在**不**阅读函数本身的情况下理解函数计算的内容。

由多个函数组成的程序也应该有一个目的声明。事实上，好的程序员编写两种目的声明：一种针对可能需要修改该代码的代码阅读者；另一种针对希望使用而不希望阅读该程序的人。

最后，*函数头*就是简单的函数定义，也称为桩（stub）。为签名中的每个输入类选择一个变量名，函数体可以是输出类中的任何数据。对应上述 3 个签名的 3 个函数头分别如下：

- `(define (f a-string) 0)`
- `(define (g n) "a")`
- `(define (h num str img) (empty-scene 100 100))`

这里的参数名称反映了参数代表什么样的数据。有时，你可能希望使用表明参数用途的名称。

在编写目的声明时，使用参数的名称来阐明计算的内容通常很有用。例如，

```
; Number String Image -> Image
; 将 s 加到 img 中，
; 从上数 y 像素、从左数 10 像素的位置
(define (add-image y s img)
  (empty-scene 100 100))
```

此时，你可以单击“运行”按钮尝试使用该函数了。当然，结果总是相同的值，这使得这些试验非常无趣。

（3）用一些函数示例说明签名和目的声明。要构建*函数示例*，请从签名的每个输入类中选择一段数据，并确定期望的结果。

假设你在设计计算正方形面积的函数。显然，这个函数读入正方形的边长，这最好用（正）数来表示。假定已按照诀窍完成了上述过程的第一步，可以在目的声明和函数头之间添加这些示例，最终获得：

```
; Number -> Number
; 计算边长为 len 的正方形的面积
; 输入 2，期望输出 4
; 输入 7，期望输出 49
(define (area-of-square len) 0)
```

（4）下一步是*盘点*[①]，了解输入是什么，以及需要计算的是什么。对于这里考虑的简单函数，

① 我们感谢 Stephen Bloch 提供术语“盘点”（inventory）。

我们知道数据通过参数传入函数。虽然参数是还不知道的值的占位符，但我们确实知道，函数必须依据这些未知数据来计算其结果。为了提醒自己此事实，我们将函数体替换为模板。

目前，模板中只包含参数，因此前面的例子如下所示：

```
(define (area-of-square len)
  (... len ...))
```

省略号说明这不是完整的函数，而只是模板，也就是关于组织代码的建议。

本节中的模板看起来很无趣。只要我们引入新的数据形式，模板就会变得有趣。

（5）现在该编码了。一般来说，编码意味着编程，尽管只是以最狭义的方式，即编写可执行表达式和函数定义。

对我们来说，编码意味着用表达式替换函数体，该表达式试图使用模板中的各个部分来计算目的声明所承诺的内容。以下是 area-of-square 的完整定义：

```
; Number -> Number
; 计算边长为 len 的正方形的面积
; 输入：2，期望输出：4
; 输入：7，期望输出：49
(define (area-of-square len)
  (sqr len))
```

完成 add-image 函数所需的工作要多一些，参见图 3-2。特别地，函数需要将给定的字符串 s 转换为图像，然后将其放入给定的场景中。

```
; Number String Image -> Image
; 将 s 加到 img 中，从上数 y 像素、从左数 10 像素的位置
; 输入：
;     y 是 5，
;     s 是"hello"，
;     img 是(empty-scene 100 100)
; 期望输出：
;     (place-image (text "hello" 10 "red") 10 5 ...)
;     其中...是(empty-scene 100 100)
(define (add-image y s img)
  (place-image (text s 10 "red") 10 y img))
```

图 3-2　设计步骤 5 完成之后

（6）正确设计的最后一步是，用之前完成的例子对函数进行测试。目前，测试工作这样进行：单击“运行”按钮，然后在交互区中输入与示例对应的函数调用：

```
> (area-of-square 2)
4
> (area-of-square 7)
49
```

结果必须与期望的输出一致。必须检查每个结果，并确保它们与在设计的示例部分中写下的内容相同。如果结果与预期输出不符，考虑以下 3 种可能性。

（a）错误计算并确定了某些示例的错误预期输出。

（b）函数定义计算了错误的结果，在这种情况下，程序存在逻辑错误，也被称为程序错误（bug）。

（c）示例和函数定义都是错误的。

如果遇到期望结果与实际结果不匹配的情况，建议首先确保期望结果是正确的。如果是这种情况，就可以假定该错误在函数定义中。否则，修复该示例，然后再次运行测试。如果仍然遇到问题，很可能遇到了第三种情况，这种情况很少见。

3.2 熟练习题：函数

以下习题的前几个几乎就是 2.1 节中的那些习题的翻版，不过之前我们使用“定义”这个词，而本节的习题中使用“设计”这个词。这种差异意味着，应该使用设计诀窍来创建这些函数，并且解答应该包括所有的相关部分。

正如本节的标题所示，这些习题是为了帮助你内化设计过程的练习。在这些步骤成为习惯之前，不要跳过这一步，否则会导致本可以轻松避免的错误。编程中还留有很多改正复杂错误的空间，我们没有必要浪费时间在愚蠢的错误上。

习题 34　设计函数 `string-first`，它从非空字符串中提取出第一个字符。无须担心空字符串。■

习题 35　设计函数 `string-last`，它从非空字符串中提取出最后一个字符。■

习题 36　设计函数 `image-area`，它计算给定图像中像素的数量。■

习题 37　设计函数 `string-rest`，它返回给定字符串被移除第一个字符后的字符串。■

习题 38　设计函数 `string-remove-last`，它返回给定字符串被移除**最后**一个字符后的字符串。■

3.3 领域知识

你会很自然地想知道，函数体的编码需要什么知识。想一想就会明白，这一步需要适当掌握程序的领域。事实上，这种*领域知识*有以下两种形式。

（1）来自外部领域的知识，如数学、音乐、生物学、土木工程、艺术等。由于程序员无法了解计算的所有应用领域，因此他们必须做好准备去了解各种应用领域的语言，以便可以与各领域内的专家讨论问题。数学是许多（但不是全部）领域的交叉点。因此，程序员在与各领域内的专家合作、解决问题时，必须经常学会新的语言。

（2）了解所选编程语言中的库函数。当任务是翻译涉及正切函数的数学公式时，你需要知道或猜出所选择的语言带有如初级语言中的 `tan` 这样的函数。当任务涉及图形时，理解可选择 *2htdp/image* 库会很有帮助。

由于永远无法预测将要工作的领域，也无法预测将不得不使用哪种编程语言，因此你必须对周围任何适用的计算机语言的全部可能性有充分的了解。否则，一些略懂编程知识的各领域内的专家将接管你的工作。

识别问题时需要来自所得到的数据定义的领域知识。只要数据定义使用的类存在于选定的编程语言中，函数体（和程序）的定义就主要依赖该领域内的专业知识。未来，当我们引入复杂形式的数据时，函数的设计会需要用到计算机科学方面的知识。

3.4 从函数到程序

并非所有的程序都只包含单一的函数定义。有些程序需要几个函数，许多程序也使用常量定义。无论如何，系统地设计每个函数都是非常重要的，尽管全局常量和辅助函数会稍微地改变设计过程。

定义了全局常量后，函数就可以使用它们来计算结果。为了提醒自己全局常量的存在，你可能希望将这些常量添加到模板中，毕竟，它们属于可能有助于函数定义的事物。

多函数程序则是因为交互式程序自然需要处理键和鼠标事件的函数、将状态呈现为音乐的函数，以及可能的其他函数。即使批处理程序也可能需要几个不同的函数，其中每个执行单独的任务。有时，问题陈述本身就表明了这些任务，还有些时候，在设计某些函数的过程中，你会发现需要辅助函数。

出于这些原因，我们建议记录一份所需函数的列表，或称*愿望清单*[①]。愿望清单上的每个条目应包含 3 项内容：有意义的函数名称、签名和目的声明。对于批处理程序的设计，将主函数放入愿望清单并开始设计。对于交互式程序的设计，可以将事件处理函数、`stop-when` 函数和场景渲染函数放入愿望清单中。只要愿望清单不为空，就可以选择一个愿望并设计函数。如果在设计过程中发现需要使用其他函数，则将这个函数放入愿望清单中。当愿望清单为空时，你就完成了。

3.5 关于测试

测试很快成为乏味的繁重工作。虽然在互动区运行小程序很容易，但这样做需要大量的机械劳动和复杂的检查。随着系统的发展，程序员希望进行更多测试。很快，这种劳动变得负担过重，程序员开始忽略它。同时，测试是发现和预防基本缺陷的首要工具。胡乱测试很快就会导致错误的函数（即隐含问题的函数），而错误的函数通常会以多种方式阻碍项目。

因此，这里的关键是进行机械化测试而不是手动完成测试。和很多编程语言类似，初级语言包含测试工具，DrRacket 也支持此工具。为了介绍这套测试工具，我们再来看一下 2.5 节中将华氏温度转换成摄氏温度的函数。函数的定义如下：

```
; Number -> Number
; 将华氏温度转换成摄氏温度
; 输入 32，期望输出 0
; 输入 212，期望输出 100
; 输入-40，期望输出-40
(define (f2c f)
  (* 5/9 (- f 32)))
```

要测试这个函数的示例，需要进行 3 次计算，再进行 3 次（每两个数值之间的）比较。可以将这些测试用代码表达如下，并将其添加到 DrRacket 的定义区中：

```
(check-expect (f2c -40) -40)
(check-expect (f2c 32) 0)
(check-expect (f2c 212) 100)
```

现在单击“运行”按钮时，你会看到一份来自初级语言的报告，表明该程序通过了所有 3 项测试，因此没有别的工作需要做了。

除了让测试自动运行，当测试失败时，`check-expect` 形式还展现出另一个优势。来看看它是如何工作的，我们更改上述其中一个测试，使结果变成错误的，例如

```
(check-expect (f2c -40) 40)
```

现在单击“运行”按钮时，会弹出另一个窗口。该窗口中的文本解释为，3 个测试中的一个失败

① 我们感谢 John Stone 提供“愿望清单”（wish list）这一术语。

了。对于失败的测试，窗口显示 3 项内容：计算值，也就是函数调用的结果（-40）；预期值（40）；失败的测试案例文本的超链接。

check-expect 的规范可以放在所测试的函数定义的上方或下方。当单击“运行”按钮时，DrRacket 将收集所有的 check-expect 指令，然后在将所有函数定义添加到运算的“词汇表”**之后**对其进行评估。图 3-3 展示了如何利用这种自由来结合示例和测试的步骤。无须再将示例写成注释了，而是可以直接将示例翻译成测试。完成函数的设计时，单击“运行”按钮即可执行测试。如果出于某种原因修改了函数，下一次单击“运行”按钮会重新测试此函数。

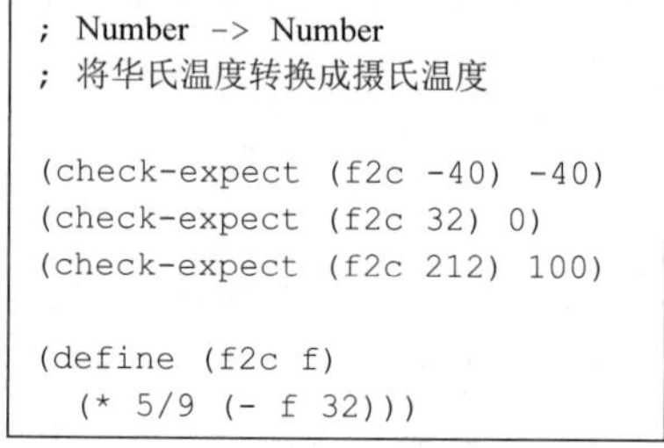

```
; Number -> Number
; 将华氏温度转换成摄氏温度

(check-expect (f2c -40) -40)
(check-expect (f2c 32) 0)
(check-expect (f2c 212) 100)

(define (f2c f)
  (* 5/9 (- f 32)))
```

图 3-3 初级语言中的测试

最后但并非最不重要的一点是，check-expect 也适用于图像。也就是说，也可以测试返回图像的函数。假设你需要设计函数 render，它将汽车的图像（称为 CAR）放置到背景名为 BACKGROUND 的场景中。对于这个函数的设计，可以制定如下测试：

```
(check-expect (render 50)
              )
(check-expect (render 200)
              )
```

或者，可以这样写：[①]

```
(check-expect (render 50)
              (place-image CAR 50 Y-CAR BACKGROUND))
(check-expect (render 200)
              (place-image CAR 200 Y-CAR BACKGROUND))
```

这个替代方法可以帮助你构思如何表达函数体，因此更可取。开发这些表达式的一种方法是，在交互区进行试验。

因为让 DrRacket 进行测试，而不是手动检查所有内容非常有用，所以在本书的后续章节中，我们都会采用这种测试方式。这种测试形式被称为*单元测试*（unit testing），而初级语言的单元测试框架特别针对初学者程序员进行了调整。有朝一日你会转向其他的编程语言，此时你的首要任务之一就是弄清楚该语言的单元测试框架。

3.6 设计世界程序

前一章以特别的方式介绍了 *2htdp/universe* 库，而本节将展示如何使用设计诀窍帮助你系统地创建世界程序。首先会根据数据定义和函数签名对 *2htdp/universe* 库进行简要总结，然后会阐述世界程序的设计诀窍。

2htdp/universe 教学包要求程序员开发表示世界状态的数据定义，以及知道如何为世界的每个可能状态创建图像的函数 render。程序员还必须根据程序的需要，设计响应时钟滴答、按键和鼠标事件的函数。此外，当交互式程序的当前世界属于状态的某一个子类时，交互式程序可能需要停止，end?辨别这个最终状态。图 3-4 以简要且简化的方式阐明了这个想法。

① 有关制定测试的其他方法，参见独立章节 1。

```
; WorldState：代表世界状态的数据（cw）

; WorldState -> Image
; 需要时，big-bang 通过对 (render cw) 求值
; 获取当前世界状态的图像
(define (render ws) ...)

; WorldState -> WorldState
; 时钟每滴答一下，big-bang 从 (clock-tick-handler cw)
; 获取世界的下一个状态
(define (clock-tick-handler cw) ...)

; WorldState String -> WorldState
; 对于每一次按键，big-bang 从 (keystroke-handler cw ke)
; 获取下一个状态，ke 表示键
(define (keystroke-handler cw ke) ...)

; WorldState Number Number String -> WorldState
; 对每一次鼠标动作，big-bang 从 (mouse-event-handler cw x y me)
; 获取下一个状态，其中 x 和 y 是事件的坐标，me 是事件的描述
(define (mouse-event-handler cw x y me) ...)

; WorldState -> Boolean
; 在每一个事件发生之后，big-bang 对 (end? cw) 求值
(define (end? cw) ...)
```

图 3-4 设计世界程序的愿望清单

假设你对 big-bang 的工作有基本的了解，重点就可以放在设计世界程序时真正重要的问题上。我们遵循以下设计诀窍构造一个具体的例子。

示例问题 设计在世界画布上从左到右移动汽车的程序，每次时钟滴答汽车移动 3 像素。

对于这个问题陈述，很容易想象领域的场景是：

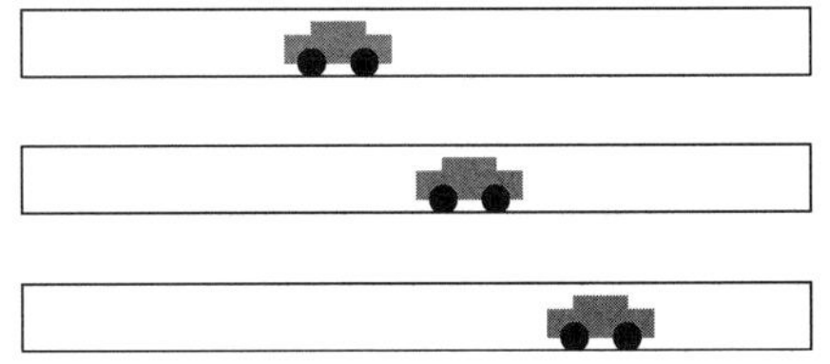

在本书中，我们通常将交互式 big-bang 程序的领域称为“世界”，并称整个过程为设计“世界程序”。

世界程序的设计诀窍类似于函数的设计诀窍，即系统地将问题陈述转变为工作程序的工具。它由 3 个大步骤和一个小步骤组成。

（1）对于世界中所有不随时间变化并且需要渲染为图像的属性，引入常量。在初级语言中，我们用定义来指定这些常量。对世界程序而言，常量分为以下两种。

- “物理”常量描述物体在世界中的一般属性，如物体的速度或速率、颜色、高度、宽度、半径等。当然，这些常量并非真的涉及物理事实，而是类似于现实世界的物理方面。

  在我们的示例问题中，车轮的半径、车轮之间的距离就是这样的“物理”常量：

```
(define WIDTH-OF-WORLD 200)

(define WHEEL-RADIUS 5)
(define WHEEL-DISTANCE (* WHEEL-RADIUS 5))
```

注意第二个常量是用第一个常量计算出来的。

- 图形常量是世界中物体的图像。程序将它们复合成代表完整世界状态的图像。

  以下是我们样车车轮图像的图形常量[①]：

```
(define WHEEL
  (circle WHEEL-RADIUS "solid" "black"))
(define SPACE
  (rectangle ... WHEEL-RADIUS ... "white"))
(define BOTH-WHEELS
  (beside WHEEL SPACE WHEEL))
```

  通常图形常量是计算得出的，而且计算往往涉及物理常量和其他图像。

好的做法是，通过解释常量定义的含义的注释来为常量定义作注解。

（2）那些随时间变化的属性——对时钟滴答、按键或鼠标动作的反应——引发了世界的当前状态。你的任务是为世界中所有可能的状态开发数据表示。这样就得到了数据定义，伴随它的是注释信息，告诉读者如何将世界信息表示为数据，以及如何将数据解释为关于世界的信息。

选择简单的数据形式来表示世界的状态。

对于这里的例子，随时间变化的是汽车与左边距之间的距离。虽然汽车与右边距之间的距离也会发生变化，但显然我们只需要这两者中的一个来创建图像。距离以数值衡量，所以下面的数据定义就足够了：

; *WorldState* 是 Number
; **解释**：场景左边界和汽车之间的像素数

另一种方法是，记录已经经过的时钟滴答数，并将此数值用作世界状态。这种设计变体留作习题。

（3）一旦有了关于世界状态的数据表示，需要设计一些函数，以便形成有效的 big-bang 表达式。

首先，需要一个将任何给定状态映射到图像的函数，以便 big-bang 可以将状态序列呈现为图像：

```
; render
```

接下来，需要决定哪类事件应该改变世界状态的哪些方面。根据这里的决定，你需要设计以下 3 个函数中的部分或全部：

```
; clock-tick-handler
; keystroke-handler
; mouse-event-handler
```

最后，如果问题陈述表明，当世界具有某些属性时程序应该停止，则必须设计

```
; end?
```

有关这些函数通用的签名和目的声明，参见图 3-4。修改这些通用的目的声明，使之适应要解决的特定问题，以便读者知道这些函数计算的内容。

简而言之，想要设计的交互式程序会自动为愿望清单创建多个初始条目。逐一地完成愿望清单中的条目，就能得到完整的世界程序。

我们针对示例程序来完成这一步骤。尽管 big-bang 规定必须设计渲染函数，但我们仍然需要弄清楚是否需要任何事件处理函数。因为汽车应该从左向右移动，所以我们肯定需要一个

① 我们建议在 DrRacket 的交互区尝试开发这样的图形常量。

处理时钟滴答的函数。因此，愿望清单是：

```
; WorldState -> Image
; 将汽车的图像放置在距离 BACKGROUND 图像左边距 x 像素的位置
(define (render x)
  BACKGROUND)

; WorldState -> WorldState
; 将 3 加到 x 之上，使汽车右移
(define (tock x)
  x)
```

注意这里如何针对手头的问题定制目的声明，并理解 big-bang 将如何使用这些功能。

（4）最后，需要一个 main 函数。与所有其他函数不同，世界程序的 main 函数不需要设计或测试。它存在的唯一目的是，可以从 DrRacket 的交互区方便地**启动**世界程序。

有一件事必须要决定，这关系到 main 的参数。对于示例问题，我们选择一个参数：世界的初始状态。如下所示：

```
; WorldState -> WorldState
; 从某个初始状态启动程序
(define (main ws)
  (big-bang ws
    [on-tick tock]
    [to-draw render]))
```

因此，可以这样启动此交互式程序：

```
> (main 13)
```

可以看到，汽车从距离左边距 13 像素的位置开始。当你关闭 big-bang 的窗口时它会停止。记住，当求值停止时，big-bang 会返回世界的当前状态。

当然，表示世界状态的数据类不必非得使用名称“WorldState”，只要与事件处理函数的签名中使用的名称一致就可以了。同样，不一定使用名称 tock、end?和 render。你可以依自己的喜好命名这些函数，只要写 big-bang 表达式的子句时使用一致的函数名称就行。最后，你可能已经注意到，big-bang 表达式的子句可以按任何顺序列出，唯一的要求是初始状态必须首先列出。

接下来，我们继续使用函数的设计诀窍和到目前为止阐述过的其他设计概念，完成程序设计过程的其余部分。

习题 39 好的程序员确保像 CAR 这样的图像可以通过常量定义的单一变化被放大或缩小[①]。我们从单一的简单定义开始开发汽车图像：

```
(define WHEEL-RADIUS 5)
```

WHEEL-DISTANCE 的定义基于车轮的半径。因此，把 WHEEL-RADIUS 从 5 更改为 10，将使汽车图像的尺寸翻倍。这种组织程序的方式被称为单一控制点，良好的设计会尽可能地采用这种方式。

开发你喜爱的汽车图像，并将 WHEEL-RADIUS 用作单一控制点。■

愿望清单中的下一个条目是时钟滴答处理函数：

```
; WorldState -> WorldState
; 时钟每滴答一次，移动汽车 3 像素
(define (tock ws) ws)
```

① 好的程序员为程序的各个方面都建立单一控制点，不仅限于图形常量。其他章节继续讨论这个问题。

既然世界的状态代表了画布的左边距与汽车之间的距离，并且汽车时钟每滴答一次移动 3 像素，那么简明的目的声明可以将这两个事实结合起来。这也会使创建示例和定义函数更容易：

```
; WorldState -> WorldState
; 时钟每滴答一次，移动汽车 3 像素
; 示例：
;    输入 20，期望输出 23
;    输入 78，期望输出 81
(define (tock ws)
  (+ ws 3))
```

设计过程的最后一步要求确认这些示例按预期工作。所以我们单击“运行”按钮并对这些表达式求值：

```
> (tock 20)
23
> (tock 78)
81
```

结果符合预期，所以 `tock` 的设计就完成了。

习题 40　将示例表述为初级语言的测试，即使用 `check-expect` 形式。引入一个错误，然后重新运行测试。■

愿望清单中的第二个条目是指定一个将世界状态转换为图像的函数：

```
; WorldState -> Image
; 按照给定的世界状态，将汽车放入 BACKGROUND 场景
(define (render ws)
  BACKGROUND)
```

为了给出渲染函数的示例，我们建议安排类似于图 3-5 上半部分的表格。它列出了给定的世界状态和期望的场景。对于第一批渲染函数，你可能希望手工绘制这些图像。

ws	其图像
50	
100	
150	
200	

ws	表达式
50	`(place-image CAR 50 Y-CAR BACKGROUND)`
100	`(place-image CAR 100 Y-CAR BACKGROUND)`
150	`(place-image CAR 150 Y-CAR BACKGROUND)`
200	`(place-image CAR 200 Y-CAR BACKGROUND)`

图 3-5　移动汽车程序的示例

尽管这种图像表很直观，并且解释了这个函数需要显示的内容——移动的汽车，但是它并没有解释函数**如何**创建此结果。为了达到这个目标，我们建议写下图 3-5 下半部分那样的表达式，它们可以创建表中的图像。大写字母的名称对应于明显的常量：汽车的图像、其固定的 y 轴坐标

以及背景场景（当前为空场景）。

扩展后的表格表明，render 函数的函数体公式遵从这个模式：

```
; WorldState -> Image
; 按照给定的世界状态，将汽车放入 BACKGROUND 场景
(define (render ws)
  (place-image CAR ws Y-CAR BACKGROUND))
```

这基本就是设计简单的世界程序的全部了。

习题 41 完成示例问题的程序，并使程序运行。也就是说，假设你已经完成了习题 39，定义了常量 BACKGROUND 和 Y-CAR。接下来将所有的函数定义组装起来，其中包括对函数的测试。当你对程序的运行满意之后，在布景中添加一棵树。可以用

```
(define tree
  (underlay/xy (circle 10 "solid" "green")
               9 15
               (rectangle 2 20 "solid" "brown")))
```

来创建树的形状。此外，在 big-bang 表达式中添加一个子句，使得当汽车消失在右侧之后，停止动画。■

在确定了世界状态的初始数据表示之后，仔细的程序员可能需要在设计过程的其余部分重新审视这一基本设计决策。例如，示例问题的数据定义将汽车表示为一个点。但是，汽车（的图像）并不是没有宽度和高度的数学意义上的点。因此，解释性（问题）陈述（距离左边距的像素数量）是一个含糊不清的陈述。这个陈述是指汽车左边缘（和左边距）的距离？车的中心点？还是车的右边缘？这里忽略了这个问题，并将其留给初级语言的图像运算为我们做出决定。如果你不喜欢这里的结果，请重新查看上面的数据定义，并修改它（或修改其解释说明）以适应自己的偏好。

习题 42 修改数据定义示例的解释，使状态表示汽车右边缘的 x 坐标。■

习题 43 让我们用基于时间的数据定义来完成相同的问题陈述：

```
; AnimationState 是 Number
; 解释：自从动画开始后经过的滴答数
```

和原来的数据定义一样，此定义也将世界的状态当作数值类。然而它的解释表明此数值代表完全不同的含义。

设计函数 tock 和 render。接下来开发 big-bang 表达式，以便再次获得汽车从左至右贯穿世界画布的动画。

你认为这个程序与开篇中的 animate 有什么关系？

使用这个数据定义来设计按照正弦波移动汽车的程序。（不要那样开车。）■

本节最后，我们来看一个鼠标事件处理函数的例子，这也说明了视图和模型分离提供的优点。[①]

假设我们希望允许人们通过“超空间”移动汽车：

示例问题 设计程序，在世界画布中，以每时钟滴答 3 像素的速度从左到右移动汽车。**如果在画布的任何位置单击鼠标，汽车将被放置到该点击的 x 坐标处。**

黑体部分是对原始问题的扩展。

---

① 处理鼠标移动有时很棘手，因为它们和看起来并不完全一样，有关这里的原因的初步解释，参见本书在线版本中“Mice and Characters”（鼠标和字符）部分的注释。

面对修改过的问题时，可以使用设计过程来引导我们进行必要的修改。如果运用得当，这个过程自然而然地会决定现有程序中需要添加什么，以应对问题陈述的扩展。所以我们开始吧。

（1）没有新的属性，这意味着我们不需要新的常量。

（2）该程序仍然只关注一个随时间变化的属性，即汽车的 x 坐标。因此，原来的数据表示够用了。

（3）修改后的问题陈述需要增加一个鼠标事件处理程序，同时汽车基于时钟的移动不变。因此，我们在愿望清单中增加相应的条目：

```
; WorldState Number Number String -> WorldState
; 如果给定的 me 是"button-down"，将车放到 x-mouse 位置
(define (hyper x-position-of-car x-mouse y-mouse me)
  x-position-of-car)
```

（4）最后，我们需要修改 main 来处理鼠标事件。这只需要添加一个 on-mouse 子句，并使其遵从愿望清单的新条目：

```
(define (main ws)
   (big-bang ws
     [on-tick tock]
     [on-mouse hyper]
     [to-draw render]))
```

毕竟，修改后的问题需要处理鼠标点击，其他一切都保持不变。

剩下的工作仅仅是再设计一个函数，为此我们使用函数的设计诀窍。

愿望清单中的条目说明函数设计诀窍的前两个步骤已经完成了。因此，下一步要开发一些函数示例：

```
; WorldState Number Number String -> WorldState
; 如果给定的 me 是"button-down"，将汽车放到 x-mouse 位置
; 输入：21 10 20 "enter"
; 期望输出：21
; 输入：42 10 20 "button-down"
; 期望输出：10
; 输入：42 10 20 "move"
; 期望输出：42
(define (hyper x-position-of-car x-mouse y-mouse me)
  x-position-of-car)
```

这些示例表明，如果字符串参数等于"button-down"，则函数返回 x-mouse，否则返回 x-position-of-car。

习题 44 将示例表述为初级语言的测试。单击“运行”按钮并观察测试失败。■

为了完成函数定义，我们必须回想一下开篇中关于 cond（条件）表达式的美好回忆[①]。使用 cond 和 hyper，只需两行就能定义出来：

```
; WorldState Number Number String -> WorldState
; 如果给定的 me 是"button-down"，将汽车放到 x-mouse 位置
(define (hyper x-position-of-car x-mouse y-mouse me)
  (cond
    [(string=? "button-down" me) x-mouse]
    [else x-position-of-car]))
```

① 在下一章中，我们将详细解释如何用 cond 进行设计。

如果你完成了习题 44，请重新运行程序，并观察所有测试是否成功。假设测试成功，在 DrRacket 的定义区中对

```
(main 1)
```

求值，然后通过超空间运输汽车。

你可能想知道为什么这个程序的修改如此简单。这有两个原因。首先，本书及所用的软件严格区分程序跟踪的数据（即模型）和它显示的图像（即视图）。特别地，处理事件的函数与状态如何呈现无关。如果需要修改状态呈现的方式，我们可以只关注在 to-draw 子句中指定的函数。其次，程序和函数的设计诀窍以正确的方式组织程序。如果问题陈述中的任何内容发生变化，再次遵循设计诀窍就会自然地指出原问题解决方案必须修改的地方。虽然对于我们现在正在处理的简单问题，这里指出的修改看起来很明显，但对程序员在现实世界中遇到的那些问题来说，这是至关重要的。

3.7　虚拟宠物世界

本节以习题的形式介绍虚拟宠物游戏的前两个要素。开始时，这只是显示猫在屏幕上持续行走的画面。当然，行走会让猫不快乐，不快乐也会表现出来。和所有宠物一样，你可以尝试抚摸，这就会有些帮助，或者你可以尝试喂食，这就更好了。

所以，我们从喜欢的猫的形象开始：

(define cat1 )

复制猫的图像并将其粘贴到 DrRacket 中，然后使用 define 为图像指定名称，就像上面那样。

习题 45　设计“虚拟猫”世界程序，不断将猫从左向右移动，我们称其为 cat-prog，并假设它读入猫的起始位置。此外，让猫每时钟滴答移动 3 像素。只要猫消失在图像右侧，它就会重新出现在左侧。你可能需要读一下 modulo 函数（的文档）。■

习题 46　使用稍微不同的图像，改进猫的动画：

(define cat2 )

调整习题 45 中的渲染函数，使之根据 x 坐标是否为奇数来确定使用两个猫图像中的一个或另一个。从帮助台中阅读 odd?（的文档），并使用 cond 表达式来选择 cat 的图像。■

习题 47 设计维护并显示“快乐指数”的世界程序，称其为 `gauge-prog`，并假设程序读入快乐的最大程度。度量显示从最大快乐指数开始，每次时钟滴答，快乐指数以`-0.1`降低，它永远不会低于最低的快乐指数 `0`。每按一次向下箭头键，快乐指数就增加 `1/5`；每按一次向上箭头键，快乐指数就增加 `1/3`。

要显示快乐程度，我们使用带有黑框的实心红色矩形的场景。对于快乐指数 0，红条应该消失；对于最高的快乐指数 100，红条应该占满整个场景。

注意 当你知道这些之后，我们将解释如何将度量程序与习题 45 的解相结合。然后，我们就能帮助猫了，因为只要你忽略它，它就会变得不那么快乐。如果你抚摸猫，它就会变得快乐些。如果你喂猫，它就会变得更加快乐。因此你可以看到，为什么需要了解比前三章更多的关于设计世界程序的知识。■

第 4 章　区间、枚举和条目

目前，将信息表示为数据有 4 种选择：数值、字符串、图像和布尔值。对许多问题来说，这已经足够了，但还有很多其他问题，初级语言（或其他编程语言）中的这 4 个数据集合不足以解决这些问题。实际的设计人员需要更多将信息表示为数据的方式。

至少，优秀的程序员必须学会设计对这些内置集合加以限制的程序。一种限制的方法是枚举集合中的一堆元素，并说明这些元素是能用于某个问题的唯一元素。枚举元素仅在元素数量有限的情况下有用。为了适应有“无限”[①]多元素的集合，我们引入区间的概念，区间是满足特定属性的元素的集合。

枚举和区间的定义意味着区分不同类型的元素。要在代码中进行区分就需要条件函数，即根据某些参数的值选择不同的结果计算方式的函数。开篇中的“计算的多种方式”一节与 1.6 节都通过示例说明了如何编写这样的函数。但是，这两部分都没有使用设计（诀窍）。它们只是展示了你最喜欢的编程语言（即初级语言）中新的结构，并提供了如何使用它的例子。

在本章中，我们将讨论枚举和区间的一般设计，以及新形式的数据描述。我们先从再次讨论 cond 表达式开始。然后讨论 3 种不同的数据描述：枚举、区间和条目。枚举列出属于它的每一条数据，而区间则指定一个数据范围。最后一种——条目，是前两者的混合，在其定义的一个子句中指定范围，并在另一个子句中指定特定的数据段。本章以这种情况的一般设计策略结束。

4.1　条件编程

回忆开篇中对于条件表达式的简要介绍。由于 cond 是本书中最复杂的表达式形式，因此我们来仔细看看它的一般结构：

```
(cond
  [ConditionExpression1 ResultExpression1]
  [ConditionExpression2 ResultExpression2]
  ...
  [ConditionExpressionN ResultExpressionN]) [②]
```

cond 表达式以其关键字 (cond 开头，并以) 结尾。在关键字之后，程序员根据需要写入任意多的 cond 行，每个 cond 行由**两**个表达式组成，并用方括号包围，即 [和]。

cond 行也被称为 cond 子句。

下面是一个使用条件表达式的函数定义：

```
(define (next traffic-light-state)
  (cond
    [(string=? "red" traffic-light-state) "green"]
    [(string=? "green" traffic-light-state) "yellow"]
    [(string=? "yellow" traffic-light-state) "red"]))
```

---

① 无限的意思可以是“太大以至于枚举元素是完全不切实际的”。

② 方括号突出了 cond。使用 (...) 代替 [...] 也是可以的。

类似于开篇中的数学示例，这个示例说明了使用 cond 表达式的便利。在许多问题中，函数必须区分几种不同的情况。使用 cond 表达式，一行可以对应一种可能性，从而提醒代码的阅读者问题陈述中的不同情况。

关于语用学请注意：对比 1.6 节中的 cond 表达式与 if 表达式，后者将一种情况与其他所有情况区分开。严格来说，if 表达式不太适合多情境的情况，它们更适合我们所说的“一个或另一个”的情况。因此，当希望提醒代码的读者不同情况直接来自数据定义时，我们**总是**使用 cond。对于其他代码，我们使用最方便的结构。

当 cond 表达式中的条件变得过于复杂时，你偶尔会希望表达类似于“在所有其他情况下”的意思。对于这种情况，cond 表达式允许在最后一个 cond 行中使用 else 关键字：

```
(cond
  [ConditionExpression1 ResultExpression1]
  [ConditionExpression2 ResultExpression2]
  ...
  [else DefaultResultExpression])
```

如果不小心在其他 cond 行中使用 else，DrRacket 的初级语言会给出错误信息：

```
> (cond
   [(> x 0) 10]
   [else 20]
   [(< x 10) 30])
cond 发现一个在其表达式中不是最后一个子句的 else 子句
```

也就是说，初级语言拒绝语法上不正确的语句，因为试图理解这种语句毫无意义。

想象一下，设计作为游戏程序一部分的函数，在游戏结束时计算奖励。下面是这个函数的头部：

```
; PositiveNumber 是大于或等于 0 的 Number

; PositiveNumber -> String
; 计算给定分数 s 对应的奖励级别
```

下面有两个版本并排以供比较：

```
(define (reward s)              (define (reward s)
  (cond                           (cond
    [(<= 0 s 10)                    [(<= 0 s 10)
     "bronze"]                       "bronze"]
    [(and (< 10 s)                  [(and (< 10 s)
          (<= s 20))                      (<= s 20))
     "silver"]                       "silver"]
    [(< 20 s)                       [else
     "gold"]))                       "gold"]))
```

左侧的函数使用了 3 个条件完整的 cond，右侧的函数用了 else 子句。为了给出左侧函数最后的条件，必须计算 (< 20 s)，因为

- s 是 PositiveNumber；
- (<= 0 s 10) 是#false；
- (and (< 10 s) (<= s 20)) 求值也是#false。

在这种情况下，虽然计算看起来很简单，但很容易犯一些小错误从而在程序中引入错误。因此，**如果**你知道所需的条件是 cond 中所有先前条件的反面——称为补（条件），那么最好像右侧函数那样定义函数。

4.2 条件计算

读过开篇中的“计算的多种方式”一节与 1.6 节，你大概知道 DrRacket 如何对条件表达式求值。让我们更精确地理解 cond 表达式。再看看这个定义：

```
(define (reward s)
  (cond
    [(<= 0 s 10) "bronze"]
    [(and (< 10 s) (<= s 20)) "silver"]
    [else "gold"]))
```

这个函数读入数值的分数——一个正数，并返回一种颜色。

只是看着这个 cond 表达式，你无法预测 3 个 cond 子句中的哪一个将被使用。这正是函数的目的。这个函数处理多种不同的输入，例如 2、3、7、18 和 29。对于这些输入中的每一个，函数可能必须以不同的方式进行处理。cond 表达式的目的正是区分不同类的输入。

举个例子：

```
(reward 3)
```

你知道，DrRacket 会在将形参替换为实参后，用函数体替换函数调用。因此，

```
(reward 3) ; 读作“等于”
==
(cond
  [(<= 0 3 10) "bronze"]
  [(and (< 10 3) (<= 3 20)) "silver"]
  [else "gold"])
```

此时，DrRacket 一次对一个条件求值。如果**第一个**条件求值为#true，DrRacket 就会继续对结果表达式求值：

```
(reward 3)
==
(cond
  [(<= 0 3 10) "bronze"]
  [(and (< 10 3) (<= 3 20)) "silver"]
  [else "gold"])
==
(cond
  [#true "bronze"]
  [(and (< 10 3) (<= 3 20)) "silver"]
  [else "gold"])
==
"bronze"
```

这里第一个条件成立，因为 3 在 0 和 10 之间。

再来看第二个例子：

```
(reward 21)
==
(cond
  [(<= 0 21 10) "bronze"]
  [(and (< 10 21) (<= 21 20)) "silver"]
  [else "gold"])
==
(cond
  [#false "bronze"]
  [(and (< 10 21) (<= 21 20)) "silver"]
```

```
  [else "gold"])
==
(cond
  [(and (< 10 21) (<= 21 20)) "silver"]
  [else "gold"])
```

注意这次第一个条件是如何被求值为#false 的，正如开篇中的“计算的多种方式”一节中所述，整个 cond 子句被丢弃。剩下的计算继续如期待的那样进行：

```
(cond
  [(and (< 10 21) (<= 21 20)) "silver"]
  [else "gold"])
==
(cond
  [(and #true (<= 21 20)) "silver"]
  [else "gold"])
==
(cond
  [(and #true #false) "silver"]
  [else "gold"])
==
(cond
  [#false "silver"]
  [else "gold"])
==
(cond
  [else "gold"])
== "gold"
```

和第一个条件一样，第二个条件也求值为#false，因此计算继续到第三个 cond 行。else 告诉 DrRacket 用本子句的结果替换整个 cond 表达式。

习题 48 在 DrRacket 的定义区中输入 reward 的定义，在其后输入(reward 18)，然后使用步进器找出 DrRacket **如何**对函数调用求值。■

习题 49 cond 表达式只是一种普通的表达式，因此它可以出现在另一个表达式之中：

```
(- 200 (cond [(> y 200) 0] [else y]))
```

当 y 为 100 和 210 时，使用步进器分别对此表达式求值。

嵌套的 cond 表达式可以消除共有的表达式。考虑图 4-1 中再现的发射火箭函数。除了用...表示的部分，cond 表达式的两个分支具有相同的形状：

```
(place-image ROCKET X ... MTSCN)
```

```
(define WIDTH  100)
(define HEIGHT  60)
(define MTSCN  (empty-scene WIDTH HEIGHT))

(define ROCKET 🚀)
(define ROCKET-CENTER-TO-TOP
  (- HEIGHT (/ (image-height ROCKET) 2)))

(define (create-rocket-scene.v5 h)
  (cond
    [(<= h ROCKET-CENTER-TO-TOP)
     (place-image ROCKET 50 h MTSCN)]
    [(> h ROCKET-CENTER-TO-TOP)
     (place-image ROCKET 50 ROCKET-CENTER-TO-TOP MTSCN)]))
```

图 4-1 回顾开篇中的“一个程序，多个定义”一节

使用嵌套表达式重新编写 `create-rocket-scene.v5`，这个函数应只用到 `place-image` 一次。■

4.3 枚举

并非所有字符串都代表鼠标事件。上一章 `big-bang` 中介绍 `on-mouse` 子句的时候，如果查阅了帮助台，你会发现告知鼠标事件的程序只用到 6 个字符串：

```
; MouseEvt 是下列 String 之一:
; -- "button-down"
; -- "button-up"
; -- "drag"
; -- "move"
; -- "enter"
; -- "leave"
```

这些字符串的解释很明显。当计算机用户单击鼠标按钮或释放鼠标按钮时，前两个字符串之一会出现。相比之下，第三和第四个字符串是关于移动鼠标的，区别是是否同时按下了鼠标按钮。最后两个字符串表示鼠标移过画布边缘的事件：从外部进入画布或退出画布。

更重要的是，将鼠标事件表示为字符串的数据定义与我们到目前为止所看到的数据定义完全不同。它被称为枚举（enumeration），即列出每种可能的数据表示。枚举很常见，这一点毫不令人惊讶。下面是一个简单的例子：

```
; TrafficLight 是下列 String 之一：
; -- "red"
; -- "green"
; -- "yellow"
; 解释：3 个字符串表示可以假定的交通信号灯的 3 种可能状态
```

这是交通信号灯能够呈现的状态的过于简单[①]的表示。与其他定义不同，此数据定义使用了稍微不同的文字来解释 TrafficLight 这个词的含义，但这并非本质上的区别。

用枚举编程在大多数情况下简单直接。当函数的输入是这类数据，即其描述涉及基于每种情况列出元素时，函数应区分这些情况，并根据每种情况计算结果。例如，如果想定义计算交通信号灯下一个状态的函数，给定的当前状态是 TrafficLight 的一个元素，将得到如下的定义：

```
; TrafficLight -> TrafficLight
; 给定当前状态 s，产生下一个状态
(check-expect (traffic-light-next "red") "green")
(define (traffic-light-next s)
  (cond
    [(string=? "red" s) "green"]
    [(string=? "green" s) "yellow"]
    [(string=? "yellow" s) "red"]))
```

由于 TrafficLight 的数据定义由 3 个不同的元素组成，因此 `traffic-light-next` 函数自然需要区分 3 种不同的情况。对于每种情况，结果表达式只是另一个字符串，对应于下一个状态。

习题 50 如果将上面的函数定义复制并粘贴到 DrRacket 的定义区并单击“运行”按钮，则 DrRacket 将高亮显示 3 个 `cond` 行中的 2 行。这是告诉你，测试用例并没有完整覆盖 `cond` 条件。添加足够的测试，以使 DrRacket 满意。■

---

① 我们称之为“过于简单”，因为它不包括“关闭”状态、“红灯闪烁”状态或“黄灯闪烁”状态。

习题 51 设计模拟给定时间段的交通灯的 `big-bang` 程序。该程序将交通灯的状态渲染为适当颜色的实心圆，并在每次时钟滴答时改变状态。最合适的初始状态是什么？问问懂工程的小伙伴。■

枚举的主要思想是将数据集合定义为**有限**数量的数据。每个项明确说明哪些数据属于正在定义的数据类。通常情况下，这部分数据都是按原样显示；某些情况下，枚举的项是一个句子，这个句子用单一的短语描述数据段的有限数量的元素。

下面是一个重要的例子：

```
; 1String 是长度为 1 的 String，
; 包括
; -- "\\" （反斜杠），
; -- " " （空格），
; -- "\t" （制表键），
; -- "\r" （回车），
; -- "\b" （退格）。
; 解释：表示键盘上的按键
```

当可以用初级语言测试来描述其所有元素时，你就知道这样的数据定义是正确的了。对于 1String，要查明某个字符串 `s` 是否属于该集合可以用

```
(= (string-length s) 1)
```

另一种检查是否正确的方法是枚举所希望描述的数据集合中的所有成员：

```
; 1String 是下列之一：
; -- "q"
; -- "w"
; -- "e"
; -- "r"
; ...
; -- "\t"
; -- "\r"
; -- "\b"
```

看一下自己的键盘，你会发现←、↑和类似的标签。这里选择的编程语言，即初级语言，使用自己的数据定义来表示这些信息。摘录如下：①

```
; KeyEvent 是下列之一：
; -- 1String
; -- "left"
; -- "right"
; -- "up"
; -- ...
```

这个枚举中的第一项描述了和 1String 描述的相同的字符串。后面的子句枚举了表示特殊键盘事件的字符串，例如，按下 4 个箭头键之一或释放按键。

到这里，我们就可以系统地设计按键事件处理程序了。下面是其框架：

```
; WorldState KeyEvent -> ...
(define (handle-key-events w ke)
  (cond
    [(= (string-length ke) 1) ...]
    [(string=? "left" ke) ...]
    [(string=? "right" ke) ...]
    [(string=? "up" ke) ...]
```

① 你知道去哪里找完整的定义。

```
[(string=? "down" ke) ...]
...))
```

这一事件处理函数使用了 cond 表达式，并且对于数据定义的枚举中的每一行，都有一个 cond 行对应。第一个 cond 行中的条件对应 KeyEvent 枚举中的第一行，第二个 cond 子句对应枚举中第二行数据，依次类推。

当程序依赖所选编程语言（如初级语言）或其库（如 *2htdp/universe* 库）附带的数据定义时，通常只使用枚举的一部分。为了说明这一点，我们来看一个有代表性的问题。

示例问题　*设计键盘事件处理程序，响应按下左右箭头键时，在水平方向上向左或向右移动红点。*

图 4-2 给出了这个问题的**两种**解。左边的函数按照基本思想组织：输入的数据定义 KeyEvent 中每一行对应一个 cond 子句。相比之下，右边的版本只使用 3 个基本行：两个对应于重要的按键，另一个用于其他所有的按键。这里的重新排序是合适的，因为只有两个 cond 行是相关的，并且它们可以清晰地与其他行区分开。当然，这种重新安排是在正确设计函数**之后**进行的。

```
; Position 是 Number
; 解释：球和左边界之间的距离

; Position KeyEvent -> Position
; 计算球的下一个位置

(check-expect (keh 13 "left") 8)
(check-expect (keh 13 "right") 18)
(check-expect (keh 13 "a") 13)

(define (keh p k)                    (define (keh p k)
  (cond                                (cond
    [(= (string-length k) 1)
     p]
    [(string=? "left" k)                 [(string=? "left" k)
     (- p 5)]                             (- p 5)]
    [(string=? "right" k)                [(string=? "right" k)
     (+ p 5)]                             (+ p 5)]
    [else p]))                           [else p]))
```

图 4-2　条件函数和特殊的枚举

4.4　区间

想象自己面对如下的设计任务示例。

示例问题　*设计模拟 UFO 降落的程序。*

经过一番思考，你可以想出类似于图 4-3 中所示的程序。停一下！在继续阅读之前，研究这里的定义，并将...替换为实际代码。

然而，在发布这个“游戏”程序之前，你可能希望在画布上添加状态行的显示。

示例问题　*添加状态行。当 UFO 的高度超过画布高度的三分之一时，其中显示“descending”（下降）。当高度不足三分之一时，状态行切换为“closing in”（接近）。最后，当 UFO 到达画布底部时，状态行通知游戏玩家 UFO 已“landed”（着陆）。*

你可以自由地为状态行选用合适的颜色。

```
; WorldState 是 Number
; 解释：顶部和 UFO 之间的像素数

(define WIDTH 300) ; 以像素计的距离
(define HEIGHT 100)
(define CLOSE (/ HEIGHT 3))
(define MTSCN (empty-scene WIDTH HEIGHT))
(define UFO (overlay (circle 10 "solid" "green") ...))

; WorldState -> WorldState
(define (main y0)
  (big-bang y0
     [on-tick nxt]
     [to-draw render]))

; WorldState -> WorldState
; 计算 UFO 的下一个位置
(check-expect (nxt 11) 14)
(define (nxt y)
  (+ y 3))

; WorldState -> Image
; 将 UFO 放置在 MTSCN 中心的给定高度
(check-expect (render 11) (place-image UFO ... 11 MTSCN))
(define (render y)
  (place-image UFO ... y MTSCN))
```

图 4-3 UFO，降落中

在这里，数据类并不是有限数量的不同元素，也不是有限数量的数据的不同子类。毕竟，在概念上，0 和 HEIGHT 之间的区间（对大于 0 的数值来说）包含无限数量的数值和大量的整数。因此，我们用区间划分通用的数据定义，即使用“数值”来描述坐标类。

区间是用边界来描述一类数值。最简单的区间包含两个边界：左边界和右边界。如果左边界包含在区间中，我们就说区间是左闭区间。类似地，右闭区间包含其右边界。最后，如果区间不包含某一边界，则称其在这一边界为开区间。

区间的图像和表示法使用方括号表示闭合边界，圆括号表示开放边界。这里给出 4 个这样的区间。

- [3, 5]是闭区间：

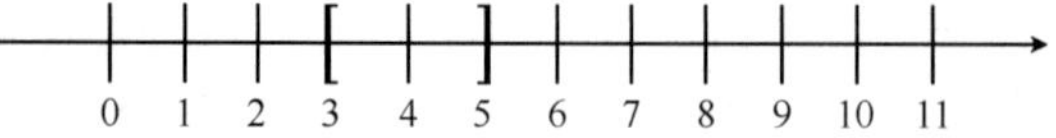

- (3, 5]是左开区间：

- [3, 5)是右开区间：

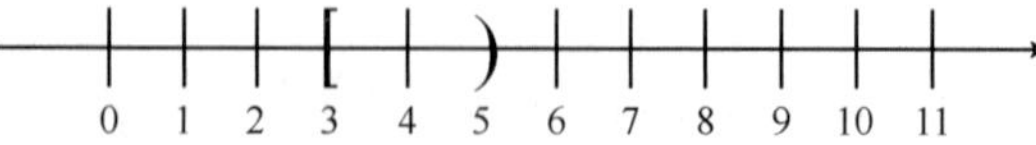

- (3, 5)是开区间：

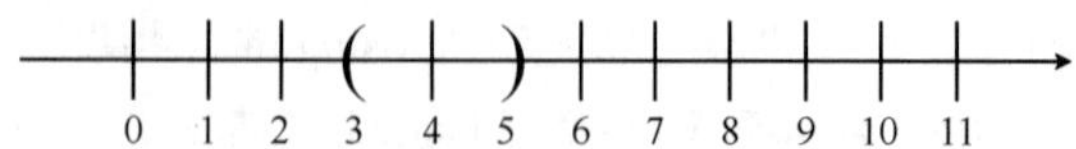

习题 52 以上 4 个区间中包含哪些整数？■

区间的概念可以帮助我们制定更适合的数据定义，这比基于“数值”的定义能更好地对应修改后的问题陈述：

```
; WorldState 属于下列 3 个区间之一：
; -- 介于 0 和 CLOSE 之间
; -- 介于 CLOSE 和 HEIGHT 之间
; -- 在 HEIGHT 之下
```

具体来说，有 3 个区间，用图像表示就是：

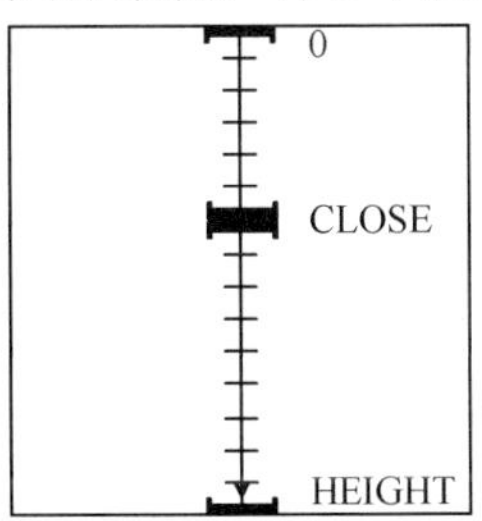

这里看到的是标准数轴，翻转成垂直形式，并划分为小区间。每个小区间以指向下的括号（━）开始并以指向上的括号（▬）结束。此图像以这种方式确定了 3 个区间：

- 上方的区间，从 0 到 CLOSE；
- 中间的区间，从 CLOSE 到 HEIGHT；
- 下方的不可见区间，仅是 HEIGHT 位置的一条横线[①]。

用这种可视化的方式表示数据定义在两个方面有助于设计函数。首先，它直接告诉我们如何挑选示例。显然，我们希望函数能够在所有的区间之内工作，也希望函数在每个区间的两个端点也能正常工作。其次，图像告诉我们，需要制定条件来确定某个“点”是否在某个区间之内。

将两者结合在一起会产生一个问题，即函数如何准确地处理端点。在我们的示例中，数轴上有两个点同时属于两个区间：CLOSE 同时属于上方的区间和中间的区间，而 HEIGHT 似乎同时属于中间的区间和下方的区间。这种重叠通常会给程序带来问题，因此应该避免。

由于 cond 表达式的求值方式，初级语言中的函数自然地避免了这个问题。考虑这个以自然的方式写就的函数，它读入 WorldState 的元素：

```
; WorldState -> WorldState
(define (f y)
  (cond
    [(<= 0 y CLOSE) ...]
    [(<= CLOSE y HEIGHT) ...]
    [(>= y HEIGHT) ...]))
```

3 个 cond 行对应于 3 个区间。每个条件都区分出位于区间界限之间的 y 值。但是，由于 cond 行被逐一检查，因此如果 y 值等于 CLOSE 的话，初级语言会选择第一个 cond 行，而 y 值为 HEIGHT 的话会触发第二个 *ResultExpression*（结果表达式）求值。

如果要使这里的选择更明显，且对读者而言也更直接，我们可以使用不同的条件：

```
; WorldState -> WorldState
(define (g y)
  (cond
    [(<= 0 y CLOSE) ...]
    [(and (< CLOSE y) (<= y HEIGHT)) ...]
```

① 在普通的数轴上，最后这个区间从 HEIGHT 开始并持续到无穷。

```
      [(> y HEIGHT) ...]))
```

请注意第二个 cond 行，这里使用 and 来结合严格小于检查和小于或等于检查，而不是像 f 那样，用<=检查 3 个参数。

综合所有这些，我们可以完成函数定义，在 UFO 动画上加入所需的状态行，完整的定义如图 4-4 所示。该函数使用 cond 表达式来区分 3 个区间。在每个 cond 子句中，*ResultExpression* 用 render（来自图 4-3）来创建下降中的 UFO 图像，然后用 place-image 在位置(10,10)处添加合适的文本。

```
; WorldState -> Image
; 在 render 创建的场景中添加状态行

(check-expect (render/status 10)
              (place-image (text "descending" 11 "green")
                           10 10
                           (render 10)))

(define (render/status y)
  (cond
    [(<= 0 y CLOSE)
     (place-image (text "descending" 11 "green")
                  10 10
                  (render y))]
    [(and (< CLOSE y) (<= y HEIGHT))
     (place-image (text "closing in" 11 "orange")
                  10 10
                  (render y))]
    [(> y HEIGHT)
     (place-image (text "landed" 11 "red")
                  10 10
                  (render y))]))
```

图 4-4　显示状态行

为了运行此版本，需要稍微改变一下图 4-3 中的 main：

```
; WorldState -> WorldState
(define (main y0)
  (big-bang y0
            [on-tick nxt]
            [to-draw render/status]))
```

这个函数定义中有一处可能会让你觉得不安，为了说明情况，让我们来细化一下上面的示例问题。

示例问题　在(20, 20)位置添加状态行。当 UFO 的高度超过画布高度的三分之一时，其中显示“descending”（下降中）……

第一次观看此动画的客户可能就是这个反应。

此时，你发现自己不得不在 **6** 个不同的地方修改 render/status 函数，因为有一份外部信息（状态行的位置）在 3 个地方出现。为了避免对单个元素进行多次修改，程序员应尽量避免复制。你有两个选择来解决这个问题。第一个选择是使用常量定义，在前面的章节中提到过。第二个选择是把 cond 表达式视为可以在函数中任何地方出现的表达式，包括在其他表达式的中间出现，如图 4-5 所示，并与图 4-4 进行比较。在修改后的 render/status 定义中，cond 表达式是 place-image 的第一个参数。正如你所看到的，cond 表达式的结果总是 text 图像，它将被放入由(render y)创建的图像中的(20, 20)处。

```
; WorldState -> Image
; 在 render 创建的场景中添加状态行

(check-expect (render/status 42)
              (place-image (text "closing in" 11 "orange")
                           20 20
                           (render 42)))

(define (render/status y)
  (place-image
    (cond
      [(<= 0 y CLOSE)
       (text "descending" 11 "green")]
      [(and (< CLOSE y) (<= y HEIGHT))
       (text "closing in" 11 "orange")]
      [(> y HEIGHT)
       (text "landed" 11 "red")])
    20 20
    (render y)))
```

图 4-5 显示状态行，修改后的版本

4.5 条目

区间将数值区分成不同的子类，原则上每个子类都是无限大的。枚举则以逐一列举元素的方式给出现有数据类的有用元素。某些数据定义需要同时包含这两者中的元素。我们称之为条目（itemization），它是区间和枚举的一般化。条目允许任何已定义的数据类的相互组合，以及数据类与单个数据的组合。

考虑下面的例子，将 4.3 节中的重要数据定义重写为：

```
; KeyEvent 是下列之一：
; -- 1String
; -- "left"
; -- "right"
; -- "up"
; -- ...
```

在这里，`KeyEvent` 数据定义引用了 1String 数据定义。由于处理 KeyEvent 的函数通常区别处理 1String，往往是使用辅助函数来处理，因此我们现在也可以方便地表示这些函数的签名。

基本运算 `string->number` 的描述以复杂的方式用到了条目的概念。它的签名是

```
; String -> NorF
; 将给定的字符串转换为数值；
; 如果不能转换则返回#false
(define (string->number s) (... s ...))
```

这意味着签名结果命名了如下的简单数据类：

```
; NorF 是下列之一：
; -- #false
; -- a Number
```

这个条目将一种数据（`#false`）与另一种完全不同的数据大类（数值）组合在一起。

现在想象一个函数，它使用 `string->number` 的结果并将其加 `3`，对`#false` 的处理是将其当作 `0`：

```
; NorF -> Number
; 对给定的数值加 3，否则返回 3
```

```
(check-expect (add3 #false) 3)
(check-expect (add3 0.12) 3.12)
(define (add3 x)
  (cond
    [(false? x) 3]
    [else (+ x 3)]))
```

如上所述，该函数的函数体由 cond 表达式组成，cond 表达式子句的数量与数据定义枚举的条目数量一样多。第一个 cond 子句识别函数应用于#false 时如何处理，根据要求，相应的结果是 3。第二个子句处理数值，根据要求对其加 3。

我们再来研究一个更有意义的设计任务。

示例问题 设计程序，当用户按下空格键时发射火箭。开始时，程序在画布的底部显示一枚火箭。一旦发射，火箭会以每时钟滴答 3 像素的速度向上移动。

这个修改版本需要表示两种不同状态的类：

```
; LR（launching rocket 的缩写）是下列之一：
; -- "resting"
; -- NonnegativeNumber（非负数）
; 解释："resting"表示火箭停在地面
; 数值表示火箭飞行时的高度
```

虽然对"resting"的解释是显而易见的，但将数值解释为高度在理解上是有歧义的：

（1）“高度”一词可以指地面与火箭参考点（如火箭的中心）之间的距离；

（2）它也可以指画布顶部与参考点之间的距离。

这两种解释都说得通。第二种解释和传统计算机中“高度”一词的含义一致。因此，将世界状态转化为图像的函数会更方便实现，所以我们选择这种解释。

为了强调这种选择，后面的习题 57 要求使用第一个高度解释来解决此问题。

习题 53 世界程序的设计诀窍要求将信息转化成数据，再将数据转化回信息，以确保完整地理解数据定义。最好的方法是，绘制一些世界场景，并用数据表示它们，再反过来，选择一些数据的例子，并绘制与之匹配的图像。对 LR 的定义这样操作，并至少将 HEIGHT 和 0 作为例子。■

实际上，火箭发射还包含倒计时。

示例问题 设计发射火箭的程序。当用户按下空格键时，模拟程序会在显示火箭上升的景象之前，倒计时 3 个时钟滴答。火箭应该以每时钟滴答 3 像素的速度向上移动。

遵循程序设计诀窍，我们先记录常量：

```
(define HEIGHT 300) ; 距离以像素为单位
(define WIDTH  100)
(define YDELTA 3)

(define BACKG  (empty-scene WIDTH HEIGHT))
(define ROCKET (rectangle 5 30 "solid" "red"))

(define CENTER (/ (image-height ROCKET) 2))
```

WIDTH 和 HEIGHT 描述了画布和背景场景的尺寸，而 YDELTA 是问题陈述中指定的火箭沿 y 轴移动的像素。常量 CENTER 是**计算得出的**火箭中心。

接下来我们转向数据定义的开发。此修改后的问题明确需要 3 个不同的状态子类：

```
; LRCD（倒计时发射火箭对应英文 launching rocket countdown 的简称）是下列之一：
```

```
; -- "resting"
; -- 介于-3 和-1 之间的 Number
; -- NonnegativeNumber
; 解释：停在地面的火箭，
; 倒计时模式，
; 表示画布顶部与火箭之间的像素数目（火箭高度）的数值
```

第二个新的数据子类（3 个负数）代表用户按下空格键后、火箭升空之前的世界。

下一步需要写下函数的愿望清单，这些函数包括将状态呈现为图像的函数，以及任何所需的事件处理函数：

```
; LRCD -> Image
; 将状态呈现为停止或飞行中的火箭
(define (show x)
  BACKG)

; LRCD KeyEvent -> LRCD
; 当按下空格键时，如果火箭仍停止，则开始倒计时
(define (launch x ke)
  x)

; LRCD -> LRCD
; 如果火箭已经在飞行，将其提升 YDELTA 像素
(define (fly x)
  x)
```

请记住，世界程序的设计诀窍决定了这些签名，尽管我们可以选择数据集合和事件处理程序的名称。此外，目的声明是专门制定的，以适应问题陈述。

接下来，我们使用函数的设计诀窍创建 3 个函数的完整定义。先从第一个函数的例子开始：

```
(check-expect
 (show "resting")
 (place-image ROCKET 10 HEIGHT BACKG))

(check-expect
 (show -2)
 (place-image (text "-2" 20 "red")
              10 (* 3/4 WIDTH)
              (place-image ROCKET 10 HEIGHT BACKG)))

(check-expect
 (show 53)
 (place-image ROCKET 10 53 BACKG))
```

如前所述，我们在数据定义中为每个子类编写一个测试。第一个显示停止状态，第二个是倒计时状态，最后一个是火箭飞行状态。此外，我们将函数的期望值表示为绘制适当图像的表达式。我们使用 DrRacket 的交互区来创建这些图像，你会怎么做？

仔细研究这些示例可以发现，明确（函数）示例也意味着做出抉择。问题陈述中没有要求在火箭发射之前显示相应内容，但显示停止的火箭是很自然的。同样，问题陈述中也没有要求在倒计时期间显示计数，但增加这个功能很友好。最后，如果完成了习题 53，你应该知道 `0` 和 `HEIGHT` 是数据定义第三个子句中的特殊点。

一般来说，举例时需要特别注意区间，也就是说，区间至少应该有 3 个示例：两个分别来自区间两端，另一个来自区间内部。由于 `LRCD` 的第二个子类是（有限）区间，第三个是半开区间，我们来看看它们的端点：

- 显然，`(show -3)` 和 `(show -1)` 返回的图像必须和 `(show -2)` 返回的图像类似。毕竟，

即使倒计时计数不同，火箭也同样停留在地面上。

- (show HEIGHT)的情况不同。根据之前的讨论，HEIGHT 值代表火箭刚刚发射时的状态。从图像的角度看，这意味着火箭仍然在地面上。参考上面最后一个测试用例，这个测试用例可以表达为：

```
(check-expect
 (show HEIGHT)
 (place-image ROCKET 10 HEIGHT BACKG))
```

问题是，如果在 DrRacket 的交互区对“期望值”表达式求值，你会发现火箭有一半在地下。这当然是不对的，意味着我们需要调整这些测试用例：

```
(check-expect
 (show HEIGHT)
 (place-image ROCKET 10 (- HEIGHT CENTER) BACKG))

(check-expect
 (show 53)
 (place-image ROCKET 10 (- 53 CENTER) BACKG))
```

- 最后，确定期望的结果是从(show 0)得到的。这是一个简单但有揭示意义的练习。

遵循本章前面的先例，show 使用 cond 表达式来处理数据定义的 3 个子句：

```
(define (show x)
  (cond
    [(string? x) ...]
    [(<= -3 x -1) ...]
    [(>= x 0) ...]))
```

每个子句分别用精确的条件标识相应的子类：(string? x)选择第一个子类，它只包含一个元素，字符串"resting"；(<= -3 x -1)完整地覆盖了第二个子类的数据；(>= x 0)测试选出所有非负数值。

习题 54　为什么 show 中的第一个条件用(string=? "resting" x)是**不正确**的？相反地，编写完全精确的条件，即布尔表达式，仅当 x 属于 LRCD 的第一个子类时其值才为#true。■

结合示例和上述 show 函数的框架，以合理的简单方式完成之后得到完整定义：

```
(define (show x)
  (cond
    [(string? x)
     (place-image ROCKET 10 (- HEIGHT CENTER) BACKG)]
    [(<= -3 x -1)
     (place-image (text (number->string x) 20 "red")
                  10 (* 3/4 WIDTH)
                  (place-image ROCKET
                               10 (- HEIGHT CENTER)
                               BACKG))]
    [(>= x 0)
     (place-image ROCKET 10 (- x CENTER) BACKG)]))
```

事实上，这种定义函数的方式非常有效，也是本书中完整设计方法的重要元素。

习题 55　再来看一下 show 函数。它包含 3 个形状类似的表达式实例：

```
(place-image ROCKET 10 (- ... CENTER) BACKG)
```

这个表达式在函数中出现了 3 次：两次是绘制停止的火箭，一次是绘制飞行的火箭。定义执行这项工作的辅助函数可以缩短 show 函数。为什么这是个好主意？你可能需要重读开篇。■

接下来讨论第二个函数，它处理发射火箭的键盘事件。已经有函数头了，所以下一步我们以测试的形式编写示例：

```
(check-expect (launch "resting" " ") -3)
(check-expect (launch "resting" "a") "resting")
(check-expect (launch -3 " ") -3)
(check-expect (launch -1 " ") -1)
(check-expect (launch 33 " ") 33)
(check-expect (launch 33 "a") 33)
```

检查这 6 个示例表明，前两个是关于 LRCD 的第一个子类的，第三个和第四个关注倒计时，最后两个是关于火箭已经在空中时的键盘事件。

之前写下 cond 表达式的框架很适合 show 函数的设计，所以我们继续使用这个框架：

```
(define (launch x ke)
  (cond
    [(string? x) ...]
    [(<= -3 x -1) ...]
    [(>= x 0) ...]))
```

回顾示例表明，当世界处于由第二或第三个数据子类表示的状态时，cond 表达式没有变化。这就是说，这时 launch 应该返回 x：

```
(define (launch x ke)
  (cond
    [(string? x) ...]
    [(<= -3 x -1) x]
    [(>= x 0) x]))
```

最后，第一个示例恰好是当 launch 函数产生新的世界状态时的情况：

```
(define (launch x ke)
  (cond
    [(string? x) (if (string=? " " ke) -3 x)]
    [(<= -3 x -1) x]
    [(>= x 0) x]))
```

具体而言，当世界状态是"resting"，同时用户按下空格键时，该函数从-3 开始倒计时。

将这些代码复制到 DrRacket 的定义区，并确保上述定义有效。然后，你可以考虑添加使程序运行的函数：

```
; LRCD -> LRCD
(define (main1 s)
  (big-bang s
    [to-draw show]
    [on-key launch]))
```

这个函数**没有**指明在时钟滴答时做什么，毕竟，我们还没有设计 fly 函数。不过，使用 main1 已经可以运行这个不完整版本的程序，并检验倒计时功能了。你会提供什么作为实参来调用 main1？

fly 函数（时钟滴答处理函数）的设计和之前两个函数的设计一样，图 4-6 展示了设计过程的结果。和之前一样，这里的关键在于通过大量的示例来覆盖可能的输入数据空间，特别是覆盖两个区间的情况。这些示例确保了倒计时和从倒计时到升空的过渡正常工作。

习题 56 定义 main2，这样你就可以发射火箭并看着它升空。阅读 on-tick 子句，以确定一次时钟滴答的间隔，以及如何更改此间隔。

如果观看整个发射过程，你会注意到，一旦火箭到达（画布）顶部，会有怪事发生。请解释一下。向 main2 添加 stop-when 子句，使得当火箭不在视线范围内时，升空模拟适时停止。■

```
; LRCD -> LRCD
; 如果火箭已经在飞行，将其提升 YDELTA 像素

(check-expect (fly "resting") "resting")
(check-expect (fly -3) -2)
(check-expect (fly -2) -1)
(check-expect (fly -1) HEIGHT)
(check-expect (fly 10) (- 10 YDELTA))
(check-expect (fly 22) (- 22 YDELTA))

(define (fly x)
  (cond
    [(string? x) x]
    [(<= -3 x -1) (if (= x -1) HEIGHT (+ x 1))]
    [(>= x 0) (- x YDELTA)]))
```

图 4-6 发射倒计时和升空

习题 56 的解是一个完整、能工作的程序，但其行为有点儿怪。有经验的程序员会说，使用负数表示倒计时阶段太“脆弱”了。第 5 章会介绍针对这个问题的更好的数据定义方法。不过，在介绍之前，4.6 节将详细阐述如何设计使用条目描述的数据的程序。

习题 57 回忆一下，“高度”这个词迫使我们选择两种可能的解释之一。现在你已经完成了本节中的习题，请使用该词的第一个解释再次解答，并比较和对比这两种解决方案。■

4.6 条目的设计

前面 3 节阐明的是，函数设计可以，且必须利用数据定义的组织结构。具体而言，如果数据定义指明某些数据或指定数据的范围，那么示例的创建和函数的组织结构将反映这种情况。

在本节中，我们将改进 3.4 节中的设计诀窍，以便在遇到关于读入条目（包括枚举和区间）的函数时，可以采用系统化的方式完成。为了使这里的解释更接地气，我们用以下这个比较简单的示例来阐述 6 个设计步骤。

示例问题 得克萨斯州（Tax Land，税收之地）为了应对其预算赤字，设立了 3 阶段的销售税制度。价格低于 1 000 美元的便宜物品不需要征税。价格超过 10 000 美元的奢侈品，按 8%（8.00%）的税率征税。价格处于这两类物品价格之间的所有物品都征收 5%（5.00%）的税。

为收银机设计函数，根据物品的价格计算销售税。

在我们修改设计诀窍的步骤时，请记住这个问题。

（1）当问题陈述区分不同类的输入信息时，你需要仔细制定数据定义。

数据定义必须为每个数据子类使用独立的子句，或者在某些情况下只为单个数据使用独立的子句。每个子句为特定信息子类指定数据表示。这里的关键是，每个数据子类都与其他类不同，所以函数可以通过分析不相交的情况来实现。

示例问题涉及价格和税，通常它们都是正数。它还清楚地划分了 3 种范围：

```
; Price 属于下列 3 个区间之一：
; --- 0 到 1000
; --- 1000 到 10000
; --- 大于 10000
; 解释：物品的价格
```

你理解这些范围与原问题之间的关系吗？

（2）就签名、目的说明和函数头而言，可以像以前一样处理。

对我们的例子来说：[①]

```
; Price -> Number
; 计算对 p 收取的税额
(define (sales-tax p) 0)
```

（3）然而，对函数示例来说，对数据定义的每一个子类都必须挑选至少一个示例。此外，如果子类是有限的范围，一定要为范围的边界和范围内部都挑选示例。

既然这里的数据定义涉及 3 个不同的区间，那么我们为每个区间挑选所有边界值和区间内部的一个价格作为示例，并确定每个值对应的税额：0、537、1000、1282、10000 和 12017。

停一下！对这些价格计算税额。

第一次尝试结果如下，税额四舍五入到整数：

0	537	1 000	1 282	10 000	12 017
0	0	???	64	???	961

问号表明，问题陈述使用含糊的词语“1 000 美元以下”和“超过 10 000 美元”来说明税表。尽管程序员可能会得出这样的结论：这些词意味着“严格少于”或“严格多于”，但是立法者可能想表示的分别是“小于或等于”或“大于或等于”。在这里，我们持怀疑的态度认为，得克萨斯州立法者总是希望获得更多的税收，所以 1 000 美元对应的税率是 5%，10 000 美元对应的税率是 8%。如果你是在税务公司工作的程序员，务必咨询税法专家。

弄清楚了如何在问题领域中解释边界，我们可以改进数据定义。我们相信你可以自己完成。

在继续之前，我们把一些示例改写成测试用例：

```
(check-expect (sales-tax 537) 0)
(check-expect (sales-tax 1000) (* 0.05 1000))
(check-expect (sales-tax 12017) (* 0.08 12017))
```

仔细看一下。我们并没写下预期的结果，而是写下如何计算预期的结果。这对接下来编写函数定义很有帮助。

停一下！写出其余的测试用例。考虑一下，为什么你可能需要比数据定义中的子类更多的测试用例。

（4）最大的变化在于条件模板。一般表述为：

模板用 cond 表达式仿照子类的组织。

这个口号意味着两件具体的事。首先，函数体必须是条件表达式，其中的子句数量与数据定义中不同子类的数量相等。如果数据定义提到输入数据有 3 个不同的子类，则需要 3 个 cond 子句；如果数据定义有 17 个子类，则 cond 表达式也需要包含 17 个子句。其次，你必须为每个 cond 子句编写条件表达式。每个表达式都包含函数的参数并标识出数据定义中的一个数据子类：

```
(define (sales-tax p)
  (cond
    [(and (<= 0 p) (< p 1000)) ...]
    [(and (<= 1000 p) (< p 10000)) ...]
    [(>= p 10000) ...]))
```

① 现实中，开发人员不直接用编程语言中的简单数值来表示金钱的数量。有关数值的问题讨论，参见独立章节 4。

（5）完成模板后，就可准备定义函数了。假设函数体已经包含了 cond 表达式的简要模板，从每个 cond 行开始是很自然的。对每个 cond 行来说，可以假定输入参数符合条件，因此可以使用相应的测试用例。要编写相应的结果表达式，可以将示例的计算表达为包含函数参数的表达式。当为某个 cond 行编写时，忽略所有其他可能的输入数据，因为其他的 cond 子句会处理那些情况。

```
(define (sales-tax p)
  (cond
    [(and (<= 0 p) (< p 1000)) 0]
    [(and (<= 1000 p) (< p 10000)) (* 0.05 p)]
    [(>= p 10000) (* 0.08 p)]))
```

（6）最后，运行测试并确保它们覆盖所有的 cond 子句。

当某个测试用例失败时，你会怎么做？回顾 3.1 节的结尾部分关于测试失败的讨论。

习题 58 为将低价格和奢侈品价格的区间分离开来引入常量定义，这样得克萨斯州的立法者就可以更方便地提高税收了。■

4.7 有限状态世界

借助本章的设计知识，我们可以开发美国交通灯的完整模拟。当交通灯是绿色的并且该停止车流时，灯变先成黄色，然后变成红色。当交通灯是红色的并且该释放车流时，灯直接变成绿色。

图 4-7 的左侧将以上描述总结为状态转换图。这种图由状态和连接这些状态的箭头组成。每种状态描绘一种特定配置下的交通灯：红色、黄色或绿色。箭头显示世界如何变化，从哪种状态转换到哪种状态。我们的示例图包含 3 个箭头，因为有 3 种可能的交通灯改变的方式。箭头上的标签表明状态改变的原因，随着时间的推移，交通信号灯会从一种状态转换到另一种状态。

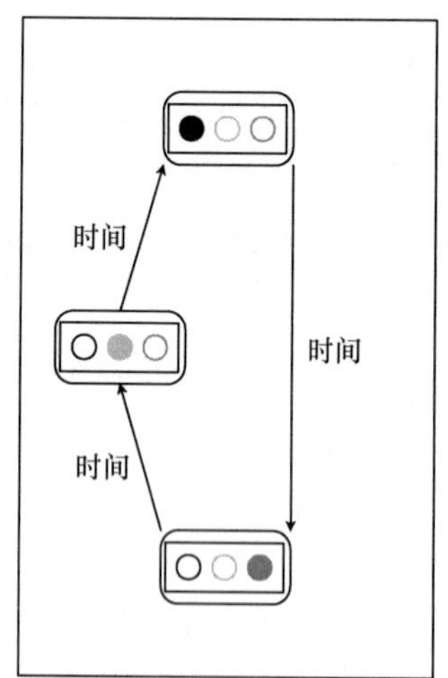

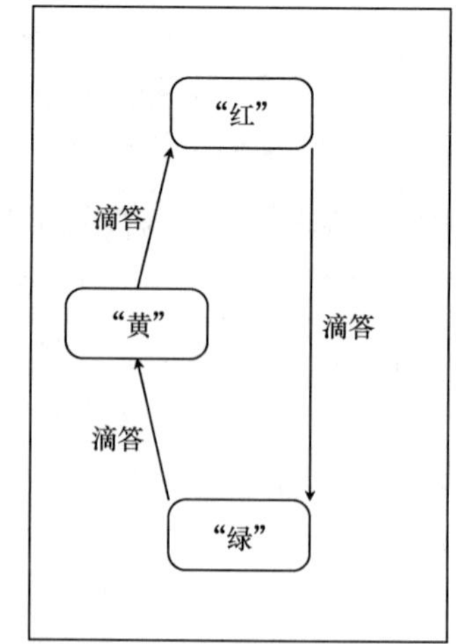

图 4-7 交通灯如何工作

在许多情况下，状态转换图只包含有限数量的状态和箭头。计算机科学家称这些图为有限状态机（finite state machine，FSM），也称为有限状态自动机（finite state automata，FSA）。尽管很简单，FSM / FSA 在计算机科学中扮演着重要的角色。

要创建 FSA 的世界程序，我们首先必须为可能的“世界状态”选择数据表示，根据 3.6 节，这代表了世界可能以某种方式改变的那些方面，而不是那些保持不变的方面。就交通灯而言，变化的是灯的颜色，即哪个灯开启。灯泡的大小、排列方式（水平或垂直）以及其他方面都不会改变。由于只有 3 种状态，我们继续使用上文中基于字符串的 TrafficLight 数据定义。

图 4-7 的右侧是 TrafficLight 数据定义的图像解释。和图 4-7 左侧的状态转换图一样，它由 3 个状态组成，其排列方式方便我们查看每个数据元素所表示的具体配置。此外，现在箭头上的标签是**滴答**，表明我们的世界程序将以时间的推移为触发器来改变交通灯的状态。如果想模拟手动操作的交通灯，我们可能会选择基于按键转换。

现在知道了如何表示世界的状态，如何从一个状态转换到下一个状态，以及状态在每个时钟滴答都会改变，我们可以写下签名、目的声明和桩函数。我们必须设计两个函数：

```
; TrafficLight -> TrafficLight
; 给定当前状态为 cs，返回下一个状态
(define (tl-next cs) cs)

; TrafficLight -> Image
; 将当前状态 cs 呈现为图像
(define (tl-render current-state)
  (empty-scene 90 30))
```

前面的章节使用名称 `render` 和 `next` 来命名将世界状态转换为图像和处理时钟滴答的函数。这里，我们给这些名称加上简写的前缀，以说明函数属于哪个世界。这些特定的函数之前已经出现过，所以这里将它们留作习题。

习题 59 完成模拟交通灯 FSA 的世界程序的设计。其主函数是：

```
; TrafficLight -> TrafficLight
; 模拟基于时钟的美国交通灯
(define (traffic-light-simulation initial-state)
  (big-bang initial-state
    [to-draw tl-render]
    [on-tick tl-next 1]))
```

该函数的实参是 `big-bang` 表达式的初始状态，它告诉 DrRacket 用 `tl-render` 来重绘世界的状态，用 `tl-next` 处理时钟滴答。另外要注意，它告知计算机，时钟应该每秒滴答一次。

完成 `tl-render` 和 `tl-next` 的设计。首先将 TrafficLight、`tl-next` 和 `tl-render` 复制到 DrRacket 的定义区。

下面是 `tl-render` 的设计的一些测试用例：

```
(check-expect (tl-render "red") )
(check-expect (tl-render "yellow") )
```

你的函数可以直接使用这些图像。如果你决定使用 *2htdp/image* 库中的函数来创建图像，先设计用于创建单色灯泡图像的辅助函数。然后阅读 `place-image` 函数，它可以将灯泡放入背景场景中。■

习题 60 交通灯程序的替代数据表示可以使用数值来替代字符串：

```
; N-TrafficLight 是下列之一：
; -- 0 解释：交通灯显示红色
; -- 1 解释：交通灯显示绿色
; -- 2 解释：交通灯显示黄色
```

这极大地简化了 `tl-next` 的定义：

```
; N-TrafficLight -> N-TrafficLight
; 给定当前状态 cs，返回下一个状态
(define (tl-next-numeric cs) (modulo (+ cs 1) 3))
```

为 tl-next-numeric 重新编写 tl-next 的测试。

tl-next 函数是否比 tl-next-numeric 函数更清楚地传达了其意图？如果是，为什么？如果不是，又为什么？■

习题 61 正如 3.4 节所述，程序中必须定义常量，然后使用常量名而不是使用实际的常量。本着这种精神，交通灯的数据定义也必须使用常量：[1]

```
(define RED 0)
(define GREEN 1)
(define YELLOW 2)

; S-TrafficLight 是下列之一：
; -- RED
; -- GREEN
; -- YELLOW
```

如果名称选择正确，数据定义无须再解释说明。

图 4-8 显示了两个不同的在模拟程序中切换交通灯状态的函数。哪个是使用条目的诀窍正确设计的呢？哪个在将常量更改为以下内容之后会继续工作呢？

```
(define RED "red")
(define GREEN "green")
(define YELLOW "yellow")
```

这有助于你回答本问题吗？

```
; S-TrafficLight -> S-TrafficLight
; 给定当前状态 cs，返回下一个状态

(check-expect (tl-next- ... RED) YELLOW)
(check-expect (tl-next- ... YELLOW) GREEN)

(define (tl-next-numeric cs)    (define (tl-next-symbolic cs)
  (modulo (+ cs 1) 3))            (cond
                                    [(equal? cs RED) GREEN]
                                    [(equal? cs GREEN) YELLOW]
                                    [(equal? cs YELLOW) RED]))
```

图 4-8 符号标识的交通灯

附注 图 4-8 中的 equal?函数比较任意两个值是否相等，而不管这些值是什么。相等是编程世界中的一个复杂话题。■

再来看另一个有限状态问题，它引入了额外的复杂问题。

示例问题 设计世界程序，模拟自动关闭的门的工作。当这扇门锁定时，可以用钥匙解锁。解锁的门是关闭的，但人们可以推开它。一旦有人通过门并释放，自动门就会接管并再次关门。当门关闭时，它可以再次被锁定。

为了梳理基本要素，我们还是绘制转换图，如图 4-9 左侧所示。与交通灯类似，门有 3 种不同的状态：锁定、关闭和打开。上锁和解锁动作导致门在锁定状态和关闭状态之间转换。**推**门就可以打开解锁的门。剩下的转换与其他转换不同，因为它不需要任何人或其他的任何动作，而是随着时间的推移，门会自动关闭。相应的转换箭头标有*时间*以强调这一点。

① 这也是经验丰富的设计师会使用的数据定义形式。

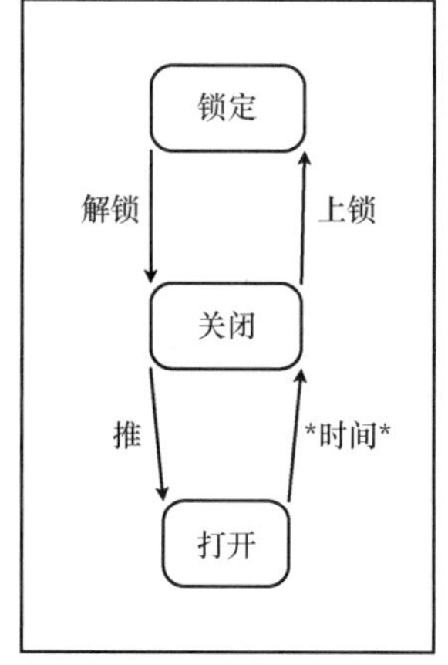

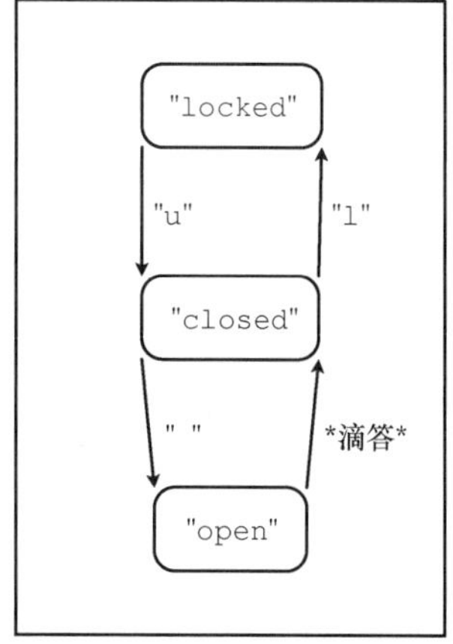

图 4-9 自动关闭的门的转换图

遵循设计诀窍，我们先将 3 种真实世界的状态转换为初级语言中的数据：

```
(define LOCKED "locked")    ; DoorState 是下列之一：
(define CLOSED "closed")    ; -- LOCKED
(define OPEN "open")        ; -- CLOSED
                            ; -- OPEN
```

我们也牢记习题 61 的经验，即最好定义符号常量并根据这些符号常量制定数据定义。

设计世界的下一步要求我们将领域中所选择的动作（图 4-9 左侧中的箭头）转换为 *2htdp/universe* 库可以处理的计算机交互。对门的状态和转换的图形表示表明，对于从 `OPEN` 到 `CLOSED` 的箭头，可以使用时钟滴答。对于其他箭头，可以使用按键或鼠标点击。我们使用 3 个按键："u"用于解锁，"l"用于上锁，空格键" "用于推开门。图 4-9 的右侧用图形表示这些选择，它将状态机图中的世界信息转换为初级语言中的世界数据。

决定了使用时间触发一个动作、使用按键触发其他 3 个动作之后，我们必须设计如下的函数：呈现当前世界状态 DoorState 的函数，以及将其转换为世界下一个状态的函数。当然，这意味着 `big-bang` 函数的愿望清单是：

- `door-closer`，时钟滴答一次时关门；
- `door-action`，响应按键并执行相应动作；
- `door-render`，将当前状态呈现为图像。

停一下！编写这些函数的适当签名。

我们从 `door-closer` 开始。由于 `door-closer` 是 `on-tick` 的处理程序，因此它的签名由世界状态的集合 DoorState 决定：

```
; DoorState -> DoorState
; 时钟滴答一次后，关闭被打开的门
(define (door-closer state-of-door) state-of-door)
```

当世界只能处于 3 种状态中的一种时，编写示例就很简单了。这里我们用一张表来表达基本的想法，它类似于上面给出的数学的示例：

给定的状态	期望的状态
LOCKED	LOCKED
CLOSED	CLOSED
OPEN	CLOSED

停一下！将这些示例表示为初级语言中的测试。

模板这一步要给出条件句，其中包含 3 个子句：

```
(define (door-closer state-of-door)
  (cond
    [(string=? LOCKED state-of-door) ...]
    [(string=? CLOSED state-of-door) ...]
    [(string=? OPEN state-of-door) ...]))
```

并且将模板转换成函数定义的过程由示例决定：

```
(define (door-closer state-of-door)
  (cond
    [(string=? LOCKED state-of-door) LOCKED]
    [(string=? CLOSED state-of-door) CLOSED]
    [(string=? OPEN state-of-door) CLOSED]))
```

不要忘记运行测试。

第二个函数，door-action，负责处理图 4-9 中剩下的 3 个箭头。处理键盘事件的函数读入世界和键盘事件，这意味着其签名如下：

```
; DoorState KeyEvent -> DoorState
; 将键盘事件 k 转换为对状态 s 的动作
(define (door-action s k)
  s)
```

还是以表的形式呈现这个示例：

给定的状态	给定的按键	期望的状态
LOCKED	"u"	CLOSED
CLOSED	"l"	LOCKED
CLOSED	" "	OPEN
OPEN	—	OPEN

这些示例结合了状态图中的信息和键盘事件。与交通灯示例的表格不同，此表并不完整。构思一些其他的示例，然后思考：为什么这个表够用了。

接下来创建完整的设计就简单了：

```
(check-expect (door-action LOCKED "u") CLOSED)
(check-expect (door-action CLOSED "l") LOCKED)
(check-expect (door-action CLOSED " ") OPEN)
(check-expect (door-action OPEN "a") OPEN)
(check-expect (door-action CLOSED "a") CLOSED)

(define (door-action s k)
  (cond
    [(and (string=? LOCKED s) (string=? "u" k))
     CLOSED]
    [(and (string=? CLOSED s) (string=? "l" k))
     LOCKED]
    [(and (string=? CLOSED s) (string=? " " k))
     OPEN]
    [else s]))
```

注意，这里我们使用 and 组合两个条件：一个涉及门的当前状态；另一个涉及给定的键盘事件。

最后，我们需要将世界状态呈现为场景：

```
; DoorState -> Image
; 将状态 s 转换成显示大字的图像
(check-expect (door-render CLOSED)
              (text CLOSED 40 "red"))
(define (door-render s)
  (text s 40 "red"))
```

这个函数简单地显示大字。我们这样运行：

```
; DoorState -> DoorState
; 模拟自动关闭的门
(define (door-simulation initial-state)
  (big-bang initial-state
    [on-tick door-closer]
    [on-key door-action]
    [to-draw door-render]))
```

现在你可以收集所有的代码片段，然后在 DrRacket 中运行它们，看看它们是否均正常工作。

习题 62 在模拟门过程中，“打开”状态几乎看不见。修改 `door-simulation`，使时钟每 3 秒滴答一次。重新运行模拟程序。■

第 5 章　添加结构体

假设需要这样的世界程序，模拟小球在假想的完美房间的地板和天花板之间的垂直线上来回反弹。假设小球每时钟滴答总是移动两个像素。如果遵循设计诀窍，你的第一个目标是为随时间变化的信息开发数据表示。这里，球的位置和方向会随着时间而改变，但这是**两**个值，而 big-bang 只记录一个值。因此，问题出现了：如何用一个数据表示两个不断变化的信息[①]。

再来看另一个场景，也会引发同样的问题。手机可以被认为是用塑料包裹起来的数百万行代码。它管理很多内容，其中一项是你的联系人。每个联系人都包含姓名、电话号码、电子邮件地址以及其他一些信息。你有很多个联系人，每个联系人都最好可以表示为单一的数据，不然的话可能会偶然弄混各种信息。

由于编程中会遇到此类问题，因此每种编程语言都提供了一些机制，将多个数据组合成单一的复合数据，并提供一些方法，在需要时提取其组成值。本章介绍初级语言的这种机制，它被称为结构体类型定义，然后介绍如何设计使用复合数据的程序。

5.1　从位置到 posn 结构体

世界画布上的位置由两部分数据唯一标识：它距左边距的距离和距顶部边距的距离。第一个值被称为 *x* 坐标，第二个值被称为 *y* 坐标。

DrRacket 基本上就是一种初级语言程序，它用 posn 结构体表示位置。一个 posn 结构体将两个数值组合成一个单一的值。用 make-posn 运算就可以创建 posn 结构体，它读入两个数值并生成一个 posn。例如，表达式

```
(make-posn 3 4)
```

会创建一个 *x* 坐标为 3、*y* 坐标为 4 的 posn 结构体。

posn 结构体具有与数值、布尔值或字符串同等的地位。特别是，基本运算和函数都可以读入和返回结构体。另外，程序可以为 posn 结构体命名：

```
(define one-posn (make-posn 8 6))
```

停一下！one-posn 的坐标是什么？

在继续讨论之前，让我们先来看看 posn 结构体的计算规则。这样，我们就可以创建处理 posn 结构体的函数，并预测函数计算的内容。

5.2　posn 的计算

虽然函数和函数的规则在代数课程中就学习过了，但 posn 结构体似乎是一个新概念。但是，posn 的概念应该类似于之前可能遇到过的平面中的笛卡儿坐标点或位置。

---

① 数学家知道把两个数“合并”成一个数的技巧，并且通过合成后的数可以找回原来的数。程序员认为这些技巧是邪恶的，因为这么做掩盖了程序的真实意图。

提取笛卡儿坐标点也是熟悉的过程[①]。例如，如果老师问“看看图 5-1，然后告诉我 p_x 和 p_y 分别是什么”时，你可能回答，分别是 31 和 26，因为你知道，需要读取从 p 出发，延水平线和垂直线投射到轴线的值。

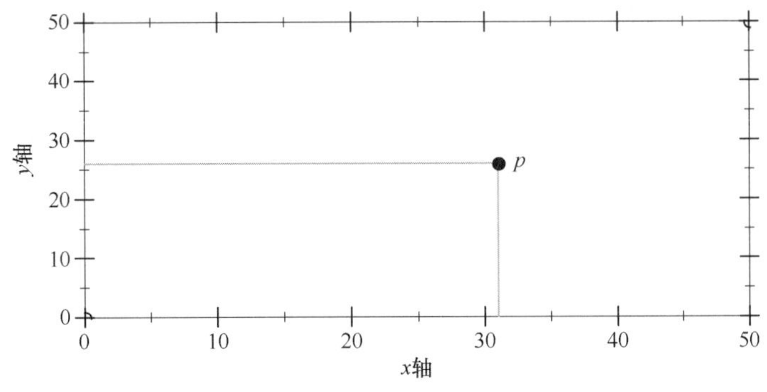

图 5-1 笛卡儿坐标点

初级语言中可以表达这个概念。假设在定义区添加

```
(define p (make-posn 31 26))
```

单击“运行”按钮，然后执行交互：

```
> (posn-x p)
31
> (posn-y p)
26
```

定义 p 就好比在笛卡儿平面中标出一个点，使用 posn-x 和 posn-y 就好比使用标记作为 p 的下标：p_x 和 p_y。

从计算的角度来看，posn 结构体有两个等式：

```
(posn-x (make-posn x0 y0)) == x0
(posn-y (make-posn x0 y0)) == y0
```

DrRacket 在计算过程中使用这两个等式。下面是一个涉及 posn 结构体的计算示例：

```
(posn-x p)
== ; DrRacket 将 p 替换为(make-posn 31 26)
(posn-x (make-posn 31 26))
== ; DrRacket 使用 posn-x 的规则
31
```

停一下！自己计算确认上述第二个交互。同时使用 DrRacket 的步进器复核。

5.3 posn 的编程

接下来考虑设计计算某个点到画布原点距离的函数：

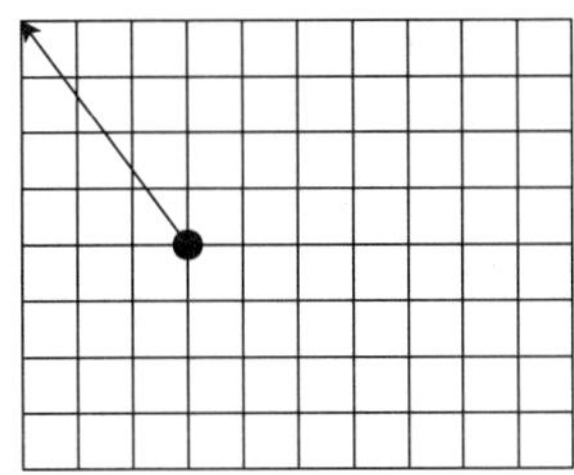

① 感谢 Neil Toronto 提供的 plot 库。

这张图片表明“距离”意味着从给定点到画布左上角的最短路径——“乌鸦飞行路线”——的长度。

下面是目的声明和函数头：

```
; 计算 ap 到原点的距离
(define (distance-to-0 ap)
  0)
```

这里的要点是，distance-to-0 读入单一的一个值，即某个 posn。它也返回单一的值，即此位置到原点的距离。

要编写示例，我们需要知道如何计算这个距离。对于其中一个坐标为 0 的点，结果就是另一个坐标：

```
(check-expect (distance-to-0 (make-posn 0 5)) 5)
(check-expect (distance-to-0 (make-posn 7 0)) 7)
```

对于一般情况，我们可以自己找出公式，或者可以回想一下几何课程中的公式。如你所知，这属于领域知识，你可能知道它，但如果你不熟悉也没关系，毕竟，这个知识的领域不是计算机科学。所以，点(x, y)的距离公式是：

$$\sqrt{x^2 + y^2}$$

根据这个公式，我们可以很容易地编写更多函数示例：

```
(check-expect (distance-to-0 (make-posn 3 4)) 5)
(check-expect (distance-to-0 (make-posn 8 6)) 10)
(check-expect (distance-to-0 (make-posn 5 12)) 13)
```

万一你好奇，我们这里特意选择了这些例子，以便结果更容易得出。不是所有的 posn 结构体都是这种情况。

停一下！将示例中的 x 坐标和 y 坐标放入公式中。确认以上所有 5 个例子的期望结果。

接下来我们可以将注意力转向该函数的定义。示例表明，distance-to-0 的设计无须区分不同的情况，它总是使用给定 posn 结构体内的 x 坐标和 y 坐标来计算距离。但函数必须从给定的 posn 结构体中提取坐标。为此，它使用基本运算 posn-x 和 posn-y。具体而言，函数需要计算 (posn-x ap) 和 (posn-y ap)，因为 ap 是给定但未知的 posn 结构体的名称：

```
(define (distance-to-0 ap)
  (... (posn-x ap) ...
   ... (posn-y ap) ...))
```

有了这个模板，结合前面的例子，函数的定义很简单：

```
(define (distance-to-0 ap)
  (sqrt
    (+ (sqr (posn-x ap))
       (sqr (posn-y ap)))))
```

这个函数先对 (posn-x ap) 和 (posn-y ap) 求平方，(posn-x ap) 和 (posn-y ap) 分别表示 x 和 y 的坐标，将结果相加，然后取平方根。借助 DrRacket，我们可以快速地检查新函数对于我们的示例是否返回正确的结果。

习题 63 对下列表达式手动求值：

- (distance-to-0 (make-posn 3 4))

- `(distance-to-0 (make-posn 6 (* 2 4)))`
- `(+ (distance-to-0 (make-posn 12 5)) 10)`

给出所有的步骤。假设 `sqr` 执行计算只需一步。用 DrRacket 的步进器检查结果。■

习题 64 某个点到原点的曼哈顿距离是沿矩形网格路径的长度，这种网格类似于曼哈顿的街道。下面是两个例子：

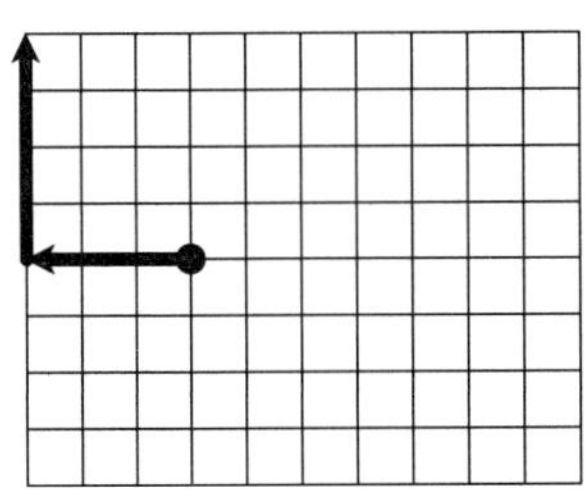
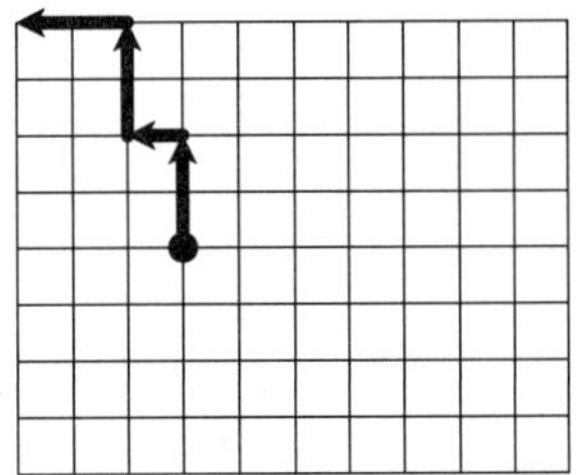

左图显示了“直接”的策略，根据需要尽可能向左走，然后根据需要进行尽可能多地向上走。作为对比，右图显示了“随机走动”的策略，向左走几格，向上走几格，然后重复，直到到达目的地——在这里就是原点。

停一下！选择哪种策略有区别吗？

设计函数 `manhattan-distance`，该函数计算给定的 `posn` 到原点的曼哈顿距离。■

5.4 定义结构体类型

与数值或布尔值不同，像 `posn` 这样的结构体通常不是编程语言自带的。语言只提供定义结构体类型的机制，剩下的其他工作都交给程序员。初级语言也是如此。

结构体类型定义是有别于常量与函数定义之外的另一种定义形式。DrRacket 的创建者是这样定义初级语言中的 `posn` 结构体类型的：

```
(define-struct posn [x y])
```

一般来说，结构体类型定义的形状是：

```
(define-struct StructureName [FieldName ...])
```

关键字 `define-struct` 表示引入了新的结构体类型。它后跟的是结构体名称。结构体类型定义的第三部分是括在方括号[①]内的一系列字段名。

结构体类型定义实际上定义了函数。但是，与普通的函数定义不同，**结构体类型定义定义了多个函数**。具体来说，它定义了 3 种函数：

- 一个构造函数，即创建结构体实例的函数，它读入值的数量与字段数量一样多，如前所述，结构体是结构体实例的简称，结构体类型则指所有可能实例的集合的通用名称；
- 每个字段一个选择函数，它从结构体实例中提取字段的值；
- 一个结构体谓词，它与普通谓词类似，将结构体实例与其他所有类型的值区分开。

程序可以像使用普通函数或内建的基本运算一样使用以上函数。

神奇的是，结构体类型定义会为它创建的各种新函数命名。对于构造函数的名称，它在结

① 结构体类型定义中的方括号的用法是惯例，而不是必需的。方括号使字段名更为突出。用圆括号代替方括号是完全可以接受的。

构体名称的基础上加上前缀“make-”。对于选择函数的名称，它使用结构体名称加后缀字段名称。最后，谓词只是在结构体名称后添加“?”，在朗读时发音为“huh”。

这个命名约定看起来很复杂，甚至有点令人困惑。但是，通过一点儿练习，你就可以掌握它了。它还解释了 posn 结构体带来的函数：make-posn 是构造函数，posn-x 和 posn-y 是选择函数。虽然我们还没遇到 posn?，但是我们现在知道它的存在了，第 6 章将详细解释这些谓词的作用。

习题 65　看一下下面的结构体类型定义：

- (define-struct movie [title producer year])
- (define-struct person [name hair eyes phone])
- (define-struct pet [name number])
- (define-struct CD [artist title price])
- (define-struct sweater [material size producer])

写出每个引入的函数（构造函数、选择函数和谓词）的名称。■

对 posn 结构体的讨论告一段落。来看一个结构体类型定义，它可以用来记录手机中的联系人：

```
(define-struct entry [name phone email])
```

这个定义引入的函数名称是：

- make-entry，它读入 3 个值，并构造一个 entry 实例；
- entry-name、entry-phone 和 entry-email，它们读入 entry 的一个实例，并提取 3 个字段值中的一个；
- entry?，谓词。

由于每个 entry 都包含 3 个值，因此表达式

```
(make-entry "Al Abe" "666-7771" "lee@x.me")
```

创建 name 字段为"Al Abe"、phone 字段为"666-7771"、email 字段为"lee@x.me"的 entry 结构体。

习题 66　回顾习题 65 中的结构体类型定义。对哪些字段使用哪种类型的值做出合理的猜测。然后为每个结构体类型定义创建至少一个实例。■

每个结构体类型定义都引入了一种新的结构体，与其他的所有结构体都不同。程序员需要这种表达能力，因为他们希望通过结构体名称传达一个**意图**。当结构体被创建、选择或测试时，程序的文本都明确地提醒阅读者这个意图。如果不是为了方便未来的代码阅读者，程序员可以为所有一个字段的结构体使用一个结构体定义，为所有两个字段的结构体使用一个结构体定义，为所有 3 个字段的结构体使用一个结构体定义，诸如此类。

明确了这一点，让我们来研究另一个编程问题。

示例问题　为本章开头提到的“弹跳球”程序开发结构体类型定义。球的位置是单一的数值，即球到顶部的像素距离。球的**速率**是常量，即每个时钟滴答球移动的像素数量。球的**速度**是速率**外加**它移动的方向。

由于球沿着垂直线移动，因此一个数值就足够作为其速度的数据表示了：

- 正数表示球向下移动；

- 负数表示球向上移动。

使用这些领域知识，就可以制定结构体类型定义了：

```
(define-struct ball [location velocity])
```

这两个字段都将包含数值，所以(make-ball 10 -3)就是很好的数据示例。它表示距离顶部 10 像素的球，以每个时钟滴答 3 像素的速度向上移动。

注意，原则上，ball 结构体仅仅结合两个数值，就像 posn 结构体一样。当程序中包含表达式(ball-velocity a-ball)时，立即表明这个程序处理的是球和它的速度的表示。相反，如果这个程序使用 posn 结构体，那么(posn-y a-ball)可能会误导代码阅读者认为该表达式是关于 y 坐标的。

习题 67 下面是表示弹跳球的另一种方式：

```
(define SPEED 3)
(define-struct balld [location direction])
(make-balld 10 "up")
```

解释这段代码，然后创建 balld 的其他一些实例。■

既然结构体是值，那么它就和数值、布尔值或字符串一样，所以在一个结构体实例中放入另一个（结构体）实例是有意义的。考虑游戏中的物体。与弹跳球不同，这些物体并不总是沿着垂直线移动。相反，它们可以在画布上以某种“倾斜”的方式移动。描述在二维世界画布上移动的球的位置和速度各自需要两个数值：每个方向一个。对于位置部分，这两个数值表示 x 坐标和 y 坐标。速度则描述位置在水平方向和垂直方向的变化，换句话说，必须将这些“变化的数值”加到相应的坐标中，以找出物体的下一个位置[1]。

显然，posn 结构体可以表示位置。对于速度，我们定义 vel 结构体类型：

```
(define-struct vel [deltax deltay])
```

它带有两个字段：deltax 和 deltay。“delta”这个词通常指模拟的物理活动的变化，x 和 y 部分则代表坐标轴。

现在我们可以用 ball 的实例结合 posn 结构体与 vel 结构体来表示沿直线但不一定只沿垂直线（或水平线）移动的球：

```
(define ball1
  (make-ball (make-posn 30 40) (make-vel -10 5)))
```

解释此实例的一种方法是，想象距离左边距 30 像素、顶部边距 40 像素的球。它每时钟滴答向左移动 10 像素，因为从 x 坐标中减去 10 像素会使它更靠近左侧。至于垂直方向，由于在 y 坐标上加上正数会增加距离顶部边距的距离，因此它每时钟滴答下落 5 像素。

习题 68 除了这种嵌套表示法，小球的数据表示也可以用 4 个字段来记录这 4 个属性：[2]

```
(define-struct ballf [x y deltax deltay])
```

程序员称其为*扁平表示法*。创建一个 ballf 实例，它应与 ball1 具有相同的解释。■

再来看一个嵌套结构体的例子，这次是关于联系人链表的。在许多手机上，联系人链表允

① 物理学可以告诉你，将物体的速度加到其位置上，可以获得其下一个（时刻的）位置。开发人员需要了解，对于某个领域的知识应该询问谁。

② 还有一种方式是使用复数。如果你了解这个概念的话，构思使用复数表示的位置和速度。举例来说，在初级语言中，4-3i 是一个复数，它可以表示位置或者速度(4, −3)。

许每个人名对应多个电话号码：一个用于家庭电话，一个用于办公室电话，另一个用于手机号码。对于电话号码，我们希望它包括区域代码和本地电话号码两部分。由于信息是嵌套的，因此最好也创建嵌套的数据表示：

```
(define-struct centry [name home office cell])

(define-struct phone [area number])

(make-centry "Shriram Fisler"
             (make-phone 207 "363-2421")
             (make-phone 101 "776-1099")
             (make-phone 208 "112-9981"))
```

这里想表达的是，联系人链表中的一个条目包含 4 个字段：1 个人名和 3 个电话号码。电话号码由 phone 的实例表示，而它将区域代码与本地电话号码分开。

总而言之，嵌套信息是很自然的。用数据表示此类信息的最好方法就是，用嵌套的结构体实例来反映信息的嵌套。这样做一方面使解释程序应用领域中的数据更简单，另一方面从信息示例到数据也变得更简单。当然，指定如何在信息和数据之间来回切换还是数据定义的任务。然而，在研究结构体类型定义的数据定义之前，我们首先来系统地讨论结构体的计算，以及关于结构体的思想。

5.5 结构体的计算

结构体类型在两种意义上是笛卡儿坐标点的一般化。首先，结构体类型可以指定任意数量的字段：0 个、1 个、2 个、3 个等。其次，结构体类型为字段命名，而不是为字段编号。[①]这有助于程序员阅读代码，因为要记住姓氏在名为 last-name 的字段中，比记住它在第 7 个字段中要容易得多。

在同样的意义上，用结构体实例计算可以看作是对笛卡儿坐标点运算的一般化。为了说明这个想法，我们用图解的方式，将结构体实例看作带有与字段数量同样多的多个隔间的密码箱。下面是一个表示：

```
(define pl (make-entry "Al Abe" "666-7771" "lee@x.me"))
```

对应的图表是：

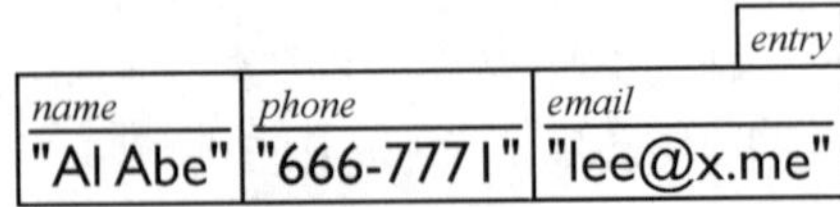

这个密码箱的（斜体）标签说明它是此种结构体类型的实例，每个隔间也带有标签。下面是另一个例子：

```
(make-entry "Tara Harp" "666-7770" "th@smlu.edu")
```

对应于类似的密码箱图表，但是隔间中的内容不同：

name	*phone*	*email*
"Tara Harp"	"666-7770"	"th@smlu.edu"

entry

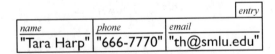

① 大多数编程语言还支持类似于结构体但使用数值作为字段名称的数据。

不足为奇的是，嵌套的结构体实例对应于嵌套的密码箱的图表。因此，前文中的 ball1 等同于：

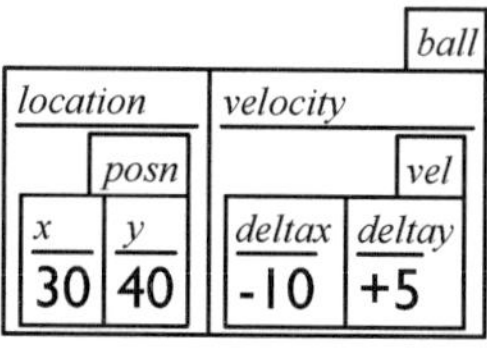

这里，外层的密码箱中又包含两个密码箱，每个字段一个。

习题 69 为习题 65 的解绘制密码箱表示。■

使用这种图形解释，选择函数就好比钥匙。它能打开某种类型密码箱的特定隔间，从而使持有者可以提取其内容。因此，对 pl 调用 entry-name 会返回对应的字符串：

```
> (entry-name pl)
"Al Abe"
```

但对 posn 结构体调用 entry-name 会产生错误：

```
> (entry-name (make-posn 42 5))
entry-name:expects an entry, given (posn 42 5)
```

如果隔间的内容还是密码箱，则需要连续使用两个选择函数才能得到所需的数值：

```
> (ball-velocity ball1)
(make-vel -10 5)
```

对 ball1 调用 ball-velocity 提取出速度字段的值，这是 vel 的一个实例。要获得沿 x 轴方向的速度，我们对上一个选择的结果调用选择函数：

```
> (vel-deltax (ball-velocity ball1))
-10
```

因为内层的表达式从 ball1 中提取速度，所以外层的表达式提取 deltax 字段的值，在这里为-10。

这些交互还表明，结构体实例是值。DrRacket 打印它们的方法和输入完全一样，这方面和数值等简单值一样：

```
> (make-vel -10 5)
(make-vel -10 5)
> (make-entry "Tara Harp" "666-7770" "th@smlu.edu")
(make-entry "Tara Harp" "666-7770" "th@smlu.edu")
> (make-centry
    "Shriram Fisler"
    (make-phone 207 "363-2421")
    (make-phone 101 "776-1099")
    (make-phone 208 "112-9981"))
(make-centry ...)
```

停一下！尝试这里的最后一个互动，以便看到正确的结果。

一般而言，结构体类型定义不仅创建了新的函数、新的创建值的方法，而且还为 DrRacket 的知识增加了新的计算规则。这些规则是 5.2 节中 posn 结构体计算规则的一般化，最好通过示例来理解。

当 DrRacket 遇到包含两个字段的结构体类型定义时，

```
(define-struct ball [location velocity])
```

它会引入两项规则，每个选择函数一项规则：

```
(ball-location (make-ball 10 v0)) == 10
(ball-velocity (make-ball 10 v0)) == v0
```

针对不同的结构体类型定义，它引入类似的规则。因此，

```
(define-struct vel [deltax deltay])
```

DrRacket 在其知识中增加了这两项规则：

```
(vel-deltax (make-vel dx0 dy0)) == dx0
(vel-deltay (make-vel dx0 dy0)) == dy0
```

使用这些规则，我们现在可以解释前面的交互：

```
(vel-deltax (ball-velocity ball1))
== ; DrRacket 将 ball1 替换为其值
(vel-deltax
  (ball-velocity
    (make-ball (make-posn 30 40) (make-vel -10 5))))
== ; DrRacket 使用 ball-velocity 的规则
(vel-deltax (make-vel -10 5))
== ; DrRacket 使用 vel-deltax 的规则
-10
```

习题 70 给出这些结构体类型定义的规则：

```
(define-struct centry [name home office cell])
(define-struct phone [area number])
```

用 DrRacket 的步进器确定下面表达式的值为 101：

```
(phone-area
 (centry-office
  (make-centry "Shriram Fisler"
    (make-phone 207 "363-2421")
    (make-phone 101 "776-1099")
    (make-phone 208 "112-9981"))))
```
■

要理解结构体类型定义，最后一个必须讨论的想法是谓词。如前所述，每个结构体类型定义都引入一个新的谓词。DrRacket 使用这些谓词来判断是否对恰当类型的值调用了选择函数，下一章会详细解释这个想法。在这里，我们想传达的是，这些谓词就像“算术”中的谓词一样。number?识别数值，string?识别字符串，类似地，谓词 posn?和 entry?分别识别 posn 结构体和 entry 结构体。在交互区中试验，我们就可以证实它们是如何工作的。假定定义区包含这些定义：

```
(define ap (make-posn 7 0))

(define pl (make-entry "Al Abe" "666-7771" "lee@x.me"))
```

如果 posn?是区分 posn 和其他所有值的谓词，那么我们期望它会对数值返回#false，而对 ap 返回#true：

```
> (posn? ap)
#true
> (posn? 42)
#false
> (posn? #true)
#false
> (posn? (make-posn 3 4))
#true
```

同样地，entry?将 entry 结构体和其他所有值区分开来：

```
> (entry? pl)
#true
> (entry? 42)
#false
> (entry? #true)
#false
```

一般来说，谓词只识别用同名构造函数构造的值。独立章节 1 会详细解释这项规则，并且它还在一个地方集中收集了初级语言的计算规则。

习题 71 将以下内容放入 DrRacket 的定义区：

```
; 以像素为单位的距离：
(define HEIGHT 200)
(define MIDDLE (quotient HEIGHT 2))
(define WIDTH  400)
(define CENTER (quotient WIDTH 2))

(define-struct game [left-player right-player ball])

(define game0
  (make-game MIDDLE MIDDLE (make-posn CENTER CENTER)))
```

单击“运行”按钮，然后对以下表达式求值：

```
(game-ball game0)
(posn? (game-ball game0))
(game-left-player game0)
```

用逐步计算来解释结果。再用 DrRacket 的步进器复核你的计算。■

5.6 结构体的编程

真正意义上的编程需要数据定义。随着结构体类型定义的引入，数据定义变得有意思了。记住，数据定义提供了将信息表示为数据并将数据解释为信息的一种方式。对于结构体类型，这需要描述哪种数据进入哪个字段。对于某些结构体类型定义，制定这样的描述简单明了：

```
(define-struct posn [x y])
; Posn 是结构体：
;    (make-posn Number Number)
; 解释：距离左边距 x 像素、上边距 y 像素的点
```

使用其他任何类型的数据创建 posn 都没有意义。同样地，按照上一节中我们的用法，entry（联系人链表中条目的结构体类型定义）的所有字段显然都应该是字符串：

```
(define-struct entry [name phone email])
; Entry 是结构体：
;    (make-entry String String String)
; 解释：联系人的姓名、电话号码和电子邮件
```

对于 posn 和 entry，读者都可以轻松地解释应用领域中这些结构体的实例。

对比之下，ball 结构体类型定义就不这么简单了，它显然允许至少两种不同的解释：

```
(define-struct ball [location velocity])
; Ball-1d 是结构体：
;    (make-ball Number Number)
; 解释 1：到顶部边距的距离和速度
; 解释 2：到左边距的距离和速度
```

无论我们在程序中使用哪一个，都必须始终保持一致。但是，如 5.4 节所述，也可以以完全不同的方式使用 ball 结构体：

```
; Ball-2d 是结构体：
;    (make-ball Posn Vel)
; 解释：二维的位置和速度

(define-struct vel [deltax deltay])
; Vel 是结构体：
;    (make-vel Number Number)
; 解释：(make-vel dx dy)表示
; 沿水平方向[每个滴答]dx 像素
; 沿垂直方向[每个滴答]dy 像素的速度
```

这里我们命名第二种数据集合 Ball-2d，它不同于 Ball-1d，描述在世界画布上沿直线移动的球的数据表示。简而言之，可以用**两种不同的方式**使用**同一种**结构体类型。当然，在同一个程序中，最好坚持一种用法，否则你就会自找麻烦。

此外，Ball-2d 引用了我们的另一个数据定义，即 Vel 的定义。到目前为止，尽管所有其他数据定义都引用内置的数据集合（数值、布尔值、字符串），但是数据定义引用另一个数据定义是完全可以接受的，并且也很常见。

习题 72　为上述适用于给定示例的 phone 结构体类型定义编写数据定义。

接下来使用此结构体类型定义为电话号码编写数据定义：

```
(define-struct phone# [area switch num])
```

历史上，前 3 位数字构成区域代码，接下来的 3 位数字代表街区电话交换机的代码，最后 4 位数字代表街区交换机之内的电话号码。使用区间，以尽可能精确的方式描述这 3 个字段的内容。■

到这里，你可能想知道数据定义的真正含义是什么。这个问题及其答案是下一节的主题。这里，我们指出如何使用数据定义进行程序设计。

来看一个设立上下文的问题陈述。

示例问题　你的团队正在设计一个交互式的游戏程序，在 100×100 的画布上移动一个红点，并允许玩家使用鼠标重置红点。目前你们得到的是：

```
(define MTS (empty-scene 100 100))
(define DOT (circle 3 "solid" "red"))

; Posn 表示世界状态

; Posn -> Posn
(define (main p0)
  (big-bang p0
    [on-tick x+]
    [on-mouse reset-dot]
    [to-draw scene+dot]))
```

你的任务是设计 scene+dot，这个函数在空画布的指定位置上添加一个红点。

该问题上下文决定了你的函数签名：

```
; Posn -> Image
; 在 MTS 的 p 位置添加一个红点
(define (scene+dot p) MTS)
```

添加目的声明很简单。正如 3.1 节所述，它使用函数的参数来表达函数计算的内容。

现在我们创建几个示例，并将它们编写为测试：

```
(check-expect (scene+dot (make-posn 10 20))
              (place-image DOT 10 20 MTS))
(check-expect (scene+dot (make-posn 88 73))
              (place-image DOT 88 73 MTS))
```

既然函数读入 Posn，我们就知道它可以提取 x 字段和 y 字段的值：

```
(define (scene+dot p)
  (... (posn-x p) ... (posn-y p) ...))
```

看到了函数体中的这些额外部分，定义的其余部分就很简单了。用 place-image 函数将 DOT 放入 MTS 中位置 p 处：

```
(define (scene+dot p)
  (place-image DOT (posn-x p) (posn-y p) MTS))
```

函数也可以返回结构体。我们继续看上面的示例问题，因为它正好包含下面这样一个任务。

示例问题 你的同事要定义 x+，该函数读入 Posn，并将其 *x* 坐标增加 3。

回顾上文，x+函数处理时钟滴答。

前几个步骤和设计 scene+dot 一样：

```
; Posn -> Posn
; 将 p 的 x 坐标加 3
(check-expect (x+ (make-posn 10 0)) (make-posn 13 0))
(define (x+ p)
  (... (posn-x p) ... (posn-y p) ...))
```

签名、目的和示例都来自问题陈述。我们的框架包含 Posn 的两个选择函数表达式，而不是简单的函数头（带有默认结果的函数）。毕竟，结果的信息必须来自输入，而输入是包含两个值的结构体。

现在完成定义很容易。由于期望的结果是 Posn，因此函数使用 make-posn 来组合各部分：

```
(define (x+ p)
  (make-posn (+ (posn-x p) 3) (posn-y p)))
```

习题 73 设计函数 posn-up-x，它读入 Posn p 和 Number n。它返回类似于 p 的 Posn，但 x 字段中的值为 n。

一个洞察：我们可以使用 posn-up-x 来定义 x+：

```
(define (x+ p)
  (posn-up-x p (+ (posn-x p) 3)))
```

注意 诸如 posn-up-x 这样的函数通常被称为更新器（updaters）或函数式设置器（functional setters）。在编写大型程序时，它们非常有用。■

函数也可以从原子数据生成（结构体）实例。虽然 make-posn 就是这样的内置函数，但我们这里的问题提供了另一个合适的例子。

示例问题 另一位同事的任务是设计 reset-dot，它是在点击鼠标时重置点的函数。

要解决此问题，你需要回顾 3.6 节，鼠标事件处理函数读入 4 个值：世界的当前状态、鼠标点击的 *x* 坐标和 *y* 坐标和 MouseEvt。

将示例问题的知识添加到程序设计诀窍，可以得到签名、目的声明和函数头：

```
; Posn Number Number MouseEvt -> Posn
; 如果是鼠标点击，则(make-posn x y)，否则 p
(define (reset-dot p x y me) p)
```

鼠标事件处理程序的示例需要 Posn、两个数值和 MouseEvt，MouseEvt 只是一种特殊类型的字符串。例如，鼠标点击会用"button-down"和"button-up"这两个字符串之一表示。前者表示用户按下鼠标按钮，后者表示释放鼠标按钮。考虑到这些，下面给出两个例子，供你研究和解释：

```
(check-expect
  (reset-dot (make-posn 10 20) 29 31 "button-down")
  (make-posn 29 31))
(check-expect
  (reset-dot (make-posn 10 20) 29 31 "button-up")
  (make-posn 10 20))
```

尽管该函数只读入原子形式的数据，但其目的声明和示例表明，它需要区别对待两类 MouseEvt："button-down"和其他所有 MouseEvt。这种分情况处理建议用 cond 表达式：

```
(define (reset-dot p x y me)
  (cond
    [(mouse=? "button-down" me) (... p ... x y ...)]
    [else (... p ... x y ...)]))
```

遵循设计诀窍，这个框架中填入了（函数的）参数，以此提醒你可以获得的数据是哪些。

其余部分还是简单明了，因为目的声明本身就决定了函数在两个子句的每种情况下计算的内容：

```
(define (reset-dot p x y me)
  (cond
    [(mouse=? me "button-down") (make-posn x y)]
    [else p]))
```

如前所述，我们已经说过 make-posn 会创建 Posn 的实例，这不需要再经常提醒。

习题 74 将所有相关的常量和函数定义复制到 DrRacket 的定义区中，添加测试并确保它们都通过，然后运行程序并使用鼠标放置红点。■

许多程序处理嵌套的结构体。我们用世界程序中的另一小段代码来说明这一点。

示例问题 你的团队正在设计一个游戏程序，它跟踪以变化的速度在画布上移动的物体。所选的数据表示需要两种数据定义[①]：

```
(define-struct ufo [loc vel])
; UFO 是结构体：
;    (make-ufo Posn Vel)
; 解释：(make-ufo p v)位于位置 p，以速度 v 运动
```

你的任务是开发 ufo-move-1。该函数计算给定 UFO 在一个时钟滴答之后的位置。

我们从探索数据定义的一些示例开始[②]：

```
(define v1 (make-vel 8 -3))
(define v2 (make-vel -5 -3))

(define p1 (make-posn 22 80))
(define p2 (make-posn 30 77))

(define u1 (make-ufo p1 v1))
(define u2 (make-ufo p1 v2))
(define u3 (make-ufo p2 v1))
(define u4 (make-ufo p2 v2))
```

① 记住，这些都是物理知识。

② 这些定义的顺序很重要。参见独立章节 1。

前四个定义了 Vel 和 Posn 的元素，后四个定义是前四个定义的所有可能组合。

接下来我们编写签名、目的、一些示例和函数头：

```
; UFO -> UFO
; 确定一个时钟滴答之后 u 会移动到哪里；
; 保持速度不变

(check-expect (ufo-move-1 u1) u3)
(check-expect (ufo-move-1 u2)
              (make-ufo (make-posn 17 77) v2))

(define (ufo-move-1 u) u)
```

对于函数示例，可以使用数据示例**以及**我们对于位置和速度所掌握的领域知识。具体来说，我们知道一辆以每小时 60 公里向北、每小时 10 公里的速度向西行驶的汽车，在行驶 1 小时后，它将位于起点以北 60 公里、以西 10 公里。行驶 2 小时后，它将位于起点以北 120 公里、以西 20 公里。

与往常一样，读入结构体实例的函数可以（也可能是必须）从结构体中提取信息以计算结果。所以我们还是将选择函数表达式添加到函数定义中：

```
(define (ufo-move-1 u)
  (... (ufo-loc u) ... (ufo-vel u) ...))
```

注意 选择函数表达式引发了一个问题：我们是否需要进一步细化这个框架。毕竟，这两个表达式分别提取了 Posn 和 Vel 的实例。这两者也是结构体实例，我们可以继续从它们中提取值。这样做的话，得到的框架形如：

```
; UFO -> UFO
(define (ufo-move-1 u)
  (... (posn-x (ufo-loc u)) ...
   ... (posn-y (ufo-loc u)) ...
   ... (vel-deltax (ufo-vel u)) ...
   ... (vel-deltay (ufo-vel u)) ...))
```

但是，这样做显然会使框架看起来相当复杂。对于现实中的程序，遵循这个想法到逻辑结束的话，将创建令人难以置信的复杂的函数框架。更一般的做法是：

如果某个函数处理嵌套的结构体，则为每个嵌套层级开发一个函数。

在本书的第二部分，这条准则会变得更加重要，我们也会进一步优化它。

这里我们关注的重点是，如何将给定的 Posn 和 Vel 结合起来，以获得 UFO 的下一个位置——这也是物理知识。具体来说，需要将两者“加”在一起，这里的“加”不表示我们通常对数值所做的操作。所以我们想象有一个函数可以将 Vel 添加到 Posn 中：

```
; Posn Vel -> Posn
; 将 v 加到 p 上
(define (posn+ p v) p)
```

写下这样的签名、目的和函数头是合理的编程方法。它被称为“记录愿望”，这正是 3.4 节中描述的“制作愿望清单”的一部分。

这里的关键是以某种方式记录愿望，以便我们可以完成正在编写的函数。通过这种方式，我们可以将困难的编程任务分解为多个不同的任务，这种技巧可以帮助我们通过合理的若干小步骤来解决问题。对于示例问题，我们可以得到 `ufo-move-1` 的完整定义：

```
(define (ufo-move-1 u)
  (make-ufo (posn+ (ufo-loc u) (ufo-vel u)))
```

```
          (ufo-vel u)))
```

因为 ufo-move-1 和 posn+都是完整的定义，我们我们甚至可以单击“运行”按钮，以检查 DrRacket 是否会抱怨我们到目前为止所做的工作中有语法问题。自然，测试会失败，因为 posn+只是一个愿望，而不是我们需要的函数。

现在该处理 posn+[①]了。我们已经完成了设计的前两个步骤（数据定义、签名/目的/函数头），所以下一步必须创建示例。为“愿望”创建函数示例的一种简单方法是，使用原来函数的示例，并将它们转换为新函数的示例：

```
(check-expect (posn+ p1 v1) p2)
(check-expect (posn+ p1 v2) (make-posn 17 77))
```

对于这个问题，我们知道(ufo-move-1 (make-ufo p1 v1))将返回 p2。同时，我们知道 ufo-move-1 将 posn+应用于 p1 和 v1，这意味着 posn+必须为这些输入返回 p2。停一下！检查这里的手工计算，以确保你理解这些。

现在可以将选择函数表达式添加到设计的框架中：

```
(define (posn+ p v)
  (... (posn-x p) ... (posn-y p) ...
   ... (vel-deltax v) ... (vel-deltay v) ...))
```

因为 posn+读入 Posn 和 Vel 的实例，并且每个数据都是双字段结构体的实例，所以这里我们得到 4 个表达式。与上面嵌套的选择函数表达式不同，这些表达式只是简单的选择函数对参数的调用。

提醒一下自己这 4 个表达式代表什么，或者如果我们回想起如何从这两个结构体计算期望的结果，完成 posn+的定义很简单：

```
(define (posn+ p v)
  (make-posn (+ (posn-x p) (vel-deltax v))
             (+ (posn-y p) (vel-deltay v))))
```

第一步是将水平方向的速度添加到 x 坐标、将垂直方向的速度添加到 y 坐标。这会产生两个表达式，每个表达式对应于一个坐标轴。用 make-posn 就可以将它们再次组合成一个单一的 Posn。

习题 75 将这些定义及其测试用例输入 DrRacket 的定义区中，并确保它们正常工作。这是你第一次处理“愿望”，需要确保自己了解这两个函数如何协同工作。■

5.7 数据的空间

每种语言都带有自己的数据空间。这些数据代表来自和关于外部世界的信息，是程序操纵的内容。这个数据空间是一种集合[②]，它不仅包含所有内置数据，还包含任何程序可能创建的任何数据。

图 5-2 的左侧给出的是初级语言空间的一种表示方式。因为存在无限多的数值和字符串，所以所有数据的集合是无限的。图中用“...”表示“无限”，但真正的定义必须避免这种不精确。

程序和程序中的单个函数都无须涉及整个数据空间。数据定义的目的是描述整个空间的一部分，并对其命名，以便我们可以简洁地引用它们。换言之，命名的数据定义是对数据集合的描述，该名称可用在其他数据定义和函数签名中。在函数签名中，该名称指定函数将处理哪些数据，并且隐含地指明它将不处理数据空间的哪个部分。

① 在几何中，与 posn+对应的操作称为平移。

② 记住，数学家称其为数据集合或数据类集。

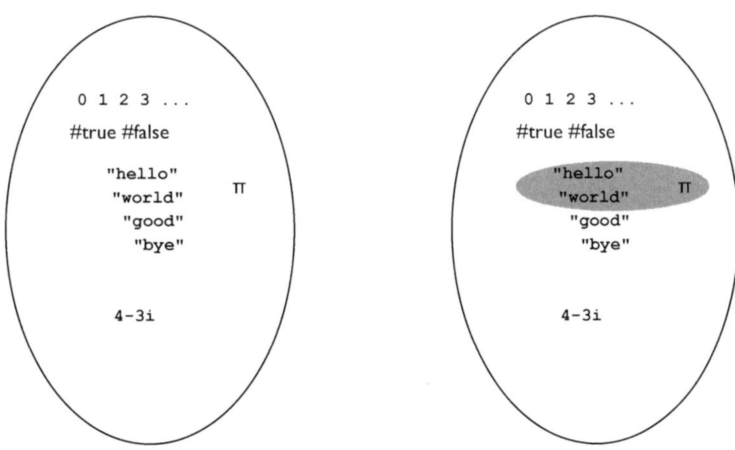

图 5-2 数据的空间

实际上，前四章中的数据定义限制了内置的数据集合。它们通过对所有包含值的显式或隐式的条目化来实现这种限制。例如，图 5-2 右侧的带灰底的区域描述了以下的数据定义：

```
; BS 是下列之一：
; --- "hello"
; --- "world",or
; --- pi
```

虽然这个特定的数据定义看起来有些可笑，但注意这里混合使用文字和初级语言的风格。它的含义是精确且无歧义的，明确了哪些元素属于 BS，哪些元素不属于 BS。

结构体类型定义完全修改了这里的图像。当程序员定义结构体类型时，空间将扩展，包含所有可能的结构体实例。例如，加入 posn 意味着两个字段中会出现包含所有可能值的 posn 实例。图 5-3 中间的气泡描述了这些值的添加，包括看似无意义的 (make-posn "hello" 0) 和 (make-posn (make-posn 0 1) 2)。是的，这些 posn 的实例对我们而言没有任何意义。但是，初级语言程序可以构建其中的任何一个数据。

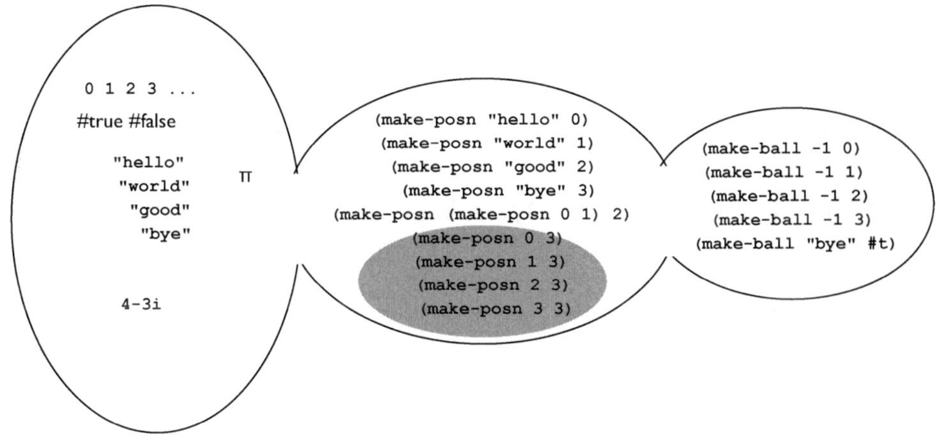

图 5-3 在空间中添加结构体

添加另一个结构体类型定义会混合并匹配所有的内容。假设我们添加了 ball 的定义，也是带有两个字段。如图 5-3 中的第三个气泡所示，这会创建包含数值、posn 结构体等的 ball 的实例，以及包含 ball 实例的 posn 实例。在 DrRacket 中试试！在定义区添加

```
(define-struct ball [location velocity])
```

然后单击“运行”按钮，再创建一些结构体实例。

就数据定义的语用而言，结构体类型的数据定义通过组合现有数据定义与实例来描述大数据集合。当写下

```
; Posn 是 (make-posn Number Number)
```

时，我们描述了 posn 的无限种可能的实例。如上所述，数据定义使用了自然语言、已经定义的数据集合和数据构造函数的组合。目前数据定义中不包含其他任何内容。

结构体数据定义指定，新的数据集合由函数使用的那些实例组合而成。例如，Posn 的数据定义指定了图 5-3 中中间气泡带灰底的区域的空间，其中包括两个字段都包含数值的所有 posn 结构体。同时，构建不符合两个字段都包含数值的要求的 posn 实例是完全可行的：

```
(make-posn (make-posn 1 1) "hello")
```

该结构的 x 字段包含 posn，而 y 字段包含字符串。

习题 76 为下列结构体类型定义编写数据定义：

- (define-struct movie [title producer year])
- (define-struct person [name hair eyes phone])
- (define-struct pet [name number])
- (define-struct CD [artist title price])
- (define-struct sweater [material size producer])

对每个字段采用哪种类型的值，进行合理的假设。■

习题 77 提供表示自午夜以来时间点的结构体类型定义和数据定义。时间点由 3 个数值组成：小时、分钟和秒。■

习题 78 为表示 3 个字母的单词提供结构体类型定义和数据定义。单词由小写字母组成，字母由"a"到"z"的 1String 外加#false 表示。**注意**：本习题是刽子手游戏设计的一部分，参见习题 396。■

程序员不仅编写数据定义，还需要阅读它们以理解程序、扩展能够处理的数据种类、消除错误等。阅读数据定义的目的是，了解如何创建属于指定集合的数据，并确定某个数据是否属于某个指定的类。

由于数据定义在设计过程中起着如此重要的核心作用，因此通常最好用示例来说明数据定义，就像我们用示例来说明函数的行为一样。事实上，从数据定义中创建数据示例很简单：

- 对于内置数据集合（数值、字符串、布尔值、图像），选择自己最喜欢的示例；

注意 有时，人们使用描述性的名称来限定内置数据集合，如 NegativeNumber 或 OneLetter String。它们不能代替完整编写的数据定义。

- 对于枚举，使用枚举的一些项作为示例；
- 对于区间，使用端点（如果端点包含在区间中的话）和至少一个区间内的点；
- 对于条目，分别处理每一条；
- 对于结构体数据定义，遵循自然语言给出的描述，也就是说，使用构造函数并从为每个字段命名的数据集合中选择一个示例。

对本书的绝大部分来说，这就是从数据定义构建示例的全部了，尽管数据定义将要变得比目前我们已经看到的复杂得多。

习题 79 为以下数据定义创建示例：

- ```
  ; Color 是下列之一：
  ; --- "white"
  ; --- "yellow"
  ; --- "orange"
  ; --- "green"
  ; --- "red"
  ; --- "blue"
  ; --- "black";
  ```

注意 DrRacket 能识别更多表示颜色的字符串。

- ```
  ; H 是介于 0 和 100 之间的 Number
  ; 解释：代表快乐值
  ```
- ```
  (define-struct person [fstname lstname male?])
  ; Person 是结构体：
  ;   (make-person String String Boolean)
  ```

  使用看起来像谓词名称的字段名是好主意吗？

- ```
  (define-struct dog [owner name age happiness])
  ; Dog 是结构体：
  ;   (make-dog Person String PositiveInteger H)
  ```

  为上面这个数据定义添加解释。

- ```
  ; Weapon 是下列之一：
  ; --- #false
  ; --- Posn
  ; 解释：#false 表示导弹还未被发射；
  ; Posn 表示它在飞行中
  ```

最后这个定义是一个不寻常的条目，结合了内置数据与结构体类型。下一章将深入讨论这种定义。■

5.8 结构体的设计

结构体类型的引入强调了设计诀窍所需的 6 个步骤。依靠内置的数据集合来表示信息已经不够用了。显然，除最简单的问题之外，程序员必须为所有问题创建数据定义。

本节新增一个设计诀窍，说明如下。

示例问题 设计计算三维空间中物体到原点距离的函数。

我们像下面这样做。

（1）当问题需要表示属于一个整体或描述一个自然整体的信息时，需要使用结构体类型定义。此结构体类型需要与相关属性数量一样多的字段。该结构体类型的一个实例对应于一个整体，并且字段中的值与其属性对应。

结构体类型的数据定义为合法的实例集合引入一个名称。而且，它必须描述哪个字段中放入哪种数据。**仅使用内置数据集合的名称或之前已定义的数据定义**。

最后，我们必须能够使用数据定义来创建结构体实例的示例。否则数据定义就是有问题的。为了确保我们可以创建实例，数据定义应该包含**数据示例**。

将这个想法应用于示例问题：

```
(define-struct r3 [x y z])
; R3 是结构体：
```
```

```
;   (make-r3 Number Number Number)

(define ex1 (make-r3 1 2 13))
(define ex2 (make-r3 -1 0 3))
```

结构体类型定义引入了新的结构类型 r3，而数据定义为所有仅包含数值的 r3 实例引入了名称 R3。

（2）同样需要签名、目的声明和函数头，但它们保持不变。停一下！为示例问题完成这一步骤。

（3）使用第 1 步中的示例创建函数示例。对于涉及区间或枚举的字段，确保函数示例中包含端点和中间点。继续处理示例问题。

（4）读入结构体的函数通常但不总是从结构体的各个字段提取值。为了提醒自己有这种可能性，为此类函数的模板中的每个字段添加一个选择函数。

对于示例问题，我们得到：

```
; R3 -> Number
; 确定 p 到原点的距离
(define (r3-distance-to-0 p)
  (... (r3-x p) ... (r3-y p) ... (r3-z p) ...))
```

你可能希望在每个选择函数表达式旁边写下它从给定结构体中提取的数据类型，这些信息可以在数据定义中找到。停一下！照做就对了！

（5）使用模板中的选择函数表达式来定义函数。记住，你可能不需要其中的某些选择函数。

（6）测试。编写完函数头后立即测试。持续测试，直到覆盖了所有表达式。当进行修改时，再次测试。

示例问题完成。如果不记得三维空间点到原点的距离，在几何书中查找[①]。

习题 80 为读入以下结构体类型实例的函数创建模板：

- (define-struct movie [title director year])
- (define-struct pet [name number])
- (define-struct CD [artist title price])
- (define-struct sweater [material size color])

完成此任务不需要数据定义。■

习题 81 设计函数 time->seconds，它读入时间结构体的实例（参见习题 77），返回自午夜以来经过的秒数。例如，如果对表示 12 小时 30 分钟 2 秒的结构体的实例调用 time->seconds，那么正确的结果应是 45002。■

习题 82 设计函数 compare-word。该函数读入 2 个 3 个字母的单词（参见习题 78）。它返回一个单词，表明给定的 2 个单词是否相同。如果两者相同，函数会保留结构体字段的内容；否则它会在返回单词的字段中放入#false。**提示**：本习题提到了两个任务：单词的比较和“字母”的比较。■

5.9 世界中的结构体

当世界程序必须跟踪两条独立的信息时，我们必须使用一组结构体来表示世界的状态数据。

---

① 你会找到 $\sqrt{x^2+y^2+z^2}$ 这样的公式。

一个字段记录一条信息，另一个字段记录第二条信息。自然地，如果领域世界包含两条以上独立的信息，那么结构体类型定义必须指定和信息数量一样多的字段。

考虑由 UFO 和坦克组成的太空入侵者游戏。UFO 沿着垂直线下降，而坦克在场景底部水平移动。假设两个物体都以已知的恒定速率移动，那么描述这两个物体所需的全部内容就是每个物体一条信息：UFO 的 y 坐标和坦克的 x 坐标。把这些放在一起，需要一个有两个字段的结构体：

```
(define-struct space-game [ufo tank])
```

作为留给读者的作业，为这个结构体类型定义制定适当的数据定义，包括解释。思考结构体名称中为何使用连字符。初级语言确实允许在变量、函数、结构体和字段名中使用所有类型的字符。此结构体的选择函数的名称是什么？谓词的名字呢？

每当我们说“信息片段”时，指的不一定是单个数值或单个单词。一条信息本身可能结合了几条信息。为这类信息创建数据表示自然会导致嵌套的结构体。

我们为假想的太空入侵者游戏添加一点花样。只沿着垂直线下降的 UFO 很无趣。为了让游戏更有趣，坦克需要用武器攻击 UFO，而 UFO 必须能够不那么简单地下降，例如可以随机地跳跃。这个想法的实现意味着我们需要两个坐标来描述 UFO 的位置，这样修改的太空游戏数据定义就变成：

```
; SpaceGame 是结构体：
;    (make-space-game Posn Number)。
; 解释：(make-space-game (make-posn ux uy) tx)描述 UFO 位于(ux,uy)而坦克的 x 坐标为 tx 的配置
```

理解世界程序需要什么类型的数据表示形式需要练习。接下来的两节会介绍几个比较复杂的问题陈述。在设计你自己的游戏之前，先解决这些问题。

5.10　图形编辑器

要用初级语言编程，需要打开 DrRacket，用键盘输入，此时可以观察到文本出现。按下键盘上的左箭头键会将光标向左移动，按下退格键（或删除键）会擦除光标左侧的单个字母——如果存在字母的话。

这个过程被称为“编辑”，尽管它的确切名称应该是“程序的文本编辑”，因为我们将使用“编辑”来完成比用键盘输入更复杂的任务。当编写和修改其他类型的文件，例如语文作业时，你可能会使用另一种软件应用程序，称为文字处理器，尽管计算机科学家将所有这些简单地称为编辑器，或称图形编辑器。

你现在的任务是设计一个世界程序，作为纯文本的单行编辑器。这里，编辑包括输入字母并以某种方式更改已有的文本（包括删除和插入字母）。这意味着文本中需要某种位置的概念。人们称这个位置为光标，大多数图形编辑器都会以易于识别的方式显示它。

看一下下面的编辑器配置：

helloworld

有人可能已输入文本“helloworld”，然后按下左箭头键 5 次，使光标从文本的末尾移动到“o”和“w”之间的位置。此时按空格键会导致编辑器改变文本显示，如下：

hello world

简而言之，该操作插入空格并将光标放置在空格与“w”之间。

鉴于此，编辑器必须跟踪两种信息：

- 到目前为止输入的文本；
- 光标的当前位置。

这就需要带有两个字段的结构体类型。

我们可以想象从信息到数据并返回的几种不同方式。例如，结构体中的一个字段可以包含输入的全部文本，而另一个字段可以包含第一个字符（从左数起）到光标之间的字符数。另一种数据表示法是在两个字段中放入两个字符串：光标左侧的文本部分和光标右侧的文本部分。我们选择这种编辑器表示状态的方法：

```
(define-struct editor [pre post])
; Editor 是结构体：
;    (make-editor String String)
; 解释：(make-editor s t)描述了编辑器，其可见的文本是(string-append s t)，光标位于 s 和 t 之间
```

根据这个数据表示解答接下来的几个习题。

习题 83　设计函数 render，它读入 Editor 并产生图像。

该函数的目的是，在 200 像素 × 20 像素的空白场景中渲染文本。使用 1 像素 × 20 像素的红色矩形光标，以及字号 16 的黑体字符串。

在 DrRacket 的交互区中，为示例字符串开发图像。我们从这个表达式开始：

```
(overlay/align "left" "center"
               (text "hello world" 11 "black")
               (empty-scene 200 20))
```

你可能需要阅读 beside、above 之类的函数的文档。对图像的外观满意后，使用此表达式作为测试，并以此为准设计 render。■

习题 84　设计 edit。该函数有两个输入，即编辑器 ed 和 KeyEvent ke，返回另一个编辑器。它的任务是在 ed 的 pre 字段末尾添加单个字符 KeyEvent ke，但 ke 表示退格（"\b"）键时除外。在这种情况下，它将立即删除光标左侧的字符（如果有的话）。该函数将忽略制表符键（"\t"）和回车键（"\r"）。

该函数只关注两种长于单个字母的 KeyEvent："left"和"right"。左键将光标向左移动一个字符（如果有的话），右键则将光标向右移动一个字符（如果有的话）。所有其他此类的 KeyEvent 都将被忽略。

编写足够多的 edit 示例，尤其注意特殊情况。完成本习题后，我们要创建 20 个示例，并将它们全部转化为测试。

提示　此函数读入 KeyEvent，可以将 KeyEvent 看作是被指定为枚举的集合。使用辅助函数来处理 Editor 结构体。使用愿望清单，你需要设计很多辅助函数，例如 string-first、string-rest、string-last 和 string-remove-last。如果还没有完成，请先解决 2.1 节中的习题。■

习题 85　定义函数 run。给定编辑器的 pre 字段，它会启动交互式编辑器，子句 to-draw 和 on-key 分别使用前面两个习题中的 render 和 edit。■

习题 86　注意，如果输入很多文字，编辑器程序不会显示所有的文本。相反，文本在右边缘被切断。修改习题 84 中的 edit 函数，如果将按键添加到 pre 字段的末尾意味着渲染的文本

对画布来说太宽，则忽略按键。■

习题 87 按照我们的第一个想法，使用字符串和索引，为编辑器开发数据表示。然后再解决前面的习题。**请遵循设计诀窍。提示：**如果你还没有完成，请先解决 2.1 节中的习题。

关于设计选择的注意事项 本习题第一次讨论了设计的选择。它表明，第一个设计上的选择涉及数据表示。做出正确的选择需要提前进行规划，并权衡各自的复杂性。当然，需要经验才能擅长于此。■

5.11 再探虚拟宠物

本节中，我们继续 3.7 节中的虚拟动物园项目。具体来说，习题的目标是将猫世界项目与管理其快乐指数的项目组合起来。当组合后的程序运行时，你会看到猫在画布上走过，每走一步，它的快乐指数都会降低。让猫开心的唯一方法是喂食（下箭头键）或抚摸（上箭头键）。最后，本节最后一个习题的目标是创建另一个快乐的虚拟宠物。

习题 88 定义记录猫的 *x* 坐标和它的快乐指数的结构体类型。然后编写名为 *VCat* 的猫的数据定义，包括其解释。■

习题 89 设计 `happy-cat` 世界程序，管理走路的猫及其快乐指数。假设猫以最高的快乐指数开始。

提示 （1）复用 3.7 节中世界程序的函数。（2）使用前面习题中的结构体类型来表示世界的状态。■

习题 90 修改前一个习题中的 `happy-cat` 程序，猫在快乐指数降到 `0` 时会停止。■

习题 91 扩展习题 88 中的结构体类型定义和数据定义，增加方向字段。调整 `happy-cat` 程序，让猫按指定的方向移动。程序应该使猫按目前的方向移动，并且在它到达场景的任何一端时翻转方向。■

```
(define cham )
```

上面的变色龙图是**透明的**图像。要将其插入 DrRacket，使用“插入图像”菜单项。这样操作可保留图像像素的透明度。

当部分透明的图像与彩色图形（如矩形）组合时，图像将呈现底色。在变色龙图中，实际上动物内部是透明的，外部的区域是纯白色的。在 DrRacket 中试试这个表达式：

```
(define background
  (rectangle (image-width cham)
             (image-height cham)
             "solid"
             "red"))

(overlay cham background)
```

习题 92 设计 `cham` 程序，程序中变色龙从左到右连续地穿过画布。当它到达画布的右端时，它会消失并立即重新出现在左侧。像猫一样，变色龙在所有的行走中都会感到饥饿，并且随着时间的推移，这种饥饿表现为不快乐。

为了管理变色龙的快乐指数，你可以复用虚拟猫的快乐指数。要使变色龙高兴，就要喂食（下箭头键，两点），不允许抚摸。当然，既然是变色龙，它的颜色就可以改变：`"r"`使之变红，`"b"`使之变蓝，`"g"`使之变绿。将变色龙世界程序添加到虚拟猫游戏（程序）中，并尽可能地复用后者的函数。

从代表变色龙的数据定义 *VCham* 开始。■

习题 93 复制习题 92 的解决方案，然后修改副本，使变色龙走过 3 色背景。我们的解决方案使用这些颜色：

```
(define BACKGROUND
  (beside (empty-scene WIDTH HEIGHT "green")
          (empty-scene WIDTH HEIGHT "white")
          (empty-scene WIDTH HEIGHT "red")))
```

当然你可以使用任何颜色。观察变色龙在穿过两种颜色之间的边界时是如何改变颜色的[①]。

注意 如果仔细观看动画，你会发现变色龙骑在一个白色的矩形上。如果你知道如何使用图像编辑软件，修改图片以使白色矩形不可见。这样变色龙会真正融入背景中。■

① 完成后可以吃些意大利披萨。

第 6 章　条目和结构体

前两章介绍了两种制定数据定义的方法。条目（枚举和区间）用于从大分类中创建小集合。结构体则组合多个集合。由于数据表示的开发是正确的程序设计的起点，因此程序员经常需要使涉及结构体的数据定义条目化或使用结构体来组合条目化数据，这并不令人惊讶。

回想 5.9 节中的虚拟空间入侵游戏。到目前为止，它涉及从空间下降的 UFO 和在地面上水平移动的坦克。我们的数据表示使用带两个字段的结构体：一个字段用于 UFO 的数据表示，另一个字段用于坦克的数据表示。当然，玩家会想要可以发射导弹的坦克。突然之间，我们需要另一种包含 3 个独立移动物体（UFO、坦克和导弹）的状态。因此，我们有两个不同的结构体：一个用于表示两个独立移动的物体，另一个用于表示第三个。由于世界状态现在可能是这两种结构体中的一种，因此使用条目描述所有可能的状态是很自然的：

（1）世界的状态是带 **2** 个字段的结构体；

（2）世界的状态是带 **3** 个字段的结构体。

就我们的问题领域（实际的游戏）而言，第一种状态代表了坦克发射其唯一导弹之前，而第二种状态代表导弹发射之后。①

本章介绍涉及结构体的条目化数据定义的基本概念。其他所需的成分都已经齐了，所以我们直接从条目化结构体开始。然后我们会讨论一些示例，包括受益于我们新能量的世界程序。最后一节讨论编程中的错误。

6.1　再谈条目的设计

我们从 5.6 节中空间入侵者游戏优化后的问题陈述开始。

示例问题　使用 *2htdp/universe* 库来设计游戏程序，用来玩简单的太空侵略者游戏。玩家控制坦克（一个小矩形），它必须保护我们的行星（画布的底部）不受 UFO 的影响（参见 4.4 节），UFO 从画布顶部向底部下降。为了阻止 UFO 着陆，玩家可以通过按空格键发射一枚导弹（比坦克更小的三角形）。这个动作会导致导弹从坦克中出现。如果 UFO 与导弹碰撞，则玩家获胜；否则 UFO 着陆，玩家失败。

下面是关于 3 个游戏对象及其运动的一些细节：首先，坦克沿着画布的底部匀速移动，而玩家可以使用左箭头键和右箭头键来改变其方向；其次，UFO 以恒定速度下降，但随机向左或向右跳转；再次，一旦发射，导弹就会以恒定的速度沿垂直线上升，其速度至少是 UFO 下降速度的两倍；最后，如果它们的参考点足够接近，UFO 和导弹会发生碰撞，“足够接近”的含义取决于你的理解。

以下两小节将讨论这一示例问题，因此在继续之前仔细研究并解答这些习题。这样做将有助于你深入了解问题。

① 不用担心，本书的第二部分会讨论发射你想要的数量的导弹，而且无须重新加载。

习题 94 画出游戏在不同的阶段场景的草图。使用这些草图来确定游戏的常量和变量。对于前者，开发描述世界（画布）及其对象尺寸的物理常量和图形常量。此外，开发背景场景。最后，从坦克、UFO 和背景的常量中创建初始场景。■

1. 定义条目

设计诀窍的第一步要求开发数据定义。数据定义的一个目的是描述表示世界状态的数据构造，另一个目的是描述世界程序的事件处理函数可以读入的所有可能数据。因为我们没有看到过包含结构体的条目，所以这里介绍此想法。虽然这可能不会让你感到惊讶，但需要集中注意力。

正如在本章开头所指出的，支持坦克发射导弹的太空入侵者游戏需要用数据表示两种不同的游戏状态。我们选择如下两种结构体类型定义[①]：

```
(define-struct aim [ufo tank])
(define-struct fired [ufo tank missile])
```

前者表示玩家试图让坦克就位进行发射的时间段，后者表示导弹被射出后的状态。当然，在能够为整个游戏状态制定数据定义之前，我们需要坦克、UFO 和导弹的数据表示。

假设对于 `WIDTH` 和 `HEIGHT` 这样的物理常量都已在习题 94 中定义，我们制定如下的数据定义：

```
; UFO 是 Posn。
; 解释：(make-posn x y)是 UFO 的位置（采用从上到下、从左到右的约定）

(define-struct tank [loc vel])
; Tank 是结构体：
;    (make-tank Number Number)
; 解释： (make-tank x dx)指定坦克的位置(x, HEIGHT)和速度为每时钟滴答 dx 像素

; Missile 是 Posn。
; 解释：(make-posn x y)是导弹的位置
```

每条数据定义都只描述一个结构体，这个结构体或是新定义的结构体，如 `tank`，或是内置数据集合 Posn。关于后者，你可能对于 Posn 被用来代表世界的两个不同方面感到有点儿惊奇。然而，我们使用数值（以及字符串和布尔值）来表示真实世界中的许多不同类型的信息，因此复用像 `Posn` 这样的结构体集合并不是什么大事。

现在我们可以编写太空入侵者游戏状态的数据定义：

```
; SIGS 是下列之一：
; -- (make-aim UFO Tank)
; -- (make-fired UFO Tank Missile)
; 解释：表示空间入侵者游戏的完整状态
```

此数据定义的形状是条目的形状。然而，每个子句都描述了结构体类型的内容，就像我们到目前为止所看到的结构体类型的数据定义一样。同时，这个数据定义表明，不是每个数据定义都只对应于一个结构体类型定义。这里一个数据定义涉及两个不同的结构体类型定义。

这个数据定义的含义也很简单。它为根据定义创建的所有结构体实例的集合引入了名称 SIGS。所以我们来创建一些 SIGS：

---

① 对于空间入侵者游戏，我们可以转而使用包含 3 个字段的结构体类型定义，其中第 3 个字段包含`#false`（直到导弹被发射）以及之后是导弹坐标的 `Posn`。见下文。

- 这个实例描述了（玩家）正在操纵坦克进入发射导弹的位置：

```
(make-aim (make-posn 20 10) (make-tank 28 -3))
```

- 这个实例和上一个一样，但是导弹已经被发射了：

```
(make-fired (make-posn 20 10)
            (make-tank 28 -3)
            (make-posn 28 (- HEIGHT TANK-HEIGHT)))
```

  当然，大写的名称是已定义的物理常量。

- 最后，下面是导弹即将与 UFO 相撞的实例：

```
(make-fired (make-posn 20 100)
            (make-tank 100 3)
            (make-posn 22 103))
```

  这个示例假定画布高度超过 100 像素。

注意，SIGS 的第一个实例是根据数据定义的第一个子句生成的，第二个和第三个则是根据第二个子句。当然，每个字段内的数值取决于全局游戏常量的选择。

习题 95 解释一下为什么 3 个实例是根据数据定义的第一个或第二个子句生成的。■

习题 96 假设画布的大小是 200 像素×200 像素，描述 3 种游戏状态分别是如何呈现的。■

2. 设计诀窍

有了新的制定数据定义的方式，就需要检查设计诀窍。本章介绍了结合两种或多种描述数据的方法，修改后的设计诀窍反映了这一点，特别是第一步。

（1）什么时候需要这种定义数据的新方法？你已经知道，需要条目是由于问题陈述中不同类的信息的区别。同样，需要基于结构体的数据定义是由于将几条不同的信息组合起来。

当问题陈述区分不同类型的信息，并且这些信息中至少有一些信息由几个不同的部分组成时，需要对不同形式的数据（包括结构体集合）进行条目化。

需要记住的一件事是，数据定义可以引用其他数据定义。因此，如果数据定义中的特定子句看起来过于复杂，则可以为该子句写下单独的数据定义，并引用此辅助定义。

接下来，一如既往，使用数据定义来编写数据示例。

（2）第二步保持不变。编写函数签名时只能提及已定义或内置数据集合的名称，此外添加目的声明并创建函数头。

（3）第三步也没有任何变化。仍然需要编写第二步中说明目的声明的函数示例，并且条目中的每一项仍然需要一个示例。

（4）接下来模板的开发可以利用两个不同的方面：条目本身和条目子句中的结构体。

根据前者，模板的主体由 cond 表达式组成，cond 表达式的子句数量与条目中的项数一样多。此外，必须为每个 cond 子句增加一个条件，以标识相应项中的数据子类。

根据后者，如果一项条目处理的是结构体，那么在模板中要包含选择函数表达式——在 cond 子句中处理该条目中描述的数据的子类。

但是，如果选择用单独的数据定义来描述数据，则**不必**添加选择函数表达式。相反，你可以为单独的数据定义创建模板，并以函数调用的形式引用该模板。后者表明，这个子类的数据正被分开处理。

在开始开发模板之前，简要回顾一下函数的性质。如果问题陈述表明有几项任务需要执行，则很可能需要几个单独设计的函数的复合，而不是模板。在这种情况下，跳过模板步骤。

（5）填写模板中的空白。数据定义越复杂，这一步就越复杂。好消息是，这个设计诀窍在许多情况下都可以帮到你。

如果遇到困难，首先填写简单的情况，并为其他情况使用默认值。虽然这么做会使某些测试案例失败，但程序在取得进展，并且你可以看到这一进展。

如果在条目的某些情况下遇到困难，分析与这些情况相对应的示例。确定模板从给定输入中计算的部分。然后考虑如何组合各部分（外加一些常量）来计算期望的输出。记住，你可能需要一个辅助函数。

另外，如果由于数据定义相互引用而导致模板“调用”了另一个模板，那么假定有其他函数提供了其目的的声明及其示例承诺的内容——即使此时该函数的定义尚未完成。

（6）测试。如果测试失败，确定错误在哪里：函数、测试或两者都有错。回到相应的步骤。

回顾 3.1 节，重新阅读对简单设计诀窍的描述，并将其与本版本进行比较。

我们用本节开头的示例问题的渲染函数的设计来说明设计诀窍。回忆一下，big-bang 表达式需要一个渲染函数，在每次时钟滴答、鼠标点击或击键后将世界状态变为图像。

渲染函数的签名表明，它将世界状态类的元素映射到 Image 类：

```
; SIGS -> Image
; 将 TANK、UFO 和可能的 MISSILE 添加到 BACKGROUND 场景中
(define (si-render s) BACKGROUND)
```

这里 TANK、UFO、MISSILE 和 BACKGROUND 都是习题 94 中所要求的图像常量。回想一下，这个签名只是渲染函数一般签名的实例，它总是读入世界状态的集合并返回一些图像。

由于数据定义中的条目由两个项组成，因此我们举 3 个例子，就使用上面的数据示例，如图 6-1 所示。与数学书中的函数表不同，该表格是以垂直形式给出的。左列包含我们所需函数的样本输入，右列列出了相应的预期结果。正如你所看到的，我们使用了设计诀窍第一步中的数据示例，它们涵盖了条目的两个项。

s	(si-render s)

(make-aim
  (make-posn 10 20)
  (make-tank 28 -3))	

(make-fired
  (make-posn 20 100)
  (make-tank 100 3)
  (make-posn 22 103))	

(make-fired
  (make-posn 10 20)
  (make-tank 28 -3)
  (make-posn 32 (- HEIGHT TANK-HEIGHT 10)))	

图 6-1　渲染空间入侵者游戏状态的一些示例

接下来我们转向模板的开发，这也是设计过程中最重要的一步。首先，我们知道 si-render 的函数体必须是 cond 表达式带有两个 cond 子句。遵循设计诀窍，这里的两个条件分别是 (aim? s) 和 (fired? s)，它们区分 si-render 读入的两种可能类型的数据：

```
(define (si-render s)
```

```
(cond
  [(aim? s) ...]
  [(fired? s) ...]))
```

然后将选择函数表达式添加到处理结构体的每个 cond 子句中。在这里，两个子句都涉及结构体 aim 和 fired 的处理。前一种结构体带有两个字段，因此第一个 cond 子句需要两个选择函数表达式，后一种结构体由 3 个值组成，因此需要 3 个选择函数表达式：

```
(define (si-render s)
  (cond
    [(aim? s) (... (aim-tank s) ... (aim-ufo s) ...)]
    [(fired? s) (... (fired-tank s) ... (fired-ufo s)
               ... (fired-missile s) ...)]))
```

该模板包含了完成任务所需的几乎所有内容。为了完成定义，我们为每个 cond 行理清如何组合已有值来计算出预期的结果。除输入部分之外，我们还可以使用全局定义的常量，如 BACKGROUND，在这里显然是需要的，外加原始（内置）运算，如果这些都不够，还可以用函数的愿望清单，也就是描述我们想要的函数。

考虑第一个 cond 子句，其中我们有坦克的数据表示，即 (aim-tank s)，以及 UFO 的数据表示，即 (aim-ufo s)。从图 6-1 的第一个示例中，我们知道需要将这两个对象添加到背景场景中。此外，设计诀窍建议，如果这些数据带有其自己的数据定义，我们就要考虑定义助手（辅助函数）并使用它们来计算结果：

```
... (tank-render (aim-tank s)
                 (ufo-render (aim-ufo s) BACKGROUND))
```

这里的 tank-render 和 ufo-render 是愿望清单中的函数：

```
; Tank Image -> Image
; 将 t 添加到给定图像 im 中
(define (tank-render t im) im)

; UFO Image -> Image
; 将 u 添加到给定图像 im 中
(define (ufo-render u im) im)
```

类似地，我们可以用同样的方式处理第二个 cond 子句。图 6-2 给出了完整的定义。最重要的是，我们可以立即复用愿望清单中的函数 tank-render 和 ufo-render，唯一需要添加的函数是在场景中加入导弹。对应的愿望清单项是：

```
; Missile Image -> Image
; 将 m 添加到给定图像 im 中
(define (missile-render m im) im)
```

```
; SIGS -> Image
; 在 BACKGROUND 上渲染给定的游戏状态，示例参见图 6-1
(define (si-render s)
  (cond
    [(aim? s)
     (tank-render (aim-tank s)
                  (ufo-render (aim-ufo s) BACKGROUND))]
    [(fired? s)
     (tank-render
       (fired-tank s)
       (ufo-render (fired-ufo s)
                   (missile-render (fired-missile s)
                                   BACKGROUND)))]))
```

图 6-2 完整的渲染函数

如上所述，注释足够详细地描述了我们的愿望。

习题 97 设计 tank-render、ufo-render 和 missile-render 函数。比较表达式

```
(tank-render
  (fired-tank s)
  (ufo-render (fired-ufo s)
              (missile-render (fired-missile s)
                              BACKGROUND)))
```

和

```
(ufo-render
  (fired-ufo s)
  (tank-render (fired-tank s)
               (missile-render (fired-missile s)
                               BACKGROUND)))
```

这两个表达式何时会给出相同的结果？■

习题 98 设计函数 si-game-over? 用作 stop-when 处理程序。如果 UFO 着陆或导弹击中 UFO，则游戏停止。对于这两种条件，我们都建议检查两个对象之间的接近程度。

stop-when 子句允许第二个子表达式（可选，不是必需的），即负责呈现游戏最终状态的函数。设计 si-render-final 并将其用作习题 100 main 函数中 stop-when 子句的第二部分。■

习题 99 设计 si-move。每次时钟滴答都会调用此函数，以确定对象现在移动到哪个位置。因此，它读入 SIGS 的一个元素并产生另一个元素。

移动坦克和导弹（如果有的话）相对简单。它们以不变的速率直线前进。移动 UFO 需要小的随机向左或向右跳转。由于我们从未处理过创建随机数的函数，因此本习题的其余部分可以看作关于如何处理此问题的长提示。

初级语言提供了生成随机数的函数。对这个函数的介绍说明了签名和目的声明在设计过程中扮演如此重要角色的原因。此函数的相关信息是：

```
; Number -> Number
; 生成一个在区间[0, n)中的数值，每次调用时可以生成不同的数值
(define (random n) ...)
```

由于签名和目的声明精确地描述了函数计算的内容，因此现在你可以在 DrRacket 的交互区试验 random[①]。停一下！进行这样的试验！

如果 random 每次被调用时会产生不同的数值（几乎），测试使用 random 的函数就有难点了。一种做法是，将 si-move 及其真正的功能分为两部分：

```
(define (si-move w)
  (si-move-proper w (random ...)))

; SIGS Number -> SIGS
; 预计移动空间入侵者对象 delta 像素
(define (si-move-proper w delta)
  w)
```

① 这里必须使用 random 的想法是初级语言的知识，而不是你必须获得的设计技能的一部分，这就是为什么我们提供这个提示。另外，random 是初级语言中唯一一个不是数学函数的运算。编程中的函数受数学函数的启发，但它们不是相同的概念。

这个定义将移动游戏对象的行为与随机数的创建分开。虽然 random 在每次调用时可能会产生不同的结果，但可以在特定的数值输入上测试 si-move-proper，从而保证它在给定相同输入时返回相同的结果。简而言之，这里大部分代码都是可测试的。

最好不要直接调用 random，代替的做法是，可以设计为 UFO 创建随机 *x* 坐标的函数。考虑使用初级语言的测试框架中的 check-random 来测试此函数。■

习题 100 设计函数 si-control，它扮演键盘事件处理函数的角色。因此，它读入游戏状态和 KeyEvent 并返回新的游戏状态。它对 3 个不同的按键做出反应：

- 按左箭头键，坦克就向左移动；
- 按右箭头键，坦克就向右移动；
- 如果导弹尚未被发射，按空格键就会发射导弹。

有了这个函数，你就可以定义 si-main 函数，它使用 big-bang 来创建游戏窗口。可以玩啦！■

数据表示很少是唯一的。例如，我们可以使用单个结构体类型来表示空间入侵者游戏的状态：

```
(define-struct sigs [ufo tank missile])
; SIGS.v2 (SIGS 版本 2 的简写) 是结构体：
;   (make-sigs UFO Tank MissileOrNot)
; 解释：代表空间入侵者游戏的完整状态

; MissileOrNot 是下列之一：
; -- #false
; -- Posn
; 解释：#false 表示导弹还在坦克中，Posn 表示导弹所在的位置
```

与游戏状态的第一个数据表示不同，第二个版本并没有区分导弹发射前后的情况。相反，每个状态都包含有关导弹的一些数据，尽管这些数据可能只是#false，表明导弹还没有被发射。

因此，状态的第二种数据表示的函数与第一种不同。特别是，读入 SIGS.v2 元素的函数不使用 cond 表达式，因为集合中只有一种元素。在设计方法方面，5.8 节中的结构体设计诀窍就够了。图 6-3 给出了为这种数据表示设计渲染函数的结果。

```
; SIGS.v2 -> Image
; 在 BACKGROUND 上渲染给定的游戏状态
(define (si-render.v2 s)
  (tank-render
    (sigs-tank s)
    (ufo-render (sigs-ufo s)
                (missile-render.v2 (sigs-missile s)
                                   BACKGROUND))))
```

图 6-3 再次渲染游戏状态

不过，使用 MissileOrNot 的函数设计需要本节中的诀窍。我们来看 missile-render.v2 的设计，它的任务是在图像上添加导弹。头部信息是：

```
; MissileOrNot Image -> Image
; 将导弹 m 的图像添加到场景 s 中
(define (missile-render.v2 m s)
  s)
```

对于示例，我们必须考虑至少两种情况：一种情况 m 是#false，另一种情况 m 是 Posn。

在第一种情况下，导弹还没有被发射，这意味着无须将导弹的图像添加到给定的场景中。在第二种情况下，导弹的位置是指定的，其图像必须显示在这个位置。图 6-4 显示了在两种截然不同的场景下函数的工作方式。

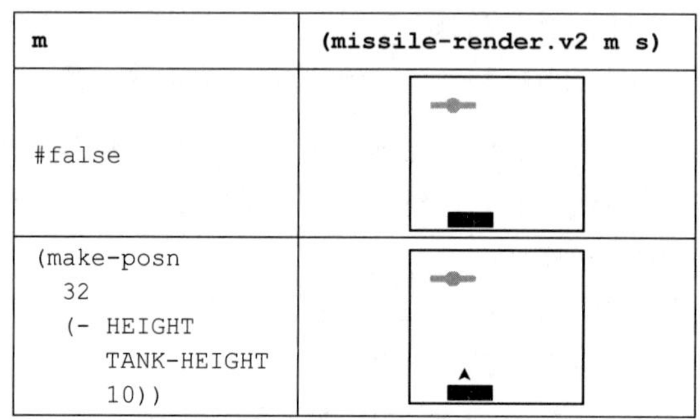

m	(missile-render.v2 m s)
#false	
(make-posn 32 (- HEIGHT TANK-HEIGHT 10))	

图 6-4　渲染包含坦克的太空入侵者游戏

习题 101　将图 6-4 中的示例转换为测试用例。■

现在我们可以准备开发模板了。由于主要参数（m）的数据定义是带有两个项的条目，因此函数体可能由带有两个子句的 cond 表达式组成：

```
(define (missile-render.v2 m s)
  (cond
    [(boolean? m) ...]
    [(posn? m) ...]))
```

还是遵照数据定义，第一个 cond 子句检查 m 是否为布尔值，第二个 cond 子句检查 m 是否是 Posn 的元素。而且，如果有人不小心将 missile-render.v2 应用于#true 和某个图像，函数将使用第一个 cond 子句计算结果。后面会继续讨论这种错误。

模板的第二步要求在所有 cond 子句中填入选择函数表达式。在我们的示例中，第二个子句需要这样做，而且选择函数表达式从给定的 Posn 中提取 x 坐标和 y 坐标：

```
(define (missile-render.v2 m s)
  (cond
    [(boolean? m) ...]
    [(posn? m) (... (posn-x m) ... (posn-y m) ...)]))
```

比较此模板与上面的 si-render。后者的数据定义处理两种不同的结构体类型，因此 si-render 的函数模板在两个 cond 子句中都包含选择函数表达式。然而，MissileOrNot 的数据定义将简单值的项与描述结构体的项混合在一起。这两种定义都可行，这里的关键是遵循诀窍并找到符合数据定义的代码结构。

完整的函数定义是：

```
(define (missile-render.v2 m s)
  (cond
    [(boolean? m) s]
    [(posn? m)
     (place-image MISSILE (posn-x m) (posn-y m) s)]))
```

一步一步来做，首先处理简单的子句，在这个函数中，就是第一个子句。既然它说导弹还没有被发射，那么该函数就返回输入 s。对于第二个子句，需要记住 (posn-x m) 和 (posn-y m) 选择出导弹图像的坐标。该函数必须将 MISSILE 添加到 s，所以必须找到基本运算和自己的函数的最佳组合来组合这 4 个值。作为程序员，这种组合操作的选择正是你发挥创造性洞察力的地方。

习题 102　针对第二个数据定义，设计完成游戏所需的所有其他函数。■

习题 103　为以下 4 种动物园中的动物开发数据表示：

- **蜘蛛**，相关的属性是其剩余腿的数量（我们假设蜘蛛在事故中可能会失去腿）以及在运输时需要的空间；
- **大象**，它们唯一的属性是在运输时需要的空间；
- **蟒蛇**，其属性包括长度和周长；
- **犰狳**，由你确定其属性，属性至少包括运输所需的空间。

为读入动物园动物的函数开发模板。

设计 `fits?`函数，它读入动物园动物和笼子的描述，判断笼子的体积是否足够装下动物。■

习题 104　你的家乡的政府管理一系列车辆：汽车、货车、公共汽车和 SUV。为车辆开发数据表示。每辆车的表示必须描述它可以运送的乘客数量、车牌号码和燃油消耗（每升公里数）。为读入车辆的函数开发模板。■

习题 105　有些程序包含以下数据定义：

```
; Coordinate 是下列之一：
; -- NegativeNumber （负数）
; 解释：在 y 轴方向上，距离上边距的距离
; -- PositiveNumber （正数）
; 解释：在 x 轴方向上，距离左边距的距离
; -- Posn
; 解释：普通的笛卡儿点
```

在数据定义的每个子句中至少编写两个数据示例。对于每个示例，请用画布的草图解释其含义。■

6.2　世界的混合

本节为世界程序提出一些设计问题，从简单扩展虚拟宠物的习题开始。

习题 106　在 5.11 节中，我们讨论了创建带有快乐指数的虚拟宠物，其中一只是猫，另一只是变色龙。然而，每个程序都是专门针对单一宠物的。

设计 `cat-cham` 世界程序。输入是位置和动物，动物会从给定位置开始穿过画布。选定的动物数据表示是：

```
; VAnimal 是两者之一：
; -- VCat
; -- VCham
```

其中 *VCat* 和 *VCham* 是习题 88 和习题 92 中的数据定义。

鉴于 VAnimal 是世界状态的集合，你需要设计：

- 从 VAnimal 到 Image 的渲染函数；
- 处理时钟滴答的函数，从 VAnimal 到 VAnimal；
- 处理键盘事件的函数，以便喂食、抚摸宠物并修改其颜色（如果适用的话）。

改变猫的颜色或抚摸变色龙依然是不可行的。■

习题 107　设计可以同时处理虚拟猫和虚拟变色龙的 `cham-and-cat` 程序。你需要包含两只动物的“动物园”数据定义和处理它的函数。

问题陈述没有说明如何操纵两只动物。这里有两种可能的解释：

（1）每次键盘事件都发生在两只动物身上；

（2）每次键盘事件仅适用于两只动物中的一只。对于这种方案，你需要有数据表示来指定*焦点*动物，即当前可以操纵的动物。要切换焦点，使用按键处理函数将"k"解释为“猫咪”，将"l"解释为“蜥蜴”。一旦玩家按下"k"，后续的按键仅适用于猫咪——直到玩家按下"l"。

选择其中一种方案，并设计对应的程序。■

习题 108 在默认状态下，人行横道灯在红色背景上显示橙色的站立者。当允许行人穿过街道时，灯会接收到一个信号并切换为绿色的步行者。这个阶段持续 10 秒。之后，灯将显示数字 9,8,…,0，其中奇数的颜色为橙色，偶数的颜色则为绿色。当倒计数达到 0 时，灯将切换回默认状态。

设计实现这种人行横道灯的世界程序。当按下键盘上的空格键时，灯将从其默认状态切换。所有其他转换都是对时钟滴答的回应。你可以使用以下图像：

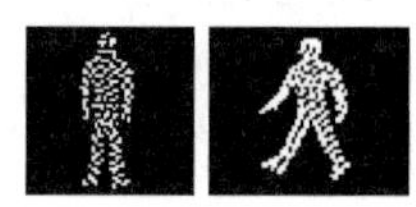

也可以用图像库自行制图。■

习题 109 设计识别一系列 KeyEvent 模式的世界程序。最初该程序显示一个 100 像素×100 像素的白色矩形。一旦程序遇到了第一个想要的字母，它就会显示同样大小的黄色矩形。遇到最后一个字母后，矩形的颜色变成绿色。如果发生任何“不良”按键事件，程序将显示红色矩形。

程序查找的特定序列以"a"开始，随后是任意长度的"b"和"c"的混合，最后以"d"结尾。显然，"acbd"是一个可接受字符串的示例，另外的示例是"ad"和"abcbbbcd"。当然，"da"、"aa"或"d"都不匹配。

提示 本题的解决方案实现了有限状态机（FSM），4.7 节中以世界程序背后的一项设计原则的形式引入了此概念。正如名称所表示的，FSM 程序可以处于有限数量的状态之一。第一个状态称为*初始状态*。每个键盘事件都会导致状态机重新考虑其当前状态，它可能转换到相同的状态或另一个状态。当程序识别出正确的键盘事件序列时，它将转换到*最终状态*。

对于序列识别问题，状态通常代表机器接下来期望看到的字母，数据定义如图 6-5 所示。看看最后那个状态，它表示遇到了非法输入。

常规	定义的简写[①]
; *ExpectsToSee.v1* 是下列之一： ; -- "start, expect an 'a'" ; -- "expect 'b', 'c', or 'd'" ; -- "finished" ; -- "error, illegal key"	; *ExpectsToSee.v2* 是下列之一： ; -- AA ; -- BB ; -- DD ; -- ER (define AA "start, ...") (define BB "expect ...") (define DD "finished") (define ER "error, ...")

图 6-5 为 FSM 编写数据定义的两种方法

图 6-6 显示了如何以图像的方式来考虑这些状态及其关系。每个节点对应 4 个有限状态之一，

① 右侧的数据定义使用了习题 61 介绍的命名技巧。

每个箭头指定哪个 KeyEvent 使程序从一个状态转换到另一个状态。

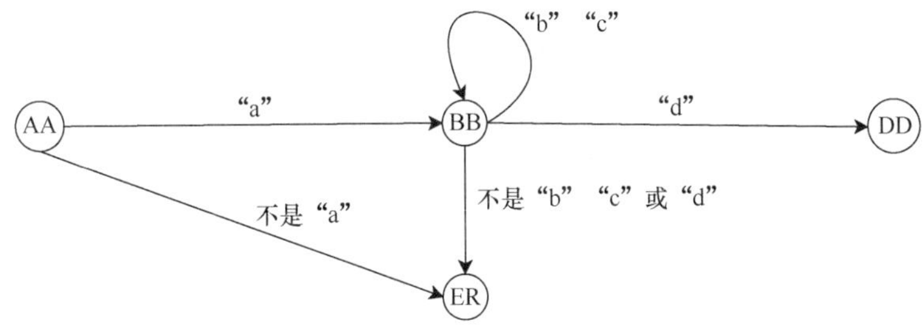

图 6-6 有限状态机的图

历史 在 20 世纪 50 年代，后来计算机科学家 Stephen C. Kleene 为表示文本模式识别问题发明了正则表达式。对于上述问题，Kleene 会这么写：

```
a (b|c) * d
```

这意味着 a 随后跟任意多个 b 或 c，直到遇到 d。■

6.3 输入错误

本章的核心点在于谓词的作用。在必须设计处理混合数据的函数时，它们至关重要。当问题陈述提到许多不同类型的信息时，这样的混合会自然出现，但是当将自己的函数和程序交给其他人时，它们也会出现。毕竟，你知道并遵从自己的数据定义和函数签名，但是，你永远无法知道自己的朋友和同事做了些什么，而且[①]尤其不知道没有关于初级语言和编程知识的人如何使用自己的程序。因此，本节介绍一种保护程序免遭不当输入的方式。

我们来用简单的程序演示这一点，下面是计算圆盘面积的函数：

```
; Number -> Number
; 计算半径为 r 的圆盘的面积
(define (area-of-disk r)
  (* 3.14 (* r r)))
```

我们的朋友可能希望将这个函数用于他们的几何作业。但是，在使用这个函数时，他们可能会不小心将它应用于字符串而不是数值。发生这种情况时，该函数用一个神秘的错误消息停止程序执行：

```
> (area-of-disk "my-disk")
*:expects a number as 1st argument, given "my-disk"
```

有了谓词，你可以阻止这种隐晦的错误消息，并给出自己选择的信息错误。

具体来说，当希望将函数交给朋友时，我们可以定义函数的带检查版本。因为朋友可能不太了解初级语言，所以我们必须假设他们会将这个带检查的函数应用于任意初级语言的值：数值、字符串、图像、Posn 等。尽管无法预见初级语言中将定义哪些结构体类型，但我们知道所有初级语言值的集合的数据定义的粗略形状。图 6-7 给出了这种数据定义的形状。正如 5.7 节中所讨论的，数据定义 Any 是开放式的，因为每个结构体类型定义都会添加新的实例。这些实例中也可能会再包含 Any 值，这表明 Any 的数据定义必须引用它自身——初看是一个可怕的想法。

① 认为我们总是遵从自己的函数签名，这是一种自我欺骗。我们会对错误类型的数据调用函数。尽管许多语言都像初级语言一样，希望程序员自己检查签名，但其他语言会自动检查，但这么做需要付出一些额外的复杂性作为代价。

```
; BSL 值是下列之一:
; -- Number
; -- Boolean
; -- String
; -- Image
; -- (make-posn Any Any)
; ...
; -- (make-tank Any Any)
; ...(* "" 1)
```

图 6-7 初级语言数据的世界

基于这个条目，带检查函数的模板具有如下的粗略形状：

```
; Any -> ???
(define (checked-f v)
  (cond
    [(number? v) ...]
    [(boolean? v) ...]
    [(string? v) ...]
    [(image? v) ...]
    [(posn? v) (...(posn-x v) ... (posn-y v) ...)]
    ...
    ; 下一个子句中需要哪些选择函数?
    [(tank? v) ...]
    ...))
```

当然，没人能列出这个定义的所有子句。幸运的是，这也没有必要。我们知道的是，对于原函数定义的值的类中的所有值，带检查的版本必须给出相同的结果；对于其他所有值，它必须给出错误信息。

具体来说，示例函数 checked-area-of-disk 读入任意的初级语言值，如果输入是数值，则使用 disk-area-of-disk 来计算圆盘的面积，否则，它必须停止并显示错误消息，在初级语言中，我们使用 error 函数来实现这一点。error 函数读入字符串并停止程序：

```
(error "area-of-disk: number expected")
```

因此，checked-area-of-disk 的粗略定义如下：

```
(define MESSAGE "area-of-disk: number expected")

(define (checked-area-of-disk v)
  (cond
    [(number? v) (area-of-disk v)]
    [(boolean? v) (error MESSAGE)]
    [(string? v) (error MESSAGE)]
    [(image? v) (error MESSAGE)]
    [(posn? v) (error MESSAGE)]
    ...
    [(tank? v) (error MESSAGE)]
    ...))
```

else 的使用帮助我们以自然的方式完成这个定义：

```
; Any -> Number
; 如果 v 是数值的话，计算半径为 v 的圆盘的面积
(define (checked-area-of-disk v)
  (cond
    [(number? v) (area-of-disk v)]
    [else (error "area-of-disk: number expected")]))
```

为了确保得到了想要的东西，我们来试验一下：

```
> (checked-area-of-disk "my-disk")
area-of-disk:number expected
```

如果我们分发自己的程序供他人使用，编写带检查的函数就很重要。然而，设计能正确工作的程序要重要得多。本书重点介绍设计正确程序的过程，并且为了不分心地完成这一点，我们同意始终遵从数据定义和签名。至少，我们几乎总是这样做，在极少数情况下，我们可能会要求你设计函数或程序的带检查版本。

习题 110 area-of-disk 的带检查版本也可以要求函数的参数是正数，而不是任意数值。以这种方式修改 checked-area-of-disk。■

习题 111 看看下面这些定义：

```
(define-struct vec [x y])
; vec 是
;   (make-vec PositiveNumber PositiveNumber)
; 解释：表示速度向量
```

开发函数 checked-make-vec，它可以理解为基本运算 make-vec 的带检查版本。它确保 make-vec 的参数是正数。换句话说，checked-make-vec 保证了我们的非正式数据定义。■

谓词

你可能想知道如何设计自己的谓词。毕竟，带检查的函数似乎有这样的通用形状：

```
; Any -> ...
; 检查 a 是否是函数 g 的正确输入
(define (checked-g a)
  (cond
    [(XYZ? a) (g a)]
    [else (error "g: bad input")]))
```

其中 g 本身的定义如下：

```
; XYZ -> ...
(define (g some-x) ...)
```

假设有一个标签为 *XYZ* 的数据定义，并且当 a 是 XYZ 的元素时，(XYZ? a)返回#true，否则它返回#false。

对于 area-of-disk，它读入数值，合适的谓词显然是 number?。相比之下，对于像上面 missile-render 这样的函数，我们显然需要定义自己的谓词，因为 MissileOrNot 是一个构造的而不是内置的数据集合。那么，我们来为 MissileOrNot 设计谓词。

回忆一下谓词的签名：

```
; Any -> Boolean
; 是否为 MissileOrNot 集合的元素
(define (missile-or-not? a) #false)
```

用问句作谓词的目的声明是一种好习惯，因为调用谓词就像问关于值的问题。名称末尾的问号“?”也强调了此想法，有些人将这类函数名发音为“huh”。

编一些示例也很简单：

```
(check-expect (missile-or-not? #false) #true)
(check-expect (missile-or-not? (make-posn 9 2)) #true)
(check-expect (missile-or-not? "yellow") #false)
```

前两个示例表明 MissileOrNot 的元素要么是#false，要么是 Posn。第三个测试表明，字符串不是集合中的元素。再来 3 个测试：

```
(check-expect (missile-or-not? #true) #false)
(check-expect (missile-or-not? 10) #false)
(check-expect (missile-or-not? empty-image) #false)
```

解释期望的答案！

由于谓词读入所有可能的初级语言值，因此它们的模板就和 checked-f 的模板一样。停一下！在继续阅读之前，找到此模板并再次阅读。

与带检查的函数一样，谓词不需要所有可能的 cond 行。只需要那些可能产生#true 的就够了：

```
(define (missile-or-not? v)
  (cond
    [(boolean? v) ...]
    [(posn? v) (... (posn-x v) ... (posn-y v) ...)]
    [else #false]))
```

所有其他情况由返回#false 的 else 行汇总处理。

有了这个模板，missile-or-not?的定义只需简单考虑每种情况：

```
(define (missile-or-not? v)
  (cond
    [(boolean? v) (boolean=? #false v)]
    [(posn? v) #true]
    [else #false]))
```

只有#false 是合法的 MissileOrNot，#true 不是。我们用(boolean=? #false v)表达这个想法，但(false? v)也可以：

```
(define (missile-or-not? v)
  (cond
    [(false? v) #true]
    [(posn? v) #true]
    [else #false]))
```

当然，Posn 的所有元素也是 MissileOrNot 的成员，这解释了第二行中的#true。

习题 112　用 or 表达式重新表达此谓词。■

习题 113　为前面几节中的以下数据定义设计谓词：SIGS、Coordinate（习题 105）和 VAnimal。■

最后我们需要说明，key-event?和 mouse-event?是两个重要的谓词，在世界程序中很有用。它们检查相应的属性，但你应该查阅它们的文档，以确保自己了解其计算的内容。

6.4　世界中的检查

在世界程序中，许多事情可能会出错。尽管之前我们一致信任函数被调用时总是对于正确的数据，但在世界程序中，同时要处理的事情太多，以使我们对自己的这种信任不太现实。当我们设计处理时钟滴答、鼠标点击、按键和渲染的世界程序时，其中一个交互作用出错太容易了。当然，出错并不意味着初级语言会立即意识到错误。例如，我们的某个函数返回的结果可能不完全是世界状态的数据表示中的元素。但这时，big-bang 会接受这些数据并继续运行下去，直到下一个事件发生。只有当后续的事件处理程序收到此不合适的数据时，程序才会失败。但事情可能会更糟，因为第二、第三和第四个事件处理步骤也可能会处理错误的状态值，直到很久以后程序才崩溃。

为了帮助解决这类问题，big-bang 带有可选的 check-with 子句，它接受世界状态的谓词。例如，如果选择用数值来表示所有的世界状态，可以很容易地表达这个事实为：

```
(define (main s0)
  (big-bang s0 ... [check-with number?] ...))
```

只要任何事件处理函数给出了数值之外的东西，世界就会停止并显示相应的错误消息。

当数据定义不仅仅是一类带有内置谓词 number?的数据，而是更巧妙时，check-with 子句会更加有用。例如这个区间的定义：

```
; UnitWorld 是 0（包含）和 1（不包含）之间的数值
```

这种情况下，你需要为此区间编写谓词：

```
; Any -> Boolean
; x 是否在 0（包含）和 1（不包含）之间

(check-expect (between-0-and-1? "a") #false)
(check-expect (between-0-and-1? 1.2) #false)
(check-expect (between-0-and-1? 0.2) #true)
(check-expect (between-0-and-1? 0.0) #true)
(check-expect (between-0-and-1? 1.0) #false)

(define (between-0-and-1? x)
  (and (number? x) (<= 0 x) (< x 1)))
```

有了这个谓词，你现在可以监控世界程序中的每一次（状态）转换：

```
(define (main s0)
  (big-bang s0
            ...
            [check-with between-0-and-1?]
            ...))
```

如果任何返回世界（状态）的处理程序给出了区间外的数值，或者更糟的情况，返回了非数值，程序会立即发现这个错误，并给我们提供修复错误的机会。

习题 114 使用习题 113 中的谓词来检查太空入侵者世界程序、虚拟宠物程序（习题 106）和编辑器程序（5.10 节）。■

6.5 相等谓词

相等谓词是一个函数，用于比较相同数据集合中的两个元素。回想一下 TrafficLight 的定义，它是"red"、"green"和"yellow"这 3 个字符串的集合。定义 light=?函数的一种方法是：

```
; TrafficLight TrafficLight -> Boolean
; 两个交通灯的（状态）是否相等

(check-expect (light=? "red" "red") #true)
(check-expect (light=? "red" "green") #false)
(check-expect (light=? "green" "green") #true)
(check-expect (light=? "yellow" "yellow") #true)

(define (light=? a-value another-value)
  (string=? a-value another-value))
```

单击“运行”按钮时，所有测试都会通过，但不幸的是，其他交互显示我们的意图没有达到：

```
> (light=? "salad" "greens")
```

```
#false
> (light=? "beans" 10)
string=?:expects a string as 2nd argument, given 10
```

将这些交互与其他内置的相等谓词进行比较：

```
> (boolean=? "#true" 10)
boolean=?:expects a boolean as 1st argument, given "#true"
```

自行尝试(string=? 10 #true)和(= 20 "help")。所有这些都表明，这是关于被应用于错误类型参数的错误。

light=?的带检查版本要求这两个参数都属于 TrafficLight，[①]如果不属于，它会给出类似于内置的相等谓词所给出的错误。为简洁起见，我们称 TrafficLight 的谓词为 light?：

```
; Any -> Boolean
; 给定值是否为 TrafficLight 的元素
(define (light? x)
  (cond
    [(string? x) (or (string=? "red" x)
                     (string=? "green" x)
                     (string=? "yellow" x))]
    [else #false]))
```

现在我们可以遵循原来的分析完成 light=?的修改了。首先，该函数确定两个输入是 TrafficLight 的元素，如果不是，它会用 error 来报告错误：

```
(define MESSAGE
  "traffic light expected, given some other value")

; Any Any -> Boolean
; 两个值是否为 TrafficLight 元素，
; 如果是的话，它们相等吗？

(check-expect (light=? "red" "red") #true)
(check-expect (light=? "red" "green") #false)
(check-expect (light=? "green" "green") #true)
(check-expect (light=? "yellow" "yellow") #true)

(define (light=? a-value another-value)
  (if (and (light? a-value) (light? another-value))
      (string=? a-value another-value)
      (error MESSAGE)))
```

习题 115　修改 light=?，以便错误消息指明两个参数中的哪一个不是 TrafficLight 的元素。■

虽然你的程序不太可能使用 light=?，但应该使用 key=?和 mouse=?（上一节结束时我们简要提到的两个相等谓词)。显然，key=?是比较两个 KeyEvent 的操作，同样，mouse=?比较两个 MouseEvt。虽然这两种事件都以字符串表示，但重要的是要认识到，并非所有字符串都表示键盘事件或鼠标事件。

我们推荐从现在开始，在键盘事件处理程序中使用 key=?，在鼠标事件处理程序中使用 mouse=?。在键盘事件处理程序中，使用 key=?确保了该函数真正比较的是表示键盘事件的字符串，而不是任意字符串。只要函数被意外地对于"hello\n world"调用，key=?就会给出错误信息，从而告知我们出错了。

---

① 字符的大小写很重要，"red"不同于"Red"或"RED"。

第 7 章　总结

在本书的第一部分中，你学习了一些简单而重要的内容。这里总结一下。

（1）**好的程序员**设计程序。糟糕的程序员反复修改直到程序似乎能工作。

（2）**设计诀窍**有两个维度。一个涉及设计过程，即要采取的步骤和顺序。另一个解释了所选的数据表示如何影响设计过程。

（3）每个精心设计的程序都由许多常量定义、结构体类型定义、数据定义和函数定义组成。对于**批处理程序**，有一个函数是“主”函数，它通常复合其他几个函数来执行计算。对于**交互式程序**，`big-bang` 函数扮演了主函数的角色，它指定程序的初始状态、生成图像输出的函数和最多 3 个事件处理程序：一个用于时钟滴答、一个用于鼠标点击、一个用于键盘事件。在这两种程序中，函数定义都是以“自上而下”的形式给出的，从主函数开始，接着是主函数中提到的那些函数，以此类推。

（4）像所有的编程语言一样，*初级语言*带有**词汇和文法**。程序员必须能够确定语言中每个语句的**含义**，以便他们能够预见程序在给定输入时如何执行其计算。接下来的独立章节会详细解释这个想法。

（5）包括初级语言在内的编程语言自带一套丰富的库，以便程序员不必总是重新发明车轮。程序员应该熟悉库提供的函数，特别是它们的签名和目的声明。这么做可以简化很多事情。

（6）程序员必须了解所选编程语言提供的“工具”。这些工具或是语言的一部分（如 `cond` 或 `max`），或是从库中“导入”的。在这个意义上，请确保你了解以下术语：**结构体类型**定义、**函数**定义、**常量**定义、**结构体实例**、**数据定义**、`big-bang` 和**事件处理函数**。

独立章节 1　初级语言

本书的第一部分将初级语言视为自然语言。我们介绍了语言的“基本词汇”，建议如何将“词汇”构成“句子”，并引导读者使用代数知识以便直观地理解这些“句子”。虽然这种介绍在某种程度上能起作用，但是真正有效的沟通需要一些正式的研究。

在许多方面，第一部分的类比是正确的。编程语言确实有词汇和文法，但程序员使用**语法**（syntax）来称呼这些元素。句子对应于初级语言中的表达式或定义。初级语言的文法决定了如何形成这些短语。但并非所有符合语法规则的句子都是有意义的——无论是英语还是编程语言。例如，英语句子“the cat is round”是一个有意义的句子，但“the brick is a car”没有任何意义，即便它完全符合语法规则。要确定某个句子是否有意义，我们必须知道语言的含义，程序员称其为**语义**（semantics）。

本独立章节以在中学中就熟悉的算术和代数语言的延伸形式介绍初级语言。毕竟，计算从这种简单的数学形式开始，我们应该理解数学和计算之间的联系①。前三节介绍初级语言主要部分语法和语义。基于对初级语言的这种新理解，第四节继续我们对错误的讨论，后续几节继续扩展这种理解，覆盖完整语言，最后一节扩展表达测试的工具。

初级语言的词汇

图 01-1 介绍并定义了初级语言的基本词汇。它由文字常量（如数值或布尔值）、在初级语言中有意义的名称（如 `cond` 或+）以及程序通过 `define` 或函数参数赋予意义的名称所组成。

名称（name）或变量（variable）是字符序列，其中不包括空格或以下之一：`" , ' ` ( ) [ ] { } | ; #`。

- 基本运算（primitive）是初级语言赋予其意义的名称，例如+或 `sqrt`。
- 变量（variable）是没有预先指定含义的名称。

值（value）是以下之一。

- 数值（number）是以下之一：`1`、`-1`、`3/5`、`1.22`、`#i1.22`、`0+1i` 等。初级语言中数值的语法很复杂，因为多种格式都能适用：正数和负数、分数和十进制小数、精确和不精确数值、实数和复数、十进制以外的进制数等。精确理解数值的符号需要彻底理解语法和解析，这超出了本章的范围。
- 布尔值（Boolean）是以下之一：`#true` 或 `#false`。
- 字符串（string）是以下之一：`""`、`"he says \"hello world\" to you"`、`"doll"`等。一般来说，它是由一对`"`所包围的字符序列。
- 图像（image）是 png、jpg、tiff 等格式的。我们故意省略其精确定义。

当想表达“任何可能的值”时，我们使用 `v`、`v-1`、`v-2` 等。

图 01-1　初级语言核心词汇

图 01-1 中的每个解释通过暗示性地条目化其元素定义了一个集合。尽管可以整体地指定这些集合，但我们认为这么做是多余的，并相信读者直觉上可以理解。只需记住，这些集合中的每一个都可能带有一些额外的元素。

① 程序员最终必须理解这些**计算**原理，但它们对**设计**原则而言算是补充。

初级语言的文法

图 01-2 显示了很大一部分初级语言文法，与其他语言相比，它非常简单。至于初级语言的表达能力，不要被其外表欺骗。但是，要做的第一件事是讨论如何朗读这些文法[①]。每个带=的行引入一个**语法类别**，=的最佳读法是“是一个”，|读为“或”。无论你在哪里看到 3 个点（省略号），都理解为前面内容的任意多次重复。这意味着，例如，*program* 或者什么都没有，或者是一个 *def-expr* 或者两个 *def-expr*，或者 3 个、4 个、5 个或多个。由于这个例子并不是特别有启发性，让我们来看看第二个语法类别。它表明 *def* 或者是

```
(define (variable variable) expr)
```

因为“任意多次”包括零次，或者是

```
(define (variable variable variable) expr)
```

这是一次重复，或者是

```
(define (variable variable variable variable) expr)
```

这是两次重复。

```
program  = def-expr ...

def-expr = def
         | expr

     def = (define (variable variable variable ...) expr)

    expr = variable
         | value
         | (primitive expr expr ...)
         | (variable expr expr ...)
         | (cond [expr expr] ... [expr expr])
         | (cond [expr expr] ... [else expr])
```

图 01-2　初级语言核心文法

关于文法的最后一点涉及以不同字体出现的 3 个“单词”：define、cond 和 else。根据初级语言词汇的定义，这 3 个词是名称。词汇定义没有告诉我们的是，这些名称是预定义的。在初级语言中，这几个词作为标记用来区分某些复合句，因此这种词也被称为**关键字**。

现在我们可以说明文法的目的了。编程语言的文法决定了如何用文法的词汇表形成语句。有些语句只是词汇表的若干元素。例如，根据图 01-2，42 是初级语言中的语句：

- 第一个语法类别表明，程序是（一个）*def-expr*，表达式可以引用定义；
- 第二个语法类别表明，*def-expr* 是 *def* 或 *expr*；[②]
- 最后一个定义列出了形成 *expr* 的所有方法，其中第二个是 *value*。

通过图 01-1，我们知道 42 是值，这就证实了它也是语句。

文法中有意思的部分显示了如何形成复合语句，也就是用其他语句所构建的语句。例如，*def* 部分告诉我们，函数定义的构成部分是“(”后跟关键字 define，然后是另一个“(”后跟至少两个变量的序列和“)”，接下来是 *expr*，最后是与第一个括号匹配的“)”。注意，开头

① 朗读文法的方式是使它听起来像是数据定义。事实上确实可以使用文法来写出我们的许多数据定义。

② 在 DrRacket 中，程序实际上由两个不同部分组成：定义区和交互区中的表达式。

的关键字 define 将定义和表达式区分开来。

表达式（*expr*）有 6 种形式：变量、常量、基本运算调用、（函数）调用，以及两种条件（cond）语句。其中前两个是原子语句，后 4 个是复合语句。与 define 类似，关键字 cond 将条件表达式与调用区分开来。

这是 3 个表达式的例子："all"、x 和(f x)。第一个例子属于字符串类，因此也是表达式；第二个是变量，而变量都是表达式；第三个是函数调用，因为 f 和 x 都是变量。

相反，这几个带括号的语句不是合法的表达式：(f define)、(cond x)和((f 2) 10)。第一个语句在形状上部分地匹配函数调用，但它将 define 当变量来使用。第二个不是正确的 cond 表达式，因为它包含的第二个项是变量，而不是括号括起来的一对表达式。最后一个既不是条件句也不是调用，因为其第一个部分是表达式。

最后，读者可能会注意到，文法没有提到空白符：空格、制表符和换行符。初级语言是一种宽松的语言。只要程序中任何序列的元素之间存在一些空白部分，DrRacket 就能理解该初级语言程序。但是，好的程序员可能不喜欢这样写出来的代码。优秀的程序员使用空白来使程序易于阅读。最重要的是，他们采用的风格有利于人类读者，而不是处理程序的软件（如 DrRacket）[①]。仔细阅读书中的代码示例，注意这种风格，并注意它们的格式。

习题 116　看一下下面的语句：

（1）x

（2）(= y z)

（3）(= (= y z) 0)

解释一下为什么它们在语法上是合法的表达式。■

习题 117　考虑下面的语句：

（1）(3 + 4)

（2）number?

（3）(x)

解释一下为什么它们在语法上是非法的。■

习题 118　看一下下面的语句：

（1）(define (f x) x)

（2）(define (f x) y)

（3）(define (f x y) 3)

解释一下为什么它们在语法上是合法的定义。■

习题 119　考虑下面的语句：

（1）(define (f "x") x)

（2）(define (f x y z) (x))

解释一下为什么它们在语法上是非法的。■

习题 120　区分合法语句和非法语句：

（1）(x)

（2）(+ 1 (not x))

① 记住，初级语言程序有两种读者：人和 DrRacket。

（3） (+ 1 2 3)

解释一下为什么它们是合法的或非法的。确定合法语句属于 *expr* 类别还是 *def* 类别。■

关于语法的术语 复合语句的组成部分是有名称的。我们之前非正式地介绍了其中的一些名称。图 01-3 给出了约定的汇总。

除了图 01-3 中的术语，我们还将定义的第二个组成部分称为**函数头**。同样，其中的表达式部分被称为**函数体**。将编程语言视为数学形式的人将头部称为**左侧**，函数体称为**右侧**。有时，还会将函数调用中的参数称为**实参**。

```
; 函数调用:
(函数 参数 ... 参数)

; 函数定义:
(define (函数名 参数 ... 参数)
  函数体)

; 条件表达式:
(cond
  cond 子句
  ...
  cond 子句)

; cond 子句
[条件 返回值]
```

图 01-3 语法中的命名约定

初级语言的含义

当点击键盘上的返回键，要求 DrRacket 对表达式求值时，它会使用算术和代数法则来获取其值。对于到目前为止的初级语言变体，图 01-1 在文法上定义了值是什么——值集只是所有表达式的一个子集。值集中包括数值、布尔值、字符串和图像。

求值规则分为两类。对于像算术规则这样的无限数量的规则，解释了如何确定基本运算对值调用的值：

```
(+ 1 1) == 2
(- 2 1) == 1
...
```

记住，==表示在初级语言中，两个表达式按照计算法则是相等的。但初级语言算术比数值运算更通用，它还包括处理布尔值、字符串等的规则：

```
(not #true)         == #false
(string=? "a" "a")  == #true
...
```

而且，和在代数中一样，我们总是可以用等量来替换等量，图 01-4 给出了一个计算的示例。

```
(boolean? (= (string-length (string-append "h" "w"))
             (+ 1 3)))
==
(boolean? (= (string-length (string-append "h" "w")) 4))
==
(boolean? (= (string-length "hw") 4))
==
(boolean? (= 2 4))
==
(boolean? #false)
== #true
```

图 01-4 等量替换

其次，我们需要一个代数规则来理解函数对参数的调用。假设程序包含定义

```
(define (f x-1 ... x-n)
  f-body)
```

那么，函数调用所遵从的法则是：

```
(f v-1 ... v-n) == f-body
; 所有x-1 ... x-n，分别用v-1 ... v-n替换
```

由于语言（包括初级语言）历史的原因，我们将此规则称为β规则，或称β值规则①。

这条规则的制定很笼统，因此最好来看一个具体的示例。假设函数定义是

```
(define (poly x y)
  (+ (expt 2 x) y))
```

而 DrRacket 要求值的表达式是(poly 3 5)。那么对表达式求值的第一步使用β规则：

```
(poly 3 5) == (+ (expt 2 3) 5)... == (+ 8 5) == 13
```

除β规则之外，我们还需要确定 cond 表达式值的规则。这就是代数规则，即使在标准代数课程中没有明确地教授它们。如果第一个条件是#false，那么第一个 cond 行消失，而其余行保持不变：

```
(cond                      == (cond
  [#false ...]                 ; 去除第一行
  [condition2 answer2]         [condition2 answer2]
  ...)                         ...)
```

此规则的名称是 $\text{cond}_{\text{false}}$。$\text{cond}_{\text{true}}$ 则是：

```
(cond                      == answer-1
  [#true answer-1]
  [condition2 answer2]
  ...)
```

当第一个条件为 else 时，该规则也适用。

考虑以下计算：

```
(cond
  [(zero? 3) 1]
  [(= 3 3) (+ 1 1)]
  [else 3])
== ;简单算术和等量替换
(cond
  [#false 1]
  [(= 3 3) (+ 1 1)]
  [else 3])
== ; cond_false 规则
(cond
  [(= 3 3) (+ 1 1)]
  [else 3])
== ; 简单算术和等量替换
(cond
  [#true (+ 1 1)]
  [else 3])
== ; cond_true 规则
(+ 1 1)
```

该计算说明了简单算术的规则、等量替换和两条 cond 规则。

习题 121 逐步对以下表达式求值：

（1）
```
(+ (* (/ 12 8) 2/3)
   (- 20 (sqrt 4)))
```

（2）
```
(cond
  [(= 0 0) #false]
```

① 参见 17.2 节。

```
        [(> 0 1) (string=? "a" "a")]
        [else (= (/ 1 0) 9)])
```

（3）(cond

```
        [(= 2 0) #false]
        [(> 2 1) (string=? "a" "a")]
        [else (= (/ 1 2) 9)])
```

使用 DrRacket 的步进器确认这些计算。■

习题 122 假设程序包含以下的定义：

```
(define (f x y)
  (+ (* 3 x) (* y y)))
```

分步说明 DrRacket 如何对以下表达式求值：

（1）(+ (f 1 2) (f 2 1))

（2）(f 1 (* 2 3))

（3）(f (f 1 (* 2 3)) 19)

使用 DrRacket 的步进器确认这些计算。■

含义和计算

DrRacket 中的步进器工具[①]模仿了学习中学代数课程的学生。与人类不同，步进器非常擅长应用这里的算术和代数法则，计算速度也非常快。

如果不了解新语言结构的工作原理时，可以并且应当使用步进器。涉及**计算**的章节建议为此目的进行练习，但读者也可以编写自己的示例，使用步进器运行示例，并思考其中的执行步骤。

最后，如果对程序计算的结果感到惊讶，也可以使用步进器。遇到这种情况时，有效地使用步进器需要练习。例如，它通常意味着复制程序，然后去除其中不必要的部分。但是一旦理解了如何以这种方式使用步进器，你会发现，这个过程清楚地解释了程序中的运行时错误和逻辑错误。

初级语言中的错误

如果 DrRacket 发现某些带括号的短语不属于初级语言，它会报告*语法错误*[②]。要确定某个括号完整的程序在语法规则上是否合法，DrRacket 使用图 01-2 中的文法，外加上文解释的原因。然而，并非所有语法合法的程序都有意义。

当 DrRacket 计算某个语法合法的程序，并发现某些操作被用于错误的值时，它会引发*运行时错误*。考虑语法上合法的表达式`(/ 1 0)`，正如数学中所学的，它没有值。由于初级语言的计算必须与数学一致，因此 DrRacket 会报错：

```
> (/ 1 0)
/:division by zero
```

当类似于`(/ 1 0)`的表达式深入嵌套在另一个表达式中时，自然 DrRacket 也会报错：

```
> (+ (* 20 2) (/ 1 (- 10 10)))
```

① 科学家称步进器为 DrRacket 求值机制的**模型**。第 21 章提供了另一种模型——**解释器**。

② 近乎完整的错误消息列表，参见本章的最后一节。

```
/:division by zero
```

DrRacket 的行为可以这样理解。当发现一个表达式不是值，并且计算规则不允许进一步简化时，我们说计算被卡住了。这种卡住的概念对应于运行时错误。例如，计算上述表达式的值会导致处于卡住的状态：

```
(+ (* 20 2) (/ 1 (- 10 10)))
==
(+ (* 20 2) (/ 1 0))
==
(+ 40 (/ 1 0))
```

这一计算还表明，在报错时 DrRacket 会消除卡住表达式的上下文。在这个具体的示例中，卡住表达式是`(/ 1 0)`，消除的是加`40`。

并非所有嵌套的卡住表达式都会报错。假设程序包含此定义：

```
(define (my-divide n)
  (cond
    [(= n 0) "inf"]
    [else (/ 1 n)]))
```

如果现在将`my-divide`应用于`0`，DrRacket 计算如下：

```
(my-divide 0)
==
(cond
  [(= 0 0) "inf"]
  [else (/ 1 0)])
```

显然，即使对带灰底的子表达式的计算可能会导致卡住，也不能说此函数现在会导致除零错误。原因是`(= 0 0)`求值得`#true`，因此第二个`cond`子句不起任何作用：

```
(my-divide 0)
==
(cond
  [(= 0 0) "inf"]
  [else (/ 1 0)])
==
(cond
  [#true "inf"]
  [else (/ 1 0)])
== "inf"
```

幸好，我们的求值法则会自动处理这种情况。我们只需要记住这些法则何时适用。例如，在

```
(+ (* 20 2) (/ 20 2))
```

中，在做乘法或除法之前不能进行加法。同样，

```
(cond
  [(= 0 0) "inf"]
  [else (/ 1 0)])
```

中阴影部分的除法也不能替代完整的`cond`表达式，除非它所在的行已经是`cond`中的第一个条件了。

总结成准则就是，要牢记：

始终计算最外层和最左侧、可以求值的嵌套表达式。

虽然这条准则看起来非常简单，但它总能解释初级语言的计算结果。

在某些情况下，程序员会主动定义引发错误的函数。回忆一下 6.3 节中带检查的`area-of-disk`：

```
(define (checked-area-of-disk v)
  (cond
    [(number? v) (area-of-disk v)]
    [else (error "number expected")]))
```

现在想象将 checked-of-disk 应用于字符串：

```
(- (checked-area-of-disk "a")
   (checked-area-of-disk 10))
==
(- (cond
     [(number? "a") (area-of-disk "a")]
     [else (error "number expected")])
  (checked-area-of-disk 10))
==
(- (cond
     [#false (area-of-disk "a")]
     [else (error "number expected")])
   (checked-area-of-disk 10))
==
(- (error "number expected")
   (checked-area-of-disk 10))
```

到这里，你可能会试图去对第二个表达式求值，但即使发现其结果大约为 314，计算最终也必须处理 error 表达式，这和卡住的表达式一样。简而言之，计算终结于

```
(error "number expected")
```

布尔表达式

目前，我们对初级语言的定义省略了 or 和 and 表达式。添加这两者也能作为新语言结构的研究案例。我们必须先了解它们的语法，然后再理解它们的语义。

修改后的表达式文法是：

```
expr = ...
     | (and expr expr)
     | (or expr expr)
```

这一文法表明，and 和 or 是关键字，两者都后跟两个表达式。它们**不是**函数调用。

要理解为什么 and 和 or 不是初级语言所定义的函数，首先要理解它们的语用。假设我们需要编写条件来确定(/ 1 n)是否为 r：

```
(define (check n r)
  (and (not (= n 0)) (= (/ 1 n) r)))
```

这里条件表示为 and 表达式，因为我们不希望意外地除以 0。接下来，我们将 check 应用于 0 和 1/5：

```
(check 0 1/5)
== (and (not (= 0 0)) (= (/ 1 0) 1/5))
```

如果 and 是普通运算，那么必须对两个子表达式求值，而这样做会引发错误。相反，当第一个表达式为#false 时，and 根本不会对第二个表达式求值，也就是说，and 进行了*短路求值*。

为 and 和 or 制定求值规则很容易。解释其含义的另一种方法是将它们转换为其他表达式（左边是右边的简写）[①]：

① 为了确保 *expr-2* 求值为布尔值，这些缩写应该使用(if *expr-2* #true #false)而不仅仅是 *expr-2*。我们这里忽略此细节。

```
(and exp-1 exp-2)   (cond
                      [exp-1 exp-2]
                      [else #false])
(or exp-1 exp-2)    (cond
                      [exp-1 #true]
                      [else exp-2])
```

因此，如果读者对如何计算 and 或 or 表达式有疑问，就使用上述等价表达式来进行计算。但我们相信读者能直观地理解这些操作，而且绝大多数情况下已经足够了。

习题 123 另一个可能让读者感到惊讶的地方是 if 的使用，因为本章其他地方没有提到这种形式。简而言之，我们似乎用一种没有解释的形式来解释 and。这里，我们假设读者能直观地将 if 理解为 cond 的简写。请写出规则，说明如何将

```
(if exp-test exp-then exp-else)
```

再表达为 cond 表达式。■

常量定义

程序不仅包含函数定义，还包含常量定义，但我们的第一个文法并没有包含这些。所以包含常量定义的扩展文法是

```
definition = ...
           | (define name expr)
```

常量定义的这种形状类似于函数定义的形状[①]。虽然关键字 define 将常量定义与表达式区分开来，但它并没有区分常量定义和函数定义。为此，（人类）读者必须查看定义的第二个组成部分。

接下来我们必须了解常量定义的含义。对于在右侧使用文字常量的常量定义，例如：

```
(define RADIUS 5)
```

变量只是值的简写。DrRacket 在求值期间，只要遇到 RADIUS，就会将其替换为 5。

对于右侧在严格意义上是表达式的定义，例如，

```
(define DIAMETER (* 2 RADIUS))
```

我们必须立即确定该表达式的值。这个过程可以使用此常量定义之前的任何定义。因此，

```
(define RADIUS 5)
(define DIAMETER (* 2 RADIUS))
```

等价于

```
(define RADIUS 5)
(define DIAMETER 10)
```

涉及函数定义时，这个过程也同样适用：

```
(define RADIUS 10)
(define DIAMETER (* 2 RADIUS))
(define (area r) (* 3.14 (* r r)))
(define AREA-OF-RADIUS (area RADIUS))
```

当 DrRacket 分步确定这一系列定义时，它首先确定 RADIUS 代表 10，DIAMETER 代表 20，而 area 是一个函数的名称。最后，它将 (area RADIUS) 求值为 314，并将 AREA-OF-RADIUS 关联到该值。

① 事实上，DrRacket 中还有另一种定义函数的方法，参见第 17 章。

将常量定义和函数定义混合会导致一种新的运行时错误。看一下这个程序：

```
(define RADIUS 10)
(define DIAMETER (* 2 RADIUS))
(define AREA-OF-RADIUS (area RADIUS))
(define (area r) (* 3.14 (* r r)))
```

它和上面的程序类似，但交换了最后两个定义的顺序。对于前两个定义，计算与以前一样进行。然而，第三个定义的计算会出错。这一步需要计算(area RADIUS)。虽然 RADIUS 的定义在此表达式之前，但尚未遇到 area 的定义。如果使用 DrRacket 计算此程序，就会收到错误消息，其解释是“此函数尚未定义。”因此，要小心使用常量定义中的函数，只使用已定义过的函数。

习题 124 分步计算以下程序：

```
(define PRICE 5)
(define SALES-TAX (* 0.08 PRICE))
(define TOTAL (+ PRICE SALES-TAX))
```

对以下程序的求值是否会报错？

```
(define COLD-F 32)
(define COLD-C (fahrenheit->celsius COLD-F))
(define (fahrenheit->celsius f)
  (* 5/9 (- f 32)))
```

下面这个程序呢？

```
(define LEFT -100)
(define RIGHT 100)
(define (f x) (+ (* 5 (expt x 2)) 10))
(define f@LEFT (f LEFT))
(define f@RIGHT (f RIGHT))
```

使用 DrRacket 的步进器检查你的计算。■

结构体类型定义

可以想象，define-struct 是初级语言中最复杂的结构，因此我们将其留到最后解释。其文法是：

```
definition = ...
           | (define-struct name [name ...])
```

结构体类型定义是第 3 种定义形式。关键字将其与函数定义和常量定义区分开来。

下面是一个简单的示例：

```
(define-struct point [x y z])
```

由于 point、x、y 和 z 是变量，括号的放置也符合语法模式，因此它是正确的结构体类型定义。相比之下，这两个带括号的语句

```
(define-struct [point x y z])
(define-struct point x y z)
```

是非法定义，因为 define-struct 后面没有跟单个变量名，以及括号括起来的变量序列。

虽然 define-struct 的语法很简单，但其含义很难用计算规则来说明。我们之前多次提到过，define-struct 一次定义了几个函数：一个构造函数，若干个选择函数，外加一个谓词。因此，对

```
(define-struct c [s-1 ... s-n])
```

求值将在程序中引入以下函数：

（1）make-c，构造函数；

（2）c-s-1 ... c-s-n，一系列选择函数；

（3）c?，谓词。

这些函数具有与+、-或*相同的地位。然而，在理解这些新函数的计算规则之前，我们必须先来看值的定义。毕竟，define-struct 的目的之一是引入一类与所有现有值都不同的值。

简而言之，使用 define-struct 扩展了值的空间。首先，值的空间现在还包含将多个值复合为一个值的结构体。当程序包含 define-struct 定义时，对其求值会修改值的定义：

值是数值、布尔值、字符串、图像，也可以是结构体值

```
(make-c _value-1 ... _value-n)
```

假设定义了结构体类型 c。

举例来说，point 的定义会添加如下形状的值：

```
(make-point 1 2 -1)
(make-point "one" "hello" "world")
(make-point 1 "one" (make-point 1 2 -1))
...
```

现在我们可以理解新函数的计算规则了。如果将 c-s-1 应用于 c 结构体，则它返回该值的第一个分量。类似地，第二个选择函数提取第二个分量，第三个选择函数提取第三个分量，以此类推。新的数据构造函数和选择函数之间的关系最好用添加到初级语言规则中的 *n* 个方程来表示：

```
(c-s-1 (make-c V-1 ... V-n)) == V-1
(c-s-n (make-c V-1 ... V-n)) == V-n
```

对于这里的例子，我们得到的具体的方程是

```
(point-x (make-point V U W)) == V
(point-y (make-point V U W)) == U
(point-z (make-point V U W)) == W
```

看到(point-y (make-point 3 4 5))时，DrRacket 会将表达式替换为 4，而对(point-x (make-point (make-point 1 2 3) 4 5))求值为(make-point 1 2 3)。

谓词 c?可以作用于任何值。如果值是类型 c，它就返回#true，否则返回#false。如果 V 并不是用 make-c 构造的值，我们可以将这两部分翻译成两个等式：

```
(c? (make-c V-1 ... V-n)) == #true
(c? V)                    == #false
```

同样，对我们的例子来说，如果 X 是值但不是 point 结构体，对方程最好的理解方式是

```
(point? (make-point U V W)) == #true
(point? X)                  == #false
```

习题 125 区分合法语句与非法语句：

（1）(define-struct oops [])

（2）(define-struct child [parents dob date])

（3）(define-struct (child person) [dob date])

解释一下为什么它们是合法语句或非法语句。■

习题 126 假设定义区包含如下结构体类型定义，确认以下表达式的值：

```
(define-struct point [x y z])
(define-struct none  [])
```

(1) `(make-point 1 2 3)`

(2) `(make-point (make-point 1 2 3) 4 5)`

(3) `(make-point (+ 1 2) 3 4)`

(4) `(make-none)`

(5) `(make-point (point-x (make-point 1 2 3)) 4 5)`

解释一下为什么表达式是值或不是值。■

习题 127 假设程序包含

```
(define-struct ball [x y speed-x speed-y])
```

预测以下表达式的求值结果：

(1) `(number? (make-ball 1 2 3 4))`

(2) `(ball-speed-y (make-ball (+ 1 2) (+ 3 3) 2 3))`

(3) `(ball-y (make-ball (+ 1 2) (+ 3 3) 2 3))`

(4) `(ball-x (make-posn 1 2))`

(5) `(ball-speed-y 5)`

在交互区使用步进器检查你的预测。■

初级语言中的测试

图 01-5 给出了完整的初级语言文法，包括多种测试表。

```
  def-expr = definition
           | expr
           | test-case

definition = (define (name variable variable ...) expr)
           | (define name expr)
           | (define-struct name [name ...])

      expr = (name expr expr ...)
           |  (cond [expr expr] ... [expr expr])
           |  (cond [expr expr] ... [else expr])
           |  (and expr expr expr ...)
           |  (or expr expr expr ...)
           |  name
           |  number
           |  string
           |  image

 test-case = (check-expect expr expr)
            |(check-within expr expr expr)
            |(check-member-of expr expr ...)
            |(check-range expr expr expr)
            |(check-error expr)
            |(check-random expr expr)
            |(check-satisfied expr name)
```

图 01-5 初级语言完整文法

测试表达式的一般含义很容易解释。当单击“运行”按钮时，DrRacket 会收集所有的测试表达式，并将它们移到程序的末尾，同时保留它们的出现顺序。然后，它先计算定义区的内容。每个测试（表达式）计算其各自部分，然后使用某个谓词将它们与预期结果进行比较。此外，测试还会与 DrRacket 进行通信，以收集一些统计信息，以及显示测试失败的信息。

关于详细信息，可以阅读这些测试表的文档[①]。以下是一些说明性的示例：

```
; check-expect 使用 equal?比较结果与预期值
(check-expect 3 3)

; check-member-of 使用 equal?比较结果与预期值，如果其中一个为#true，则测试通过
(check-member-of "green" "red" "yellow" "green")

; check-within 使用类似于 equal?的谓词比较结果与预期值，但允许每个不精确数值相差 epsilon
(check-within (make-posn #i1.0 #i1.1) (make-posn #i0.9 #i1.2) 0.2)

; check-range 类似于 check-within
; 但允许指定一个区间
(check-range 0.9 #i0.6 #i1.0)

; check-error 检查表达式是否会给出（任何）错误
(check-error (/ 1 0))

; check-random 对两个表达式中的 random 以相同的调用顺序求值，以使它们给出相同的数值
(check-random (make-posn (random 3) (random 9))
              (make-posn (random 3) (random 9)))

; check-satisfied 判断谓词作用于结果是否得到#true，
; 也就是说，结果是否具有某种属性
(check-satisfied 4 even?)
```

这里的所有测试都通过。本书的后续章节会根据需要重新介绍这些测试表。

习题 128 将以下测试复制到 DrRacket 的定义区：

```
(check-member-of "green" "red" "yellow" "grey")
(check-within (make-posn #i1.0 #i1.1)
              (make-posn #i0.9 #i1.2)  0.01)
(check-range #i0.9 #i0.6 #i0.8)
(check-random (make-posn (random 3) (random 9))
              (make-posn (random 9) (random 3)))
(check-satisfied 4 odd?)
```

验证它们全都会失败，并解释一下原因。■

初级语言的错误消息

初级语言程序可能给出多种语法错误信息。虽然我们已经专门针对初学者（按照定义，也就是会犯错误的人）来开发初级语言及其报错系统，但是还是需要习惯错误消息。

下面我们将列举可能遇到的各种错误消息。清单中的每个条目由 3 部分组成：

- 表示错误消息的代码段；
- 错误消息；
- 解释和如何修正错误的建议。

考虑以下示例，这是读者可能看到的**最糟糕的错误消息**。

① 中文版的教学语言文档可在互联网上搜索关键字“HtDP 语言与教学包文档中文翻译”找到。——译者注

(define (absolute n)
  (cond
    [< 0 (- n)]
    [else n]))
 	
<: expected a function call, but there is no open parenthesis before this function
	cond 表达式由关键字后跟任意长的 cond 子句序列组成。其中，每个子句由两部分组成：条件和返回值，两者都是表达式。在这个 absolute 的定义中，第一个子句以<开头，它应该是条件，但根据我们的定义它甚至不是表达式。这使初级语言非常困惑，以至于它没有“看到” <左侧的括号。修正方式是使用 (< n 0) 作为条件。

函数定义中突出显示的<指出了错误所在。在定义下方，如果单击“运行”按钮，可以看到 DrRacket 在交互窗口中显示的错误消息。研究右侧对错误的解释，理解如何处理这种有些自相矛盾的消息。现在请放心，其他错误消息都远比这个容易理解。

因此，如果出现错误而需要帮助，找到相应的图形，搜索条目以查找匹配的条目，然后研究该完整条目。

初级语言中关于函数调用的错误消息

假设定义区只包含这一定义：

```
; Number Number -> Number
; 求 x 和 y 的平均值
(define (average x y)
  (/ (+ x y)
     2))
```

单击“运行”按钮，你可能会遇到以下错误消息。

(f 1) f: this function is not defined	应用命名 f 为函数，但 f 并未在定义区中定义。定义函数或确保变量名拼写正确。
(1 3 "three" #true) function call: expected a function after the open parenthesis, but found a number	左括号后必须跟关键字或函数名，而 1 既不是关键字也不是函数名。函数名要么由初级语言定义，如 +，要么在定义区中定义，如 average。
(average 7) average: expects 2 arguments, but found only 1	此函数调用将 average 应用于一个参数 7，而其定义需要两个数值（作为参数）。
(average 1 2 3) average: expects 2 arguments, but found 3	这里的 average 被应用于 3 个参数，而不是 2 个。
(make-posn 1) make-posn: expects 2 arguments, but found only 1	初级语言所定义的函数必须应用于正确数量的参数。例如，make-posn 必须应用于两个参数。

初级语言中关于错误数据的错误消息

下面的错误情况还是假设定义区包含以下内容：

```
; Number Number -> Number
; 求 x 和 y 的平均值
(define (average x y) ...)
```

记住，posn 是一个预定义的结构体类型。

(posn-x #true) posn-x: expects a posn, given #true	函数必须对于它所期望的参数被调用。例如，posn-x 需要 posn 的实例。
(average "one" "two") +: expects a number as 1st argument, given "one"	定义为读入两个数值的函数必须对于两个数值被调用，这里 average 对于字符串被调用。仅当 average 将这些字符串应用于+时才会引发错误消息。和所有基本运算一样，+是一个带检查的函数。

初级语言中关于条件的错误消息

这次定义区中只有一个常量定义：

```
; N in [0,1,...10]
(define 0-to-9 (random 10))
```

(cond [(>= 0-to-9 5)]) cond: expected a clause with a question and an answer, but found a clause with only one part	每个 cond 子句必须由两部分组成：条件和返回值。这里 (>= 0-to-9 5) 显然是条件，没有返回值。

(cond
 [(>= 0-to-9 5)
  "head"
  "tail"])
 	
cond: expected a clause with a question and an answer, but found a clause with 3 parts
	这里，cond 子句由 3 部分组成，这也违反了文法规则。虽然 (>= 0-to-9 5) 显然是条件，但该子句有两个返回值："head"和"tail"。选择一个返回值或用两个字符串创建单个值。

(cond) cond: expected a clause after cond, but nothing's there	条件必须至少有一个 cond 子句，通常至少有两个。

初级语言中关于函数定义的错误消息

以下所有错误情形都假定已将代码段放入定义区并单击“运行”按钮。

(define f(x) x) define: expected only one expression after the variable name f, but found 1 extra part	定义由 3 部分组成：关键字 define、括在括号中的变量名序列，以及表达式。这个定义由 4 部分组成，它试图使用代数课程中的标准符号 f (x) 而不是 (f x) 来表示函数头。
(define (f x x) x) define: found a variable that is used more than once: x	函数定义中的参数序列不得包含重复的变量。
(define (g) x) define: expected at least one variable after the function name, but found none	在初级语言中，函数头必须至少包含两个变量名。第一个是函数的名称，后续的变量名是参数，这里缺少参数。
(define (f (x)) x) define: expected a variable, but found a part	函数头中包含 (x)，而它**不是**变量名。
(define (h x y) x y) define: expected only one expression for the function body, but found 1 extra part	此函数定义在函数头后跟了两个表达式：x 和 y。

初级语言中关于结构体类型定义的错误消息

现在需要将结构体类型定义放入定义区，然后单击“运行”按钮以试验以下错误。

(define-struct (x)) (define-struct (x y)) define-struct: expected the structure name after define-struct, but found a part	结构体类型定义由 3 部分组成：关键字 define- struct、结构体名称和括号中的名称序列。这里缺少结构体名称。
(define-struct x [y y]) define-struct: found a field name that is used more than once: y	结构体类型定义中的字段名称序列不得包含重复的名称。
(define-struct x y) (define-struct x y z) define-struct: expected at least one field name (in parentheses) after the structure name, but found something else	这些结构体类型定义缺少括在括号中的字段名序列。

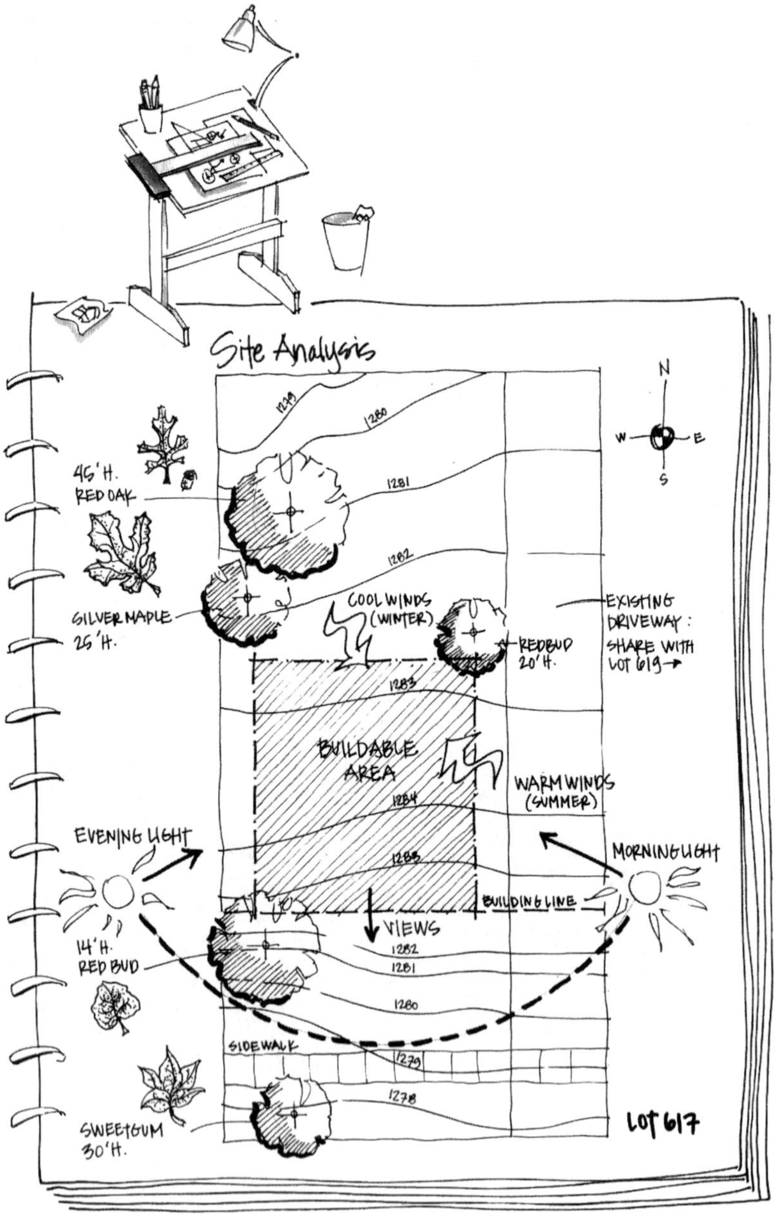

Site Analysis

N
W
E
S

1279
1280
1281
1282

45'H.
RED OAK

SILVER MAPLE
25'H.

COOL WINDS
(WINTER)

REDBUD
20'H.

EXISTING
DRIVEWAY:
SHARE WITH
LOT 619

1283

BUILDABLE
AREA

WARM WINDS
(SUMMER)

1284

EVENING LIGHT

1285

MORNING LIGHT

BUILDING LINE

VIEWS

14'H.
RED BUD

1282
1281
1280

SIDEWALK

1279
1278

SWEETGUM
30'H.

LOT 617

copyright © 2000 tinney Bruter

第二部分　任意大的数据

本书第一部分中的每个数据定义都描述了固定大小的数据。对我们来说，布尔值、数值、字符串和图像是原子数据，计算机科学家称它们的大小为一个单位。使用结构体，我们可以将固定数量的数据组合成一个。即使使用数据定义的语言来创建深层嵌套的结构体，我们也始终知道任何特定实例中原子数据的确切数量。然而，许多编程问题涉及必须作为一个数据来处理的、未确定数量的信息。例如，某个程序必须计算一组数值的平均值，而另一个程序必须跟踪交互式游戏中任意数量的对象。无论如何，根据已有的知识，无法写出将此类信息表示为数据的数据定义。

这一部分会修改数据定义的语言，这样就可以描述（有限但）任意大的数据。具体来说，前半部分讨论链表，这是一种在大多数现代编程语言中都会出现的数据形式。在扩展数据定义语言的同时，这部分还修订了设计诀窍以应对此类数据定义。后面的章节则演示了这些数据定义和修订后的设计诀窍如何在各种场景中发挥作用。

第 8 章　链表

可能你之前没有遇到过自引用的定义。语文老师肯定不会教这些，许多数学课程在这些定义方面也很模糊。程序员不能模棱两可，他们的工作需要精确。虽然定义通常可以包含多个对自身的引用，但本章只讨论只需要一个自引用的数据的用途，我们从链表开始。

链表的引入也丰富了我们可以研究的应用种类。本章通过示例仔细地帮助读者建立直觉，同时也为下一章中设计诀窍的修订做好准备。下一章将解释如何系统地创建处理自引用数据定义的函数。

8.1　创建链表

我们所有人都经常会创建链表。在去购物之前，我们写下想要购买的物品清单。有些人每天早上写下待办事项清单。在 12 月期间，许多孩子都会准备圣诞愿望清单。为了安排聚会，我们会列出被邀请者。以链表的形式安排信息是我们生活中无处不在的一部分。

鉴于信息以链表的形式出现，我们必须清楚地学习如何将这些链表表示为初级语言的数据。实际上，因为链表非常重要，所以初级语言内置地支持对链表的创建和操作，这类似于对笛卡儿点（posn）的支持。与点不同，链表的数据定义始终由读者自己制定。一样一样来，我们从创建链表开始。

创建链表时，我们总是从空链表开始。在初级语言中，空链表表示为

```
'()
```

读作“空”，“空链表”的简写。和#true 或 5 一样，'()只是一个常量。当向链表添加内容时，我们就构建了另一个链表，在初级语言中，cons 操作起到这个作用。例如，

```
(cons "Mercury" '())
```

从链表'()和字符串"Mercury"出发构造了一个链表。图 8-1 显示了这个链表，采用的方式类似于之前对结构体的图形表示。cons 框包含两个字段：first 和 rest。在此特定的示例中，first 字段中包含"Mercury"，rest 字段中包含'()。

一旦有了包含一个项的链表，我们就可以再次使用 cons 构建包含两个项的链表。例如：

```
(cons "Venus" (cons "Mercury" '()))
```

又如：

```
(cons "Earth" (cons "Mercury" '()))
```

图 8-1 的中间一行展示了如何设想包含 2 个项的链表。它还是包含 2 个字段的框，但这次 rest 字段中包含另一个框。实际上，它包含的就是来自图 8-1 中最上面一行的框。

最后，我们来构建包含 3 个项的链表：

```
(cons "Earth" (cons "Venus" (cons "Mercury" '())))
```

图 8-1 的最后一行给出了带有 3 个项的链表。其 rest 字段中的框继续包含框。也就是说，当创建链表时，我们就是将框放入框中，以此类推。这乍一看很奇怪，就好像生日礼物收到的

俄罗斯套娃或者是嵌套的水杯。唯一的区别是，初级语言程序可以嵌套链表的层数远超任何艺术家嵌套物理盒子所能嵌套的层数。

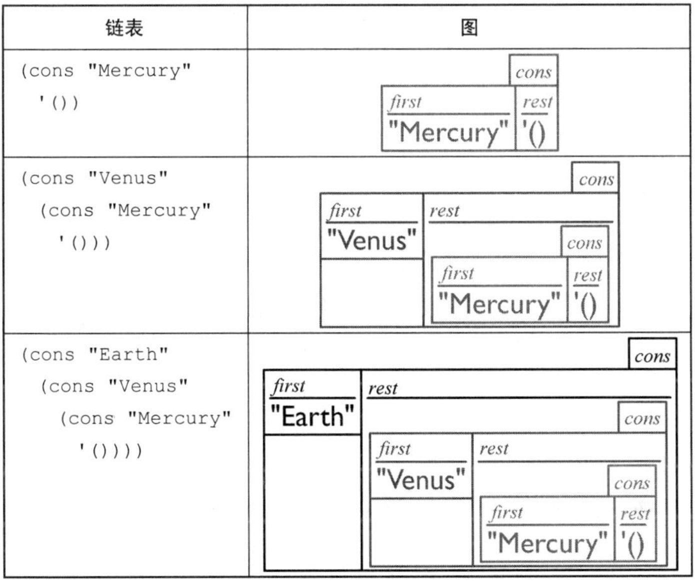

图 8-1 创建链表

即使是优秀的艺术家，也会在绘制深层嵌套的结构体方面遇到问题，因此计算机科学家选择使用方框和箭头图。图 8-2 展示了如何重新排列图 8-1 中的最后一行。每个 cons 结构体变成了一个单独的方框。如果 rest 字段过于复杂而无法绘制在方框内，我们就绘制一个圆点，外加一条带有指向它所包含的方框的箭头的线。根据方框的排列方式，可以获得两种图。第一种如图 8-2 顶行所示，按照创建顺序列出方框。第二种如底行所示，按 cons 结构体构建的顺序列出这些方框。因此，第二种图会立即显示将 first 作用于链表时所给出的内容，不管链表有多长。由于此原因，程序员更喜欢第二种安排。

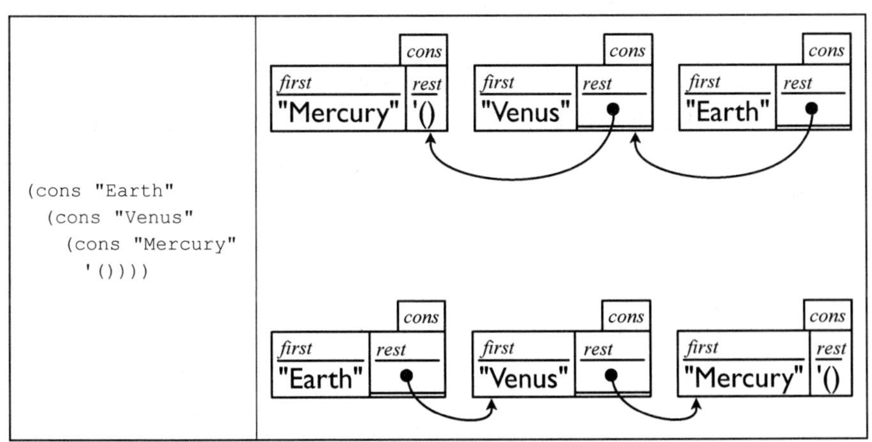

图 8-2 绘制链表

习题 129 为下列事物创建初级语言链表：

（1）天体的链表，至少包含太阳系中的所有的行星；

（2）用餐的清单，如牛排、炸薯条、豆类、面包、水、布利奶酪和冰淇淋；

（3）颜色的链表。

绘制这些链表的方框表示，类似于图 8-1 和图 8-2 中的方框表示。你更喜欢哪种表示？■

我们也可以制作数值的链表。下面是一个包含 10 个数字的链表：

```
(cons 0
  (cons 1
    (cons 2
      (cons 3
        (cons 4
          (cons 5
            (cons 6
              (cons 7
                (cons 8
                  (cons 9 '()))))))))))
```

构建此链表需要 10 个链表构造函数和一个'()。对含有 3 个任意数值的链表来说，例如：

```
(cons pi
  (cons e
    (cons -22.3 '())))
```

我们需要 3 个 cons。

通常，链表中不必包含同一种值，而是可以包含任意的值：

```
(cons "Robbie Round"
  (cons 3
    (cons #true
      '())))
```

此链表[①]的第一项是字符串，第二项是数值，最后一项是布尔值。可以将此链表视为带有 3 部分数据的人事记录的表示：员工的姓名、在公司的任职年数以及员工是否通过公司获得医疗保险。或者，你可以将其视为某个游戏中代表的虚拟玩家。没有数据定义，我们就无法知道数据表示的是什么。

下面是第一个涉及 cons 的数据定义：

```
; 3LON 是 3 个数值的链表：
;   (cons Number (cons Number (cons Number '())))
; 解释：三维空间中的一个点
```

当然，这个数据定义使用 cons 的方式类似于其他地方使用构造函数来构造结构体实例。从某种意义上说，cons 只是一个特殊的构造函数。这个数据定义没有展示的是如何形成任意长的链表：不包含任何内容的链表，1 个项、2 个项、10 个项，或者可能是 1 438 901 个项的链表。

那么我们再试一次：

```
; List-of-names 是下列之一：
; -- '()
; -- (cons String List-of-names)
; 解释：按姓氏列出的被邀请者的链表
```

请深吸一口气，然后再读一遍。此数据定义是你遇到的最不寻常的定义之一——此前还从未遇到过引用自身的定义。我们甚至不清楚它是否有意义。毕竟，如果你告诉语文老师“桌子”这个词的定义是“桌子是桌子”，那么最有可能的回答就是“废话！”，因为自引用的定义并没有解释某个词是什么意思。

然而，在计算机科学和编程中，自引用定义起着核心作用，并且只要谨慎使用，这些定义就确

① 不过，如果该链表是用来表示具有固定数量内容的记录，就改用结构体类型。

实是有意义的。这里“有意义”意味着数据定义可以用于其目的，即生成属于正在定义的类的数据的示例，或者检查某个给定的数据是否属于被定义的类。从这个角度来看，List-of-names 的定义确实是完全有意义的。至少，我们可以使用条目中的第一个子句生成'()作为一个示例。既然'()是 List-of-names 的元素，那么很容易就可以构造出其第二个元素：

```
(cons "Findler" '())
```

这里按照条目中的第二个子句，填入一个字符串和 List-of-names 中唯一的链表，生成了一个数据。使用同样的规则，我们可以生成更多此类的链表：

```
(cons "Flatt" '())
(cons "Felleisen" '())
(cons "Krishnamurthi" '())
```

虽然这些链表都只包含一个名字（表示为字符串），但实际上可以使用数据定义的第二行来创建包含更多名字的链表：

```
(cons "Felleisen" (cons "Findler" '()))
```

这个数据属于 List-of-names，因为"Felleisen"是字符串，而我们已经确认过(cons "Findler" '())是 List-of-names。

习题 130　创建包含 5 个字符串的 List-of-names 元素。绘制该链表的方框表示，类似于图 8-1 中的那种表示。

解释一下为什么

```
(cons "1" (cons "2" '()))
```

是 List-of-names 的元素，而(cons 2 '())不是。■

习题 131　给出表示布尔值链表的数据定义。该类包含所有任意长的布尔值链表。■

8.2　'()是什么，cons 又是什么

我们退一步，仔细看一看'()和 cons。如上所述，'()只是一个常量，与诸如 5 或"this is a string"之类的常量相比，它看起来更像是函数名或者变量，但是当与#true 和#false 相比时，应该很容易看出它实际上只是初级语言中对空链表的表示。

至于我们的计算规则，'()是一种新的原子值，它不同于数值、布尔值、字符串等其他任何类型，也不是 Posn 那样的复合值。事实上，'()是如此的独特，它本身就属于一类值。因此，这类值带有一个谓词，这个谓词仅识别'()而不识别其他任何东西：

```
; Any -> Boolean
; 输入值是'()吗
(define (empty? x) ...)
```

和所有谓词一样，empty?适用于的初级语言中的任何值，当且仅当它应用于'()时给出#true：

```
> (empty? '())
#true
> (empty? 5)
#false
> (empty? "hello world")
#false
> (empty? (cons 1 '()))
#false
```

```
> (empty? (make-posn 0 0))
#false
```

接下来我们来看 cons。到目前为止我们所看到的一切都表明，cons 是一个构造函数，就像结构体类型定义引入的构造函数一样。更确切地说，cons 似乎是带有两个字段的结构体的构造函数：第一个字段可以是任何类型的值，第二个字段可以是任何链表类的值。将此想法转换为初级语言的定义是：

```
(define-struct pair [left right])
; ConsPair 是结构体：
;   (make-pair Any Any).

; Any Any -> ConsPair
(define (our-cons a-value a-list)
  (make-pair a-value a-list))
```

唯一的问题是，our-cons 的第二个参数接受所有可能的初级语言值，而 cons 不是，正如以下试验证实的：

```
> (cons 1 2)
cons:second argument must be a list, but received 1 and 2
```

换一种说法，cons 实际上是一个带检查的函数，如同第 6 章中讨论的那种函数，这就表明我们需要以下改进：

```
; ConsOrEmpty 是下列之一：
; -- '()
; -- (make-pair Any ConsOrEmpty)
; 解释：ConsOrEmpty 是所有链表的类

; Any Any -> ConsOrEmpty
(define (our-cons a-value a-list)
  (cond
    [(empty? a-list) (make-pair a-value a-list)]
    [(pair? a-list) (make-pair a-value a-list)]
    [else (error "cons: second argument ...")]))
```

如果 cons 是一个带检查的构造函数，你可能会好奇如何从它返回的结构体中提取内容。毕竟，第 5 章表明使用结构体编程需要选择函数。由于 cons 结构体有两个字段，因此它有两个选择函数：first 和 rest。依据我们的 pair 结构体，它们也很容易定义：

```
; ConsOrEmpty -> Any
; 提取输入 pair 的 left 部分
(define (our-first a-list)
  (if (empty? a-list)
      (error 'our-first "...")
      (pair-left a-list)))
```

停一下！定义 our-rest。

如果你的程序可以访问 pair 结构体的类型定义，那么很容易就可以创建 right 字段中不含'()或另一个 pair 的 pair。无论这些不良实例是故意地还是偶然地被创建的，它们一般都会以奇怪的方式破坏函数和程序。因此，初级语言隐藏了 cond 实际的结构体类型定义，以避免这些问题。16.2 节给出了程序可以隐藏这些定义的一种方式，但是现在，你不需要这种能力。

图 8-3 总结了本节。重点是，'()是一个独特的值，而 cons 是生成链表值的带检查构造函数。此外，first、rest 和 cons?只是通常的谓词和选择函数，只不过名字不同而已。所以，本章教授的**不是**创建数据的新方法，而是**一种制定数据定义的新方法**。

'()	特殊的值，主要表示空链表
empty?	识别'()而不识别其他值的谓词
cons	带检查的构造函数，用于创建带两个字段的实例
first	选择函数，用于提取最后添加的项
rest	选择函数，用于提取被扩展的链表
cons?	识别 cons 实例的谓词

图 8-3 链表的基本运算

8.3 用链表编程

假设你使用链表记录自己的朋友①，再假设这个链表已经变得如此之长，以至于你需要一个程序来确定某个名称是否在链表中。为了使这个想法具体化，我们把它描述成一个练习题。

示例问题 你正在实现某新款手机的联系人链表功能。手机的所有者会在各种场合更新并查阅此链表。现在，你被分配的任务是设计函数使用此联系人链表并确定它是否包含名称“Flatt”。

一旦有了这个示例问题的解，我们还会将它推广为在链表中找到任何名称的函数。

前面 List-of-names 的数据定义适用于表示函数要搜索的名称链表。接下来我们来看头信息：

```
; List-of-names -> Boolean
; 判断"Flatt"是否在 a-list-of-names 中
(define (contains-flatt? a-list-of-names)
  #false)
```

虽然 a-list-of-names 可以是函数读入的名称链表的名称，但它太拗口了，因此我们将其简写为 alon。

遵循通常的设计诀窍，接下来我们将举例说明该函数的目的。首先，我们确定最简单输入'()的输出。由于此链表不包含任何字符串，因此它当然不包含"Flatt"：

```
(check-expect (contains-flatt? '()) #false)
```

然后我们考虑带有单个项的链表。下面是两个示例：

```
(check-expect (contains-flatt? (cons "Find" '()))
              #false)
(check-expect (contains-flatt? (cons "Flatt" '()))
              #true)
```

对于第一个示例，答案是#false，因为链表中的唯一项不是"Flatt"；对于第二个示例，唯一项是"Flatt"，所以答案是#true。最后，是一个更一般的例子：

```
(check-expect
  (contains-flatt?
    (cons "A" (cons "Flatt" (cons "C" '()))))
  #true)
```

同样，答案必须是#true，因为链表中包含"Flatt"。停一下！构造一个答案必须是#false 的示例。

喘口气，运行程序。头部是函数的“桩”（stub）定义，我们有一些示例，它们已经转为测

① 这里，我们使用的是社交网络意义上的 “朋友”这个词，而不是现实世界中朋友。

试，更妙的是，其中一些测试确实通过了。它们以错误的理由通过，但通过就是通过。如果到这里你都能理解，则继续阅读。

第四步是设计与数据定义匹配的函数模板。既然字符串链表的数据定义有两个子句，那么函数体必须是带有两个子句的 cond 表达式。其中的两个条件判断函数收到的是两种链表中的哪一种：

```
(define (contains-flatt? alon)
  (cond
    [(empty? alon) ...]
    [(cons? alon) ...]))
```

在第二个子句中，可以使用 else 而不使用 (cons? alon)。

依次研究 cond 表达式的每个子句，我们还可以向模板中添加一处提示。具体来说，回想一下，设计诀窍建议，如果输入类是复合类型的，那么对应的子句中要用选择函数表达式注释。在这里的示例中，我们知道'() 不是复合类型的，所以它没有组件。另一个子句，链表是由字符串和另一个字符串链表构成的，我们通过向模板添加 (first alon) 和 (rest alon) 来提醒自己这个事实：

```
(define (contains-flatt? alon)
  (cond
    [(empty? alon) ...]
    [(cons? alon)
     (... (first alon) ... (rest alon) ...)]))
```

现在是时候真正开始我们的编程任务了，也就是设计诀窍的第五步。从模板开始，分别处理每个 cond 子句。如果 (empty? alon) 为真，那么输入就是空链表，在这种情况下，函数必须给出结果#false。在第二个子句中，(cons? alon) 为真。模板中的注释提醒我们，存在第一个字符串，还有链表的其余部分。那么我们考虑一个属于此类别的示例：

```
(cons "A"
  (cons ...
      ... '()))
```

与人工处理一样，该函数必须将第一项与"Flatt"进行比较。在这个示例中，第一项是"A"而不是"Flatt"，因此比较返回#false。如果我们考虑另一个示例，例如，

```
(cons "Flatt"
  (cons ...
      ... '()))
```

该函数将确定，输入中的第一项是"Flatt"，因此将返回#true。这意味着，cond 表达式中的第二行应该包含一个表达式，该表达式将链表中的第一项名称与"Flatt"比较：

```
(define (contains-flatt? alon)
  (cond
    [(empty? alon) #false]
    [(cons? alon)
     (... (string=? (first alon) "Flatt")
      ... (rest alon) ...)]))
```

此外，如果该比较得到#true，那么函数必须返回#true。如果该比较得到#false，我们还有一个字符串链表：(rest alon)。显然，在这种情况下，函数无法知道最终的答案，因为答案取决于“...”代表什么。换句话说，如果第一项不是"Flatt"，那么我们需要某种方法来检查链表的其余部分是否包含"Flatt"。

幸运的是，contains-flatt?正符合此要求。根据其目的的声明，它判断链表是否包含"Flatt"。目的声明意味着，(contains-flatt? l) 告诉我们字符串链表 l 是否包含

"Flatt"。那么，同理，(contains-flatt? (rest alon))判断"Flatt"是否是(rest alon)的成员，而这正是我们需要知道的。

简而言之，最后一行应该是(contains-flatt? (rest alon))：

```
; List-of-names -> Boolean
(define (contains-flatt? alon)
  (cond
    [(empty? alon) #false]
    [(cons? alon)
     (... (string=? (first alon) "Flatt") ...
      ... (contains-flatt? (rest alon)) ...)]))
```

现在的问题是以适当的方式组合这两个表达式的值。如上所述，如果第一个表达式给出#true，那么我们不需要搜索链表的其余部分，但如果给出#false，第二个表达式仍可以给出#true，这意味着名称"Flatt"位于链表的其余部分。所有这些都表明，如果最后一行中的第一个表达式**或者**第二个表达式给出#true，那么(contains-flatt? alon)的结果就是#true。

所以，图 8-4 给出了完整的定义。总体来说，它与本书第 1 章的定义看起来并没有太大的不同。它由签名、目的声明、两个示例和一个定义组成。这个函数定义与你之前看到的所有函数定义所不同的唯一之处是自引用，也就是 define 体中对 contains-flatt?的引用。不过，这里的数据定义也是自引用的，因此在某种意义上，函数中的自引用不应该太令人惊讶。

```
; List-of-names -> Boolean
; 判断"Flatt"是否在 alon 中
(check-expect
  (contains-flatt? (cons "X" (cons "Y"  (cons "Z" '()))))
  #false)
(check-expect
  (contains-flatt? (cons "A" (cons "Flatt" (cons "C" '()))))
  #true)
(define (contains-flatt? alon)
  (cond
    [(empty? alon) #false]
    [(cons? alon)
     (or (string=? (first alon) "Flatt")
         (contains-flatt? (rest alon)))]))
```

图 8-4 搜索链表

习题 132 使用 DrRacket 对这个示例运行 contains-flatt?：

```
(cons "Fagan"
  (cons "Findler"
    (cons "Fisler"
      (cons "Flanagan"
        (cons "Flatt"
          (cons "Felleisen"
            (cons "Friedman" '())))))))
```

你期待的答案是什么？■

习题 133 另一种编写 contains-flatt?中第二个 cond 子句的方法是：

```
... (cond
      [(string=? (first alon) "Flatt") #true]
      [else (contains-flatt? (rest alon))]) ...
```

解释一下为什么这个表达式会给出与图 8-4 中的 or 表达式相同的答案。哪个版本更好？解释一下原因。■

习题 134　开发 contains?函数，它判断给定字符串是否出现在输入的字符串链表中。

注意　初级语言实际上提供了 member?，该函数读入两个值，检查第一个值是否出现在第二个值（一个链表）中：

```
> (member? "Flatt" (cons "b" (cons "Flatt" '())))
#true
```

contains?函数的定义中勿使用 member?。■

8.4 使用链表进行计算

由于我们仍在使用初级语言，代数规则（参见独立章节 1）告诉我们，在不使用 DrRacket 的情况下，如何确定表达式的值，例如：

```
(contains-flatt? (cons "Flatt" (cons "C" '())))
```

程序员必须直观地理解这种计算的工作原理，所以我们分步来完成这个简单的示例。

图 8-5 显示了第一步，它使用通常的替换规则来确定函数调用的值。其结果是一个条件表达式，因为正如代数老师所说，该函数是以分情况的方式定义的。

```
(contains-flatt? (cons "Flatt" (cons "C" '())))
==
(cond
  [(empty? (cons "Flatt" (cons "C" '()))) #false]
  [(cons? (cons "Flatt" (cons "C" '())))
   (or
    (string=? (first (cons "Flatt" (cons "C" '()))) "Flatt")
    (contains-flatt? (rest (cons "Flatt" (cons "C" '())))))])
```

图 8-5　使用链表进行计算，第 1 步

计算在图 8-6 中继续。要确定 cond 表达式所计算的正确子句，我们必须逐个确定条件的值。由于 cons 的链表不为空，因此第一个条件的结果为#false，所以我们消去第一个 cond 子句。最后，第二个子句中的条件求值为#true，因为 cons?对 cons 链表成立。

```
...
==
(cond
 [#false #false]
 [(cons? (cons "Flatt" (cons "C" '())))
  (or (string=? (first (cons "Flatt" (cons "C" '()))) "Flatt")
      (contains-flatt? (rest (cons "Flatt" (cons "C" '())))))])
==
(cond
 [(cons? (cons "Flatt" (cons "C" '())))
  (or (string=? (first (cons "Flatt" (cons "C" '()))) "Flatt")
      (contains-flatt? (rest (cons "Flatt" (cons "C" '())))))])
==
(cond
 [#true
  (or (string=? (first (cons "Flatt" (cons "C" '()))) "Flatt")
      (contains-flatt? (rest (cons "Flatt" (cons "C" '())))))])
==
(or (string=? (first (cons "Flatt" (cons "C" '()))) "Flatt")
    (contains-flatt? (rest (cons "Flatt" (cons "C" '())))))
```

图 8-6　使用链表进行计算，第 2 步

接下来，要获得最终结果只需要 3 个算术步骤。图 8-7 显示了这 3 步。第一步使用 first 的法则，将(first (cons "Flatt" ...))求值为"Flatt"。第二步发现"Flatt"是一个字符串，并且等于"Flatt"。第三步表明(or #true X)求值为#true，无论 X 是什么。

```
...
==
(or (string=? "Flatt" "Flatt")
    (contains-flatt? (rest (cons "Flatt" (cons "C" '())))))
== (or #true (contains-flatt? ...))
== #true
```

图 8-7 使用链表进行计算，第 3 步

习题 135 使用 DrRacket 的步进器检查

```
(contains-flatt? (cons "Flatt" (cons "C" '())))
```

的计算结果。此外，使用步进器来确定

```
(contains-flatt?
  (cons "A" (cons "Flatt" (cons "C" '()))))
```

的值。将"Flatt"替换为"B"时会发生什么？■

习题 136 使用 DrRacket 的步进器来验证

```
(our-first (our-cons "a" '())) == "a"
(our-rest (our-cons "a" '())) == '()
```

这些函数的定义参见 8.2 节。■

第 9 章 使用自引用数据定义进行设计

乍一看，自引用数据定义似乎远比混合数据复杂。不过，`contains-flatt?`的示例表明，设计诀窍的 6 个步骤仍然适用。尽管如此，本节我们还是会进一步一般化设计诀窍，使其更适用于自引用数据定义。新增部分涉及发现何时需要自引用的数据定义、派生模板，以及定义函数体的过程：

（1）如果问题陈述涉及任意大小的信息，那么需要用自引用数据定义来表示它。到目前为止，我们只看到了一个这样的类，即 List-of-names。图 9-1 的左侧显示了如何以相同的方式定义 List-of-strings。其他原子数据的链表的定义也是一样的[①]。

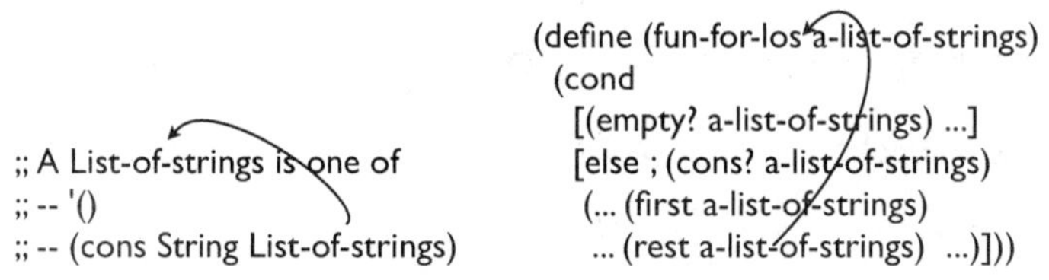
```
;; A List-of-strings is one of
;; -- '()
;; -- (cons String List-of-strings)

(define (fun-for-los a-list-of-strings)
  (cond
    [(empty? a-list-of-strings) ...]
    [else ; (cons? a-list-of-strings)
     (... (first a-list-of-strings)
      ... (rest a-list-of-strings) ...)]))
```

图 9-1　数据定义和模板中的自引用箭头

要使自引用数据定义有效，它必须满足两个条件。首先，它必须包含至少两个子句。其次，至少有一个子句一定不能引用正在定义的数据类。好的做法是，使用箭头从数据定义中的引用处指回到术语的定义处从而明确地标识自引用，这样注解的示例如图 8-8 所示。

必须通过创建数据示例来检查自引用数据定义的有效性。从不引用数据定义的子句开始，接下来再使用另一个子句，当子句引用定义自身时，使用前一个示例。对于图 9-1 中的数据定义，你会获得如下 3 个链表：

`'()`	由第一个子句所得
`(cons "a" '())`	由第二个子句加前一个示例所得

`(cons "b"`
`  (cons "a"`
`    '()))`
	由第二个子句加前一个示例所得

如果无法从数据定义中生成示例，那么这个数据定义是无效的。如果可以生成示例，但无法看出如何生成越来越大的示例，那么该定义可能没有实现其目的。

（2）头部信息的设计不需要任何修改：签名、目的声明和傀儡定义。在编写目的声明时，关注函数计算的**内容**，而**不是如何**计算它，尤其是它如何遍历输入的数据实例。

下面是使此设计诀窍具体化的示例：

```
; List-of-strings -> Number
; 计算 alos 包含多少个字符串
(define (how-many alos)
```

---

① 数值似乎也是任意大的（数据）。对于非精确数值，这只是一种幻觉。对于精确整数，情况确实如此。因此，对整数的处理也是本章的一部分。

```
0)
```

目的声明明确地指出，函数只对给定输入的字符串计数，没有必要提前思考如何将这个想法表述为初级语言函数。

（3）接下来讨论函数示例，确保使用数据定义的自引用子句的输入数次。这是制定涵盖整个函数定义的测试的最佳方法，后面还会讨论。

对于我们手头的示例，目的声明差不多已经从数据示例中自行生成了函数示例：

输入	输出
`'()`	`0`
`(cons "a" '())`	`1`
`(cons "b" (cons "a" '()))`	`2`

第一行的示例是空链表，我们知道空链表不包含任何内容。第二行的示例是一个字符串的链表，因此所需的答案是 `1`。最后一行的示例是两个字符串的链表。

（4）对函数的核心来说，自引用数据定义看起来像是混合数据的数据定义。因此，模板的开发可以依据第 6 章中的诀窍进行。具体来说，我们使用与数据定义中的子句一样多的 `cond` 子句来编写 `cond` 表达式，将每个识别条件与数据定义中的相应子句匹配，并在处理复合值的所有 `cond` 行中写下适当的选择函数表达式。

图 9-2 将这个想法表达为问题和答案。左列中是对于参数数据定义的问题，右列中则以答案的形式解释了模板的构建。

问题	答案
数据定义是否区分不同的数据子类？	模板需要与数据定义区分的子类一样多的 `cond` 子句。
如何区分不同的子类？	使用它们之间的差异来制定每个子句的条件。
是否有任何子句处理结构化的值？	如果有，则在子句中添加适当的选择函数表达式。
数据定义是否用到自引用？	在模板中编写“自然递归”以表示数据定义中的自引用。
如果数据定义引用了某些其他的数据定义，那么到另一个数据定义的交叉引用在哪里？	专门为另一个数据定义编写模板。引用该模板。参见 6.1 节中设计诀窍的第 4 步和第 5 步。

图 9-2 如何将数据定义转换为模板

忽略最后一行并将前 3 个问题应用于任何使用 List-of-strings 的函数，就会得到如下形状的模板：

```
(define (fun-for-los alos)
  (cond
    [(empty? alos) ...]
    [else
      (... (first alos) ... (rest alos) ...)]))
```

回想一下，模板的目的是将数据定义表示为函数的布局。也就是说，模板以代码的形式表达输入数据，其数据定义是用英语和初级语言混合表达的。因此，数据定义的所有重要部分都必须在模板中找到对应部分，并且当数据定义是自引用时，这一点也应该成立——它应该包含从定义内部到被定义术语的箭头。特别地，当数据定义在提到的结构体的第 i 个子句的第 k 个字段中是自引用时，模板应该在第 i 个 `cond` 子句和第 k 个字段的选择函数表达式中自我引用。对于每个这样的选择函数表达式，添加回到函数参数的箭头。最终，模板必须具有与数据定义中一样多的箭头。

图 9-1 说明了这个想法，并排显示了读入 List-of-strings 的函数模板与数据定义。两者都包含一个箭头，箭头的起点是第二个子句（分别是 `rest` 字段和 `rest` 选择函数），并都指向相应

的定义顶部。

由于初级语言和大多数编程语言都是面向文本的，因此必须使用箭头的替代方法，也就是将函数自身应用于适合的选择函数表达式：

```
(define (fun-for-los alos)
  (cond
    [(empty? alos) ...]
    [else
      (... (first alos) ...
       ... (fun-for-los (rest alos)) ...)]))
```

我们将函数的自使用称为*递归*，并在本书的前 4 部分中将其称为*自然递归*。

（5）对于函数体，我们从没有递归函数调用的那些 cond 行开始，它们也被称为*基本子句*。相应的返回值通常很容易编写，或者已经作为示例给出。

然后我们处理自引用的子句。先从提醒自己模板行中每个表达式的计算内容开始。对于自然递归，我们假设函数已经按照目的声明所指定的那样工作。这最后的一步就是奥妙所在，但正如你将看到的，它始终有效①。

接下来的工作只是组合各种值的问题。

图 9-3 列出了此步骤的前 4 个问题和答案。

问题	答案
非递归 cond 子句的返回值是什么？	示例应该能说明这里需要哪些值。如果没有，请编写适合的示例和测试。
递归子句中的选择函数表达式计算得出什么？	数据定义会说明这些表达式提取的数据类型，数据定义的解释则说明此数据表示的内容。
自然递归计算得出什么？	使用函数的目的声明来确定递归值的含义是什么，而不是它如何计算得出此答案。如果目的声明不能说明答案，则改进目的声明。
该函数如何组合这些值以获得所需的答案？	寻找能组合值的初级语言函数。或者，如果不行的话，加入对辅助函数的愿望。对许多函数来说，最后这一步很简单。目的、示例和模板组合起来就表明了哪个函数或表达式将可获得的值组合成正确的结果。我们将这个函数或表达式称为组合子，这有点儿滥用现有术语。

图 9-3 如何将模板转换为函数定义

我们用这个方法来完成 how-many 的定义。将 fun-for-los 模板重命名为 how-many 就是：

```
; List-of-strings -> Number
; 确定 alos 上有多少个字符串
(define (how-many alos)
  (cond
    [(empty? alos) ...]
    [else
     (... (first alos) ...
      ... (how-many (rest alos)) ...)]))
```

正如函数示例已经建议的那样，基本子句的返回值是 0。第二个子句中的两个表达式分别计算得出 first 项及(rest alos)中的字符串数量。要计算所有 alos 中有多少个字符串，本函数只需要在后一个表达式的值上加 1：

```
(define (how-many alos)
  (cond
    [(empty? alos) 0]
```

① 如果读者好奇的话，这里任意大数据的设计诀窍对应于数学中所谓的“归纳证明”，而证明的关键在于这样的证明的归纳步骤中对归纳假设的使用。在逻辑学中，这种证明技术的有效性由归纳定理证明。

```
    [else (+ (how-many (rest alos)) 1)]))
```

找到将值组合成所需答案的正确方法并不总是那么容易。新手程序员经常会卡在这一步。如图 9-4 所示，一种方法是将函数示例排列到一个表格中，这一表格还列出模板中表达式的值。图 9-5 展示了 how-many 示例所对应的表格。最左侧的列列出了示例输入，最右侧的列包含这些输入的所需的返回值。中间的 3 列显示了模板表达式的值：(first alos)、(rest alos) 和(how-many (rest alos))，也就是自然递归。如果长时间盯着这个表，你会发现结果列总是比自然递归列中的值多一。你可能因此而猜测

```
(+ (how-many (rest alos)) 1)
```

是计算所需结果的表达式。既然 DrRacket 能快速地检查这种类型的猜测，那么将其填入并单击“运行”按钮。如果由示例转换而来的测试都通过了，再次思考该表达式，以说服自己它适用于所有链表；否则向表格中添加更多的示例行，直到获得不同的想法。

问题	答案
那么，如果你被困住了……	……将第三步中的示例列成表格。将给定输入放在第一列中，将想要的输出放在最后一列中。在中间列中输入选择函数表达式和自然递归的值。不断添加示例，直到找出模式，并以此构造组合子。
如果模板引用其他模板，辅助函数计算得出什么？	查阅其他函数的目的声明和示例以确定它所计算的内容，并假设即使尚未完成这一辅助函数的设计，也可以使用结果。

图 9-4　将模板转换为函数，表格方法

alos	(first alos)	(rest alos)	(how-many (rest alos))	(how-many alos)
(cons "a" '())	"a"	'()	0	1
(cons "b" (cons "a" '()))	"b"	(cons "a" '())	1	2
(cons "x" (cons "b" (cons "a" '())))	"x"	(cons "b" (cons "a" '()))	2	3

图 9-5　将参数、中间值和结果制成表

这一表格还指出，模板中的某些选择函数表达式可能与实际的定义无关。在这里，计算最终的答案不需要(first alos)，这与 contains-flatt?形成鲜明对比，它使用了模板中的两个表达式。

在继续阅读本书的后续部分时，记住，在许多情况下，组合这一步可以用初级语言的基本运算来表示，例如+、and 或者 cons。但在某些情况下，可能不得不使用愿望清单，也就是设计辅助函数。最后，在某些情况下，还可能需要嵌套的条件。

（6）最后一步，确保将所有示例都转换为测试，所有测试都通过，并且运行测试覆盖函数的所有部分。

将下面的 how-many 示例变成测试是：

```
(check-expect (how-many '()) 0)
(check-expect (how-many (cons "a" '())) 1)
(check-expect
  (how-many (cons "b" (cons "a" '()))) 2)
```

记住，最好直接将示例表达为测试，初级语言允许这样做。如果需要采用上一步基于表格

的猜测方法，这样做也会有所帮助。

图 9-6 以表格的形式总结了本节的设计诀窍。第一列是设计诀窍各个步骤的名称，第二列是每个步骤的预期结果。第三列给出了要得出结果所需的行动[①]。图 9-6 是根据本章中用到的自引用链表定义来制定的。与往常一样，练习可以帮助你掌握整个过程，因此我们强烈建议读者完成后面的习题，这些习题会要求读者将诀窍应用于多种示例。

步骤	结果	行动
问题分析	数据定义	开发信息的数据表示，为特定信息项创建示例并将数据解释为信息，识别自我引用。
头部	签名；目的；傀儡定义	使用定义的名称写出签名，编写简洁明了的目的声明，创建傀儡函数，它返回指定范围内的某个常量值。
示例	示例和测试	研究若干示例，数据定义的每个子句至少要有一个示例。
模板	函数模板	将数据定义转换为模板：每个数据子句一个 cond 子句；条件是结构体时加入选择函数；每处自引用是一个自然递归。
定义	完整的定义	找出将 cond 子句中表达式的值组合为预期答案的函数。
测试	经过验证的测试	将它们变成 check-expect 测试并运行测试。

图 9-6 为自引用数据设计函数

9.1 熟练习题：链表

习题 137 比较 contains-flatt?的模板与 how-many 的模板。忽略函数名的话，它们是相同的。解释一下相似性。■

习题 138 下面是表示金额序列的数据定义：

```
; List-of-amounts 是下列之一：
; -- '()
; -- (cons PositiveNumber List-of-amounts)
```

创建一些示例以确保自己了解该数据定义。同时给自引用加上箭头。

设计 sum 函数，它读入 List-of-amounts 并计算金额的总和。使用 DrRacket 的步进器来查看 (sum l) 对 List-of-amounts 中某个短的链表 l 是如何应用的。■

习题 139 现在来看一下这个数据定义：

```
; List-of-numbers 是下列之一：
; -- '()
; -- (cons Number List-of-numbers)
```

这类数据中的某些元素是习题 138 中 sum 的合理输入，而有些则不是。

设计函数 pos?，它读入 List-of-numbers 并判断是否所有的数值都是正数。换句话说，如果 (pos? l) 给出#true，那么 l 是 List-of-amounts 的元素。使用 DrRacket 的步进器来理解 pos? 是如何应用于 (cons 5 '()) 和 (cons -1 '()) 的。

接下来设计 check-sum。该函数读入 List-of-numbers。如果输入也属于 List-of-amounts，那么它计算它们的总和，否则它给出错误消息。**提示** 回忆一下，请使用 check-error。

对于 List-of-numbers 的元素，sum 计算的是什么？■

---

① 你可能希望将图 9-6 抄录到一张索引卡上，并将此设计诀窍对应的问题和答案改用自己的语言写在其背面，然后将此卡随身携带，以备做为将来的参考。

习题 140 设计函数 all-true，它读入布尔值链表，并判断它们是否都是#true。换句话说，如果链表中有任何#false，那么该函数会返回#false。

接下来设计 one-true，该函数读入布尔值链表，并判断链表中是否至少有一个项是#true。■

采用基于表格的方法来编写代码。它会帮助你处理基本子句。使用 DrRacket 的步进器来查看这些函数如何处理链表(cons #true '())、(cons #false '())和(cons #true (cons #false '()))。

习题 141 如果被要求设计函数 cat，它读入字符串链表，并将它们全部附加到一个长字符串中，你一定会得出这个部分完成的定义：

```
; List-of-string -> String
; 将 l 中所有的字符串连接成一个长字符串

(check-expect (cat '()) "")
(check-expect (cat (cons "a" (cons "b" '()))) "ab")
(check-expect
  (cat (cons "ab" (cons "cd" (cons "ef" '()))))
  "abcdef")

(define (cat l)
  (cond
    [(empty? l) ""]
    [else (... (first l) ... (cat (rest l)) ...)]))
```

填写图 9-7 中的表格。猜测可以根据子表达式计算的值创建所需的结果的函数。

l	(first l)	(rest l)	(cat (rest l))	(cat l)
(cons "a" (cons "b" '()))	???	???	???	"ab"
(cons "ab" (cons "cd" (cons "ef" '())))	???	???	???	"abcdef"

图 9-7 cat 的表格

使用 DrRacket 的步进器来计算(cat (cons "a" '()))。■

习题 142 设计 ill-sized?函数，它读入图像链表 loi 和正数 n，返回 loi 中第一个不是 n×n 正方形的图像。如果找不到这样的图像，它就返回#false。

提示 签名的结果部分可以使用：

```
; ImageOrFalse 是下列之一：
; -- Image
; -- #false
```
■

9.2 非空链表

现在你已经足够了解 cons，也知道如何创建链表的数据定义。如果完成了上一节中末尾的（某些）练习题，你就可以处理各种不同数值的链表、布尔值链表、图像链表等。本节我们将继续探索链表是什么以及如何处理它们。

让我们从一个简单问题开始，计算温度链表的平均值。为简单起见，我们提供其数据定义：

```
; List-of-temperatures 是下列之一：
; -- '()
; -- (cons CTemperature List-of-temperatures)

; CTemperature 是大于-272 的数值。
```

就我们的意图而言，应该将温度视为普通数值，但这里的第二个数据定义提醒我们，实际上并非所有数值都是温度，你应该记住这一点。

头部信息还是很简单的：

```
; List-of-temperatures -> Number
; 计算平均温度
(define (average alot) 0)
```

此问题的示例也很容易创建，因此我们只编写一个测试：

```
(check-expect
  (average (cons 1 (cons 2 (cons 3 '())))) 2)
```

预期结果当然应该是温度之和除以温度的数量。

稍微一想就知道，average 的模板应该与我们之前看到的相似：

```
(define (average alot)
  (cond
    [(empty? alot) ...]
    [(cons? alot)
     (... (first alot) ...
      ... (average (rest alot)) ...)]))
```

两个 cond 子句对应于数据定义中的两个子句，条件将空链表与非空链表区分开来。由于数据定义中的自引用，因此需要使用自然递归。

但是，将此模板转换为函数定义太困难了。第一个 cond 子句需要代表空集合温度平均值的数值，但这样的数值不存在。类似地，第二个子句需要函数将一个温度和其余温度的平均值组合成新的平均值。虽然这是可行的，但以这种方式计算平均值是非常罕见的。

在计算温度的平均值时，我们将它们的总和除以它们的数量。我们制定小示例的时候就是这么做的。这表明 average 函数有 3 个任务：求和、计数和做除法。第一部分指导我们为每个任务编写一个函数，如果这样做的话，average 的设计显然是：

```
; List-of-temperatures -> Number
; 计算平均温度
(define (average alot)
  (/ (sum alot) (how-many alot)))

; List-of-temperatures -> Number
; 对输入链表中的温度求和
(define (sum alot) 0)

; List-of-temperatures -> Number
; 对输入链表中温度的数量计数
(define (how-many alot) 0)
```

当然，后两个函数定义是愿望，我们需要设计其完整的定义。这很容易完成，因为上文中针对 List-of-strings 的 how-many 可以直接应用于 List-of-temperatures（为什么？），而 sum 的设计遵循以往的惯例：

```
; List-of-temperatures -> Number
```

```
; 对输入链表中的温度求和
(define (sum alot)
  (cond
    [(empty? alot) 0]
    [else (+ (first alot) (sum (rest alot)))]))
```

停一下！使用 average 的示例为 sum 创建一个测试，并确保其运行正常。然后运行 average 的测试。

现在阅读这个 average 的定义，它显然是正确的，因为直接对应大家在学校中学习的平均值的计算方法。不过，程序不仅要服务于我们，也要服务于其他人。特别地，其他人应该能阅读其签名，使用该函数，并能获得有意义的答案。但是，这个 average 的定义不适用于空的温度链表。

习题 143 确定在 DrRacket 中 average 应用于空链表时的行为。然后设计 checked-average，该函数应用于'()时会给出有意义的错误消息[①]。■

另一种做法是通过签名告知未来的读者，average 不适用于空链表。为此，我们需要不包含'()的链表的数据表示，如下所示：

```
; NEList-of-temperatures 是下列之一：
; -- ???
; -- (cons CTemperature NEList-of-temperatures)
```

问题是“???”应该替换成什么，以便排除'()链表，但温度的其他所有链表仍然可以构建出来。一个提示是，虽然空链表是最短的链表，但是任何单个温度的链表都是下一个最短的链表。因此，第一个子句应描述单个温度的所有可能链表：

```
; NEList-of-temperatures 是下列之一：
; -- (cons CTemperature '())
; -- (cons CTemperature NEList-of-temperatures)
; 解释：非空的摄氏温度链表
```

虽然此定义与前面的链表定义并不相同，但关键的地方是一致的：它们都由自引用和不使用自引用的子句构成。严格地遵守设计诀窍，现在需要构造一些 NEList-of-temperatures 的示例，以确保该定义是有意义的。与之前一样，应该从基本子句开始，这意味着示例必须如下所示：

```
(cons c '())
```

其中 c 代表一个 CTemperature，例如：(cons -273 '())。此外，很明显，List-of- temperatures 中的所有非空元素也是新类别数据的元素：(cons 1 (cons 2 (cons 3 '())))符合条件，如果(cons 2 (cons 3 '()))符合的话；而(cons 2 (cons 3 '()))属于 NEList-of-temperatures，因为(cons 3 '())是 NEList-of-temperatures 的元素，这在上文已经确认了。自行核实 NEList-of-temperatures 的大小没有限制。

现在回到设计 average 的问题，这样大家就都知道它只适用于非空链表了。有了 NEList-of-temperatures 的定义，我们现在就可以在签名中表达所需的内容[②]：

```
; NEList-of-temperatures -> Number
; 计算平均温度

(check-expect (average (cons 1 (cons 2 (cons 3 '()))))
              2)
```

① 在数学上，习题 143 表明 average 是一个偏函数，因为'()使它引发错误。

② 这样开发的话，我们缩小了 average 的值域，因此创建了一个全函数。

```
(define (average ne-l)
  (/ (sum ne-l)
     (how-many ne-l)))
```

当然，其余部分都保持不变：目的声明、示例和测试以及函数定义。毕竟，计算平均值的想法假定的是非空的数值集合，而这正是我们讨论的全部要点。

习题 144　sum 和 how-many 适用于 NEList-of-temperatures 吗？即使它们是针对 List-of-temperatures 的输入而设计的？如果你认为它们不适用，则提供反例。如果你认为它们适用，则解释原因。■

尽管如此，这个（数据）定义还是导致了如何设计 sum 和 how-many 的问题，因为它们现在读入 NEList-of-temperatures 的实例。执行设计诀窍的前 3 个步骤，结果显然是：

```
; NEList-of-temperatures -> Number
; 计算输入温度的总和
(check-expect
  (sum (cons 1 (cons 2 (cons 3 '())))) 6)
(define (sum ne-l) 0)
```

这个示例改编自 average 的示例，傀儡定义返回了一个数值，但对这个测试来说是错误的。

第 4 步是设计 NEList-of-temperatures 的 sum 中最有趣的部分。前面所有的设计示例都需要一个模板，用于区分空链表和非空（即 cons 结构的）链表，因为数据定义就是这样的形状。对于 NEList-of-temperatures，情况并非如此。这里的两个子句都需要加入 cons 结构的链表。但是，这两个子句在这些链表的 rest 字段中并不相同。具体来说，第一个子句的 rest 字段中总是使用'()，而第二个子句的 rest 字段中总是使用 cons。因此，要区分这两类数据，需要先提取 rest 字段，然后使用 empty?：

```
; NEList-of-temperatures -> Number
(define (sum ne-l)
  (cond
    [(empty? (rest ne-l)) ...]
    [else ...]))
```

这里使用了 else 而不是(cons? (rest ne-l))。

接下来，你应该检查两个子句，确定它们中的一个或两个是否将 ne-l 当作结构体来处理，当然确定是这样，无条件地对 ne-l 使用 rest 证明了这一点。换句话说，需要在两个子句中添加适当的选择函数表达式：

```
(define (sum ne-l)
  (cond
    [(empty? (rest ne-l)) (... (first ne-l) ...)]
    [else (... (first ne-l) ... (rest ne-l) ...)]))
```

在继续阅读之前，解释一下为什么第一个子句不包含选择函数表达式(rest ne-l)。

模板设计的最后一个问题涉及数据定义中的自引用。我们知道，NEList-of-temperatures 中包含一个自引用，因此 sum 的模板需要一处递归地使用自身：

```
(define (sum ne-l)
  (cond
    [(empty? (rest ne-l)) (... (first ne-l) ...)]
    [else
     (... (first ne-l) ... (sum (rest ne-l)) ...)]))
```

具体来说，第二个子句中对(rest ne-l)调用了 sum，因为数据定义在相似点是自引用的。

设计（诀窍）的第 5 步，我们来了解一下现在手上有的是哪些。由于第一个 cond 子句看起来比带递归函数调用的第二个子句简单得多，因此我们应该从那里开始。在这种特殊情况下，条件表明 sum 被应用于具有恰好一个温度的链表，这个温度就是(first ne-l)。显然，这一温度就是输入链表中所有温度的总和：

```
(define (sum ne-l)
  (cond
    [(empty? (rest ne-l)) (first ne-l)]
    [else
     (... (first ne-l) ... (sum (rest ne-l)) ...)]))
```

第二个子句表示链表中包括一个温度，以及多于一个的其他温度，(first ne-l)提取出第一个位置中的温度，而(rest ne-l)提取出剩余的温度。此外，模板建议使用(sum (rest ne-l))的结果。但是我们正在定义 sum 函数，所以不可能知道它是**如何**使用(rest ne-l)的。唯一知道的就是目的声明所说的，即 sum 将输入链表中所有的温度相加，这里的输入链表就是(rest ne-l)。如果该目的声明成立，那么(sum (rest ne-l))就将 ne-l 中除一个之外的所有数值加起来了。要获得总和，该函数只需再加上第一个温度：

```
(define (sum ne-l)
  (cond
    [(empty? (rest ne-l)) (first ne-l)]
    [else (+ (first ne-l) (sum (rest ne-l)))]))
```

如果现在运行此函数的测试，你就会看到，相信目的声明是合理的。实际上，由于超出本书范围的原因，这种信任**总是**合理的，这也是它是设计诀窍固有部分的原因。

习题 145 设计谓词 sorted>?，它读入 NEList-of-temperatures，当温度按降序排序时返回#true。降序就是，第二个温度小于第一个，第三个温度小于第二个，以此类推。否则它返回#false。

提示 这又是一个这样的问题，使用基于表格的方法猜测组合子很有效。图 9-8 中给出了一些示例中的部分值。填写表格的其余部分。然后尝试创建计算结果的表达式。■

l	(first l)	(rest l)	(sorted>? (rest l))	(sorted>? l)
(cons 1 (cons 2 '()))	1	???	#true	#false
(cons 3 (cons 2 '()))	3	(cons 2 '())	???	#true
(cons 0 (cons 3 (cons 2 '())))	0	(cons 3 (cons 2 '()))	???	???

图 9-8 sorted>?的表格

习题 146 为 NEList-of-temperatures 设计 how-many。完成 how-many 之后也就完成了 average，因此要确保 average 也会通过所有测试。■

习题 147 为 NEList-of-Booleans 开发数据定义，NEList-of-Booleans 表示布尔值的非空链表。接下来设计习题 140 中的函数 all-true 和 one-true。■

习题 148 将本节中的函数定义（sum、how-many、all-true、one-true）与上一节中相应的函数定义进行比较。哪种方式更好？是使用允许空链表的定义，还是非空链表的定义呢？为什么？■

9.3 自然数

初级编程语言提供了许多读入链表的函数，还有一些返回链表的函数。其中之一是 make-list，它读入数值 n 外加另一个值 v，产生包含 *n* 个 v 的链表。下面是一些示例：

```
> (make-list 2 "hello")
(cons "hello" (cons "hello" '()))
> (make-list 3 #true)
(cons #true (cons #true (cons #true '())))
> (make-list 0 17)
'()
```

简而言之，虽然此函数读入的是原子数据，但它会产生任意大的数据。这里的问题应该是，这是如何做到的。

答案是，make-list 的输入不仅是一个数值，而且是一种特殊的数值。在幼儿园，孩子们把这些数值称为“计数值”，也就是说，这些数值用来对对象计数。在计算机科学中，这些数值被称为自然数。与一般的数值不同，自然数带有数据定义：

```
; N 是下列之一：
; -- 0
; -- (add1 N)
; 解释：代表计数值
```

第一个子句表明，0 是一个自然数，它被用来表达没有可计数的对象。第二个子句说的是，如果 *n* 是一个自然数，那么 *n* + 1 也是，因为 add1 是将输入的任何数值加一的函数。我们可以将第二个子句写为(+ n 1)，但是使用 add1 表明这个加法是特殊的。

这里使用 add1 的特殊之处在于，与通常的函数相比，它更类似于结构体类型定义的构造函数。出于同样的原因，初级语言还自带函数 sub1，它是与 add1 对应的“选择函数”。给定任何不等于 0 的自然数 m，都可以用 sub1 找出构造 m 的数。换句话说，add1 类似于 cons，而 sub1 类似于 first 和 rest。

此时你可能会想知道，哪些谓词可以区分 0 和那些不是 0 的自然数。和链表一样，有两个这样的谓词：zero?判断某个数值是否为 0；positive?判断某个数值是否大于 0。

现在你可以自行设计自然数的函数了，如 make-list。数据定义已经有了，所以我们从头部信息开始：

```
; N String -> List-of-strings
; 创建包含 n 个 s 的副本的链表

(check-expect (copier 0 "hello") '())
(check-expect (copier 2 "hello")
              (cons "hello" (cons "hello" '())))

(define (copier n s)
  '())
```

下一步是开发模板。关于模板的问题表明，copier 的函数体是带有两个子句的 cond 表达式：一个子句处理 0，另一个子句处理正数。此外，0 应被视为原子，而正数应被视为结构化的值，这意味着模板的第二个子句中需要选择函数表达式。最后但并非最不重要的，N 的数据定义在第二个子句中是自引用的。因此，模板需要对第二个子句中相应的选择函数表达式进行递归调用：

```
(define (copier n s)
  (cond
    [(zero? n) ...]
    [(positive? n) (... (copier (sub1 n) s) ...)]))
```

图 9-9 给出了由模板写成的 copier 函数的完整定义。

```
; N String -> List-of-strings
; 创建包含 n 个 s 的副本的链表

(check-expect (copier 0 "hello") '())
(check-expect (copier 2 "hello")
              (cons "hello" (cons "hello" '())))

(define (copier n s)
  (cond
    [(zero? n) '()]
    [(positive? n) (cons s (copier (sub1 n) s))]))
```

图 9-9 创建副本的链表

我们仔细分析这一步。与往常一样，我们从没有递归调用的 cond 子句开始。这里的条件告诉我们，（重要的）输入是 0，这意味着该函数必须返回包含 0 个项的链表，也就是**没有**项的链表。当然，通过示例我们已经了解了这一点。接下来我们转向另一个 cond 子句，并提醒自己其中的表达式计算了什么：

（1）(sub1 n)提取出构造 n 的自然数，我们知道 n 大于 0；

（2）根据 copier 的目的声明，(copier (sub1 n) s)给出(sub1 n)个字符串 s 的链表。

但是，函数的输入是 n，因此必须返回 n 个字符串 s 的链表。有了至少一个字符串的链表，很容易看出，该函数必须简单地将一个 s 和(copier (sub1 n) s)的结果 cons 起来。这正是第二个子句的内容。

接下来需要运行测试，以确保该函数至少适用于这两个示例。此外也可以对某些其他输入使用这个函数。

习题 149 当对自然数以及布尔值或图像调用 copier 函数时，它是否能正常工作？还是必须设计另一个函数？阅读第三部分以获得答案。

定义 copier 的另一种方法是使用 else：

```
(define (copier.v2 n s)
  (cond
    [(zero? n) '()]
    [else (cons s (copier.v2 (sub1 n) s))]))
```

当对 0.1 和"x"调用 copier 和 copier.v2 时，它们的行为如何？给出说明。使用 DrRacket 的步进器证实说明。■

习题 150 设计函数 add-to-pi。它读入自然数 n 并将其加到 pi 上，而不使用基本运算+。从这里开始：

```
; N -> Number
; 不使用+计算(+ n pi)

(check-within (add-to-pi 3) (+ 3 pi) 0.001)

(define (add-to-pi n)
  pi)
```

完成了完整的定义之后，将这个函数一般化为 add，它将自然数 n 加到某个任意数值 x 上，而不使用+。为什么框架使用 check-within？■

习题 151 设计函数 multiply。它读入自然数 n 并将其与数值 x 相乘，而不使用*。

使用 DrRacket 的步进器，对任何你喜欢的 x 计算(multiply 3 x)。multiply 与小学数学的知识有什么关系？■

习题 152 设计两个函数：col 和 row。

函数 col 读入自然数 n 和图像 img。它返回一个列，即垂直排列的 n 个 img 的副本。

函数 row 读入自然数 n 和图像 img。它返回一个行，即水平排列的 n 个 img 的副本。■

习题 153 本习题的目的是想象一下 1968 式欧洲学生骚乱的结果。粗略的想法是这样。一小群学生聚在一起制作涂满颜料的气球，进入某个演讲厅，然后随机地将气球扔向到会者。程序会显示气球如何为演讲厅的座位着色。

使用习题 152 中的两个函数来创建由 8×18 个方块组成的矩形，每个方块的大小为 10 像素×10 像素。将其放入同样大小的 empty-scene 中。这个图像就是我们的演讲厅。

设计 add-balloons。该函数读入 Posn 的链表，Posn 的坐标与演讲厅的大小相适应。它会按照这些 Posn（向演讲厅中）添加红点，并返回（新的）演讲厅图像。

图 9-10 展示了输入一些 Posn 链表时**我们的**解的输出。左图是干净的演讲厅，中间的图是两个气球击中后的演讲厅，右图是 10 次（气球）击中之后的一个（极不可能的）分布。第 10 个气球击中了哪里？■

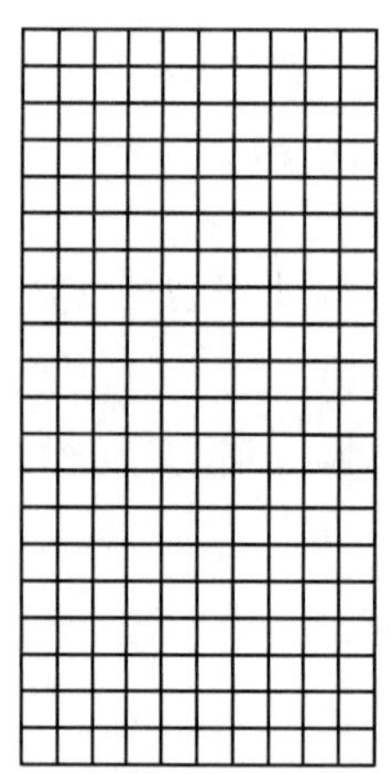
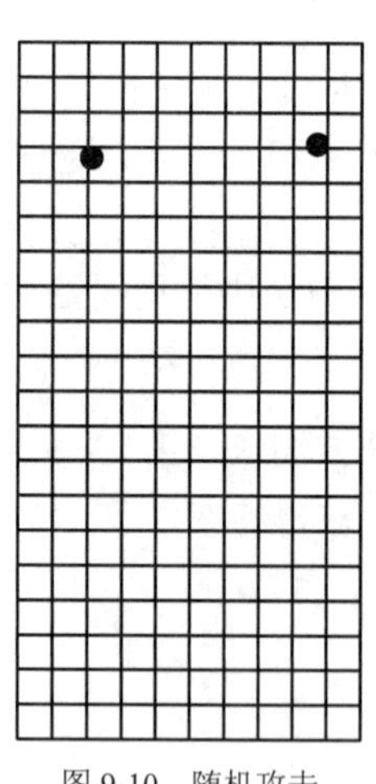
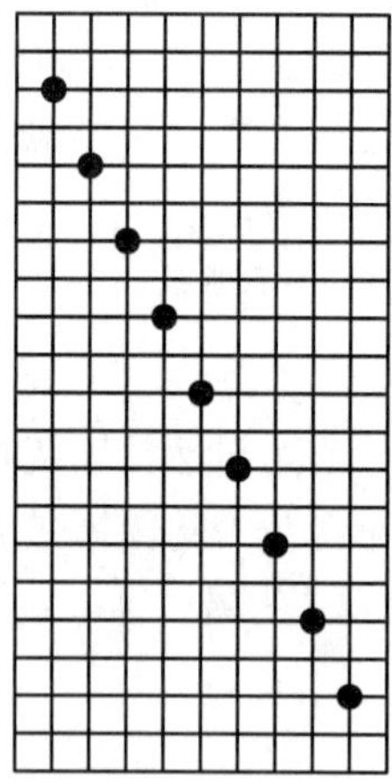

图 9-10 随机攻击

9.4 俄罗斯套娃

维基百科将俄罗斯套娃定义为“一组尺寸逐渐缩小的娃娃，一个套在另一个里面”，并用这张照片说明：

在这张照片中，娃娃被拆开放置，以便读者可以看到它们中的每一个。

现在考虑这个问题：用初级语言的数据来代表这样的俄罗斯套娃[1]。想象一下，很容易看出，艺术家可以创造出由任意数量的娃娃嵌套组成的俄罗斯套娃。毕竟，总是可以在某个给定的俄罗斯套娃外围再包裹一层。不过你也知道，在其内部深处有一个实心娃娃，其中不含任何东西。

对于俄罗斯套娃的每一层，有许多不同的内容可以关心：它的大小（尽管这一点与嵌套层级有关）、它的颜色、它表面所绘制的图像等。在这里我们只选择一个来表示，也就是娃娃的颜色，我们用一个字符串来表示。鉴于此，我们知道每层的俄罗斯套娃都有两个属性：它的颜色和其内部的娃娃。要表示有两个属性的信息，我们总是定义结构体类型：

```
(define-struct layer [color doll])
```

然后添加数据定义：

```
; RD（俄罗斯套娃 Russian doll 的缩写）是以下之一：
; -- String
; -- (make-layer String RD)
```

当然，该数据定义的第一个子句代表最内层的娃娃，或者更确切地说，它的颜色。第二个子句是在某个给定的俄罗斯套娃外围再加一层。我们用 `layer` 的实例来表示之，它显然包含娃娃的颜色外加另一个字段：直接嵌套在这个娃娃内部的娃娃。

看一看下面这个娃娃：

它由 3 个娃娃组成。最里面的是红色的，套在中间的是绿色的，最外面的那层是黄色的。要用 RD 的元素来表示这套娃娃，你可以从任意一端开始。我们从里到外进行。红色的那个娃娃很容易表示为 RD。因为它里面什么也没有，又因为它是红色的，字符串`"red"`就可以了。对于第二层，我们使用

```
(make-layer "green" "red")
```

它表示绿色的（空心）娃娃中包含一个红色娃娃。最后，要表示最外面的娃娃，我们只需在这个娃娃基础上再套一层：

```
(make-layer "yellow" (make-layer "green" "red"))
```

这个过程应该能让你很好地了解，如何从任何的彩色俄罗斯套娃到数据表示。但记住，程序员也必须能够进行相反的操作，即从数据到具体的信息。本着这种精神，请为以下的 RD 元素绘制其代表的俄罗斯套娃示意图：

```
(make-layer "pink" (make-layer "black" "white"))
```

你还可以在初级语言中尝试此任务。

① 这个问题对你来说可能很抽象甚至荒谬；目前尚不清楚为什么你想要表示俄罗斯套娃，或者你会用这样的表示做什么。就先这么试试吧。

既然已经有了数据定义，并且理解了如何表示实际的套娃，以及如何将 RD 的元素解释为套娃，我们现在就可以设计读入 RD 的函数了。具体来说，我们设计对俄罗斯套娃中包含多少个娃娃进行计数的函数。这句话就是一个不错的目的声明，它也决定了函数的签名：

```
; RD -> Number
; an-rd 中包含多少个娃娃
```

至于数据示例，我们从`(make-layer "yellow" (make-layer "green" "red"))`开始。上面的图片告知我们，预期的答案是 `3`，因为有 3 个娃娃：红娃娃、绿娃娃和黄娃娃。在讨论这个示例的过程中，我们还知道，当输入是下面这个娃娃的表示时，答案应是 `1`：

（诀窍的）第 4 步要求开发模板。使用这一步骤的标准问题，可以得到这个模板：

```
; RD -> Number
; an-rd 中包含多少个娃娃
(define (depth an-rd)
  (cond
    [(string? an-rd) ...]
    [(layer? an-rd)
     (... (layer-color an-rd) ...
      ... (depth (layer-doll an-rd)) ...)]))
```

`cond` 子句的数量由 RD 定义中的子句数量决定。每个子句都具体说明它处理的是什么类型的数据，这表明需要使用谓词 `string?`和 `layer?`。虽然字符串不是复合数据，但 `layer` 实例包含两个值。如果函数需要这些值，则它使用选择函数表达式`(layer-color an-rd)`和`(layer-doll an-rd)`。最后，在数据定义的第二个子句中，包含从 `layer` 结构体的 *doll* 字段到定义本身的自引用。因此，我们需要对第二个选择函数表达式调用递归函数。

示例和模板基本决定了函数定义。对于非递归的 `cond` 子句，答案显然是 `1`。对于递归的子句，模板中的表达式计算出以下结果：

- `(layer-color an-rd)`提取出描述当前层娃娃颜色的字符串；
- `(layer-doll an-rd)`提取出当前层内部所包含的套娃；
- 根据 `depth` 的目的声明，`(depth (layer-doll an-rd))`确定`(layer-doll an-rd)`中有多少个娃娃。

最后这个数值几乎是所要的答案，但还不完全是，因为 `an-rd` 和`(layer-doll an-rd)`之间差了一层，这意味着一个额外的娃娃。换句话说，函数必须在递归结果上加 `1` 才能获得实际答案：

```
; RD -> Number
; an-rd 中包含多少个娃娃
(define (depth an-rd)
  (cond
    [(string? an-rd) 1]
    [else (+ (depth (layer-doll an-rd)) 1)]))
```

注意，函数定义的第二个子句没有用到`(layer-color an-rd)`。我们再一次看到，模板是关于已知数据定义的所有内容的组织架构，但实际定义中可能不需要所有这些部分的内容。

最后将示例翻译成测试：

```
(check-expect (depth "red") 1)
(check-expect
  (depth
```

```
  (make-layer "yellow" (make-layer "green" "red")))
 3)
```

如果在 DrRacket 中运行这些测试，你会发现它们的计算涉及 depth 定义的所有部分。

习题 154 设计函数 colors，它读入一个俄罗斯套娃并返回所有颜色的字符串，由逗号和空格分隔。因此，我们的示例应该产生

```
"yellow, green, red"
```
■

习题 155 设计函数 inner，它读入 RD 并返回最内层娃娃（的颜色）。使用 DrRacket 的步进器，对自己最喜欢的 rd 来计算 (inner rd)。■

9.5 链表和世界程序

有了通用的链表和自引用数据定义，相比用有限的数据你就可以设计和运行更多有趣的世界程序了①。想象一下，现在可以创建修改版的第 6 章中的太空入侵者程序，允许玩家根据需要从坦克中发射任意数量的炮弹。我们从这个问题的简化版本开始：

示例问题 设计模拟炮弹发射的世界程序。每当“玩家”按空格键时，程序就会在画布底部添加一颗炮弹。这些炮弹以每个时钟滴答一个像素的速率垂直上升。

设计世界程序首先要将信息分离为两类，分别是常量和世界中不断变化的状态元素。对于前者，我们引入物理常量和图形常量；对于后者，我们需要为世界状态开发数据表示。虽然示例问题对于具体细节相对模糊，但它清楚地假设了一个矩形的场景，以及沿着垂直线绘制的炮弹。显然，炮弹的位置随着每个时钟滴答而变化，但是场景的大小和炮弹的 x 坐标保持不变：

```
(define HEIGHT 80) ; 距离单位为像素
(define WIDTH 100)
(define XSHOTS (/ WIDTH 2))

; 图形常量
(define BACKGROUND (empty-scene WIDTH HEIGHT))
(define SHOT (triangle 3 "solid" "red"))
```

问题陈述中并不需要这些特定的选择，但只要它们本身是易于改变的——编辑单个定义可以修改（程序行为）——目标就实现了。

至于“世界”中那些变动的方面，问题陈述提到了两处。首先，按空格键会增加一颗炮弹。其次，所有的炮弹每个时钟滴答都会向上移动一个像素。由于无法预估玩家将“发射”的次数，因此我们用链表来表示它们：

```
; List-of-shots 是下列之一：
; -- '()
; -- (cons Shot List-of-shots)
; 解释：发射炮弹的集合
```

剩下的问题是如何表示单颗的炮弹。我们已经知道，它们都具有相同的 x 坐标，并且这个坐标始终保持不变。此外，所有炮弹看起来都是一样的。因此，y 坐标是它们彼此不同的唯一属性。因此，将每颗炮弹表示为一个数值就够了：

```
; Shot 是数值。
; 解释：代表炮弹的 y 坐标
```

① 如果你有一段时间没有设计过世界程序了，则重读 3.6 节。

我们可以将炮弹的表示限制在 HEIGHT 以下的数值区间内，因为已知所有的炮弹都是从画布的底部发射的，然后它们会向上移动，这意味着它们的 y 坐标会不断减小。

还可以使用这样的数据定义来表示这个世界：

```
; ShotWorld 是 List-of-numbers。
; 解释：链表中的每个数值代表一颗炮弹的 y 坐标
```

毕竟，上面的两个定义描述了所有的数值链表，我们已经有了数值链表的定义，而 ShotWorld 这个名称告诉大家这类数据是关于什么的。

一旦定义了常量，并为世界状态开发了数据表示，接下来的关键任务就是选择事件处理函数，并使其签名适应给定的问题。这个示例提到了时钟滴答和空格键，这些都可以转换为 3 个函数的愿望清单。

- 因为问题需要图像显示，所以将世界状态转换为图像的函数：

```
; ShotWorld -> Image
; 在 w 中(MID, y)处的每个 y 添加炮弹图像到背景图像中
(define (to-image w) BACKGROUND)
```

- 处理滴答事件的函数：

```
; ShotWorld -> ShotWorld
; 将每颗炮弹都向上移动一个像素
(define (tock w) w)
```

- 处理键盘事件的函数：

```
; ShotWorld KeyEvent -> ShotWorld
; 如果玩家按空格键，就向世界中添加一颗炮弹
(define (keyh w ke) w)
```

不要忘记，除了这个初始的愿望清单，我们还需要定义实际设置世界并安装处理函数的 main 函数。图 9-11 中给出了这样一个函数，但它并非设计所得，而是从标准模式的修改定义而来的。

我们从 to-image 的设计开始。已经有了它的签名、目的声明和头部，所以我们接下来需要一些示例。由于数据定义包含两个子句，因此至少应该有两个示例：'() 和一个 cons 的链表，如(cons 9 '())。对于'()，预期结果显然应该是 BACKGROUND，但是，如果给了 y 坐标，那么该函数必须将炮弹的图像放在 MID 及指定坐标处：

```
(check-expect (to-image (cons 9 '()))
              (place-image SHOT XSHOTS 9 BACKGROUND))
```

在继续阅读之前，完成一个示例，对两颗炮弹的链表调用 to-image。这样做有助于理解该函数是**如何**工作的。

（诀窍的）第 4 步是将数据定义转换为模板：

```
; ShotWorld -> Image
(define (to-image w)
  (cond
    [(empty? w) ...]
    [else
     (... (first w) ... (to-image (rest w)) ...)]))
```

我们已经很熟悉链表数据定义的模板了，这里就不需要解释了。如果你还有任何疑问，请阅读图 9-2 中的问题并自行设计模板。

接下来定义函数就很简单了。关键是将示例与模板结合起来，并回答图 9-3 中的问题。按此操作，先是空炮弹链表的基本子句，通过示例，我们知道预期答案是 BACKGROUND。接下来讨

论第二个 cond 子句的模板中的表达式所计算的：

- (first w)从链表中提取出第一个坐标；
- (rest w)从链表中提取出其余的坐标；
- 根据 to-image 的目的声明，(to-image (rest w))将(rest w)中的所有炮弹添加到背景图像中。

换句话说，(to-image (rest w))将链表的其余部分呈现为图像，因此它完成了几乎所有的工作。缺少的是第一颗炮弹，即(first w)。如果现在将目的声明应用于这两个表达式，就可以获得第二个 cond 子句的所需表达式：

```
(place-image SHOT XSHOTS (first w)
             (to-image (rest w)))
```

加到图像中的图标是炮弹的标准图像，两个坐标就是目的声明中所描述的，而 place-image 的最后一个参数是用链表的其余部分构造的图像。

图 9-11 给出了完整的 to-image 函数定义，以及程序的其余部分。tock 的设计完全类似于 to-image，你应该自己完成。但是，keyh 处理函数的签名提出了一个有趣的问题。它表明该处理函数使用的两个输入都具有不平凡的数据定义。一方面，ShotWorld 是一个自引用数据定义。另一方面，KeyEvent 的定义是一个很大的枚举。这里，我们请读者来“猜测”模板的开发应该由两个参数中的哪一个来推动，稍后我们将深入研究这种情形。

```
; ShotWorld -> ShotWorld
(define (main w0)
  (big-bang w0
    [on-tick tock]
    [on-key keyh]
    [to-draw to-image]))

; ShotWorld -> ShotWorld
; 将每颗炮弹向上移动一个像素
(define (tock w)
  (cond
    [(empty? w) '()]
    [else (cons (sub1 (first w)) (tock (rest w)))]))

; ShotWorld KeyEvent -> ShotWorld
; 如果按下空格键，就向世界中添加一颗炮弹
(define (keyh w ke)
  (if (key=? ke " ") (cons HEIGHT w) w))

; ShotWorld -> Image
; 向背景中添加 w 中(MID,Y)处的每颗炮弹 y
(define (to-image w)
  (cond
    [(empty? w) BACKGROUND]
    [else (place-image SHOT XSHOTS (first w)
                       (to-image (rest w)))]))
```

图 9-11 基于链表的世界程序

就世界程序而言，像 keyh 这样的键盘事件处理函数处理的是其输入的键盘事件。因此，我们将键盘事件视为主要参数，并使用其数据定义来派生模板。具体来说，遵循 4.3 节中 KeyEvent 的数据定义，该函数需要带有多个子句的 cond 表达式，如下所示：

```
(define (keyh w ke)
```

```
(cond
  [(key=? ke "left") ...]
  [(key=? ke "right") ...]
  ...
  [(key=? ke " ") ...]
  ...
  [(key=? ke "a") ...]
  ...
  [(key=? ke "z") ...]))
```

当然，类似于读入所有可能的初级语言值的函数，键盘事件处理函数通常不需要检查所有可能的情况。对于这里的问题，我们明确知道，事件处理函数仅需对空格键做出回应，而忽略所有其他操作。因此，除" "的子句之外，很自然可以将所有 cond 子句归入 else 子句。

习题 156 给图 9-11 中的程序加上测试，并确保测试都会通过。解释 main 做了什么。然后通过 main 运行程序。■

习题 157 用试验来确定，对常量的任意更改是否容易实现。例如，判断更改单个常量定义是否能获得这些结果：

- 将画布的高度更改为 220 像素；
- 将画布的宽度更改为 30 像素；
- 将炮弹的 *x* 位置改为“中间偏左的某个位置”；
- 将背景更改为绿色矩形；
- 将炮弹的图形更改为红色细长矩形。

此外，也要检查是否可以在不改变任何其他内容的情况下，将炮弹尺寸加倍，或将其颜色更改为黑色。■

习题 158 如果运行 main、按空格键（开炮）并等待一段时间，炮弹会从画布上消失。但是，当关闭世界画布时，结果会是一个仍然包含这颗不可见炮弹的世界。

设计另一个 tock 函数，它不仅可以每个时钟滴答移动炮弹一个像素，还可以消除那些坐标位于画布上方的炮弹。**提示** 对于递归的 cond 子句，你可能希望考虑为其设计辅助函数。■

习题 159 将习题 153 的解转变成世界程序。其主函数 riot 读入学生想要扔的气球个数，其可视程序以每秒一个气球的速率显示气球的逐个下落。该函数返回气球所击中的 Posn 的链表。

提示

（1）一种可能的数据表示是：

```
(define-struct pair [balloon# lob])
; Pair 是结构体(make-pair N List-of-posns)
; List-of-posns 是下列之一：
; -- '()
; -- (cons Posn List-of-posns)
; 解释：(make-pair n lob)表示必须扔出 n 个气球，并加到 lob 之中
```

（2）big-bang 表达式确实是一种表达式。将其嵌套在另一个表达式中是合法的。

（3）回忆一下，random 创建随机数。■

9.6 关于链表和集合

本书假设读者能直观地理解集合是初级语言值集。5.7 节特别指出，数据定义为一个初级语

言值的集合引入了名称。书中也一直在问关于集合的问题，即某个元素是否在某个给定的集合中。例如，4 是数值（在数值集合中），而"four"不是。本书还展示了如何使用数据定义来检查某个已值是否是某个已命名集合的成员，以及如何使用某个数据定义来生成集合的样本元素，但这两个过程讨论的都是数据定义，而本质上并没有讨论集合。

与此同时，链表代表了值的集合。因此，你可能想知道，链表和集合之间的区别是什么，或者这是否是一个不必要的区别。本节我们就来讨论这个问题。

目前，集合和链表之间的主要区别在于，前者是我们用来讨论代码设计步骤的概念，后者是我们选择的编程语言（初级语言）中的许多数据形式之一。在我们的对话中，这两个概念位于稍微不同的层面。但是，鉴于数据定义在初级语言内部引入了实际信息的数据表示，并且集合是信息集，现在我们可以问，如何将集合表示为初级语言内部的数据①。

虽然链表在初级语言中有特殊的地位，而集合没有，但同时集合又有点类似于链表。关键的区别在于，程序通常对这两种形式的数据使用不同的函数。初级语言为链表提供了一些基本的常量和函数（如 empty、empty?、cons、cons?、first、rest）以及一些可以自己定义的函数（如 member?、length、remove、reverse 等）。下面是你可以定义但初级语言不包含的函数的一个示例。

```
; List-of-string String -> N
; 确定 s 在 los 中出现的频次
(define (count los s)
  0)
```

停一下！完成这个函数的设计。

我们以一种简单而直接的方式来进行，认为集合基本上就是链表就可以了。而且，为了进一步简化，本节中我们只讨论数值链表。如果我们接受目前只关注某个数值是否是集合的一部分，那么几乎可以立即清楚地想到，我们可以有**两种**不同的方式用链表来表示集合。

图 9-12 给出了两种数据定义。两者的意思基本上都是，集合可以表示为数值的链表。不同之处在于，右侧的定义带有一个约束，即链表中的数值不会出现多于一次。毕竟，关于集合我们关心的关键问题是，集合中是否存在某个值，而它在集合中出现一次、两次或三次都没有区别。

; *Son.L* 是以下之一： ; -- empty ; -- (cons Number Son.L) ; ; 如果要同时表示 Son.L（左）和或者 Son.R（右）， ; 我们使用 *Son*	; Son.R 是以下之一： ; -- empty ; -- (cons Number Son.R) ; ; **约束**：如果 s 是 Son.R， ; 同一个数值在 s 中不会出现两次

图 9-12 集合的两种数据表示

无论选择哪个定义，两个重要概念都可以这样定义：

```
; Son
(define es '())

; Number Son -> Boolean
; x 是否在 s 中
(define (in? x s)
  (member? x s))
```

前者是**空集**，两种情况下都通过空链表表示。后者是成员资格测试。

---

① 大多数成熟的语言直接支持列表和集合的数据表示。

构建更大集合的一种方法是使用 cons 和上述定义。假设我们希望构建包含 1、2 和 3 的集合的（数据）表示。一个这样的表示是：

```
(cons 1 (cons 2 (cons 3 '())))
```

这对两种数据表示都适用。但

```
(cons 2 (cons 1 (cons 3 '())))
```

就不是这个集合的（数据）表示了吗？或者

```
(cons 1 (cons 2 (cons 1 (cons 3 '()))))
```

呢？答案必须是肯定的，只要我们主要关注的是数值是否在集合中。尽管如此，虽然 cons 的顺序无关紧要，但右侧数据定义中的约束表明最后那个链表不是 Son.R，因为它包含了两次 1。

两种数据定义之间的差异会在设计函数时体现出来。假设我们需要一个从集合中移除数值的函数。同时适用于两种表示的愿望清单条目如下：

```
; Number Son -> Son
; 从 s 中减去 x
(define (set- x s)
  s)
```

目的声明中使用了“减去”一词，因为这正是逻辑学家和数学家在使用集合时所用的词。

图 9-13 给出了结果。左右两列有两处差异。

（1）左列的测试使用了两次包含 1 的链表，而右列测试使用单个 cons 表示相同的集合。

（2）正是由于上面的这个差异，左列的 set-必须使用 remove-all，而右列的 set-使用 remove 就够了。

左列	右列

; Number Son.L -> Son.L
; 从 s 中移除 x
(define s1.L
  (cons 1 (cons 1 '())))
 	
(check-expect
  (set-.L 1 s1.L) es)
 	
(define (set-.L x s)
  (remove-all x s))
	; Number Son.R -> Son.R
	; 从 s 中移除 x
	(define s1.R
	  (cons 1 '()))
	
	(check-expect
	  (set-.R 1 s1.R) es)
	
	(define (set-.R x s)
	  (remove x s))

图 9-13 集合的两种数据表示的函数

停一下！在继续阅读并尝试使用代码之前，先将其复制到 DrRacket 的定义区，并确保测试通过。

图 9-13 中一个不太好的方面是：测试使用了 es（一个普通链表）作为期望结果。这个问题乍一看似乎很小。但考虑下面的示例：

```
(set- 1 set123)
```

其中 set123 以下面两种方式之一表示包含 1、2 和 3 的集合：

```
(define set123-version1
  (cons 1 (cons 2 (cons 3 '()))))

(define set123-version2
  (cons 1 (cons 3 (cons 2 '()))))
```

无论我们选择哪种表示法，都会对 (set- 1 set123) 求值为以下两个链表中的一个：

```
(define set23-version1
  (cons 2 (cons 3 '())))

(define set23-version2
  (cons 3 (cons 2 '())))
```

但我们无法预测 set-会给出这两种结果中的哪一种。

对只有两种可能结果的简单情况，可以使用测试工具 check-member-of，例如：

```
(check-member-of (set-.v1 1 set123.v1)
                 set23-version1
                 set23-version2)
```

如果期望的集合中包含 3 个元素，那么存在 6 种可能的变体，这还没有包括左侧的数据定义所允许的、包含重复元素的情形。

解决这个问题需要结合两个想法。首先，回想一下，set-真正做的是，确保输入的元素不会出现在结果中。我们简单地将示例转化为测试的方式并没有体现出这一想法。其次，使用初级语言中的 check-satisfied 测试工具，我们可以准确地描述这一想法。

独立章节 1 中简要提及了 check-satisfied，概括地说，这一工具判断某个表达式是否满足某个属性。属性是从值到布尔值的函数。在这个特定的示例中，我们希望表达 1 不是某个集合的成员：

```
; Son -> Boolean
; 如果 1 是 s 的成员则#true；否则#false
(define (not-member-1? s)
  (not (in? 1 s)))
```

使用 not-member-1?，可以将测试案例表达为：

```
(check-satisfied (set- 1 set123) not-member-1?)
```

这个变体清楚地说明了该函数应该完成的任务。更好的是，这种表达方式根本不依赖于输入或输出集合的表示方式。

总而言之，链表和集合是相关的概念，因为它们都关于值集，但它们也有很大不同：

属性	链表	集合
成员资格	属性之一	关键属性
顺序	有序	无序
（元素的）出现次数	有意义	无意义
大小	有限但任意	有限或无限

该表格的最后一行提到了一个新的想法，也是一个显而易见的想法。本书中提到的许多集合都是无限大的，例如数值、字符串以及 List-of-strings。相反，链表**总是**有限大的，尽管它也可以包含任意数量的项。

总而言之，本节解释了集合和链表之间的本质区别，还介绍了两种不同的用有限链表来表示有限集合的方式。初级语言的表达力不足以表示无限集合。习题 299 会引入完全不同的集合表示，可以用来表示无限集合。然而，实际的编程语言如何表示集合的问题超出了本书的范围。

习题 160 设计函数 set+.L 和 set+.R，分别对应（图 9-12 中）左侧和右侧的数据定义，向给定的集合 s 添加数值 x 以创建新集合。■

第 10 章　再谈链表

链表是一种多用途的数据形式，几乎所有的语言都提供。程序员们使用它们来构建大型应用程序、人工智能、分布式系统等。本章介绍一些这样的概念，包括创建链表的函数、涉及包含结构体的链表的数据表示，以及将文本文件表示为链表。

10.1　生成链表的函数

下面是确定时薪制员工工资的函数：

```
; Number -> Number
; 计算 h 小时工作所得的工资
(define (wage h)
  (* 12 h))
```

它读入工作的小时数并给出工资。但是，希望使用工资单软件的公司对此函数不感兴趣。它想要的是能计算所有员工工资的程序。

称这个新函数为 wage*，其任务是处理所有员工的工作时间并确定每个员工的工资。为简单起见，我们假设输入是数值链表，每个数值代表一个员工工作的小时数，期望的结果是周工资的链表，也用数值链表表示。

由于已经有了输入和输出的数据定义，我们可以立即进入设计的第二步：

```
; List-of-numbers -> List-of-numbers
; 由每周工作时间计算周工资
(define (wage* whrs)
  '())
```

接下来，我们需要一些输入示例和相应的输出。所以这里编写了一些代表每周小时数的短数值链表：

输入	期望输出
'()	'()
(cons 28 '())	(cons 336 '())
(cons 4 (cons 2 '()))	(cons 48 (cons 24 '()))

要计算输出，我们需要确定输入链表中每个数值对应的周工资。对于第一个示例，输入链表中没有数值，因此输出为'()。确保自己了解第二个和第三个期望输出是如何得来的。

鉴于 wage*输入的数据类型和第 8 章中的其他几个函数的输入类型相同，而模板仅依赖于数据定义的形状，我们可以复用其模板：

```
(define (wage* whrs)
  (cond
    [(empty? whrs) ...]
    [else (... (first whrs) ...
           ... (wage* (rest whrs)) ...)]))
```

如果你需要练习模板的开发，则使用图 9-2 中的问题。

接下来是设计步骤中最具创意的一步。遵照设计诀窍，我们单独考虑模板中的每个 cond 行。对于非递归的情况，(empty? whrs)为真，表明输入为'()。上面的示例表明，所需的答案也是'()，这一步就完成了。

在第二个子句中，设计所需的问题要求我们说明模板中每个表达式所计算的内容：

- (first whrs)给出 whrs 中的第一个数值，这是第一个工作小时数；
- (rest whrs)是输入链表的其余部分；
- (wage* (rest whrs))表示其余部分由我们正在定义的函数来处理。与往常一样，我们使用其签名和目的声明来算出此表达式的结果。签名告诉我们，它是一个数值链表，目的声明则解释了此链表代表其输入所对应的工资链表，而输入是工作小时数链表的其余部分。

这里的关键是，你需要依赖这些事实来编写计算结果的表达式，即使此时函数尚未定义。

由于我们已经有了除 whrs 的第一项之外的工资链表，因此该函数必须执行两个计算以产生**整个** whrs 的期望输出：计算(first whrs)的周工资，以及构建代表所有 whrs 周工资的链表。对于第一个计算，我们复用 wage。对于第二个计算，我们使用 cons 将两者合并为一个链表：

```
(cons (wage (first whrs)) (wage* (rest whrs)))
```

至此定义就完成了，如图 10-1 所示。

```
; List-of-numbers -> List-of-numbers
; 根据每周的工作时间，计算全部人员的周工资
(define (wage* whrs)
  (cond
    [(empty? whrs) '()]
    [else (cons (wage (first whrs)) (wage* (rest whrs)))]))

; Number -> Number
; 计算 h 小时工作的工资
(define (wage h)
  (* 12 h))
```

图 10-1 计算所有员工的工资

习题 161 将示例转换为测试，并确保它们都通过。然后修改图 10-1 中的函数，使每个人的时薪都变为 14 美元。接下来修改整个程序，使得改变时薪是对**整个**程序的单一修改，而不是多处修改。■

习题 162 没有人能每周工作 100 小时以上。为了保护公司免受欺诈，wage*函数应当检查输入链表中的项是否超过 100。如果有超过的，应当立即报错。如果想要实现这项实际情况的检查，我们需要如何修改图 10-1 中的函数？[①]■

习题 163 设计 convertFC。该函数将华氏温度链表转换为摄氏温度链表。■

习题 164 设计函数 convert-euro，它将美元金额链表转换为欧元金额链表。从网上查找当前汇率。

将 convert-euro 一般化为 convert-euro*函数，它读入汇率和美元金额链表，并将后者转换为欧元金额链表。■

① 给出设计诀窍中的各个步骤。如果遇到困难，则依据设计诀窍向其他人展示你的成果。设计诀窍不仅是帮助你使用的工具，它还是一个诊断系统，以便其他人可以帮助自己。

习题 165　设计函数 subst-robot，它读入玩具描述（一个单词的字符串）的链表，将其中所有"robot"替换为"r2d2"，其他的所有描述都保持不变。

将 subst-robot 一般化为 substitute。它读入 new 和 old 两个字符串，以及一个字符串链表，用 new 替换所有的 old，从而生成一个新的字符串链表。■

10.2 链表中的结构体

将周工作时间表示为数值是一个糟糕的选择，因为打印工资单时需要的信息不只包括周工作小时数。此外，并非所有员工每小时都能获得相等数额的薪资。好在链表中可以包含原子值以外的项，实际上，链表中可以放入任何需要的值，尤其是结构体。

我们这里的示例正需要这样的数据表示。将数值改为代表员工以及他们的工作小时数和时薪的结构体：

```
(define-struct work [employee rate hours])
; Work 是结构体
;     (make-work String Number Number)
; 解释：(make-work n r h)将员工姓名 n、时薪 r 和工作小时数 h 结合起来
```

虽然这种表示仍非常简单，但足以形成一个额外的挑战，因为它迫使我们为包含结构体的链表编写数据定义：

```
; Low（list of works 的简称）是以下之一：
; -- '()
; -- (cons Work Low)
; 解释：Low 的实例表示许多员工的工作小时数
```

下面是 Low 的 3 个元素：

```
'()
(cons (make-work "Robby" 11.95 39)
      '())
(cons (make-work "Matthew" 12.95 45)
      (cons (make-work "Robby" 11.95 39)
            '()))
```

使用数据定义来解释一下为什么这些数据属于 Low。

停一下！使用数据定义生成另外两个示例。

知道了 Low 的定义是有意义的，现在是时候重新设计 wage*函数，以便它读入 Low 的元素，而不仅是数值链表：

```
; Low -> List-of-numbers
; 计算输入记录的周工资
(define (wage*.v2 an-low)
  '())
```

函数名末尾的后缀“.v2”[①]告知阅读代码的人，这是该函数的第二个修订版本。在这个示例中，修订后的函数有了新的签名和改写的目的声明。函数头与之前的相同。

设计诀窍的第三步是研究一个示例。我们从上面的第二个链表开始。它包含一条工作记录，即(make-work "Robby" 11.95 39)。它的解释是，"Robby"工作了 39 小时，他的时薪是每小时 11.95 美元。因此，他本周的工资是 466.05 美元，也就是(* 11.95 39)。所以，

① 在处理真实世界中的项目时，人们不使用这种后缀，取而代之的做法是使用工具来管理不同版本的代码。

wage*.v2 的期望结果是(cons 466.05 '())。当然，如果输入链表包含两条工作记录，那么我们将执行两次这样的计算，结果将是两个数值的链表。停一下！确定上面第三个数据示例的预期结果。

关于数值 记住，与其他大多数编程语言不同，初级语言将十进制小数理解为精确分数。例如，诸如 Java 之类的语言会将为第一条工作记录的预期工资计算为 466.04999999999995。由于无法预测十进制小数上的操作何时会以这种奇怪的方式表现，因此最好将这样的示例写成

```
(check-expect
  (wage*.v2
    (cons (make-work "Robby" 11.95 39) '()))
  (cons (* 11.95 39) '()))
```

只是为其他编程语言做好准备。当然，用这种风格来编写示例也意味着你已经真正弄清楚如何计算工资。

接下来我们继续模板的开发。如果使用关于模板的问题，你很快就会得到：

```
(define (wage*.v2 an-low)
  (cond
    [(empty? an-low) ...]
    [(cons? an-low)
     (... (first an-low) ...
      ... (wage*.v2 (rest an-low)) ...)]))
```

数据定义由两个子句组成，它在第一个子句中引入了'()，在第二个子句中引入了 cons 的结构体，等等。读者也会意识到自己对输入的了解要比这个模板所表达的多得多。例如，我们知道(first an-low)从链表中提取出 3 个字段的结构体。这似乎表明，可以在模板中增加 3 个表达式：

```
(define (wage*.v2 an-low)
  (cond
    [(empty? an-low) ...]
    [(cons? an-low)
     (... (first an-low) ...
      ... ... (work-employee (first an-low)) ...
      ... ... (work-rate (first an-low)) ...
      ... ... (work-hours (first an-low)) ...
      (wage*.v2 (rest an-low)) ...)]))
```

这样模板就列出了**所有**可能相关的数据。

这里我们会使用另一种策略。具体来说，我们建议，每当为引用其他数据定义的数据定义开发模板时，**创建并引用单独的函数模板**：

```
(define (wage*.v2 an-low)
  (cond
    [(empty? an-low) ...]
    [(cons? an-low)
     (... (for-work (first an-low))
      ... (wage*.v2 (rest an-low)) ...)]))

; Work -> ???
; 用于处理 Work 元素的模板
(define (for-work w)
  (... (work-employee w) ...
   ... (work-rate w) ...
   ... (work-hours w) ...))
```

模板的拆分导致工作自然地被划分到不同的函数中，其中的每个函数都不会变得太长，并

且每个函数都只与特定的数据定义相关。

终于，我们准备好进行编程了。与往常一样，我们从简单的子句开始，这里就是第一个 cond 行。如果对'()调用 wage*.v2，期望的返回就是'()，这个确定了。接下来处理第二行，并提醒自己这些表达式计算的内容：

(1) (first an-low)从链表中提取出第一个 work 结构体；

(2) (for-work w)表明我们希望设计一个处理 work 结构体的函数；

(3) (rest an-low)从链表中提取出其余部分；

(4) 按照函数的目的声明，(wage*.v2 (rest an-low))求出除第一条 work 记录以外的所有 work 记录的工资链表。

如果遇到了困难，就使用图 9-4 中的表格方法。

如果理解了这一切，你会发现将两个表达式 cons 在一起就足够了：

```
... (cons (for-work (first an-low))
          (wage*.v2 (rest an-low))) ...
```

假设 for-work 计算第一条工作记录的工资。简而言之，通过在函数的愿望清单中添加另一个条目，我们完成了这个函数的设计。

for-work 是一个名称，这里起占位符的作用，不过这个名称对于函数并不适合，所以我们改称其为 wage.v2 并写出完整的愿望清单条目：

```
; Work -> Number
; 计算输入工作记录 w 的工资
(define (wage.v2 w)
  0)
```

第一部分已经详细讨论过这种函数的设计，因此这里不做任何额外的解释。图 10-2 给出了设计 wage.v2 和 wage*.v2 的最终结果。

```
; Low -> List-of-numbers
; 用所有的周工作记录计算周工资

(check-expect
  (wage*.v2 (cons (make-work "Robby" 11.95 39) '()))
  (cons (* 11.95 39) '()))

(define (wage*.v2 an-low)
  (cond
    [(empty? an-low) '()]
    [(cons? an-low) (cons (wage.v2 (first an-low))
                          (wage*.v2 (rest an-low)))]))

; Work -> Number
; 计算输入工作记录 w 的工资
(define (wage.v2 w)
  (* (work-rate w) (work-hours w)))
```

图 10-2 计算工作记录的工资

习题 166 wage*.v2 函数读入工作记录的链表并生成数值链表。当然，函数也可以生成结构体的链表。

为工资单开发数据表示。假设工资单包含两个独立的信息：员工的姓名和薪资金额。然后设计函数 wage*.v3，它读入工作记录的链表，并以此计算工资单的链表，每条记录一个工资单。

在现实中，工资单中也包含员工编号。为员工信息开发数据表示，然后更改工作记录的数据定义，使其使用员工信息而不仅是员工姓名的字符串。此外，也更改工资单的数据表示，使其也包含员工的姓名和编号。最后，设计 wage*.v4，该函数将修改后的工作记录链表映射为修改后的工资单链表。

关于迭代细化 这一习题演示了任务的迭代细化。我们不是一开始就使用包含所有相关信息的数据表示，而是从简单的工资单表示开始，然后逐渐使表示变得现实。对于这个简单的程序，这种细化有点过度了，稍后我们将遇到更复杂的情况，那时，迭代细化就不仅是一种选择，而是必需的了。■

习题 167 设计函数 sum，它读入 Posn 的链表并生成所有其 *x* 坐标的总和。■

习题 168 设计函数 translate。它读入并返回 Posn 链表。对于输入中的每个 (make-posn x y)，输出中应包含 (make-posn x (+ y 1))。我们从几何中借用了“translate”这个词，其意思是平移，即将一个点沿直线移动恒定的距离。■

习题 169 设计函数 legal。与习题 168 中的 translate 一样，该函数读入并生成 Posn 链表。结果包含所有那些 *x* 坐标在 0 到 100 之间并且 *y* 坐标在 0 到 200 之间的 Posn。■

习题 170 一种表示电话号码的方法是：

```
(define-struct phone [area switch four])
; Phone 是结构体：
;     (make-phone Three Three Four)
; Three 是 100 和 999 之间的数值
; Four 是 1000 和 9999 之间的数值
```

设计函数 replace，它读入并生成 Phone 链表，将所有出现的区域代码 713 替换为 281。■

10.3 链表中链表以及文件

第 2 章中介绍了 read-file，该函数将整个文本文件作为字符串读入[①]。换句话说，read-file 的创建者选择将文本文件表示为字符串，并用该函数创建特定文件（由名称指定）的数据表示。但是，文本文件并不是普通的长文本或字符串。它们可以是组织成行和单词、列和单元格，还有其他许多方式。简而言之，将文件内容表示为普通字符串可能在极少数情况下有效，但通常不是好的选择。

具体来说，看一下图 10-3 中的示例文件。它包含 Piet Hein 的一首诗，诗由许多行和单词组成。当使用程序

```
(read-file "ttt.txt")
```

将此文件转换为初级语言字符串时，会得到

```
"TTT\n \nPut up in a place\nwhere ...."
```
[②]

其中字符串里的"\n"表示换行符。

```
TTT                                  ttt.txt

Put up in a place
where it's easy to see
the cryptic admonishment
T.T.T.

When you feel how depressingly
slowly you climb,
it's well to remember that
Things Take Time.

Piet Hein
```

图 10-3 Things take time

虽然确实可以使用针对字符串的基本运算（如 explode 函数）来拆分此字符串，但大多数编程语言（包括初级语言）支持文件的多种不同表示，并提供了从现有文件创建各种表示的函数：

① 在定义区添加(require 2htdp/batch-io)。

② 正如你猜测的那样，点不是结果的一部分。

- 表示这个文件的一种方法视其为行的链表，每行表示为一个字符串：

```
(cons "TTT"
  (cons ""
    (cons "Put up in a place"
      (cons ...
        '()))))
```

  这里，链表的第二项是空字符串，因为该文件中包含空行。

- 另一种方法是使用单词的链表，每个单词表示为一个字符串：

```
(cons "TTT"
  (cons "Put"
    (cons "up"
      (cons "in"
        (cons ...
          '())))))
```

  注意，在这种表示中，空的第二行消失了。毕竟，空行上没有任何文字。

- 第三种表示法是使用单词链表的链表：

```
(cons (cons "TTT" '())
  (cons '()
    (cons (cons "Put"
                (cons "up"
                  (cons ... '())))
      (cons ...
        '()))))
```

  这种表示法优于第二种，因为它保留了文件的组织，包括第二行的空行。代价是突然出现了链表中链表。

虽然包含链表的链表这一想法最初听起来很可怕，但不必担心。设计诀窍可以帮助解决这样的复杂问题。

在开始之前，先看一下图 10-4。它介绍了许多有用的文件读取函数。该图并不全面，还有许多其他方法可以处理文件中的文本，要处理所有可能的文本文件就需要了解更多。对于我们这里的目的——教授和学习系统的程序设计的原则——这些就足够了，使用它们能够设计出相当有趣的程序。

```
; String -> String
; 以字符串的形式返回文件 f 的内容
(define (read-file f) ...)

; String -> List-of-string
; 以字符串链表的形式返回文件 f 的内容，每行一个字符串
(define (read-lines f) ...)

; String -> List-of-string
; 以字符串链表的形式返回文件 f 的内容，每个单词一个字符串
(define (read-words f) ...)

; String -> List-of-list-of-string
; 以字符串链表的链表形式返回文件 f 的内容，每行一个链表，每个单词一个字符串
(define (read-words/line f) ...)

; 上述函数读入 String 参数形式的文件名。
; 如果程序所在的文件夹中不包含指定名称的文件，它们会报错
```

图 10-4　读文件

图 10-4 中用到了两个尚不存在的数据定义的名称，其中一个涉及包含链表的链表。与往常一样，我们从数据定义开始，但这次我们将此任务留给读者。因此，在继续阅读之前，完成以下习题。要完全理解图 10-4，就需要这些习题的解，而且如果不完成这些习题，你将无法真正理解本节的后续部分。

习题 171 你知道 List-of-strings 的数据定义是什么样的，将其写出来。确保可以将 Piet Hein 的诗作为定义的实例，分别将每行表示为一个字符串，以及将每个单词表示为一个字符串。使用 `read-lines` 和 `read-words` 来确认表示正确。

接下来开发 *List-of-list-of-strings* 的数据定义。再将 Piet Hein 的诗作为定义的一个实例，其中每行被表示为一个字符串链表，每个单词一个字符串，全诗是这种行表示的链表。可以使用 `read-words/line` 来确认表示正确。■

你可能知道，操作系统附带了测量文件的程序。有计算行数的，还有计算每行出现单词数的。我们从后者开始，以说明设计诀窍如何帮助设计复杂函数。

第一步是确保我们拥有所有必要的数据定义。如果你完成了上述练习，就已经有所需函数所有可能输入的数据定义了，上一节我们定义了 List-of-numbers，它描述了所有可能的输出。为简短起见，我们用 LLS 来表示字符串链表的链表类，并用它来写出所需函数的头部信息：

```
; LLS -> List-of-numbers
; 确定每行的单词数
(define (words-on-line lls) '())
```

我们将该函数命名为 `words-on-line`，因为它以短语的形式恰当地获取了函数的目的声明。

但我们真正需要的是一组**数据示例**：

```
(define line0 (cons "hello" (cons "world" '())))
(define line1 '())

(define lls0 '())
(define lls1 (cons line0 (cons line1 '())))
```

前两个定义引入了两个行的示例：一行包含两个单词，另一行不包含任何内容。后两个定义显示了如何从这些行的示例构造 LLS 的实例。确定函数输入这两个示例时的预期结果。

有了数据示例，就很容易编写函数示例，只需想象将函数应用于每个数据示例。将 `words-on-line` 应用于 `lls0`，应该返回空链表，因为没有任何的行。将 `words-on-line` 应用于 `lls1`，应该得到两个数值的链表，因为有两行。这两个数值分别为 `2` 和 `0`，因为 `lls1` 中的两行分别包含两个单词和没有单词。

将所有这些转换为测试用例：

```
(check-expect (words-on-line lls0) '())
(check-expect (words-on-line lls1)
              (cons 2 (cons 0 '())))
```

第二步到此结束，我们已经获得了完整的程序，尽管运行它会导致一些测试用例的失败。

对于这个示例问题，有意思的步骤是模板的开发。只需回答图 9-2 中关于模板的问题，就可以立即获得通常的链表处理模板：

```
(define (words-on-line lls)
  (cond
    [(empty? lls) ...]
```

```
    [else
     (... (first lls) ; a list of strings
      ... (words-on-line (rest lls)) ...)]))
```

和上节一样，我们知道表达式(first lls)提取了 List-of-strings，它本身也有复杂的结构。一种冲动是在这里插入嵌套的模板来表达这一点，但是你应该记得，更好的办法是开发另一个辅助模板，并在第二个条件中更改第一行以便引用该辅助模板。

由于此辅助模板用的是处理链表的函数，因此该模板看起来几乎与前一个模板完全相同：

```
(define (line-processor ln)
  (cond
    [(empty? lls) ...]
    [else
     (... (first ln) ; a string
      ... (line-processor (rest ln)) ...)]))
```

重要的区别是(first ln)从链表中提取字符串，而我们将字符串视为原子值。有了这个模板，我们可以将 words-on-line 中第二个子句的第一行改为

```
... (line-processor (first lls)) ...
```

这提醒我们在第五步定义 words-on-line 时可能需要设计辅助函数。

现在是时候编程了。与往常一样，我们使用图 9-3 中的问题来指导此步骤。第一个子句，处理空行表，是容易处理的情况。示例告诉我们，在这种情况下答案是'()，即空的数值链表。第二个子句，处理 cons，它包含几个表达式，我们首先提醒自己它们所计算的内容：

- (first lls)从（表示）行的非空链表中提取第一行；
- (line-processor (first lls))建议我们可能需要设计辅助函数来处理这一行；
- (rest ln)是行链表的其余部分；
- (words-on-line (rest lls))为链表的其余部分计算每行字数。我们是如何知道的呢？words-on-line 的签名和目的声明承诺它会做到。

假设我们可以设计读入行并计算这行单词数的辅助函数——称之为 words#，第二个条件（子句）就很容易完成：

```
(cons (words# (first lls))
      (words-on-line (rest lls)))
```

这一表达式将 lls 第一行中的单词数量 cons 到表示 lls 其余行中的单词数量的数值链表上。

还需要设计 words#函数，它的模板是 line-processor，函数的目的是计算一行中的单词数量，而行只是字符串链表。所以愿望清单中的条目是：

```
; List-of-strings -> Number
; 计算 los 中的单词数量
(define (words# los) 0)
```

到这里，你可能会想到，第 9 章中为了说明使用自引用数据定义的设计诀窍所使用的示例。该函数称为 how-many，它也计算字符串链表中的字符串数量。虽然 how-many 的输入代表的是名单列表，但这种差异并不重要，只要它能正确地计算字符串链表中的字符串的数量，how-many 就解决了这里的问题。

既然复用现有函数是好事，那么可以将 words#定义为

```
(define (words# los)
  (how-many los))
```

然而，实际上，编程语言已经提供了解决这种问题的函数。初级语言中此函数称为 length，它

计算任何链表中的值的数量，而不管值是什么[①]。

图 10-5 总结了示例问题的完整设计。图中包含了两个测试用例。另外，words-on-line 的定义没有使用独立的 words#函数，而是简单地调用了初级语言自带的 length 函数。在 DrRacket 中试验这个定义，并确保两个测试用例覆盖了整个函数定义。

只需一小步，就可以设计我们的第一个文件工具：

```
; String -> List-of-numbers
; 计算输入文件中每行的单词数量
(define (file-statistic file-name)
  (words-on-line
    (read-words/line file-name)))
```

它只是将 words-on-line 编成了库函数。这个函数将文件读取为 List-of-list-of-strings，然后将该值传递给 words-on-line。

```
; LLS 是以下之一：
; -- '()
; -- (cons Los LLS)
; 解释：行的链表，每行都是字符串的链表

(define line0 (cons "hello" (cons "world" '())))
(define line1 '())

(define lls0 '())
(define lls1 (cons line0 (cons line1 '())))

; LLS -> List-of-numbers
; 求每行的单词数量

(check-expect (words-on-line lls0) '())
(check-expect (words-on-line lls1) (cons 2 (cons 0 '())))

(define (words-on-line lls)
  (cond
    [(empty? lls) '()]
    [else (cons (length (first lls))
                (words-on-line (rest lls)))]))
```

图 10-5　计算行中的单词数量

结合新设计的函数和内置函数的想法很常见。当然，人们不会随意地设计函数，然后指望当前编程语言中会有某些内容可以补充他们的设计。相反，程序设计人员提前规划，将函数设计为现有可用函数提供的**输出**。更一般地，如上述示例所述，常见的做法是将解决方案视为两个计算的组合，然后开发适合的数据集合，利用该数据集合将一个计算的结果传送给另一个计算，两个计算都用函数实现。

习题 172　设计函数 collapse，它将行的链表转换为字符串形式。字符串之间应该用空格（" "）分隔。行之间应该用换行符（"\n"）分隔。

挑战　完成后，使用如下程序：

```
(write-file "ttt.dat"
            (collapse (read-words/line "ttt.txt")))
```

要确保两个文件"ttt.dat"和"ttt.txt"完全相同，先删除 T.T.T 诗歌版本中所有无关

① 你可能希望查看初级语言附带的函数列表。有些函数可能初看并不清楚有什么作用，但可能会在即将出现的问题中变得有用。使用这些函数可以节省你的时间。

的空格。■

习题 173 设计程序从文本文件中删除所有的冠词。该程序接受文件的名称 n，读取文件，删除冠词，并将结果写入另一个文件，文件的名称是将 "no-articles-"与 n 连接的结果。对本习题来说，删除的是以下 3 个冠词："a"、"an"和"the"。

使用 read-words/line，以便保留原始文本的行和单词的结构。在设计程序时，在 Piet Hein 诗上运行。■

习题 174 设计以数字方式编码文本文件的程序。单词中的每个字母都应编码为 3 个数字字母的字符串，其值介于 0 到 256 之间。图 10-6 给出了单个字母的编码函数。在开始之前，请先解释这几个函数。

```
; 1String -> String
; 将输入的 1String 转换为 3 个数字字母的 String

(check-expect (encode-letter "z") (code1 "z"))
(check-expect (encode-letter "\t")
              (string-append "00" (code1 "\t")))
(check-expect (encode-letter "a")
              (string-append "0" (code1 "a")))

(define (encode-letter s)
  (cond
    [(>= (string->int s) 100) (code1 s)]
    [(< (string->int s) 10)
     (string-append "00" (code1 s))]
    [(< (string->int s) 100)
     (string-append "0" (code1 s))]))

; 1String -> String
; 将输入的 1String 转换为 String

(check-expect (code1 "z") "122")

(define (code1 c)
  (number->string (string->int c)))
```

图 10-6 字符串的编码

提示 （1）使用 read-words/line 以保留原始文本的行和单词的结构。（2）再次查阅 explode 的文档。■

习题 175 设计模拟 Unix 命令 wc 的初级语言程序。该命令的目的是计算给定文件中 1String、单词和行的数量。也就是说，该命令读入一个文件名，并生成由 3 个数值组成的值。■

习题 176 数学教师可能已经向读者介绍过矩阵计算了。原则上，矩阵就是指数值的矩形而已。下面是一种可能的矩阵的数据表示：

```
; Matrix 是以下之一：
;   - (cons Row '())
;   - (cons Row Matrix)
; 约束：矩阵中的所有行具有相同的长度

; Row 是以下之一：
;   - '()
;   - (cons Number Row)
```

注意矩阵的约束条件。研究数据定义，然后将由数值 11、12、21 和 22 组成的 2×2 矩阵转换为这种数据表示。停一下，在弄清楚数据示例之前请不要往下阅读。

刚才问题的解是：

```
(define row1 (cons 11 (cons 12 '())))
(define row2 (cons 21 (cons 22 '())))
(define mat1 (cons row1 (cons row2 '())))
```

如果你没有自己创建出这个解，那就研究一下吧。

图 10-7 中的函数实现了重要的矩阵数学运算：转置。转置是指沿对角线翻转整个矩阵，对角线是从左上角到右下角的直线。

```
; Matrix -> Matrix
; 沿对角线转置输入矩阵

(define wor1 (cons 11 (cons 21 '())))
(define wor2 (cons 12 (cons 22 '())))
(define tam1 (cons wor1 (cons wor2 '())))

(check-expect (transpose mat1) tam1)

(define (transpose lln)
  (cond
    [(empty? (first lln)) '()]
    [else (cons (first* lln) (transpose (rest* lln)))]))
```

图 10-7 矩阵的转置

停一下！手动转置 `mat1`，然后再看图 10-7。为什么 `transpose` 中问 `(empty? (first lln))`？

这个定义假设了两个辅助函数：

- `first*`，它读入矩阵并以数值链表的形式生成第一列；
- `rest*`，它读入矩阵并删除第一列。结果是一个矩阵。

即使缺少这些函数的定义，你也应该能够理解 `transpose` 的工作原理。你还应该了解，**无法**使用目前为止看到过的设计诀窍来设计此函数。解释一下原因。

设计愿望清单中的两个函数。然后用一些测试用例完成 `transpose` 的设计。■

10.4 再谈图形编辑器

5.10 节讨论了关于交互式单行图形编辑器的设计。它提出了两种不同的方式来表示编辑器的状态，并推荐读者探索这两种方式：包含一对字符串的结构体，或结合字符串与当前位置索引的结构体（参见习题 87）。

第三种方法是使用结合两个 1String 链表的结构体：

```
(define-struct editor [pre post])
; Editor 是结构体：
;   (make-editor Lo1S Lo1S)
; Lo1S 是下列之一：
; -- '()
; -- (cons 1String Lo1S)
```

在讨论为什么之前，我们先来编写两个数据示例：

```
(define good
  (cons "g" (cons "o" (cons "o" (cons "d" '())))))
```

```
(define all
  (cons "a" (cons "l" (cons "l" '()))))
(define lla
  (cons "l" (cons "l" (cons "a" '()))))

; 数据示例 1:
(make-editor all good)

; 数据示例 2:
(make-editor lla good)
```

这两个示例说明了明确写出解释的重要性。虽然编辑器的两个字段显然分别表示光标左侧和右侧的字母，但这两个示例表明，解释结构体类型至少有两种方式。

（1）`(make-editor pre post)`可以表示，`pre` 中的字母在光标左侧，`post` 中的字母在光标右侧，并且完整的文本是：

```
(string-append (implode pre) (implode post))
```

回想一下，`implode` 将 1String 链表转换为 String。

（2）`(make-editor pre post)`同样可以表示，`pre` 中的字母是光标左侧字母的**反序**。在这种情况下，编辑器中显示的完整文本是：

```
(string-append (implode (rev pre))
               (implode post))
```

函数 `rev` 必须读入 1String 链表并将其反序。

即使没有完整的 `rev` 定义，我们也可以想象它的工作原理。确保自己了解，根据前一个解释将第一个数据示例转换为信息，与根据后一个解释处理第二个数据示例，将得到相同的编辑器显示信息：

allgood

这两种解释都很不错，但事实证明，使用第二种解释能极大简化程序的设计。在本节的剩余部分我们将演示这一点，同时也说明如何在结构体内部使用链表。为了正确地理解课程，读者应该已经完成了 5.10 节中的习题。

我们从 `rev` 开始，因为显然需要这个函数来理解数据定义。它的头部信息很简单：

```
; Lols -> Lols
; 生成输入链表的倒序版本

(check-expect
  (rev (cons "a" (cons "b" (cons "c" '()))))
  (cons "c" (cons "b" (cons "a" '()))))

(define (rev l) l)
```

为了更好地理解，这里加入了一个“显然”的测试用例。你可能还需要添加一些额外的示例，以确保自己了解这里的内容。

`rev` 的模板就是普通链表模板：

```
(define (rev l)
  (cond
    [(empty? l) ...]
    [else (... (first l) ...
          ... (rev (rest l)) ...)]))
```

它有两个子句，第二个子句中有几个选择函数表达式以及一处自引用。

模板的第一个子句很容易填写：空链表的倒序版本还是空链表。对于第二个子句，我们还是回答这几个代码部分的问题：

- (first l)是 1String 链表中的第一项；
- (rest l)是链表的其余部分；
- (rev (rest l))是链表其余部分的倒序。

停一下！尝试使用这些提示完成 rev 的设计。

如果这些提示并不能很好地解决问题，记住使用示例来创建一张表格。图 10-8 给出了两个示例(cons "a" '())和(cons "a" (cons "b" (cons "c" '())))的表格。

图 10-8 中的第二个示例特别具有说明性。倒数第二列表明(rev (rest l))通过给出(cons "c" (cons "b" '()))完成了大部分工作。由于期望的结果是(cons "c" (cons "b" (cons "a" '()))),因此 rev 必须以某种方式将"a"添加到递归结果的末尾。确实，因为(rev (rest l))总是链表其余部分的倒序，所以显然将(first l)添加到链表的末尾就足够了。

l	(first l)	(rest l)	(rev (rest l))	(rev l)
(cons "a" '())	"a"	'()	'()	(cons "a" '())
(cons "a" (cons "b" (cons "c" '())))	"a"	(cons "b" (cons "c" '()))	(cons "c" (cons "b" '()))	(cons "c" (cons "b" (cons "a" '())))

图 10-8　rev 的问题表格

虽然我们没有将项添加到链表末尾的函数，但使用愿望清单就可以完成函数定义了：

```
(define (rev l)
  (cond
    [(empty? l) '()]
    [else (add-at-end (rev (rest l)) (first l))]))
```

下面是扩展的愿望清单中的 add-at-end 条目：

```
; Lo1s 1String -> Lo1s
; 通过将 s 添加到 l 的末尾来创建新链表

(check-expect
  (add-at-end (cons "c" (cons "b" '())) "a")
  (cons "c" (cons "b" (cons "a" '()))))

(define (add-at-end l s)
  l)
```

这是“扩展”了的部分，因为它还包含了以测试用例形式给出的示例。该示例源自 rev 的示例，实际上，它恰好是激发愿望清单条目的示例。在继续阅读之前，编写 add-at-end 读入空链表的示例。

由于 add-at-end 也是链表处理函数，因此模板只需重命名就可以了：

```
(define (add-at-end l s)
  (cond
    [(empty? l) ...]
    [else (... (first l) ...
           ... (add-at-end (rest l) s) ...)]))
```

为了完成函数定义，我们按照诀窍的第五步的问题来操作。第一个问题是为“基本”情况

编写答案，在这里就是第一个子句。只要完成了建议的练习，你就知道

```
(add-at-end '() s)
```

的结果永远是(cons s '())。毕竟，结果必须是一个链表，链表中必须包含输入的 1String。

接下来的两个问题涉及“复杂”或“自引用”的情况。我们知道第二个 cond 行中的表达式计算的内容：第一个表达式从输入链表中提取出第一个 1String，第二个表达式“通过将 s 添加到(rest l)的末尾创建一个新链表”。也就是说，目的声明决定了函数在这里必须给出什么。这里就很明显了，函数必须将(first l)加回到递归的结果中：

```
(define (add-at-end l s)
  (cond
    [(empty? l) (cons s '())]
    [else
     (cons (first l) (add-at-end (rest l) s))]))
```

运行测试形式的示例，以确保此函数正确，因此 rev 也可以正确运行。当然，你不应该惊讶地发现，初级语言已经提供了反转任何链表（包括 1String 链表）的函数。它被自然地称为 reverse。

习题 177 设计函数 create-editor。该函数读入两个字符串并生成 Editor。第一个字符串是光标左侧的文本，第二个字符串是光标右侧的文本。本节的后续部分依赖此函数。■

至此，你应该已经完全理解了单行图形编辑器的数据表示。遵循 3.6 节中交互式程序的设计策略，我们应该定义物理常量（如编辑器的宽度和高度），以及图形常量（如光标），如下所示：

```
(define HEIGHT 20) ; 编辑器的高度
(define WIDTH 200) ; 编辑器的宽度
(define FONT-SIZE 16) ; 字体大小
(define FONT-COLOR "black") ; 字体颜色

(define MT (empty-scene WIDTH HEIGHT))
(define CURSOR (rectangle 1 HEIGHT "solid" "red"))
```

但重要的是写出愿望清单，其中包含事件处理函数以及绘制编辑器状态的函数。回想一下，*2htdp/universe* 库规定了这些函数的头部信息：

```
; Editor -> Image
; 将编辑器呈现为由光标分隔的两个文本的图像
(define (editor-render e) MT)

; Editor KeyEvent -> Editor
; 处理键盘事件，输入是编辑器
(define (editor-kh ed ke) ed)(index "editor-kh")
```

此外，3.6 节还要求我们为程序写下主函数：

```
; main : String -> Editor
; 使用给定的初始字符串启动编辑器
(define (main s)
   (big-bang (create-editor s "")
     [on-key editor-kh]
     [to-draw editor-render]))
```

重读习题 177 以确定该程序的初始编辑器。

虽然接下来先解决哪个问题并不重要，但我们选择首先设计 editor-kh，然后设计 editor-render。因为已经有头部信息了，我们用两个示例来解释键盘事件处理函数的功能：

```
(check-expect (editor-kh (create-editor "" "") "e")
              (create-editor "e" ""))
```

```
(check-expect
  (editor-kh (create-editor "cd" "fgh") "e")
  (create-editor "cde" "fgh"))
```

这两个示例都说明当按下键盘上的字母“e”键会发生什么。计算机会针对编辑器的当前状态和"e"运行函数 editor-kh。在第一个示例中，编辑器是空的，那么结果就是后跟光标的只有字母"e"的编辑器。在第二个示例中，光标位于字符串"cd"和"fgh"之间，因此结果编辑器中光标位于"cde"和"fgh"之间。简而言之，这个函数总是将任何普通字母插入光标所在的位置。

在继续阅读之前，你应该为以下情况编写示例来说明 editor-kh 的工作原理：按下退格键（"\b"）删除某个字母时、"left"和"right"键或者其他方向键移动光标时。对于所有这些情况，分别考虑当编辑器为空时、当光标位于编辑器中非空字符串的左端或右端时，以及当光标位于字符串中间时，应该发生什么。即使这里没有使用区间，但为“极端”情况开发示例也是一个好主意。

有了测试用例，就可以开发模板了。对 editor-kh 来说，正在开发的函数读入两种复杂形式的数据：一种是包含链表的结构体，另一种是大量字符串的枚举。一般来说，这种设计情况需要对设计诀窍做进一步改进，但在这里，显然我们应该首先处理输入之一，也就是按键。

既然这样，模板就是一个大型的 cond 表达式，用于检查函数接收的 KeyEvent：

```
(define (editor-kh ed k)
  (cond
    [(key=? k "left") ...]
    [(key=? k "right") ...]
    [(key=? k "\b") ...]
    [(key=? k "\t") ...]
    [(key=? k "\r") ...]
    [(= (string-length k) 1) ...]
    [else ...]))
```

这个 cond 表达式并不完全匹配 KeyEvent 的数据定义，因为有些 KeyEvent 需要特殊处理（"left"、"\b"等），有些需要被忽略，因为它们是特殊键（"\t"和"\r"），还有些则应该被归为一组来处理（普通键）。

习题 178 解释 editor-kh 的模板为什么在检查字符串长度为 1 之前，处理"\t"和"\r"。■

第五步——函数的定义，我们分别处理条件语句中的每个子句。第一个子句需要移动光标并保留编辑器中的字符串内容。第二个子句也是如此。第三个子句要求删除编辑器的内容中的一个字母（如果有字母的话）。最后，第六个 cond 子句需要在光标位置添加字母。遵循第一个基本准则，我们使用扩展的愿望清单，想象每个任务都由一个函数来实现：

```
(define (editor-kh ed k)
  (cond
    [(key=? k "left") (editor-lft ed)]
    [(key=? k "right") (editor-rgt ed)]
    [(key=? k "\b") (editor-del ed)]
    [(key=? k "\t") ed]
    [(key=? k "\r") ed]
    [(= (string-length k) 1) (editor-ins ed k)]
    [else ed]))
```

从 editor-kh 的定义可以看出，4 个愿望清单函数中的 3 个具有相同的签名：

```
; Editor -> Editor
```

最后一个函数有 2 个参数，而不是 1 个：

```
; Editor 1String -> Editor
```

愿望清单的前三个函数留给读者自行实现，这里我们专注第四个函数。

从目的声明和函数头开始：

```
; 在 pre 和 post 之间插入 1String k
(define (editor-ins ed k)
  ed)
```

这个目的声明直接来自问题陈述。对于编写函数头，我们需要 Editor 的一个实例。既然 pre 和 post 是当前的 Editor，我们就直接使用它们。

下一步，我们使用 editor-kh 的示例来获得 editor-ins 的示例：

```
(check-expect
  (editor-ins (make-editor '() '()) "e")
  (make-editor (cons "e" '()) '()))

(check-expect
  (editor-ins
    (make-editor (cons "d" '())
                 (cons "f" (cons "g" '())))
    "e")
  (make-editor (cons "e" (cons "d" '()))
               (cons "f" (cons "g" '()))))
```

读者需要使用 Editor 的解释理解这些示例。也就是说，确保自己了解输入编辑器从信息的角度看表示什么意思，以及按照这些信息函数调用应该实现的内容。对于这个特定的情况，最好绘制编辑器的可视化表示，因为它可以很好地表示信息。

第四步需要开发模板。第一个参数保证是结构体，而第二个参数是字符串，它是一种原子数据。换句话说，模板只需从输入编辑器表示中提取出各部分来：

```
(define (editor-ins ed k)
  (... ed ... k ...
   ... (editor-pre ed) ...
   ... (editor-post ed) ...))
```

记住，模板中也要列出函数的参数，因为它们可以被用到。

通过模板和示例，可以相对容易地得出结论，即 editor-ins 应该使用输入编辑器的 pre 和 post 字段创建新的编辑器，同时将 k 添加到 pre 字段之前：

```
(define (editor-ins ed k)
  (make-editor (cons k (editor-pre ed))
               (editor-post ed)))
```

虽然 (editor-pre ed) 和 (editor-post ed) 都是 1Strings 的链表，但是这里不需要设计辅助函数。为了获得所需结果，使用 cons 创建链表就足够了。

此时，你需要做两件事。首先，运行此函数的测试。其次，使用 Editor 的解释，抽象地解释一下为什么这个函数执行了插入。如果这还不够，你还可以比较这个简单的定义与习题 84 中的定义，并找出为什么那里的定义需要辅助函数，而这里的定义不需要。

习题 179 设计下列函数：

```
; Editor -> Editor
; 如果可以的话，将光标向左移动一个 1String
(define (editor-lft ed) ed)

; Editor -> Editor
; 如果可以的话，将光标向右移动一个 1String
(define (editor-rgt ed) ed)
```

```
; Editor -> Editor
; 如果可以的话，删除光标左侧的一个 1String
(define (editor-del ed) ed)
```

这里的关键依旧是需要完成大量示例。■

设计 Editor 的显示功能带来了一些微小却新的挑战。第一步是开发足够多的测试用例。一方面，它要求覆盖所有可能的组合：光标左侧的空字符串、右侧的空字符串，以及两侧的字符串都为空。另一方面，它还需要对图像库提供的函数进行一些试验。具体来说，它需要一种方法来组合两个字符串并呈现为文本图像，它还需要一种方法将文本图像放置到空图像框（`MT`）中去。我们这样创建`(create-editor "pre" "post")`的图像：

```
(place-image/align
  (beside (text "pre" FONT-SIZE FONT-COLOR)
          CURSOR
          (text "post" FONT-SIZE FONT-COLOR))
  1 1
  "left" "top"
  MT)
```

如果将其与上文的编辑器图像进行比较，你会发现一些差异，这不算是问题，因为准确的布局对于本习题的目的并不重要，而且修改后的布局也没有改变问题的难度。不管怎么样，在 DrRacket 的交互区进行试验，以找到自己喜欢的编辑器显示方式。

现在可以开发模板了，显然可以得到的是：

```
(define (editor-render e)
  (... (editor-pre e) ... (editor-post e)))
```

输入的参数只是包含两个字段的结构体类型，但是，它们的值是 1Strings 的链表，你可能想改进模板。千万不要！相反，要记住，当数据定义引用另一个复杂的数据定义时，最好使用愿望清单。

如果已经完成了足够数量的示例，你还可以在愿望清单中知道自己需要的内容：将字符串转换为正确大小和颜色的文本的函数。我们将这个函数称为 `editor-text`。这样，`editor-render` 的定义只需要两次调用 `editor-text`，然后用 `beside` 和 `place-image` 组合其结果即可：

```
; Editor -> Image
(define (editor-render e)
  (place-image/align
    (beside (editor-text (editor-pre e))
            CURSOR
            (editor-text (editor-post e)))
    1 1
    "left" "top"
    MT))
```

尽管这个定义中嵌套表达式的深度为 3 层，但由于使用了想象中的 `editor-text` 函数，它还是具有相当的可读性。

剩下的任务就是设计 `editor-text`。通过 `editor-render` 的设计，我们知道 `editor-text` 读入 1Strings 链表并生成文本图像：

```
; Lo1s -> Image
; 将 1Strings 链表呈现为文本图像
(define (editor-text s)
  (text "" FONT-SIZE FONT-COLOR))
```

这个傀儡定义生成空文本图像。

我们通过一个示例来演示 editor-text 应该计算的内容。这个示例中的输入是

```
(create-editor "pre" "post")
```

这也是解释 editor-render 所用的示例，它等价于

```
(make-editor
  (cons "e" (cons "r" (cons "p" '())))
  (cons "p" (cons "o" (cons "s" (cons "t" '())))))
```

我们选择这里的第二个链表作为 editor-text 的示例输入。通过 editor-render 的示例，我们知道期望的结果是：

```
(check-expect
  (editor-text
   (cons "p" (cons "o" (cons "s" (cons "t" '())))))
  (text "post" FONT-SIZE FONT-COLOR))
```

在继续阅读之前，你也可以编写另一个示例。

既然 editor-text 的输入是 1Strings 链表，我们就可以毫不费力地写出模板：

```
(define (editor-text s)
  (cond
    [(empty? s) ...]
    [else (... (first s)
          ... (editor-text (rest s)) ...)]))
```

毕竟，模板由描述函数输入的数据定义所决定，但是，如果你理解并记住了 Editor 的解释，就不需要模板了。它使用 explode 将字符串转换为 1Strings 链表，所以，当然有一个 implode 函数执行相反的计算，即

```
> (implode
   (cons "p" (cons "o" (cons "s" (cons "t" '())))))
"post"
```

使用这个函数，通过函数体的示例得到 editor-text 的定义只是一小步：

```
(define (editor-text s)
  (text (implode s) FONT-SIZE FONT-COLOR))
```

习题 180 不使用 implode 设计 editor-text。■

当测试这两个函数时，真正的惊喜来了。虽然对 editor-text 的测试通过了，但对 editor-render 的测试失败了。对测试失败的检查表明，光标左侧的字符串"pre"反了。我们忘记了编辑器状态的这一部分是反序的。幸运的是，对两个函数的单元测试确定了错误在哪个函数上，甚至告诉我们该函数有什么问题，并建议了如何解决问题：

```
(define (editor-render ed)
  (place-image/align
    (beside (editor-text (reverse (editor-pre ed)))
            CURSOR
            (editor-text (editor-post ed)))
    1 1
    "left" "top"
    MT))
```

这个定义对 ed 的 pre 字段使用了 reverse 函数。

注意 现代应用程序允许用户使用鼠标（或其他基于手势的设备）定位光标。虽然原则上可以将此功能添加到编辑器中，但我们要等到 32.4 节再讨论此问题。

第 11 章　组合式设计

现在我们已经知道，程序是复杂的产品，设计程序需要将很多相互协作的函数组合起来。如果设计师知道什么情况下需要设计多个函数，也知道如何组合这些函数，那么这种协作就能生效。

我们已经数次遇到过需要设计多个互相关联的函数的情况了。有时候，问题陈述隐含几个不同的任务，每个任务都需要一个函数来实现。有时候，某个数据定义会引用另一个数据定义，这时，处理前一种数据的函数就会依赖处理后一种数据的函数。

本章中，我们来看几个需要设计多个函数组合的程序的示例。为了支持这种设计方式，本章会给出一些非正式的原则，告诉我们如何拆分和组合函数。因为这些示例涉及各种复杂形式的链表，本章就从链表的简洁表示法开始。

11.1　list 函数

到现在，你应该已经编写过很多个 cons 来创建一个链表了，尤其当链表中包含多个值的时候。好在我们还有更多的教学语言，能够提供一些机制来简化这方面程序员的工作。接下来我们使用“初级+简写的表”语言[①]。

这里最主要的创新是 list，它读入任意多个值，并以此创建链表。要理解 list，最简单的方式是将其看作一种简写。具体地说，

```
(list exp-1 ... exp-n)
```

形式的表达式代表了一连串的 n 个 cons 表达式

```
(cons exp-1 (cons ... (cons exp-n '())))
```

记住，这里的'()并不是链表中的某个项，而是链表的其余部分。下面来看 3 个示例：

简写	全称
`(list "ABC")`	`(cons "ABC" '())`
`(list #false #true)`	`(cons #false (cons #true '()))`
`(list 1 2 3)`	`(cons 1 (cons 2 (cons 3 '())))`

以上 3 行分别是 1 个、2 个和 3 个项组成的链表。

当然，我们不仅可以对值调用 list，也可以对表达式调用 list。

```
> (list (+ 0 1) (+ 1 1))
(list 1 2)
> (list (/ 1 0) (+ 1 1))
/:division by zero
```

在创建链表之前，必须先对这些表达式求值。如果在对某个表达式求值时出错了，那么就

① 你已经从初级语言的学习课程毕业了。是时候进入“语言”菜单，选择“初级+简写的表”来继续我们的学习了。

不可能形成链表。简单来说，`list` 的行为就和其他基本运算一样，它读入任意数量的参数，只是其返回值正巧是由 `cons` 组成的链表。

使用 `list` 形式极大地简化了链表的表示法，尤其是对于多个项的链表以及包含链表或者结构体的链表。我们来看一个示例：

```
(list 0 1 2 3 4 5 6 7 8 9)
```

这个链表包含 10 个项，如果使用 `cons` 来创建，需要使用 10 次 `cons` 以及一次`'()`实例。同理，链表

```
(list (list "bob" 0 "a")
      (list "carl" 1 "a")
      (list "dana" 2 "b")
      (list "erik" 3 "c")
      (list "frank" 4 "a")
      (list "grant" 5 "b")
      (list "hank" 6 "c")
      (list "ian" 7 "a")
      (list "john" 8 "d")
      (list "karel" 9 "e"))
```

只用了 11 次 `list`，这与原来需要使用 40 次 `cons` 以及 11 次`'()`相比，是极大的简化。

习题 181 用 `list` 来创建与这些链表等同的形式：

(1) `(cons "a" (cons "b" (cons "c" (cons "d" '()))))`

(2) `(cons (cons 1 (cons 2 '())) '())`

(3) `(cons "a" (cons (cons 1 '()) (cons #false '())))`

(4) `(cons (cons "a" (cons 2 '())) (cons "hello" '()))`

再试试这个：

```
(cons (cons 1 (cons 2 '()))
      (cons (cons 2 '())
            '()))
```

先来确定每个链表（以及嵌套的链表）中包含多少项。使用 `check-expect` 来表达结果，这可以保证你的简写结果和非简写结果是一样的。■

习题 182 使用 `cons` 和`'()`来创建与这些链表等同的形式：

(1) `(list 0 1 2 3 4 5)`

(2) `(list (list "he" 0) (list "it" 1) (list "lui" 14))`

(3) `(list 1 (list 1 2) (list 1 2 3))`

使用 `check-expect` 来表达结果。■

习题 183 有些情况下会同时使用 `cons` 和 `list` 来创建链表。

(1) `(cons "a" (list 0 #false))`

(2) `(list (cons 1 (cons 13 '())))`

(3) `(cons (list 1 (list 13 '())) '())`

(4) `(list '() '() (cons 1 '()))`

(5) `(cons "a" (cons (list 1) (list #false '())))`

只用 `cons` 或者只用 `list` 来重新表达这些链表。使用 `check-expect` 来表达结果。■

习题 184 确定以下表达式的值：

（1）`(list (string=? "a" "b") #false)`

（2）`(list (+ 10 20) (* 10 20) (/ 10 20))`

（3）`(list "dana" "jane" "mary" "laura")`

使用 check-expect 来表达结果。■

习题 185 在初级语言中我们已经学过 first 和 rest 了，但是“初级+简写的表”语言提供了更多选择函数。确定以下表达式的值：

（1）`(first (list 1 2 3))`

（2）`(rest (list 1 2 3))`

（3）`(second (list 1 2 3))`

参见相关文档，确定是否存在 third 和 fourth 函数。■

11.2 函数的组合

如第 3 章里所述，程序是由定义组成的，这些定义包括结构体类型定义、数据定义、常量定义以及函数定义[①]。为了帮助划分函数的功能，第 3 章还提出初步的原则：

> 为每个任务设计一个函数。对问题中量之间的每种依赖关系编写辅助函数定义。

这里我们介绍关于辅助函数的另一个原则：

> 为每个数据定义设计一个模板。当一个数据定义引用另一个数据定义时，编写辅助函数定义。

这一节我们来讨论设计过程中另一个可能需要辅助函数的步骤：定义，也就是从模板创建完整函数的那一步。将模板变成函数定义意味着将模板中各子表达式的值组合成最终的返回值。在这样做的过程中，你可能会遇到几种需要辅助函数的情形。

（1）如果值的组合需要某个特定应用领域（例如，叠加两幅（计算机）图像、会计、音乐或科学）的知识，则设计辅助函数。

（2）如果值的组合需要对现有的值分情况处理（例如，取决于某个数值为正、零或负）使用 cond 表达式。如果这个 cond 表达式看上去较为复杂，则可以设计辅助函数，该函数的参数就是模板的表达式，函数体就是 cond 表达式。

（3）如果值的组合必须处理自引用数据定义（例如，链表、自然数或者类似的东西）中的元素，则设计辅助函数。

（4）如果其他一切方法都不奏效，你可能需要设计**更一般化**的函数，然后将主函数定义为更一般化函数的特定情况。这条建议听上去有些反常，但很多情况下都需要用到它。

虽然我们以前也遇到过像后两种情形这样的示例，但是并没有详细讨论过。在接下来的两节，我们将通过更多的示例来详细阐述它们。

不过在继续之前，记住，设计程序的要点是维护好我们经常提到的愿望清单。

> **愿望清单** 维护一张清单，其中包括完成程序所必须设计的函数的头部。写出完整的函数头部可以保证对已经完成的部分程序进行测试，这非常有用，尽管很多测试会失败。当然，当愿望清单为空时，所有测试应该都通过，并且所有的函数都被测试所覆盖。

---

① 不要忘了测试。

在将某个函数加入愿望清单之前，需要检查所使用语言的库中是否已经提供了类似的函数，或者愿望清单中是否已经包含了类似的函数。初级语言、“初级+简写的表”语言，以及其他编程语言都提供了丰富的内置运算和库函数。当有时间或者有需要时，读者应该探索自己使用的语言，这样就可以知道其提供了什么。

11.3 递归的辅助函数

人们经常需要对事物进行排序，程序也是如此。投资顾问按每个持股产生的利润对投资组合排序。游戏程序根据得分对玩家排序。邮件程序根据日期、发件人或其他标准对邮件排序。

通常，如果能对任意两个数据项比较和排序，就可以对一组数据项进行排序。虽然不是每种数据都自带比较运算，但我们都知道有一种数据——数值可以。因此，我们在本节中使用一个简化但极具代表性的示例问题。

示例问题 设计对实数链表进行排序的函数。

后面的习题会解释如何使这个函数适应于其他数据。

由于问题声明不涉及任何其他任务，同时排序似乎也没有提出其他任务，因此我们只需遵循设计诀窍。排序意味着重新排列一堆数。这意味着我们自然得到了函数输入和输出的数据定义，因此也决定了函数的签名。鉴于我们已经有了 List-of-numbers 的定义，第一步很简单：

```
; List-of-numbers -> List-of-numbers
; 生成 alon 的排序版本
(define (sort> alon)
  alon)
```

返回 alon 确保结果就函数签名而言是正确的，但一般来说，输入的链表并没有排序，所以这个结果是错误的。

在编写示例时，很快就会发现问题陈述非常不精确。和以往一样，我们使用 List-of-numbers 的数据定义来组织开发函数示例。由于数据定义由两个子句组成，因此我们需要两个示例。显然，当 sort>应用于'()时，结果必须是'()。问题是

```
(cons 12 (cons 20 (cons -5 '())))
```

的结果应该是什么。该链表并未排序，但有两种方法可以对其排序：

- (cons 20 (cons 12 (cons -5 '())))，即数值按**降序**排列的链表；
- (cons -5 (cons 12 (cons 20 '())))，即数值按**升序**排列的链表。

在现实世界中，现在必须询问提出问题的人以明确具体情况。这里我们选择降序的方案，选择升序的方案也不会导致任何障碍。

这一决定意味着修改头部信息：

```
; List-of-numbers -> List-of-numbers
; 以降序重新排列 alon

(check-expect (sort> '()) '())
(check-expect (sort> (list 3 2 1)) (list 3 2 1))
(check-expect (sort> (list 1 2 3)) (list 3 2 1))
(check-expect (sort> (list 12 20 -5))
              (list 20 12 -5))

(define (sort> alon)
  alon)
```

头部信息现在包括单元测试形式的示例，并且使用 list 表达。如果使用 list 让你感到不舒服，则练习使用 cons 改写测试，并在两者间相互翻译。至于另外的两个示例，它们要求 sort>对已经按升序和降序排序的链表也能起作用。

接下来必须将数据定义转换为函数模板。我们之前处理过数值链表，所以这一步很简单：

```
(define (sort> alon)
  (cond
    [(empty? alon) ...]
    [else (... (first alon) ...
           ... (sort> (rest alon)) ...)]))
```

有了这个模板，我们终于可以着手程序开发最有趣的部分。分别考虑 cond 表达式的每个字句，从简单的情况开始。如果 sort>的输入是'()，答案就是'()，如示例所示。如果 sort>的输入是多个 cons 构成的链表，模板建议两个可能有用的表达式：

- (first alon)从输入中提取出第一个数值；
- 根据函数的目的声明，(sort> (rest alon))按降序重新排列(rest alon)。

这么说很抽象，为了阐述清楚，我们用第二个示例来详细解释这一点。当 sort>读入(list 12 20 -5)时：

（1）(first alon)是 12；

（2）(rest alon)是(list 20 -5)；

（3）(sort> (rest alon))给出(list 20 -5)，因为此链表已经排好序了。

要生成所需的答案，sort>必须将 12 插入到最后那个链表的两个数值之间。更一般地说，我们必须找到一个表达式，它将(first alon)插入 (sort> (rest alon))的结果的适当位置上。如果我们可以这样做，排序就是一个容易解决的问题。

将数值插入已排序的链表中显然不是一项简单的任务。这需要搜索已排序的链表，以找到该插入项的正确位置。搜索任何链表都需要辅助函数，因为链表的大小可以是任意的，并且根据前一节中的第 3 种情形，处理任意大小的值都需要设计辅助函数。

所以新的愿望清单是：

```
; Number List-of-numbers -> List-of-numbers
; 将 n 插入已排序的数值链表 alon 中
(define (insert n alon) alon)
```

也就是说，insert 读入数值和按降序排序的链表，通过将数值插入键表中来生成排好序的链表。

使用 insert，很容易完成 sort>的定义：

```
(define (sort> alon)
  (cond
    [(empty? alon) '()]
    [else
     (insert (first alon) (sort> (rest alon)))]))
```

为了给出最终结果，sort>提取出非空链表的第一项，计算其余部分的排序版本，然后对这两个部分使用 insert 来生成完全排序的链表。

停一下！对现有程序进行测试。有些测试用例会通过，有些测试用例则会失败。这表明我们取得了进展。设计的下一步是创建函数示例。insert 的第一个输入是任意的数值，我们就用 5。接下来使用 List-of-numbers 的数据定义来构成第二个输入的示例。

首先，我们考虑当输入是数值和'()时 insert 应该生成什么。根据 insert 的目的声明，输出必须是一个链表，它必须包含第二个输入中的所有数值，还必须包含第一个参数。这表明：

```
(check-expect (insert 5 '()) (list 5))
```

其次，我们使用只有一个项的非空链表：

```
(check-expect (insert 5 (list 6)) (list 6 5))
(check-expect (insert 5 (list 4)) (list 5 4))
```

这是预期结果的原因和之前一样。首先，结果必须包含第二个链表中的所有数值以及一个额外的数值。其次，必须对结果进行排序。

最后，我们创建一个示例，其中的链表包含多个项。实际上，我们可以从 sort>的示例中得到这样的示例，尤其是我们可以从对第二个 cond 子句的分析中得到。在那里，我们知道只有把 12 插到(list 20 -5)中的适当位置时，sort>才生效：

```
(check-expect (insert 12 (list 20 -5))
              (list 20 12 -5))
```

这里，insert 的第二个输入是链表，并且按降序排序。

再来看看我们通过开发示例理解的内容。insert 函数必须找到小于输入 n 的第一个数值。如果不存在这样的数值，则该函数最终会到达链表的末尾，因此必须在结尾处添加 n。现在，在开发模板之前，你应该再编写一些其他的示例。为此，你可能需要使用 sort>的补充示例。

与 sort>不同，函数 insert 有**两**个输入。既然我们知道第一个输入是数值，也就是原子的，对于模板开发就可以关注第二个参数——数值链表：

```
(define (insert n alon)
  (cond
    [(empty? alon) ...]
    [else (... (first alon) ...
           ... (insert n (rest alon)) ...)]))
```

这个模板与 sort>的模板的唯一区别是，需要考虑额外的一个参数 n。

要填补 insert 模板中的空白，我们还是分情况处理。第一种情况涉及空链表。根据第一个示例，第一个 cond 子句中需要的表达式就是(list n)，因为这样就从 n 和 alon 构造了已排序的链表。

第二种情况比第一种复杂，因此我们根据图 9-2 中的问题来执行：

（1）(first alon)是 alon 中的第一个数值；

（2）(rest alon)是 alon 的其余部分，而且和 alon 一样按降序排列；

（3）(insert n (rest alon))给出由 n 和(rest alon)中的数值组成的有序链表。

问题是如何组合这些数据以获得最终的答案。

我们通过一些示例来具体解决这个问题：

```
(insert 7 (list 6 5 4))
```

这里 n 是 7，它大于第二个输入中的任何数值。我们通过查看链表中的第一项就知道了。第一项是 6，但因为链表是排好序的，所以链表中的其他所有数值都比 6 小。因此，我们只需用 cons 组合 7 和(list 6 5 4)就行了。

相反，当调用是

```
(insert 0 (list 6 2 1 -1))
```

时，n 必须被插入链表的其余部分中。具体来说，(first alon)是 6，(rest alon)是(list 2 1 -1)，而根据目的声明，(insert n (rest alon))给出(list 2 1 0 -1)。只要将

6 放回这个链表中，我们就得到了所需的(insert 0 (list 6 2 1 -1))答案。

要获得完整的函数定义，我们必须将这些示例概括出来。案例分析表明，需要嵌套条件来判断 n 是否大于（或等于）(first alon)。

- 如果 n 大于（或等于）(first alon)，那么 alon 中的所有项都小于 n，因为 alon 已经排好序。在这种情况下，答案是(cons n alon)。
- 但是，如果 n 小于(first alon)，那么函数尚未找到将 n 插入 alon 的适当位置。结果的第一项必须是(first alon)，并且必须将 n 插入(rest alon)中。这种情况下，最终的结果是(cons (first alon) (insert n (rest alon)))，因为这个链表按顺序包含了 n 和 alon 中的所有项——正是我们所需的。

要将此讨论转换为初级+简写的表语言，需要用到 if 表达式。条件是(>= n (first alon))，而两个分支中的表达式已经说明过了。

图 11-1 给出了完整的排序程序。将其复制到 DrRacket 的定义区，重新添加测试用例，然后测试程序。现在所有测试都应该通过，并且它们应该覆盖所有的表达式。

```
; List-of-numbers -> List-of-numbers
; 生成 l 的排序版本
(define (sort> l)
  (cond
    [(empty? l) '()]
    [(cons? l) (insert (first l) (sort> (rest l)))]))

; Number List-of-numbers -> List-of-numbers
; 将 n 插入已排序的数值链表 l 中
(define (insert n l)
  (cond
    [(empty? l) (cons n '())]
    [else (if (>= n (first l))
              (cons n l)
              (cons (first l) (insert n (rest l))))]))
```

图 11-1 数值链表的排序

术语 这种排序程序在编程文献中被称为插入排序。稍后我们将研究使用完全不同的设计策略来对链表进行排序的其他方法。

习题 186 再来看一下独立章节 1，其中介绍了初级语言以及在其中编写测试的方法。其中一种方法是使用 check-satisfied，它判断表达式是否满足某个属性。使用习题 145 中的 sorted>?以及 check-satisfied 重新编写 sort>的测试。

现在考虑下面这个函数定义：

```
; List-of-numbers -> List-of-numbers
; 生成 l 的排序版本
(define (sort>/bad l)
  (list 9 8 7 6 5 4 3 2 1 0))
```

你能否编写一个测试用例，使其能表明 sort>/bad **不是**排序函数？是否可以使用 check-satisfied 来编写此测试用例呢？

注解 （1）这里可能令读者感到惊讶的是，我们为编写测试而定义了一个函数。在现实世界中，这很常见，有时，确实需要设计测试用的函数，包括这些函数本身所需的测试。（2）使用 check-satisfied 编写测试有时比使用 check-expect（或其他形式）更容易，并且它也更通用一些。当谓词完全描述了函数所有可能的输入和输出之间的关系时，计算机科学家称

其为规范。17.4 节会讨论如何制定 sort>的完整规范。■

习题 187 设计按得分对游戏玩家链表排序的程序：

```
(define-struct gp [name score])
; GamePlayer 是结构体：
;     (make-gp String Number)
; 解释：(make-gp p s)代表玩家 p
; 的最高得分为 s 点
```

提示 编写一个比较 GamePlayer 的两个元素的函数。■

习题 188 设计按日期对电子邮件链表排序的程序：

```
(define-struct email [from date message])
; Email Message 是结构体
;    (make-email String Number String)
; 解释：(make-email f d m)代表文本 m
; 由 f 发送，时间为初始时间之后 d 秒
```

另开发一个按名字对电子邮件链表排序的程序。要按字母顺序比较两个字符串，使用基本运算 string<?。■

习题 189 下面是 search 函数：

```
; Number List-of-numbers -> Boolean
(define (search n alon)
  (cond
    [(empty? alon) #false]
    [else (or (= (first alon) n)
              (search n (rest alon)))]))
```

它判断某个数值是否出现在数值链表中。该函数可能需要遍历整个链表，最后得出结论为链表中不包含感兴趣的数值。

开发 search-sorted 函数，它判断数值是否出现在已排序的数值链表中。该函数必须利用链表已排序这一事实。■

习题 190 设计 prefixs 函数，它读入 1Strings 的链表并生成其所有前缀组成的链表。如果 p 和 l 中的 p 的所有项都相同，链表 p 是 l 的前缀直到 p 结束为止。例如，(list "a" "b" "c")是其自身的前缀，也是(list "a" "b" "c" "d")的前缀。

设计 suffixes 函数，它读入 1Strings 的链表并生成其所有后缀组成的链表。如果 s 和 l 从末尾开始的 s 的所有项都相同，链表 s 是 l 的后缀。例如(list "b" "c" "d")是其自身的后缀，也是(list "a" "b" "c" "d")的后缀。■

11.4 一般化的辅助函数

有时候，辅助函数不仅起简单的辅助作用，而且能解决更一般的问题。当问题陈述过于局限时，就需要这样的辅助函数。当程序员完成设计诀窍的步骤时，他们可能会发现，“自然的”解决方案是错误的。对这个错误解决方案的分析可能会提出略有不同但更一般化的问题陈述，以及将方案用于解决一般化后的原始问题的简单方法。

我们通过解决以下问题来说明这个想法[1]。

[1] Paul C. Fisher 提出了这个问题。

示例问题 设计向输入场景添加一个多边形的函数。

以防万一，如果不记得基本几何的（领域）知识的话，这里给出（简单）多边形的定义：

> **多边形**是具有至少 3 个点（不在同一直线上）的平面图形，3 个点之间由 3 条直线边连接。

因此，多边形的一种自然数据表示是 Posn 链表。例如，以下两个定义分别定义了三角形和正方形：

```
(define triangle-p
  (list
    (make-posn 20 10)
    (make-posn 20 20)
    (make-posn 30 20)))
```

```
(define square-p
  (list
    (make-posn 10 10)
    (make-posn 20 10)
    (make-posn 20 20)
    (make-posn 10 20)))
```

正如它们的名字所表示的。现在你可能会问如何将`'()`或`(list (make-posn 30 40))`解释为多边形，答案是它们**不**表示多边形。因为多边形由至少 3 个点组成，所以多边形的良好数据表示是具有至少 3 个 Posn 链表的集合。

之前我们开发过非空温度链表（9.2 节中的 NEList-of-temperature）的数据定义，所以制定多边形的数据表示很简单：

```
; Polygon 是以下之一：
; -- (list Posn Posn Posn)
; -- (cons Posn Polygon)
```

第一个子句表明 3 个 Posn 的链表是 Polygon，第二个子句表明将 Posn `cons` 到某个已有的 Polygon 上会创建另一个 Polygon。由于此数据定义是首个在其子句中使用 `list` 的，因此我们也将其 `cons` 形式写出，以确保读者理解在此上下文中缩写到全写的转换：

```
; Polygon 是以下之一：
; -- (cons Posn (cons Posn (cons Posn '())))
; -- (cons Posn Polygon)
```

这里的关键在于，过于简单选择的数据表示（普通的 Posn 链表）可能无法正确表示所需的信息。在初步探索期间修改数据定义是正常的。实际上，有时在设计过程的后续部分进行这种修改是必要的。但是，只要坚持系统化的方法，对数据定义的更改可以自然地传播到设计的其余部分中。

第二步需要函数的签名、目的声明和头部。由于问题陈述只提到一个任务，也没有隐含其他任务，因此我们从一个函数开始：

```
; 简单的背景图像
(define MT (empty-scene 50 50))

; Image Polygon -> Image
; 将输入多边形 p 绘制到 img 中
(define (render-poly img p)
  img)
```

这里需要加上 `MT` 的定义，因为它能简化示例的编写。

对于第一个示例，我们使用上述提到的三角形。快速地查看 *2htdp/image* 库可知 `scene+line` 函数能绘制三角形的 3 条边：

```
(check-expect
  (render-poly MT triangle-p)
  (scene+line
    (scene+line
```

```
    (scene+line MT 20 10 20 20 "red")
    20 20 30 20 "red")
   30 20 20 10 "red"))
```

最内层的 scene+line 绘制第一个 Posn 到第二个 Posn 的直线，中间的 scene+line 绘制第二个 Posn 到第三个 Posn 的直线，最外层的 scene+line 绘制第三个 Posn 到第一个 Posn 的直线[①]。

既然第一个示例是最小的多边形——三角形，那么矩形或正方形作为第二个示例比较合适。我们使用 square-p：

```
(check-expect
  (render-poly MT square-p)
  (scene+line
    (scene+line
      (scene+line
        (scene+line MT 10 10 20 10 "red")
        20 10 20 20 "red")
      20 20 10 20 "red")
    10 20 10 10 "red"))
```

正方形只比三角形多一个点，很容易绘制。你可能还需要在方格纸上描画这些形状。

创建模板带来了挑战。具体来说，图 9-2 中第一个和第二个问题询问数据定义是否区分不同的子集，以及如何区分它们。虽然数据定义明确地在第一个子句中将三角形与其他所有多边形区分开，但是如何区分这两种多边形并不是很明显。两个子句都描述了 Posn 的链表。第一个子句描述 3 个 Posn 的链表，而第二个子句描述至少具有 4 个 Posn 的链表。因此，另一种方法是查询给定的多边形是否为 3 个项：

```
(= (length p) 3)
```

使用第一个子句的全写版本，即

```
(cons Posn (cons Posn (cons Posn '())))
```

表明另一种编写第一个条件的方法，即对输入 Polygon 使用 3 次 rest 函数后检查其是否为空：

```
(empty? (rest (rest (rest p))))
```

由于所有 Polygon 都至少由 3 个 Posn 组成，因此使用 3 次 rest 是合法的。与 length 不同，rest 是一种原生的、易于理解的运算，具有明确的操作含义。它选择出某个 cons 结构体中的第二个字段，这就是它所做的一切[②]。

图 9-2 中的其他问题都有明确的答案，因此我们得到如下的模板：

```
(define (render-poly img p)
  (cond
    [(empty? (rest (rest (rest p))))
     (... (first p) ... img ...
      ... (second p) ...
      ... (third p) ...)]
    [else (... (first p) ...
           ... (render-poly img (rest p)) ...)]))
```

因为在第一个子句中，p 描述的是三角形，所以它必须由 3 个 Posn 组成，可以通过 first、second 和 third 提取。在第二个子句中，p 由 Posn 和 Polygon 组成，因此可以使用 (first p) 和 (rest p)。前者从 p 中提取出 Posn，后者提取出 Polygon，因此，我们在后者外围添加一个

① 当然，我们在 DrRacket 的交互区进行了试验，得出了这个正确的表达式。

② 比起使用自己的（递归）函数来，使用内置谓词和选择选函数编写条件更好。有关解释，参见独立章节 5。

自引用函数调用。我们还必须记住，在这个子句中处理(first p)，以及在第一个子句中处理3个Posn都可能需要设计辅助函数。

现在我们可以专注于函数定义，一次处理一个子句。第一个子句涉及三角形，这有一个直截了当的答案。具体来说，有3个Posn，render-poly应该在50像素×50像素的空场景中连接这3个点。鉴于Posn是一个单独的数据定义，我们显然应该在愿望清单中放入一条：

```
; Image Posn Posn -> Image
; 在 im 中画一条从 Posn p 到 Posn q 的红线
(define (render-line im p q)
  im)
```

使用此函数，render-poly中第一个cond子句是：

```
(render-line
  (render-line
    (render-line MT (first p) (second p))
    (second p) (third p))
  (third p) (first p))
```

这一表达式通过连接第一个Posn到第二个Posn、第二个Posn到第三个Posn、第三个Posn到第一个Posn，显然将Polygon p绘制成了三角形。

第二个cond子句是关于用一个Posn扩展后的Polygon。在模板中，我们有两个表达式，遵从图9-3，我们提醒自己这些表达式所计算的内容：

（1）(first p)提取出第一个Posn；

（2）(rest p)从p中提取出Polygon；

（3）根据函数的目的声明，(render-polygon img (rest p))绘制了(rest p)。

问题是如何使用这些部分来绘制输入Polygon p。

一个可能的想法是，(rest p)至少由3个Posn组成。因此，可以从这个内部的Polygon中提取出至少一个Posn，并将其与(first p)连接。用初级+简写的表语言代码表达如下：

```
(render-line (render-poly MT (rest p)) (first p)
             (second p))
```

我们知道，高亮显示的子表达式将Polygon绘制到50像素×50像素的空场景中。使用render-line会在此场景中从p的第一个Posn到第二个Posn再添加一条线。

这就得到了一个相当自然且完整的函数定义：

```
(define (render-poly img p)
  (cond
    [(empty? (rest (rest (rest p))))
     (render-line
       (render-line
         (render-line MT (first p) (second p))
         (second p) (third p))
       (third p) (first p))]
    [else
     (render-line (render-poly img (rest p))
                  (first p)
                  (second p))]))
```

render-line的设计是在本书第一部分中就解决了的问题。因此，我们直接提供其最终的定义，以便测试render-poly函数：

```
; Image Posn Posn -> Image
; 在 img 中绘制从 p 到 q 的直线
```

```
(define (render-line img p q)
  (scene+line
    img
    (posn-x p) (posn-y p) (posn-x q) (posn-y q)
    "red"))
```

停一下！为 render-line 开发一个测试。

最后，我们必须对函数进行测试。对 render-poly 的测试失败了。一方面，测试失败是幸运的，因为测试的目的是在问题影响普通消费者之前发现它们。另一方面，这又是不幸的，因为我们遵循了设计诀窍，做出了相当自然的选择，但函数不能起预期的作用。

停一下！你认为为什么测试会失败？使用 render-poly 模板中的代码片段绘制图像。然后画线将它们组合起来。或者，在 DrRacket 的交互区进行试验：

```
> (render-poly MT square-p)
```

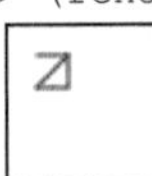

这一图像表明，render-polygon 连接了(rest p)中的 3 个点，然后将(first p)连接到(rest p)中的第一个点，即(second p)。在交互区使用(rest square-p)直接作为 render-poly 的输入就可以验证此点：

```
> (render-poly MT (rest square-p))
```

此外，你可能想知道，如果我们在原始正方形上再添加另一个点，如(make-posn 40 30)，render-poly 会绘制什么：

```
> (render-poly
   MT
   (cons (make-posn 40 30) square-p))
```

render-polygon 绘制的不是所需的五边形，而是始终在输入 Polygon 的末尾绘制三角形，然后连接三角形之前的 Posn。

试验证实了我们设计的问题，同时也表明该函数“几乎是正确的”。它连接了 Posn 链表中指定的连续的点，然后绘制一条线连接最后那个三角形的第一个 Posn 和最后一个 Posn。如果跳过最后一步，该函数只是“连接点”，那么我们绘制了一个“开放的”多边形。只要连接第一个和最后一个点，它就可以完成其任务。

换句话说，对之前失败的分析表明，存在两步的解决方案：

（1）解决**更一般化的**问题；

（2）使用解决一般化问题的解决方案解决原始问题。

我们从一般问题的陈述开始。

示例问题 设计函数，在输入场景内绘制输入的一组点之间的连接。

尽管 render-poly 的设计几乎解决了这个问题，但我们还是从头开始设计该函数。首先，我们需要数据定义。除非我们至少有几个点，否则连接点是没有意义的。为简单起见，我们至少使用一个点：

```
; NELoP 是下列之一：
; -- (cons Posn '())
; -- (cons Posn NELoP)
```

接下来，我们为“连接点”函数编写签名、目的声明和头部：

```
; Image NELoP -> Image
; 通过在 img 中画线来连接 p 中的点
(define (connect-dots img p)
  MT)
```

第三步，我们修改 render-poly 的示例以适用于新函数。正如之前失败的分析所描述的，该函数将 p 上的第一个 Posn 连接到第二个 Posn，第二个 Posn 连接到第三个 Posn，第三个 Posn 连接到第四个 Posn，以此类推，一直连接到最后一个，最后一个 Posn 不再连接到任何东西。对第一个示例中的 3 个 Posn 的链表修改后是：

```
(check-expect (connect-dots MT triangle-p)
              (scene+line
              (scene+line MT 20 0 10 10 "red")
              10 10 30 10 "red"))
```

期望值是包含两条线的图像：一条线从第一个 Posn 到第二个 Posn，另一条线从第二个 Posn 到第三个 Posn。

习题 191 将 render-poly 函数的第二个示例修改为 connect-dots 函数的。■

第四步，我们使用处理非空链表函数的模板：

```
(define (connect-dots img p)
  (cond
    [(empty? (rest p)) (... (first p) ...)]
    [else (... (first p) ...
          ... (connect-dots img (rest p)) ...)]))
```

这一模板有两个子句：一个处理单个 Posn 的链表，另一个处理多个 Posn 的链表。由于在两种情况下都至少有一个 Posn，因此模板在两个子句中都包含(first p)，第二个子句中还包含(connects-dots (rest p))，以提醒我们数据定义的第二个子句中包含自引用。

第五步是关键步骤，将模板转换为函数定义。由于第一个子句最简单，我们从它开始。我们已经说过，当输入链表只包含一个 Posn 时，不可能连接任何东西。因此，函数在第一个 cond 子句中只返回 MT。对于第二个 cond 子句，我们提醒一下自己模板表达式所计算的内容：

（1） (first p)提取第一个 Posn；

（2） (rest p)从 p 中提取 NELoP；

（3） (connect-dots img (rest p))通过在 img 中画线来连接 (rest p)中的点。

第一次尝试设计 render-poly 时，我们就知道 connect-dots 需要在(connect-dots img (rest p))的结果中再添加一条线，即从(first p)到(second p)的线。我们知道 p 包含第二个 Posn，否则对 cond 的求值会选择第一个子句。

将所有这些放到一起，我们得到了如下的定义：

```
(define (connect-dots img p)
  (cond
    [(empty? (rest p)) img]
    [else
     (render-line
```

```
        (connect-dots img (rest p))
        (first p)
        (second p))]))
```

这个定义看起来比错误版的 render-poly 更简单，尽管它需要比 render-poly 多处理两种 Posn 链表。

反过来，我们说 connect-dots 是一般化的 render-poly①。后者的每个输入都是前者的输入。或者就数据定义而言，每个 Polygon 都是 NELoP，但是，有许多 NELoP **不是** Polygon。确切地说，包含两个或一个项的所有 Posn 链表都属于 NELoP 但不属于 Polygon。这里需要了解的关键点是，仅仅因为一个函数必须处理比另一个函数更多的输入，并不意味着前者比后者复杂。一般化通常会简化函数定义。

如上所述，render-polygon 可以使用 connect-dots 来连接输入 Polygon 的所有连续 Posn，要完成它的任务，还必须添加一条从输入 Polygon 的第一个 Posn 到最后一个 Posn 的线。就代码而言，这意味着组合 connect-dots 和 render-line 两个函数就行了，但我们还需要一个函数从 Polygon 中提取出最后一个 Posn。一旦我们完成了这个愿望，对于 render-poly 的定义只需一行就完成了：

```
; Image Polygon -> Image
; 将图像 p 添加到 img 中
(define (render-polygon img p)
  (render-line (connect-dots img p)
               (first p)
               (last p)))
```

编写 last 的愿望清单的条目很简单：

```
; Polygon -> Posn
; 从 p 中提取最后一项
```

显然，last 可能是一个普遍有用的函数，我们可能最好针对 NELoP 输入来设计它：

```
; NELoP -> Posn
; 从 p 中提取最后一项
(define (last p)
  (first p))
```

停一下！为什么使用 first 作为 last 的傀儡定义是可以接受的？

习题 192 说明为什么对 Polygon 使用 last 是可行的。再说明为什么可以调整 connect-dots 的模板以作为 last 的模板：

```
(define (last p)
  (cond
    [(empty? (rest p)) (... (first p) ...)]
    [else (... (first p) ... (last (rest p)) ...)]))
```

最后，开发 last 的示例，将它们转换为测试，并确保图 11-2 中 last 的定义适用于这些示例。■

总而言之，render-poly 的开发自然指出，我们需要考虑连接链表中连续点的一般化问题。然后可以通过定义函数来解决原始问题，该函数组合一般化的函数和其他辅助函数。因此，该程序包含一个相对简单的主函数 render-poly，以及复杂的辅助函数，由它们来执行大部分

---

① 这个论证是**非正式的**。关于集合与函数之间关系的**正式**论证，需要学习逻辑学。实际上，本书的设计过程深受逻辑学的影响，计算逻辑课程是对本课程的自然的补充。一般来说，逻辑和计算的关系就好比分析与工程的关系。

的工作。你会一次又一次地看到，这种设计方法很常见，是设计和组织程序的好方法。

```
; Image Polygon -> Image
; 将图像 p 添加到 MT 中
(define (render-polygon img p)
  (render-line (connect-dots img p) (first p) (last p)))

; Image NELoP -> Image
; 在图像中连接 p 中的 Posn
(define (connect-dots img p)
  (cond
    [(empty? (rest p)) MT]
    [else (render-line (connect-dots img (rest p))
                       (first p)
                       (second p))]))

; Image Posn Posn -> Image
; 在 im 中画一条从 Posn p 到 Posn q 的红线
(define (render-line im p q)
  (scene+line
    im (posn-x p) (posn-y p) (posn-x q) (posn-y q) "red"))

; Polygon -> Posn
; 从 p 中提取最后一项
(define (last p)
  (cond
    [(empty? (rest (rest (rest p)))) (third p)]
    [else (last (rest p))]))
```

图 11-2　绘制多边形

习题 193　关于 render-poly 的定义，还有另外两个想法：

- render-poly 可以将 p 的最后一项 cons 到 p 上，然后调用 connect-dots；
- render-poly 可以使用适用于 Polygon 的 add-at-end，将 p 的第一项添加到 p 的末尾。

使用这两个想法来定义 render-poly，确保两个定义都能通过测试。■

习题 194　修改 connect-dots，使其读入另一个 Posn，并将其与最后的 Posn 连接。然后修改 render-poly 以使用这个新版本的 connect-dots。■

当然，对于如 last 之类的函数，成熟的编程语言都会提供，并且 *2htdp/image* 库提供了类似 render-poly 的函数。如果你好奇我们为什么还要设计这些函数，则考虑本书和本节的标题。我们的目的**不**（仅）是设计有用的函数，而且要研究如何系统地设计代码。具体来说，本节的目的是关于设计过程中的一般化这一概念，有关此概念的更多信息，参见第三部分和第六部分。

第 12 章　项目：链表

本章介绍几个扩展习题，所有这些习题都旨在巩固读者对设计元素的理解①：批处理程序和交互式程序的设计、通过组合设计、愿望清单的设计，以及函数的设计诀窍。第一节讨论的问题涉及现实世界中的数据：英语词典和 iTunes 库。文字游戏问题的讨论需要两节：一节用于说明组合的设计，另一节用于解决核心问题。最后几节则讨论游戏和有限状态机。

12.1　现实世界中的数据：字典

现实世界中，信息往往会大量出现，这也是使用程序处理信息的原因。例如，字典不是只包含十几个单词，而是包含数十万个单词。当你想要处理如此大量的信息时，必须使用小示例来仔细地设计程序。在确信程序能正常运行之后，才对真实数据来运行，以获得真实的结果。如果程序太慢而无法处理大量数据②，反思每个函数及其工作原理。思考是否可以消除任何多余的计算。

图 12-1 给出读入整个英语字典所需的一行代码。要了解字典的大小，根据自己所使用的特定计算机调整这段代码，然后使用 `length` 来确定字典中有多少个单词。在本书的编写日期 2017 年 7 月 25 日，我们有 235 886 个单词。

```
; 在 OS X 上：
(define LOCATION "/usr/share/dict/words")
; 在 LINUX 上：/usr/share/dict/words or /var/lib/dict/words
; 在 WINDOWS 上：从 Linux 好友那里借用 word 文件

; Dictionary 是 List-of-strings
(define AS-LIST (read-lines LOCATION))
```

图 12-1　读入字典

在后面的习题中，字母起着重要的作用。你可能需要将调整后的图 12-1 中的代码以及以下内容添加到自己程序的顶部：

```
; Letter 是以下 1String 之一：
; -- "a"
; -- ...
; -- "z"
; 或者，等价的说法是这个链表的 member?：
(define LETTERS
  (explode "abcdefghijklmnopqrstuvwxyz"))
```

提示　使用 `list` 来编写习题中的示例和测试。

习题 195　设计函数 `starts-with#`，它读入 Letter 和 Dictionary，然后计算输入 Dictionary 中有多少个单词以输入的字母开头。在确定自己的函数能正常工作之后，确定自己计算机的字

---

① 本章依赖于 *2htdp/batch-io* 库。

② 对于性能问题，参见第五部分。在第五部分之前，我们的重点是系统地设计程序，以便正确地探讨性能问题。

典中以"e"开头的单词数量，以及以"z"开头的单词数量。■

习题 196 设计 `count-by-letter`。该函数读入 Dictionary，计算输入字典中每个字母作为单词的第一个字母的次数。它的返回值是 *Letter-Count* 链表，它是结合了字母和计数的数据。

完成函数的设计后，使用它来确定自己计算机字典中以每个字母开头的单词数。

关于设计选择 另一种方法是设计辅助函数，它读入字母链表和字典，并生成 Letter-Count 链表，报告输入字母作为字典中第一个字母出现的次数。当然可以复用习题 195 的解。**提示** 如果按此设计函数变体，注意该函数读入两个链表，这个设计问题在第 23 章中会详细介绍。可以将 Dictionary 视为原子数据，并根据需要将其传递给 `starts-with#`。■

习题 197 设计 `most-frequent`。该函数读入 Dictionary，给出输入字典中作为首字母出现次数最多的那个字母的 Letter-Count。

你的计算机字典中最常见的首字母是什么？它出现了多少次？

关于设计选择 本习题要求结合前一习题的解，以及从 Letter-Count 链表中选出配对的函数来构成解决方案。后一个函数有两种设计方法：

- 设计能选择具有最大计数对的函数。
- 设计函数，从排序后的成对链表中选择第一个。

考虑两者都设计。你更倾向于设计哪一个？为什么？■

习题 198 设计 `words-by-first-letter`。该函数读入 Dictionary 并生成 Dictionary 的链表，每个 Letter 一个 Dictionary。

使用这个新函数重新设计习题 197 中的 `most-frequent`。将此新函数称为 `most-frequent.v2`。完成设计后，确保这两个函数对自己的计算机字典计算出相同的结果：

```
(check-expect
  (most-frequent AS-LIST)
  (most-frequent.v2 AS-LIST))
```

关于设计选择 就 `words-by-first-letter` 而言，当输入字典不包含某个或某些字母开头的任何单词时，有几种处理方法。一种方法是，在最终结果中不包含空字典。这样做简化了函数的测试，也简化了 `most-frequent.v2` 的设计，但需要设计辅助函数。另一种方法是，当查找某个首字母单词没有结果时，使用 `'()` 作为结果。这么做避免了第一种方法中所需的辅助函数，但增加了设计 `most-frequent.v2` 的复杂性。

关于中间数据和融合 第二个版本的字数统计函数在计算所需结果的过程中创建了很多中间数据结构，除了一小部分，这些中间数据结构不具有任何实际用途。有时候，编程语言会将两个函数融合为一个，以自动消除它们。如果知道该语言不会对程序进行融合，而程序处理数据又不够快时，则可以考虑去除此类数据结构。■

12.2 现实世界中的数据：iTunes

苹果公司的 iTunes 软件被广泛用于收录音乐、视频、电视节目等。你可能希望分析 iTunes 应用程序所收录的信息。实际上，提取 iTunes 的数据库很容易。从程序的 `File` 菜单中选择 `Library`，然后选择 `Export`，即可导出 iTunes 信息所谓的 XML 表示。第 22 章将深入讨论 XML 的处理，这里我们使用 *2htdp/itunes* 库来获取其中的信息。具体来说，该库使我们能够检索 iTunes 资料库中包含的音乐曲目。

虽然细节有所不同，但 iTunes 资料库会为每首音乐曲目保留以下类型的信息，偶尔会缺失一些信息：

- 音轨 ID，音轨在库中的唯一标识符，如 `442`；
- 名称，音轨的标题，如 `Wild Child`；
- 艺术家，制作艺术家，如 `Enya`；
- 专辑，曲目所属专辑的标题，如 `A Day Without`；
- 流派，曲目所属的音乐流派，如 `New Age`；
- 种类，音乐的编码方式，如 `MPEG audio file`；
- 大小，文件大小，如 `4562044`；
- 总时长，音轨长度，以毫秒为单位，如 `227996`；
- 曲目编号，专辑中曲目的位置，如 `2`；
- 曲目计数，专辑中曲目的数量，如 `11`；
- 年份，发布年份，如 `2000`；
- 添加日期，添加曲目的时间，如 `2002-7-17 3:55:14`；
- 播放次数，播放了多少次，如 `20`；
- 播放日期，上次播放曲目的时间，如 Unix 秒 `3388484113`；
- 播放日期 UTC，上次播放时间，如 `2011-5-17 17:35:13`。

与往常一样，第一项任务是为此信息选择初级语言的数据表示[①]。在本节中，我们对音乐曲目使用**两种**表示形式：基于结构体的表示和基于链表的表示。前者为每个音轨记录固定数量的属性，只有当所有信息都可用时才适用，而后者将任何可用的信息表示为数据。两者分别适用于特定的环境，对于某些用途，两种表示都很有用。

图 12-2 和图 12-3 介绍了 *2htdp/itunes* 库实现的基于结构体的音轨表示。`track` 结构类型包含 8 个字段，每个字段都代表音轨的一个特定属性。大多数字段包含的是原子类型的数据，例如 String 或 N；有的字段包含 Date，它本身是包含 6 个字段的结构体类型。*2htdp/itunes* 库提供了 `track` 和 `date` 结构体类型的所有谓词和选择函数，提供了带检查的构造函数，以替代选择函数。

2htdp/itunes 库的描述的最后一个元素是一个函数，它读取 iTunes 的 XML 库描述并返回音轨链表 LTracks。从某个 iTunes 应用程序导出 XML 库后，可以运行以下代码段来获取所有记录：

```
; 修改以下内容以使用自己的文件名
(define ITUNES-LOCATION "itunes.xml")

; LTracks
(define itunes-tracks
  (read-itunes-as-tracks ITUNES-LOCATION))
```

将这段代码段保存在与 iTune 导出的 XML 相同的文件夹中。记住不要使用 `itunes-tracks` 作为示例，因为它太大了。实际上，它是如此之大，以至于每次在 DrRacket 中运行自己的初级语言程序时，读取文件都可能会花很长时间。因此，在设计函数时你可能希望注释掉第二行，仅当需要计算有关 iTunes 集合的信息时，才取消注释。

① 除 *2htdp/batch-io* 库之外，本节还依赖 *2htdp/itunes* 库。

```
; 2htdp/itunes 库文档，第一部分：

; LTracks 是以下之一：
; -- '()
; -- (cons Track LTracks)

(define-struct track
  [name artist album time track# added play# played])
; Track 是结构体：
;   (make-track String String String N N Date N Date)
; 解释：结构体实例按顺序记录了：音轨标题、制作艺术家、所属专辑、播
; 放时长（以毫秒为单位）、在专辑中的位置、添加日期、播放次数，
; 以及上次播放的日期

(define-struct date [year month day hour minute second])
; Date 是结构体：
;   (make-date N N N N N N)
; 解释：结构体实例记录 6 种信息：年份、月份（1 到 12 之间）、
; 日（1 到 31 之间）、小时（0 到 23 之间）、分钟（在 0 到 59 之间）和
; 秒（也在 0 到 59 之间）。
```

图 12-2 将 iTunes 音轨表示为结构体（结构体）

```
; Any Any Any Any Any Any Any Any -> Track or #false
; 为合法输入创建 Track 实例，否则给出#false
(define (create-track name artist album time
                      track# added play# played)
  ...)

; Any Any Any Any Any Any -> Date or #false
; 为合法输入创建 Date 实例，否则给出#false
(define (create-date y mo day h m s)
  ...)

; String -> LTracks
; 使用文件 file-name（iTunes 导出的 XML）的文本创建
; List-of-tracks 的表示
(define (read-itunes-as-tracks file-name)
  ...)
```

图 12-3 将 iTunes 音轨表示为结构体（函数）

习题 199 虽然我们已经提供了重要的数据定义，但设计诀窍的第一步仍未完成。编写 Date、Track 和 LTracks 的示例。这些示例在以下练习中会作为输入派上用场。■

习题 200 设计函数 `total-time`，它读入 Ltracks 的元素并给出总播放时长。完成程序后，计算自己 iTunes 集合的总播放时长。■

习题 201 设计 `select-all-album-titles`。该函数读入 LTracks 并生成 List-of-strings 形式的专辑标题链表。

接下来设计 `create-set` 函数。它读入 List-of-strings，返回也是 List-of-strings，但只包含输入链表中的每个 String 一次。**提示** 如果字符串 `s` 位于输入链表的头部，并且也出现在链表的其余部分中，那么 `create-set` 不会保留 `s`。

最后设计 `select-album-titles/unique`，它读入 LTracks 并生成唯一专辑标题的链表。使用该函数来确定自己 ITunes 集合中的所有专辑标题，然后求出它包含多少个不同的专辑。■

习题 202 设计 `select-album`。该函数读入专辑的标题和 LTracks。它从后者中提取属于

输入专辑的音轨链表。■

习题 203　设计 `select-album-date`。该函数读入专辑的标题、日期和 LTracks。它从后者中提取属于输入专辑并且在输入日期之后播放过的音轨链表。**提示**　必须设计读入两个 Date 的函数，它判断第一个函数是否在第二个之前出现。■

习题 204　设计 `select-albums`。该函数读入 LTracks 的元素。它返回 LTracks 的链表，每张专辑一个链表。每张专辑都由其标题唯一标识，并仅在结果中出现一次。**提示**　（1）需要使用前面一些习题的解。（2）分组函数读入两个链表：专辑标题的链表和音轨的链表，它将后者视为原子的，直到它被移交给辅助函数。参见习题 196。■

术语　名称以 `select` 开头的函数被称作*数据库查询*。详细信息参见 23.7 节。

图 12-4 展示了 *2htdp/itunes* 库如何用链表来表示音轨。LLists 是音轨表示的链表，每个 LLists 是 String 与 4 种值配对链表的链表。`read-itunes-as-lists` 函数读取 iTunes 的 XML 库并生成 LLists 的一个元素。因此，如果向程序中添加以下定义，就可以访问所有音轨信息：

```
; 修改以下内容以使用自己的文件名
(define ITUNES-LOCATION "itunes.xml")

; LLists
(define list-tracks
  (read-itunes-as-lists ITUNES-LOCATION))
```

然后将其保存在存储 iTunes 资料库的同一文件夹中。

```
; 2htdp/itunes 库文档，第二部分

; LLists 是以下之一：
; -- '()
; -- (cons LAssoc LLists)

; LAssoc 是以下之一：
; -- '()
; -- (cons Association LAssoc)
;
; Association 是两个项的链表：
;   (cons String (cons BSDN '()))

; BSDN 是以下之一：
; -- Boolean
; -- Number
; -- String
; -- Date

; String -> LLists
; 使用文件 file-name 内表示所有音轨的链表创建链表
; 文件必须是 iTunes 导出的 XML
(define (read-itunes-as-lists file-name)
  ...)
```

图 12-4　将 iTunes 音轨表示为链表

习题 205　开发 LAssoc 和 LLists 的示例，即音轨的链表表示，以及这种音轨的链表。■

习题 206　设计函数 `find-association`。它读入 3 个参数：名为 `key` 的 String、LAssoc 和名为 `default` 的 Any 的元素。它生成第一个项等于 `key` 的第一个 Association，如果没有这样的 Association，则返回 `default`。

注意　在完成此函数的设计后，请阅读 `assoc` 的文档。■

习题 207　设计 `total-time/list`，它读入 LLists 并给出总播放时长。**提示**　先完成习题 206。

设计完成后，计算自己 iTunes 集合的总播放时长。将此结果与习题 200 的 `total-time` 函数计算的时长进行比较。为什么会有区别？■

习题 208　设计 `boolean-attributes`。该函数读入 LLists 并生成与 Boolean 属性相关联的 String。**提示**　使用习题 201 中的 `create-set`。

完成后，确定 iTunes 资料库中音轨所使用的 Boolean 值属性的数量。这合理吗？■

注意　和基于结构体的表示相比，基于链表的表示缺少结构。在这种情况下偶尔会使用**半结构化**一词。这种链表表示更适合很少出现的属性，因而不适合结构体类型。人们经常使用这

种表示来探索未知的信息，然后在格式确定后引入结构体。设计函数 `track-as-struct`，在可能的情况下将 LAssoc 转换为 Track。

12.3 文字游戏——组合的示例

有些人喜欢解答报纸和杂志上的字谜。试试这个：

示例问题 给出一个单词，找到由相同字母组成的所有单词。例如“cat”也可以拼出“act”。

我们通过一个示例来求解。假设输入是“dear”。这 4 个字母有 24 种可能的排列：

ader	aedr	aerd	adre	arde	ared
daer	eadr	eard	dare	rade	raed
dear	edar	erad	drae	rdae	read
dera	edra	erda	drea	rdea	reda

在这个链表中，有 3 个合法的单词：“read”“dear”和“dare”。

注意 如果一个单词包含两个相同的字母，那么所有排列的集合可能包含相同字符串的多个副本。就我们的问题而言，这是可以接受的。对实际程序而言，你可能需要使用集合而不是链表，从而避免出现重复的条目。参见 9.6 节。

系统地枚举所有可能的排列显然是程序的任务，在英语字典中搜索也是[①]。本节介绍搜索函数的设计，另一个问题的解留到下一节讨论。将这两个问题分开，本节我们专注于系统的程序设计这个高层次思想。

我们想象一下如何手工解决这个问题。如果有足够的时间，你可以枚举输入单词中所有字母的所有可能的排列，然后选择也出现在字典中的那些变体。显然，程序也可以这样执行，这表明设计可以采用组合的方式；但是，和过去一样，我们以系统的方式进行，从为输入和输出选择数据表示开始。

至少乍一看，将单词表示为 String、将结果表示为单词链表或 List-of-strings 很自然。基于这个选择，我们可以编写签名和目的声明：

```
; String -> List-of-strings
; 找出使用与 s 相同字母的所有单词
(define (alternative-words s)
  ...)
```

接下来，我们需要一些示例。如果输入单词是“cat”，我们需要处理 3 个字母：c、a 和 t。试一下就知道，这几个字母有 6 种排列：cat、cta、tca、tac、act 和 atc。其中 2 个是英语单词：“cat”和“act”。因为 `alternative-words` 返回 String 链表，所以结果有两种表示方式：`(list "act" "cat")` 或者 `(list "cat" "act")`。幸运的是，初级语言提供了表示该函数返回两个可能结果之一的方法：

```
(check-member-of (alternative-words "cat")
                 (list "act" "cat")
                 (list "cat" "act"))
```

---

① 要处理现实世界中的字典，参见 12.1 节。

停一下！阅读 check-member-of 的文档。

这个示例揭示了以下两个问题。

- 第一个是关于测试的问题。假设我们使用了“rat”这个词，那么答案有 3 个：“rat”“tar”和“art”。在这种情况下，我们必须写出 6 个链表，每个链表都可能是函数的返回值。对于“dear”这样的单词，有 4 个可能的答案，编写测试会更难。
- 第二个问题涉及单词表示的选择。虽然 String 初看起来很自然，但这些示例表明，一些函数必须将单词视为字母的序列，并且可以随意重新排列它们。String 中的字母也可以重新排列，但字母链表显然更适合达到此目的。

我们逐一处理这些问题，先从测试开始。

假设我们希望编写 alternative-words 对于"rat"的测试。如上所述，我们知道结果必须包含"rat"、"tar"和"art"，但无法确定这些单词在结果中出现的顺序。

这时 check-satisfied 就派上用场了[①]。我们可以使用一个这样的函数来检查 String 链表是否包含所需的 3 个 String：

```
; List-of-strings -> Boolean
(define (all-words-from-rat? w)
  (and (member? "rat" w)
       (member? "art" w)
       (member? "tar" w)))
```

使用这个函数就可以方便地给出 alternative-words 的测试：

```
(check-satisfied (alternative-words "rat")
                 all-words-from-rat?)
```

关于数据与设计 这里的讨论表明，alternative-words 函数构造集合，而非链表。有关差异的详细讨论，参见 9.6 节。重点是，集合表示值的聚集，而**不考虑**各值的顺序或者出现的次数。当某种语言不支持集合的数据表示时，程序员倾向于采用类似的替代物，例如这里的 List-of-strings 表示。随着程序的发展，这种选择可能会困扰程序员，但解决这类问题需要留到后续教材来讨论。

单词表示的问题留到下一节解决。具体来说，下一节会介绍（1）适用于重新排列字母的 Word 数据表示，（2）List-of-words 的数据定义，以及（3）将 Word 映射到 List-of-words 的函数，List-of-words 也就是所有可能排列的链表：

```
; Word 是...

; List-of-words 是...

; Word -> List-of-words
; 找出单词所有的重新排列
(define (arrangements word)
  (list word))
```

习题 209 这样我们还有两个愿望清单条目：读入 String 并产生相应 Word 的函数，以及反方向的函数。以下是愿望清单条目：

```
; String -> Word
; 将 s 转换为单词的表示
(define (string->word s) ...)

; Word -> String
```

① 参见独立章节 1。

```
; 将 w 转换为字符串
(define (word->string w) ...)
```

查找下一节中给出的 Word 数据定义，完成 string->word 和 word->string 的定义。

提示 需要查询初级语言提供的函数表。■

解决了这两个小问题，我们就可以回过来讨论 alternative-words 的设计。现在已经有了：（1）签名，（2）目的声明，（3）示例和测试，（4）关于选择数据表示的理解，（5）如何将问题分解为两个主要步骤的想法。

所以，我们不创建模板，而是写出预想函数的组合：

```
(in-dictionary (arrangements s))
```

这个表达式的意思是，给定单词 s，我们使用 arrangements 来创建字母所有可能的重新排列的链表，然后使用 in-dictionary 选择出也出现在字典中的那些重新排列。

停一下！检查这两个函数的签名，以确保这种组合有效。需要检查些什么？

这个表达式没有做到的是第四点，而使用了普通字符串来重新排列字母。在将 s 传给 arrangements 之前，我们需要将其转换成单词。幸运的是，习题 209 的解恰好提供了这样一个函数：

```
(in-dictionary
  (... (arrangements (string->word s))))
```

同样，我们需要将生成的单词链表转换为字符串链表。习题 209 要求编写转换单个单词的函数，但在这里我们需要的是处理它们的链表的函数。是时候再写下一个愿望了：

```
(in-dictionary
  (words->strings
    (arrangements (string->word s))))
```

停一下！words->strings 的签名是什么？它的目的是什么？

图 12-5 收集了所有部分。接下来的习题要求读者设计其余的函数。

```
; List-of-strings -> Boolean
(define (all-words-from-rat? w)
  (and
    (member? "rat" w) (member? "art" w) (member? "tar" w)))

; String -> List-of-strings
; 找出由输入单词的字母所拼写的所有单词

(check-member-of (alternative-words "cat")
                 (list "act" "cat")
                 (list "cat" "act"))

(check-satisfied (alternative-words "rat")
                  all-words-from-rat?)

(define (alternative-words s)
  (in-dictionary
    (words->strings (arrangements (string->word s)))))

; List-of-words -> List-of-strings
; 将 low 中所有 Word 转换为 String
(define (words->strings low) '())

; List-of-strings -> List-of-strings
; 挑出字典中出现的所有这样的 String
(define (in-dictionary los) '())(index "in-dictionary")
```

图 12-5 找出可供选择的单词

习题 210 完成图 12-5 中所指定的 `words->strings` 函数的设计。**提示** 使用习题 209 的解。■

习题 211 完成图 12-5 中所指定的 `in-dictionary` 函数的设计。**提示** 关于如何读入真实的字典，参见 12.1 节。■

12.4 文字游戏——问题的核心

我们的目标是设计 `arrangements` 函数，它读入 Word 并生成该单词每个字母重新排列[①]的链表。本节中的扩展习题再次强调了反复使用愿望清单的重要性，也就是说，需要设计一系列所需的函数，而且函数的数量似乎随着每个函数的完成而不断增长。

如上文所述，String 可以用作单词的表示，但 String 是原子类型的，而 `arrangements` 需要重新排列其字母这一事实表明，我们需要另一种表示。因此，我们选择用 1Strings 的链表来作为单词的数据表示，链表中的每个项代表一个字母：

```
; Word 是以下之一：
; -- '() or
; -- (cons 1String Word)
; 解释：Word 是 1String（字母）的链表
```

习题 212 给出 *List-of-words* 的数据定义。然后编写 Word 和 List-of-words 的示例。最后，使用 `check-expect` 表达上述的函数示例。不必给出完整的示例，而只需考虑两个字母的单词，如`"d"`和`"e"`。■

`arrangements` 的模板就是链表处理函数的模板：

```
; Word -> List-of-words
; 创建 w 中字母的所有重新排列
(define (arrangements w)
  (cond
    [(empty? w) ...]
    [else (... (first w) ...
           ... (arrangements (rest w)) ...)]))
```

接下来准备第五步，我们来看一下模板中的 `cond` 行。

（1）如果输入为`'()`，那么它只有一种可能的重新排列：单词`'()`。因此，结果是`(list '())`，该链表包含的唯一项就是空链表。

（2）否则，单词中会有第一个字母，也就是`(first w)`。此外，递归会生成该单词其余部分所有可能的重新排列的链表。例如，如果输入链表是

```
(list "d" "e" "r")
```

那么递归部分就是`(arrangements (list "e" "r"))`。它会给出结果

```
(cons (list "e" "r")
  (cons (list "r" "e")
    '()))
```

为了获得整个链表所有可能的重新排列，我们现在必须将第一项（在这个示例中就是`"d"`）插到所有这些单词中，包括所有可能的字母之间以及单词的开头和结尾。

这一分析表明，如果能以某种方式将一个字母插入许多不同单词的所有位置，我们就可以

① 数学术语就是**排列**。

完成 arrangements。该任务描述的最后一部分隐含地提到了链表，按照本章的建议，就需要辅助函数。我们将这个函数称为 insert-everywhere/in-all-words，并用它来完成 arrangements 的定义：

```
(define (arrangements w)
  (cond
    [(empty? w) (list '())]
    [else (insert-everywhere/in-all-words (first w)
            (arrangements (rest w)))]))
```

习题 213 设计 insert-everywhere/in-all-words。它读入 1String 和单词的链表，其结果是单词的链表，也就是和它的第二个参数一样，但会将第一个参数插入输入链表中所有单词的开头、所有字母之间，以及结尾。

从完整的愿望清单条目开始。添加测试，包括对空链表的测试、单字母单词链表的测试、另一个带有两个字母的单词的链表的测试，诸如此类。在继续阅读之前，请仔细研究以下 3 个提示。

提示 （1）重新考虑前面的示例。它说的是"d"需要插入单词(list "e" "r")和(list "r" "e")中。因此，以下应用就是一个自然的候选示例：

```
(insert-everywhere/in-all-words "d"
  (cons (list "e" "r")
    (cons (list "r" "e")
      '())))
```

（2）你需要使用初级+简写的表语言中的 append 运算，它读入两个链表并生成它们的串联：

```
> (append (list "a" "b" "c") (list "d" "e"))
(list "a" "b" "c" "d" "e")
```

类似 append 这种函数的开发会在第 23 章中讨论。

（3）本习题的解是一系列的函数。需要耐心地遵从设计诀窍，系统地完成愿望清单。■

习题 214 将 arrangements 与 12.3 节中的部分程序相结合。在确保所有测试通过后，用一些自己喜欢的示例运行之。■

12.5 贪吃蛇

蠕虫，也称作*贪吃蛇*，是最古老的电脑游戏之一。当游戏开始时，会出现蠕虫和一块食物。蠕虫正朝着墙壁移动。不要让它到达墙壁，否则游戏就结束了。玩家使用方向键来控制蠕虫的运动。

游戏的目标是让蠕虫吃尽可能多的食物。当蠕虫吃食物时，它会变长，身体的段数会不断增长。一旦一块食物被吃掉，另一块食物就会出现，但蠕虫的增长会危及其自身。变得足够长之后，蠕虫可能会撞到自己，如果这发生了，游戏也会结束。

图 12-6 通过一系列屏幕截图说明了游戏的实际运行方式。左侧的截图显示了游戏的初始设置。蠕虫由一个红色段组成，即它的头部。它正朝食物的方向移动，食物显示为绿色圆点。中间的截图显示了蠕虫即将吃到食物的情况。在最右边的屏幕截图中，蠕虫撞到了右侧墙壁。游戏结束了，玩家得到了 11 分。

接下来的习题将指导读者完成蠕虫游戏的设计和实现。与 10.2 节类似，这些习题说明了如何通过迭代优化来解决非常重要的问题。也就是说，不是一次性设计完成整个交互式程序，而是分为几个阶段，这被称为迭代。每次迭代都会添加细节并优化程序，直到程序满足用户为止。

如果读者对习题的结果不满意，则自行创建变体。

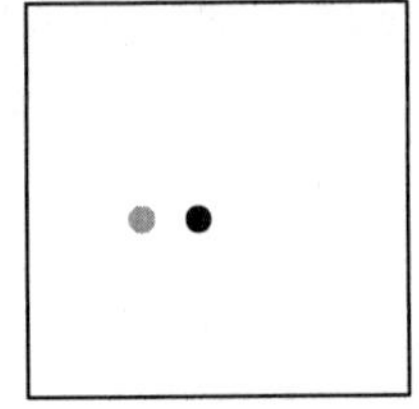
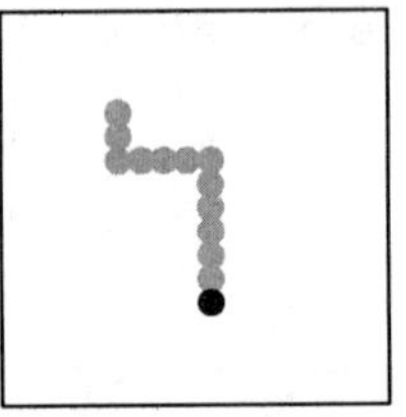
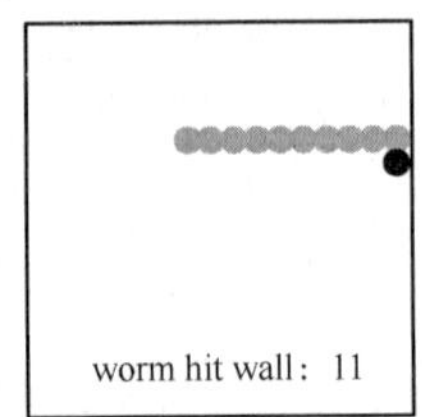

图 12-6 蠕虫游戏

习题 215 设计不断移动单段蠕虫的世界程序，并使玩家能够用 4 个基本方向键控制蠕虫的运动。程序应该使用红色圆点来呈现具有唯一段的蠕虫。每个时钟滴答，蠕虫应该移动一个直径。

提示 （1）重读 3.6 节以回顾如何设计世界程序。定义 `worm-main` 函数时，请使用时钟滴答的速率作为其参数。关于如何描述时钟的速率，参见 `on-tick` 的文档。（2）当为蠕虫开发数据表示时，考虑使用两种不同的表示形式：物理表示和逻辑表示。**物理**表示跟踪蠕虫在画布上的实际物理**位置**，**逻辑**表示记录蠕虫距离左侧和顶部距离的段（宽度）数。在这两种方法中，哪一个更容易改变“游戏”的物理外观（蠕虫段的大小、游戏盒的大小）？ ■

习题 216 修改习题 215 中的程序，以便在蠕虫到达世界的墙壁时停止。当程序由于这种情况而停止时，它应该在世界场景的左下方显示最终场景，也就是文本`"worm hit border"`。**提示** 可以使用 `big-bang` 中的 `stop-when` 子句以特殊方式显示最终的世界。■

习题 217 开发带尾巴蠕虫的数据表示。蠕虫的尾巴是段“连接”组成的可能是空的序列。这里的“连接”意味着段的坐标在最多一个方向上与其前一段的坐标差一。为简单起见，以相同的方式处理所有的段，包括头部段和尾部段。

接下来修改习题 215 中的程序以适应多段蠕虫。应尽可能保持简单：（1）程序可以将所有蠕虫段都显示为红色圆点，（2）忽略蠕虫可能会碰到墙壁或自身这一事实。**提示** 实现蠕虫移动的一种方法是，在移动方向上添加一个段，并删除最后一个段。■

习题 218 重新设计习题 217 中的程序，以便在蠕虫碰到世界的墙壁或自身的情况下停止运动。显示类似于习题 216 的消息，以解释程序是因为蠕虫撞到墙壁还是因为撞到自身而停止。

提示 （1）要确定蠕虫是否会碰到其自身，检查其头部的位置是否与其尾段之一一致（如果它移动的话）。（2）查阅 `member?`函数的文档。■

习题 219 在习题 218 的程序中装备食物。在任何时候，盒子中应该包含一块食物。为简单起见，食物与蠕虫段的大小相同。当蠕虫的头部位于与食物相同的位置时，蠕虫会吃掉食物，这意味着蠕虫的尾巴会延伸一段。当食物被吃掉时，另一块食物会出现在另一个位置。

向游戏添加食物需要改变世界状态的数据表示。除蠕虫之外，世界状态现在还包括食物的表示，特别是其当前位置的表示。对游戏表示的改变意味着新的事件处理函数，尽管这些函数可以复用蠕虫的函数（来自习题 218）和其测试用例。这也意味着时钟滴答处理程序不仅必须移动蠕虫，还必须管理吃食物的过程和新食物的创造。

程序应随机地将食物放入盒子中。要正确做到这一点，需要一种以前从未见过的设计技术（所谓的生成递归，会在第五部分中引入），所以我们在图 12-7 中提供这些函数①。然而，在使用它们之前，解释这些函数如何工作（假设 `MAX` 大于 `1`），然后编写目的声明。

① 要理解 `random` 的工作原理，阅读其手册或习题 99。

```
; Posn -> Posn
; ???
(check-satisfied (food-create (make-posn 1 1)) not=-1-1?)
(define (food-create p)
  (food-check-create
    p (make-posn (random MAX) (random MAX))))

; Posn Posn -> Posn
; 生成的递归
; ???
(define (food-check-create p candidate)
  (if (equal? p candidate) (food-create p) candidate))

; Posn -> Boolean
; 仅用于测试
(define (not=-1-1? p)
  (not (and (= (posn-x p) 1) (= (posn-y p) 1))))
```

图 12-7 随机放置食物

提示 （1）解释“吃”的一种方法是，让头部移动到食物所在的位置，同时尾部长出一段，插入在头部原来所在的位置。为什么这一解释很容易设计成函数？（2）我们发现在这最后一步中，为 worm-main 函数添加第二个参数很有用，这个 **Boolean 值**确定 big-bang 是否要在单独的窗口中显示世界的当前状态，参见 state 的文档以了解如何获取这一信息。■

完成最后这个练习后，就得到了完整的蠕虫游戏。现在修改 worm-main 函数，令它返回最终蠕虫的长度。然后使用 DrRacket 中的 Create Executable 选项（在 Racket 菜单下）将自己的程序转换为任何人都可以启动的程序，而不仅是了解初级+简写的表语言的人才能启动。

你可能还希望为游戏添加额外的功能，使其真正成为自己的游戏。我们尝试过更有意思的游戏结束消息、不同种类的食物、在房间里放置额外的障碍物，以及其他一些想法。你能想到些什么？

12.6 简单俄罗斯方块

俄罗斯方块是另一款早期电脑游戏。由于设计完整的俄罗斯方块游戏需要付出大量劳动，而收益很少，因此本节介绍其简化版本。如果读者有志向的话，可以查看真正的俄罗斯方块的工作原理并设计其完整版本。

在我们的简化版本中，游戏从场景顶部掉落的单独方块开始。一旦一个方块降落到地面上，它就会停下来，另一个方块会从某个随机的地方开始下降。玩家可以使用“左”和“右”方向键控制掉落的方块。一旦某个方块降落在画布的底部或者某些已经着陆的方块上，它就会停下来不动。在很短的时间内，方块就会堆积起来，如果堆积起来的方块到达画布的顶部，游戏就结束了。当然，这个游戏的目标是尽可能多地着陆方块。有关该想法的图示，如图 12-8 所示。

有了这个描述，我们可以依据 3.6 节中交互式程序的设计指南进行设计。需要将常量属性与变量属性分开。前者可以以“物理”常量和图形常量的形式写出，后者就是构成简单俄罗斯方块游戏所有可能状态的数据。下面有一些示例。

- 游戏的宽和高，以及方块的宽和高都是固定的。就初级+简写的表语言而言，需要这样定义：

```
(define WIDTH 10) ; #水平方向的方块数，
(define SIZE 10) ; 方块是正方形的
(define SCENE-SIZE (* WIDTH SIZE))


(define BLOCK ; 黑边红方块
  (overlay
    (square (- SIZE 1) "solid" "red")
    (square SIZE "outline" "black")))
```

在继续阅读之前，解释这些定义。

- 方块组成的“场景”因游戏而异，也随着时钟滴答而变化。用更精确的说法表述就是，块的外观保持不变，而它们的位置在变。

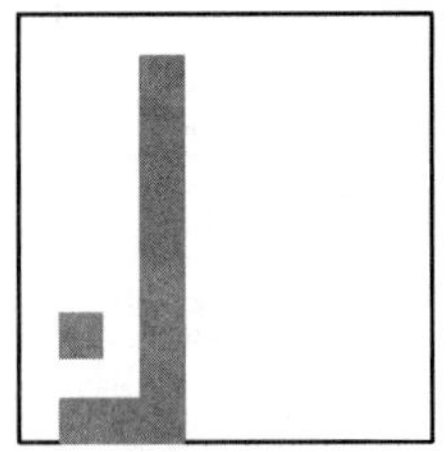

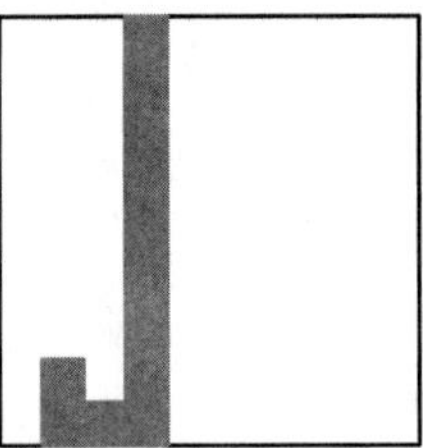

图 12-8 简单俄罗斯方块

现在剩下的核心问题是，为正在下落的方块以及地面上的方块组成的场景设计数据表示。对于正在下落的方块，有两种选择[①]：一种是选择“物理”表示，另一种是选择“逻辑”表示。**物理**表示记录画布上方块的实际物理**位置**，**逻辑**表示记录块到左侧和顶部各有多少个方块宽。对于静止方块，它们比单个方块有更多的选择：物理位置的链表、逻辑位置的链表、栈高度的链表等。

本节中我们选择下面的数据表示：

```
(define-struct tetris [block landscape])
(define-struct block [x y])

; Tetris（俄罗斯方块）是结构体：
;   (make-tetris Block Landscape)
; Landscape（场景）是下列之一：
; -- '()
; -- (cons Block Landscape)
; Block（方块）是结构体：
;   (make-block N N)

; 解释：
; (make-block x y)表示一个方块，其左上角距离左边距(* x SIZE)个像素，距离上边距(* y SIZE)个像素；
; (make-tetris b0 (list b1 b2 ...))表示 b0 是降落中的方块，而 b1、b2 等已经着陆
```

这就是所谓的逻辑表示，因为坐标不反映方块的物理位置，而是它们距离原点的方块数量的尺寸。这一选择意味着 x 始终在 0 和 WIDTH 之间（不包含），y 在 0 和 HEIGHT（不包含）之间，但这里忽略这些知识。

习题 220 当看到复杂的数据定义（如俄罗斯方块游戏的状态）时，首先需要创建各种数据集合的实例。以下是一些示例的推荐名称，可以在以后用于函数示例：

```
(define landscape0 ...)
(define block-dropping ...)
(define tetris0 ...)
```

① 参见习题 215 中的类似的设计抉择。

```
(define tetris0-drop ...)
...
(define block-landed (make-block 0 (- HEIGHT 1)))
...
(define block-on-block (make-block 0 (- HEIGHT 2)))
```

设计程序 tetris-render，它将输入的 Tetris 实例转换为 Image。使用 DrRacket 的交互区来开发表达一些（非常）简单的数据示例的表达式。然后以单元测试的形式编写函数示例和函数本身。■

习题 221 设计交互式程序 tetris-main，它显示方块从画布顶部直线下降，直到落在画布底部，或落在已经着陆的方块上。tetris-main 的输入确定时钟滴答的速率。关于如何指定时钟滴答的速率，参见 on-tick 的文档。

要判断某个方块是否着陆，我们建议将它下放，然后检查它是否在画布底部，或者是否与静止方块链表中的某个方块重叠。**提示** 参见基本运算 member?。

当一个方块着陆时，程序应该立即创建另一个方块，新方块会在当前方块右侧的列中下降。如果当前方块已经在最右边那一列中，那么下一个方块应该使用最左边的列。另一种做法是，可以定义 block-generate 函数，它随机地选择与当前列不同的列，参考习题 219 以获取灵感。■

习题 222 修改习题 221 的程序，让玩家可以控制下落中方块的水平移动。每次玩家按下"left"方向键时，下落方块应该向左移动一列，除非它在第 0 列，或者它左边已经有一堆静止的方块。同样，每次玩家按下"right"方向键时，如果可能，下落方块应该向右移动一列。■

习题 223 给习题 222 中的程序配备 stop-when 子句。当游戏中某一列包含足够的方块以至于“触”到画布的顶部时，游戏结束。■

完成了习题 223 之后，我们就获得了一个简单的俄罗斯方块游戏。在向朋友们展示之前，你可能希望对其进行一些润色。例如，最终的画布可以显示文本说明玩家堆叠了多少个方块，或者每块画布都可以包含这样的文本，可以自行选择。

12.7 全面太空战争

第 6 章提到了一个行动很少的太空入侵者游戏，玩家只能来回移动地面力量。9.5 节使玩家可以根据需要发射任意多的炮弹。本节提供的习题可以帮助读者完成这款游戏。

和以前一样，UFO 正试图降落到地球上。玩家的任务是防止 UFO 着陆。为此，游戏提供了一辆可以发射任意数量炮弹的坦克。当其中一颗炮弹足够接近 UFO 的重心时，游戏结束并且玩家获胜。如果 UFO 足够接近地面，那么玩家输了。

习题 224 使用从前两节中获得的经验，慢慢地设计游戏的扩展，一个接一个地添加游戏的功能。始终使用设计诀窍并依靠辅助函数指南。如果你喜欢这款游戏，可以添加其他功能：显示滚动的文本，给 UFO 装备可以消灭坦克的火力，创建多个有攻击能力的 UFO。最重要的是，运用想象力。■

如果不喜欢 UFO 和坦克相互射击，也可以使用相同的想法来制作类似的、更文明的游戏。

习题 225 设计一款消防游戏。

游戏的背景是西部，那里的火灾笼罩了广阔的森林。游戏模拟的是空中消防工作。具体而言，玩家充当飞机的飞行员，向地面上的火点喷洒大量的水。玩家控制飞机的水平移动和水量的释放。

游戏软件会在地面上的随机位置点火。你可能需要限制火点数量，使其成为当前燃烧的火点数量或其他因素的函数。游戏的目的是，在有限的时间内扑灭所有火点。**提示**　使用本章所述的迭代设计方法来创建此游戏。■

12.8　有限状态机

有限状态机（FSM）和正则表达式是无处不在的编程元素。正如 4.7 节所解释的那样，状态机是思考世界程序的一种方式。相反，习题 109 演示了如何设计实现 FSM 的世界程序，检查玩家是否按下特定系列的按键。

读者可能还记得，有限状态机相当于正则表达式。因此，计算机科学家倾向于，FSM 接受与特定正则表达式匹配的按键，例如，习题 109 中的

```
a (b|c)* d
```

如果需要识别另一种模式的程序，例如，

```
a (b|c)* a
```

只需适当地修改现有的程序就可以。这两个程序会很相似，如果为几个不同的正则表达式重复这一练习，最终会得到一大堆看似相似的程序。

一个自然的想法是，寻求一般解决方案，即一个读入 **FSM 数据表示**的世界程序，它识别玩家是否按下匹配的按键序列。本节就来介绍设计这样的世界程序，虽然只是非常简化的版本。特别地，这里的 FSM 没有初始或最终状态，匹配也忽略实际的按键，而是只要按下**任意**键，状态就会转换到另一个。此外，我们要求状态是颜色的字符串。这样，FSM 解释程序可以简单地将当前状态显示为颜色。

关于设计选择　另一种概括的方法是下面这样的。

示例问题　设计程序，用输入的 FSM 解释某个 KeyEvent 链表。也就是说，程序读入 FSM 和字符串的数据表示。如果字符串与对应 FSM 的正则表达式匹配，那么结果是#true，否则结果是#false。

然而，事实证明，光用前两部分的原则**设计不了**这个程序。事实上，必须等到第 29 章才能解决这个问题，参见习题 476。

简化的问题陈述指出了许多要点，包括需要表示 FSM 的数据定义，其状态的性质，以及它们的图像外观。图 12-9 收集了这些信息。首先是 FSM 的数据定义。如你所见，FSM 只是 Transition 的链表。这里必须使用链表，因为我们希望世界程序能够与任何 FSM 一起工作，这意味着有限但任意数量的状态。每个 Transition 在一个结构体中组合了两个状态：当前（current）状态和下一个（next）状态，下一个状态就是当用户按下键时机器转换到的状态。数据定义的最后一部分表示，状态只是颜色的名称。

```
; FSM 是以下之一：
;    – '()
;    – (cons Transition FSM)

(define-struct transition [current next])
; Transition 是结构体：
;    (make-transition FSM-State FSM-State)

; FSM-State 是 Color。

; 解释：FSM 表示有限状态机为响应按键，
; 可以从一种状态向另一种状态转换
```

图 12-9　有限状态机的通用表示和解释

习题 226　设计 state=?，即状态的相等谓词。■

由于这个定义很复杂，我们按照设计诀窍来创建一个示例：

```
(define fsm-traffic
  (list (make-transition "red" "green")
        (make-transition "green" "yellow")
        (make-transition "yellow" "red")))
```

你可能猜到了，这个转换表描述了交通灯。第一个转换代表交通灯从"red"跳到"green"，第二个转换代表交通灯从"green"到"yellow"的转换，最后一个转换为"yellow"到"red"。

习题 227　BW 机器是一个 FSM，每次键盘事件它都会从黑色翻转为白色，或者从白色翻转为黑色。为 BW 机器制定数据表示。■

显然，问题的解是一个世界程序：

```
; FSM -> ???
; 将按键和输入的 FSM 相匹配
(define (simulate an-fsm)
  (big-bang ...
    [to-draw ...]
    [on-key ...]))
```

它会接受 FSM 输入，但我们不知道程序生成什么。我们将此程序命名为 simulate，因为它的行为就是和输入的 FSM 一样响应玩家的按键。

我们遵照世界程序的设计诀窍来看看能走多远。设计诀窍告诉我们区分处理“现实世界”中变化的和保持不变的东西。虽然 simulate 函数读入 FSM 的实例，但我们知道此 FSM 不会变化。变化的是机器的当前状态。

该分析表明需要如下数据定义：

```
; SimulationState.v1 是 FSM-State
```

按照世界程序的设计诀窍，有了这个数据定义就可以完成主函数[①]：

```
(define (simulate.v1 fsm0)
  (big-bang initial-state
    [to-draw render-state.v1]
    [on-key find-next-state.v1]))
```

同时这隐含了愿望清单中的两个条目：

```
; SimulationState.v1 -> Image
; 将世界状态绘制为图像
(define (render-state.v1 s)
  empty-image)

; SimulationState.v1 KeyEvent -> SimulationState.v1
; 由 ke 和 cs 得到下一个状态
(define (find-next-state.v1 cs ke)
  cs)
```

这个草稿提出了两个问题。首先，存在如何确定第一个 SimulationState.v1 的问题。目前，选择的状态 initial-state 加灰底标记，以警告读者此问题。其次，愿望清单上的第二个条目令人很惊愕：

给定了当前状态和按键，find-next-state 怎么可能找到下一个状态是什么？

这个问题确实存在，因为根据简化的问题陈述，按键的确切性质是无关紧要的，无论按下

① 常量 empty-image 表示“不可见”的图像。这是对于写出渲染函数头部的很好的默认值。

哪个键，FSM 都会转换到下一个状态。

第二个问题暴露的是**初级+简写的表语言的本质局限性**。要理解这种局限性[1]，我们首先要解决这个问题。基本上，分析表明 find-next-state 函数不仅读入当前状态，还需要读入 FSM，以便它可以搜索转换链表从而选择下一个状态。换句话说，世界状态必须包括 FSM 的当前状态和 FSM 本身：

```
(define-struct fs [fsm current])
; SimulationState.v2 是结构体：
;   (make-fs FSM FSM-State)
```

根据世界程序设计诀窍，这一更改意味着，键盘事件处理程序还必须返回这一组合：

```
; SimulationState.v2 -> Image
; 将世界状态显示为图像
(define (render-state.v2 s)
  empty-image)

; SimulationState.v2 KeyEvent -> SimulationState.v2
; 由 ke 和 cs 得到下一个状态
(define (find-next-state.v2 cs ke)
  cs)
```

最后，主函数现在必须读入两个参数：FSM 及其初始状态。毕竟，simulate 读入的 FSM 各有各的状态，不能假设它们都具有相同的初始状态。修改后的函数头部是：

```
; FSM FSM-State -> SimulationState.v2
; 将按键和输入的 FSM 相匹配
(define (simulate.v2 an-fsm s0)
  (big-bang (make-fs an-fsm s0)
    [to-draw state-as-colored-square]
    [on-key find-next-state]))
```

我们回过头来看交通灯 FSM 的示例。对于这台机器，最好将 simulate 应用于机器以及"red"：

```
(simulate.v2 fsm-traffic "red")
```

停一下！为什么"red"是最适合交通灯的初始状态？[2]

关于表达能力 有了这个解决方法，我们现在可以解释初级语言的局限性。虽然输入的 FSM 在模拟过程中不会变化，但其描述必须成为世界状态的一部分。理想情况下，程序应该表明 FSM 的描述保持不变，但是事实上程序必须将 FSM 视为不断变化的状态的一部分。程序的读者无法只从 big-bang 中推断出这一事实。

本书的下一部分会通过引入新的编程语言以及特定的语言结构（中级语言和 local 定义）来解决这一难题。要获得详细信息，参见 16.3 节。

现在，我们可以逐个处理愿望清单中的条目了。第一条，即 state-as-colored-square 的设计，非常简单，我们直接提供其完整定义：

```
; SimulationState.v2 -> Image
; 将当前世界状态显示为彩色方块

(check-expect (state-as-colored-square
```

① 最初的两位计算机科学家——阿隆佐·丘奇和阿兰·图灵，在 20 世纪 30 年代证明，所有编程语言都可以计算某些数值的函数。因此，他们认为所有编程语言都是等价的。本书的第一作者不同意。他根据语言允许程序员表达解的不同方式来区分语言。

② 工程师称"red"为**安全状态**。

```
                (make-fs fsm-traffic "red"))
              (square 100 "solid" "red"))

(define (state-as-colored-square an-fsm)
  (square 100 "solid" (fs-current an-fsm)))
```

相比之下，键盘事件处理程序的设计值得讨论。回想一下头部信息：

```
; SimulationState.v2 KeyEvent -> SimulationState.v2
; 由 ke 和 cs 得到下一个状态
(define (find-next-state an-fsm current)
  an-fsm)
```

根据设计诀窍，处理程序必须读入世界状态和 KeyEvent，并给出世界的下一个状态。用简单的词语表达签名还可以指导示例的设计。前两个示例是：

```
(check-expect
  (find-next-state (make-fs fsm-traffic "red") "n")
  (make-fs fsm-traffic "green"))
(check-expect
  (find-next-state (make-fs fsm-traffic "red") "a")
  (make-fs fsm-traffic "green"))
```

这些示例说明，在当前状态是 `fsm-traffic` 机器及其`"red"`状态的结合时，无论玩家是在键盘上按`"n"`还是`"a"`，结果都将是相同 FSM 与`"green"`的组合。另一个示例是：

```
(check-expect
  (find-next-state (make-fs fsm-traffic "green") "q")
  (make-fs fsm-traffic "yellow"))
```

在继续阅读之前，请解释这个示例。你能想出另一个示例吗？

由于函数读入了结构体，我们写出结构体处理模板：

```
(define (find-next-state an-fsm ke)
  (... (fs-fsm an-fsm) .. (fs-current an-fsm) ...))
```

此外，因为所需的结果是 SimulationState.v2，所以我们还可以添加适当的构造函数，从而优化模板：

```
(define (find-next-state an-fsm ke)
  (make-fs
    ... (fs-fsm an-fsm) ... (fs-current an-fsm) ...))
```

这些示例表明，提取出来的 FSM 成了新 SimulationState.v2 的第一个组件，并且函数实际上只需要依据当前状态和构成输入 FSM 的 Transition 链表来计算下一个状态。因为后者是任意长的，所以我们使用愿望（`find` 函数，它遍历链表查找 `current` 状态为`(fs-current an-fsm)`的 Transition）来完成定义：

```
(define (find-next-state an-fsm ke)
  (make-fs
    (fs-fsm an-fsm)
    (find (fs-fsm an-fsm) (fs-current an-fsm))))
```

这个新的愿望写出来就是：

```
; FSM FSM-State -> FSM-State
; 找到 transitions 中表示 current 的状态
; 提取其 next 字段
(check-expect (find fsm-traffic "red") "green")
(check-expect (find fsm-traffic "green") "yellow")
(check-error (find fsm-traffic "black")
             "not found: black")
```

```
(define (find transitions current)
  current)
```

这些示例源自 find-next-state 的示例。

停一下！开发一些额外的示例，然后再来做习题。

习题 228 完成 find 的设计。

辅助函数测试通过之后，就可以用 simulate 来使用 fsm-traffic 和习题 227 中的 BW 机器了。■

我们的模拟程序有意地加强了限制性。特别是，无法使用它来表示和按键相关的 FSM，也就是从当前状态转换到哪一个状态取决于玩家按下哪个键，但是，借助系统设计，读者可以扩展程序实现此功能。

习题 229 以下是修改后的 Transition 的数据定义：

```
(define-struct ktransition [current key next])
; Transition.v2 是结构体：
;    (make-ktransition FSM-State KeyEvent FSM-State)
```

使用 Transition.v2 的链表来表示习题 109 中的 FSM，忽略错误和最终状态。

修改 simulate 的设计，使其以适当的方式处理按键。遵循设计诀窍，从调整数据示例开始。

使用修改后的程序对按键序列（"a"、"b"、"c"和"d"）模拟习题 109 中 FSM 的运行。■

有限状态机确实具有初始状态和最终状态。当程序“运行”FSM 达到最终状态时，应该停止。最后这个习题再次修改 FSM 的数据表示，从而引入这一想法。

习题 230 考虑以下的 FSM 数据表示：

```
(define-struct fsm [initial transitions final])
(define-struct transition [current key next])
; FSM.v2 是结构体：
;    (make-fsm FSM-State LOT FSM-State)
; LOT 是以下之一：
; -- '()
; -- (cons Transition.v3 LOT)
; Transition.v3 是结构体：
;    (make-transition FSM-State KeyEvent FSM-State)
```

使用它们来表示习题 109 中的 FSM。

设计函数 fsm-simulate，它读入 FSM.v2 并对玩家的按键运行之。如果按键序列使 FSM.v2 达到了最终状态，那么 fsm-simulate 停止。**提示** 该函数使用输入 fsm 结构体的 initial 字段来跟踪当前状态。■

关于迭代优化 最后这两个项目引入了“通过迭代优化设计”这一概念。它的基本思想是，第一个程序只实现所需行为的一小部分，下一个程序实现得多一些，以此类推。最终会得到实现所有所需行为的程序，或者至少足以满足客户需求的程序。要获得更多的详细信息，参见第 20 章。

第 13 章 总结

本书的第二部分讨论设计处理任意大数据的程序。正如人们想象的那样，当能够用于没有预先指定大小限制的信息时，软件特别有用，这意味着“任意大数据”是成为真正程序员的关键一步。本着这种精神，我们提供如下 3 条经验。

（1）这一部分**改进了设计诀窍**，以处理数据定义中的自引用和交叉引用。前者的出现要求设计递归函数，后者的出现要求设计辅助函数。

（2）复杂的问题需要**分解**成各个单独的问题。分解问题时，需要两部分：解决单独问题的函数，以及将这些单独的解组合起来的数据定义。为了确保在单独程序上花费时间后的组合能正常工作，需要写出“愿望”和所需的数据定义。

当问题陈述隐式或显式地提及辅助任务并且当函数的编码步骤要求遍历（其他）任意大的数据时，以及更出乎意料的是当一般的问题比问题陈述中描述的具体问题更容易解决时，分解-组合设计特别有用。

（3）**语用很重要**。如果要设计 `big-bang` 程序，就需要了解它的各个子句以及各子句的作用。或者，如果任务是设计解决数学问题的程序，那么最好确保自己知道语言及其库提供的数学运算。

虽然这部分主要关注链表，它们是任意大数据一个很好的示例——因为在 Haskell、Lisp、ML、Racket 和 Scheme 等语言中链表实际上非常有用，任意大数据这一想法适用于所有此类型的数据：文件、文件夹、数据库等。

第四部分会继续探索“大型的”结构化数据，并演示设计诀窍如何扩展到最复杂的数据类型上。与此同时，下一部分将关注读者此时应该遇到的一个重要问题，即程序员的工作就是一遍又一遍地创建相同类型的程序。

独立章节 2　Quote 和 Unquote

链表在本书以及作为我们教学语言基础的 Racket 中都发挥着重要作用①。对程序设计来说，理解链表是如何由最初的原则构建出来的是至关重要的，它可以揭示程序是如何创建的。然而，日常使用链表的工作需要紧凑的表示法，如 11.1 节中引入的 `list` 函数。

从 20 世纪 50 年代后期以来，Lisp 风格的语言引入了一对更强大的链表创建工具：引用（quotation）和反引用（anti-quotation），现在许多编程语言都支持它们，网页设计语言 PHP 将这一想法带入商业世界中。

本独立章节将介绍这种引用机制，并介绍符号（symbol）的概念。符号是一种与引用密切相关的数据形式。尽管本节的介绍是非正式的，并且使用了简化的示例，但是本书的其余部分会用更接近现实的变体说明这个概念的强大能力。如果后续章节中的任何一个示例给你带来麻烦，可以回到本章。

Quote

引用是大型链表的简写机制。粗略地说，使用 `list` 函数构建的链表可以通过引用链表的方式更简洁地构建。反过来说，引用的链表简写了 `list` 结构。

从技术上讲，本着独立章节 1 的精神，`quote` 是复合语句的关键字，它的用法如下：`(quote (1 2 3))`。DrRacket 将此表达式转换为`(list 1 2 3)`。此时你可能会想知道为什么我们称 `quote` 为简写，因为 `quote` 的表达式看起来比其转换后的表达式更为复杂。这里的关键是，`'` 是 `quote` 的简写。来看一些小示例：

```
> '(1 2 3)
(list 1 2 3)
> '("a" "b" "c")
(list "a" "b" "c")
> '(#true "hello world" 42)
(list #true "hello world" 42)
```

正如所见，使用`'`创建了链表。假若你忘记了`(list 1 2 3)`是什么意思，重读 11.1 节，它解释为这个链表是`(cons 1 (cons 2 (cons 3 '())))`的简写。

到目前为止，`quote` 看起来像是一个对 `list` 的很小的改进，但再来看：

```
> '(("a" 1)
    ("b" 2)
    ("d" 4))
(list (list "a" 1) (list "b" 2) (list "d" 4))
```

用`'`我们可以构建链表，也可以构建嵌套的链表。

要理解 `quote` 是如何工作的，可以把它想象成遍历传给它的东西的函数。当`'`遇到简单的数据（数值、字符串、布尔值或图像）时，它会消失。当它遇到左括号`(`时，它将 `list` 插入括

① 确保将语言水平设置为**初级+简写的表**或更高。

号的右边，并为(和右括号)之间所有的项加上'。例如：

```
'(1 2 3)是(list '1 '2 '3)的简写
```

正如刚才所说的，'遇到数值就消失，所以剩下的事情就简单了。下面是创建嵌套链表的示例：

```
'(("a" 1) 3) 是(list '("a" 1) '3)的简写
```

继续这个示例，展开第一个位置的简写：

```
(list '("a" 1) '3)是(list (list '"a" '1) 3)的简写
```

请继续完成这个示例。

习题 231 用 list 消去这些表达式中的 quote：

- '(1 "a" 2 #false 3 "c")
- '()
- 这个类似表格的东西：

```
'(("alan" 1000)
  ("barb" 2000)
  ("carl" 1500))
```

接下来，在需要的地方用 cons 消去 list。■

Quasiquote 和 Unquote

上一节应该说明了'和 quote 的优点。你甚至可能想知道，为什么本书直到现在才引入 quote，而不是从一开始就这样做。它似乎极大地方便了涉及链表的测试用例的编写，也简化了跟踪大量数据集合的工作，但所有好事都会有意外，这也包括 quote。

对程序设计而言，初学者将链表视为 quote 的值甚至 list 构建的值是一种误导。用 cons 构建链表更能阐明程序的逐步创建，而 quote 这样的简写隐藏了下层的构建。因此，如果设计链表处理函数时遇到困难，不要忘记利用 cons 来思考。

那么，我们继续讨论 quote 背后隐藏的意外。假设定义区包含一个常量定义：

```
(define x 42)
```

想象运行此程序，然后在交互区进行试验：

```
'(40 41 x 43 44)
```

你预期什么结果？停一下！尝试应用上述的'规则。

试验结果是

```
> '(40 41 x 43 44)
(list 40 41 'x 43 44)
```

此时重要的是记住 DrRacket 显示的是值。链表中的所有内容都是值，包括'x。这是你以前从未见过的值：Symbol（符号）。就我们的目的而言，符号看起来像是变量名，但它以'开始，并且**符号是值**。变量只代表值，它们本身并不是值。符号的作用类似于字符串，它们是将象征信息表示为数据的好方式。第四部分会详细说明它们的用途，现在，我们只需接受符号是另一种形式的数据。

为了进一步理解符号的思想，考虑第二个示例：

```
'(1 (+ 1 1) 3)
```

你可能期望这个表达式构造(list 1 2 3)。然而如果使用规则来展开'，你会发现

'(1 (+ 1 1) 3)是(list '1 '(+ 1 1) '3)的简写

这个链表中第二项的'并不会消失。相反，它是另一个链表的构建的简写，所以整个表达式是

```
(list 1 (list '+ 1 1) 3)
```

这意味着'+是像'x 一样的符号。正如后者与变量 x 无关，前者与初级+简写的表语言中自带的函数+没有直接关系。此外，你应该能够想象，'+可以作为函数+的优雅的数据表示，就像'(+ 1 1)可以作为(+ 1 1)的数据表示一样。第四部分会继续讨论这个想法。

在某些情况下，你不想创建嵌套的链表，实际想要的是在 quote 的链表中使用真正的表达式，并且希望在构建链表期间对表达式求值。对于这种情况，可以使用 quasiquote，它和 quote 一样是复合句 (quasiquote (1 2 3))的关键字。并且，和 quote 一样，quasiquote 也有简写，那是键盘上的“另一个”单引号键`。

乍一看，`的行为就像'一样，因为它构建链表：

```
> `(1 2 3)
(list 1 2 3)
> `("a" "b" "c")
(list "a" "b" "c")
> `(#true "hello world" 42)
(list #true "hello world" 42)
```

关于`最好的地方是你也可以使用它来取消引用（unquote），也就是说，在 quasiquote 的链表中你可以要求退出到编程语言中。我们用上面的示例来说明这个想法：

```
> `(40 41 ,x 43 44)
(list 40 41 42 43 44)
> `(1 ,(+ 1 1) 3)
(list 1 2 3)
```

和上文一样，第一个交互假定定义区包含(define x 42)。理解这种语法的最好方法是使用实际的关键字而不是简写成`和,：

```
(quasiquote (40 41 (unquote x) 43 44))
(quasiquote (1 (unquote (+ 1 1)) 3))
```

展开 quasiquote 和 unquote 表达式的规则是在 quote 的规则基础上补充一条。当`出现在括号前面时，它会分布到匹配的左右括号之间所有的部分上。当出现在基本数据旁时，它会消失。当出现在某个变量名前面时，会得到一个符号。而新的规则是，当`后紧接着的是 unquote 时，两者都会消失：

`(1 ,(+ 1 1) 3)是(list `1 `,(+ 1 1) `3)的简写

而

(list `1 `,(+ 1 1) `3)是(list 1 (+ 1 1) 3)的简写

这正是为何前面那个示例的结果是(list 1 2 3)。

有了这些，花一小步我们就可以制作网页了。是的，你没有读错——网页！原则上，网页以 HTML 和 CSS 语言编码，但没有人直接编写 HTML 程序，相反，人们设计生成网页的程序。当然，也可以用初级+简写的表语言来编写这样的函数，并且图 02-1 中给出了一个简化的示例。正如你可以看到的，此函数读入两个字符串并返回一个深度嵌套的链表——网页的一种数据表示形式。

```
; String String -> ... 深度嵌套的链表 ...
; 用给定的 author 和 title 生成网页
(define (my-first-web-page author title)
  `(html
     (head
       (title ,title)
       (meta ((http-equiv "content-type")
              (content "text-html"))))
     (body
       (h1 ,title)
       (p "I, " ,author ", made this page."))))
```

图 02-1　一个简单的 HTML 生成函数

细看发现，title 参数在函数体中出现了两次：一次嵌套在标记为'head 的嵌套链表中，另一次嵌套在标记为'body 的嵌套链表中。另一个参数只出现一次。我们将嵌套链表当作页面模板，而参数就是模板中的空洞，可以用有用的值来填充。你可以想到，当需要为一个网站创建许多类似的页面时，这种创建网页的模板驱动方式非常有用。

要理解这个函数的工作原理，我们在 DrRacket 的交互区进行试验。基于对 quasiquote 和 unquote 知识的掌握，你应该能够预测

```
(my-first-web-page "Matthias" "Hello World")
```

的结果是什么。当然，DrRacket 速度非常快，可以用它来展示结果，如图 02-2 中的左列所示。[①] 图 02-2 的右列包含等效的 HTML 代码。

嵌套的链表表示	网页代码（HTML）
'(html	<html>
(head	<head>
(title "Hello World")	<title>
	Hello World
	</title>
(meta	<meta
((http-equiv "content-type")	http-equiv="content-type"
(content "text-html"))))	content="text-html" />
	</head>
(body	<body>
(h1 "Hello World")	<h1>
	Hello World
	</h1>
(p "I, "	<p>
"Matthias"	I,
", made this page.")))	Matthias,
	made this page.
	</p>
	</body>
	</html>

图 02-2　基于嵌套链表的数据表示

如果在浏览器中打开这个网页，你会看到类似图 02-3 所示的内容。

注意，"Hello World"同样出现了两次：一次在浏览器的标题栏中（这归因于<title>规范），另一次出现在网页文本中。

① 可以使用 *web-io.rkt* 库中的 show-in-browser 将结果显示到浏览器中。

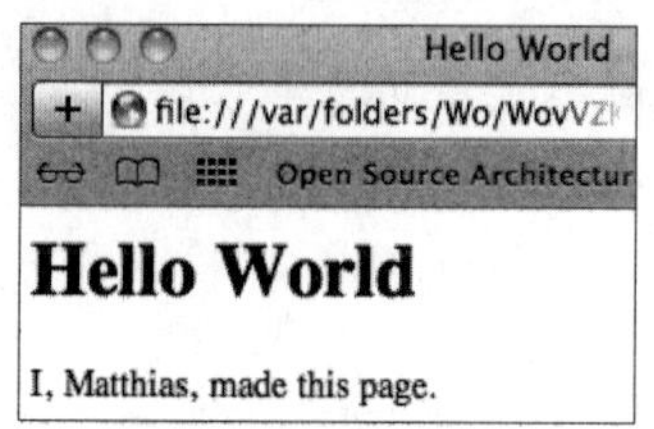

图 02-3 生成的网页

如果现在是 1993 年，你可以将上述函数作为一个网络公司出售，该公司通过简单的函数调用生成人们的第一个网页。唉，到了这个时代，这只是一个练习而已。

习题 232 从下面的表达式中消除 quasiquote 和 unquote，结果用 list 表达：

- `` `(1 "a" 2 #false 3 "c") ``
- 表格形状的表达式：

```
`(("alan" ,(* 2 500))
  ("barb" 2000)
  (,(string-append "carl" " , the great") 1500)
  ("dawn" 2300))
```

- 第二个网页：

```
`(html
   (head
     (title ,title))
   (body
     (h1 ,title)
     (p "A second web page")))
```

  其中(define title "ratings")。

此外，给出表达式所生成的嵌套链表。■

Unquote Splice

在简写形式展开的过程中，当 quasiquote 遇到 unquote 时，两者相互湮灭：

```
`(tr                     (list 'tr
  ,(make-row        是     (make-row              的简写
    '(3 4 5)))               (list 3 4 5)))
```

因此，无论 make-row 返回什么，返回值都会成为链表的第二项。特别地，如果 make-row 返回链表，这个链表将成为链表的第二项。假设 make-row 将输入的数值链表转换为字符串链表，那么结果就是

```
(list 'tr (list "3" "4" "5"))
```

但在某些情况下，我们可能希望将这样的嵌套链表拼接到外部的链表中，例如，对于这个示例，我们想得到

```
(list 'tr "3" "4" "5")
```

解决这个小问题的一种方法是回到 cons。也就是说，将 cons、quasiquote 和 unquote 混合起来。毕竟，所有这些字符都是 cons 构造的链表的简写。对于这个示例，要获得所需结果只需写下：

```
(cons 'tr (make-row '(3 4 5)))
```

验证它的结果是(list 'tr "3" "4" "5")。

由于这种情况在实际中经常发生，因此初级+简写的表语言支持另一种用于创建链表的简写机制：,@，其关键字形式为 unquote-splicing。使用这种形式可以直接将嵌套链表拼接到外层的链表中。例如：

```
`(tr ,@(make-row '(3 4 5)))
```

被翻译为

```
(cons 'tr (make-row '(3 4 5)))
```

这正是我们的示例所需要的。

现在考虑用嵌套链表表示创建 HTML 表格的问题。下面是一个 2 行、每行有 4 个单元格的表格：

```
'(table ((border "1"))
   (tr (td "1")   (td "2")    (td "3")   (td "4"))
   (tr (td "2.8") (td "-1.1") (td "3.4") (td "1.3")))
```

第一层嵌套的链表告诉 HTML 在表格中的每个单元格周围绘制一个细边框，内部两个嵌套的链表各代表一行。

实际上，你需要能创建具有任意宽的行和任意多行的表格。这里，我们只处理前一个问题，它需要一个将数值链表转换为 HTML 行的函数：

```
; List-of-numbers -> ... 嵌套的链表 ...
; 用 l 创建 HTML 表格中的一行
(define (make-row l)
  (cond
    [(empty? l) '()]
    [else (cons (make-cell (first l))
                (make-row (rest l)))]))

; Number -> ... 嵌套的链表...
; 用一个数值创建 HTML 表格中的一个单元格
(define (make-cell n)
  `(td ,(number->string n)))
```

我们不添加示例，而是在 DrRacket 的交互区中探索这些函数的行为：

```
> (make-cell 2)
(list 'td "2")
> (make-row '(1 2))
(list (list 'td "1") (list 'td "2"))
```

这些交互创建了表示单元格和行的链表。

要将这样的行链表转换为 HTML 表格表示的实际行，我们需要将它们拼接到以'tr 开头的链表中：

```
; List-of-numbers List-of-numbers -> ... 嵌套的链表...
; 用两个数值链表中创建一个 HTML 表格
(define (make-table row1 row2)
  `(table ((border "1"))
          (tr ,@(make-row row1))
          (tr ,@(make-row row2))))
```

这个函数读入两个数值链表，生成 HTML 表格的表示。它用 make-row 将（输入的）链表转换为单元格表示的链表，再用,@将这些链表拼接到表格模板中：

```
> (make-table '(1 2 3 4 5) '(3.5 2.8 -1.1 3.4 1.3))
(list 'table (list (list 'border "1")) '....)①
```

① 这些点不是输出的一部分。

make-table 的这种应用再次表明，人们编写程序来创建网页而不是手工制作网页。

习题 233 为下列表达式开发替代版本，仅使用 list 并产生相同的返回值：

- `` `(0 ,@'(1 2 3) 4) ``
- 表格形状的表达式：

```
`(("alan" ,(* 2 500))
  ("barb" 2000)
  (,@'("carl" " , the great")   1500)
  ("dawn" 2300))
```

- 第三个网页：

```
`(html
   (body
     (table ((border "1"))
       (tr ((width "200"))
         ,@(make-row '( 1  2)))
       (tr ((width "200"))
         ,@(make-row '(99 65))))))
```

其中 make-row 是上述的函数。

用 check-expect 检查你的答案。■

习题 234 编写函数 make-ranking，它读入歌曲标题排名的链表，生成 HTML 表格的链表表示。考虑这个示例：

```
(define one-list
  '("Asia: Heat of the Moment"
    "U2: One"
    "The White Stripes: Seven Nation Army"))
```

如果将 make-ranking 应用于 one-list，然后在浏览器中显示生成的网页，则会看到类似图 02-4 中的屏幕截图。

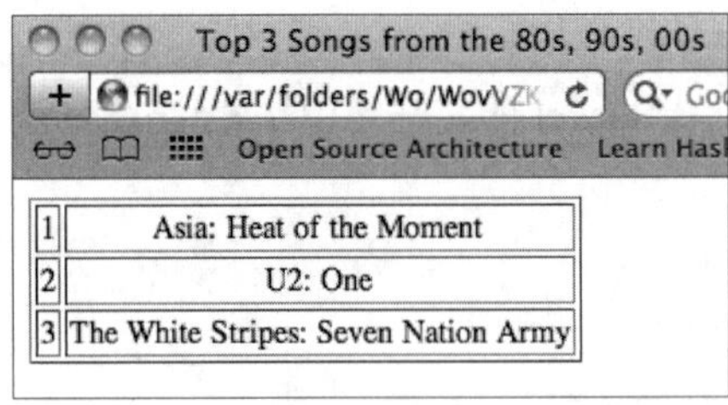

图 02-4 初级+简写的表语言所生成的网页

提示 虽然你可以设计函数来用输入字符串链表确定排名，但我们希望这里专注于创建表格。因此我们提供以下函数：

```
(define (ranking los)
  (reverse (add-ranks (reverse los))))

(define (add-ranks los)
  (cond
    [(empty? los) '()]
    [else (cons (list (length los) (first los))
                (add-ranks (rest los)))]))
```

在使用这些函数之前，为它们编写签名和目的声明。然后通过 DrRacket 中的交互来探索其工作方式。第六部分会扩展设计诀窍，以创建比 ranking 和 add-ranks 更简单的排名计算函数。■

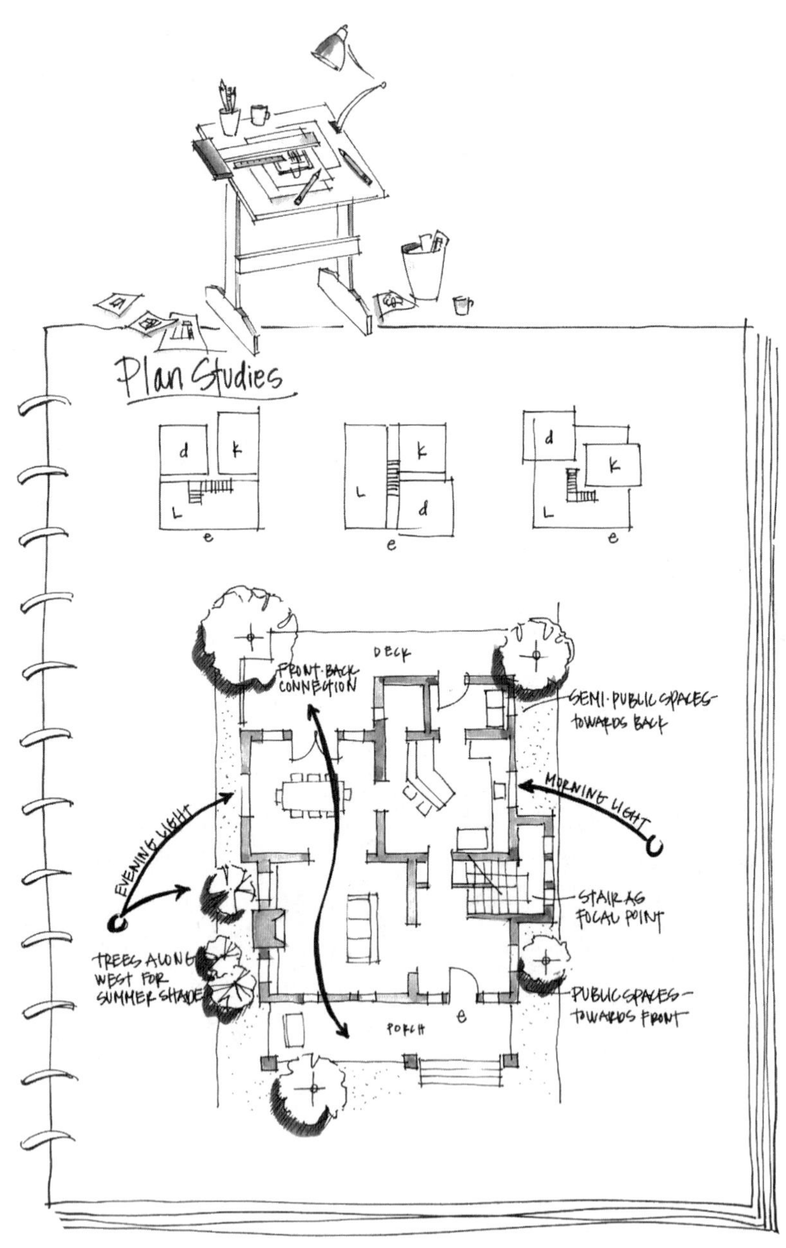

copyright © 2000 towey bruher

第三部分　抽象

许多数据定义和函数定义看起来都很相似。例如，String 链表的定义和 Number 链表的定义只有两处不同：数据类的名称以及“String”和“Number”。类似地，查找 String 链表中特定字符串的函数与查找 Number 链表中特定数值的函数几乎没有区别。

经验表明，这些相似之处很有问题。相似是因为程序员（或物理上，或思想上）复制代码。当程序员面对的问题与另一个问题大致相同时，他们复制后者的解决方案并修改副本以解决新问题。无论是在“真实的”编程环境中，还是在电子表格和数学建模领域，都可以发现这种行为。然而，复制代码意味着程序员复制错误，并且可能必须将相同的修复应用于多个副本。这也意味着，当基础的数据定义被修改或扩展时，必须以相应的方式找到和修改所有的代码副本。这个过程既昂贵又容易出错，给编程团队增加了不必要的成本。

好的程序员试图在编程语言允许的范围内消除相似性。“消除”意味着程序员写下程序的第一稿，找出相似之处（和其他问题），然后消除它们[①]。最后一步，他们要么**抽象化**，要么使用现有的（抽象）函数。这个过程通常需要迭代几次才能使程序变得令人满意。

本部分的前一半展示如何抽象化函数和数据定义中的相似性。程序员也将这个过程的结果称为**抽象**，将此过程的名称和结果混为一谈。后一半讨论使用现有的抽象和新的语言元素来促进这一过程。虽然这部分的示例来自链表领域，但这些思想是普遍适用的。

① 程序就和文章一样。第一版是草稿，而草稿需要编辑。

第 14 章　无处不在的相似性

如果完成了第二部分中的（某些）习题，你就知道，许多解决方案看起来都很相似。事实上，相似性可能会诱使你复制一个问题的解，以为下一个问题编写解决方案。然而，你不应该窃取代码，即使是自己的代码也不行。相反，你必须抽象化类似的代码段，本章将教你如何抽象。

我们避免相似性的方法适用于“中级语言”①。几乎其他所有编程语言都提供类似的方法，在面向对象的语言中，你可能还会发现其他的抽象机制。无论如何，这些机制共享本章中阐述的基本特征，因此这里解释的设计思想也适用于其他情况。

14.1　函数的相似性

设计诀窍决定了函数的基本组织结构，因为模板是根据数据定义创建的，而没有考虑函数的用途。所以，那些读入相同类型数据的函数看起来很相似。

考虑图 14-1 中的两个函数，它们读入字符串链表并查找特定的字符串。左边的函数查找"dog"，右边的函数查找"cat"。这两个函数几乎没有区别。它们都读入字符串链表。函数体都由 cond 表达式和两个子句组成。如果输入是'()，它们都返回#false。两者都使用 or 表达式来确定第一项是否是所需的项，如果不是，则使用递归来查找链表的其余部分。唯一的区别是用于比较嵌套的cond表达式的字符串：contains-dog?使用"dog"，而contains-cat?使用"cat"。为突出不同之处，这两个字符串加灰底显示。

```
; Los -> Boolean
; l 是否包含"dog"
(define (contains-dog? l)
  (cond
    [(empty? l) #false]
    [else
     (or
       (string=? (first l)
                 "dog")
       (contains-dog?
         (rest l)))]))
```

```
; Los -> Boolean
; l 是否包含"cat"
(define (contains-cat? l)
  (cond
    [(empty? l) #false]
    [else
     (or
       (string=? (first l)
                 "cat")
       (contains-cat?
         (rest l)))]))
```

图 14-1　两个相似的函数

优秀的程序员懒得定义多个密切相关的函数。相反，他们定义单个函数，这个函数可以在字符串链表中查找"dog"和"cat"。这个通用函数会读入额外的一块数据——要查找的字符串，其他方面则和两个原始函数一样：

```
; String Los -> Boolean
; 判断 l 是否包含字符串 s
(define (contains? s l)
  (cond
    [(empty? l) #false]
```

① 在 DrRacket 中，从“语言”菜单（译注：“选择语言”对话框）的“程序设计方法”子菜单中选择“中级”。

```
    [else (or (string=? (first l) s)
              (contains? s (rest l)))]))
```

现在如果你实在需要 contains-dog?这样的函数，只需一行函数就可以将其定义出来了，contains-cat?函数也是如此。图 14-2 就是这样做的，简单地将其与图 14-1 进行比较，以确保你了解这个过程。最重要的是，有了 contains?，现在要查找字符串链表中的任何字符串都不需要定义专门的函数（如 contains-dog?）了。

; Los -> Boolean
; l 是否包含"dog"
(define (contains-dog? l)
  (contains? "dog" l))
	; Los -> Boolean
	; l 是否包含"cat"
	(define (contains-cat? l)
	  (contains? "cat" l))

图 14-2 两个相似的函数之二

这就是抽象[1]，或者更确切地说，*函数抽象*。将不同版本的函数抽象化是一种消除程序相似性的方法，你将会看到，长远来看，消除相似性使保持程序完整变得更简单。

习题 235 使用 contains?函数来定义分别查找"atom"、"basic"和"zoo"的函数。■

习题 236 为以下两个函数创建测试套件：

```
; Lon -> Lon
; 将 l 中每个项加 1
(define (add1* l)
  (cond
    [(empty? l) '()]
    [else
     (cons
       (add1 (first l))
       (add1* (rest l)))]))
```

```
; Lon -> Lon
; 将 l 中每个项加 5
(define (plus5 l)
  (cond
    [(empty? l) '()]
    [else
     (cons
       (+ (first l) 5)
       (plus5 (rest l)))]))
```

然后将它们抽象化。使用抽象将上述两个函数定义为一行，然后使用现有的测试套件确认修改后的定义正常工作。最后，设计函数，从输入链表中的每个数值中减去 2。■

14.2 不同的相似性

对于 contains-dog?函数和 contains-cat?函数的情况，抽象看起来很容易。只需比较两个函数定义、将字符串替换为函数参数、快速检查原来的函数可以简单地使用抽象函数来定义。这种抽象是如此自然，以至于它在本书的前两部分中就出现过了。

本节说明同样的原理如何产生强大的抽象形式，如图 14-3 所示。这两个函数都读入数值链表和阈值。左边的函数返回所有小于阈值的数值的链表，而右边的函数则返回所有大于阈值的数值的链表。

这两个函数只有一处不同：比较运算符，它确定输入链表中的数值是否应该成为结果的一部分。左边的函数使用<，而右边的函数使用>。除此之外，这两个函数看起来完全相同（不包括函数名称）。

我们按照之前的示例，用另一个参数来抽象这两个函数。这里，新的参数表示比较运算符而不是字符串：

---

① 计算机科学家从数学中借用了术语“抽象”。在数学中，“6”是个抽象的概念，因为它代表了枚举 6 件事情的**所有**方式。相反，“6 英寸”或“6 个鸡蛋”是具体的用法。

```
(define (extract R l t)
  (cond
    [(empty? l) '()]
    [else (cond
            [(R (first l) t)
             (cons (first l)
                   (extract R (rest l) t))]
            [else
             (extract R (rest l) t)])]))
```

要调用这个新函数，必须提供 3 个参数：用于比较两个数值的函数 R、数值链表 l 和阈值 t。该函数会从 l 中提取所有(R i t)求值为#true 的项 i。

; Lon Number -> Lon
; 选择 l 中小于 t 的数值
(define (small l t)
  (cond
    [(empty? l) '()]
    [else
     (cond
       [(< (first l) t)
        (cons (first l)
          (small
            (rest l) t))]
       [else
        (small
          (rest l) t)])]))
	; Lon Number -> Lon
	; 选择 l 中大于 t 的数值
	(define (large l t)
	  (cond
	    [(empty? l) '()]
	    [else
	     (cond
	       [(> (first l) t)
	        (cons (first l)
	          (large
	            (rest l) t))]
	       [else
	        (large
	          (rest l) t)])]))

图 14-3　两个相似的函数之三

停一下！此时你应该问问这个定义是否有意义。平淡无奇地，我们就创建了一个函数，它读入一个函数——这可能是以前从未见过的[①]。然而，事实证明，简单的中级教学语言完全支持这种类型的函数，并且定义这种函数是优秀程序员最强大的工具之一——即使在似乎不提供读入函数的函数的语言中。

测试表明，(extract < l t)计算的结果与(small l t)相同：

```
(check-expect (extract < '() 5) (small '() 5))
(check-expect (extract < '(3) 5) (small '(3) 5))
(check-expect (extract < '(1 6 4) 5)
              (small '(1 6 4) 5))
```

同样，(extract > l t)给出与(large l t)相同的结果，这意味着可以这样定义原来的两个函数：

```
; Lon Number -> Lon          ; Lon Number -> Lon
(define (small-1 l t)        (define (large-1 l t)
  (extract < l t))             (extract > l t))
```

这里的要点**不是** small-1 和 large-1 只需一行就可以定义。一旦有了 extract 这样的抽象函数，就可以在其他地方使用之：

（1）(extract = l t)，此表达式提取 l 中所有等于 t 的数值；

（2）(extract <= l t)，此表达式构建 l 中所有小于或等于 t 的数值的链表；

（3）(extract >= l t)，最后这个表达式构建 l 中大于或等于 t 的数值的链表。

事实上，extract 的第一个参数不需要是中级语言预定义的操作之一。相反，可以使用任

① 如果学过微积分课程，你会遇到过微分算子和不定积分。这两者都是读入和返回函数的函数。当然，我们没有假定你已经学过微积分课程。

何读入两个参数并返回布尔值的函数。考虑这个示例：

```
; Number Number -> Boolean
; 边长为 x 的正方形面积是否大于 c
(define (squared>? x c)
  (> (* x x) c))
```

也就是说，squared>?判断 $x^2 > c$ 是否成立，它也可以被用作 extract 的参数：

```
(extract squared>? (list 3 4 5) 10)
```

这个函数调用从链表(list 3 4 5)中提取出其平方大于 10 的数值。

习题 237 在 DrRacket 中计算(squared>? 3 10)和(squared>? 4 10)。(squared>? 5 10)呢？■

到目前为止，我们已经看到，抽象函数的定义可能比原始函数更为有用。例如，contains?比 contains-dog?和 contains-cat?更有用，而 extract 比 small 和 large 更有用。抽象的另一个重要方面是，现在所有这些函数有了单一控制点。如果事实证明抽象函数包含错误，那么修复其定义就足以修复其他所有定义了。同样，如果想出了可以加速抽象函数的计算或降低其能耗的方法，那么根据此函数定义的所有函数无须额外工作就可以得到改进[①]。以下的习题指出了这种单一控制点如何改善（程序员的）工作。

习题 238 将图 14-4 中的两个函数抽象为单个函数。两者都读入非空数值链表（Nelon）并返回单个数值。左边的函数返回链表中最小的数值，而右边返回最大的数值。

; Nelon -> Number
; 确定 l 中最小的数值
(define (inf l)
  (cond
    [(empty? (rest l))
     (first l)]
    [else
     (if (< (first l)
              (inf (rest l)))
         (first l)
         (inf (rest l)))]))
	; Nelon -> Number
	; 确定 l 中最大的数值
	(define (sup l)
	  (cond
	    [(empty? (rest l))
	     (first l)]
	    [else
	     (if (> (first l)
	              (sup (rest l)))
	         (first l)
	         (sup (rest l)))]))

图 14-4 在数值链表中查找 inf 和 sup

使用抽象函数定义 inf-1 和 sup-1。用以下两个链表对它们进行测试：

```
(list 25 24 23 22 21 20 19 18 17 16 15 14 13
      12 11 10 9 8 7 6 5 4 3 2 1)

(list 1 2 3 4 5 6 7 8 9 10 11 12 13 14 15 16
      17 18 19 20 21 22 23 24 25)
```

为什么这些函数处理长的链表时很慢？

使用 max 和 min 修改原始函数，max 选择两个数值中较大的，min 选择较小的。然后再次抽象，定义 inf-2 和 sup-2，再用相同的输入对它们进行测试。为什么这个版本的函数快得多？

有关这些问题的另一种解法，参见 16.2 节。■

① 抽象的这些好处可用于各种级别的程序设计：文本文档、电子表格、小型应用程序和大型企业级项目。为后者创建抽象推动了编程语言和软件工程的研究。

14.3 数据定义的相似性

现在仔细看看以下两个数据定义：

```
; Lon (List-of-numbers)            ; Los (List-of-String)
; 是下列之一：                      ; 是下列之一：
; -- '()                           ; -- '()
; -- (cons Number Lon)             ; -- (cons String Los)
```

左边的定义了数值链表，右边的描述了字符串链表。这两个数据定义是相似的。与相似的函数一样，这两个数据定义使用了不同的名称，但这是不相关的，因为名称不是重点。唯一真正的区别在于第二个子句中 cons 的第一个位置，它指定链表包含哪些项。

为了抽象出这个差异，我们把数据定义当作函数并继续进行。需要引入一个参数，它使数据定义看起来就像是函数，然后在本来引用不同东西的地方使用这个参数：

```
; [List-of ITEM]是下列之一：
; -- '()
; -- (cons ITEM [List-of ITEM])
```

由于用了参数，我们将这种抽象数据定义为*参数数据定义*。粗略地说，参数数据定义从对特定数据集合的引用中抽象而来，其方式与从特定值抽象而来的函数相同。

当然，问题在于这些参数的（取值）范围。对函数来说，它们代表未知的值，当调用函数时，这个值变为已知。对于参数数据定义，参数代表整个类的值。将数据集合的名称提供给参数数据定义的过程称为*实例化*，下面是实例化 List-of 抽象的一些示例：

- 当写下[List-of Number]时，我们说 ITEM 代表所有数值，所以这只是 List-of-numbers 的另一个名称；
- 同样地，[List-of String]定义了与 List-of-String 相同的数据类；
- 如果我们已经确定了库存记录的类，如

  ```
  (define-struct ir [name price])
  ; IR 是结构体：
  ;   (make-ir String Number)
  ```

  那么[List of of IR]就是库存记录链表的名称。

按照惯例，我们使用所有字母大写的名称作为数据定义的参数，而参数则根据需要给出。

一种验证这些简写真的表示我们所想的意思的方法是，用数据定义的实际名称（如 Number）来替代数据定义的参数 ITEM，并为数据定义使用普通名称：

```
; List-of-numbers-again 是下列之一：
; -- '()
; -- (cons Number List-of-numbers-again)
```

由于数据定义是自引用的，因此我们复制了整个数据定义。由此产生的定义看起来与数值链表的传统定义完全相同，并且真正标识了同一类数据。

我们来看第二个示例，从结构体类型定义开始：

```
(define-struct point [hori veri])
```

下面是两种不同的使用此结构体类型的数据定义：

```
; Pair-boolean-string 是结构体：
;   (make-point Boolean String)

; Pair-number-image 是结构体：
```

```
; (make-point Number Image)
```

这里，数据定义有两处不同（均以高亮显示）。在 hori 字段的差异彼此对应，veri 字段的差异也是如此。因此，有必要引入两个参数来创建抽象数据定义：

```
; [CP H V]是结构体：
;   (make-point H V)
```

这里 H 是 hori 字段数据集合的参数，而 V 代表可以出现在 veri 字段中的数据集合。

要实例化带两个参数的数据定义，需要两个数据集合的名称。使用 Number 和 Image 作为 CP 的参数，可以得到[CP Number Image]，它描述了将数值与图像组合在一起的 point 的集合。相应地，[CP Boolean String]在 point 结构体中将布尔值与字符串组合在一起。

习题 239　两个项的链表是中级语言编程中另一种常用的数据形式。下面是其双参数的数据定义：

```
; [List X Y]是结构体：
;   (cons X (cons Y '()))
```

实例化此定义以描述以下类的数据：

- 数值对；
- 数值和 1String 的对；
- 字符串和布尔值的对。

此外，为这 3 个数据定义中的每一个提供一个具体示例。■

一旦有了参数数据定义，你还可以将它们混合。考虑这个定义：

```
; [List-of [CP Boolean Image]]
```

最外面的记号是[List-of …]，这表示正在处理的是一个链表。问题是链表中包含哪些种类的数据，要回答此问题，需要研究 List-of 表达式的内部：

```
; [CP Boolean Image]
```

内部用 point 结合了 Boolean 和 Image。因此，

```
; [List-of [CP Boolean Image]]
```

是结合了 Boolean 和 Image 的 point 的链表。同样，

```
; [CP Number [List-of Image]]
```

是将一个 Number 与一个 Image 链表结合起来的 CP 实例。

习题 240　下面是两个奇怪但相似的数据定义：

```
; LStr 是下列之一：            ; LNum 是下列之一：
; -- String                    ; -- Number
; -- (make-layer LStr)         ; -- (make-layer LNum)
```

这两个定义都依赖这个结构体类型定义：

```
(define-struct layer [stuff])
```

两者都定义了嵌套的数据：一个是关于数值的，另一个是关于字符串的。为两者分别创建示例。编写它们的抽象。实例化抽象定义以获得原数据定义。■

习题 241　比较 NEList-of-temperatures 和 NEList-of-Booleans 的定义。编写抽象数据定义 *NEList-of*。■

习题 242 再来看一个参数数据定义：

```
; [Maybe X]是下列之一：
; -- #false
; -- X
```

解释这些数据定义：[Maybe String]、[Maybe [List-of String]]和[List-of [Maybe String]]。

这个函数签名的含义是什么：

```
; String [List-of String] -> [Maybe [List-of String]]
; 返回 los 从 s 开始的尾部
; 没有的话返回#false
(check-expect (occurs "a" (list "b" "a" "d" "e"))
              (list "d" "e"))
(check-expect (occurs "a" (list "b" "c" "d")) #f)
(define (occurs s los)
  los)
```

完成设计诀窍的后续步骤。■

14.4 函数是值

这里的函数扩展了我们对程序求值的理解。要理解函数如何读入数值以外的东西（如字符串或图像）很容易。结构体和链表有点儿扩展性，但它们还是有限的“事物”。然而，读入函数的函数很奇怪。实际上，这个想法在两个方面违反了独立章节 1 的规则：（1）基本运算和函数的名称被用作调用的参数，（2）参数被用在调用的函数位置上。

这两点也就是中级语言文法与初级语言的不同之处。首先，表达语言应该包括定义中函数的名称和基本运算的名称。其次，函数调用的第一个位置应该允许除函数名称和基本运算以外的其他事物，至少它必须允许变量和函数的参数。

文法改变了，似乎求值规则也需要修改，但需要改变的只是值集。具体而言，为了适应函数作为函数的参数，最简单的修改方法是，函数和基本运算都**是**值。

习题 243 假设 DrRacket 的定义区中包含

```
(define (f x) x)
```

确定以下表达式的值：

（1）`(cons f '())`

（2）`(f f)`

（3）`(cons f (cons 10 (cons (f 10) '())))`

说明它们为什么是（或不是）值。■

习题 244 说明为什么以下的语句现在是合法的：

（1）`(define (f x) (x 10))`

（2）`(define (f x) (x f))`

（3）`(define (f x y) (x 'a y 'b))`

说明你的理由。■

习题 245 开发函数 `function=at-1.2-3-and-5.775?`。该函数的输入是两个数值到数值的函数，它判断这两个函数对 `1.2`、`3` 和`-5.775` 是否给出相同的结果。

数学家表示，如果两个函数在给定相同输入的情况下，对所有可能的输入都计算出相同的结果，那么它们是相等的。

我们有没有可能定义 function=?，它判断两个数值到数值的函数是否相等？如果是，定义此函数。如果不是，解释原因。然后考虑这（这是我们遇到的第一个可轻松定义的概念，却无法定义为函数）意味着什么。■

14.5 函数的计算

从初级语言切换到中级语言，意味着允许使用函数作为（函数的）参数，并在（函数）调用的第一个位置使用名称。DrRacket 处理在这些位置的名称的方法与处理在其他地方的名称一样，当然，它期望计算返回的是函数。令人惊讶的是，对代数法则的简单修改就可以满足中级语言程序的计算。

我们以 14.2 节中的 extract 为例，看看这是如何工作的。显然，

```
(extract < '() 5) == '()
```

成立。我们可以使用独立章节 1 中的替换规则，并继续使用函数体进行计算。和以前一样，形式参数 R、l 和 t 分别被它们的实际参数<、'() 和 5 替代。接下来就是简单的算术了，从条件开始：

```
==
(cond
 [(empty? '()) '()]
 [else (cond
        [(< (first '()) t)
         (cons (first '()) (extract < (rest '()) 5))]
        [else (extract < (rest '()) 5)])])
==
(cond
 [#true '()]
 [else (cond
        [(< (first '()) t)
         (cons (first '()) (extract < (rest '()) 5))]
        [else (extract < (rest '()) 5)])])
== '()
```

接下来看一个只有一个项的链表：

```
(extract < (cons 4 '()) 5)
```

结果应该是(cons 4 '())，因为该链表中的唯一项是 4，而(< 4 5)为真。求值的第一步是：

```
(extract < (cons 4 '()) 5)
==
(cond
  [(empty? (cons 4 '())) '()]
  [else (cond
          [(< (first (cons 4 '())) 5)
           (cons (first (cons 4 '()))
                 (extract < (rest (cons 4 '())) 5))]
          [else (extract < (rest (cons 4 '())) 5)])])
```

同样，所有出现的 R 都被替换为<，l 替换为(cons 4 '())，t 替换为 5。其余的是简单的几步：

```
(cond
  [(empty? (cons 4 '())) '()]
  [else (cond
          [(< (first (cons 4 '())) 5)
           (cons (first (cons 4 '()))
```

```
                (extract < (rest (cons 4 '())) 5))]
          [else (extract < (rest (cons 4 '())) 5)])])
==
(cond
  [#false '()]
  [else (cond
          [(< (first (cons 4 '())) 5)
           (cons (first (cons 4 '()))
                 (extract < (rest (cons 4 '())) 5))]
          [else (extract < (rest (cons 4 '())) 5)])])
==
(cond
  [(< (first (cons 4 '())) 5)
   (cons (first (cons 4 '()))
         (extract < (rest (cons 4 '())) 5))]
  [else (extract < (rest (cons 4 '())) 5)])
==
(cond
  [(< 4 5)
   (cons (first (cons 4 '()))
         (extract < (rest (cons 4 '())) 5))]
  [else (extract < (rest (cons 4 '())) 5)])
```

这是关键的一步，该位置使用替换进来的<。接下来还是算术：

```
==
(cond
  [#true
   (cons (first (cons 4 '()))
         (extract < (rest (cons 4 '())) 5))]
  [else (extract < (rest (cons 4 '())) 5)])
==
(cons 4 (extract < (rest (cons 4 '())) 5))
==
(cons 4 (extract < '() 5))
==
(cons 4 '())
```

最后一步是上面的等式，也就是说我们进行等量替换。

最后一个示例，将 extract 应用于两个项的链表：

```
(extract < (cons 6 (cons 4 '())) 5)
== (extract < (cons 4 '()) 5)
== (cons 4 (extract < '() 5))
== (cons 4 '())
```

第 1 步是新步骤。它处理链表中的第一项不小于阈值的情况，extract 会消去此项。

习题 246 用 DrRacket 的步进器检查上一个计算

```
(extract < (cons 6 (cons 4 '())) 5)
==
(extract < (cons 4 '()) 5)
```

的第 1 步。■

习题 247 用 DrRacket 的步进器对(extract < (cons 8 (cons 4 '())) 5)求值。■

习题 248 用 DrRacket 的步进器对(squared>? 3 10)和(squared>? 4 10)求值。■

考虑这个交互：

```
> (extract squared>? (list 3 4 5) 10)
(list 4 5)
```

步进器会显示的一些步骤是：

```
(extract squared>? (list 3 4 5) 10)          (1)
==                                           (2)
(cond
  [(empty? (list 3 4 5)) '()]
  [else
    (cond
      [(squared>? (first (list 3 4 5)) 10)
       (cons (first (list 3 4 5))
             (extract squared>?
                      (rest (list 3 4 5))
                      10))]
      [else (extract squared>?
                      (rest (list 3 4 5))
                      10)])])
== ... ==(3)
(cond
  [(squared>? 3 10)
   (cons (first (list 3 4 5))
         (extract squared>?
                  (rest (list 3 4 5))
                  10))]
  [else (extract squared>?
                 (rest (list 3 4 5))
                 10)])
```

使用步进器确认从(1)到(2)的步骤。继续单步执行(2)和(3)之间的步骤。用规则解释每一步。

习题 249 函数是值：参数、返回（结果）、链表中的项。将以下定义和表达式放入 DrRacket 的定义窗口中，然后使用步进器了解该程序运行的方式：

```
(define (f x) x)
(cons f '())
(f f)
(cons f (cons 10 (cons (f 10) '())))
```

这个步进器会将函数显示为 `lambda` 表达式，参见第 17 章。■

第 15 章　设计抽象

本质上，抽象就是将具体的东西变成参数。我们在上一章就是这样做的。要抽象化相似的函数定义，可以添加参数来替换定义中的具体值。要抽象化相似的数据定义，可以创建参数数据定义。以后学习其他编程语言时，你会发现它们的抽象机制也需要引入参数，尽管可能不是函数参数。

15.1　抽象的示例

刚开始学习加法时，你会使用具体的示例。父母可能会教你用手指来对两个小数值做加法。之后，你学习了如何对任意两个数值做加法，这就是你学习的第一种抽象。在这之后很久，你学习编写将温度从摄氏温度转换为华氏温度的表达式，或者计算汽车以给定速率并在给定时间内所行驶的距离。总之，你从非常具体的示例发展出抽象的关系。

本节介绍用从示例出发创建抽象的设计诀窍。正如上节所示，创建抽象很容易。困难的部分会留到下一节，展示如何找出抽象以及如何使用已有的抽象。

回顾第 14 章的主旨。我们从两个具体的定义出发，比较它们，标记差异，然后抽象化。这基本就是创建抽象所需的一切。

（1）第一步是**比较**两个定义的相似性。

当发现两个函数定义几乎相同（除了它们的名称和对应位置的某些值[①]）时，比较它们并标记差异。如果两个定义在多处不同，则将对应的差异用线连起来。

图 15-1 显示了一对相似的函数定义。这两个函数都将一个函数应用于链表中的每一项。它们的区别仅在于作用于每个项的函数不同。两个高亮部分强调了这一本质差异。它们在两个非本质方面也有所不同：函数名称和参数名称。

```
; List-of-numbers -> List-of-numbers
; 将摄氏温度链表转换为华氏温度
(define (cf* l)
  (cond
    [(empty? l) '()]
    [else
     (cons
       (C2F (first l))
       (cf* (rest l)))]))
```

```
; Inventory -> List-of-strings
; 从库存中提取玩具的名称
(define (names i)
  (cond
    [(empty? i) '()]
    [else
     (cons
       (IR-name (first i))
       (names (rest i)))]))
```

```
; Number -> Number
; 将摄氏温度转换为华氏温度
(define (C2F c)
  (+ (* 9/5 c) 32))
```

```
(define-struct IR
  [name price])
; IR 是结构体：
;   (make-IR String Number)
; Inventory 是下列之一：
; -- '()
; -- (cons IR Inventory)
```

图 15-1　一对相似的函数

（2）接下来进行抽象。抽象化意味着用新名称替换相应代码高亮的内容，并将这些名称添加到

① 要对值以外的东西进行抽象的话，该诀窍需要大幅修改。

参数链表中。对于这里的示例，在用 g 替换差异后，我们得到以下两个函数，如图 15-2 所示。这一替换消除了本质区别。现在，每个函数都遍历链表，并将某个传入的函数应用于每个项。

非本质的差异（函数名称和某些情况下一些参数的名称）很容易消除。事实上，如果已经探索过 DrRacket，你就会知道“检查语法”可以系统而轻松地做到这一点，如图 15-2 的下半部分所示。我们选择用 map1 作为函数名称，k 作为链表参数的名称。无论选择哪个名称，结果都是两个完全相同的函数定义。

<table>
<tr>
<td>

```
(define (cf* l g)
  (cond
    [(empty? l) '()]
    [else
     (cons
       (g (first l))
       (cf* (rest l) g))]))
```

</td>
<td>

```
(define (names i g)
  (cond
    [(empty? i) '()]
    [else
     (cons
       (g (first i))
       (names (rest i) g))]))
```

</td>
</tr>
<tr>
<td>

```
(define (map1 k g)
  (cond
    [(empty? k) '()]
    [else
     (cons
       (g (first k))
       (map1 (rest k) g))]))
```

</td>
<td>

```
(define (map1 k g)
  (cond
    [(empty? k) '()]
    [else
     (cons
       (g (first k))
       (map1 (rest k) g))]))
```

</td>
</tr>
</table>

图 15-2 抽象后的两个相同函数

这里的示例很简单。在很多情况下，你会发现不止一组的差异。关键是找到差异对。用纸和铅笔标记差异时，用线连接相关的位置。然后为每个差异引入一个额外的参数。不要忘记修改函数的所有递归使用，都需要加上新的参数。

（3）接下来必须验证新函数是原始函数的正确抽象。验证意味着**测试**，这里就是用抽象定义两个原始函数。

这里，假设原始函数之一被称为 f-original，它只读入一个参数，抽象函数被称为 abstract。假设 f-original 与其他具体函数在使用某个值（如 val）时不同，那么函数定义

```
(define (f-from-abstract x)
  (abstract x val))
```

引入函数 f-from-abstract，它应该等同于 f-original。也就是说，(f-from-abstract V) 对每个合适的值 V 应该返回与(f-original V)相同的答案。特别地，它必须对 f-original 的所有测试返回相同答案。因此，对 f-from-abstract 修改并重新运行这些测试，并确保它们通过。

回过来看我们的示例：

```
; List-of-numbers -> List-of-numbers
(define (cf*-from-map1 l) (map1 l C2F))

; Inventory -> List-of-strings
(define (names-from-map1 i) (map1 i IR-name))
```

完整的示例会包括一些测试，因此我们可以假设 cf*和 names 都已经有一些测试了：

```
(check-expect (cf* (list 100 0 -40))
              (list 212 32 -40))

(check-expect (names
               (list
                 (make-IR "doll" 21.0)
                 (make-IR "bear" 13.0)))
              (list "doll" "bear"))
```

为确保用 map1 定义的函数正常工作，可以复制测试并适当修改函数名称：

```
(check-expect
  (cf*-from-map1 (list 100 0 -40))
                 (list 212 32 -40))

(check-expect
  (names-from-map1
    (list
      (make-IR "doll" 21.0)
      (make-IR "bear" 13.0)))
  (list "doll" "bear"))
```

（4）新的抽象需要（函数）**签名**，因为正如第 16 章所解释的那样，抽象的复用始于它们的签名。寻找有用的签名是一个重要的问题。这里我们用示例来说明其难点，15.2 节会解决这个问题。

考虑 map1 的签名问题。一方面，如果将 map1 视为 cf*的抽象，你可能会认为它是

```
; List-of-numbers [Number -> Number] -> List-of-numbers
```

即在原来的签名基础上加上一个函数：

```
; [Number -> Number]
```

既然 map1 新加的参数是一个函数，那么用函数签名来描述它就不应该使你感到惊讶。这个函数签名也很简单，它是所有数值到数值的函数的“名称”。这里的 C2F 就是这样一个函数，add1、sin 和 imag-part 也都是这样的函数。

但是，如果将 map1 视为 names 的抽象，那么签名会完全不同：

```
; Inventory [IR -> String] -> List-of-strings
```

这次新加的参数是 IR-name，这是一个选择函数，它读入 IR 并返回 String。但显然，第二个签名在上一种情况下是没有用的，反之亦然。为了适应这两种情况，map1 的签名必须表明这里 Number、IR 和 String 只是巧合。

此外，关于签名，现在你可能更想使用 List-of。显然，写下[List-of IR]比给出 Inventory 的数据定义容易。所以，以后只要关于链表我们就使用 List-of，并且你也应该这样做。

一旦抽象化了某两个函数，你应该检查抽象函数是否有其他用途。如果是，那么这个抽象是真正有用的。例如，考虑 map1。很容易想到如何用它来为数值链表中的每个数值加 1：

```
; List-of-numbers -> List-of-numbers
(define (add1-to-each l)
  (map1 l add1))
```

同样地，map1 也可以用来提取库存中每个商品的价格。如果可以想象出许多这样的使用新抽象的用途时，可以将它添加到有用的函数的库中。当然，其他人很可能已经想到了这一点，该函数已经是语言的一部分了。对于像 map1 这样的函数，参见第 16 章。

习题 250 设计 tabulate，即图 15-3 中两个函数的抽象。在正确设计 tabulate 后，用它来定义 sqr 和 tan 的制表函数。■

```
; Number -> [List-of Number]
; 将 n 和 0（包含）之间的 sin 值制成表
(define (tab-sin n)
  (cond
    [(= n 0) (list (sin 0))]
    [else
     (cons
      (sin n)
      (tab-sin (sub1 n)))]))
```

```
; Number -> [List-of Number]
; 将 n 和 0（包含）之间的 sqrt 值制成表
(define (tab-sqrt n)
  (cond
    [(= n 0) (list (sqrt 0))]
    [else
     (cons
      (sqrt n)
      (tab-sqrt (sub1 n)))]))
```

图 15-3 习题 250 的相似函数

习题 251 设计 `fold1`，即图 15-4 中两个函数的抽象。■

; [List-of Number] -> Number
; 计算 l 中数值的总和
(define (sum l)
  (cond
    [(empty? l) 0]
    [else
     (+ (first l)
        (sum (rest l)))]))
	; [List-of Number] -> Number
	; 计算 l 中数值的乘积
	(define (product l)
	  (cond
	    [(empty? l) 1]
	    [else
	     (* (first l)
	        (product (rest l)))]))

图 15-4 习题 251 的相似函数

习题 252 设计 `fold2`，即图 15-5 中两个函数的抽象。比较本习题与习题 251。尽管两者都涉及 `product` 函数，但本习题带来了额外的挑战，因为第二个函数 `image*`读入 Posn 链表并返回 Image。尽管如此，解决方案仍在本节讨论的范围之内，将本习题的解与习题 251 的解比较也特别有意义。这个比较会帮助理解抽象的签名。■

; [List-of Number] -> Number
(define (product l)
  (cond
    [(empty? l) 1]
    [else
     (* (first l)
        (product
          (rest l)))]))
	; [List-of Posn] -> Image
	(define (image* l)
	  (cond
	    [(empty? l) emt]
	    [else
	     (place-dot
	      (first l)
	      (image* (rest l)))]))
	
	; Posn Image -> Image
	(define (place-dot p img)
	  (place-image
	     dot
	     (posn-x p) (posn-y p)
	     img))
	
	; 图像常量：
	(define emt
	  (empty-scene 100 100))
	(define dot
	  (circle 3 "solid" "red"))

图 15-5 习题 252 的相似函数

最后，在处理数据定义时，抽象化过程以类似的方式进行。数据定义的新增参数代表值的集合，测试意味着为某些具体示例给出数据定义。总而言之，对数据定义的抽象往往比对函数的抽象更容易，所以你可以自行适当地调整设计诀窍。

15.2 签名的相似性

事实证明，函数的签名是其复用的关键。因此，你必须学会用最通用的方式制定描述抽象的签名。为了理解这是如何工作的，我们从两个角度着手，一是签名本身，二是简单但可能令人吃惊的理解：签名本质上是数据定义。

签名和数据定义都指定一类数据，不同之处在于，数据定义也对数据类进行了命名，而签名没有。不过，当你写下

```
; Number Boolean -> String
(define (f n b) "hello world")
```

时，第一行描述了一整类数据，而第二行声明 f 属于这个类。确切地说，签名描述了读入 Number 和 Boolean 并返回 String 的**所有函数**的类。

一般来说，签名中的箭头符号类似于 14.3 节中的 List-of 符号。后者读入一类数据（的名称），称其为 X，描述由 X 项组成的所有链表，并且没有为其分配名称。箭头符号读入任意数量的数据类并描述函数的集合。

这意味着抽象的设计诀窍也适用于签名。比较类似的签名，找出其中的差异，然后用参数替换差异。但是抽象化签名的过程比抽象化函数更复杂，一部分原因是，签名已经是设计诀窍中的抽象组件，另一部分原因是，基于箭头的符号比我们遇到过的任何其他事物都要复杂得多。

我们从 cf*和 names 的签名开始：

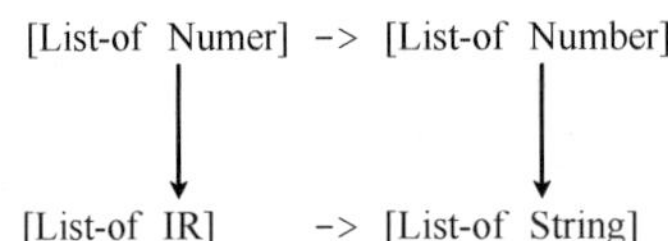

这张图是比较和对比步骤的结果。比较表明两个签名有两处不同：在箭头左侧是 Number 对 IR，在箭头右侧是 Number 对 String。

如果用参数（如 X 和 Y）替换这两处差异就能得到相同的签名：

```
; [X Y] [List-of X] -> [List-of Y]
```

这个新签名的开头位置是变量的序列，这一点类似于上面介绍的函数定义和数据定义。粗略地说，这些变量是签名的参数，就好比函数和数据定义的参数。具体地说，这个变量序列就好比 List-of 定义中的 ITEM，或者 14.3 节中 CP 定义中的 X 和 Y。和那些变量一样，X 和 Y 的取值范围是值的类。

将这个参数表实例化，就得到签名的其余部分，其中的参数由数据集合取代，数据集合可以是它们的名称、其他参数或者类似于上文中 List-of 这种简写形式。因此，如果用 Number 替换 X 和 Y，得到的就是 cf*的签名：

```
; [List-of Number] -> [List-of Number]
```

如果用 IR 和 String（替换 X 和 Y），得到的就是 names 的签名：

```
; [List-of IR] -> [List-of String]
```

这解释了为什么我们将此参数化签名视为原始签名 cf*和 names 的抽象。

一旦为这两个函数加上额外的函数参数，我们就得到了 map1，其签名如下：

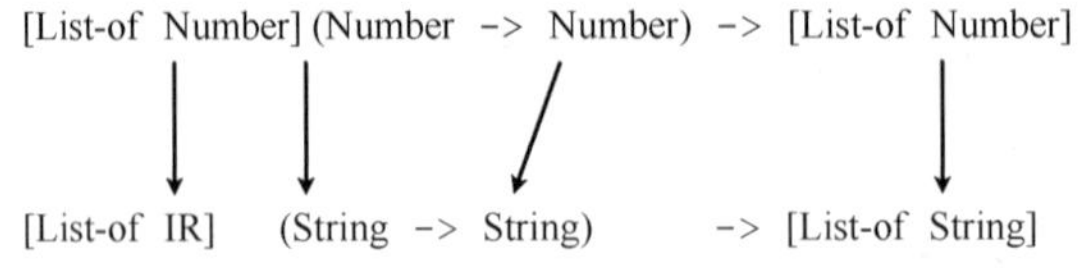

同样，签名以图示形式给出，并用箭头连接对应的差异。这些标记表明，第二个参数（函数）中的差异与原始签名中的差异有关。具体而言，新箭头左侧的 Number 和 IR 指的是第一个参数（链表）中的项，右侧的 Number 和 String 指的是返回值（也是链表）中的项。

由于列出签名的参数是额外的工作，因此就我们的目的而言，可以简单地说从现在开始，签名中的所有变量都是参数。但是，其他编程语言坚持明确列出签名的参数，而作为回报，可以在这些签名中阐述额外的约束条件，并在运行程序之前检查签名。

现在我们应用此技巧来获取 map1 的签名：

```
; [X Y] [List-of X] [X -> Y] -> [List-of Y]
```

具体来说，map1 读入链表，链表中的所有项都属于某个（尚未确定的）称为 X 的数据集合。它还读入函数，该函数读入 X 的元素并返回另一个未知的称为 Y 的数据集合的元素。map1 的返回值是包含来自 Y 的项的链表。

抽象化签名需要练习。再来看一组示例：

```
; [List-of Number]  -> Number
; [List-of Posn]    -> Image
```

这是习题 252 中 product 和 image*的签名。虽然这两个签名有相同的组织结构，但其差别很明显。我们先来详细说明它们组织结构的相同之处：

- 两个签名都描述了单参数函数；
- 两者的参数描述都使用了 List-of 结构。

与上一个示例不同，这里一个签名引用了两次 Number，而另一个签名在对应位置引用的是 Posn 和 Image。结构上的对比显示，第一个 Number 对应于 Posn，第二个 Number 对应于 Image：

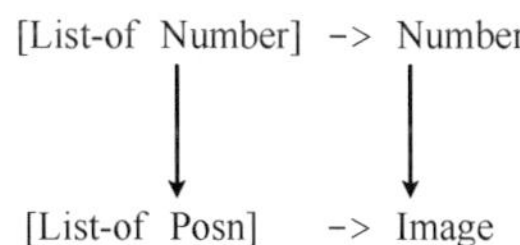

继续完成习题 252 中两个函数抽象化的签名，先执行设计诀窍的前两步：

```
(define (pr* l bs jn)        (define (im* l bs jn)
  (cond                        (cond
    [(empty? l) bs]              [(empty? l) bs]
    [else                        [else
     (jn (first l)                (jn (first l)
         (pr* (rest l)                (im* (rest l)
              bs                           bs
              jn))]))                      jn))]))
```

由于这两个函数在两对值上有所不同，因此修改后的版本会多读入两个值：一个是原子值，用于基本情况中，另一个是将自然递归的结果与输入链表中的第一项相结合的函数。

这里的关键是将此理解转换为两个新函数的两个签名。当你对 pr*这样做就得到

```
; [List-of Number] Number [Number Number -> Number]
; -> Number
```

因为基本情况中的结果是数值，而第二个 cond 行中的函数是+。同样，im*的签名是

```
; [List-of Posn] Image [Posn Image -> Image]
; -> Image
```

正如从 im*的函数定义中可以看到的，基本情况下它返回图像，而组合函数是 place-dot，它将 Posn 和 Image 组合为另一个 Image。

接下来我们扩展上面的图，添加输入就得到了签名：

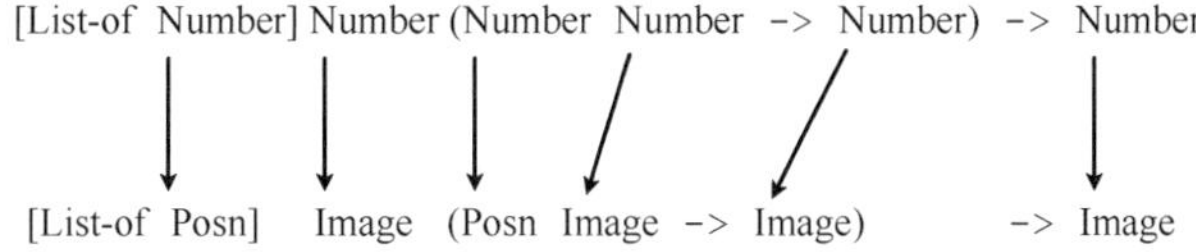

从这张图中可以明显地看到，修改后的两个签名比原来的两个签名共享更多的组织结构。此外，描述基本情况的部分彼此对应，而描述组合函数的子签名部分也是彼此对应的。总计共有 6 组

差异，而它们可以归结为 2 个：

（1）一些位置的 Number 对应于 Posn；

（2）其他位置的 Number 对应于 Image。

所以为了抽象化，我们需要 2 个变量，每个对应一种不同。

下面就是 fold2（习题 252 中的抽象）的签名：

```
; [X Y] [List-of X] Y [X Y -> Y] -> Y
```

停一下！确保使用 Number 替换签名中 X 和 Y 两个参数就得到 pr*的签名，而分别用 Posn 和 Image 替换同样的变量则得到 im*的签名。

这两个示例说明了如何找到通用的签名。原则上，这个过程就和抽象函数一样。然而，由于签名的非正式特性，因此不能通过运行示例检查代码的方式来检查它。这一过程分步表述如下。

（1）给定两个相似的函数定义 f 和 g，比较它们签名的相似性和差异。目的是发现签名的组织结构并标记出两个签名的不同之处。就像在分析函数体时所做的那样，在差异对之间画线连接起来。

（2）将 f 和 g 抽象化为 f-abs 和 g-abs。也就是，添加参数消除 f 和 g 之间的差异。为 f-abs 和 g-abs 创建签名。记住新参数起初代表的是什么，这有助于新签名的编写。

（3）检查第 1 步的分析是否扩展了 f-abs 和 g-abs 的签名。如果是，则将差异替换为数据类范围内的变量。只要两个签名相同，你就得到了抽象函数的一种签名。

（4）测试抽象签名。首先，确保抽象签名中的变量经过适当的替换之后会给出 f-abs 和 g-abs 的签名。其次，检查此通用化的签名是否与代码同步。例如，如果 p 是新参数并且其签名是

```
; ... [A B - > C] ...
```

那么 p 必须始终作用于两个参数，第一个来自 A，第二个来自 B，而且 p 调用的结果将是 C，并且它将被用在需要 C 元素的地方。

与抽象函数一样，关键在于比较示例的具体签名并确定其相似性和差异。有了足够的练习和直觉之后，你很快就能够在没有太多指导的情况下抽象化签名。

习题 253 以下每个签名都描述了一类函数：

```
; [Number -> Boolean]
; [Boolean String -> Boolean]
; [Number Number Number -> Number]
; [Number -> [List-of Number]]
; [[List-of Number] -> Boolean]
```

对每个集合，至少给出一个中级语言中的示例。■

习题 254 为以下函数编写签名：

- sort-n，它读入数值链表和函数，该函数读入两个（链表中的）数值并返回一个布尔值，sort-n 返回排好序的数值链表；
- sort-s，它读入字符串链表和函数，该函数读入两个（链表中的）字符串并返回一个布尔值，sort-s 返回排好序的字符串链表。

然后按照上述步骤抽象化这两个签名。此外，显示此通用化的签名可以被实例化，以描述 IR 链表排序函数的签名。■

习题 255 为以下函数编写签名：

- map-n，它的输入是数值链表和从数值到数值的函数，返回数值链表。

- map-s，它的输入是字符串链表和从字符串到字符串的函数，返回字符串链表。

然后按照上述步骤抽象化这两个签名。此外，显示此通用化的签名可以被实例化，以描述上面的 map1 函数的签名。■

15.3 单个控制点

一般来说，程序就像是草稿纸。编辑草稿非常重要：纠正打印错误、纠正语法错误、使文档前后一致并消除重复。没有人想阅读重复的文章，也没有人想阅读这样的程序。

用抽象消除相似性有许多优点。建立抽象简化了定义。它还可能揭示出现有函数的问题，特别是当相似之处不太能对应时。然而，抽象最重要的优点是，为某些常用功能创建单个控制点。

将某些功能的定义放到一个地方可以使维护程序变得容易。当发现一个错误时，你只需去一个地方修复它。当发现代码应该处理另一种形式的数据时，你可以只在一个地方添加代码。当找到需要改进之处的时候，一处改变就可以改善功能的全部用途。通常如果函数或代码有多个副本，则必须找出所有副本并修复它们，否则错误可能会继续存在，或者只有其中一个函数会运行得更快。

因此，我们制定了这一指导方针：

抽象化，而不是复制和修改任何代码。

我们的抽象函数设计诀窍是创建抽象最基本的工具。使用它需要练习。通过练习，你可以扩展自己阅读、组织和维护程序的能力。优秀的程序员会积极编辑程序以建立新抽象，从而将与某个任务相关的事物收集到单一控制点。这里我们用函数抽象来研究这种做法，在其他编程课程中，你会遇到其他形式的抽象，其中最重要的是基于类的面向对象语言中的继承。

15.4 模板的抽象

本部分的前两章介绍了许多基于相同模板的函数。毕竟，设计诀窍要求围绕（主要）输入数据定义的组织方式组织函数。因此，许多函数定义看起来相似，这并不奇怪。

事实上，你应该直接从模板出发进行抽象，而且应该自动这么做，一些试验性的编程语言就是这么做的。尽管这个话题仍然是研究的主题，但你现在可以了解其基本思想。考虑链表的模板：

```
(define (fun-for-l l)
  (cond
    [(empty? l) ...]
    [else (... (first l) ...
          ... (fun-for-l (rest l)) ...)]))
```

它包含两个缺口，每个子句一个。当使用这个模板来定义链表处理函数时，通常用第一个 cond 子句中的一个值和第二个子句中的 combine 函数填充这些缺口。combine 函数读入链表的第一项和自然递归的结果，并用这两个数据创建其结果。

既然已经知道如何创建抽象，那么你可以由此非正式描述来完成抽象的定义：

```
; [X Y] [List-of X] Y [X Y -> Y] -> Y
(define (reduce l base combine)
  (cond
    [(empty? l) base]
    [else (combine (first l)
```

```
            (reduce (rest l) base combine))]))
```

它读入另两个参数：base（基本情况的值）和 combine（第二个子句中将值组合的函数）。

使用 reduce 可以将许多普通的链表处理函数用“一行”定义出来。下面是 sum 和 product 的定义，本章的前几节中多次使用了两个函数：

```
; [List-of Number] -> Number        ; [List-of Number] -> Number
(define (sum lon)                   (define (product lon)
  (reduce lon 0 +))                   (reduce lon 1 *))
```

对 sum 来说，基本情况总是返回 0，第二个子句中结合值则是将第一项和自然递归的结果相加。类似的推理可以解释 product。其他链表处理函数可以使用 reduce 进行类似的定义。

第 16 章　使用抽象

一旦有了抽象，你应该尽可能地使用它们。抽象创建了单一控制点，这是一种减少工作量的装置。更确切地说，抽象的使用有助于代码**阅读者**理解你的意图。如果抽象是众所周知的，并且内置于语言中或由标准库提供，那么使用它会比定制设计的代码能更清楚地表明函数的功能。

本章重点介绍现有中级语言抽象的复用。第一节从现有中级语言抽象开始，其中一些以假名给出。后面几节讨论这种抽象的复用。这里的关键部分是新的句法结构 `local`，用于在函数内部定义函数和变量（还可以是结构体类型）。最后一节介绍一个辅助部分，用于创建匿名函数的 `lambda` 结构，`lambda` 给我们提供了方便，但对复用抽象函数的思想来说它不是必要的。

16.1　现有的抽象

中级语言提供了许多处理自然数和链表的抽象函数。图 16-1 收录了最重要的函数头信息。

```
; [X] N [N -> X] -> [List-of X]
; 通过将 f 应用于 0、1...(sub1 n)来构建链表
; (build-list n f) == (list (f 0) ... (f (- n 1)))
(define (build-list n f) ...)

; [X] [X -> Boolean] [List-of X] -> [List-of X]
; 生成 lx 中 p 成立的项的链表
(define (filter p lx) ...)

; [X] [List-of X] [X X -> Boolean] -> [List-of X]
; 生成按照 cmp 排序的 lx 版本
(define (sort lx cmp) ...)

; [X Y] [X -> Y] [List-of X] -> [List-of Y]
; 通过将 f 应用于 lx 中的每个项来构建链表
; (map f (list x-1 ... x-n)) == (list (f x-1) ... (f x-n))
(define (map f lx) ...)

; [X] [X -> Boolean] [List-of X] -> Boolean
; 判断 p 是否对 lx 中的每个项都成立
; (andmap p (list x-1 ... x-n)) == (and (p x-1) ... (p x-n))
(define (andmap p lx) ...)

; [X] [X -> Boolean] [List-of X] -> Boolean
; 判断 p 是否对 lx 中至少一个项成立
; (ormap p (list x-1 ... x-n)) == (or (p x-1) ... (p x-n))
(define (ormap p lx) ...)
```

图 16-1　中级语言的链表处理抽象函数（1）

第一个函数处理自然数并构建链表：

```
> (build-list 3 add1)
(list 1 2 3)
```

接下来的 3 个处理并返回链表：

```
> (filter odd? (list 1 2 3 4 5))
(list 1 3 5)
> (sort (list 3 2 1 4 5) >)
(list 5 4 3 2 1)
> (map add1 (list 1 2 2 3 3 3))
(list 2 3 3 4 4 4)
```

相反，andmap 和 ormap 将链表规约为布尔值：

```
> (andmap odd? (list 1 2 3 4 5))
#false
> (ormap odd? (list 1 2 3 4 5))
#true
```

因此，这种计算被称为规约（reduction）。

图 16-2 中的两个函数 foldr 和 foldl 非常强大。两者都将链表**规约**为值。示例计算通过对+、0 和短链表调用函数来解释 foldr 和 foldl 函数头中的抽象示例。正如所见，foldr 从右向左处理链表中的值，而 foldl 从左向右处理。虽然对某些函数来说，处理方向没有任何区别，但通常情况并非如此。[①]

```
; [X Y] [X Y -> Y] Y [List-of X] -> Y
; 将 f 从右到左应用于 lx 中的每个项和 b
; (foldr f b (list x-1 ... x-n)) == (f x-1 ... (f x-n b))
(define (foldr f b lx) ...)

(foldr + 0 '(1 2 3 4 5))
== (+ 1 (+ 2 (+ 3 (+ 4 (+ 5 0)))))
== (+ 1 (+ 2 (+ 3 (+ 4 5))))
== (+ 1 (+ 2 (+ 3 9)))
== (+ 1 (+ 2 12))
== (+ 1 14)

; [X Y] [X Y -> Y] Y [List-of X] -> Y
; 将 f 从左到右应用于 lx 中的每个项和 b
; (foldl f b (list x-1 ... x-n)) == (f x-n ... (f x-1 b))
(define (foldl f b lx) ...)

(foldl + 0 '(1 2 3 4 5))
== (+ 5 (+ 4 (+ 3 (+ 2 (+ 1 0)))))
== (+ 5 (+ 4 (+ 3 (+ 2 1))))
== (+ 5 (+ 4 (+ 3 3)))
== (+ 5 (+ 4 6))
== (+ 5 10)
```

图 16-2 中级语言的链表处理抽象函数（2）

习题 256 解释下面的抽象函数：

```
; [X] [X -> Number] [NEList-of X] -> X
; 找出 lx 中（第一个）使 f 最大化的项
; 如果(argmax f (list x-1 ... x-n)) == x-i,
; 那么(>= (f x-i) (f x-1)), (>= (f x-i) (f x-2)), ...
(define (argmax f lx) ...)
```

对中级语言中的具体示例使用它。你能否为 argmin 给出类似的目的声明？■

图 16-3 展示了图 16-1 和图 16-2 中复合函数的能力。这里的主函数是 listing，它的目的是用 address 链表创建一个字符串，它的目的声明提出 3 项任务，因此设计 3 个函数：

① 如果处理顺序没有区别，那么数学家称这样的函数为可结合的。中级语言的=对整数是可结合的，但对非精确数不是。见下文。

（1）一个函数从给定的 Addr 链表中提取出第一个名字；

（2）一个函数按字母顺序对这些名字排序；

（3）一个函数拼接来自步骤 2 的字符串。

```
(define-struct address [first-name last-name street])
; Addr 是结构体：
;   (make-address String String String)
; 解释：将地址与个人姓名联系起来

; [List-of Addr] -> String
; 创建名字的字符串，
; 按字母顺序排序，
; 由空格分开、包围
(define (listing l)
  (foldr string-append-with-space " "
         (sort (map address-first-name l) string<?)))

; String String -> String
; 拼接两个字符串，并添加前缀" "
(define (string-append-with-space s t)
  (string-append " " s t))

(define ex0
  (list (make-address "Robert"   "Findler" "South")
        (make-address "Matthew"  "Flatt"   "Canyon")
        (make-address "Shriram"  "Krishna" "Yellow")))

(check-expect (listing ex0) " Matthew Robert Shriram ")
```

图 16-3 用抽象创建程序

在继续阅读之前，你可以先执行这个计划。也就是说，设计所有 3 个函数，然后按 11.2 节的方式复合它们以获得自己的 listing 函数。

在新的抽象世界中，可以设计出实现相同目标的单个函数。仔细看一下图 16-3 中 listing 的最内层表达式：

```
(map address-first-name l)
```

按照 map 的目的声明，它将 address-first-name 应用于 address 的每个单实例，产生名字字符串的链表。紧邻的外层表达式是：

```
(sort ... string<?)
```

...代表 map 表达式的结果。既然这里提供了字符串链表，那么 sort 表达式会生成已排序的名字链表。剩下的是最外层的表达式：

```
(foldr string-append-with-space " " ...)
```

它使用名为 string-append-with-space 的函数将名字的已排序链表规约为单个字符串。这样一个暗示性的名字告诉你，现在这种规约将所有字符串以所需的方式拼接起来——即使你不太理解 foldr 和 string-append-with-space 是如何联合工作的。

习题 257 你可以用自己知道的设计诀窍设计 build-list 和 foldl，但这和中级语言所提供的不一样。例如，你自己设计 foldl 函数时会需要使用链表的 reverse 函数：

```
; [X Y] [X Y -> Y] Y [List-of X] -> Y
; f*oldl 的功能就像 foldl 一样
(check-expect (f*oldl cons '() '(a b c))
              (foldl cons '() '(a b c)))
(check-expect (f*oldl / 1 '(6 3 2))
```

```
              (foldl / 1 '(6 3 2)))
(define (f*oldl f e l)
  (foldr f e (reverse l)))
```

设计 build-l*st，其功能与 build-list 相似。**提示** 回想习题 193 中的 add-at-end 函数。**关于设计** 第六部分涵盖了从头开始设计这些函数所需的概念。■

16.2 局部定义

再来看一下图 16-3。string-append-with-space 函数显然居于从属地位，在这个狭义的上下文之外没有用处。此外，函数体的组织结构并不反映上述 3 项任务。

几乎所有的编程语言都支持以某种方式来表达作为程序一部分的这种关系。这个想法被称为*局部定义*（local definition），也称为*私人定义*（private definition）。在中级语言中，local 表达式引入局部定义的函数、变量和结构体类型。

本节介绍 local 的机制。一般来说，local 表达式的形式是：

```
(local (def ...)
  ; --- IN ---
  body-expression)
```

对这种表达的求值类似于对完整程序的求值。首先，建立定义，这可能涉及对常量定义右侧的求值。和你熟悉和喜爱的顶层定义一样，local 表达式中的定义可以相互引用。它们也可以引用外部函数的参数。接下来，计算 *body-expression*，其值成为 local 表达式的结果。通常，用注释将 local 的定义（*def*）与主表达式（*body-expression*）分开是有帮助的。正如给出的那样，我们可以用--- IN ---，因为该词表明定义在表达式内有效。

图 16-4 给出了图 16-3 中程序使用 local 修改后的版本。listing.v2 的函数体现在是一个 local 表达式，它由两部分组成：一系列定义和主表达式。局部定义的序列看起来和 DrRacket 定义区中的序列完全一致。

```
; [List-of Addr] -> String
; 创建名字的字符串，
; 按字母顺序排序，
; 由空格分开和包围
(define (listing.v2 l)
  (local (; 1. 提取名字
          (define names  (map address-first-name l))
          ; 2. 对名字排序
          (define sorted (sort names string<?))
          ; 3. 拼接它们并加上空格
          ; String String -> String
          ; 拼接两个字符串，并添加前缀" "
          (define (helper s t)
            (string-append " " s t))
          (define concat+spaces
            (foldr helper " " sorted)))
    concat+spaces))
```

图 16-4 用 local 组织函数

在这个示例中，定义序列由 4 部分组成：3 个常量定义和一个函数定义。每个常量定义代表 3 项计划任务之一。函数定义就是重命名的 string-append-with-space[①]，它与 foldr 一

① 由于这些名字只在 local 表达式中可见，因此可以缩短其名称。

起使用来实现第 3 项任务。local 的主体就是第 3 项任务的名称。

在视觉上最大的区别涉及全局组织结构。它清楚地表明该函数完成了 3 项任务以及完成的顺序。事实上，这个示例展示了可读性的一般原则：

用 local 重写深度嵌套的表达式。使用精心挑选的名称来表达表达式的计算内容。

未来的（程序）阅读者会喜欢这种做法，因为他们可以通过查看 local 表达式的名称和主体来理解代码。

关于组织结构 local 表达式确实是表达式。它可以出现在任何普通表达式出现的地方。因此可以精确地指明需要辅助函数的位置。考虑将 listing.v2 的 local 表达式重组为：

```
... (local ((define names  ...)
            (define sorted ...)
            (define concat+spaces
            (local (; String String -> String
                    (define (helper s t)
                      (string-append " " s t)))
              (foldr helper " " sorted))))
      concat+spaces) ...
```

它由 3 个定义组成，说明这需要 3 个计算步骤。第 3 个定义的右侧由 local 表达式组成，这表明 helper 真的只在第 3 步中被用到。

是否需要以这种精度表达程序各部分之间的关系取决于两个约束条件：编程语言和代码的预期生存时间。一些语言甚至不能表达这样的想法，即 helper 仅用于第 3 步。其次，你在创建程序所需的时间以及你或某人会再次访问并理解代码的期望值之间进行权衡。Racket 团队的偏好着重于未来的开发者，因为团队成员知道程序永远不会完成，所有程序都需要修复。

图 16-5 给出的是另一个示例。这个函数定义的组织结构告诉阅读者，sort-cmp 调用两个辅助函数：isort 和 insert。按照局域性，显然 insert 的目的声明中的形容词“排序的”指的是 isort。换句话说，insert 仅在这种情况下才有用，程序员不应该尝试在其他地方使用它。尽管此约束条件在 sort-cmp 函数的原来的定义中已经很重要，但是 local 表达式将其表示为程序的一部分。

```
; [List-of Number] [Number Number -> Boolean]
; -> [List-of Number]
; 返回 alon 按 cmp 排序的版本
(define (sort-cmp alon0 cmp)
  (local (; [List-of Number] -> [List-of Number]
          ; 生成 alon 的排序版本
          (define (isort alon)
            (cond
              [(empty? alon) '()]
              [else
               (insert (first alon) (isort (rest alon)))]))

          ; Number [List-of Number] -> [List-of Number]
          ; 将 n 插入排序的数值链表 alon 中
          (define (insert n alon)
            (cond
              [(empty? alon) (cons n '())]
              [else (if (cmp n (first alon))
                        (cons n alon)
                        (cons (first alon)
                              (insert n (rest alon))))])))
    (isort alon0)))
```

图 16-5 用 local 组织相互关联的函数定义

sort-cmp 定义重组的另一个重要方面涉及 cmp（函数的第二个参数）的可见性。局部定义的函数可以引用 cmp，因为它是在定义的上下文中定义的。cmp **没有**在 isort 和 insert 之间来回传递，因此读者可以立即推断出 cmp 在整个排序过程中保持不变。

习题 258 使用 local 表达式来组织图 11-2 中绘制多边形的函数。如果某个全局定义的函数非常有用，则不要将其局部化。■

习题 259 使用 local 表达式来组织 12.4 节中的重排单词函数。■

最后一个关于 local 有用性的示例涉及性能。考虑图 14-4 中 inf 的定义。它的第二个 cond 行包含

```
(inf (rest l))
```

的两个副本，这是自然递归（的结果）。基于问题的结果，对 local 表达式两次求值。使用 local 来命名这个表达式，不仅改进了函数的可读性，还提升了其性能。

图 16-6 显示了修改后的版本。这里 local 表达式出现在 cond 表达式的中间。它定义了一个常量，其值是自然递归的结果。回想一下，对 local 表达式的求值，在进行到主表达式之前只对定义进行一次求值，这意味着(inf (rest l))只被求值一次，而 local 表达式的主体引用了其结果两次。因此，在计算的每个阶段 local 都节省了一次对(inf (rest l))的重新求值。

```
; Nelon -> Number
; 确定 l 中的最小数值
(define (inf.v2 l)
  (cond
    [(empty? (rest l)) (first l)]
    [else
     (local ((define smallest-in-rest (inf.v2 (rest l))))
       (if (< (first l) smallest-in-rest)
           (first l)
           smallest-in-rest))]))
```

图 16-6 使用 local 可以提高性能

习题 260 重复习题 238 的性能试验，以此确认关于对 inf.v2 性能的理解。■

习题 261 考虑图 16-7 中的函数定义。嵌套的 cond 表达式中的两个子句都从 an-inv 中提取第一项，并且都计算(extract1 (rest an-inv))。使用 local 来命名这个表达式。这是否有助于提高函数计算结果的速度？显著提高？有稍许提高？一点也没提高？■

```
; Inventory -> Inventory
; 为 an-inv 中所有成本低于 1 美元的项
; 创建 Inventory
(define (extract1 an-inv)
  (cond
    [(empty? an-inv) '()]
    [else
     (cond
       [(<= (ir-price (first an-inv)) 1.0)
        (cons (first an-inv) (extract1 (rest an-inv)))]
       [else (extract1 (rest an-inv))])]))
```

图 16-7 库存的函数，参见习题 261

16.3 局部定义增强表达能力

上面第 3 个（最后那个）示例说明了 local 如何增强初级（以及初级+简写的表）语言的

表达能力。12.8 节给出了一个世界程序的设计，该程序模拟有限状态机如何识别按键序列。虽然数据分析以自然的方式给出了图 12-9 中的数据定义，但设计世界程序主函数的尝试却失败了。具体来说，即使给定的有限状态机在模拟过程中保持不变，世界的状态也必须包含它，以便当玩家按下某键时程序可以从一个状态转换到下一个状态。

图 16-8 给出了该问题在中级语言中的解。它使用了 local 函数定义，因此可以将世界状态等同于有限状态机的当前状态。具体而言，simulate 局部定义了键盘事件处理程序，该处理程序仅读入当前的世界状态以及表示玩家按键的 KeyEvent。因为这个局部定义的函数可以引用给定的有限状态机 fsm，所以即使转换表**不**是该函数的参数，也可以在转换表中找到下一个状态。

```
; FSM FSM-State -> FSM-State
; 将玩家按下的按键与给定的 FSM 进行匹配
(define (simulate fsm s0)
  (local (; 世界状态：FSM-State
          ; FSM-State KeyEvent -> FSM-State
          (define (find-next-state s key-event)
          (find fsm s)))
    (big-bang s0
      [to-draw state-as-colored-square]
      [on-key find-next-state])))

; FSM-State -> Image
; 将当前状态呈现为彩色方块
(define (state-as-colored-square s)
  (square 100 "solid" s))

; FSM FSM-State -> FSM-State
; 查找 fsm 的当前状态
(define (find transitions current)
  (cond
    [(empty? transitions) (error "not found")]
    [else
      (local ((define s (first transitions)))
        (if (state=? (transition-current s) current)
            (transition-next s)
            (find (rest transitions) current)))]))
```

图 16-8　局部函数定义的表达能力

如图 16-8 所示，其他所有函数都与主函数定义在同一层。这包括 find 函数，它在转换表中执行实际搜索。和初级语言相比，关键的改进在于，局部定义的函数**既**可以引用函数的参数，**也**可以引用全局定义的辅助函数。

简而言之，这个程序的组织结构向未来阅读者发出了明确的信号，也就是世界程序设计诀窍的数据分析阶段所发现的内容。首先，有限状态机的表示不会变。其次，模拟过程中的变化是有限状态机的当前状态。

这里的经验是，所选的编程语言会影响程序员的表达能力，还会影响未来阅读者识别原作者设计观点的能力。

习题 262　设计函数 identityM，它创建由 0 和 1 组成的对角线方块[①]：

```
> (identityM 1)
(list (list 1))
> (identityM 3)
(list (list 1 0 0) (list 0 1 0) (list 0 0 1))
```

① 线性代数称这种方块为单位矩阵。

使用结构体的设计诀窍，并利用 local 的能力。■

16.4 local 的计算

中级语言的 local 表达式所需要的计算规则首次超出了中学代数的知识范围。这个规则相对简单，但很不寻常。最好用一些示例来说明。先来看这个定义：

```
(define (simulate fsm s0)
  (local ((define (find-next-state s key-event)
            (find fsm s)))
    (big-bang s0
      [to-draw state-as-colored-square]
      [on-key find-next-state])))
```

假设我们希望计算（手工，而不是用 DrRacket）

```
(simulate AN-FSM A-STATE)
```

其中 AN-FSM 和 A-STATE 是未知值。使用通常的替换规则，我们按如下步骤进行：

```
==
(local ((define (find-next-state s key-event)
          (find AN-FSM s)))
  (big-bang A-STATE
    [to-draw state-as-colored-square]
    [on-key find-next-state]))
```

这是 simulate 的函数体，用参数值 AN-FSM 和 A-STATE 分别替代出现的所有 fsm 和 s。

到这里我们被难住了，因为表达式是一个 local 表达式，而我们不知道如何计算它。所以，规则是这样的。要在程序求值中处理 local 表达式，我们分两步进行：

（1）将局部定义的常量和函数的名称重命名为程序中其他地方不曾使用的名称；

（2）将 local 表达式中的定义层级提升到顶层，然后对 local 表达式的主体求值。

停一下！不要思考。接受这两步。

我们将这两步应用到我们的示例中，一次执行一步：

```
==
(local ((define (find-next-state-1 s key-event)
          (find an-fsm a-state)))
  (big-bang s0
    [to-draw state-as-colored-square]
    [on-key find-next-state-1]))
```

我们的选择是在函数名称的末尾附加“-1”。如果这个修改后的名称已经存在，我们就附加“-2”，以此类推。所以，第 2 步的结果是：

```
==
(define (find-next-state-1 s key-event)
  (find an-fsm a-state))
⊕①
(big-bang s0
  [to-draw state-as-colored-square]
  [on-key find-next-state-1])
```

结果是一个普通的程序：一些全局定义的常量和后跟一个表达式的函数。使用正常规则就可以，没什么需要特别说的。

① 我们使用⊕来表示该步骤产生两段代码。

现在是时候对这两步进行理性的解释了。对于重命名步骤，我们使用图 16-6 中的 inf 函数变体作为示例。显然，

```
(inf (list 2 1 3)) == 1
```

问题是，我们是否可以给出 DrRacket 执行的计算步骤，并最终得到此结果。

第 1 步很简单：

```
(inf (list 2 1 3))
==
(cond
  [(empty? (rest (list 2 1 3)))
   (first (list 2 1 3))]
  [else
   (local ((define smallest-in-rest
             (inf (rest (list 2 1 3)))))
     (cond
       [(< (first (list 2 1 3)) smallest-in-rest)
        (first (list 2 1 3))]
       [else smallest-in-rest]))])
```

我们将 l 替换为(list 2 1 3)。

因为链表不为空，所以我们跳过条件求值的步骤，直接关注要求值的下一个表达式：

```
...
==
(local ((define smallest-in-rest
          (inf (rest (list 2 1 3)))))
  (cond
    [(< (first (list 2 1 3)) smallest-in-rest)
     (first (list 2 1 3))]
    [else smallest-in-rest]))
```

执行 local 规则的两个步骤，我们得到两段代码：提升到顶层的局部定义，local 表达式的主体。写出来就是：

```
==
(define smallest-in-rest-1
  (inf (rest (list 2 1 3))))
⊕
(cond
  [(< (first (list 2 1 3)) smallest-in-rest-1)
   (first (list 2 1 3))]
  [else smallest-in-rest-1])
```

奇怪的是，需要求值的下一个表达式是 local 表达式中常量定义的右侧。而计算的重点是，任何地方的表达式都可以替换为其等价物：

```
==
(define smallest-in-rest-1
  (cond
    [(empty? (rest (list 1 3))) (first (list 1 3))]
    [else
     (local ((define smallest-in-rest
               (inf (rest (list 1 3)))))
       (cond
         [(< (first (list 1 3)) smallest-in-rest)
          (first (list 1 3))]
         [else smallest-in-rest]))]))
⊕
(cond
  [(< (first (list 2 1 3)) smallest-in-rest-1)
```

```
   (first (list 2 1 3))]
  [else smallest-in-rest-1])
```

同样，我们跳过了条件这一步，而关注 else 子句，这也是一个 local 表达式。事实上，它是 inf 定义中 local 表达式的另一个变体，其参数由不同的链表值替换：

```
(define smallest-in-rest-1
  (local ((define smallest-in-rest
            (inf (rest (list 1 3)))))
    (cond
      [(< (first (list 1 3)) smallest-in-rest)
       (first (list 1 3))]
      [else smallest-in-rest])))
⊕
(cond
  [(< (first (list 2 1 3)) smallest-in-rest-3)
   (first (list 2 1 3))]
  [else smallest-in-rest-3])
```

因为起源于 inf 中的同一个 local 表达式，所以它用了相同的常量名称 smallest-in-rest。**如果局部定义在提升之前没有被重新命名，我们会为同一个名称引入两个相互冲突的定义**，而冲突的定义对数学计算来说是灾难性的。

我们继续：

```
==
(define smallest-in-rest-2
  (inf (rest (list 1 3))))
⊕
(define smallest-in-rest-2
  (cond
    [(< (first (list 1 3)) smallest-in-rest-2)
     (first (list 1 3))]
    [else smallest-in-rest-2]))
⊕
(cond
  [(< (first (list 2 1 3)) smallest-in-rest-2)
   (first (list 2 1 3))]
  [else smallest-in-rest-2])
```

关键是，现在从函数定义中的**同一个** local 表达式生成了**两个**定义。事实上，输入链表中每个项（减 1）都会给出一个这样的定义。

习题 263 使用 DrRacket 的步进器仔细研究此计算的步骤。■

习题 264 使用 DrRacket 的步进器计算出它如何对

```
(sup (list 2 1 3))
```

求值，其中 sup 是图 14-4 中的函数，但改用 local。■

关于提升这一步，我们用一个简单的示例来解释问题的核心，即函数现在是值：

```
((local ((define (f x) (+ (* 4 (sqr x)) 3))) f)
 1)
```

在内心深处，我们知道这等价于 (f 1)，其中

```
(define (f x) (+ (* 4 (sqr x)) 3))
```

但中学代数的规则在这里不适用。关键是，**函数可以是表达式（包括 local 表达式）的结果。**理解这一点的最好方法是，将这些 local 定义移到顶层，并像处理普通定义一样处理它们。这样做会使计算的每个步骤的定义都可见。现在你明白，重命名步骤可以确保定义的提升不会意

外地混淆名称或引入冲突的定义。

下面是这一计算的前两步：

```
((local ((define (f x) (+ (* 4 (sqr x)) 3))) f)
 1)
==
((local ((define (f-1 x) (+ (* 4 (sqr x)) 3)))
   f-1)
 1)
==
(define (f-1 x) (+ (* 4 (sqr x)) 3))
⊕
(f-1 1)
```

记住，`local` 规则的第 2 步将 `local` 表达式替换为其主体。在这个示例中，主体只是函数名，它的外层是对 `1` 的调用。后续步骤就是算术了：

```
(f-1 1) == (+ (* 4 (sqr 1)) 3) == 7
```

习题 265 使用 DrRacket 的步进器填充上述步骤中的任何缺口。■

习题 266 使用 DrRacket 的步进器来了解中级语言如何将

```
((local ((define (f x) (+ x 3))
         (define (g x) (* x 4)))
   (if (odd? (f (g 1)))
       f
       g))
 2)
```

求值为 `5`。■

16.5 使用抽象的示例

理解了 `local` 之后，你可以很容易地使用图 16-1 和图 16-2 中的抽象了。我们来看一些示例，从下面这个示例开始。

示例问题 设计 `add-3-to-all`。该函数读入 Posn 链表并使每个 x 坐标加 `3`。

如果遵循设计诀窍并将问题陈述作为目的声明，我们可以快速完成前三步：

```
; [List-of Posn] -> [List-of Posn]
; 使输入链表中的每个 x 坐标加 3

(check-expect
 (add-3-to-all
   (list (make-posn 3 1) (make-posn 0 0)))
 (list (make-posn 6 1) (make-posn 3 0)))

(define (add-3-to-all lop) '())
```

虽然现在就可以运行程序了，但是这样做会导致一个测试用例失败，因为函数返回默认值`'()`。

此时，我们停下来问一下正在处理的是什么样的函数。显然，`add-3-to-all` 是一个链表处理函数。问题是它是否与图 16-1 和图 16-2 中的那些函数一样。签名告诉我们，`add-3-to-all` 是一个链表处理函数，它读入并返回链表。图 16-1 和图 16-2 中有几个函数（`map`、`filter` 和 `sort`）具有相似的签名。

目的声明和示例还告诉我们，`add-3-to-all` 单独处理每一个 Posn，然后将结果组装到一个链表中。这也表明结果链表包含与输入链表一样多的项。所有这些指向一个函数：map，因为 filter 的目的是从链表中删除项，而 sort 具有非常特定的目的（排序）。

map 的签名是：

```
; [X Y] [X -> Y] [List-of X] -> [List-of Y]
```

它告诉我们，map 读入从 X 到 Y 的函数和 X 的链表。鉴于 add-3-to-all 读入 Posn 表，我们知道 X 代表 Posn。同样，add-3-to-all 返回 Posn 的链表，这意味着我们用 Posn 替换 Y。

通过对签名的分析，我们得出结论：只要传入正确的从 Posn 到 Posn 的函数，map 就可以完成 add-3-to-all 的工作。使用 local，我们可以将此想法表达为 add-3-to-all 的模板：

```
(define (add-3-to-all lop)
  (local (; Posn -> Posn
          ; ...
          (define (fp p)
           ... p ...))
    (map fp lop)))
```

于是，问题简化为定义处理 Posn 的函数。

基于 add-3-to-all 的示例和 map 的抽象示例，你可以想象其求值过程：

```
(add-3-to-all (list (make-posn 3 1) (make-posn 0 0)))
==
(map fp (list (make-posn 3 1) (make-posn 0 0)))
==
(list (fp (make-posn 3 1)) (fp (make-posn 0 0)))
```

这表明 fp 被应用于输入链表中的每个 Posn，意味着它的作用是使 *x* 坐标加 3。

这样，完成定义就很简单了：

```
(define (add-3-to-all lop)
  (local (; Posn -> Posn
          ; 向 p 的 x 坐标加 3
          (define (add-3-to-1 p)
          (make-posn (+ (posn-x p) 3) (posn-y p))))
    (map add-3-to-1 lop)))
```

我们选择 add-3-to-1 作为局部函数的名称，因为这个名称说明了它计算的内容。它使 Posn 的 *x* 坐标加 3。

你现在可能认为使用抽象很难，但记住，在第一个示例中，我们详细说明了每一个细节，这样做的目的是，我们希望教会你如何选择适合的抽象。我们更快地来看第二个示例：

示例问题 设计一个函数，消除输入链表中 *y* 坐标大于 100 的所有 Posn。

设计诀窍的前两步给出了这样的结果：

```
; [List-of Posn] -> [List-of Posn]
; 消除 y 坐标大于 100 的 Posn

(check-expect
 (keep-good (list (make-posn 0 110) (make-posn 0 60)))
 (list (make-posn 0 60)))

(define (keep-good lop) '())
```

现在你可能已经猜到，这个函数类似于 filter，其目的是将“好”与“坏”分开。

下一步也很简单，放入 local：

```
(define (keep-good lop)
```

```
  (local (; Posn -> Boolean
          ; 这个 Posn 是否应该留在链表中
          (define (good? p) #true))
    (filter good? lop)))
```

local 函数定义引入了 filter 所需的辅助函数，而 local 表达式的主体将 filter 应用于此局部函数和输入链表。local 函数被称为 good?,因为 filter 会保留所有 good?求得#true 的 lop 的项。

在继续阅读之前，分析 filter 和 keep-good 的签名，确定为什么辅助函数读入单个 Posn 并返回布尔值。

把所有的想法放到一起就得到了这个定义：

```
(define (keep-good lop)
  (local (; Posn -> Posn
          ; 这个 Posn 是否应该留在链表中
          (define (good? p)
          (not (> (posn-y p) 100))))
    (filter good? lop)))
```

解释 good?的定义，并将其简化。

在阐述设计诀窍之前，我们再来看一个示例。

示例问题 设计一个函数，判断 Posn 的链表中是否有一项接近某个给定位置 pt，其中“接近”表示它们之间的距离不超过 5 个像素。

这个问题明显由两个不同的部分组成：一部分涉及链表处理，另一部分涉及确定点与 pt 之间的距离是否“接近”的函数。由于第二部分与复用链表遍历的抽象无关，我们假设存在这样的函数：

```
; Posn Posn Number -> Boolean
; p 和 q 之间的距离是否小于 d
(define (close-to p q d) ...)
```

你应该自己完成这个定义。

正如问题陈述所要求的，该函数读入两个参数：Posn 的链表和“给定”点 pt。它返回布尔值：

```
; [List-of Posn] Posn -> Boolean
; lop 中是否有接近 pt 的 Posn

(check-expect
 (close? (list (make-posn 47 54) (make-posn 0 60))
         (make-posn 50 50))
 #true)

(define (close? lop pt) #false)
```

这个签名给出了此示例与上面示例的区别。

（函数的）值域为布尔值，这也是图 16-1 和图 16-2 中的线索，那里的链表中只有两个函数（andmap 和 ormap）返回布尔值，显然它们是定义 close?函数体的主要候选者。虽然 andmap 的解释说明某些属性必须适用于给定链表中的每个项，但是 ormap 的目的声明表明它只查找**一个**这样的项。鉴于 close?只需检查是否有一个 Posn 接近 pt，我们应该先尝试 ormap。

应用我们的标准“技巧”，加上一个 local，其主体使用选定的抽象（ormap），应用于某个局部定义的函数和输入链表：

```
(define (close? lop pt)
  (local (; Posn -> Boolean
```

```
          ; ...
          (define (is-one-close? p)
           ...))
    (ormap close-to? lop)))
```

按照 ormap 的描述，局部函数一次只读入链表中的一个项，这解释了其签名的 Posn 部分。此外，局部函数会返回#true 或#false，并且 ormap 会检查这些结果，直到找到#true 为止。

比较一下 ormap 和 close?的签名，从前者开始：

```
; [X] [X -> Boolean] [List-of X] -> Boolean
```

在这个示例中，链表参数是 Posn 的链表。因此，X 代表 Posn，它解释了 is-one-close?的输入。此外，它确定局部函数的返回值必须是布尔值，这样它才可以用作 ormap 的第一个参数。

接下来的工作需要多一点儿思考。is-one-close?读入一个参数——Posn，而 close-to 函数读入 3 个参数：两个 Posn 和一个“容差”值。其中一个 Posn 是 is-one-close?的参数，另一个 Posn 很明显就是 pt——close?本身的参数。正如问题所述，“容差”参数是 5：

```
(define (close? lop pt)
  (local (; Posn -> Boolean
          ; 这个点是否接近 pt
          (define (is-one-close? p)
            (close-to p pt CLOSENESS)))
    (ormap is-one-close? lop)))

(define CLOSENESS 5) ; 单位为像素
```

注意这个定义的两个属性。首先，我们坚持常量需要定义的规则；其次，is-one-close?中对 pt 的引用表明这个 Posn 在遍历整个 lop 过程中保持不变。

16.6 用抽象设计

上一节中的 3 个示例问题足以总结为设计诀窍。

（1）第 1 步需**遵循函数设计诀窍**的前 3 步。具体来说，你应该将问题陈述提炼成签名、目的声明、示例和函数头。

考虑定义如下函数的问题，该函数将输入的 Posn 链表以小红圆圈的形式放置到 200 像素×200 像素的画布上。按照设计诀窍的前 3 步得出：

```
; [List-of Posn] -> Image
; 将 lop 中的 Posn 添加到空白的场景中

(check-expect (dots (list (make-posn 12 31)))
              (place-image DOT 12 31 MT-SCENE))

(define (dots lop)
  MT-SCENE)
```

添加常量的定义，使 DrRacket 可以运行这里的代码。

（2）接下来我们利用签名和目的声明来找到匹配的抽象。**匹配**意味着选择一个抽象，其目的比要设计的函数的目的更具有一般性，这也意味着两者的签名是相关的。通常最好从所需要的输出开始，找到具有相同或更一般输出的抽象。

对于这里的示例，所需的输出是 Image。虽然没有可用的抽象产生图像，但其中两个抽象（签名）的右侧有变量

```
; foldr : [X Y] [X Y -> Y] Y [List-of X] -> Y
; foldl : [X Y] [X Y -> Y] Y [List-of X] -> Y
```

这意味着我们可以插入任何想要的数据集合。如果使用 Image，那么签名中->的左边需要一个辅助函数，它读入 X 和 Image 并返回 Image。此外，由于输入的链表包含 Posn，因此 X 代表 Posn 集合。

（3）写下**模板**。对于抽象的复用，模板使用 local 来实现两个不同的目的：第一个目的是在 local 表达式的主体指出使用哪种抽象以及如何使用抽象；第二个目的是写下辅助函数的函数头：它的签名、（可选的）目的和头部。记住，上一步中的签名比较确定了辅助函数签名的大部分。

如果选择 foldr 函数，那么对这个示例的模板就类似于：

```
(define (dots lop)
  (local (; Posn Image -> Image
          (define (add-one-dot p scene) ...))
    (foldr add-one-dot MT-SCENE lop)))
```

foldr 的描述需要一个“基本”Image 值，以便在链表为空时使用。在这里，我们显然希望为这种情况提供空白的画布。否则，foldr 使用辅助函数并遍历 Posn 链表。

（4）最后，是时候在 local 内定义辅助函数了。在大多数情况下，这个函数读入相对简单的数据类型，就像在第一部分中遇到的那样的类型。原则上你知道如何设计它们。不同之处在于，现在不仅可以使用函数的参数和全局常量，还能使用外围函数的参数。

在这个示例中，辅助函数的目的是向给定场景添加一个点，对此你可以猜测或从示例中推导：

```
(define (dots lop)
  (local (; Posn Image -> Image
          ; 将 DOT 添加到 scene（场景）的 p 位置
          (define (add-one-dot p scene)
          (place-image DOT
                       (posn-x p) (posn-y p)
                       scene)))
    (foldr add-one-dot MT-SCENE lop)))
```

（5）最后一步是**测试**定义，用通常的方式就行。

对抽象函数来说，有时可以使用它们的目的声明中的抽象示例，在更一般的层面上确认其工作方法。你可以用 foldr 的抽象示例来确认 dots 确实将一个接一个的点添加到背景场景中。

在第 3 步中，我们毫不犹豫地选择了 foldr。试用 foldl，看看它如何帮助完成这个函数。像 foldl 和 foldr 这样的函数是众所周知的，并以各种形式传播其用途。熟悉它们是一个好主意，这就是接下来两节的重点。

16.7 熟悉抽象的习题

习题 267 用 map 来定义 convert-euro 函数，该函数基于每欧元兑换 1.06 美元的汇率（2017 年 4 月 13 日），将美元金额的链表转换为欧元金额的链表。

然后使用 map 来定义 convertFC，它将华氏温度的链表转换为摄氏温度的链表。

最后，试着定义 translate，该函数将 Posn 的链表翻译成数值对链表的链表。■

习题 268 库存记录指定库存项的名称、说明、购买价格和建议销售价格。

定义一个函数，根据两个价格之间的差异对库存记录链表进行排序。■

习题 269 定义 eliminate-expensive。该函数读入数值 ua 和库存记录链表，返回所有销售价格低于 ua 的所有结构体的链表。

然后使用 filter 定义 recall，它读入某个库存项的名称 ty，以及库存记录的链表，生成不使用名称 ty 的库存记录链表。

此外，定义 selection，它读入两个名称的链表，选出第二个链表中的所有也在第一个链表中的名称。■

习题 270 使用 build-list 来定义完成下列功能的函数：

（1）给定任何自然数 n，创建链表(list 0 ... (- n 1))；

（2）给定任何自然数 n，创建链表(list 1 ... n)；

（3）给定任何自然数 n，创建链表(list 1 1/2 ... 1/n)；

（4）创建前 n 个偶数的链表；

（5）创建 0 和 1 组成的对角线方块，参见习题 262。

最后，使用 build-list 定义习题 250 中的 tabulate。■

习题 271 用 ormap 定义 find-name。该函数读入名称和名称的链表。它判断后者中的任何名称是否等于前者或是前者的扩展名称。

使用 andmap，你可以定义函数，检查名称链表中的所有名称是否都以字母"a"开头。

要确保某个链表中的名称都不超过某个给定的宽度，你应该使用 ormap 还是 andmap 来定义这样的函数？■

习题 272 回想一下，中级语言中的 append 函数将两个链表的项连接在一起，或者换一种说法，将第一个链表末尾的'()替换为第二个链表：

```
(equal? (append (list 1 2 3) (list 4 5 6 7 8))
        (list 1 2 3 4 5 6 7 8))
```

使用 foldr 定义 append-from-fold。如果用 foldl 替换 foldr 会发生什么？

接下来，使用其中一个 fold 函数来定义分别计算数值链表的总和以及其乘积的函数。

用其中一个 fold 函数，你可以定义水平组合图像链表的函数。**提示**（1）查阅 beside 和 empty-image 的文档。你可以使用另一个 fold 函数吗？此外，定义垂直堆叠图像链表的函数。（2）查找库函数 above。■

习题 273 fold 函数非常强大，可以用它们定义几乎所有的链表处理函数。用 fold 来定义 map。■

习题 274 使用现有的抽象定义习题 190 中的 prefixes 函数和 suffixes 函数。确保它们通过与原函数相同的测试。■

16.8 项目中的抽象

现在你对中级语言中已有的链表处理抽象有了一些经验，是时候处理一些小型（编程）项目了，对于有些项目你已经有程序了。这里的挑战在于寻求两种类型的改进。首先，检查程序中是否有遍历链表的函数。对于这种函数，你已经有了签名、目的声明、测试和能运行并通过测试的定义。修改定义以利用图 16-1 和图 16-2 中的抽象。其次，还要确定是否有机会创建新的抽象。事实上，你可以对这些程序的类做出抽象，得出能够帮助你编写其他程序的通用函数。

习题 275 12.1 节处理与英语字典相关的相对简单的任务[①]。其中两个函数的设计需要使用现有的抽象。

- 设计 `most-frequent`。该函数读入字典 Dictionary，返回给定 Dictionary 中单词首字母出现最多的那个字母的 Letter-Count。
- 设计 `words-by-first-letter`。该函数读入 Dictionary 并产生 Dictionary 的链表，每个 Letter 一个 Dictionary。如果某个字母没有对应单词，**不要**在结果中包含`'()`，取而代之的做法是忽略空分组。

有关的数据定义，如图 12-1 所示。■

习题 276 12.2 节解释了如何分析 iTunes XML 库中的信息。

- 设计 `select-album-date`。该函数读入专辑标题、日期和 LTracks。它从 LTracks 中提取出给定专辑的、在给定日期之后播放过的曲目链表。
- 设计 `select-albums`。该函数输入 LTracks。它生成 LTracks 的链表，每张专辑一个链表。每张专辑都以其标题唯一标识，并在结果中仅出现一次。

有关 *2htdp/itunes* 库提供的服务，如图 12-4 所示。■

习题 277 12.7 节描述了一场太空战游戏。在基本版的游戏中，UFO 下降，玩家用坦克进行防守。一种增强型游戏的建议是，给 UFO 装备可以向坦克投掷的炮弹，如果炮弹足够接近坦克，坦克将被销毁。

检查项目的代码，找出可从现有抽象中获益的地方，也就是对发射和炮弹的链表处理。

使用现有抽象完成代码简化之后，寻找创建抽象的机会。作为一个示例，考虑移动的对象的链表，抽象可能会使你得益。■

习题 278 12.5 节解释另一个最古老的计算机游戏之一是如何工作的。游戏中有一个玩家控制其运动方向、以恒定速度移动的蠕虫。当遇到食物时，蠕虫会吃食并生长。当蠕虫碰到墙壁或自身时，游戏结束。

这个项目也可以从对中级语言的链表处理函数的抽象中获益。寻找可以使用抽象的地方，每次替换一段现有代码，依靠测试来确保没有引入错误。■

① 学习 17 章后，你可能希望再次求解这些习题。

第 17 章　匿名函数

使用抽象函数时需要用函数作为参数。有时候，这些函数是现有的基本函数、库函数，或者你自己定义的函数：

- (build-list n add1)创建(list 1 ... n)；
- (foldr cons another-list a-list)将 a-list 和 another-list 中的项连接成单个链表；
- (foldr above empty-image images)堆叠给定的图像。

在其他时候，需要定义简单的辅助函数，这个定义通常由一行代码组成。考虑这样使用 filter：

```
; [List-of IR] Number -> Boolean
(define (find l th)
  (local (; IR -> Boolean
          (define (acceptable? ir)
            (<= (ir-price ir) th)))
    (filter acceptable? l)))
```

它会找出库存清单中所有价格低于 th 的项。这里的辅助函数很简单，但其定义占用了 3 行。

这种情况要求对语言进行改进。程序员应该能够毫不费力地创建如此短小且不重要的函数。教学语言层次结构中的下一个“中级+lambda”①用一个新概念——匿名函数——解决了这个问题。本章介绍此概念：它的语法、意义和语用。使用 lambda，从概念上讲，上述定义就可以用一行给出：

```
; [List-of IR] Number -> Boolean
(define (find l th)
  (filter (lambda (ir) (<= (ir-price ir) th)) l))
```

本章前两节重点介绍 lambda 的机制，其余的几节使用 lambda 来实例化抽象、测试和制定规范以及表示无限数据。

17.1　lambda 函数

lambda 的语法很简单：

```
(lambda (variable-1 ... variable-N) expression)
```

它的显著特点是关键字 lambda。关键字后面是一系列变量，由一对括号括起来。最后一部分是任意一个表达式，它在给参数赋值后计算函数的结果。

这里有 3 个简单的示例，所有这些示例都读入一个参数：

（1）(lambda (x) (expt 10 x))，它假定参数是数值，计算 10 的该数次幂；

① 在 DrRacket 中，从“语言”菜单（译注：“选择语言”对话框）的“程序设计方法”子菜单中选择“中级+lambda”。lambda 的历史与编程和编程语言设计的早期历史密切相关。

（2）(lambda (n) (string-append "To " n ","))，它用 string-append 和输入的字符串合成称呼；

（3）(lambda (ir) (<= (ir-price ir) th))，这是一个 IR 结构体的函数，它提取出价格然后将其与 th 比较。

一种理解 lambda 工作原理的方法是，将其视为 local 表达式的简写[①]。例如：

```
(lambda (x) (* 10 x))
```

是

```
(local ((define some-name (lambda (x) (* 10 x))))
  some-name)
```

的简写。

一般来说，只要 some-name 不出现在函数的主体中，这个“窍门”就是有效的。这意味着 lambda 创建了无人知晓其名称的函数。如果无人知晓其名称，那么它就是匿名的。

要使用由 lambda 表达式创建的函数，对正确数量的参数调用该函数即可。这符合预期：

```
> ((lambda (x) (expt 10 x)) 2)
100
> ((lambda (name rst) (string-append name ", " rst))
   "Robby"
   "etc.")
"Robby, etc."
> ((lambda (ir) (<= (ir-price ir) th))
   (make-ir "bear" 10))
#true
```

注意第二个示例函数需要两个参数，而最后一个示例中假定定义窗口中的 th 定义如下：

```
(define th 20)
```

最后一个示例的结果是#true，因为库存记录的价格字段为 10，而 10 小于 20。

这里的要点是，这些匿名函数可以用于任何需要函数的地方，包括图 16-1 中的抽象：

```
> (map (lambda (x) (expt 10 x))
       '(1 2 3))
(list 10 100 1000)
> (foldl (lambda (name rst)
           (string-append name ", " rst))
         "etc."
         '("Matthew" "Robby"))
"Robby, Matthew, etc."
> (filter (lambda (ir) (<= (ir-price ir) th))
          (list (make-ir "bear" 10)
                (make-ir "doll" 33)))
(list (ir ...))
```
[②]

最后一个示例同样假设 th 的定义存在。

习题 279 判断下列哪些短语是合法的 lambda 表达式：

（1）(lambda (x y) (x y y))

（2）(lambda () 10)

（3）(lambda (x) x)

① 这种关于 lambda 的思考方式再次说明为什么 local 的计算规则很复杂。

② “...”不是输出的一部分。

（4）(lambda (x y) x)

（5）(lambda x 10)

解释一下它们为什么合法或非法。如果有疑问，则在 DrRacket 的交互区进行试验。■

习题 280 计算下列表达式的结果：

（1）
```
((lambda (x y) (+ x (* x y)))
 1 2)
```

（2）
```
((lambda (x y)
  (+ x
     (local ((define z (* y y)))
       (+ (* 3 z) (/ 1 x)))))
 1 2)
```

（3）
```
((lambda (x y)
   (+ x
      ((lambda (z)
          (+ (* 3 z) (/ 1 z)))
       (* y y))))
 1 2)
```

用 DrRacket 检查结果。■

习题 281 写出如下 lambda 表达式：

（1）读入数值并判断它是否小于 10；

（2）将两个给定的数值相乘并将结果转换为字符串；

（3）读入自然数，如果是偶数则返回 0，是奇数则返回 1；

（4）读入两条库存记录，然后比较它们的价格；

（5）在给定的 Posn 位置，添加红点到给定的 Image 中。

在交互区中演示如何使用这些函数。■

17.2 lambda 的计算

理解了 lambda 是某种 local 的简写，就可以建立常量定义和函数定义之间的连接。我们可以将 lambda 作为另一种基本概念[①]，而不是将函数定义视为给定的，然后说明函数定义是右侧为 lambda 表达式的简单常量定义的简写。

最简单的方式是来看一些具体的示例：

```
(define (f x)          (define f
  (* 10 x))      是      (lambda (x)        的简写
                           (* 10 x)))
```

这个示例的意思是，函数定义由两步组成：函数的创建和命名。这里，右边的 lambda 创建

① lambda 由阿隆佐·丘奇（Alonzo Church）在 20 世纪 20 年代后期发明，他致力于创建统一的函数理论。从他的工作中我们知道，从理论的角度来看，一旦有了 lambda，语言可以不需要 local。然而，由于篇幅原因，无法正确解释这个想法。如果你对此好奇，可以去学习关于 Y 组合子的知识。

了参数为 x 的函数，它计算 $10x$，define 将这个 lambda 表达式命名为 f。出于两个不同的原因，我们给函数命名。一方面，函数经常被其他函数调用一次以上，我们不希望每次调用函数时都要使用 lambda 来描述函数。另一方面，函数通常是递归的，因为它们处理递归形式的数据，给函数命名可以很容易地创建递归函数。

习题 282 在 DrRacket 中对上述定义进行试验。

将左边定义中的 f 重命名为 f-plain，后边定义中的 f 重命名为 f-lambda，然后在定义区添加

```
; Number -> Boolean
(define (compare x)
  (= (f-plain x) (f-lambda x)))
```

然后运行

```
(compare (random 100000))
```

几次，以确保两个函数对于各种输入都一致。■

如果函数定义只是常量定义的简写，我们可以用 lambda 表达式替换函数名称：

```
(f (f 42))
==
((lambda (x) (* 10 x)) ((lambda (x) (* 10 x)) 42))
```

奇怪的是，这种替换似乎创建了破坏（我们所知的）文法规则的表达式。准确地说，它生成一个（函数）调用表达式，其函数位置**是**一个 lambda 表达式。

关键在于，中级+lambda 语言与中级语言的文法在**两个**方面不同：它显然支持 lambda 表达式，但它也允许任意表达式出现在函数调用的函数位置。这意味着，在执行函数调用之前，你需要先对函数位置求值，而你知道如何对大多数表达式求值。当然，真正的区别在于，表达式的求值可能会产生 lambda 表达式。函数实际就是值。总结这些差异，需要对独立章节 1 中的文法做以下修改：

```
expr  = ...
      | (expr expr ...)

value = ...
      | (lambda (variable variable ...) expr)
```

你真正需要知道的是，如何计算 lambda 表达式对参数的调用，而这非常简单：

```
((lambda (x-1 ... x-n) f-body) v-1 ... v-n) == f-body①
; 所有出现的 x-1 ... x-n 分别被替换为 v-1 ... v-n
```

也就是说，lambda 表达式的调用就和普通函数调用一样。我们用实际参数值替换函数的（形式）参数，然后计算函数体的值。

对本章的第一个示例使用这一规则：

```
((lambda (x) (* 10 x)) 2)
==
(* 10 2)
==
20
```

第二个示例也是类似的：

① 这大致就是丘奇陈述的β公理。

```
((lambda (name rst) (string-append name ", " rst))
 "Robby" "etc.")
==
(string-append "Robby" ", " "etc.")
==
"Robby, etc."
```

停一下！凭直觉来计算第三个示例：

```
((lambda (ir) (<= (ir-price ir) th))
 (make-ir "bear" 10))
```

假定 th 大于或等于 10。

习题 283 确认 DrRacket 的步进器可以处理 lambda。使用它来单步执行这第三个示例，然后确定 DrRacket 如何对以下表达式求值：

```
(map (lambda (x) (* 10 x))
     '(1 2 3))

(foldl (lambda (name rst)
         (string-append name ", " rst))
       "etc."
       '("Matthew" "Robby"))

(filter (lambda (ir) (<= (ir-price ir) th))
        (list (make-ir "bear" 10)
              (make-ir "doll" 33)))
```
■

习题 284 单步执行这个表达式的求值：

```
((lambda (x) x) (lambda (x) x))
```

接下来单步执行计算这个：

```
((lambda (x) (x x)) (lambda (x) x))
```

停一下！你认为接下来我们应该尝试什么呢？

是的，尝试对

```
((lambda (x) (x x)) (lambda (x) (x x)))
```

求值，准备好点击“中断”。■

17.3 用 lambda 抽象

尽管习惯 lambda 表示可能需要一段时间，但你很快会注意到，lambda 使短函数比 local 定义更具有可读性。事实上，你会发现，可以修改 16.6 节中设计诀窍的第 4 步，使用 lambda 替代 local。还是以那一节中的示例为例，它基于 local 的模板是这样的：

```
(define (dots lop)
  (local (; Posn Image -> Image
          (define (add-one-dot p scene) ...))
    (foldr add-one-dot BACKGROUND lop)))
```

只要将参数名字修改一下，使其包含签名，就可以轻松地将 local 中的所有信息打包到一个 lambda 中：

```
(define (dots lop)
  (foldr (lambda (a-posn scene) ...) BACKGROUND lop))
```

接下来你应能自行完成这个定义，就像原来（local 的）模板完成的定义那样：

```
(define (dots lop)
  (foldr (lambda (a-posn scene)
           (place-image DOT
                        (posn-x a-posn)
                        (posn-y a-posn)
                        scene))
         BACKGROUND lop))
```

我们使用 16.5 节中的示例来说明 lambda。

- 第一个函数的目的是，使给定的 Posn 链表中的每个 x 坐标加 3：

```
; [List-of Posn] -> [List-of Posn]
(define (add-3-to-all lop)
  (map (lambda (p)
         (make-posn (+ (posn-x p) 3) (posn-y p)))
       lop))
```

  因为 map 需要单参数的函数，所以我们显然需要(lambda (p) ...)。这个函数解构 p，使 x 坐标加 3，然后将数据重新打包到 Posn 中。

- 第二个函数去除 y 坐标大于 100 的 Posn：

```
; [List-of Posn] -> [List-of Posn]
(define (keep-good lop)
  (filter (lambda (p) (<= (posn-y p) 100)) lop))
```

  这里我们知道 filter 需要单参数的、返回布尔值的函数。首先，lambda 函数从 Posn 中提取出 y 坐标，filter 对 Posn 调用函数。接下来，它检查 y 坐标是否小于或等于所需的限值 100。

- 第三个函数判断 lop 中是否有任何 Posn 接近某个给定的点：

```
; [List-of Posn] -> Boolean
(define (close? lop pt)
  (ormap (lambda (p) (close-to p pt CLOSENESS))
         lop))
```

  像前面的两个示例一样，ormap 是一个函数，它需要单参数的函数，并将该函数参数应用于给定链表中的每个项。如果有任何结果是#true，ormap 也返回#true；如果所有结果都是#false，ormap 返回#false。

最好逐项比较 16.5 节中的定义和上面的定义。当这样做的时候，你应该注意到，从 local 到 lambda 的过渡是如此简单，而 lambda 版本与 local 版本相比是如此简洁。因此，如果还有任何疑问，可以先使用 local 设计，然后将通过测试的函数转换为使用 lambda 的版本，但记住，lambda 不是万能的。用 local 定义的函数带有解释其用途的名称，如果它很长，使用实名函数的抽象往往比大型 lambda 更容易理解。

接下来的习题要求用中级+语言中的 lambda 来完成 16.7 节中的题目。

习题 285 用 map 来定义 convert-euro 函数，该函数基于每欧元兑换 1.06 美元的汇率，将美元金额的链表转换为欧元金额的链表。

然后使用 map 来定义 convertFC，它将华氏温度的链表转换为摄氏温度的链表。

最后，试着定义 translate，该函数将 Posn 的链表翻译成数值对链表的链表。■

习题 286 库存记录指定库存项的名称、说明、购买价格和建议销售价格。

定义一个函数，根据两个价格之间的差异对库存记录链表进行排序。■

习题 287　用 filter 定义 eliminate-expensive。该函数读入数值 ua 和库存记录链表（包含名称和价格），返回所有购买价格低于 ua 的所有结构体的链表。

然后使用 filter 定义 recall，它读入某个库存项的名称 ty，以及库存记录的链表，生成不使用名称 ty 的库存记录链表。

此外，定义 selection，它读入两个名称的链表，选出第二个链表中所有的也在第一个链表中的名称。■

习题 288　使用 build-list 和 lambda 来定义完成以下功能的函数：

（1）给定任何自然数 n，创建链表(list 0 ... (- n 1))；

（2）给定任何自然数 n，创建链表(list 1 ... n)；

（3）给定任何自然数 n，创建链表(list 1 1/2 ... 1/n)；

（4）创建前 n 个偶数的链表；

（5）创建 0 和 1 组成的对角线方块，参见习题 262。

最后，用 lambda 定义 tabulate。■

习题 289　用 ormap 定义 find-name。该函数读入名称和名称的链表。它判断后者中的任何名称是否等于前者或是前者的扩展名称。

使用 andmap，你可以定义函数，检查名称链表中的所有名称是否都以字母"a"开头。

要确保某个链表中的名称都不超过某个给定的宽度，你应该使用 ormap 还是 andmap 来定义这样的函数？■

习题 290　回想一下，中级语言中的 append 函数将两个链表的项连接在一起，或者换一种说法，将第一个链表末尾的'()替换为第二个链表：

```
(equal? (append (list 1 2 3) (list 4 5 6 7 8))
        (list 1 2 3 4 5 6 7 8))
```

使用 foldr 定义 append-from-fold。如果用 foldl 替换 foldr 会发生什么？

接下来，使用其中一个 fold 函数来定义分别计算数值链表的总和以及其乘积的函数。

用其中一个 fold 函数，你可以定义水平组合图像链表的函数。

提示（1）查阅 beside 和 empty-image 的文档。你可以使用另一个 fold 函数吗？此外，定义垂直堆叠图像链表的函数。（2）查找库函数 above。■

习题 291　fold 函数非常强大，可以用它们定义几乎所有的链表处理函数。用 fold 来定义 map-via-fold，它模仿 map。■

17.4　用 lambda 制定规范

图 16-5 给出了一个通用的排序函数，它读入值的链表和比较函数。为方便起见，图 17-1 再次给出该定义的本质。sort-cmp 的函数体引入了两个 local 辅助函数：isort 和 insert。此外，图 17-1 中还包含两个测试用例，它们说明了 sort-cmp 的工作方式。一个测试用例演示了函数如何对字符串工作，另一个测试用例则演示了函数如何对数值工作。

现在快速看一下习题 186。它要求你使用谓词 sorted>?为 sort>制定 check-satisfied 测试。sort>是按降序排列数值链表的函数，sorted>?是判断数值链表是否按降序排列的函数。因此，此习题的解是

```
(check-satisfied (sort> '()) sorted>?)
(check-satisfied (sort> '(12 20 -5)) sorted>?)
(check-satisfied (sort> '(3 2 1)) sorted>?)
(check-satisfied (sort> '(1 2 3)) sorted>?)
```

问题是，如何用类似的方式编写 sort-cmp 的测试。

```
; [X] [List-of X] [X X -> Boolean] -> [List-of X]
; 按照 cmp 对 alon0 排序

(check-expect (sort-cmp '("c" "b") string<?) '("b" "c"))
(check-expect (sort-cmp '(2 1 3 4 6 5) <) '(1 2 3 4 5 6))

(define (sort-cmp alon0 cmp)
  (local (; [List-of X] -> [List-of X]
          ; 给出 alon 按 cmp 排序的变体
          (define (isort alon) ...)

          ; X [List-of X] -> [List-of X]
          ; 将 n 插入有序数值链表 alon 中
          (define (insert n alon) ...))
    (isort alon0)))
```

图 17-1　通用的排序函数

由于 sort-cmp 除了链表还需要读入比较函数，因此一般化的 sort>?也必须读入比较函数。这样的话，测试用例可以类似于

```
(check-satisfied (sort-cmp '("c" "b") string<?)
                 (sorted string<?))
(check-satisfied (sort-cmp '(2 1 3 4 6 5) <)
                 (sorted <))
```

(sorted string<?)和(sorted <)都必须返回谓词。前者检查某个字符串链表是否按照 string<?排序，后者检查数值链表是否通过<排序。

这样我们就得到了 sorted 所需的签名和目的（声明）：

```
; [X X -> Boolean] -> [ [List-of X] -> Boolean ]
; 返回函数，它判断某个链表是否按照 cmp 排序
(define (sorted cmp)
  ...)
```

接下来我们需要完成后续设计过程。

首先完成函数头。记住，函数头会给出一个与签名匹配的值，它可能对大多数测试或示例都不成立。这里我们需要 sorted 返回读入链表并返回布尔值的函数。用 lambda 的话，这实际上很简单：

```
(define (sorted cmp)
  (lambda (l)
    #true))
```

停一下！这是我们遇到的第一个返回函数的函数，再次阅读其定义。你能用自己的语言来解释这个定义吗？

接下来我们需要示例。根据上面的分析，sorted 读入像 string<?和<这样的谓词，但显然，>、<=或者你自己定义的比较函数也应该可以。乍一看，这表明测试用例的形状是

```
(check-expect (sorted string<?) ...)
(check-expect (sorted <) ...)
```

但是，(sorted ...)返回函数，而且根据习题 245，无法比较函数。

因此，为了编写合理的测试用例，我们需要将(sorted ...)的结果应用于适当的链表。

基于这种理解，测试用例就很显然了，实际上，它们可以很容易地从图 17-1 中 sort-cmp 的测试用例派生出来：

```
(check-expect [(sorted string<?) '("b" "c")] #true)
(check-expect [(sorted <) '(1 2 3 4 5 6)] #true)
```

注意 这里使用的是方括号而不是圆括号，是为了强调第一个表达式返回函数，然后该函数被用作参数被调用。

接下来的设计就很传统了。基本上，我们要设计的是一般化的（9.2 节中的）sorted>?，此函数被称为 sorted/l。sorted/l 的不寻常之处在于，它“存在”于 sorted 内部的 lambda 的主体内。

```
(define (sorted cmp)
  (lambda (l0)
    (local ((define (sorted/l l) ...))
      ...)))
```

注意这里的 sorted/l 是如何被局部定义的，但它引用了 cmp。

习题 292 设计函数 sorted?，它的签名和目的声明是：

```
; [X X -> Boolean] [NEList-of X] -> Boolean
; 判断 l 是否按照 cmp 排序

(check-expect (sorted? < '(1 2 3)) #true)
(check-expect (sorted? < '(2 1 3)) #false)

(define (sorted? cmp l)
  #false)
```

愿望清单中甚至已经包括了示例。■

图 17-2 给出了该设计的结果。sorted 函数读入比较函数 cmp 并返回一个谓词。这个谓词读入链表 l0，使用局部定义的函数来确定 l0 中的所有项是否按照 cmp 排序。具体来说，局部定义的函数检查非空链表，在 local 的主体中，sorted 先检查 l0 是否为空，在这种情况下，它直接返回#true，因为空链表是有序的。

```
; [X X -> Boolean] -> [[List-of X] -> Boolean]
; 给定的链表 l0 是否按照 cmp 排序
(define (sorted cmp)
  (lambda (l0)
    (local (; [NEList-of X] -> Boolean
            ; l 是否按照 cmp 排序
            (define (sorted/l l)
              (cond
                [(empty? (rest l)) #true]
                [else (and (cmp (first l) (second l))
                           (sorted/l (rest l)))])))
      (if (empty? l0) #true (sorted/l l0)))))
```

图 17-2 柯里化的谓词，用于检查链表的排序

停一下！你能用习题 292 中的 sorted?重新定义 sorted 吗？解释一下为什么 sorted/l 不会将 cmp 作为参数读入。

图 17-2 中的 sorted 函数是柯里化[①]版本的函数，它读入两个参数：cmp 和 l0。柯里化的函数不是一次读入两个参数，而是读入第一个参数，然后返回读入第二个参数的函数。

习题 186 问如何编写一个揭露排序函数错误的测试用例。考虑这个定义：

① 动词“柯里化”纪念第二个发明此想法的人哈斯克尔·柯里（Haskell Curry）。第一个发明此想法的人是 Mosses Schönfinkel。

```
; List-of-numbers -> List-of-numbers
; 给出 l 的排序版本
(define (sort-cmp/bad l)
 '(9 8 7 6 5 4 3 2 1 0))
```

用 check-expect 来编写这样的测试用例很简单。

要设计能够揭露 sort-cmp/bad 有缺陷的谓词，我们需要理解 sort-cmp 或排序的一般目的。丢弃输入的链表然后在其位置构建其他链表显然是不可接受的。这就是 isort 的目的声明表示函数“给出输入链表的**变体**”的原因。“变体”表明该函数不会丢弃输入链表中的任何项。

想清楚这些之后，我们需要的是一个谓词，它检查结果是否已排序**并且**包含给定链表中的所有项：

```
; [List-of X] [X X -> Boolean] -> [[List-of X] -> Boolean]
; l0 是否按照 cmp 排序
; 链表 k 的项是否都是链表 l0 的成员
(define (sorted-variant-of k cmp)
  (lambda (l0) #false))
```

这两行目的声明提示了一些示例：

```
(check-expect [(sorted-variant-of '(3 2) <) '(2 3)] #true)
(check-expect [(sorted-variant-of '(3 2) <) '(3)] #false)
```

和 sorted 一样，sorted-variant-of 读入参数并返回函数。在第一个示例中，sorted-variant-of 返回#true，因为'(2 3)已排序，并且它包含'(3 2)中的所有数值。相反，函数在第二个示例中返回#false，因为'(3)缺少原来输入链表中的 2。

两行目的声明表明这里有两个任务，这意味着该函数本身是两个函数的组合：

```
(define (sorted-variant-of k cmp)
  (lambda (l0)
    (and (sorted? cmp l0)
         (contains? l0 k))))
```

这个函数体是用 and 表达式组合了两个函数调用。通过调用习题 292 中的 sorted?函数，sorted-variant-of 实现了目的声明的第一行。第二个调用(contains? k l0)是隐式的辅助函数愿望。

我们直接给出其完整的定义：

```
; [List-of X] [List-of X] -> Boolean
; 链表 k 中所有的项是否都是链表 l 的成员

(check-expect (contains? '(1 2 3) '(1 4 3)) #false)
(check-expect (contains? '(1 2 3 4) '(1 3)) #true)

(define (contains? l k)
  (andmap (lambda (in-k) (member? in-k l)) k))
```

一方面，我们从来没有解释过如何系统地设计读入两个链表的函数，实际上这需要单独的章节来解释，参见第 23 章。另一方面，这个函数定义显然满足目的声明。andmap 表达式检查 k 中的每个项是否是 l 的 member?，这正是目的声明所承诺的。

遗憾的是，sorted-variant-of 没有正确描述排序函数。考虑这个排序函数的变体：

```
; [List-of Number] -> [List-of Number]
; 给出 l 的排序版本
(define (sort-cmp/worse l)
  (local ((define sorted (sort-cmp l <)))
    (cons (- (first sorted) 1) sorted)))
```

要揭露这个函数的缺陷也很容易，它应该通过这个 check-expect 测试，但实际失败了：

```
(check-expect (sort-cmp/worse '(1 2 3)) '(1 2 3))
```

令人惊讶的是，基于 sorted-variant-of 的 check-satisfied 测试通过了：

```
(check-satisfied (sort-cmp/worse '(1 2 3))
                 (sorted-variant-of '(1 2 3) <))
```

事实上，这样的测试对任何数值链表（不仅仅是'(1 2 3)）都会成功，因为谓词生成函数只检查原始链表中的所有项是否是结果链表的成员，它没有检查结果链表中的所有项是否也是原始链表的成员。

给 sorted-variant-of 加上这个第 3 项检查的最简单方法是，给 and 表达式添加第 3 个子表达式：

```
(define (sorted-variant-of.v2 k cmp)
  (lambda (l0)
    (and (sorted? cmp l0)
         (contains? l0 k)
         (contains? k l0))))
```

我们选择复用 contains?，但将其参数翻转。

到这里，你可能会想知道，为什么当我们用简单的 check-expect 测试来排除不正确的排序函数时费时费力开发这样一个谓词。不同之处在于，check-expect 只检查我们的排序函数是否在特定链表上工作，而使用 sorted-variant-of.v2 这样的谓词，我们可以表达排序函数适用于所有可能输入的说法：

```
(define a-list (build-list-of-random-numbers 500))

(check-satisfied (sort-cmp a-list <)
                 (sorted-variant-of.v2 a-list <))
```

我们仔细看一下这两行代码。第一行生成 500 个数值的链表。每次要求 DrRacket 计算此测试时，都可能会生成以前从未见过的链表。第二行是一个测试用例，表示对这个（随机）生成的链表进行排序，会生成这样的链表：（1）已排序，（2）包含生成链表中的所有数值，（3）不包含其他任何内容。换句话说，这几乎就是在说，**对所有**可能的链表，sort-cmp 都会给出 sorted-variant-of.v2 认可的结果。

计算机科学家将 sorted-variant-of.v2 称为排序函数的规范（specification）。“**所有**数值链表都会通过上述测试用例”这一想法是一个**定理**，即关于排序函数规范与其实现之间关系的定理。如果程序员可以通过数学论证来证明这个定理，那么我们说这个函数就其规范而言是**正确的**。如何证明函数或程序正确超出了本书的范围，但是好的计算机科学课程将在后续课程中展示如何构建此类证明。

习题 293 开发 found?，它是 find 函数的规范：

```
; X [List-of X] -> [Maybe [List-of X]]
; 返回 l 的以 x 开头的第一个子链表，
; 否则返回#false
(define (find x l)
  (cond
    [(empty? l) #false]
    [else
     (if (equal? (first l) x) l (find x (rest l)))]))
```

使用 found?编写 find 的 check-satisfied 测试。■

习题 294 开发 index 的规范 is-index?：

```
; X [List-of X] -> [Maybe N]
; 确定 l 中第一次出现 x 的索引，
; 否则返回#false
```

```
(define (index x l)
  (cond
    [(empty? l) #false]
    [else (if (equal? (first l) x)
              0
              (local ((define i (index x (rest l))))
                (if (boolean? i) i (+ i 1))))]))
```

使用 is-index?编写 index 的 check-satisfied 测试。■

习题 295 开发 n-inside-playground?，它是以下 random-posns 函数的规范。该函数返回一个谓词，这个谓词确保输入链表的长度为某个给定值，并且此链表中的所有 Posn 均位于 WIDTH×HEIGHT 的矩形内：

```
;以像素计的距离
(define WIDTH 300)
(define HEIGHT 300)

; N -> [List-of Posn]
; 在[0,WIDTH)×[0,HEIGHT)的范围内生成 n 个随机 Posn
(check-satisfied (random-posns 3)
                 (n-inside-playground? 3))
(define (random-posns n)
  (build-list
    n
    (lambda (i)
      (make-posn (random WIDTH) (random HEIGHT)))))
```

定义 random-posns/bad，它满足 n-inside-playground?但并不符合上述目的声明隐含的期望。**注意**此规范并**不完整**（incomplete）。尽管我们可能会想到“部分”这个词，但计算机科学家说的“部分规范”一词指的是另一个意思。■

17.5 用 lambda 表示

因为函数是中级+lambda 语言中的一等值[①]，所以我们可以将它们视为另一种形式的数据，并将它们用于数据表示。本节尝试了这个想法，接下来的几章不依赖这一想法。人们通常认为使用函数的数据表示是“抽象的”。

与上文一样，我们从有代表性的问题开始。

示例问题 海军战略家将船只舰队表示为矩形（船只本身）和圆形（武器的射程）。船只舰队的覆盖范围是所有这些形状的组合。为矩形、圆形和多种形状的组合设计数据表示。然后设计一个函数来确定某个点是否在某个形状内[②]。

这个问题伴随着各种具体的解释，我们在这里忽略。20 世纪 90 年代中期，由耶鲁大学代表美国国防部开展的编程竞赛，其主题就是这个问题的稍微复杂的版本。

一种数学方法是，将形状视为点的谓词。也就是说，形状是一个函数，它将笛卡儿点映射到布尔值。我们将这些文字翻译成数据定义：

```
; Shape 是函数：
```

① “一等”指不受限制，可以用在任何需要值的地方。——译者注

② 这个问题也可以用自引用的数据表示来解决，在这种表示中，形状是圆形、矩形或两种形状的组合。参见本书的下一部分以了解此设计选择。

```
;     [Posn -> Boolean]
; 解释：如果 s 是形状而 p 是 Posn，如果 p 在 s 中
; 则(s p)返回#true，否则它返回#false
```

它的解释部分很长，因为这种数据表示非常不寻常。这种不寻常的数据表示就需要立即通过示例来探索。然而，我们暂时延迟这一步，转而定义函数来检查某个点是否在某个形状内：

```
; Shape Posn -> Boolean
(define (inside? s p)
  (s p))
```

按照解释来执行很简单。事实上，这比创建示例更简单，令人惊讶的是，该函数有助于编写数据示例。

停一下！解释 inside?如何工作，并解释一下为什么。

现在我们回到 Shape 的元素的问题。下面是该类中一个简单的元素：

```
; Posn -> Boolean
(lambda (p) (and (= (posn-x p) 3) (= (posn-y p) 4)))
```

根据需要，它读入 Posn p，函数体将 p 的坐标与点(3, 4)的坐标比较，这意味着该函数表示一个点。虽然将 Shape 作为点的数据表示看起来可能很愚蠢，但它暗示我们如何定义创建 Shape 元素的函数：

```
; Number Number -> Shape
(define (mk-point① x y)
  (lambda (p)
    (and (= (posn-x p) x) (= (posn-y p) y))))

(define a-sample-shape (mk-point 3 4))
```

再停一下！说服自己，最后一行创建了(3, 4)的数据表示。可以使用 DrRacket 的步进器。

如果要**设计**这样一个函数，我们会编写目的声明并提供一些说明性的示例。为此我们显然采用

```
; 为(x,y)处的点创建表示
```

或者更简洁、更恰当地

```
; 代表(x,y)处的点
```

对于这个示例，我们来看 Shape 的解释。为了说明，(mk-point 3 4)应该计算为一个函数，当且仅当传入(make-posn 3 4)时返回#true。使用 inside?，我们可以将这个声明表达为测试：

```
(check-expect (inside? (mk-point 3 4) (make-posn 3 4)) #true)
(check-expect (inside? (mk-point 3 4) (make-posn 3 0)) #false)
```

简而言之，为了表示一个点，我们定义一个类似于构造函数的函数，它读入该点的两个坐标。这个函数不使用记录②，而使用 lambda 来构造另一个函数。它创建的函数读入 Posn 并判断 Posn 的 x 字段和 y 字段是否等于最初给定的坐标。

接下来，我们将这个想法从简单的点推广到形状，例如圆形。在几何课程中，你学过圆圈是点的集合，这些点与圆心都有相同的距离——圆的半径。对于圆内的点，其与圆心的距离小于或等于半径。因此，创建圆形的 Shape 表示的函数必须读入 3 个值——圆心的两个坐标和半径：

```
; Number Number Number -> Shape
; 创建位于(center-x,center-y)处的、
; 半径为 r 的圆的表示
(define (mk-circle center-x center-y r)
```

① 我们使用“mk”，因为这个函数不是普通的构造函数。

② 即结构体。——译者注

```
    ...)
```

和 mk-point 一样，它用 lambda 生成一个函数。返回的函数判断某个给定的 Posn 是否在圆内。这里有一些示例，同样以测试的形式给出：

```
(check-expect (inside? (mk-circle 3 4 5) (make-posn 0 0)) #true)
(check-expect (inside? (mk-circle 3 4 5) (make-posn 0 9)) #false)
(check-expect (inside? (mk-circle 3 4 5) (make-posn -1 3)) #true)
```

原点(make-posn 0 0)距离圆心(3, 4)的距离正好为 5，参见 5.4 节。停一下！解释其余的示例。

习题 296　使用尺规作图检查这些测试。■

数学上，我们说如果 Posn p 和圆心之间的距离小于半径 r，则 p 在圆内。我们将适合的辅助函数放入愿望清单，然后写下已知的内容。

```
(define (mk-circle center-x center-y r)
  ; [Posn -> Boolean]
  (lambda (p)
    (<= (distance-between center-x center-y p) r)))
```

distance-between 函数是一个简单的习题。

习题 297　设计函数 distance-between。它读入两个数值和一个 Posn：x、y 和 p。该函数计算点(x, y)和 p 之间的距离。

领域知识　(x_0, y_0)和(x_1, y_1)之间的距离是

$$\sqrt{(x_0 - x_1)^2 + (y_0 - y_1)^2}$$

也就是(x_0-y_0, x_1-y_1)与原点之间的距离。■

矩形的数据表示也采用类似的方式：

```
; Number Number Number Number -> Shape
; 表示左上角位于(ul-x,ul-y)的、
; width × height 的矩形

(check-expect (inside? (mk-rect 0 0 10 3) (make-posn 0 0)) #true)
(check-expect (inside? (mk-rect 2 3 10 3) (make-posn 4 5)) #true)
; 停一下！编写一个否定的测试用例。

(define (mk-rect ul-x ul-y width height)
  (lambda (p)
    (and (<= ul-x (posn-x p) (+ ul-x width))
         (<= ul-y (posn-y p) (+ ul-y height)))))
```

它的构造函数读入 4 个数值：左上角的坐标、宽度和高度。返回值还是 lambda 表达式。和圆形一样，这个函数读入 Posn 并返回 Boolean，判断 Posn 的 x 字段和 y 字段是否位于正确的区间内。

至此，我们只剩一个任务了，就是设计函数，即将两个 Shape 表示映射为其组合的函数。签名和头部很简单：

```
; Shape Shape -> Shape
; 将两个 Shape 组合为一个
(define (mk-combination s1 s2)
  ; Posn -> Boolean
  (lambda (p)
    #false))
```

事实上，默认值也很简单。我们知道形状被表示为从 Posn 到 Boolean 的函数，所以只需写下一个读入某个 Posn 并返回#false 的 lambda 表达式，这表示组合中没有点。

假设我们希望结合前面的圆和矩形：

```
(define circle1 (mk-circle 3 4 5))
(define rectangle1 (mk-rect 0 3 10 3))
(define union1 (mk-combination circle1 rectangle1))
```

有些点在这个组合的内部，有些点在这个组合的外部：

```
(check-expect (inside? union1 (make-posn 0 0)) #true)
(check-expect (inside? union1 (make-posn 0 9)) #false)
(check-expect (inside? union1 (make-posn -1 3)) #true)
```

既然(make-posn 0 0)同时在两个形状之内，那么毫无疑问它在两个形状的组合之内。基于同样的推理，(make-posn 0 -1)不在两个形状中的任何一个之内，所以它不在组合内。最后，(make-posn -1 3)在 circle1 中，但不在 rectangle1 中。但是，这个点必须在两个形状的组合中，因为每个处于一个或另一个形状中的点都在它们的组合中。

这种对示例的分析意味着对 mk-combination 应该修改为：

```
; Shape Shape -> Shape
(define (mk-combination s1 s2)
  ; Posn -> Boolean
  (lambda (p)
    (or (inside? s1 p) (inside? s2 p))))
```

or 表达式的意思是，如果两个子表达式((inside? s1 p)和(inside? s2 p))中的一个返回#true，那么结果就是#true。第一个子表达式判断 p 是否在 s1 中，第二个子表达式判断 p 是否在 s2 中。这正是将我们前面的解释翻译为中级+lambda 语言。

习题 298　设计 my-animate。回想一下，animate 函数读入图像流的表示，每个自然数一个。由于流的长度无限，因此普通的复合数据无法表示它们。取而代之的做法是使用函数：

```
; An ImageStream is a function:
;    [N -> Image]
; 解释：流 s 表示一系列图像
```

数据示例可以是：

```
; ImageStream
(define (create-rocket-scene height)
  (place-image   50 height (empty-scene 60 60)))
```

你可能认出来了，这是开篇中的一段代码。

(my-animate s n)的任务是，以每秒 30 张图像的速度显示图像(s 0)、(s 1)等，总共有 n 张图像。它的返回值是自启动以来经过的时钟滴答数量。

注意　这是一个示例，可以很容易地写下示例/测试用例，但是这些示例/测试本身对这个 big-bang 函数的设计过程没有什么影响。使用函数作为数据表示，需要更多设计概念，比本书能提供的更多。■

习题 299　为有限集和无限集设计一种数据表示，以便可以表示所有奇数集、所有偶数集、所有可以被 10 整除的数集等。

设计函数 add-element（它向集中添加一个元素）、union（它组合两个集的元素）和 intersect（它收集所有的两个集的共同元素）。

提示　数学家将集当作函数处理，这些函数读入潜在的元素 ed，当且仅当 ed 属于集时返回#true。■

第 18 章　总结

本书的第三部分是关于抽象在程序设计中的作用。抽象涉及两个方面：创建和使用。因此，我们可以自然地将这一章总结为两点：

（1）**重复的代码模式需要抽象化**。抽象化意味着将重复的代码片段（抽象）提取出来，并对差异参数化（用参数表示差异）。有了适当的抽象设计，程序员可以减少自己未来的工作量，并减少头痛的问题，因为错误、效率低下的代码和其他问题都集中到了一个地方。对抽象的一次修复就能彻底消除任何特定的问题。相反，代码的重复意味着，当发现问题时，程序员必须找到所有副本并处理问题。

（2）大多数语言都提供了大量的抽象。有些是语言设计团队的贡献，其他的则是由使用该语言的程序员添加的。为了**有效地复用这些抽象**，抽象的创建者必须提供适当的文档——**目的声明、签名和合适的示例**，程序员根据这些文档来使用抽象。

所有编程语言都提供构建抽象的手段，当然有些语言做得比其他一些语言更好。所有程序员都必须了解抽象的方法和语言所提供的抽象。有眼力的程序员将以此为指标区分编程语言（的好坏）。

除了抽象，第三部分还介绍了下面这个思想：

函数是值，并且它们可以表示信息。

尽管这个思想对于 Lisp 家族编程语言（如中级+`lambda` 语言）和编程语言研究专家来说很古老，但它最近才被大多数现代主流语言（C#、C++、Java、JavaScript、Perl 和 Python）所接受。

独立章节 3 作用域和抽象

虽然第三部分以非正式的方式解释了 local 和 lambda，但引入这种抽象机制确实需要额外的术语，以方便我们的讨论。特别是，这些讨论需要用文字来描述程序中的区域以及变量的具体用途。

本独立章节的第一节定义新的术语：作用域、绑定变量和被绑定变量。我们立即使用这种新能力来介绍两种经常在编程语言中使用的抽象机制：for 循环和模式匹配。前者是诸如 map、build-list 和 map 之类的函数的替代物，后者是对本书前三部分中的函数中的条件（语句）的抽象。这两者不仅需要函数定义，还需要创建全新的语言结构，这意味着它们不是程序员可以经常设计并添加到其词汇表中的内容。

作用域

考虑以下两个定义：

```
(define (f x) (+ (* x x) 25))
(define (g x) (+ (f (+ x 1)) (f (- x 1))))
```

显然，f 中 x 的出现与 g 的定义中 x 的出现完全无关。我们可以系统地用 y 替换带灰底的出现，并且函数仍然会计算得出完全相同的结果。简而言之，带灰底的 x 出现仅在 f 定义的内部有意义，在其他地方没有意义。

同时，f 中 x 的第一次出现与其他出现不同。当我们对 (f n) 求值时，f 的出现将完全消失，而 x 的出现由 n 代替。为了区分这两种变量的出现，我们将函数头中的 x 称为*绑定出现*（binding occurrence），并将函数体中的 x 称为*被绑定出现*（bound occurrence）。我们还要说明，x 的绑定出现绑定了 f 函数体中的所有 x。事实上，学习编程语言的人甚至为绑定出现起作用的区域命名，称其为绑定出现的*词法作用域*（lexical scope）。

f 和 g 的定义绑定了另外两个名字：f 和 g。它们的作用域被称为*全局作用域*（top-level scope），因为我们将作用域视为嵌套的（见下文）。

术语*自由出现*（free occurrence）适用于没有任何绑定出现的变量。它是没有定义的名称，也就是说，语言、库和程序都不会将它与某种值联系起来。例如，如果将上述程序单独放入定义区并运行它，然后在交互区的提示中输入 f、g 和 x，将会显示前两个已定义，而最后一个没有定义：

```
> f
f
> g
g
> x
x:this variable is not defined
```

词法作用域的描述说明 f 的定义可以图形化表示为[①]：

① DrRacket 的“检查语法”功能会绘制类似的图。

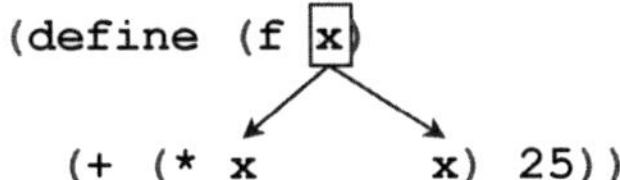

下面是全局作用域的箭头图：

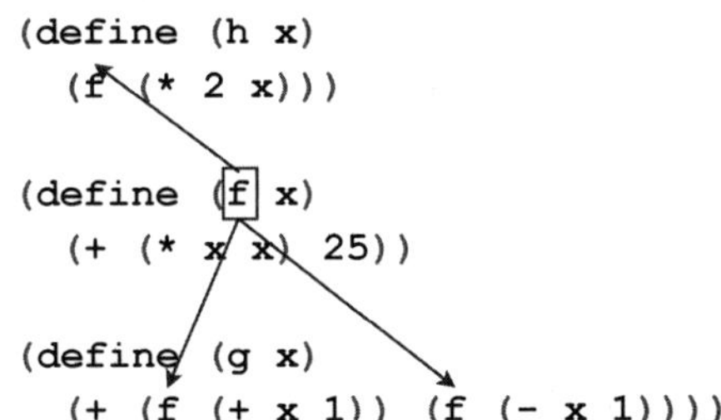

注意，f 的作用域包括其定义之上和定义之下的所有定义。（f 的）第一次出现上的箭头表明它是一个绑定出现。从绑定出现到被绑定出现的箭头显示了值的流向。当绑定出现的值变得已知时，被绑定出现从那里接收它们的值。

与上述类似，这些图也解释了重命名的工作原理。如果想重命名一个函数参数，你可以搜索作用域内的所有被绑定出现并替换它们。例如，在上面的程序中将 f 的 x 重命名为 y 意味着

```
(define (f x) (+ (* x x) 25))
(define (g x) (+ (f (+ x 1)) (f (- x 1))))
```

只更改两处 x 的出现：

```
(define (f y) (+ (* y y) 25))
(define (g x) (+ (f (+ x 1)) (f (- x 1))))
```

习题 300 下面是一个简单的中级+lambda 语言程序：

```
(define (p1 x y)
  (+ (* x y)
     (+ (* 2 x)
        (+ (* 2 y) 22))))

(define (p2 x)
  (+ (* 55 x) (+ x 11)))

(define (p3 x)
  (+ (p1 x 0)
     (+ (p1 x 1) (p2 x))))
```

绘制从 p1 的 x 参数到其所有被绑定出现的箭头。绘制从 p1 到 p1 的所有被绑定出现的箭头。使用 DrRacket 的“检查语法”功能检查结果。■

与全局函数定义不同，local 定义的作用域是有限的。具体而言，local 定义的作用域就是 local 表达式。考虑 local 表达式中一个辅助函数 f 的定义。它绑定了 local 表达式内的所有（f 的）出现，但不绑定 local 表达式外的出现：

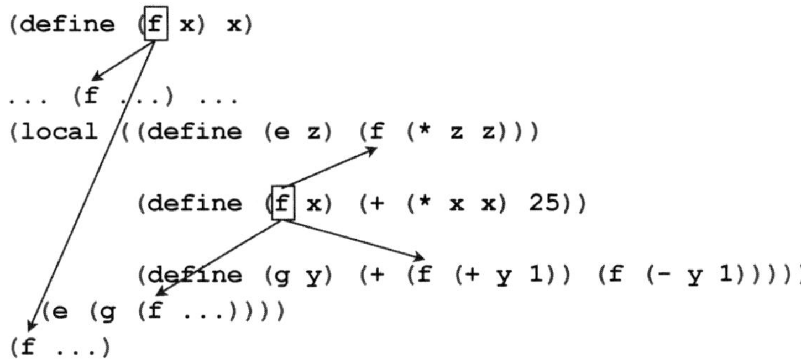

local 之外的两次出现不被局部定义的 f 绑定。与往常一样，函数定义（无论局部与否）的参数只在函数体中被绑定。

由于函数名称或函数参数的作用域是文本区域，因此人们也绘制方框图来指示作用域。更确切地说，对（函数）参数来说，方框是围绕函数体绘制的：

```
(define (f x)
  (+ (* 2 x) 10))
```

对 local 而言，方框是围绕整个表达式绘制的：

```
(define (f z)
  (local ((define (f x) (+ x (* x x) 55))
          (define (g y) (+ (f y) 10)))
    (f z)))
```

在这个示例中，该方框描述了 f 和 g 的定义的作用域。

借助围绕作用域绘制方框，我们也可以很容易地理解在 local 表达式中复用函数的名称意味着什么：

```
(define (a-function y)
  (local ((define (f z y) (+ (* x y) (+ x y)))
          (define (g z)
            (local ((define (f x) (+ (* x x) 55))
                    (define (g y) (+ (f y) 10)))
              (f z)))
          (define (h x) (f x (g x))))
    (h y)))
```

带灰底的方框描述了内部定义的 f 的作用域，而外面的方框描述了外部定义的 f 的作用域。因此，带灰底的方框中 f 的所有出现都指向内层 local 中的定义，外面的方框中（不算带灰底的方框中的）f 的所有出现都指向外层 local 中的定义。换句话说，带灰底的方框是外部定义的 f 的作用域中的一个洞（hole）。

参数定义的作用域内也可能出现洞：

```
(define (f x)
  (local ((define (g x)
            (+ x (* x 2))))
    (g x)))
```

在这个函数中，参数 x 被用了两次：f 中和 g 中，后者的作用域在前者的作用域内就是一个洞。

一般来说，如果同一个名称在函数中出现多次，那么描述相应作用域的方框永远不会重叠。在某些情况下，这些方框会互相嵌套，从而产生洞。尽管如此，从图像的角度看，它们始终是大方框嵌套小方框的层级结构。

习题 301 为图 03-1 中的 sort 和 alon 的每一个绑定出现的作用域绘制对应的方框。然后，从 sort 的每个出现出发，绘制到对应绑定出现的箭头。接下来，对图 03-2 中的变体重复此操作。这两个函数是否只是名称不同？■

```
(define (insertion-sort alon)
  (local ((define (sort alon)
           (cond
             [(empty? alon) '()]
             [else
              (add (first alon) (sort (rest alon)))]))
          (define (add an alon)
            (cond
              [(empty? alon) (list an)]
              [else
               (cond
                 [(> an (first alon)) (cons an alon)]
                 [else (cons (first alon)
                             (add an (rest alon)))])])))
    (sort alon)))
```

图 03-1　为习题 301 绘制词汇作用域

```
(define (sort alon)
  (local ((define (sort alon)
           (cond
             [(empty? alon) '()]
             [else
              (add (first alon) (sort (rest alon)))]))
          (define (add an alon)
            (cond
              [(empty? alon) (list an)]
              [else
               (cond
                 [(> an (first alon)) (cons an alon)]
                 [else (cons (first alon)
                             (add an (rest alon)))])])))
    (sort alon)))
```

图 03-2　为习题 301 绘制词汇作用域（版本 2）

习题 302　回想一下，变量的每次出现都从其绑定出现中接收其值。考虑以下定义：

```
(define x (cons 1 x))
```

带灰底的 x 绑定到哪里？由于该定义是一个常量定义而不是函数定义，因此我们需要立即对右侧求值。根据我们的规则，右侧的值应该是什么？■

正如 17.1 节中所讨论的，lambda 表达式只是 local 表达式的一种简写。也就是说，如果在 exp 中没有出现 a-new-name，那么

```
(lambda (x-1 ... x-n) exp)
```

是

```
(local ((define (a-new-name x-1 ... x-n) exp))
  a-new-name)
```

的简写。

这种简写的解释表明

```
(lambda (x-1 ... x-n) exp)
```

引入 x-1, …, x-n 为绑定出现，而参数的作用域是 exp，例如：

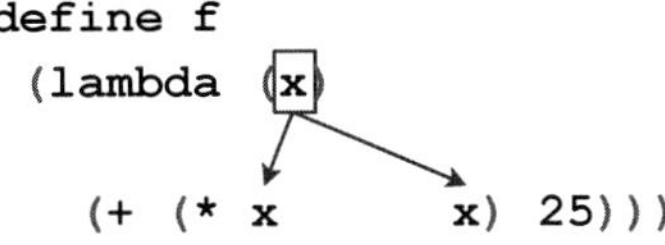

当然，如果 exp 包含进一步的绑定结构（如嵌套的 local 表达式），那么变量的作用域中可能包含洞。

习题 303 在以下 3 个 lambda 表达式中，从带灰底的 x 出现到其绑定出现绘制箭头：

```
(lambda (x y)
  (+ x (* x y)))

(lambda (x y)
  (+ x
     (local ((define x (* y y)))
       (+ (* 3 x)
          (/ 1 x)))))

(lambda (x y)
  (+ x
     ((lambda (x)
        (+ (* 3 x)
           (/ 1 x)))
      (* y y))))
```

还可以为每一个带灰底的 x 作用域和作用域中的洞（如有必要）绘制方框。■

中级语言的循环

尽管从来没有提到循环这个词，但第三部分引入了这个概念。抽象地说，*循环*（loop）遍历复合数据，一次处理其中的一部分①。在这个过程中，循环也可以合成数据。例如，map 遍历链表，对每一项调用函数，并将结果收集到链表中。同样，build-list 枚举一个自然数前面的序列（从 0 到(- n 1)），将序列中的每一项映射到一个值，并将结果收集到链表中。

中级+lambda 语言的循环在两个方面有别于传统语言的循环。首先，传统的循环不会直接创建新的数据，相比之下，像 map 和 build-list 这类抽象的重点就是计算由遍历得到的新数据。其次，传统语言通常只提供固定数量的循环，中级+lambda 语言程序员则根据需要定义新的循环。换言之，传统语言将循环看作类似于 local 或 cond 的语法结构，并且引入这些概念需要对其词汇、文法、作用域和意义进行详细解释。

与本书第三部分中的函数循环相比，作为语法结构的循环具有两个优点。一方面，它们的外形往往比函数组合更能直接地表示其意图。另一方面，与函数循环相比，语言实现通常将语法循环转换为更快的计算机命令。因此，即使是函数式编程语言（尽管强调函数和函数组合）也提供了语法循环，这是很常见的。

本节介绍中级+lambda 语言的 for 循环。我们的目标是说明如何将传统循环看作语言的结构，并指出使用抽象构建的程序是如何用（for）循环来替换实现的。图 03-3 以独立章节 1 中初级语言文法的扩展的形式，给出了我们选择的 for 循环的文法。每个循环都是一个表达式，并且像所有复合结构一样，用关键字标记。关键字后面跟的是由括号括起来的一系列所谓的解析子句（comprehension clause），最后是一个表达式。这些子句引入了所谓的*循环变量*，最后的表达式就是*循环体*。

① 使用 *2htdp/abstraction* 库。如果在本书其余部分中使用它的话，教师应该解释设计原则如何适用于没有 for 和 match 的语言。

```
expr = ...
     | (for/list (clause clause ...) expr)
     | (for*/list (clause clause ...) expr)
     | (for/and (clause clause ...) expr)
     | (for*/and (clause clause ...) expr)
     | (for/or (clause clause ...) expr)
     | (for*/or (clause clause ...) expr)
     | (for/sum (clause clause ...) expr)
     | (for*/sum (clause clause ...) expr)
     | (for/product (clause clause ...) expr)
     | (for*/product (clause clause ...) expr)
     | (for/string (clause clause ...) expr)
     | (for*/string (clause clause ...) expr)

clause = [variable expr]
```

图 03-3 中级+lambda 语言的 for 循环扩展

即使粗略地检查文法，也可以看出这 12 个循环结构分成 6 对：对于 list、and、or、sum、product 和 string 的 for 和 for*变体[①]。所有 for 循环都会在循环体中绑定其子句中的变量，for*变体也会在后续子句中绑定变量。以下两个几乎相同的代码段说明了这两种作用域规则的区别：

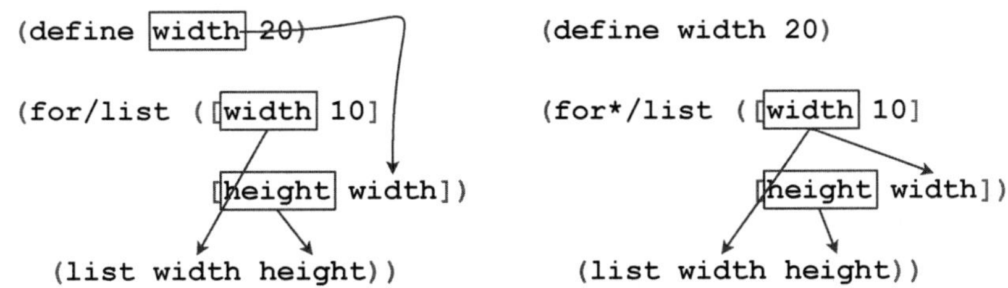

语法上的区别在于，左边的代码用了 for/list，而右边的代码用了 for*/list。就作用域而言，如箭头所示，两者有很大的不同。虽然这两段代码都引入了循环变量 width 和 height，但左边的代码使用外部定义的变量作为 height 的初始值，而右边的代码使用第一个循环变量作为 height 的初始值。

在语义上，for/list 表达式对其子句中的表达式求值以生成值的序列。如果子句表达式的求值结果为

- 链表，那么键表的项组成序列值；
- 自然数 n，那么序列由 0, 1, …, (- n 1) 组成；
- 字符串，那么它的每个单字符字符串就是序列中的项。

接下来，for/list 将循环变量依次绑定到生成的序列的值，并以此对循环体求值。最后，它将循环体的值收集到一个链表中。当最短的序列耗尽时，对 for/list 表达式的求值将停止。

术语 循环体的每次求值被称为一次迭代（iteration）。类似地，循环被称为对其循环变量的值的迭代。

基于这个解释，我们可以很容易地生成从 0 到 9 的链表：

```
> (for/list ([i 10])
    i)
(list 0 1 2 3 4 5 6 7 8 9)
```

这等价于 build-list 循环：

① 这些循环的 Racket 版本具有比这里介绍的循环更多的功能，并且该语言具有比这里介绍的更多种类的循环。

```
> (build-list 10 (lambda (i) i))
(list 0 1 2 3 4 5 6 7 8 9)
```

第二个示例将两个序列“拉链”到一起：

```
> (for/list ([i 2] [j '(a b)])
    (list i j))
(list (list 0 'a) (list 1 'b))
```

再比较一下，使用普通中级+lambda 语言的相同表达式是：

```
> (local ((define i-s (build-list 2 (lambda (i) i)))
          (define j-s '(a b)))
    (map list i-s j-s))
(list (list 0 'a) (list 1 'b))
```

最后一个示例强调用 for/list 来设计：

示例问题 设计 enumerate。该函数读入一个链表，生成同样长的链表，其中的项是原来链表的项和各项相对索引的配对。

停一下！系统地使用中级+lambda 语言的抽象来设计这个函数。

如果用 for/list，这个问题的解决方案很简单：

```
; [List-of X] -> [List-of [List N X]]
; 将 lx 中的每一项与其索引配对

(check-expect
  (enumerate '(a b c)) '((1 a) (2 b) (3 c)))

(define (enumerate lx)
  (for/list ([x lx] [ith (length lx)])
    (list (+ ith 1) x)))
```

该函数体用 for/list 来迭代给定的链表以及从 0 到(length lx)（减 1）的数值链表，循环体将索引（加 1）与链表的项组合在一起。

从语义的角度说，for*/list 以嵌套的方式迭代序列，而 for/list 则并行地遍历序列。也就是说，for*/list 表达式基本上展开为嵌套的循环：

```
(for*/list ([i 2] [j '(a b)])
  ...)
```

是

```
(for/list ([i 2])
  (for/list ([j '(a b)])
     ...))
```

的简写。

此外，for*/list 使用 foldl 和 append 连接嵌套链表，从而将嵌套链表收集到**单个**链表中。

习题 304 在 DrRacket 的交互区中计算

```
(for/list ([i 2] [j '(a b)]) (list i j))
```

和

```
(for*/list ([i 2] [j '(a b)]) (list i j))
```
■

我们继续探索，将 for/list 和 for*/list 的作用域的区别转换成语义上的区别：

```
> (define width 2)
```

```
> (for/list ([width 3][height width])
    (list width height))
(list (list 0 0) (list 1 1))
> (for*/list ([width 3][height width])
    (list width height))
(list (list 1 0) (list 2 0) (list 2 1))
```

要理解第一个交互，记住 `for/list` 并行遍历这两个序列，并在较短的一个序列耗尽时停止。这里，这两个序列是

width	=	0, 1, 2
height	=	0, 1
body	=	`(list 0 0) (list 1 1)`

前两行显示了两个循环变量的值，这些变量是同步变化的。最后一行显示了每次迭代的结果，这说明了第一个交互的结果，结果中没有包含 `2` 的数值对。

接下来将这种情况与 `for*/list` 进行对比：

width	=	0	1	2
height	=		0	0, 1
body	=		`(list 1 0)`	`(list 2 0) (list 2 1)`

虽然第一行与 `for/list` 的情况类似，但第二行使用多个单元格显示数值序列。`for*/list` 的隐式嵌套意味着，每次迭代都会对某个特定的 `width` 值重新计算 `height` 值，从而创建不同的 `height` 值**序列**。这就解释了为什么第一个 `height` 值单元是空的，毕竟，`0`（含）和 `0`（不含）之间不存在自然数。最后，每个嵌套的 `for` 循环产生一系列（数值）对，这些（数值）对被收集到一个（数值）对的链表中。

下面来看一个说明 `for*/list` 用途的问题。

示例问题 设计 `cross`。该函数读入两个链表 `l1` 和 `l2`，返回这两个链表中所有项的对。

停一下！花点儿时间，用现有的抽象来设计此函数。

当设计 `cross` 时，你可以利用下面这样的表格：

cross	'a	'b	'c
1	(list 'a 1)	(list 'b 1)	(list 'c 1)
2	(list 'a 2)	(list 'b 2)	(list 'c 2)

第一行显示 `l1`，第一列则显示 `l2`。表格中的每个单元格对应于要生成的一个对。

由于 `for*/list` 的用途是枚举所有这些对，因此用它来定义 `cross` 非常简单：

```
; [List-of X] [List-of Y] -> [List-of [List X Y]]
; 给出 l1 和 l2 中所有项的对

(check-satisfied (cross '(a b c) '(1 2))
                 (lambda (c) (= (length c) 6)))

(define (cross l1 l2)
  (for*/list ([x1 l1][x2 l2])
    (list x1 x2)))
```

这里使用的是 `check-satisfied` 而不是 `check-expect`，是因为我们不希望预测 `for*/list` 生成的对的确切顺序。

注意 图 03-4 显示了 for*/list 在另一种环境中的用途。需要设计的问题是，给定字母的链表，求出所有可能的字母排列，这里给出了小型的解决方案。

12.4 节描绘了这个复杂程序的完整设计，而图 03-4 结合使用 for*/list 以及不寻常形式的递归，只用 5 行函数定义就完成了同一个程序的定义。图 03-4 只展现此种抽象的能力[①]，对于其底层的设计，参见习题 477。

```
; [List-of X] -> [List-of [List-of X]]
; 创建 w 中所有项重排的链表
(define (arrangements w)
  (cond
    [(empty? w) '(())]
    [else (for*/list ([item w]
                      [arrangement-without-item
                       (arrangements (remove item w))])
            (cons item arrangement-without-item))]))

; [List-of X] -> Boolean
(define (all-words-from-rat? w)
  (and (member? (explode "rat") w)
       (member? (explode "art") w)
       (member? (explode "tar") w)))

(check-satisfied (arrangements '("r" "a" "t"))
                 all-words-from-rat?)
```

图 03-4 arrangements 使用 for*/list 的小型定义

.../list 后缀清楚地表明，循环表达式创建链表。除此之外，库提供了其他的 for 和 for*x 循环，它们具有同样暗示性的后缀。

- .../and 使用 and 收集所有迭代的值：

```
> (for/and ([i 10]) (> (- 9 i) 0))
#false
> (for/and ([i 10]) (if (>= i 0) i #false))
9
```

- 从语用的角度说，循环返回最后生成的值或者#false。
- .../or 类似于.../and，但它使用的是 or 而不是 and：

```
> (for/or ([i 10]) (if (= (- 9 i) 0) i #false))
9
> (for/or ([i 10]) (if (< i 0) i #false))
#false
```

  这些循环返回第一个不是#false 的值。

- .../sum 将迭代产生的数值相加：

```
> (for/sum ([c "abc"]) (string->int c))
294
```

- .../product 将迭代产生的数值相乘：

```
> (for/product ([c "abc"]) (+ (string->int c) 1))
970200
```

- .../string 用 1String 序列创建 String：

```
> (define a (string->int "a"))
```

① 感谢 Mark Engelberg 建议我们展现此种抽象的能力。

```
> (for/string ([j 10]) (int->string (+ a j)))
"abcdefghij"
```

停一下！想象一下 for/fold 循环是如何工作的。

再停一下！一个有启发性的练习是，使用中级+lambda 语言中的现有的抽象来重新阐述上述所有示例。这样做也会指明如何使用 for 循环而不是抽象函数来设计函数。**提示** 设计 and-map 和 or-map，它们分别像 andmap 和 ormap 一样工作，但返回的是适合的非#false 值。

数值的循环并不总是枚举从 0 到(- n 1)。程序经常需要枚举非连续的数值序列，还有些情况下，需要提供无限数量的数值。为了适应这种形式的编程，Racket 自带生成序列的函数，图 03-5 给出了中级+lambda 语言抽象库中提供的两个函数。

```
; N -> sequence?
; 构造从 n 开始的、
; 自然数的无限序列

(define (in-naturals n) ...)

; N N N -> sequence?
; 构造以下自然数的有限序列:
;    start
;    (+ start step)
;    (+ start step step)
;    ...
;   直到数值超过 end
(define (in-range start end step) ...)
```

图 03-5 构造自然数序列

用图 03-5 中的第一个函数，我们可以将 enumerate 函数简化一下：

```
(define (enumerate.v2 lx)
  (for/list ([item lx] [ith (in-naturals 1)])
    (list ith item)))
```

这里 in-naturals 用于生成从 1 开始的自然数的无限序列，当 1 耗尽时 for 循环停止。

用图 03-5 中的第二个函数，例如，我们可以遍历前 n 个数中的偶数：

```
; N -> Number
; 将 0 和 n（不包括）之间的偶数相加
(check-expect (sum-evens 2) 0)
(check-expect (sum-evens 4) 2)
(define (sum-evens n)
  (for/sum ([i (in-range 0 n 2)]) i))
```

尽管这些可能看起来微不足道，但许多源于数学的问题都需要这类循环，这正是许多编程语言中存在如 in-range 之类的概念的原因。

习题 305 使用循环来定义 convert-euro。参见习题 267。■

习题 306 使用循环来定义实现以下功能的函数：

（1）对于任意自然数 n，创建链表(list 0 ... (- n 1))；

（2）对于任意自然数 n，创建链表(list 1 ... n)；

（3）对于任意自然数 n，创建链表(list 1 1/2 ... 1/n)；

（4）创建前 n 个偶数的链表；

（5）创建由 0 和 1 组成的对角线方块（参见习题 262）。

最后，使用循环定义习题 250 中的 tabulate。■

习题 307 定义 find-name。该函数读入名称和名称的链表。它检索链表，返回链表中第一个等于输入名称的名称或是输入名称扩展的名称。

定义函数，确保某个名称链表中的名称不超过某个给定的宽度。与习题 271 比较。■

模式匹配

在设计某个函数需要有 6 个子句的数据定义时，我们使用有 6 个子句的 cond 表达式。在编写其中一个 cond 子句时，我们使用谓词[①]来判断此子句是否应该处理给定的值，如果是，那么选择函数负责解构任何复合值。本书的前三部分一遍又一遍地解释了这个想法。

有重复就需要抽象。虽然第三部分解释了程序员如何创建其中的一些抽象，但这里的谓词–选择函数模式只能由语言设计人员去完成。特别地，函数式编程语言的设计者已经认识到，需要将谓词和选择函数的这些重复使用抽象化。因此，这些语言提供模式匹配，结合并简化了这种 cond 子句的语言结构。

本节介绍了简化的 Racket 模式匹配，图 03-6 给出了它的文法，（模式）匹配显然是一个复杂的语法结构。虽然它的轮廓与 cond 类似，但其特点是模式而不是条件，并且模式有其自己的规则。

```
    expr = ...
         | (match expr [pattern expr] ...)

 pattern = variable
         | literal-constant
         | (cons pattern pattern)
         | (structure-name pattern ...)
         | (? predicate-name)
```

图 03-6 中级+lambda 语言的模式匹配表达式

大致说来，

```
(match expr
  [pattern1 expr1]
  [pattern2 expr2]
  ...)
```

执行起来类似于 cond 表达式，先对 expr 求值，然后按顺序尝试将其结果与 $pattern_1$、$pattern_2$……匹配，直到 $pattern_i$ 成功。此时它会去计算 $expr_i$ 的值，这也是整个 match 表达式的值。

关键的区别是，与 cond 不同，match 引入了新的作用域，这一点最好用 DrRacket 的屏幕截图来说明：

```
(define (sum-items a-lon)
  (match a-lon
    [(cons fst '()) fst]
    [(cons fst rst)
     (+ fst (sum-items rst))]))
```

如上图所示，此函数的每个模式子句都绑定了变量。此外，变量的作用域是子句的主体，所以即使两个模式引入了相同的变量绑定（就像上面的代码段中的情况一样），它们的绑定也不会相互干扰。

在语法上，一个模式类似于嵌套的结构化数据，其叶子结点是以下三者之一：文字常量、

① 对此感兴趣的教师可以研究如何使用 *2htdp/abstraction* 库提供的功能来定义代数类数据类型。

变量或类似于

```
(? predicate-name)
```

形状的谓词模式。在谓词模式中，predicate-name 必须引用某个作用域中的谓词函数，即，读入一个值并返回布尔值的函数。

在语义上，模式被 match（匹配）到某个值 v。如果模式是

- 一个 literal-constant，那么它只匹配这个文本常量。

```
> (match 4
    ['four  1]
    ["four" 2]
    [#true  3]
    [4      "hello world"])
"hello world"
```

- 一个 variable，那么它能匹配任何值，并且在对相应的 match 子句主体求值的过程中，该变量关联到这个值。

```
> (match 2
    [3 "one"]
    [x (+ x 3)])
5
```

由于 2 不等于第一个模式，即文字常量 3，因此 match 将 2 与第二个模式匹配，这是一个简单的变量，可以和任何值匹配。因此，match 选择第二个子句并对其主体求值，其中 x 代表 2。

- (cons pattern_1 pattern_2)，那么它只匹配 cons 的实例，并假定其第一个字段匹配 pattern_1，其余字段则匹配 pattern_2。

```
> (match (cons 1 '())
    [(cons 1 tail) tail]
    [(cons head tail) head])
'()
> (match (cons 2 '())
    [(cons 1 tail) tail]
    [(cons head tail) head])
2
```

这些交互显示，match 首先解构 cons，然后对于给定链表的叶子节点则由文字常量和变量来处理。

- (structure-name pattern_1 ... pattern_n)，那么它只匹配名为 structure-name 的结构体，并假定它的字段值匹配 pattern_1，...，pattern_n。

```
> (define p (make-posn 3 4))
> (match p
    [(posn x y) (sqrt (+ (sqr x) (sqr y)))])
5
```

显然，将 posn 的实例与模式匹配和匹配 cons 模式是一样的，但注意，这里使用 posn 作为模式，而不是使用构造函数的名称。

匹配也适用于我们自己定义的结构体类型：

```
> (define-struct phone [area switch four])
> (match (make-phone 713 664 9993)
   [(phone x y z) (+ x y z)])
11370
```

同样，该模式使用结构体名称 phone。

最后，匹配也适用于多层结构：

```
> (match (cons (make-phone 713 664 9993) '())
    [(cons (phone area-code 664 9993) tail)
     area-code])
713
```

如果 switch 代码是 664，最后 4 位数字是 9993，这个 match 表达式会从链表中的电话号码提取区域代码。

- (? predicate-name)，那么当(predicate-name v)返回#true 时它会匹配

```
> (match (cons 1 '())
    [(cons (? symbol?) tail) tail]
    [(cons head tail) head])
1
```

这个表达式返回 1，即第二个子句的结果，因为 1 不是符号。

停一下！在继续阅读之前试验 match。

现在是时候展示 match 的用处了。

示例问题 设计函数 last-item，它取出非空链表中的最后一项。回想一下，非空链表的定义如下：

```
; [Non-empty-list X]是下列之一：
; -- (cons X '())
; -- (cons X [Non-empty-list X])
```

停一下！第二部分讨论过这个问题。查一下之前的解决方案。

有了 match，设计者可以消除 cond 的解中出现的 3 个选择函数和两个谓词：

```
; [Non-empty-list X] -> X
; 取出 ne-l 中的最后一项
(check-expect (last-item '(a b c)) 'c)
(check-error (last-item '()))
(define (last-item ne-l)
  (match ne-l
    [(cons lst '()) lst]
    [(cons fst rst) (last-item rst)]))
```

这个解决方案所使用的模式与数据定义中的模式相似，而无须使用谓词和选择函数。对于数据定义中自引用和集合参数，使用程序级变量模式就行了。match 子句的主体不再使用选择函数从链表中提取相关部分，而只需简单地引用这些名称。如上所述，该函数对输入 cons 的 rest 字段递归，因为数据定义在这个位置引用自身。对于基本情况，返回值就是 lst，即表示链表中最后一项的变量。

再来看第二部分中的第二个问题。

示例问题 设计函数 depth，测量俄罗斯套娃的层数。下面是其数据定义：

```
(define-struct layer [color doll])
; RD.v2（Russian doll 的简写）是下列
; -- "doll"
; -- (make-layer String RD.v2)
```

使用 match，depth 的定义就是：

```
; RD.v2 -> N
; an-rd 中有多少个套娃
(check-expect (depth (make-layer "red" "doll")) 1)
(define (depth a-doll)
```

```
(match a-doll
  ["doll" 0]
  [(layer c inside) (+ (depth inside) 1)]))
```

第一个 match 子句中的模式只匹配"doll"，而第二个 match 子句匹配任何 layer 结构体，并将 color 字段中的值关联到 c、将 doll 字段中的值关联到 inside。总之，match 使函数定义变得简洁了。

最后一个问题来看一般化后 UFO 游戏中的一个函数。

示例问题 设计函数 move-right。它读入 Posn 链表（表示画布上对象的位置）和一个数值。该函数将此数值添加到每个 *x* 坐标上，这表示将这些对象向右移动。

使用中级+lambda 语言的全部功能，我们的解就是：

```
; [List-of Posn] -> [List-of Posn]
; 将每个对象右移 delta-x 像素

(define input  `(,(make-posn 1 1) ,(make-posn 10 14)))
(define expect `(,(make-posn 4 1) ,(make-posn 13 14)))

(check-expect (move-right input 3) expect)

(define (move-right lop delta-x)
  (for/list ((p lop))
    (match p
     [(posn x y) (make-posn (+ x delta-x) y)])))
```

停一下！你是否注意到编写测试时我们用到了 define？如果使用 define 给数据示例指定合适的名字，并在其旁边写下函数返回的预期结果，那么与以前只写下常量相比，你可以更容易地阅读代码。

停一下！cond 和选择函数的解相比如何？将它们写出来并比较。你更喜欢哪一个？

习题 308 设计函数 replace，它将电话记录链表中的区域代码 713 替换为 281。■

习题 309 设计函数 words-on-line，它确定字符串链表的链表中每一项所包含的 String 数量。■

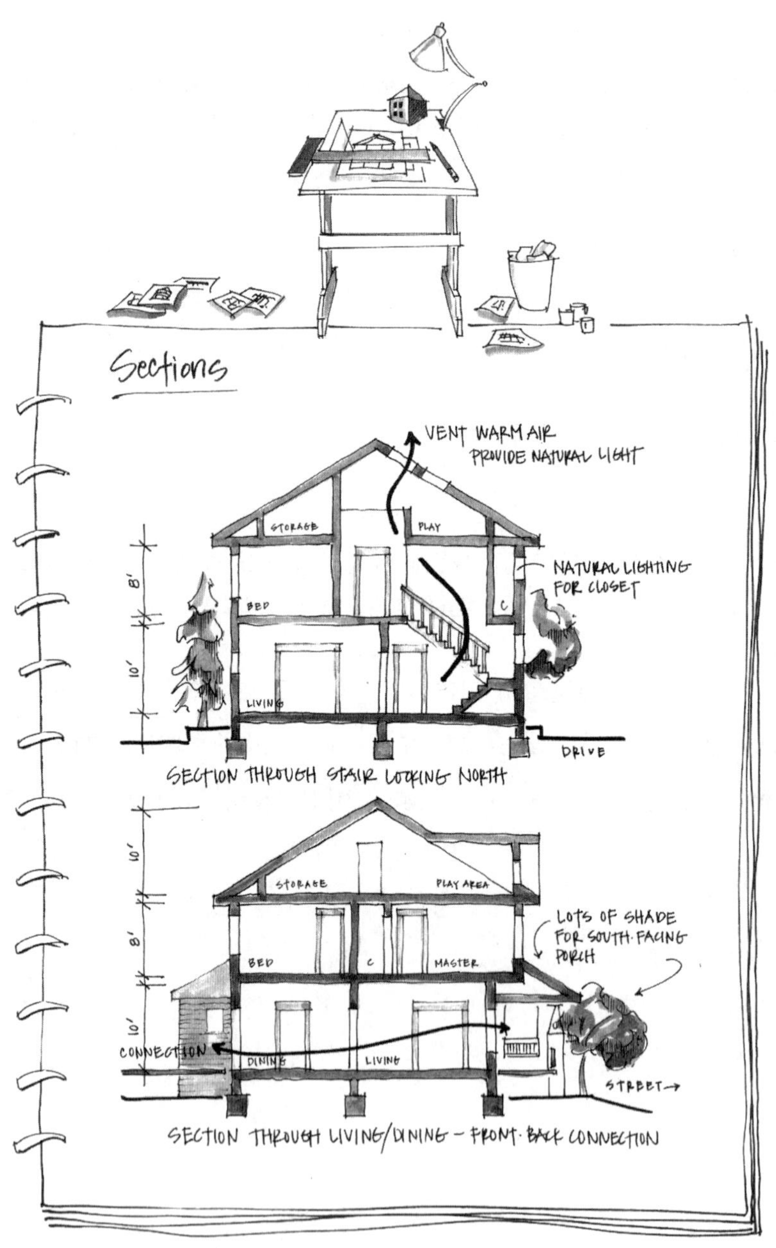

copyright © 2000 tracy baker

第四部分　交织的数据

你可能认为，链表和自然数的数据定义非常不寻常。这些数据定义引用它们自身，很可能它们是你遇到的第一种此类定义。事实证明，许多类的数据需要比这两者更复杂的数据定义。很多常见的数据定义涉及自引用，或者一组数据定义之间相互引用。这种形式的数据无处不在，因此对程序员来说，至关重要的是需要学习如何处理**任何**数据定义的集合。这就是设计诀窍的全部内容。

这一部分我们从对设计诀窍的一般化开始，使之适用于所有形式的结构化数据定义。接下来，我们引入来自第 12 章的迭代改进这一概念，并将其严格化，因为复杂的数据定义不是一次性开发完成，而是分几个阶段开发的。事实上，所有程序员都是小科学家，并且这个学科在美国被称为计算机“科学”，原因之一就是需要采用迭代改进。后面两章说明了这些想法：一章解释了如何设计一个初级语言的解释器，另一章解释了如何处理网络数据交换语言 XML。最后一章再次扩展了设计诀窍，使函数可以同时处理两个复杂参数。

第 19 章　S 表达式之诗

编程好似写诗。和诗人一样，程序员也会在看似无意义的想法上练习自己的技巧。正如前一章所解释的那样，他们也会不断修改和编辑。本章将介绍越来越复杂的数据形式——它似乎没有真实世界的目的。尽管我们会提供背景知识以激励读者，但是这里所选的数据也很极端了，而且你不太可能再次碰到它们。

尽管如此，本章还是展示了设计诀窍的全方位能力，并介绍了实际应用程序所能处理的各种数据。为了将这些材料与程序员在职业生涯中会遇到的情况联系起来，我们给每个部分命名：树、森林、XML。最后一个名字有点儿误导，因为它实际上是 S 表达式，第 22 章会澄清 S 表达式和 XML 之间的联系，与本章相比，它更接近现实世界对复杂形式数据的使用。

19.1　树

我们所有人都有一棵家谱树。绘制家谱树的一种方法是，每当孩子出生时添加元素（或称结点），并将其和父亲和母亲的元素连接。对父母不详的人来说，没有可以连接的元素。结果就是祖先家谱树（ancestor family tree），因为对任何人来说，树都指出了关于此人已知的所有祖先。

图 19-1 显示了一棵 3 层家谱树。Gustav 是 Eva 和 Fred 的孩子，而 Eva 是 Carl 和 Bettina 的孩子。除了人名和家庭关系，树还记录了出生年份和眼睛的颜色。基于这幅草图，你可以很容易地想象可以追溯许多代人的家谱树，以及可以记录其他类型的信息的家谱树。

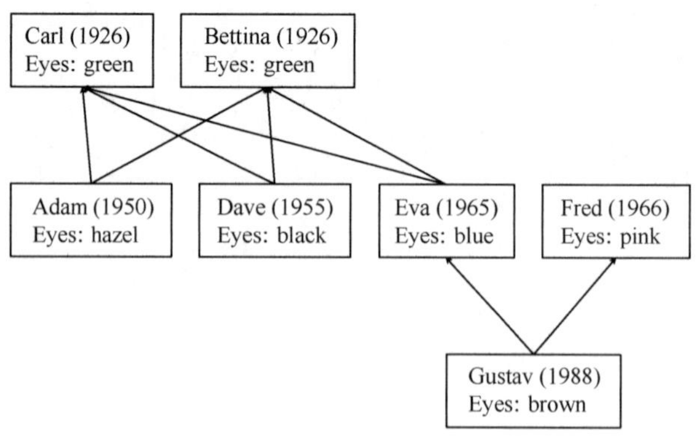

图 19-1　家谱树

一旦家谱树扩大了，将其表示为数据并设计处理这类数据的程序就是有意义的。鉴于家谱树中的一个点结合了 5 种信息——父亲、母亲、姓名、出生日期以及眼睛的颜色，我们应该定义结构体类型：

```
(define-struct child [father mother name date eyes])
```

结构体类型定义需要数据定义：

```
; Child 是结构体：
;    (make-child Child Child String N String)
```

虽然这个数据定义看起来很简单，但它没有用处。它指向自身，但是，因为不包含任何子句，所以无法创建正确的实例 Child。粗略地说，我们必须无休止地写

```
(make-child (make-child (make-child ...) ...) ...)
```

为了避免这种无意义的数据定义，我们要求自引用的数据定义包含多个子句，并且其中至少有一个子句不引用数据定义自身。

我们暂时回避数据定义，而先进行试验。假设要给现有的家谱树添加一个孩子，并且已经有了父母的表示。在这种情况下，我们可以简单地构建新的 child 结构体。例如，为了在已经表示了 Carl 和 Bettina 的程序中表示 Adam，只需添加以下 child 结构体：

```
(define Adam
  (make-child Carl Bettina "Adam" 1950 "hazel"))
```

假定 Carl 和 Bettina 代表 Adam 的父母。

然而，某个人的父母可能是未知的，就像图 19-1 中的家谱树中的 Bettina 那样。即使那样，我们也必须在 child 表示中填写相应的父母字段。无论我们选择何种数据，它都必须表示缺少信息。一方面，我们可以使用现有的值，例如#false、"none"或'()。另一方面，我们应该表示，家谱树中缺少这些信息。要实现这一目标，最好的方式是引入具有适当名称的结构体类型：

```
(define-struct no-parent [])
```

现在，可以这样为 Bettina 构建 child 结构体

```
(make-child (make-no-parent)
            (make-no-parent)
            "Bettina" 1926 "green")
```

当然，如果只有一条信息缺失，我们只用此特殊值填充对应字段。

试验得出了两点见解。首先，我们**不是**在寻找描述如何生成 child 结构体实例的数据定义，而是在寻找描述如何表示家谱树的数据定义。其次，数据定义由两个子句组成，其中一个变体用于描述未知家谱树，另一个用于描述如何已知家谱树：

```
(define-struct no-parent [])
(define-struct child [father mother name date eyes])
; FT（family tree 的简写）是下列之一：
; -- (make-no-parent)
; -- (make-child FT FT String N String)
```

由于“无父母”的树会在程序中多次出现，因此我们定义其简写 NP，并稍微修改数据定义：

```
(define NP (make-no-parent))
; FT 是下列之一：
; -- NP
; -- (make-child FT FT String N String)
```

遵循第 9 章中的设计诀窍，我们使用数据定义来创建家谱树的示例。具体而言，我们将图 19-1 中的家谱树转换为数据表示。关于 Carl 的信息很容易翻译成数据：

```
(make-child NP NP "Carl" 1926 "green")
```

Bettina 和 Fred 可以用类似的 child 实例表示。Adam 的情况需要嵌套的 child，Carl 一个，Bettina 一个：

```
(make-child (make-child NP NP "Carl" 1926 "green")
            (make-child NP NP "Bettina" 1926 "green")
            "Adam"
            1950
```

```
         "hazel")
```

由于构建 Dave 和 Eva 的记录也需要使用 Carl 和 Bettina 的记录，因此最好引入一些定义来命名特定的 child 实例，然后在其他地方使用变量名称。图 19-2 给出了对于图 19-1 中家谱树的完整数据表示所采用的这种方法。仔细观察，后面的设计习题中将反复使用这个示例。

```
; 老年一代：
(define Carl (make-child NP NP "Carl" 1926 "green"))
(define Bettina (make-child NP NP "Bettina" 1926 "green"))

; 中年一代：
(define Adam (make-child Carl Bettina "Adam" 1950 "hazel"))
(define Dave (make-child Carl Bettina "Dave" 1955 "black"))
(define Eva (make-child Carl Bettina "Eva" 1965 "blue"))
(define Fred (make-child NP NP "Fred" 1966 "pink"))

; 年轻一代：
(define Gustav (make-child Fred Eva "Gustav" 1988 "brown"))
```

图 19-2　示例家谱树的数据表示

我们先不设计针对家谱树的具体函数，而是来看一下此类函数的通用组织结构。也就是说，在不考虑具体任务的情况下，尽可能地完成设计诀窍。我们从建立函数头信息开始，即诀窍的第 2 步：

```
; FT -> ???
; ...
(define (fun-FT an-ftree) ...)
```

尽管没有说明函数的目的，但我们确实知道它会读入一棵家谱树，并且主要的输入就是这种形式的数据。签名中的“???”表示我们不知道该函数会产生什么类型的数据，“...”说明我们也不知道它的目的。

目的的缺失意味着我们无法编写一些函数示例。不过，可以利用 FT 的数据定义的组织结构来设计（函数）模板。由于它由两个子句组成，因此模板必须包含带有两个子句的 cond 表达式：

```
(define (fun-FT an-ftree)
  (cond
    [(no-parent? an-ftree) ...]
    [else ...]))
```

如果 fun-FT 的参数满足 no-parent?，那么该结构体不包含其他数据，因此第一个子句已经是完整的了。对于第二个子句，输入包含 5 部分数据，我们用模板中的 5 个选择函数表示它们：

```
; FT -> ???
(define (fun-FT an-ftree)
  (cond
    [(no-parent? an-ftree) ...]
    [else (... (child-father an-ftree) ...
           ... (child-mother an-ftree) ...
           ...  (child-name an-ftree) ...
           ...  (child-date an-ftree) ...
           ...  (child-eyes an-ftree) ...)]))
```

向模板中添加的最后一项涉及自引用。如果数据定义引用自身，那么这个函数可能会递归，所以模板会暗示自然递归。FT 的定义包含两个自引用，因此模板需要两个这样的递归：

```
; FT -> ???
(define (fun-FT an-ftree)
  (cond
    [(no-parent? an-ftree) ...]
    [else (... (fun-FT (child-father an-ftree)) ...
```

```
          ... (fun-FT (child-mother an-ftree)) ...
          ... (child-name an-ftree) ...
          ... (child-date an-ftree) ...
          ... (child-eyes an-ftree) ...)]))
```

具体来说，在第二个 cond 子句中，fun-FT 被用于父亲和母亲的数据表示，因为数据定义的第二个子句包含相应的自引用。

现在我们来看一个具体的示例，即 blue-eyed-child?函数。它的目的是判断家谱树的输入中是否有蓝眼睛的 child 结构体。你可以复制、粘贴并重命名 fun-FT 以获得此函数的模板，我们将“???”替换为布尔值并添加目的声明：

```
; FT -> Boolean
; an-ftree 是否包含 eyes 字段
; 为"blue"的 child 结构体
(define (blue-eyed-child? an-ftree)
  (cond
    [(no-parent? an-ftree) ...]
    [else (... (blue-eyed-child?
                 (child-father an-ftree)) ...
          ... (blue-eyed-child?
                 (child-mother an-ftree)) ...
          ... (child-name an-ftree) ...
          ... (child-date an-ftree) ...
          ... (child-eyes an-ftree) ...)]))
```

当以这种方式工作时，必须用特定的函数名替换模板的通用名。

对比诀窍，我们意识到，在进入定义步骤之前需要回过头来开发一些示例。如果从家谱树中的第一个人 Carl 开始，我们会看到 Carl 的家谱树不包含眼睛颜色为"blue"的 child。具体来说，代表 Carl 的 child 表明眼睛的颜色是"green"，考虑到 Carl 的祖先树为空，它们不可能包含眼睛颜色为"blue"的 child：

```
(check-expect (blue-eyed-child? Carl) #false)
```

相反，Gustav 包含蓝眼睛的 child Eva：

```
(check-expect (blue-eyed-child? Gustav) #true)
```

是时候定义实际函数了。该函数区分两种情况：no-parent 和 child。对于第一种情况，即使我们没有举出任何示例，答案也应该是显而易见的。既然给定的家谱树不包含任何 child，它就不能包含眼睛颜色为"blue"的 child。因此，第一个 cond 子句的返回值是#false。

要完成第二个 cond 子句需要更多的设计工作。还是遵循设计诀窍，我们首先提醒自己模板中的表达式完成了什么工作：

（1）根据函数的目的声明，(blue-eyed-child? (child-father an-ftree))判断父亲 FT 中的某个 child 是否有"blue"眼睛；

（2）同样地，(blue-eyed-child? (child-mother an-ftree))判断母亲 FT 中的某个 child 是否有蓝眼睛；

（3）选择函数表达式(child-name an-ftree)、(child-date an-ftree)和(child-eyes an-ftree)从给定的 child 结构体中分别提取出姓名、出生日期和眼睛颜色。

现在我们只需要弄清楚如何组合这些表达式。

显然，如果 child 结构体在 eyes 字段中包含"blue"，那么该函数的返回值应是#true。其次，有关姓名和出生日期的表达式没有用处，于是剩下的就是递归调用了。如上所述，

(blue-eyed-child? (child-father an-ftree))遍历父亲一侧的树，而家谱树的母亲一侧由(blue-eyed-child? (child-mother an-ftree))处理。如果这些表达式中的任何一个返回#true，那么 an-ftree 就包含具有"blue"的 child。

我们的分析表明，如果以下 3 个表达式之一是#true，结果就应该是#true：

- (string=? (child-eyes an-ftree) "blue")
- (blue-eyed-child? (child-father an-ftree))
- (blue-eyed-child? (child-mother an-ftree))

这意味着我们需要将这些表达式用 or 组合起来：

```
(or (string=? (child-eyes an-ftree) "blue")
    (blue-eyed-child? (child-father an-ftree))
    (blue-eyed-child? (child-mother an-ftree)))
```

图 19-3 将所有这些内容集中到单一的定义中。

```
; FT -> Boolean
; an-ftree 是否包含 eyes 字段为"blue"的 child 结构体

(check-expect (blue-eyed-child? Carl) #false)
(check-expect (blue-eyed-child? Gustav) #true)

(define (blue-eyed-child? an-ftree)
  (cond
    [(no-parent? an-ftree) #false]
    [else (or (string=? (child-eyes an-ftree) "blue")
              (blue-eyed-child? (child-father an-ftree))
              (blue-eyed-child? (child-mother an-ftree)))]))
```

图 19-3　在祖先树中寻找蓝眼睛的孩子

由于这是我们遇到的第一个使用两个递归的函数，因此为了给你一个它是如何工作的印象，我们模拟一下步进器对(blue-eyed-child? Carl)的运算：

```
(blue-eyed-child? Carl)
==
(blue-eyed-child?
  (make-child NP NP "Carl" 1926 "green"))
```

我们不妨将 NP 当作值，并用 carl 表示 child 实例的简写：

```
==
(cond
  [(no-parent?
     (make-child NP NP "Carl" 1926 "green"))
   #false]
  [else (or (string=? (child-eyes carl) "blue")
            (blue-eyed-child? (child-father carl))
            (blue-eyed-child? (child-mother carl)))])
```

丢弃第一个 cond 行之后，是时候将 carl 替换为其值，以执行图 19-4 中的 3 个辅助计算。等量替换之后，后续计算步骤可以很容易地解释：

```
==
(or (string=? "green" "blue")
    (blue-eyed-child? (child-father carl))
    (blue-eyed-child? (child-mother carl)))
== (or #false #false #false)
== #false
```

虽然我们相信你在数学课中见过类似的辅助计算，但同时需要了解的是，步进器**不会**执行这样的计算，相反，它只计算那些确实需要的计算。

```
1.
(child-eyes (make-child NP NP "Carl" 1926 "green"))
==
"green"

2.
(blue-eyed-child?
  (child-father
    (make-child NP NP "Carl" 1926 "green")))
==
(blue-eyed-child? NP)
==
#false

3.
(blue-eyed-child?
  (child-mother
    (make-child NP NP "Carl" 1926 "green")))
==
(blue-eyed-child? NP)
==
#false
```

图 19-4 树的计算

习题 310 开发 count-persons。该函数读入家谱树，计算树中 child 结构体的数量。■

习题 311 开发函数 average-age。它读入家谱树和当前的年份，生成家谱树中所有 child 结构体的平均年龄。■

习题 312 开发函数 eye-colors，它读入家谱树并生成树中所有眼睛颜色的链表。眼睛颜色可以在返回链表中出现一次以上。**提示** 使用 append 来连接递归调用产生的链表。■

习题 313 假设我们需要 blue-eyed-ancestor?，它类似于 blue-eyed-child?，但只有当真正的祖先而不是输入的 child 本身有蓝眼睛时，才会返回#true。

虽然目的明显不同，但签名是一样的：

```
; FT -> Boolean
(define (blue-eyed-ancestor? an-ftree) ...)
```

停一下！编写函数的目的声明。

要体会这里的差异，我们来看一下 Eva：

```
(check-expect (blue-eyed-child? Eva) #true)
```

Eva 是蓝眼睛，但没有蓝眼睛的祖先。因此，

```
(check-expect (blue-eyed-ancestor? Eva) #false)
```

相反，Gustav 是 Eva 的儿子，他确实有蓝眼睛的祖先：

```
(check-expect (blue-eyed-ancestor? Gustav) #true)
```

现在假设一位朋友提出这个解：

```
(define (blue-eyed-ancestor? an-ftree)
  (cond
    [(no-parent? an-ftree) #false]
    [else
     (or
```

```
      (blue-eyed-ancestor?
        (child-father an-ftree))
      (blue-eyed-ancestor?
        (child-mother an-ftree)))]))
```

解释一下为什么这个函数没有通过这里的一个测试。不管你选的 A 是什么，(blue-eyed-ancestor? A)的结果都是什么？你能修复朋友的解吗？■

19.2 森林

从家谱树到家谱森林只需一小步：

```
; FF（family forest 的简写）是下列之一：
; -- '()
; -- (cons FT FF)
; 解释：家谱森林代表多个家庭（如一个城镇）
; 和他们的祖先树
```

下面是由图 19-1 中的部分树组成的森林：

```
(define ff1 (list Carl Bettina))
(define ff2 (list Fred Eva))
(define ff3 (list Fred Eva Carl))
```

前两个森林包含两个不相关的家庭，第 3 个森林说明，与真正的森林不同，家谱森林中的树可以重叠。

现在我们来考虑这个有关家谱树的代表性问题。

示例问题 设计函数 blue-eyed-child-in-forest?，它判断家谱森林中是否包含 eyes 字段为"blue"的 child。

直接的解如图 19-5 所示。自行研究（函数）签名、目的声明和示例。这里我们讨论一下程序结构。从模板的角度出发，因为该函数读入链表，所以设计可以使用链表的模板。如果链表中的每个项都是只带有 eyes 字段（而不带有其他字段）的结构体，那么这个函数可以使用 eyes 选择器函数和字符串比较来遍历这些结构体。但是这里，每个项都是家谱树，不过幸运的是，我们已经知道如何处理家谱树了。

```
; FF -> Boolean
; 森林中是否包含 eyes 字段为"blue"的 child

(check-expect (blue-eyed-child-in-forest? ff1) #false)
(check-expect (blue-eyed-child-in-forest? ff2) #true)
(check-expect (blue-eyed-child-in-forest? ff3) #true)

(define (blue-eyed-child-in-forest? a-forest)
  (cond
    [(empty? a-forest) #false]
    [else
     (or (blue-eyed-child? (first a-forest))
         (blue-eyed-child-in-forest? (rest a-forest)))]))
```

图 19-5 在家谱森林里寻找蓝眼睛的孩子

我们回过头来看看如何解释图 19-5。我们的起点是**一对**数据定义，其中第二个数据定义引用第一个数据定义，并且两者都引用其自身。结果是**一对**函数，其中第二个函数引用第一个函数，并且两者都引用其自身。换句话说，函数定义相互引用的方式与数据定义相互引用的方式相同。前面的章节掩盖了这种关系，但现在情况已经非常复杂，值得关注。

习题 314 使用 List-of 抽象调整 FF 的数据定义。接下来对 blue-eyed-child-in-forest?函数进行同样的调整。最后，使用上一章中的链表抽象之一定义 blue-eyed-child-in-forest?。■

习题 315 设计函数 average-age。它读入家谱森林和年份 N。基于这些数据，它生成森林中所有 child 实例的平均年龄。**注意** 如果这个森林中的树有重叠，那么结果并不是真正的平均值，因为有些人对结果的贡献多于其他人的贡献。对于这个习题，假设树不会重叠。■

19.3 S 表达式

独立章节 2 在非正式的基础上引入了 S 表达式，我们可以用 3 种数据定义的组合来描述它们：

```
; S-expr 是下列之一：        ; Atom 是下列之一：
; -- Atom                    ; -- Number
; -- SL                      ; -- String
                             ; -- Symbol
; SL 是下列之一：
; -- '()
; -- (cons S-expr SL)
```

回想一下，符号看起来像是只在开头位置有单引号的字符串，结尾位置没有引号。

S 表达式的思想可以追溯到 1958 年，John McCarthy 及后续的 Lisp 程序员创建了 S 表达式，以便他们可以用 Lisp 程序处理其他 Lisp 程序。这种看似循环的推理可能听起来很深奥，但正如独立章节 2 中所提到的，S 表达式是一种多用途的数据形式，它不断地被重新发现，最近的示例是万维网上的应用。因此，关于 S 表达式的讨论有助于理解如何为高度交织的数据定义设计函数。

习题 316 定义 atom?函数。■

到目前为止，本书还没有数据需要像 S 表达式那样复杂的数据定义。然而，只需额外的一点提示，如果遵循设计诀窍，你就可以设计处理 S 表达式的函数。为了说明这一点，我们来看一个具体的示例。

示例问题 设计函数 count，它计算某个 S 表达式中某个符号出现的次数。

虽然第一步需要数据定义且数据定义似乎已经完成，但记住，这一步还要求创建数据示例，特别是在定义非常复杂时。

数据定义应该针对如何创建数据，它的“测试”则针对该数据定义是否可用。S-expr 数据定义的关键一点是，每个 Atom 都是 S-expr 的元素，而 Atom 很容易制作：

```
'hello
20.12
"world"
```

同理，每个 SL 都是链表，也就是 S-expr：

```
'()
(cons 'hello (cons 20.12 (cons "world" '())))
(cons (cons 'hello (cons 20.12 (cons "world" '())))
      '())
```

前两个示例是显而易见的，第 3 个值得再看一下。它在(cons ... '())内部嵌套重复了第二个 S-expr。这意味着它是包含单个项的链表，这个项就是第二个示例。也可以用 list 简化这个示例：

```
(list (cons 'hello (cons 20.12 (cons "world" '()))))
; 或者
(list (list 'hello 20.12 "world"))
```

事实上，使用独立章节2中的引用机制，可以更轻松地写下S表达式。最后的3个示例是：

```
> '()
'()
> '(hello 20.12 "world")
(list 'hello #i20.12 "world")
> '((hello 20.12 "world"))
(list (list 'hello #i20.12 "world"))
```

为了帮助理解，我们在DrRacket的交互区中对这些示例求值，这样就可以看到结果，这比quote表示更接近上述的结构。

使用quote构造复杂的示例非常容易：

```
> '(define (f x)
     (+ x 55))
(list 'define (list 'f 'x) (list '+ 'x 55))
```

这个示例可能会让你觉得很奇怪，因为它看起来非常像初级语言中的定义，但是，与DrRacket的交互显示，它只是一段数据。再来看一个示例：

```
> '((6 f)
    (5 e)
    (4 d))
(list (list 6 'f) (list 5 'e) (list 4 'd))
```

这段数据看起来像一张将字母和数值关联起来的表格。最后一个示例是一件艺术品：

```
> '(wing (wing body wing) wing)
(list 'wing (list 'wing 'body 'wing) 'wing)
```

现在是时候编写count的相当明显的函数头了：

```
; S-expr Symbol -> N
; 计算 sexp 中所有 sy 出现的次数
(define (count sexp sy)
  0)
```

由于函数头很明显，我们接下去讨论函数示例。如果给定的S-expr是'world，而要计数的符号是'world，那么答案显然是1。下面是更多的示例，以测试的形式给出：

```
(check-expect (count 'world 'hello) 0)
(check-expect (count '(world hello) 'hello) 1)
(check-expect (count '(((world) hello) hello) 'hello) 2)
```

可以看到，测试用例使用引用符号非常方便。然而，从模板的角度看，使用quote来思考会是灾难性的。

在进入模板步骤之前，我们需要先将设计诀窍进一步一般化。

提示 对于交织的数据定义，为每个数据定义创建一个模板。并行地创建它们。确保它们以和数据定义相同的方式互相引用。

这个提示看起来很复杂（实际上没有那么复杂）。对于这里的问题，这意味着我们需要3个模板：

（1）count的模板，用于计算S-expr中符号出现的次数；

（2）函数的模板，该函数用于计算SL中符号出现的次数；

（3）函数的模板，该函数用于计算Atom中符号出现的次数。

先给出 3 个部分的模板，其中包含 3 个数据定义所提示的条件：

```
(define (count sexp sy)     (define (count-atom at sy)
 (cond                        (cond
   [(atom? sexp) ...]           [(number? at) ...]
   [else ...]))                 [(string? at) ...]
                                [(symbol? at) ...]))
(define (count-sl sl sy)
  (cond
    [(empty? sl) ...]
    [else ...]))
```

count 的模板中包含双子句的条件，这是因为 S-expr 的数据定义有两个子句。它使用 atom? 函数来区分 Atom 与 SL 的情况。名称为 count-sl 的模板读入 SL 的元素以及符号，由于 SL 基本上就是链表，因此 count-sl 也包含双子句的 cond。最后，count-atom 应该同时适用于 Atom 和 Symbol。这意味着它的模板会检查 Atom 数据定义中提到的 3 种不同形式的数据。

下一步是在相关的子句中分解复合数据：

```
(define (count sexp sy)     (define (count-atom at sy)
 (cond                        (cond
   [(atom? sexp) ...]           [(number? at) ...]
   [else ...]))                 [(string? at) ...]
                                [(symbol? at) ...]))
(define (count-sl sl sy)
  (cond
    [(empty? sl) ...]
    [else
     (... (first sl) ...
      ... (rest sl))]))
```

为什么我们在 count-sl 中只添加两个选择函数表达式？

模板创建过程的最后一步要求检查数据定义中的自引用。在我们的示例中，这意味着自引用，**以及**在一个数据定义引用另一个数据定义和反向引用（如果有）。让我们来检查 3 个模板中的 cond 行：

（1）count 中的 atom?行对应于 S-expr 定义中的第一行。为了表示从这里到 Atom 的交叉引用，我们加上(count-atom sexp sy)，其含义是，将 sexp 理解为 Atom 关用适合的函数处理它。

（2）按照同样的思路，count 中的第二个 cond 行中需要加上(count-sl sexp sy)。

（3）count-sl 中的 empty?行对应于数据定义中不引用其他数据定义的行。

（4）与之相反，else 行包含两个选择函数表达式，分别提取出不同类型的值。具体来说，(first sl)是 S-expr 的元素，这意味着我们需要将其包在(count ...)中。毕竟，count 的任务是在任意的 S-expr 内计数。接下来，(rest sl)对应于一个自引用，我们知道需要通过调用递归函数来处理这种引用。

（5）最后，Atom 中的所有 3 种情况都引用原子形式的数据。因此 count-atom 函数无须改变。

图 19-6 给出了 3 个完整的模板。填充这些模板中的空白很简单，如图 19-7 所示。

你应该能够解释 3 个定义中的任意一行。例如：

```
[(atom? sexp) (count-atom sexp sy)]
```

判断 sexp 是否是 Atom，如果是，就使用 count-atom 将这个 S-expr 解释为 Atom。

```
(define (count sexp sy)
 (cond
   [(atom? sexp)
    (count-atom sexp sy)]
   [else
    (count-sl sexp sy)]))

(define (count-sl sl sy)
  (cond
    [(empty? sl) ...]
    [else
     (...
      (count (first sl) sy)
      ...
      (count-sl (rest sl) sy)
      ...)]))
```

```
(define (count-atom at sy)
  (cond
    [(number? at) ...]
    [(string? at) ...]
    [(symbol? at) ...]))
```

图 19-6 S 表达式的模板

```
; S-expr Symbol -> N
; 计算 sexp 中 sy 出现的所有次数
(define (count sexp sy)
 (cond
   [(atom? sexp) (count-atom sexp sy)]
   [else (count-sl sexp sy)]))

; SL Symbol -> N
; 计算 sl 中 sy 出现的所有次数
(define (count-sl sl sy)
  (cond
    [(empty? sl) 0]
    [else
     (+ (count (first sl) sy) (count-sl (rest sl) sy))]))

; Atom Symbol -> N
; 计算 at 中 sy 出现的所有次数
(define (count-atom at sy)
  (cond
    [(number? at) 0]
    [(string? at) 0]
    [(symbol? at) (if (symbol=? at sy) 1 0)]))
```

图 19-7 S 表达式的程序

```
[else
 (+ (count (first sl) sy) (count-sl (rest sl) sy))]
```

表示给定的链表由两部分组成：S-expr 和 SL。使用相应的函数 count 和 count-sl，sy 在每个部分中出现的频率被分别计算，然后将这两个数值相加，就得到了所有 sexp 中 sy 的总数。

```
[(symbol? at) (if (symbol=? at sy) 1 0)]
```

告诉我们，如果某个 Atom 是 Symbol，那么如果它等于 sexp，sy 就算出现一次，否则就算没有出现。由于这两个数据都是原子的，因此不存在其他可能性。

习题 317 由 3 个相关函数组成的程序应该用 local 表达式表达这种关系。

复制图 19-7 中的程序并重新组织，使之成为使用 local 的单个函数。用 count 的测试套件验证修改后的代码。

局部函数的第二个参数 sy 不会改变。它始终与原先的符号一样，因此，可以从局部函数定义中去除它，这告诉读者，sy 在整个遍历过程中是常量。■

习题 318 设计 `depth`，该函数读入 S 表达式并确定其深度。Atom 的深度为 `1`。S 表达式的链表的深度是其项的最大深度加 `1`。■

习题 319 设计 `substitute`。它读入 S 表达式 `s`，以及 old 和 `new` 两个符号。返回值类似于 `s`，其中出现的所有 `old` 都被 `new` 取代。■

习题 320 重新定义 S-expr 的数据定义，将第一个子句扩展为 Atom 的 3 个子句，第二个子句则使用 List-of 抽象。使用此数据定义重新设计 `count` 函数。

接下来将 SL 的定义集成到 S-expr 的定义中。进一步简化 `count`。考虑使用 `lambda`。

注意 这种简化并不总是可行的，但有经验的程序员往往能够意识到这种机会。■

习题 321 抽象化 S-expr 和 SL 的数据定义，使它们可以抽象地处理可能出现的各种 Atom。■

19.4 对交织数据的设计

对比一下，从自引用数据定义到相互引用的数据定义的集合，这个跨度远小于从有限数据的数据定义到自引用数据定义的跨度。事实上，自引用数据定义的设计诀窍（参见第 9 章）只需稍作调整，即可适用于这种看似复杂的情况。

（1）相互关联的数据定义需要“嵌套”，这一点与自引用数据定义的需要类似。问题陈述涉及许多不同类型的信息，其中一种信息引用其他类型的信息。

在继续进行讨论之前，绘制箭头连接定义中的引用。考虑图 19-8 的左侧，它给出 S-expr 的定义，其中包含对 SL 和 Atom 的引用，用箭头将它们连接到各自的定义。类似地，SL 的定义包含一处自引用和一处返回 S-expr 的引用，同样，两者都通过箭头连接。

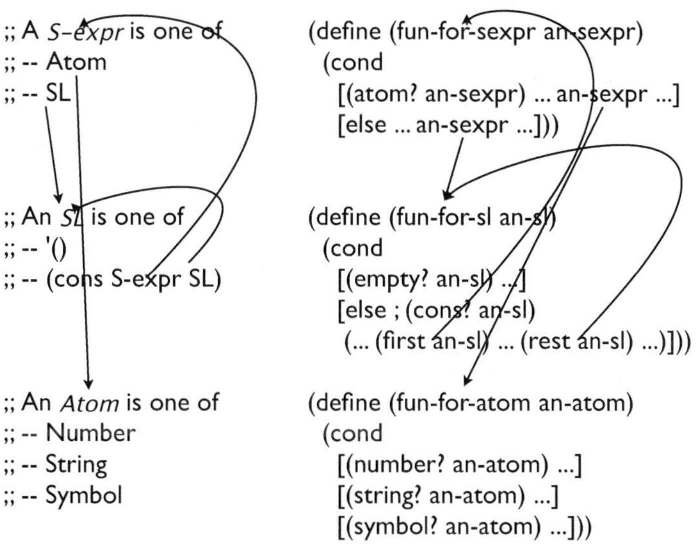

图 19-8 嵌套数据定义的箭头和模板

和自引用的数据定义一样，这些嵌套的定义也需要验证。至少，必须要能为每个单独的定义创建一些示例。从没有引用嵌套中其他任何数据定义的子句开始。记住，如果无法生成示例，那么定义可能是无效的。

（2）关键的变化是，必须并行设计与数据定义数量一样多的函数。每个函数专门用于其中一种数据定义，其余的诀窍保持不变。基于此，从设计**每个函数**的签名、目的声明和空白定义开始。

（3）务必要创建函数示例，并且它们需要用到嵌套的数据定义中的所有相互引用。

（4）对于每个函数，依据其主数据定义设计模板。根据图 9-2（直到最后一步之前）的指导创建模板。最后一步需要修改，需要检查所有自引用和交叉引用。使用带箭头注解的数据定义来指导此步骤。对于数据定义中的每个箭头，模板中也需要包含一个箭头。参见图 19-8 的右侧带箭头注解的模板。

接下来用实际的函数调用来替换箭头。有经验之后，你会自然地跳过箭头绘制步骤并直接使用函数调用。

注意 可以观察到两个嵌套（数据定义的嵌套和函数模板的嵌套）各包含 4 个箭头，并且箭头对之间相互对应。研究人员称这种对应为对称。这表明，设计诀窍为从问题到解决方案提供了一种自然的方式。

（5）对于函数体的设计，我们从那些不包含自然递归或调用其他函数的 `cond` 行开始。它们被称为**基础子句**（base case）。相应的内容通常易于编写，或者已经由示例给出。接下来处理自引用子句和跨函数调用子句。依据图 9-3 的问题和答案指导进行。

（6）所有定义完成之后，运行测试。如果某个辅助函数有问题，你可能会收到两个错误报告，其中一个关于主函数，另一个关于有缺陷的辅助定义。**一次**修复应该能消除这两个错误。确保运行测试覆盖该函数的所有部分。

最后，如果你被困在第 5 步，可以采用基于表格的方法来猜测组合函数。在交织数据的情况下，可能不仅每个子句需要一张表格，每个子句及每个函数也都需要一张表格。

19.5 项目：二叉查找树

程序员经常使用数据的树形表示来改进函数的性能。一种特别有名的树的形式是**二叉查找树**（binary search tree），因为它是一种快速存储和检索信息的好方法。

具体来说，我们来讨论管理人员信息的二叉树。和家谱树中的 `child` 结构体不同，二叉树中包含 `node`（结点）：

```
(define-struct no-info [])
(define NONE (make-no-info))

(define-struct node [ssn name left right])
; BT（BinaryTree 的简称）是以下之一：
; -- NONE
; -- (make-node Number Symbol BT BT)
```

相应的数据定义类似于家谱树的数据定义，`NONE` 表示缺少信息，每个 `node` 记录社会安全号（social security number）、名字和另外两棵二叉树。这两棵树类似于家谱树的父母，但是 `node` 与其 `left` 和 `right` 树之间的关系并不是建立在家庭关系的基础上。

下面是两棵二叉树：

```
(make-node                 (make-node
  15                         15
  'd                         'd
  NONE                       (make-node
  (make-node                   87 'h NONE NONE)
    24 'i NONE NONE))        NONE)
```

图 19-9 显示了我们应该如何从绘图的角度探讨这些树。树是倒置的，树根在顶部，树冠在

底部。每个圆点对应一个结点，标注有相应 node 结构体的 ssn 字段。图中省略了 NONE。

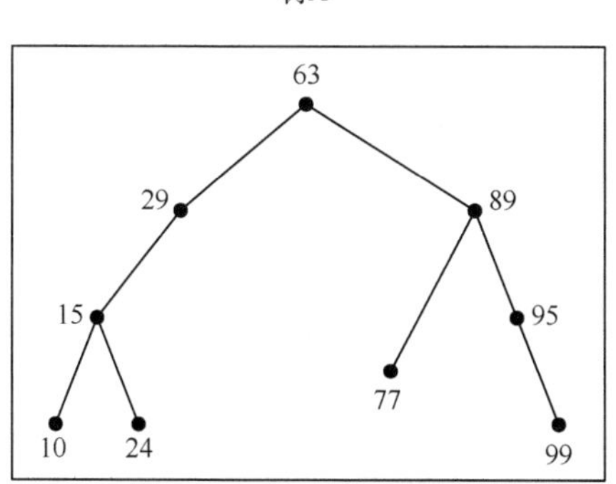

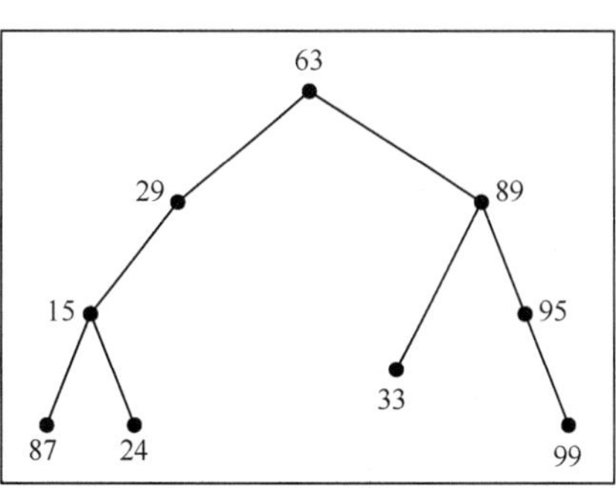

图 19-9　二叉查找树和二叉树

习题 322　以图 19-9 的方式绘制上述两棵树。接下来设计 contains-bt?，它判断给定的数值是否出现在给定的 BT 中。■

习题 323　设计 search-bt，该函数读入数值 n 和二叉树 BT。如果树包含 ssn 字段为 n 的 node 结构体，那么这个函数会给出该结点中 name 字段的值，否则，函数返回#false。

提示　考虑首先使用 contains-bt?来检查整棵树，或者用 boolean?检查每个步骤中自然递归的结果。■

如果从左到右读取图 19-9 中两棵树中的数值，我们会得到两个不同的序列：

树 A	10	15	24	29	63	77	89	95	99
树 B	87	15	24	29	63	33	89	95	99

树 A 的序列按升序排序，而树 B 的序列不是。第一种二叉树是**二叉查找树**。所有二叉查找树都是二叉树，但不是每棵二叉树都是二叉查找树。更具体地说，我们制定一个条件（或称数据不变量）来区分二叉查找树和二叉树：

> **BST 不变量**　*BST*（二叉查找树的缩写）是符合以下条件的 *BT*：

- NONE 始终是 BST。
- (make-node ssn0 name0 L R)是 BST，如果
  - L 是 BST，
  - R 是 BST，
  - L 中的所有 ssn 字段值都小于 ssn0，
  - R 中的所有 ssn 字段值都大于 ssn0。

换句话说，要检查某个 BT 是否也属于 BST，我们必须检查所有子树中的所有数值，并确保它们小于或大于某个给定的值。这给数据的构建带来了额外的负担，但是，正如下面的习题所显示的那样，这么做非常值得。

习题 324　设计函数 inorder，它读入二叉树，输出树中所有 ssn 数值（按树的图形从左到右的顺序）的序列。

提示　使用 append，它像这样将链表连接起来：

```
(append (list 1 2 3) (list 4) (list 5 6 7))
==
(list 1 2 3 4 5 6 7)
```

inorder 对二叉查找树会生成什么？■

在 BST 中寻找具有给定 ssn 的 node 时，可以利用 BST 不变量。要找出 BT 是否包含具有特定 ssn 的结点，函数可能必须查看树中的每个 node。相反，为了找出二叉**查找**树是否包含相同的 ssn，函数每检测一个结点，就可以排除其两棵子树中的一棵。

我们用示例 BST 来说明这个想法：

```
(make-node 66 'a L R)
```

假设要找的是 66，我们已经找到了这样的结点。现在，假设正在寻找一个更小的数值，如 63，我们可以把搜索集中到 L 上，因为**所有** ssn 字段小于 66 的 node 都在 L 中。同理，如果要寻找 99，我们会忽略 L 而集中注意力于 R，因为 ssn 大于 66 的**所有** node 都在 R 中。

习题 325 设计 search-bst。该函数读入数值 n 和树 BST。如果树包含 ssn 字段为 n 的 node，那么函数将给出该节点中 name 字段的值，否则，函数返回 NONE。这个函数必须利用 BST 不变量，以便尽可能少地进行比较。

参见习题 189，在有序链表中搜索。比较一下！■

构建二叉树很容易，但是构建二叉查找树就复杂了。给定任意两个 BT、一个数值和名字，只需按照正确的顺序对这些值调用 make-node，我们就会得到一个新的 BT。对 BST 来说，这么做就不行了，因为结果通常不是 BST。例如，如果一个 BST 以正确的顺序包含 ssn 字段 3 和 5 的结点，另一个 BST 以正确的顺序包含 ssn 字段 2 和 6，那么仅将这两棵树与另一个社会安全号和名字组合起来并不会产生 BST。

最后这两个习题解释了如何从数值和名字的链表构建 BST。具体来说，第一个习题要求将给定的 ssn0 和 name0 插入 BST 的函数，也就是说，它构建 BST，就和输入的树一样，但插入包含 ssn0、name0 和 NONE 子树的结点。第二个习题则要求可以处理完整的数值和名字链表的函数。

习题 326 设计函数 create-bst。它读入 BST B、数值 N 和符号 S，返回像 B 一样的 BST，但将一个 NONE 子树替换为 node 结构体：

```
(make-node N S NONE NONE)
```

完成设计后，对图 19-9 中的树 A 使用此函数。■

习题 327 设计函数 create-bst-from-list。它读入数值和名字的链表，通过反复调用 create-bst 生成 BST。其签名是：

```
; [List-of [List Number Symbol]] -> BST
```

使用完成后的函数为如下示例输入创建 BST：

```
'((99 o)
  (77 l)
  (24 i)
  (10 h)
  (95 g)
  (15 d)
  (89 c)
  (29 b)
  (63 a))
```

如果遵循设计诀窍，结果将是图 19-9 中的树 A。如果使用现有的抽象，你仍然可能得到同样的树，但也可能会得到“倒置”的树。为什么？■

19.6 函数的简化

习题 317 展示了处理交织的数据时，如何使用 `local` 来组织函数。一旦确定数据定义是最终的，这种组织结构还有助于简化函数。为了说明这一点，我们来讨论如何简化习题 319 的解。

图 19-10 给出了 `substitute` 函数的完整定义。正如数据定义所建议的，该定义使用 `local` 以及 3 个辅助函数。图中还包含了一个测试用例，以便在每次修改后重新测试函数。停一下！开发更多的测试用例，单个测试几乎总是不够的。

```
; S-expr Symbol Atom -> S-expr
; 将 sexp 中出现的所有 old 替换为 new

(check-expect (substitute '(((world) bye) bye) 'bye '42)
              '(((world) 42) 42))

(define (substitute sexp old new)
  (local (; S-expr -> S-expr
          (define (for-sexp sexp)
            (cond
              [(atom? sexp) (for-atom sexp)]
              [else (for-sl sexp)]))
          ; SL -> S-expr
          (define (for-sl sl)
            (cond
              [(empty? sl) '()]
              [else (cons (for-sexp (first sl))
                          (for-sl (rest sl)))]))
          ; Atom -> S-expr
          (define (for-atom at)
            (cond
              [(number? at) at]
              [(string? at) at]
              [(symbol? at) (if (equal? at old) new at)])))
    (for-sexp sexp)))
```

图 19-10 有待简化的程序

习题 328 将图 19-10 复制并粘贴到 DrRacket 中，包括你编写的测试套件。验证测试套件。当阅读本节的后续部分时，执行编辑并重新运行测试套件，以确认讨论的有效性。■

既然我们知道 SL 描述 S-expr 的链表，那么可以使用 `map` 来简化 `for-sl`。结果如图 19-11 所示。原始程序将 `for-sexp` 应用于 `sl` 中的每个项，而修订后的定义用 `map` 可以更简洁地表达相同的意思。

```
(define (substitute sexp old new)
  (local (; S-expr -> S-expr
          (define (for-sexp sexp)
            (cond
              [(atom? sexp) (for-atom sexp)]
              [else (for-sl sexp)]))
          ; SL -> S-expr
          (define (for-sl sl)
            (map for-sexp sl))
          ; Atom -> S-expr
          (define (for-atom at)
            (cond
              [(number? at) at]
              [(string? at) at]
              [(symbol? at) (if (equal? at old) new at)])))
    (for-sexp sexp)))
```

图 19-11 程序的简化，第 1 步

对于简化的第二步，需要提醒的是，equal?比较任意两个值。考虑到这一点，第三个 local 函数一行就够了。图 19-12 给出了这个简化。

```
(define (substitute sexp old new)
  (local (; S-expr -> S-expr
          (define (for-sexp sexp)
            (cond
              [(atom? sexp) (for-atom sexp)]
              [else (for-sl sexp)]))
          ; SL -> S-expr
          (define (for-sl sl) (map for-sexp sl))
          ; Atom -> S-expr
          (define (for-atom at)
            (if (equal? at old) new at)))
    (for-sexp sexp)))

(define (substitute.v3 sexp old new)
  (local (; S-expr -> S-expr
          (define (for-sexp sexp)
            (cond
              [(atom? sexp)
               (if (equal? sexp old) new sexp)]
              [else
               (map for-sexp sexp)])))
    (for-sexp sexp)))
```

图 19-12 程序的简化，第二步和第三步

到此为止，最后两个 local 定义都是单行的了。此外，这两个定义都不是递归的。因此，我们可以在 for-sexp 中内联（in-line）这两个函数。内联的意思是，将(for-atom sexp)替换为(if (equal? sexp old) new sexp)，即将（形式）参数 at 替换为实际参数 sexp[①]。同样地，(for-sl sexp)要替换为(map for-sexp sexp)，如图 19-12 的下半部分所示。现在剩下的函数定义只引入了一个 local 函数，这个局部函数被调用于（主函数的）主要参数。如果系统地加上另两个参数，可以立即看到，局部定义的函数可以直接代替外层的（主）函数。

将最后这个想法翻译成代码就是：

```
(define (substitute sexp old new)
  (cond
    [(atom? sexp) (if (equal? sexp old) new sexp)]
    [else
     (map (lambda (s) (substitute s old new)) sexp)]))
```

停一下！解释一下为什么最后这步简化必须使用 lambda。

① 虽然 sexp 也是一个参数，但它也代表一个实际值，因此这种替换确实可行。

第 20 章　迭代改进

在开发真实的程序时，可能会遇到复杂形式的信息，以及用数据表示它们的问题。处理这一任务的最佳策略是使用*迭代改进*，这是一个众所周知的科学过程。科学家们的问题是，使用某种形式的数学来表示现实世界的一部分。这种努力的成果被称为模型。然后科学家会用多种方式测试模型，特别是用模型预测试验结果。如果预测值与测量值之间的差异过大，那么模型需要改进以改进预测。这个迭代过程将持续，直到预测足够精确。

考虑一位物理学家，他希望预测火箭飞行的路径。虽然"火箭作为一个点"的表示很简单，但也是相当不精确的，例如，这不能解释空气摩擦。作为回应，物理学家可以给模型添加火箭的大概轮廓，并引入必要的数学知识来表示摩擦。第二个模型是对第一个模型的*改进*。一般来说，科学家重复（或者程序员所说的*迭代*）这个过程，直到模型能以足够的精确度预测火箭的飞行路径。

经过计算机科学专业培训的程序员应该像这位物理学家一样工作。关键是要找到真实世界信息的精确数据表示法，以及恰当处理这些数据的函数。复杂的情况需要不断改进，以获得足够好的数据表示，并和适当的函数相结合。这个过程从基本的信息开始，并根据需要添加其他信息。有时，程序员必须在程序部署完成**之后**优化模型，因为用户需要额外的功能。

到目前为止，当涉及复杂形式的数据时，我们已经使用了迭代改进。本章通过一个扩展示例，即表示和处理（部分）计算机文件系统，将迭代改进作为程序开发的一个原则进行说明。我们首先简要讨论文件系统，然后迭代开发 3 种数据表示。在这个过程中，我们提出一些编程练习，以便你了解设计计决窍如何也能够帮助修改现有的程序。

20.1　数据分析

在关闭 DrRacket 之前，需要确保所有的工作都安全地存放在某个地方，否则，下次启动 DrRacket 时，必须重新输入所有内容。因此，你要求计算机将程序和数据保存到*文件*中。文件大致就是一个字符串[①]。

在大多数计算机系统中，文件被组织到*目录*或*文件夹*中。粗略地说，目录包含文件以及更多的目录。后者称为子目录，它们也可以包含更多的子目录和文件。对于这种层次结构，我们称为*目录树*。

图 20-1 包含一个小型目录树的示意图，该图解释了计算机科学家称它们为树的原因。与计算机科学中的惯例相反，该图中的树向上生长，其根目录名为 `TS`。根目录包含一个名为 `read!` 的文件以及两个子目录，分别称为 `Text` 和 `Libs`。第一个子目录 `Text` 仅包含 3 个文件，第二个子目录 `Libs` 只包含两个子目录，其中每个子目录至少包含一个文件。此外，每个方框都包含一个注释：目录的注释为 `DIR`，而文件的注释是一个数值，即文件的大小。

① 文件实际上是字节的序列，一个字节接一个字节。尝试定义文件的类。

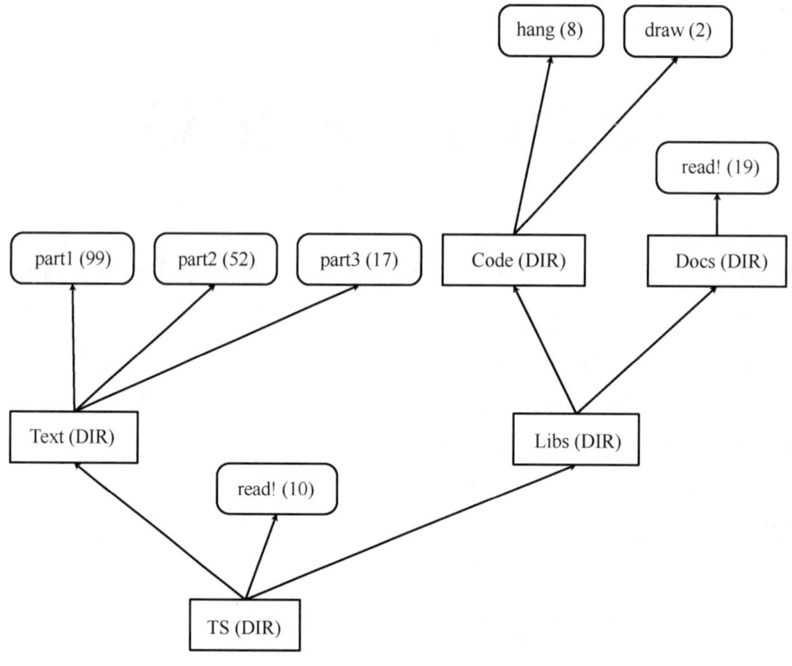

图 20-1 示例目录树

习题 329 在 TS 目录树中，文件名 read!出现了多少次？你能描述从根目录到其出现的路径吗？树中所有文件的总共有多大？如果每个目录结点的大小为 1，那么目录总共有多大？它共包含多少层目录？■

20.2 数据定义的改进

习题 329 列出了通常用户查询目录的一些问题。为了回答这些问题，计算机的操作系统提供了可以回答此类问题的程序。如果想设计这种程序，就需要开发目录树的数据表示。

在本节中，我们使用迭代改进来开发 3 种这样的数据表示。在每个阶段中，我们都需要决定包含哪些属性以及忽略哪些属性。考虑图 20-1 中的目录树，并想象它是如何创建的。当用户创建一个目录时，它是空的。随着时间的推移，用户不断添加文件和目录。通常，用户通过名称引用文件，但大多将目录视为容器。

模型 1

基于我们想法的试验表明，我们的第一个模型应该将文件当作具有名称的原子实体，而将目录当作容器。下面是其数据定义，它将目录当作链表，将文件当作字符串，也就是其名称：

```
; Dir.v1（directory 的简称）是下列之一：
; -- '()
; -- (cons File.v1 Dir.v1)
; -- (cons Dir.v1 Dir.v1)

; File.v1（文件）是 String。
```

这个数据定义的名称带有*.v1* 后缀，以区别于未来的改进。

习题 330 将图 20-1 中的目录树转换为模型 1 的数据表示。■

习题 331 设计函数 how-many，它计算输入的 Dir.v1 包含多少个文件。记得遵循设计诀窍，习题 330 提供了数据示例。■

模型 2

完成了练习 331，你就知道这第一个数据定义还是相当简单的。然而，它掩盖了目录的性质。根据第一种表示法，我们无法列出某个特定目录的所有子目录名称。要以比容器更忠实的方式为目录建模，我们必须引入结合名称和容器的结构体类型：

```
(define-struct dir [name content])
```

这种新的结构体类型表明，数据定义需要修订为：

```
; Dir.v2 是结构体：
;    (make-dir String LOFD)

; LOFD（list of files and directories，文件和目录链表的简称）是下列之一：
; -- '()
; -- (cons File.v2 LOFD)
; -- (cons Dir.v2 LOFD)

; File.v2 是 String。
```

注意，Dir.v2 的数据定义引用 LOFD 的定义，而 LOFD 的定义又回来引用 Dir.v2 的定义。这两个定义是相互递归的。

习题 332 将图 20-1 中的目录树转换为模型 2 的数据表示。■

习题 333 设计函数 how-many，它计算输入的 Dir.v2 包含多少个文件。习题 332 提供了数据示例。将结果与习题 331 的结果进行比较。■

习题 334 演示如何为目录提供另外两个属性：大小和可读性。前者度量目录本身（而不是其内容）占用多大空间，后者指定除用户之外的其他人是否可以浏览目录的内容。■

模型 3

和目录一样，文件也有属性。为了引入文件属性，我们如法炮制。首先，定义文件结构体：

```
(define-struct file [name size content])
```

接下来给出数据定义：

```
; File.v3 是结构体：
;    (make-file String N String)
```

如字段名称所示，字符串表示文件名称，自然数表示文件大小，最后的字符串表示文件内容。

最后将目录的 content 字段分成两部分：文件链表和子目录链表。这需要修改结构体类型定义：

```
(define-struct dir.v3 [name dirs files])
```

下面是改进后的数据定义：

```
; Dir.v3 是结构体：
;    (make-dir.v3 String Dir* File*)

; Dir*是下列之一：
```

```
; -- '()
; -- (cons Dir.v3 Dir*)

; File*是下列之一：
; -- '()
; -- (cons File.v3 File*)
```

遵循计算机科学中的惯例，名称结尾的*表示“许多”，并且这个标志区分了类似的名称：File.v3 和 Dir.v3。

习题 335 将图 20-1 中的目录树转换为模型 3 的数据表示。使用""作为文件内容。■

习题 336 设计函数 `how-many`，它计算输入的 Dir.v3 包含多少个文件。习题 335 提供了数据示例。将结果与习题 333 的结果进行比较。

鉴于数据定义的复杂性，思考如何设计出正确的函数。你为什么确信 `how-many` 返回正确的结果？■

习题 337 使用 List-of 简化数据定义 Dir.v3。然后使用图 16-1 和图 16-2 中的中级+`lambda` 语言的链表处理函数来简化习题 336 的解中的函数定义。■

从第一个模型的简单表示开始，逐步完善，我们为目录树开发了相当精确的数据表示。实际上，第三个数据表示能够比前两个更忠实地获取到目录树的本质。基于这个模型，我们可以创建用户需要的来自计算机操作系统的许多其他函数。

20.3 函数的改进

为了使下面的习题具有现实意义，DrRacket 自带了本书第 1 版的 *dir.rkt* 库（教学包）[①]。这个教学包引入了模型 3 中的两种结构体类型定义，尽管没有带.*v3* 后缀。此外，该教学包还提供了一个函数，可以为你计算机上的目录创建目录树表示：

```
; String -> Dir.v3
; 创建 a-path 目录的表示
(define (create-dir a-path) ...)
```

例如，如果打开 DrRacket 并在定义区中输入以下 3 行：

```
(define O (create-dir "/Users/...")) ; 在 OS X 上
(define L (create-dir "/var/log/")) ; 在 Linux 上
(define W (create-dir "C:\\Users\\...")) ; 在 Windows 上
```

保存程序后运行，你就可以得到计算机上目录的数据表示。事实上，可以使用 `create-dir` 将计算机上的整个文件系统映射到 Dir.v3 的实例。

警告 （1）对于大型目录树，DrRacket 可能需要大量时间来构建其表示。先对小目录树使用 `create-dir`。（2）**不要**定义自己的 *dir* 结构体类型。教学包已经定义了它们，而你不能再次定义结构体类型。

虽然 `create-dir` 仅提供目录树的表示，但它足够真实，以便你体验在这个层面设计程序的感觉。后面的习题会说明这一点。它们用 *Dir* 来表示目录树数据表示的一般概念。使用能够完成每道习题的最简单的 *Dir* 数据定义。随意使用习题 337 中的数据定义和图 16-1 和图 16-2 中的函数。

---

① 在定义区添加 `(require htdp/dir)`。

习题 338 使用 `create-dir` 将一些目录转换为中级+`lambda` 语言中的数据表示。然后使用习题 336 中的 `how-many` 来计算它们包含的文件数量。你为什么确信 `how-many` 返回这些目录的正确结果？■

习题 339 设计 `find?`。该函数读入 *Dir* 和文件名称，判断目录树中是否存在具有该名称的文件。■

习题 340 设计函数 `ls`，它列出给定 *Dir* 中的所有文件和目录的名称。■

习题 341 设计 `du`，该函数读入 *Dir* 并计算整个目录树中所有文件总共有多大的函数。假定在 *Dir* 结构体中存储目录需要 `1` 个文件存储单元。在现实世界中，目录基本上是一种特殊文件，其大小取决于其相关目录的大小。■

后面的习题用到了路径的概念，对我们来说，路径就是（文件）名称的链表：

```
; Path 是 [List-of String]。
; 解释：目录树中的方位
```

再看一下图 20-1。在图 20-1 中，从 `TS` 到 `part1` 的路径是 `(list "TS" "Text" "part1")`。同理，从 `TS` 到 `Code` 的路径是 `(list "TS" "Libs" "Code")`。

习题 342 设计 `find`。该函数读入目录 `d` 和文件名称 `f`。如果 `(find? d f)` 为 `#true`，那么 `find` 将给出到某个名称为 `f` 的文件的路径，否则它返回 `#false`。

提示 虽然很容易想到先检查文件名称是否出现在目录树中，但必须对每个子目录都这样做。因此，更好的做法是结合 `find?` 和 `find` 的功能。

挑战 `find` 函数只会发现图 20-1 中名称为 `read!` 的两个文件中的一个。设计 `find-all`，它是 `find` 的一般化，给出在 `d` 中到 `f` 的所有路径的链表。当 `(find? d f)` 为 `#false` 时，`find-all` 应该返回什么？与基本问题（设计 `find`）相比，这部分（设计 `find-all`）的问题真的是挑战吗？■

习题 343 设计函数 `ls-R`，它列出到给定 *Dir* 中包含的**所有**文件的路径。■

习题 344 使用习题 343 中的 `ls-R` 重新设计习题 342 中的 `find-all`。这是复合（函数）的设计，如果你完成了习题 342 的挑战部分，那么新函数也可以找到目录。■

第 21 章　解释器的改进

DrRacket 是一个程序。它是一个复杂的程序，处理许多不同类型的数据。和大多数复杂的程序一样，DrRacket 由许多函数组成：允许程序员编辑文本的函数、像交互区那样工作的函数、检查定义和表达式是否 “符合语法”的函数等。

本章我们展示如何设计实现交互区核心的函数。当然，设计这个项目时我们会使用迭代改进。事实上，专注于 DrRacket 这一方面的想法是另一种改进的实例，即一次只实现一种功能。

简而言之，交互区执行的任务是确定输入表达式的值。单击“运行”按钮后，交互区将知悉所有的定义。接下来，它准备好接受可能引用这些定义的表达式，确定表达式的值，并按你希望的频率重复此循环。出于这个原因，许多人也将交互区称为读取-求值-输出循环（read-eval-print loop，其中 eval 是求值器（evaluator）的简写，求值器是一个被称为解释器（interpreter）的函数。

和本书（的教学过程）一样，我们的改进过程从初级语言的数值表达式开始。它们很简单，无须理解其定义（就可以理解数值表达式），甚至小学五年级的小妹妹都能确定它们的值。一旦理解了第一步，你就能知道初级语言的表达式和其表示之间的区别。接下来我们继续讨论带有变量的表达式。最后一步则加入定义（功能）。

21.1　表达式的解释

第一个任务是为初级语言程序选择数据表示。也就是说，我们必须弄清楚如何将一个初级语言表达式表示为初级语言中的数据。起初，这听起来很奇怪且不寻常，但其实不难。假设第一步我们只想表示数值、加法和乘法运算。显然，数值可以代表数值。然而，加法表达式需要用到复合数据，因为它包含两个表达式，并且它与乘法表达式不同，后者也需要数据表示。

按照第 5 章的做法，表示加法和乘法最直接的方法，就是定义两种结构体类型，每种结构体类型包含两个字段：

```
(define-struct add [left right])
(define-struct mul [left right])
```

其目的是，left 字段包含一个操作数，即操作符“左边”的那个，right 字段包含另一个操作数。下面给出了 3 个示例：

初级表达式	初级表达式的表示
3	3
(+ 1 1)	(make-add 1 1)
(* 300001 100000)	(make-mul 300001 100000)

接下来的问题涉及具有子表达式的表达式：

```
(+ (* 3 3) (* 4 4))
```

答案简单得令人惊讶，字段可以包含任何值。在这个示例中，left 和 right 可以包含表达式的表示，并且可以嵌套所需的层级深度。更多的示例如图 21-1 所示。

<table>
<tr><th>初级表达式</th><th>初级表达式的表示</th></tr>
<tr><td><pre>(+ (* 1 1) 10)</pre></td><td><pre>(make-add (make-mul 1 1) 10)</pre></td></tr>
<tr><td><pre>(+ (* 3 3)
   (* 4 4))</pre></td><td><pre>(make-add (make-mul 3 3)
          (make-mul 4 4))</pre></td></tr>
<tr><td><pre>(+ (* (+ 1 2) 3)
   (* (* (+ 1 1)
         2)
      4))</pre></td><td><pre>(make-add (make-mul (make-add 1 2) 3)
          (make-mul (make-mul
                      (make-add 1 1)
                      2)
                    4))</pre></td></tr>
</table>

图 21-1 在初级语言中表示初级语言表达式

习题 345 基于 `add` 和 `mul` 的结构体类型定义，为初级语言表达式的表示提供数据定义。类似于 S-expr，我们为新的数据类使用 *BSL-expr*。

将以下表达式转换为数据：

（1）`(+ 10 -10)`

（2）`(+ (* 20 3) 33)`

（3）`(+ (* 3.14 (* 2 3)) (* 3.14 (* -1 -9)))`

将以下数据解释[1]为表达式：

（1）`(make-add -1 2)`

（2）`(make-add (make-mul -2 -3) 33)`

（3）`(make-mul (make-add 1 (make-mul 2 3)) 3.14)`■

有了初级语言程序的数据表示，现在是时候设计求值器了。这个函数读入初级语言表达式的表示，给出其值。此函数不同于之前设计的任何函数，所以我们先用一些示例来试试。为此，可以使用算术规则来算出表达式的值，或者可以在 DrRacket 的交互区“玩玩”。以我们的示例为例，看一下下面的表格：

初级表达式	其表示	其值
`3`	`3`	`3`
`(+ 1 1)`	`(make-add 1 1)`	`2`
`(* 3 10)`	`(make-mul 3 10)`	`30`
`(+ (* 1 1) 10)`	`(make-add (make-mul 1 1) 10)`	`11`

习题 346 为可求值的初级语言表达式的表示的值的类制定数据定义。■

习题 347 设计 `eval-expression`。该函数读入初级语言表达式的表示并计算其值。■

习题 348 为由`#true`、`#false`、`and`、`or` 和 `not` 构成的初级语言布尔表达式开发数据表示。然后设计 `eval-bool-expression`，它读入初级语言布尔表达式（的表示）并计算其值。这些布尔表达式返回什么样的值？■

便利和解析

S 表达式提供了一种简便方法，由我们的编程语言来表示初级语言表达式：

```
> (+ 1 1)
```

① 这里的“解释”的意思是“将数据转换为信息”。相反，本章标题中的“解释器”指的是一个程序，它读入程序的表示并产生其值。虽然这两个想法是相关的，但它们并不相同。

```
2
> '(+ 1 1)
(list '+ 1 1)
> (+ (* 3 3) (* 4 4))
25
> '(+ (* 3 3) (* 4 4))
(list '+ (list '* 3 3) (list '* 4 4))
```

简单地在表达式前面加上引号，就得到了中级+`lambda` 语言中的数据（表示）。

解释 S 表达式的表示很麻烦，主要是因为并非所有的 S 表达式都表示 BSL-expr。例如，`#true`、`"hello"`和`'(+ x 1)`都不是初级语言表达式的表示。因此，对解释器的设计者来说，S 表达式相当地不方便。

为了弥合使用便利和实现便利之间的差距，程序员发明了*语法分析器*（parser）。语法分析器同时完成两件事：检查输入数据是否符合某种数据定义；如果符合，则构建所需数据类中对应的元素。后者被称为*分析树*（parse tree）。如果输入数据不符合数据定义，语法分析器将报错，就像 6.3 节中的带检查函数一样。

图 21-2 给出了 S 表达式的初级语言语法分析器。具体来说，`parse` 读入 S-expr 并生成 BSL-expr——当且仅当引用有对应的 BSL-expr 表示的初级语言表达式的结果是输入的 S 表达式时。

```
; S-expr -> BSL-expr
(define (parse s)
  (cond
    [(atom? s) (parse-atom s)]
    [else (parse-sl s)]))

; SL -> BSL-expr
(define (parse-sl s)
  (local ((define L (length s)))
    (cond
      [(< L 3) (error WRONG)]
      [(and (= L 3) (symbol? (first s)))
       (cond
         [(symbol=? (first s) '+)
          (make-add (parse (second s)) (parse (third s)))]
         [(symbol=? (first s) '*)
          (make-mul (parse (second s)) (parse (third s)))]
         [else (error WRONG)])]
      [else (error WRONG)])))

; Atom -> BSL-expr
(define (parse-atom s)
  (cond
    [(number? s) s]
    [(string? s) (error WRONG)]
    [(symbol? s) (error WRONG)]))
```

图 21-2 从 S-expr 到 BSL-expr

习题 349 为 `parse` 编写测试，直到运行测试时 DrRacket 告知定义区中的所有元素都被覆盖。■

习题 350 从设计诀窍的角度来看，这个程序的定义有什么不同寻常的地方？

注意 不同寻常处之一是 `parse` 用到了链表参数的 `length`（长度）。真正的语法分析器会避免使用 `length`，因为它会使函数运行起来变慢。■

习题 351 设计 `interpreter-expr`。该函数读入 S 表达式。如果 `parse` 将其识别为

BSL-expr，则本函数会计算其值，否则，它给出和 `parse` 一样的错误。■

21.2 变量的解释

第一节忽略了常量定义，因此如果表达式中包含变量，那么它没有值。事实上，除非我们知道 x 代表什么，否则对 (+ 3 x) 求值是没有意义的。因此，对求值器的第一个改进是向需要求值的表达式添加变量。假设定义区包含如下的定义：

```
(define x 5)
```

然后程序员在交互区中对包含 x 的表达式求值：

```
> x
5
> (+ x 3)
8
> (* 1/2 (* x 3))
7.5
```

事实上，你还可以想象第二个定义，如 (define y 3)，以及涉及两个变量的交互：

```
> (+ (* x x)
     (* y y))
34
```

前一节隐式地提议用符号作为变量的表示。毕竟，如果选择被引用的 S 表达式来表示带有变量的表达式，符号就会自然出现：

```
> 'x
'x
> '(* 1/2 (* x 3))
(list '* 0.5 (list '* 'x 3))
```

另一个明显的选择是字符串，例如用 "x" 代表 x，但本书的主题不是设计解释器，所以我们仍然用符号。决定了这一点，应该对习题 345 中的数据定义做如下修改：

```
; BSL-var-expr 是下列之一：
; -- Number
; -- Symbol
; -- (make-add BSL-var-expr BSL-var-expr)
; -- (make-mul BSL-var-expr BSL-var-expr)
```

只需在数据定义中添加一个子句。

对于数据示例，下面的表格展示了一些带变量的初级语言表达式和对应的 BSL-var-expr 表示：

初级语言表达式	初级语言表达式的表示
x	'x
(+ x 3)	(make-add 'x 3)
(* 1/2 (* x 3))	(make-mul 1/2 (make-mul 'x 3))
(+ (* x x) (* y y))	(make-add (make-mul 'x 'x) (make-mul 'y 'y))

它们全部来自上面的交互，这意味着当 x 是 5 且 y 是 3 时，我们知道它们的结果。

确定变量表达式值的一种方法是，将所有变量替换为它们所代表的值。学校的数学课中用的就是这种方式，而且这是一种非常好的方式。

习题 352 设计 `subst`。该函数读入 BSL-var-expr `ex`、Symbol `x` 和 Number `v`。它给出类似

于 ex 的 BSL-var-expr，其中所有出现的 x 都被替换为 v。■

习题 353 设计函数 numeric?。它判断 BSL-var-expr 是否也是 BSL-expr。这里我们假设习题 345 的解是不带 Symbol 的 BSL-var-expr 定义。■

习题 354 设计 eval-variable。这是一个带检查的函数，它读入 BSL-var-expr，如果 numeric?为真，则该函数计算其值，否则，该函数报错。

通常，程序在定义区中定义了多个常量，而表达式也可以包含多个变量。为了对这样的表达式求值，我们需要定义区的表示，这里的定义区可以包含一系列常量定义。对于这个习题，我们使用关联链表：

```
; AL（关联链表 association list 的简写）是[List-of Association]。
; Association 是两个项组成的链表：
;     (cons Symbol (cons Number '()))。
```

构成 AL 的元素。

设计 eval-variable*。该函数读入 BSL-var-expr ex 和关联链表 da。从 ex 开始，它迭代地将 subst 应用于 da 中的所有关联。如果 numeric?对（上一步的）结果成立，它就计算其值，否则它给出和 eval-variable 相同的错误。**提示** 将输入的 BSL-var-expr 视为原子值，然后遍历输入的关联链表。提供这个提示的原因是，创建这个函数需要一些第 23 章的设计知识。■

环境模型

习题 354 依赖从数学上理解常量定义。如果某个名称被定义为表示某个值，那么就可以用该值替换该名称的所有出现。在计算过程开始之前甚至是开始时，替换步骤一次性完成这里的所有替换。

另一种方法被称为环境模型（environment model），即在需要时查找变量的值。求值器立即开始处理表达式，同时传递定义区的表示。每当求值器遇到变量时，它都在定义区查找变量的值并使用变量。

习题 355 设计 eval-var-lookup。该函数的签名与 eval-variable*相同：

```
; BSL-var-expr AL -> Number
(define (eval-var-lookup e da) ...)
```

该函数不使用替换，而是按照 BSL-var-expr 建议的设计诀窍遍历表达式。进入表达式的过程中，它会“携带”da。遇到符号 x 时，它使用 assq 在关联链表中查找 x 的值。如果没有值，那么 eval-var-lookup 会报错。■

21.3 函数的解释

现在，我们已经了解了如何计算由常量定义和变量表达式组成的初级语言程序。自然地，下一步我们想添加函数定义，以便至少在原则上理解如何处理完整的初级语言。

本节的目标是改进 21.2 节中的求值器，使其能够处理函数。由于函数定义出现在定义区中，因此另一种描述改进后的求值器的说法是，当定义区包含许多函数定义，并且程序员在交互区中输入一个使用这些函数的表达式时，它会模拟 DrRacket。

为简单起见，我们假定定义区中只有一个定义，并且定义区中的所有函数都只有一个参数。

必要的领域知识来自学校，在学校里你了解到$f(x) = e$表示函数f的定义，$f(a)$表示f对a的调用，而计算$f(a)$时，用a代替$f(x)$中的x。事实证明，类似初级语言的语言对函数调用的求值过程大致也是这样。

在完成以下习题之前，你可能希望重新温习独立章节 1 中有关函数的术语知识。大多数情况下，代数课程都会覆盖这方面的数学知识，但解决这些问题时需要精确地使用和理解这些术语。

习题 356 扩展 21.2 节中的数据表示，以包含由程序员定义的函数的调用。回想一下，函数应用程序由两部分组成：函数名称和表达式。前者是被调用的函数的名称，后者是其（实际）参数。

表示这些表达式：`(k (+ 1 1))`、`(* 5 (k (+ 1 1)))`和`(* (i 5) (k (+ 1 1)))`。我们将这个新定义的数据类称为 *BSL-fun-expr*。■

习题 357 设计 `eval-definition1`。该函数读入 4 个参数：

（1）BSL-fun-expr ex；

（2）符号 `f`，代表函数名称；

（3）符号 `x`，代表函数的（形式）参数；

（4）BSL-fun-expr `b`，表示函数体。

它计算 `ex` 的值。当 `eval-definition1` 遇到 `f` 对某个参数的调用时，它

（1）对参数求值；

（2）将 `b` 中的 `x` 替换为（实际）参数的值；

（3）最后用 `eval-definition1` 计算得到的表达式。

假定函数调用的实际参数是 `arg`，将这些步骤表达为代码就是：

```
(local ((define value (eval-definition1 arg f x b))
        (define plugd (subst b x arg-value)))
  (eval-definition1 plugd f x b))
```

注意，这里使用了一种我们还没有讨论过的递归形式。第五部分会讨论此类函数的设计方法。

如果 `eval-definition1` 遇到变量，它将会给出同习题 354 的 `eval-variable` 相同的错误。如果函数调用名称为 `f` 以外的函数名称，它也会报错。

警告 使用这种我们没有讨论过的递归形式为计算引入了一种新元素——不终止（non-termination）。也就是说，程序可能永远运行下去，而不是给出结果或报错。如果遵循前四部分的设计诀窍，你写不出这样的程序。为了好玩，构造一个 `eval-definition1` 的输入，使它永远运行下去。使用“中断”终止程序。■

对于模拟交互区的求值器，我们需要定义区的表示。假定它是定义的链表。

习题 358 为函数定义编写结构体类型和数据定义。回想一下，这样的定义有 3 个基本属性：

（1）函数的名称，由符号表示；

（2）函数的（形式）参数，它也是一个名称；

（3）函数体，它是一个变量表达式。

我们称这类数据为 *BSL-fun-def*。

使用该数据定义来表示下列初级语言函数定义：

（1）`(define (f x) (+ 3 x))`

（2）`(define (g y) (f (* 2 y)))`

（3）`(define (h v) (+ (f v) (g v)))`

接下来，定义数据类 *BSL-fun-def**以表示由多个单参数函数定义组成的定义区。将由定义 f、g 和 h 组成的定义区转换为数据表示，并将其命名为 da-fgh。

最后，实现这一（函数的）愿望：

```
; BSL-fun-def* Symbol -> BSL-fun-def
; 在 da 中检索 f 的定义
; 如果没有则报错
(check-expect (lookup-def da-fgh 'g) g)
(define (lookup-def da f) ...)
```

函数调用的求值需要查找定义。■

习题 359 设计 eval-function*。该函数读入 BSL-fun-expr ex 和定义区的 BSL- fun-def* 表示 da。它返回在交互区中对 ex 求值时 DrRacket 显示的结果，假定定义区中包含 da。

这个函数的作用类似于习题 357 中的 eval-definition1。对于某个函数 f 的调用，它

（1）对（实际）参数求值；

（2）在 da 的 BSL-fun-def 表示中查找 f 的定义，其中包含参数和函数体；

（3）将函数体中的函数的形式参数替换为实际参数的值；

（4）通过递归对新表达式求值。

像 DrRacket 一样，在定义区遇到没有定义的变量或函数名时，eval-function*会报错。■

21.4 解释一切

看一下下面这个初级语言程序：

```
(define close-to-pi 3.14)

(define (area-of-circle r)
  (* close-to-pi (* r r)))

(define (volume-of-10-cylinder r)
  (* 10 (area-of-circle r)))
```

将这些定义视为 DrRacket 中的定义区。单击“运行”按钮后，可以在交互区中对涉及 close-to-pi、area-of-circle 和 volume-of-10-cylinder 的表达式求值：

```
> (area-of-circle 1)
#i3.14
> (volume-of-10-cylinder 1)
#i31.400000000000002
> (* 3 close-to-pi)
#i9.42
```

本节的目标是再次改进求值器，使它可以模仿 DrRacket 的这部分功能。

习题 360 为 DrRacket 定义区的表示编写数据定义。具体而言，数据表示应该适用于一个序列，该序列可以自由混合常量定义和单参数函数定义。确保它可以表示本节开头部分中由 3 个定义组成的定义区。我们将这类数据命名为 *BSL-da-all*。

设计函数 lookup-con-def。它读入 *BSL-da-all* da 和符号 x。如果 da 中存在名为 x 的常量定义，则该函数返回常量定义表示，否则该函数会报错，表明找不到这个常量定义。

设计函数 lookup-fun-def。它读入 *BSL-da-all* da 和符号 x。如果 da 中存在名为 x 的函

数定义，则该函数返回函数定义的表示，否则该函数会报错，表明找不到这个函数定义。■

习题 361 设计 `eval-all`。与习题 359 中的 `eval-function*` 一样，该函数读入表达式和定义区的表示。如果在交互区中的提示符下输入表达式，并且定义区包含对应的定义，则它给出和 DrRacket 所显示的相同的值。**提示** `eval-all` 函数处理输入表达式中变量的方式应该和习题 355 中的 `eval-var-lookup` 一样。■

习题 362 输入初级语言表达式和定义区的基于结构体的数据表示很麻烦。正如 21.1 节结尾所示，直接引用表达式和定义（链表）要容易得多。

设计函数 `interpreter`。它读入 `S-expr` 和 `Sl`。前者应该表示一个表达式，后者则是一个定义的链表。该函数使用适合的语法分析函数解析这两者，然后使用习题 361 中的 `eval-all` 对表达式求值。**提示** 必须修改习题 350 中的想法，以创建对于定义和定义链表的语法分析器。

你应该知道，`eval-all-sexpr` 可以方便地检查它是否真正模仿了 DrRacket 的求值器。■

到此为止，你已经知道关于解释初级语言的很多方面了。以下是一些缺失的部分：Boolean 以及 `cond` 或 `if`，String 以及 `string-length` 或 `string-append` 这样的操作，链表以及 `'()`、`empty?`、`cons`、`cons?`、`first`、`rest`，等等。一旦你的求值器能够处理所有这些部分，它就基本完整了，因为我们的求值器已经知道如何解释递归函数。相信我们，你知道如何设计这些改进。

第 22 章　项目：XML 商业

XML 是一种广泛使用的数据语言。它的用途之一涉及在不同计算机上运行的程序之间交换消息。例如，将网页浏览器指向某个网站时，实际就是将本计算机上的程序连接到另一台计算机上的程序，而后者将 XML 数据发送给前者。浏览器接收到 XML 数据后，会将其呈现为计算机显示器上的图像。

下面的比较用一个具体的示例来说明这个想法。

XML 数据	浏览器呈现
<ul> <li> hello </li> <li> <ul> <li> one </li> <li> two </li> </ul> </li> <li> world </li> <li> good bye </li> </ul>	• hello • ∘ one ∘ two • world • good bye

左侧是网站可能发送给网页浏览器的一段 XML 数据。右侧则是一个流行的浏览器以图形方式呈现此代码段。

作为关于交织数据定义和迭代改进的另一个设计练习，本章介绍处理 XML 的基础知识。下一节从 S 表达式和 XML 数据的非正式比较开始，并用此比较来形成完整的数据定义[①]。后续小节用示例说明如何处理 XML 数据的 S 表达式。

22.1　XML 和 S 表达式

最基本的 XML 数据如下所示：

```
<machine> </machine>
```

它被称作一个元素（element），元素的名称是“machine”。元素的两个部分就好比分隔元素内容的括号。当两部分之间没有内容时（除空格之外），允许 XML 简写为：

```
<machine />
```

但是就我们所关心的而言，这种简写等价于完整版本。

从 S 表达式的角度来看，XML 元素是围绕某些内容的一对**带名称的**括号。实际上，用 S 表达式表示上述内容是非常自然的[②]：

```
'(machine)
```

---

① 如果你认为 XML 在 2018 年过于陈旧了，那么随意使用 JSON 或其他现代的数据交换格式来完成练习。设计原则保持不变。

② Racket 的 xml 库可以将 XML 表示为结构体或者 S 表达式。

这段数据包含了左括号和右括号，并且包含嵌入内容的空间。

下面是一段包含内容的 XML 数据：

```
<machine><action /></machine>
```

记住，<action />部分是简写，这意味着我们真正看到的是这段数据：

```
<machine><action></action></machine>
```

通常，XML 元素的内容是一系列 XML 元素：

```
<machine><action /><action /><action /></machine>
```

停一下！在继续阅读之前，展开<action />的简写。

S 表达式的表示看起来还是很简单。前一个示例是：

```
'(machine (action))
```

后一个示例的 S 表达式表示是：

```
'(machine (action) (action) (action))
```

当某个 XML 数据的内容是 3 个<action />元素的系列时，你会意识到需要区分这些元素。为此，XML 元素具有属性（attribute）。例如，

```
<machine initial="red"></machine>
```

是一个“machine”元素，它有一个名为“initial”的属性，其值是引号间的“red”。下面是一个复杂的 XML 元素，嵌套元素也具有属性：

```
<machine initial="red">
  <action state="red"    next="green" />
  <action state="green"  next="yellow" />
  <action state="yellow" next="red" />
</machine>
```

这里使用了空格、缩进和换行符使元素更具有可读性，但空格对 XML 数据来说没有任何意义。

自然地，这些“machine”元素的 S 表达式看起来与它们的 XML 兄弟[①]非常相像：

```
'(machine ((initial "red")))
```

为了给元素添加属性，我们使用了一个链表的链表，其中每个子链表包含两个项：前者为符号，后者为字符串。符号表示属性的名称，字符串表示属性的值。这个想法自然也适用于复杂形式的 XML 数据：

```
'(machine ((initial "red"))
  (action ((state "red") (next "green")))
  (action ((state "green") (next "yellow")))
  (action ((state "yellow") (next "red"))))
```

这里要注意，属性是用两个左括号来标记的，而后续的 XML 元素（的表示）的链表只用了一个左括号。

你可能还记得独立章节 2 中的想法，那里使用 S 表达式来表示 XHTML，这是一种特殊的 XML 方言。特别地，独立章节 2 表明，使用 backquote 和 unquote，程序员可以轻松地写下非凡的 XML 数据，甚至 XML 表示的模板。当然，21.1 节指出，需要一个语法分析器来确定任何给定的 S 表达式是否是 XML 数据的表示，而语法分析器是一种复杂且不同寻常的函数。

---

① XML 比 S 表达式晚出现 40 年。

尽管如此，我们还是选择基于 S 表达式表示 XML，通过实践来展示这种古老、富有诗意的概念的用途。我们采用迭代改进的方式，逐步制定出数据定义。第一个尝试是：

```
; Xexpr.v0（X 表达式的简写）是单个项的链表：
;    (cons Symbol '())
```

这是本节开头“带名称的括号”的概念。在这个元素表示基础上加入内容非常容易：

```
; Xexpr.v1 是链表：
;    (cons Symbol [List-of Xexpr.v1])
```

符号名称是链表中的第一个项，其他项则是 XML 元素的表示。

最后一步改进是添加属性。由于 XML 元素中的属性是可选的，因此修改后的数据定义有两个子句：

```
; Xexpr.v2 是链表：
; -- (cons Symbol Body)
; -- (cons Symbol (cons [List-of Attribute] Body))
; 其中 Body 是 [List-of Xexpr.v2] 的简写
; Attribute 是两个项的链表：
;    (cons Symbol (cons String '()))
```

习题 363 Xexpr.v2 的所有元素都以 Symbol 开头，但其中一些后面是属性的链表，另一些后面只是 Xexpr.v2 的链表。重新定义 Xexpr.v2，提取出共有的开头部分，突出不同种类的结尾部分。

消除 Xexpr.v2 中用到的 List-of。■

习题 364 将下列 XML 数据表示为 Xexpr.v2 的元素：

（1）`<transition from="seen-e" to="seen-f" />`

（2）`<ul><li><word /><word /></li><li><word /></li></ul>`

哪一个可以用 Xexpr.v0 或 Xexpr.v1 表示？■

习题 365 将以下的 Xexpr.v2 元素解释为 XML 数据：

（1）`'(server ((name "example.org")))`

（2）`'(carcas (board (grass)) (player ((name "sam"))))`

（3）`'(start)`

哪些是 Xexpr.v0 或 Xexpr.v1 的元素？■

粗略地说，X 表达式用链表模拟了结构体。这种模拟对程序员来说非常方便，它需要的键盘输入量最少。例如，如果某个 X 表达式不带有属性链表，那么这部分就被省略了。数据表示的选择代表了手工创建这些表达式和自动处理它们之间的权衡。处理后一个问题的最好方法是，提供函数使 X 表达式看起来好似结构体，尤其是访问准字段的函数：

- `xexpr-name`，它提取元素表示的标签；
- `xexpr-attr`，它提取属性的链表；
- `xexpr-content`，它提取内容元素的链表。

有了这些函数，我们就可以使用链表来表示 XML，但其行为就好像是结构体类型的实例一样。

这些函数解析了 S 表达式，而语法分析器设计起来有点棘手。所以我们来仔细地设计，从一些数据示例开始：

```
(define a0 '((initial "X")))
```

```
(define e0 '(machine))
(define e1 '(machine ,a0))
(define e2 '(machine (action)))
(define e3 '(machine () (action)))
(define e4 '(machine ,a0 (action) (action)))
```

第一个定义引入了属性的链表，该属性在 X 表达式的创建中被重复用了两次。e0 的定义提醒我们，X 表达式可以不带有属性或内容。你应该能解释为什么 e2 和 e3 是等价的。

接下来我们编写签名、目的声明和函数头：

```
; Xexpr.v2 -> [List-of Attribute]
; 取出 xe 的属性链表
(define (xexpr-attr xe) '())
```

这里我们只讨论 xexpr-attr，另两个函数留作习题。

接下来编写函数示例，这需要决定如何从没有任何属性的 X 表达式中提取属性。虽然我们选择的表示法完全省略了缺失的属性，但基于结构体表示 XML 时必须写出'()。因此函数对此类 X 表达式返回'()：

```
(check-expect (xexpr-attr e0) '())
(check-expect (xexpr-attr e1) '((initial "X")))
(check-expect (xexpr-attr e2) '())
(check-expect (xexpr-attr e3) '())
(check-expect (xexpr-attr e4) '((initial "X")))
```

现在是时候开发模板了。由于 Xexpr.v2 的数据定义比较复杂，我们分步进行。首先，虽然数据定义区分了两种 X 表达式，但这两个子句都描述了将符号 cons 到链表而构建的数据。其次，这两个子句的区别是链表的其余部分，特别是可选出现的属性链表。我们将这两个见解翻译成模板：

```
(define (xexpr-attr xe)
  (local ((define optional-loa+content (rest xe)))
    (cond
      [(empty? optional-loa+content) ...]
      [else ...])))
```

局部定义去掉了 X 表达式的名称部分，留下链表的其余部分，该链表可以以属性链表开始，也可以不以属性链表开始。关键是它只是一个链表，两个 cond 子句表达了这一点。第三，这个链表**不是**通过自引用来定义的，而是在可能为空的 X 表达式的链表上作为某些属性的可选 cons。换句话说，我们仍然需要区分这两种常见的情况，并提取常见的部分：

```
(define (xexpr-attr xe)
  (local ((define optional-loa+content (rest xe)))
    (cond
      [(empty? optional-loa+content) ...]
      [else (... (first optional-loa+content)
             ... (rest optional-loa+content) ...)])))
```

到这里已经可以看出，递归对手头的任务来说不是必需的。因此，我们跳到设计诀窍的第五步。显然，如果输入的 X 表达式只是一个名称，那么它不包含属性。在第二个子句中，问题是链表中的第一项是属性的链表还是仅是一个 Xexpr.v2。因为这看起来很复杂，所以我们需要一个愿望：

```
; [List-of Attribute] or Xexpr.v2 -> ???
; 判断 x 是否是 [List-of Attribute] 的元素
; 如果不是返回#false
(define (list-of-attributes? x)
  #false)
```

使用这个函数，完成 xexpr-attr 就简单了，如图 22-1 所示。如果第一项是属性的链表，那么函数就返回它，否则这里不包含属性。

```
(define (xexpr-attr xe)
  (local ((define optional-loa+content (rest xe)))
    (cond
      [(empty? optional-loa+content) '()]
      [else
       (local ((define loa-or-x
                 (first optional-loa+content)))
         (if (list-of-attributes? loa-or-x)
             loa-or-x
             '()))])))
```

图 22-1 xexpr-attr 的完整定义

对于设计 list-of-attributes?，我们以相同的方式进行，得到如下定义：

```
; [List-of Attribute] or Xexpr.v2 -> Boolean
; x 是属性的链表吗？
(define (list-of-attributes? x)
  (cond
    [(empty? x) #true]
    [else
     (local ((define possible-attribute (first x)))
       (cons? possible-attribute))]))
```

我们跳过设计过程的细节，因为这没什么值得讨论的。**值得注意的**是这个函数的签名。这个签名并没有指定单个数据定义作为可能的输入，而是用英文单词“or”结合了两个数据定义。在中级+lambda 语言中，有些情况下具有明确含义的非正式签名也是可以接受的。

习题 366 设计 xexpr-name 和 xexpr-content。■

习题 367 设计诀窍要求在 xexpr-attr 的模板中加上一处自引用。将该自引用添加到模板中，然后解释一下为什么完整的解析函数不包含这个自引用。■

习题 368 制定数据定义，用来取代 list-of-attributes?函数定义中非正式的“or”签名。■

习题 369 设计 find-attr。该函数读入属性的链表和符号。如果属性链表将该符号与某个字符串相关联，那么该函数取回这个字符串，否则它返回#false。查找并使用 assq 来定义此函数。■

在本章的后续部分，*Xexpr* 指的是 Xexpr.v2。另外，我们假设定义了 xexpr-name、xexpr-attr 和 xexpr-content。最后，我们使用习题 369 中的 find-attr 来检索属性值。

22.2 XML 枚举的呈现

XML 实际上是一**组**语言。人们为特定的沟通通道定义其方言。例如，XHTML 是以 XML 格式发送网页内容的语言。在本节中，我们将演示如何为一小段 XHTML 代码设计渲染函数，具体来说就是本章开头的枚举。

ul 标签围绕起来的是所谓的无序 HTML 链表。这个链表中的每一项都标记为 li，它往往包含单词，但也可以包含其他元素，甚至是枚举。这里“无序”HTML 的意思是，呈现每个项时所使用的前导符号都是圆点而不是数字。

由于 Xexpr 不包含纯字符串，因此如何在其子集中表示 XHTML 的枚举并不是显而易见的。一种选择是再次改进数据表示，使 Xexpr 可以是 String。另一种选择是引入文本的表示：

```
; Xword 是'(word ((text String)))。
```

这里选择后者。我们的教学语言衍生自 Racket 语言，它提供了在 Xexpr 中包含 String 的库。

习题 370 编写 3 个 XWord 的示例。设计 `word?`，它检查中级+`lambda` 语言的某个值是否在 XWord 中。设计 `word-text`，它提取 XWord 实例唯一的属性值。■

习题 371 改进 Xexpr 的定义，使它能表示 XML 元素，包括纯字符串的枚举项。■

给定了单词的表示，表示 XHTML 样式的单词枚举就很简单了：

```
; XEnum.v1 是下列之一：
; -- (cons 'ul [List-of XItem.v1])
; -- (cons 'ul (cons Attributes [List-of XItem.v1]))
; XItem.v1 是下列之一：
; -- (cons 'li (cons XWord '()))
; -- (cons 'li (cons Attributes (cons XWord '())))
```

为了呈现完整性，数据定义中包含了属性链表，即使它们不影响呈现。

停一下！说明 XEnum.v1 的每个元素都在 Xexpr 中。

下面是 XEnum.v1 的示例元素：

```
(define e0
  '(ul
    (li (word ((text "one"))))
    (li (word ((text "two"))))))
```

它对应于本章开头示例中的内部枚举。用 *2htdp/image* 库来呈现它，应该得到如下图像：

• one
• two

圆点的半径、圆点与文本之间的距离是涉及美学的问题，这些想法很重要。

要创建这种图像，可以使用这个中级+`lambda` 语言程序：

```
(define e0-rendered
  (above/align
   'left
   (beside/align 'center BT (text "one" 12 'black))
   (beside/align 'center BT (text "two" 12 'black))))
```
[①]

假定 `BT` 是圆点的呈现。

现在我们来仔细设计这个函数。由于数据表示需要两个数据定义，因此设计诀窍要求我们必须并行设计两个函数。不过，我们细看发现，在这个特定情况中，第二个数据定义与第一个数据定义是分离的，这意味着我们可以单独处理它。

此外，XItem.v1 的定义由两个子句组成，这意味着函数本身应该包含带有两个子句的 `cond`。然而，如果将 XItem.v1 作为 Xexpr 的子语言来看，可以根据 Xexpr 选择函数来处理这两个子句，尤其是 `xexpr-content` 函数。使用此函数，我们可以提取项的文本部分，不论它是否包含属性：

```
; XItem.v1 -> Image
; 将项呈现为以圆点开头的“单词”
(define (render-item1 i)
  (... (xexpr-content i) ...))
```

① 我们在交互区开发了这些表达式。你会怎么做？

一般情况下，xexpr-content 会提取 Xexpr 的链表，在这里，键表中只包含一个 XWord，而这个单词包含一个文本：

```
(define (render-item1 i)
  (local ((define content (xexpr-content i))
          (define element (first content))
          (define a-word (word-text element)))
    (... a-word ...)))
```

下一步很简单：

```
(define (render-item1 i)
  (local ((define content (xexpr-content i))
          (define element (first content))
          (define a-word (word-text element))
          (define item (text a-word 12 'black)))
    (beside/align 'center BT item)))
```

提取出要呈现的项的文本之后，剩下的问题就是将其作为文本呈现，并在前面放上圆点，参见前面的示例，了解如何开发最后一步。

习题 372 在继续阅读之前，给 render-item1 的定义配上测试。确保以测试不依赖 BT 常量的方式编写这些测试。接下来解释函数**如何**工作，记住，目的声明只解释它的**作用**。■

现在我们可以关注呈现枚举的函数的设计了。使用上面的示例，前两个设计步骤很简单：

```
; XEnum.v1 -> Image
; 将简单的枚举呈现为图像
(check-expect (render-enum1 e0) e0-rendered)
(define (render-enum1 xe) empty-image)
```

关键的一步是开发模板。根据数据定义，XEnum.v1 的元素包含一段有趣的数据，即 XML 元素（的表示）。第一项总是'ul，所以无须提取，第二个可选项是属性链表，我们忽略它。考虑到这些，第一个模板的草稿看起来很像 render-item1：

```
(define (render-enum1 xe)
  (... (xexpr-content xe) ...)) ; [List-of XItem.v1]
```

虽然面向数据的设计诀窍表明，只要遇到复杂形式的数据，就应该设计独立的函数，但第三部分中基于抽象的设计诀窍表明，应该尽可能地复用现有的抽象，如图 16-1 和图 16-2 中的链表处理函数。鉴于 render-enum1 处理链表并创建单一的图像，只有两个链表处理抽象的签名符合，这两个抽象是 foldr 和 foldl。如果研究它们的目的声明，你会看到类似于前面 e0-rendered 示例的模式，特别是 foldr。我们遵循复用的设计诀窍，尝试这样做：

```
(define (render-enum1 xe)
   (local ((define content (xexpr-content xe))
           ; XItem.v1 Image -> Image
           (define (deal-with-one item so-far)
              ...))
     (foldr deal-with-one empty-image content)))
```

匹配类型，可以得知：

（1）foldr 的第一个参数必须是双参数函数；

（2）第二个参数必须是图像；

（3）最后一个参数是表示 XML 内容的链表。

显然，正确的起点是 empty-image。

这种复用的设计将我们的注意力集中到在链表上进行“折叠”的函数上。它将一个项和 foldr 目前所创建的图像转换为另一个图像。deal-with-one 的签名表达了这一点。第一个参数是 XItem.v1，因此呈现它的函数就是 render-item1。这产生了两个需要组合的图像：第一项的图像和其余项的图像。我们用 above 将其堆叠：

```
(define (render-enum1 xe)
  (local ((define content (xexpr-content xe))
          ; XItem.v1 Image -> Image
          (define (deal-with-one item so-far)
            (above/align 'left
                         (render-item1 item)
                         so-far)))
    (foldr deal-with-one empty-image content)))
```

单层的枚举很常见，但它们只是完整情况的简单近似。在现实世界中，网络浏览器必须处理通过网络送达的任意嵌套的枚举。在 XML 和它的网络浏览器方言 XHTML 中，嵌套很简单。任何元素都可以是任何其他元素的内容。为了在有限的 XHTML 表示中表示这种关系①，我们说一个项要么是单词，要么是另一个枚举。图 22-2 给出了数据定义改进后的第二个版本。它也包含改进后的枚举的数据定义，以便第一个定义引用正确形式的项。

```
; XItem.v2 是下列之一：
; -- (cons 'li (cons XWord '()))
; -- (cons 'li (cons [List-of Attribute] (list XWord)))
; -- (cons 'li (cons XEnum.v2 '()))
; -- (cons 'li (cons [List-of Attribute] (list XEnum.v2)))
;
; XEnum.v2 是下列之一：
; -- (cons 'ul [List-of XItem.v2])
; -- (cons 'ul (cons [List-of Attribute] [List-of XItem.v2]))
```

图 22-2 XML 枚举的实际数据表示

接下来的问题是，数据定义的这种修改如何影响呈现函数。换言之，我们需要修改 render-enum1 和 render-item1，以便它们可以分别处理 XEnum.v2 和 XItem.v2。软件工程师总是面临这种问题，这是设计诀窍发挥作用的另一种情况。

图 22-3 给出了完整的答案。由于修改仅限于 XItem.v2 的数据定义，因此对呈现程序的修改仅出现在呈现对应项的函数中，这不应令人惊讶。尽管 render-item1 不需要区分不同形式的 XItem.v1，但 render-item 必须使用 cond，因为 XItem.v2 列出了两种不同类型的项。鉴于这个数据定义接近于真实世界的数据定义，这个明显特点并不简单，例如'()对 cons，而是输入项的特定部分。如果项的内容是 Word，那么呈现函数将像以前一样进行，否则，该项包含枚举，在这种情况下，render-item 用 render-enum 来处理数据，因为 XItem.v2 的数据定义恰好在这里引用 XEnum.v2。

习题 373 图 22-3 中缺少测试用例。开发所有函数的测试用例。■

习题 374 图 22-2 中的数据定义用到了 list，使用 cons 重写它。然后遵循设计诀窍，从头开始设计 XEnum.v2 和 XItem.v2 的呈现函数。你应该得出和图 22-3 中相同的定义。■

习题 375 在 cond 外层的

① 你想知道任意嵌套是否是思考这个问题的正确方法吗？如果想知道，就开发一个只允许三层嵌套的数据定义，然后使用它。

```
(define SIZE 12) ; 字体大小
(define COLOR "black") ; 字体颜色
(define BT ; 图像常量
  (beside (circle 1 'solid 'black) (text " " SIZE COLOR)))

; Image -> Image
; 用圆点标记项
(define (bulletize item)
  (beside/align 'center BT item))

; XEnum.v2 -> Image
; 将 XEnum.v2 呈现为图像
(define (render-enum xe)
  (local ((define content (xexpr-content xe))
          ; XItem.v2 Image -> Image
          (define (deal-with-one item so-far)
            (above/align 'left (render-item item) so-far)))
    (foldr deal-with-one empty-image content)))

; XItem.v2 -> Image
; 将一个 XItem.v2 呈现为图像
(define (render-item an-item)
  (local ((define content (first (xexpr-content an-item))))
    (bulletize
      (cond
        [(word? content)
         (text (word-text content) SIZE 'black)]
        [else (render-enum content)]))))
```

图 22-3　改进函数以匹配新的数据定义

```
(beside/align 'center BT ...)
```

可能令人惊讶。编辑函数定义，使它出现在每个子句中。你为什么确信自己的修改有效？更喜欢哪个版本？■

习题 376　设计统计 XEnum.v2 实例中所有`"hello"`次数的程序。■

习题 377　设计将枚举中所有`"hello"`替换为`"bye"`的程序。■

22.3 领域特定语言

工程师们经常构建大型软件系统，这种系统在运行之前需要针对特定使用环境进行配置。配置工作通常由系统管理员完成，他们需要处理许多不同的软件系统。“配置”一词指的是程序启动时主函数所需要的数据。从某种意义上说，配置只是一个额外的参数，尽管它通常非常复杂，以至于程序设计人员倾向于使用不同于普通参数的机制来处理它。

由于软件工程师不能假定系统管理员了解每种编程语言，因此他们倾向于设计简单的专用配置语言。这些特殊语言也被称为领域特定语言（domain-specific languages，DSL）[①]。如果围绕通用的核心（如众所周知的 XML 语法）开发这些 DSL，可以简化系统管理员的工作。他们可以编写小型的 XML “程序”，从而配置需要启动的系统。

虽然构建 DSL 通常被认为是高级程序员的工作，但实际上我们现在已经能够了解、领会并

① 由于配置是程序针对不同数据的抽象，因此 20 世纪 90 年代 Paul Hudak 论述 DSL 是**最终的抽象**，也就是说，它们是第三部分中抽象概念的终极一般化。

实现相当复杂的 DSL。本节介绍这是如何完成的。首先复习有限状态机（FSM），然后演示如何设计、实现和编写 DSL 以配置模拟任意 FSM 的系统。

记住有限状态机

有限状态机是计算方面重要的主题，本书已经多次提及。这里我们复用 12.8 节的示例，作为设计和实现配置 DSL 所需的组件。

为方便起见，图 22-4 再次给出完整的代码，使用链表和中级+lambda 语言的全部能力表达。这个程序由两个数据定义、一个数据示例和两个函数定义组成，这两个函数是 simulate 和 find。与前面章节中的相关程序不同，这里的状态转换表示为两个项的链表：当前状态和下一个状态。

```
; FSM 是 [List-of 1Transition]
; 1Transition 是两个项的表：
;    (cons FSM-State (cons FSM-State '()))
; FSM-State 是描述颜色的字符串

; 数据示例
(define fsm-traffic
  '(("red" "green") ("green" "yellow") ("yellow" "red")))

; FSM FSM-State -> FSM-State
; 将用户按键和输入 FSM 匹配
(define (simulate state0 transitions)
  (big-bang state0 ; FSM-State
    [to-draw
      (lambda (current)
        (square 100 "solid" current))]
    [on-key
      (lambda (current key-event)
        (find transitions current))]))

; [X Y] [List-of [List X Y]] X -> Y
; 在输入 alist 中寻找输入 X 对应的 Y
(define (find alist x)
  (local ((define fm (assoc x alist)))
    (if (cons? fm) (second fm) (error "not found"))))
```

图 22-4 修改后的有限状态机

主函数 simulate 读入转换表和初始状态，接下来它对 big-bang 表达式求值，这会响应键盘事件而进行状态转换。状态显示为彩色正方形。to-draw 子句和 on-key 子句由 lambda 表达式给出，它们读入当前状态，外加实际的键盘事件，并分别返回图像或下一个状态。

如其签名所显示的，辅助函数 find 完全独立于 FSM 应用程序。它读入两个项的链表的链表，外加一个项，但项的实际性质是由参数指定的。在这个程序中，X 和 Y 表示 FSM-State，也就是说 find 读入状态转换表和一个状态，返回一个状态。函数体使用内置的 assoc 函数来完成大部分工作。查阅 assoc 的文档，以便理解为什么 local 的主体使用 if 表达式。

习题 378 修改呈现函数，使它将状态名称覆盖在彩色正方形上。■

习题 379 为 find 编写测试用例。■

习题 380 重新编写 1Transition 的数据定义，以便可以限制某些按键的转换。试着如此修改，以便 find 无须修改仍能继续运行。还需要哪些修改，才能使完整的程序工作？需要用到设计诀

穷的哪些部分？参见习题 229。■

配置

FSM 模拟函数用到了两个参数，它们共同描述了状态机。与其教授潜在“客户”如何在 DrRacket 中打开中级+lambda 语言程序并使用两个参数启动函数，simulate 的“卖家”可能更希望通过配置组件来使用该产品。

配置组件由两部分组成。前一部分是一种广泛使用的简单语言，客户使用它为组件的主函数提供初始参数。后一部分是一个函数，它将客户指定的内容转换为主函数的调用。对 FSM 模拟函数来说，我们必须就如何用 XML 表示有限状态机达成一致。22.1 节巧妙地提供了一系列状态机示例，这些示例看起来恰好适合本任务。回想一下 22.1 节中的最后那个 machine 示例：

```
<machine initial="red">
  <action state="red"    next="green" />
  <action state="green"  next="yellow" />
  <action state="yellow" next="red" />
</machine>
```

将它与图 22-4 中的转换表 fsm-traffic 比较。此外，对于这个示例，回想一下我们商定的 Xexpr 表示：

```
(define xm0
  '(machine ((initial "red"))
     (action ((state "red") (next "green")))
     (action ((state "green") (next "yellow")))
     (action ((state "yellow") (next "red")))))
```

我们还缺乏一个通用的数据定义，它描述所有可能的 FSM 的 Xexpr 表示：

```
; XMachine 是这种形式的嵌套的链表：
;    `(machine ((initial ,FSM-State)) [List-of X1T])
; X1T 是这种形式的嵌套的链表：
;    `(action ((state ,FSM-State) (next ,FSM-State)))
```

和 XEnum.v2 一样，XMachine 描述了所有 Xexpr 的子集。因此，当设计处理这种新形式数据的函数时，我们可以继续使用通用 Xexpr 的函数来访问数据。

习题 381　XMachine 和 X1T 的定义使用了引用，这对新手程序设计者来说是非常不合适的。先用 list 重写它们，然后用 cons 重写。■

习题 382　为 BW 状态机编写 XML 配置。BW 状态机对任何键盘事件，都在白色和黑色之间来回切换。将 XML 配置转换为 XMachine 的表示。参见习题 227 了解状态机的程序实现。■

在讨论配置的转换问题之前，我们先阐明问题。

示例问题　设计使用 XMachine 配置来运行 simulate 的程序。

虽然这个问题只是针对特定情况的，但很容易想象一般化的类似系统，我们鼓励你这样做。问题陈述表明完整的草稿是：

```
; XMachine -> FSM-State
; 用输入的配置模拟 FSM
(define (simulate-XMachine xm)
  (simulate ... ...))
```

根据问题陈述，函数用两个待确定的参数调用 simulate。我们还需要完成两部分的定义：初始状态和转换表。这两部分都来自 xm，所以我们最好使用愿望清单中的函数。

- xm-state0 从输入的 XMachine 中提取初始状态：

```
(check-expect (xm-state0 xm0) "red")
```

- xm->transitions 将嵌入在 X1T 内的链表转换为 1Transition 的链表：

```
(check-expect (xm->transitions xm0) fsm-traffic)
```

由于 XMachine 是 Xexpr 的一个子集，因此定义 xm-state0 非常简单。既然初始状态被指定为属性，那么用 xexpr-attr 提取 xm-state0 的属性链表，然后检索'initial 属性的值即可。

接下来讨论 xm->transitions，它将 XMachine 配置中的转换翻译为转换表：

```
; XMachine -> [List-of 1Transition]
; 从 xm 中提取并翻译转换表
(define (xm->transitions xm)
 '())
```

这个函数的名称表明了它的签名和目的声明。目的声明描述了两步过程：（1）提取转换的 Xexpr 表示，（2）将它们翻译为 [List-of 1Transition] 的实例。

尽管提取部分显然该用 xexpr-content 来获取链表，但是翻译部分需要进一步讨论。回顾一下 XMachine 的数据定义，你会发现 Xexpr 的内容是 X1T 的链表。签名表明，转换表是 1Transitions 的链表。显然，前一个链表中的每一项都需要被翻译成后一个链表中的项，这就需要用到 map：

```
(define (xm->transitions xm)
  (local (; X1T -> 1Transition
          (define (xaction->action xa)
            ...))
    (map xaction->action (xexpr-content xm))))
```

正如所见，我们遵循 16.5 节中的设计思想，将函数编写为 local，其主体使用 map。xaction->action 的定义只是从 Xexpr 中提取适当的值。

图 22-5 给出了完整的解。这里，从 DSL 到正确函数调用的翻译与原始组件一样大。真实世界的系统并非如此，DSL 组件往往只是整个产品的一小部分，这也是此种方法如此受欢迎的原因。

```
; XMachine -> FSM-State
; 将输入的配置解释为状态机
(define (simulate-XMachine xm)
  (simulate (xm-state0 xm) (xm->transitions xm)))

; XMachine -> FSM-State
; 从 xm0 中提取和翻译转换表

(check-expect (xm-state0 xm0) "red")

(define (xm-state0 xm0)
  (find-attr (xexpr-attr xm0) 'initial))

; XMachine -> [List-of 1Transition]
; 从 xm 中提取转换表

(check-expect (xm->transitions xm0) fsm-traffic)

(define (xm->transitions xm)
  (local (; X1T -> 1Transition
          (define (xaction->action xa)
            (list (find-attr (xexpr-attr xa) 'state)
                  (find-attr (xexpr-attr xa) 'next))))
    (map xaction->action (xexpr-content xm))))
```

图 22-5 DSL 程序的解释

习题 383 用习题 382 中的 BW 状态机作为配置，运行图 22-5 中的代码。■

22.4 读入 XML

对系统管理员来说，复杂的应用程序最好从文件或网络上的某个位置读取配置程序[①]。在中级+lambda 语言中，程序可以检索（某些）XML 信息。图 22-6 显示了相关教学包的部分内容。

```
; Any -> Boolean
; x 是 Xexpr.v3 吗
; 效果：如果 x 不是 Xexpr.v3，显示错误的部分
(define (xexpr? x) ...)

; String -> Xexpr.v3
; 给出文件 f 中的第一个 XML 元素
(define (read-xexpr f) ...)

; String -> Boolean
; 如果此 url 返回'404'，则返回#false，否则（返回）#true
(define (url-exists? u) ...)

; String -> [Maybe Xexpr.v3]
; 从 URL u 中检索第一个 XML（HTML）元素
; 如果(not (url-exists? u))则返回#false
(define (read-plain-xexpr/web u) ...)

; String -> [Maybe Xexpr.v3]
; 从 URL u 中检索第一个 XML（HTML）元素
; 如果(not (url-exists? u))则返回#false
(define (read-xexpr/web u) ...)
```

图 22-6 读入 X 表达式

为了保持一致性，图 22-6 中的 XML 表示使用后缀.v3，包括那些没有版本 2 的数据定义：

```
; Xexpr.v3 是下列之一：
;   - Symbol
;   - String
;   - Number
;   - (cons Symbol (cons Attribute*.v3 [List-of Xexpr.v3]))
;   - (cons Symbol [List-of Xexpr.v3])
;
; Attribute*.v3 是[List-of Attribute.v3]。
;
; Attribute.v3 是两个项的链表：
;    (list Symbol String)
```

假设我们有一个文件，内容如图 22-7 所示。如果请求了 *2htdp/batch-io* 库，程序可以使用 `read-plain-xexpr` 读取其元素。这个函数以与 XMachine 数据定义相匹配的格式检索 XML 元素。教学包还提供了从网络检索 XML 元素的函数。在 DrRacket 中试试：

```
> (read-plain-xexpr/web
    (string-append
      "http://www.***.***.edu/"
      "home/matthias/"
      "HtDP2e/Files/machine-configuration.xml"))
```

① 本节用到了教学包（库）*2htdp/batch-io*、*2htdp/universe* 和 *2htdp/image*。

在计算机连接上网的情况下，这个表达式将读取我们的标准状态机配置。

```
                    machine-configuration.xml
<machine initial="red">
 <action state="red"    next="green" />
 <action state="green"  next="yellow" />
 <action state="yellow" next="red" />
</machine>
```

图 22-7 包含状态机配置的文件

从文件或网页读取给我们的计算模型引入了一个全新的想法。正如独立章节 1 所解释的，初级语言程序的求值方式与代数中对变量表达式求值的方式相同。函数定义也可以像在代数中一样处理。事实上，大多数代数课程都引入了条件函数定义，这意味着 cond 也没有带来任何挑战。最后，尽管中级+lambda 语言将函数当作值，但求值模型仍然基本不变。

这个计算模型的一个基本属性是，无论在某些参数 a ...上调用多少次函数 f

```
(f a ...)
```

结果总是一样的。然而，引入 read-file、read-xexpr 及相关函数会破坏这个属性。问题在于，文件和网站可能会随时间而改变，所以每次程序从文件或网站读取时，都会得到新的结果。

考虑查找公司股票价格的想法。将浏览器指向任何金融网站，然后输入自己最喜爱的公司的名称，如 Ford。作为回应，网站将会显示公司股票的当前价格以及其他信息，如自上次发布价格以来的价格变化情况、当前时间、其他许多事实以及广告。重要的一点是，当在一天或一周内重新加载此页面时，网页上的部分信息将发生变化。

另一种手动查找这种公司信息的方法是，编写一个小程序，定期检索这些信息，例如每 15 秒检索一次。使用中级语言，我们可以编写一个执行此任务的世界程序，像这样启动它：

```
> (stock-alert "Ford")
```

会看到显示如下图像的世界程序窗口：

17.09 +.06

开发这样的程序需要超出正常程序设计能力范围的技能。首先，需要调查了解网站用什么格式给出信息。就谷歌的金融服务页面而言，检查网页源码，会在顶部附近显示以下模式：

```
<meta content="17.09" itemprop="price" />
<meta content="+0.07" itemprop="priceChange" />
<meta content="0.41" itemprop="priceChangePercent" />
<meta content="2013-08-12T16:59:06Z" itemprop="quoteTime" />
<meta content="NYSE real-time data" itemprop="dataSource" />
```

如果我们有函数可以搜索 Xexpr.v3 并提取属性值为"price"和"priceChange"的 meta 元素（的 XML 表示），那么 stock-alert 的其他部分将非常简单。

图 22-8 展示了该程序的核心。get 的设计留作习题，因为它的任务就是处理交织的数据。

如图 22-8 所示，主函数定义了两个局部函数：一个函数处理时钟滴答，另一个处理呈现。big-bang 指定时钟每 15 秒滴答一次。当时钟滴答时，中级+lambda 语言将 retrieve-stock-data 作用于当前世界，函数将忽略它（参数）。取而代之的做法是，函数通过 read-xexpr/web 访问网站，然后用 get 提取适当的信息。因此，新的世界是从网络上新近可用的信息中创建的，而不是使用本地数据创建。

```
(define PREFIX "https://www.******.com/finance?q=")
(define SIZE 22) ; 字体大小

(define-struct data [price delta])
; StockWorld 是结构体：(make-data String String)

; String -> StockWorld
; 每 15 秒检索 co 的股价及其变化
(define (stock-alert co)
  (local ((define url (string-append PREFIX co))
          ; [StockWorld -> StockWorld]
          (define (retrieve-stock-data __w)
            (local ((define x (read-xexpr/web url)))
              (make-data (get x "price")
                         (get x "priceChange"))))
          ; StockWorld -> Image
          (define (render-stock-data w)
            (local (; [StockWorld -> String] -> Image
                    (define (word sel col)
                      (text (sel w) SIZE col)))
              (overlay (beside (word data-price 'black)
                               (text "  " SIZE 'white)
                               (word data-delta 'red))
                       (rectangle 300 35 'solid 'white)))))
    (big-bang (retrieve-stock-data 'no-use)
      [on-tick retrieve-stock-data 15]
      [to-draw render-stock-data])))
```

图 22-8 将网络数据当作事件

习题 384 图 22-8 中提到了 read-xexpr/web。有关它的签名和目的声明，如图 22-7 所示，然后阅读其文档，以确定与 read-plain-xexpr/web 的区别。

图 22-8 还缺少几个重要部分，尤其是对 data 的解释，以及所有局部定义函数的目的声明。编写缺少的部分，这样你才会了解这个程序。■

习题 385 在谷歌的金融服务页面查找自己最喜爱公司的当前股票价格。如果你不喜欢任何公司，就选择 Ford。然后将页面的源码保存为工作目录中的文件。使用 DrRacket 中的 read-xexpr 将源码当作 Xexpr.v3 查看。■

习题 386 下面是 get 函数：

```
; Xexpr.v3 String -> String
; 从属性为"itemprop"、值为 s 的'meta 元素中提取"content"属性的值
(check-expect
  (get '(meta ((content "+1") (itemprop "F"))) "F")
  "+1")

(define (get x s)
  (local ((define result (get-xexpr x s)))
    (if (string? result)
        result
        (error "not found"))))
```

假设存在 get-xexpr，搜索任意 Xexpr.v3 中所需的属性并返回[Maybe String]的函数。

编写测试用例，查找除"F"之外的其他值，使 get 报错。

设计 get-xexpr。使用 get 的函数示例制作该函数的示例。将这些示例一般化，以确信 get-xexpr 可以遍历任意的 Xexpr.v3。最后，编写测试，使用习题 385 中保存的网络数据。■

第 23 章　同时处理

有些函数必须读入两个参数，而且它们都属于非平凡的数据定义类。如何设计此类函数取决于参数之间的关系。首先，其中一个参数可能会被视为原子的。其次，函数可能需要以一致的步伐处理这两个参数。最后，函数可以根据所有可能的情况处理输入数据。本章将举例说明这 3 种情况，并提供增强的设计诀窍。最后一节讨论复合数据的相等性。

23.1　同时处理两个链表：情况 1

考虑以下签名、目的声明和函数头：

```
; [List-of Number] [List-of Number] -> [List-of Number]
; 将 front 中最后的'()替换为 end
(define (replace-eol-with front end)
  front)
```

这个签名表明该函数读入两个链表。我们看看这种情况下设计诀窍是如何工作的。

我们从示例开始。如果第一个参数是'()，则 replace-eol-with 必须返回第二个参数，无论它是什么：

```
(check-expect (replace-eol-with '() '(a b)) '(a b))
```

相反，如果第一个参数不是'()，则目的声明要求我们用 end 来替换 front 末尾的'()：

```
(check-expect (replace-eol-with (cons 1 '()) '(a))
              (cons 1 '(a)))
(check-expect (replace-eol-with
              (cons 2 (cons 1 '())) '(a))
              (cons 2 (cons 1 '(a))))
```

目的声明和示例表明，只要第二个参数是链表，函数就不需要知道任何关于它的任何信息。这表明，函数模板应该是关于第一个参数的链表处理函数模板：

```
(define (replace-eol-with front end)
  (cond
    [(empty? front) ...]
    [else
     (... (first front) ...
      ... (replace-eol-with (rest front) end) ...)]))
```

我们来根据设计诀窍的第五步填补模板中的空白。如果 front 是'()，那么 replace-eol-with 返回 end。如果 front 不是'()，那么我们必须想明白模板表达式计算的是什么：

- (first front)求值为链表中的第一项；
- (replace-eol-with (rest front) end)将(rest front)中最后的'()替换为 end。

停一下！使用表格的方法来了解这个示例中这两条的含义。

有了这些，完成定义只需一小步：

```
(define (replace-eol-with front end)
  (cond
```

```
      [(empty? front) end]
      [else
       (cons (first front)
             (replace-eol-with (rest front) end))]))
```

习题 387 设计 cross。该函数读入符号链表和数值链表，并生成所有可能的符号和数值的有序对。也就是说，当输入'(a b c)和'(1 2)时，期望的输出是'((a 1) (a 2) (b 1) (b 2) (c 1) (c 2))。■

23.2 同时处理两个链表：情况 2

10.1 节展示了函数 wages*，在给定某些工人工作时长的情况下，该函数计算他们的周工资。该函数读入表示每周工作小时数的数值链表，生成相应的周工资数值链表。不过这假定所有员工的时薪都一样，但即使是一家小公司，也会向工人支付有差异的时薪。

这里我们来看一个更现实的版本。函数现在读入**两个**链表：工作小时链表和相应的时薪链表。修改后的问题翻译成函数头就是：

```
; [List-of Number] [List-of Number] -> [List-of Number]
; 将 hours 和 wages/h 中的对应项相乘
; 假定两个链表的长度一样
(define (wages*.v2 hours wages/h)
  '())
```

示例很简单：

```
(check-expect (wages*.v2 '() '()) '())
(check-expect (wages*.v2 (list 5.65) (list 40))
              (list 226.0))
(check-expect (wages*.v2 '(5.65 8.75) '(40.0 30.0))
              '(226.0 262.5))
```

所有这 3 个示例都符合要求，使用了等长的链表。

关于输入的假设也可以用于模板的开发。具体来说，条件表明，当(empty? wages/h)为真时，(empty? hours)也为真，此外，当(cons? wages/h)为真时，(cons? hours)也为真。因此，只需使用两个链表之一的模板就行了：

```
(define (wages*.v2 hours wages/h)
  (cond
    [(empty? hours) ...]
    [else
     (... (first hours)
      ... (first wages/h) ...
      ... (wages*.v2 (rest hours) (rest wages/h)))]))
```

在第一个 cond 子句中，hours 和 wages/h 都是'()。因此，这里不需要选择函数表达式。在第二个子句中，hours 和 wages/h 都是 cons 构造的链表，这意味着我们需要 4 个选择函数表达式。最后，因为后两个表达式是等长的链表，所以它们自然可以构成 wages*.v2 的自然递归。

此模板唯一不寻常的方面是，递归函数调用用到了两个表达式，它们分别是两个参数的选择函数表达式，但是，这个想法直接来自假设。

接下来，完整的函数定义很简单：

```
(define (wages*.v2 hours wages/h)
  (cond
    [(empty? hours) '()]
```

```
    [else
     (cons
       (weekly-wage (first hours) (first wages/h))
       (wages*.v2 (rest hours) (rest wages/h)))]))
```

第一个示例表明，第一个 cond 子句的返回应是'()。在第二个示例中，我们有 3 个可用的值：

（1）(first hours)，代表第一个周工作小时数值；

（2）(first wages/h)，代表第一个时薪；

（3）(wages*.v2 (rest hours) (rest wages/h))，根据目的声明，它计算出两个链表其余部分的周工资链表。

现在我们只需要结合这些值，就可以获得最终答案。如示例所示，我们必须计算第一名员工的周工资，然后用该工资和其余的工资 cons 链表：

```
(cons (weekly-wage (first hours) (first wages/h))
      (wages*.v2 (rest hours) (rest wages/h)))
```

辅助函数 weekly-wage 使用工作小时数和时薪来计算一名员工的周工资：

```
; Number Number -> Number
; 根据时薪和小时数计算周工资
(define (weekly-wage pay-rate hours)
  (* pay-rate hours))
```

停一下！要计算某名员工的工资，你需要使用哪个函数？如果改为要计算所得税，需要改用哪个函数？

习题 388 在现实世界中，wages*.v2 读入员工结构体的链表和工作记录的链表。员工结构体中包含员工姓名、社会安全号码和时薪。工作记录中包含员工姓名和周工作小时数。结果是结构体链表，结构体中包含员工姓名和周工资。

修改本节中的程序，使其适用于这些现实版本的数据。提供必要的结构体类型定义和数据定义。使用设计诀窍来指导修改过程。■

习题 389 设计 zip 函数，该函数读入（表示为字符串）名字链表，以及电话号码（也表示为字符串）链表。它将这两个等长的链表组合成电话记录的链表：

```
(define-struct phone-record [name number])
; PhoneRecord 是结构体：
;   (make-phone-record String String)
```

假定链表中对应的项属于同一个人。■

23.3 同时处理两个链表：情况 3

第三类问题是示例问题。

示例问题 给定符号的链表 los 和自然数 n，函数 list-pick 从 los 中提取第 n 个符号，如果不存在这样的符号，则报错。

问题是，对设计 list-pick 来说，诀窍好不好用。

我们已经相当熟悉符号链表的数据定义了，回想一下 9.3 节中的自然数类：

```
; N 是以下之一：
; -- 0
; -- (add1 N)
```

现在可以继续第二步：

```
; [List-of Symbol] N -> Symbol
; 从 l 中提取第 n 个符号；
; 如果不存在这样的符号，则报错
(define (list-pick l n)
  'a)
```

符号链表和自然数都是具有复杂数据定义的类。这种组合使问题变得不规范，也意味着我们必须注意设计诀窍每一步中的每个细节。

这时，我们通常会选择一些输入示例，并计算出期望的输出结果。我们从必须完美工作的函数的输入开始：'(a b c)和 2。对于 3 个符号的链表和索引值 2，list-pick 必须返回符号，问题是返回'b 还是'c。在小学时，你这么从 1、2 计数，所以不用想肯定选择'b，但这里我们讨论的是计算机科学，而不是小学（数学）。在计算机科学中，人们从 0 开始计数，这意味着'c 也是合适的选择。是的，我们这样选择：

```
(check-expect (list-pick '(a b c) 2) 'c)
```

讨论完 list-pick 的这个要点，我们看看实际的问题，即输入的选择。示例步骤的目标是尽可能覆盖输入空间，我们通过在复杂形式数据的描述中为每个子句选择一个输入来实现。这里建议从每个类中选取至少两个元素，因为每个数据定义都包含两个子句。我们为前一个参数选择'()和(cons 'a '())，为后一个参数选择 0 和 3。每个参数两个选择意味着总共有 4 个示例，毕竟，两个参数之间并没有明显的联系，签名中也没有限制。

事实证明，这些配对中只有一个会产生正确的结果，剩下的组合选择的都是不存在的位置，因为链表中没有足够多的符号：

```
(check-error (list-pick '() 0) "list too short")
(check-expect (list-pick (cons 'a '()) 0) 'a)
(check-error (list-pick '() 3) "list too short")
```

这就要求函数报错，在此我们选择自己喜欢的消息。

停一下！将这些代码段放入 DrRacket 的定义区，然后运行部分完成的程序。

对示例的讨论表明，该函数的设计确实必须检查 4 种独立的情况。发现这些情况的方法之一是，将每个子句的条件排列成二维表格：

	(empty? l)	(cons? l)
(= n 0)		
(> n 0)		

表格中的水平维度列出了 list-pick 必须询问关于链表的那些问题，垂直维度则列出了关于自然数的问题。通过这种安排，我们自然会得到 4 个方格，每个方格代表水平和垂直轴上的条件均为真时的情况。

该表格表明函数模板中的 cond 有 4 个子句。我们可以通过 and 每个方格的水平和垂直条件来找出每个子句的恰当条件：

	(empty? l)	(cons? l)
(= n 0)	(and (empty? l) (= n 0))	(and (cons? l) (= n 0))
(> n 0)	(and (empty? l) (> n 0))	(and (cons? l) (> n 0))

模板中 cond 的结构仅仅是将此表格翻译为条件（表达式）：

```
(define (list-pick l n)
  (cond
    [(and (= n 0) (empty? l)) ...]
    [(and (> n 0) (empty? l)) ...]
    [(and (= n 0) (cons? l)) ...]
    [(and (> n 0) (cons? l)) ...]))
```

与往常一样，cond 表达式允许我们区分 4 种可能的情况，并在每个 cond 子句中添加选择函数表达式时分别关注每种可能：

```
(define (list-pick l n)
  (cond
    [(and (= n 0) (empty? l))
     ...]
    [(and (> n 0) (empty? l))
     (... (sub1 n) ...)]
    [(and (= n 0) (cons? l))
     (... (first l) ... (rest l)...)]
    [(and (> n 0) (cons? l))
     (... (sub1 n) ... (first l) ... (rest l) ...)]))
```

第一个参数 l 是一个链表，非空链表模板的 cond 子句包含两个选择函数表达式。第二个参数 n 属于 N（类），非零数值模板的 cond 子句只需一个选择函数表达式。在 (empty? l) 或 (= n 0) 成立的情况下，对应的参数是原子的，因此无须相应的选择函数表达式。

构建模板的最后一步要求我们，如果选择函数表达式的结果与输入属于相同的类，在模板中加上递归。对于第一个示例，我们需要关注最后一个 cond 子句，因为它包含了两个参数的选择函数表达式。然而，如何形成自然递归并不明显。如果我们忽略函数的目的，那么有 3 种可能的递归：

（1）(list-pick (rest l) (sub1 n))

（2）(list-pick l (sub1 n))

（3）(list-pick (rest l) n)

每一种都是可用表达式的可行组合。由于无法确知需要哪一种，或者是否 3 种都需要，因此我们进入开发的下一阶段。

遵循设计诀窍的第五步，我们来分析模板中的每个 cond 子句，并确定它们的正确返回。

（1）如果 (and (= n 0) (empty? l)) 成立，则 list-pick 必须从空链表中选择第一个符号，这是不可能的，答案必须报错。

（2）如果 (and (> n 0) (empty? l)) 成立，则 list-pick 还是被要求从空链表中选择符号。

（3）如果 (and (= n 0) (cons? l)) 成立，则 list-pick 应该给出 l 中的第一个符号。选择函数表达式 (first l) 正是答案。

（4）如果 (and (> n 0) (cons? l)) 成立，则我们必须分析可用表达式计算的内容。正如我们所看到的，通过现有示例来完成此步骤是一个不错的主意。我们选择第一个示例缩短后的变体：

```
(check-expect (list-pick '(a b) 1) 'b)
```

对于这些值，3 个自然递归计算的结果分别是：

（a）(list-pick '(b) 0) 返回 'b；

（b）`(list-pick '(a b) 0)`求值得`'a`，这是错误的；

（c）`(list-pick '(b) 1)`报错。

由此我们得出结论，在最后的 cond 子句中`(list-pick (rest l) (sub1 n))`计算所需的答案。

习题 390　设计函数 tree-pick。该函数读入符号树和方向的链表：

```
(define-struct branch [left right])

; TOS 是以下之一：
; -- Symbol
; -- (make-branch TOS TOS)

; Direction 是以下之一：
; -- 'left
; -- 'right

; Direction 的链表也被称为路径
```

显然，Direction 指示函数在非符号的树中选择左分支还是右分支。tree-pick 函数的输出是什么？不要忘记编写完整的签名。输入为符号和非空路径时，该函数会报错。■

23.4　函数的简化

图 23-1 中的 list-pick 函数过于复杂了。前两个 cond 子句报错。也就是说，如果

```
(and (= n 0) (empty? alos))
```

或

```
(and (> n 0) (empty? alos))
```

成立，就需要报错。将此观察转换为代码：

```
(define (list-pick alos n)
  (cond
    [(or (and (= n 0) (empty? alos))
         (and (> n 0) (empty? alos)))
     (error 'list-pick "list too short")]
    [(and (= n 0) (cons? alos)) (first alos)]
    [(and (> n 0) (cons? alos))
     (list-pick (rest alos) (sub1 n))]))
```

```
; [List-of Symbol] N -> Symbol
; 从 l 中提取第 n 个符号；
; 如果不存在这样的符号，则报错
(define (list-pick l n)
  (cond
    [(and (= n 0) (empty? l))
     (error 'list-pick "list too short")]
    [(and (> n 0) (empty? l))
     (error 'list-pick "list too short")]
    [(and (= n 0) (cons? l)) (first l)]
    [(and (> n 0) (cons? l)) (list-pick (rest l) (sub1 n))]))
```

图 23-1　链表的索引

为了进一步简化此函数，我们需要了解有关布尔值的代数定律①：

① 这些方程被称为德摩根定律。

```
(or (and bexp1 a-bexp)     ==   (and (or bexp1 bexp2)
    (and bexp2 a-bexp))              a-bexp)
```

交换子表达式中的 and（项）时，类似的定律也成立。将这些定律应用于 list-pick 可得：

```
(define (list-pick n alos)
  (cond
    [(and (or (= n 0) (> n 0)) (empty? alos))
     (error 'list-pick "list too short")]
    [(and (= n 0) (cons? alos)) (first alos)]
    [(and (> n 0) (cons? alos))
     (list-pick (rest alos) (sub1 n))]))
```

接下来考虑 (or (= n 0) (> n 0))。因为 n 属于 N，所以它总是 #true。因为 (and #true (empty? alos)) 等价于 (empty? alos)，所以我们可以进一步将函数重写为：

```
(define (list-pick alos n)
  (cond
    [(empty? alos) (error 'list-pick "list too short")]
    [(and (= n 0) (cons? alos)) (first alos)]
    [(and (> n 0) (cons? alos))
     (list-pick (rest alos) (sub1 n))]))
```

最后这个定义已经比图 23-1 中的定义简单很多了，但我们可以做得更好。比较最新版本的 list-pick 中的第一个条件与第二和第三个条件。由于第一个 cond 子句筛选出 alos 为空的情况，因此后两个子句中的 (cons? alos) 总是会求值为 #true。将条件替换为 #true 并再次简化 and 表达式，我们得到 3 行版本的 list-pick。

图 23-2 给出了简化后的 list-pick。虽然它比原先的函数要简单得多，但重要的是要理解，原先的函数是以系统的方式设计的，并且可以利用公认的代数定律将前者转换为后者。因此，我们可以信任这个简化版本。如果试图直接写出简化版本的函数，那么在分析中我们迟早会忽略某种情况，这就注定会得到有缺陷的程序。

```
; list-pick: [List-of Symbol] N[>= 0] -> Symbol
; 求 alos 中第 n 个符号，从 0 开始计数；
; 如果不存在第 n 个符号，则报错
(define (list-pick alos n)
  (cond
    [(empty? alos) (error 'list-pick "list too short")]
    [(= n 0) (first alos)]
    [(> n 0) (list-pick (rest alos) (sub1 n))]))
```

图 23-2 链表的索引，简化版

习题 391 使用 23.2 节中的策略，设计 replace-eol-with。从测试开始。以系统的方式简化结果。■

习题 392 简化习题 390 中的 tree-pick 函数。■

23.5 设计读入两个复杂输入的函数

设计两个（或多个）复杂参数的函数的正确方法是遵循一般化的诀窍。你必须进行数据分析，然后定义相关的数据类。如果参数化定义的使用（如 List-of 或者诸如 '(1 b &) 的简写形式）混淆了思路，则将它们展开以使构造函数变得明确。接下来需要函数签名和目的声明。此时，你可以提前思考，并确定目前面临的是以下 3 种情况中的哪一种。

（1）如果其中一个参数起主导作用，那么就函数而言，将另一个参数视为原子数据。

（2）在某些情况下，参数属于同一类值，并且必须大小相同。例如，两个等长的链表，或者两个等长的网页，并且如果其中一个包含嵌入页面，则另一个也必须包含嵌入页面。如果两个参数具有同等的地位，并且目的声明表明需要以同步的方式处理它们，那么选择其中一个参数，围绕它组织函数，并以并行的方式遍历另一个参数。

（3）如果两个参数之间没有明显的连接，那么必须使用示例分析所有可能的情况。然后根据这个分析来开发模板，特别是其中的递归部分。

一旦判定某个函数属于第三类，则开发二维表格，以确保没有任何情况被遗漏。我们再用一对非平凡的数据定义来解释这个想法：

```
; LOD 是以下之一：                ; TID 是以下之一：
; -- '()                          ; -- Symbol
; -- (cons Direction LOD)         ; -- (make-binary TID TID)
                                  ; -- (make-with TID Symbol TID)
```

左边的数据定义就是通常的链表的定义，后边的是 TOS 的三子句变体。它用到了两种结构体类型定义：

```
(define-struct with [lft info rght])
(define-struct binary [lft rght])
```

假定函数读入 LOD 和 TID，那么应该使用具有以下形状的表格：

	(empty? l)	(cons? l)
(symbol? t)		
(binary? t)		
(with? t)		

在水平方向，我们枚举了识别第一个参数 LOD 子类的条件。在垂直方向，我们枚举了第二个参数 TID 的条件。

这个表格可以指导函数示例和函数模板的开发。如上所述，示例必须覆盖所有可能的情况，也就是说，表格中的每个单元格必须至少有一个示例。同样，每个单元格必须有一个模板中的 cond 子句，该子句的条件用 and 表达式结合水平条件和垂直条件。接下来，每个 cond 子句必须包含两个参数的所有可用选择函数表达式。如果其中某个参数是原子的，那么它不需要选择函数表达式。最后，你需要知道可用的自然递归。通常，选择函数表达式（以及可选的原子参数）的所有可能组合都是自然递归的候选者。因为我们无法知道哪些递归是必要的，哪些不是必要的，所以将它们全部保留，以供编码步骤使用。

总之，多参数函数的设计只是原先设计诀窍的变体。关键的思想是，将数据定义转换成表格，表格中包含所有可行的和有意义的组合。函数示例和函数模板的开发应尽可能地利用表格。

23.6 熟练习题：两个输入

习题 393 图 9-11 给出了有限集的两个数据定义。为自己选择的有限集表示设计 union 函数。它读入两个集，生成包含两者元素的集。

为同样的集表示设计 intersect。它读入两个集，生成同时出现在两者中的那些元素的集。■

习题 394 设计 merge。该函数读入两个按升序排序的数值链表。它输出已排序的数值链表，其中包含两个输入链表中的所有数值。某个数值在输出中出现的次数与它在两个输入链表中出现的总次数一样多。■

习题 395 设计 take。它读入链表 l 和自然数 n。它返回 l 中的前 n 项，如果 l 太短，返回 l 中的全部项。

设计 drop。它读入链表 l 和自然数 n，其结果是移除前 n 项的 l，如果 l 太短则输出'()。■

习题 396 刽子手游戏是一种著名的猜谜游戏。一个玩家选择一个单词，另一个玩家会被告知该单词包含多少个字母。后者选择某个字母，并询问第一个玩家这个字母是否在所选单词中出现，以及出现的位置。经过约定的时间或轮次后，游戏结束。

图 23-3 给出了限时版本（刽子手）游戏的主要部分。至于局部定义 check-compare 的原因，参见 16.3 节。

```
; HM-Word 是 [List-of Letter 或 "_"]
; 解释："_"表示待猜测的字母

; HM-Word N -> String
; 运行简单的刽子手游戏，生成当前状态
(define (play the-pick time-limit)
  (local ((define the-word  (explode the-pick))
          (define the-guess (make-list (length the-word) "_"))
          ; HM-Word -> HM-Word
          (define (do-nothing s) s)
          ; HM-Word KeyEvent -> HM-Word
          (define (checked-compare current-status ke)
            (if (member? ke LETTERS); ①
                (compare-word the-word current-status ke)
                current-status)))
    (implode
     (big-bang the-guess ; HM-Word
       [to-draw render-word]
       [on-tick do-nothing 1 time-limit]
       [on-key  checked-compare]))))

; HM-Word -> Image
(define (render-word w)
  (text (implode w) 22 "black"))
```

图 23-3 简单的刽子手游戏

本习题的目标是设计核心函数 compare-word。它读入待猜测的单词、代表猜测玩家发现了多少的单词 s，以及当前的猜测。该函数输出 s，其中"_"替换为猜中的字母。

完成函数的设计后，这样运行此程序：

```
(define LOCATION "/usr/share/dict/words") ;在 OS X 中
(define AS-LIST (read-lines LOCATION))
(define SIZE (length AS-LIST))
(play (list-ref AS-LIST (random SIZE)) 10)
```

这部分的解释如图 12-1 所示。享受游戏，并根据需要改进！■

习题 397 在某个工厂中，员工在早上到达以及晚上离开时打卡。电子考勤卡包含员工编号，并记录每周工作小时数。员工记录还是包含员工姓名、员工编号和时薪。

设计 wages*.v3。该函数读入员工记录链表和考勤卡记录链表。它输出工资记录链表，其中包含员工的姓名和周工资。如果函数找不到某个员工的考勤卡记录，它会报错，反之亦然。

假定 每个员工编号最多只有一张考勤卡。■

习题 398 线性组合是许多线性项（即变量和数值的乘积）的和。数值在这里被称为系数。

① 怀疑是 typo，LETTERS 应改为 the-word。——译者注

这里有些示例：

$$5 \bullet x \qquad 5 \bullet x+17 \bullet y \qquad 5 \bullet x+17 \bullet y+3 \bullet z$$

在所有示例中，x 的系数都是 5，y 的系数是 17，z 的系数是 3。

如果给定了变量的值，我们可以确定多项式的值。例如，如果 $x = 10$，那么 $5 \bullet x$ 的值为 50；如果 $x = 10$ 且 $y = 1$，那么 $5 \bullet x+17 \bullet y$ 的值为 67；如果 $x = 10$、$y = 1$、$z = 2$，那么 $5 \bullet x+17 \bullet y+3 \bullet z$ 的值为 73。

线性组合有许多不同的表示方法，例如，我们可以用函数表示。另一种表示是使用其系数的链表。上面的组合被表示为：

```
(list 5)
(list 5 17)
(list 5 17 3)
```

这种表示假定存在固定的变量顺序。

设计 `value`。该函数读入两个等长的链表：线性组合和变量值的链表，它输出对这些值的线性组合的值。■

习题 399 Louise、Jane、Laura、Dana 和 Mary 决定进行抽奖，为每个人分配一位礼物接收者。由于 Jane 是开发人员，她被要求编写程序以公正的方式执行此任务。当然，程序不能将任何人分配给她自己。

Jane 的程序的核心是：

```
; [List-of String] -> [List-of String]
; 为 names 生成随机分配，不将任何人指配给她自己
(define (gift-pick names)
  (random-pick
    (non-same names (arrangements names))))

; [List-of String] -> [List-of [List-of String]]
; 返回 names 的所有可能排列
; 参见习题 213
(define (arrangements names)
  ...)
```

它读入名字的链表，随机选择一个在任何位置都不等同于原链表的排列。

任务是设计两个辅助函数：

```
; [NEList-of X] -> X
;返回链表中的某个随机项
(define (random-pick l)
  (first l))

; [List-of String] [List-of [List-of String]]
; ->
; [List-of [List-of String]]
; 输出 ll 中在任何位置都与 names 不一致的链表的链表
(define (non-same names ll)
  ll)
```

回想一下，`random` 会生成随机数，参见习题 99。■

习题 400 设计函数 `DNAprefix`。该函数读入两个参数，都是`'a`、`'c`、`'g` 和`'t` 的链表，这些符号描述 DNA。第一个链表被称为模式，第二个链表被称为搜索字符串。如果模式与搜索字符串的开头部分相同，那么函数返回`#true`，否则返回`#false`。

然后设计 `DNAdelta`。这个函数类似于 `DNAprefix`，但它返回搜索字符串中模式之外的第

一项。如果两个链表相同，模式之外（搜索字符串中）没有 DNA 字母，那么函数报错。如果模式与搜索字符串的开头不匹配，函数返回`#false`。函数不得多次遍历任何一个链表。

`DNAprefix` 或 `DNAdelta` 可以被简化吗？■

习题 401 设计函数 `sexp=?`，判断两个 S 表达式是否相等。为方便起见，下面是数据定义的精简形式：

```
; S-expr（S 表达式）是以下之一：
; -- Atom
; -- [List-of S-expr]
;
; Atom 是以下之一：
; -- Number
; -- String
; -- Symbol
```

每当使用 `check-expect` 时，它都会使用类似于 `sexp=?`的函数来检查任意两个值是否相等。如果不相等，那么检查失败，`check-expect` 会如实报告。■

习题 402 重读习题 354。解释提示中将输入表达式首先当作原子值的原因。■

23.7 项目：数据库

许多软件应用程序使用数据库来跟踪数据。粗略地说，数据库是明确声明组织规则的表。表被称为内容（content），组织规则被为模式（schema）[①]。图 23-4 给出了两个示例。每张表由两部分组成：水平线上方的模式和下方的内容。

Name	Age	Present
String	Integer	Boolean
"Alice"	35	#true
"Bob"	25	#false
"Carol"	30	#true
"Dave"	32	#false

Present	Description
Boolean	String
#true	"presence"
#false	"absence"

图 23-4 表形式的数据库

我们关注左边的表。它有 4 行 3 列，每列都包含一条 2 个部分的组成规则。

（1）最左列中的规则表明，该列的标签是“Name”，列中的每个数据都是 String。

（2）中间列的标签是“Age”，其中包含 Integer。

（3）最右列的标签是“Present”，其值是 Boolean。

停一下！以同样的方式解释右边的表。

计算机科学家将这些表理解为关系（relation）。模式引入的术语描述了关系的列和行中的单个单元格。每一行都关联固定数量的值，所有行的集合构成了整个关系。按照这种术语，图 23-4 中的左表第一行将`"Alice"`与 `35` 和`#true` 相关联。此外，每一行的第一个单元格被称为“Name”单元格，第二个单元格被称为“Age”单元格，第三个单元格被称为“Present”单元格。

在本节中，我们用结构体和链表表示数据库：

```
(define-struct db [schema content])
; DB（数据库）是结构体：
```

① 本节汇集了本书前四部分的知识。

```
;     (make-db Schema Content)

; Schema（模式）是 [List-of Spec]
; Spec（规范）是 [List Label Predicate]
; Label（标签）是 String
; Predicate（谓词）是 [Any -> Boolean]

; Content（内容）是[List-of Row]
; Row（行）是 [List-of Cell]
; Cell（单元格）是 Any
; 约束：单元格中不包含函数

; 完整性约束：在(make-db sch con)中，对于 con 中的每一行，
; (I1) 它的长度和 sch 的一样，
; (I2) 它的第 i 个 Cell 满足 sch 中的第 i 个 Predicate
```

停一下！将图 23-4 中的数据库转换为所选的数据表示。注意，表的内容已使用了中级+lambda 语言的数据。

图 23-5 显示了如何将图 23-4 中的两个表表示为 DB。图 23-5 的左半部分代表图 23-4 中左侧表的模式、内容和数据库，右半部分对应图 23-4 右侧的表。为简洁起见，这些示例使用了 quasiquote 和 unquote 表示法。回想一下，该表示法允许在本来是引用的链表中包含如 boolean?之类的值。如果你对这种表示法不适应，使用 list 重新表示这些示例。

```
(define school-schema
  `(("Name"    ,string?)
    ("Age"     ,integer?)
    ("Present" ,boolean?)))

(define school-content
  `(("Alice" 35 #true)
    ("Bob"   25 #false)
    ("Carol" 30 #true)
    ("Dave"  32 #false)))

(define school-db
  (make-db school-schema
           school-content))
```

```
(define presence-schema
  `(("Present"     ,boolean?)
    ("Description" ,string?)))

(define presence-content
  `((#true  "presence")
    (#false "absence")))

(define presence-db
  (make-db presence-schema
           presence-content))
```

图 23-5 用中级+lambda 语言数据表示的数据库

习题 403 Spec 将 Label 和 Predicate 组合成一个链表。虽然这种选择对有经验的程序员来说是完全可以接受的，但它违反了我们的指导原则：当所表示的信息由固定数量的片段组成时，使用结构体类型。

替代的数据表示是：

```
(define-struct spec [label predicate])
; Spec 是结构体：(make-spec Label Predicate)
```

使用此替代定义来表示图 23-4 中的数据库。■

完整性检查

数据库的使用严格依赖它们的完整性。这里的“完整性”指的是数据定义中的约束（I1）和（I2）。检查数据库完整性显然是函数的任务：

```
; DB -> Boolean
; db 中所有的行都满足 (I1)和(I2)吗
```

```
(check-expect (integrity-check school-db) #true)
(check-expect (integrity-check presence-db) #true)

(define (integrity-check db)
  #false)
```

这两个约束的措辞表明，某函数必须对给定数据库内容中的每一行生成#true。用代码表达这个想法，需要对 db 的内容使用 andmap：

```
(define (integrity-check db)
  (local (; Row -> Boolean
          (define (row-integrity-check row)
           ...))
    (andmap row-integrity-check (db-content db))))
```

遵循使用现有抽象的设计诀窍，模板通过 local 定义引入辅助函数。

row-integrity-check 的设计以此开始：

```
; Row -> Boolean
; row 满足 (I1)和(I2)吗
(define (row-integrity-check row)
  #false)
```

与往常一样，制定目的声明的目的是理解问题。这里它表明函数会检查**两个**条件。当涉及两个任务时，设计指南要求我们使用函数，并组合它们的结果：

```
(and (length-of-row-check row)
     (check-every-cell row))
```

将这些函数添加到愿望清单中，函数名传达了其目的。

在设计这些函数之前，我们必须考虑是否可以组合现有的基本运算来计算所需的值。例如，我们知道(length row)计算 row 中有多少个单元格。朝这个方向努力一点，我们显然需要

```
(= (length row) (length (db-schema db)))
```

这一条件检查 row 的长度是否等于 db 的模式的长度。

类似地，check-every-cell 需要检查某函数对行中的每个单元格是否返回#true。看起来我们还是需要 andmap：

```
(andmap cell-integrity-check row)
```

cell-integrity-check 的目的显然是检查约束（I2），即

“第 i 个 Cell 是否满足 db 的模式中的第 i 个 Predicate。”。

这里我们遇到问题了，因为目的声明指的是 row 中给定单元格的相对位置。然而，andmap 会将 cell-integrity-check **一致地**应用于每个单元格。

当遇到困难时，我们必须检查（函数）示例。对辅助函数或 local 函数来说，最好是从主函数的示例中导出相应的示例。integrity-check 的第一个示例断言 school-content 满足完整性约束。显然，school-content 中的所有行都具有与 school-schema 相同的长度。问题是，为什么类似于

```
(list "Alice" 35 #true)
```

的行满足对应模式中的谓词：

```
(list (list "Name"    string?)
      (list "Age"     integer?)
      (list "Present" boolean?))
```

答案是，3 个谓词的应用分别对各自对应的 3 个单元格返回#true：

```
> (string? "Alice")
#true
> (integer? 35)
#true
> (boolean? #true)
#true
```

这就可以看出，函数必须并行地处理这两个链表——db 的模式和输入的行。

习题 404 设计函数 andmap2。它从两个值到布尔值中读入函数 f，以及两个等长的链表。它的输出也是布尔值。具体来说，它将 f 应用于来自两个链表的相应值对，如果 f 总是给出#true，那么 andmap2 也返回#true，否则，andmap2 返回#false。简而言之，andmap2 与 andmap 相似，但是作用于两个链表。■

停一下！在继续阅读之前，先完成习题 404。

如果在中级+lambda 语言中使用 andmap2，那么对 row 检查第二个条件很简单：

```
(andmap2 (lambda (s c) [(second s) c])
         (db-schema db)
         row)
```

这里输入的函数读入 db 的模式中的 Specs，提取出第二个位置的谓词，然后将其应用于输入的 Cell c。该谓词返回的值就是 lambda 函数的输出。

再停一下！解释[(second s) c]。

其实，中级+lambda 语言中的 andmap 已经表现得和 andmap2 一样了：

```
(define (integrity-check db)
  (local (; Row -> Boolean
          ; row 满足（I1）和（I2）吗
          (define (row-integrity-check row)
            (and (= (length row)
                    (length (db-schema db)))
                 (andmap (lambda (s c) [(second s) c])
                         (db-schema db)
                         row))))
    (andmap row-integrity-check (db-content db))))
```

最后再停一下！开发 integrity-check 必须失败的测试。

关于表达式提升 integrity-check 的定义存在几个问题，有些是可见的，有些是不可见的。显然，函数两次提取了 db 的模式。只要使用现有的 local 定义就可以引入定义从而避免此重复：

```
(define (integrity-check.v2 db)
  (local ((define schema (db-schema db))
          ; Row -> Boolean
          ; row 满足（I1）和（I2）吗
          (define (row-integrity-check row)
            (and (= (length row) (length schema))
                 (andmap (lambda (s c) [(second s) c])
                         schema
                         row))))
    (andmap row-integrity-check (db-content db))))
```

从 16.2 节中我们得知，这样提升表达式可能会缩短运行完整性检查所需的时间。与图 16-6 中的 inf 的定义一样，integrity-check 的原始版本对于每一行都从 db 中提取模式，即使它显然保持不变。

术语 计算机科学家使用术语“提升表达式”。类似地，row-integrity-check 函数在每次调用时计算 db 模式的长度，其结果总是一样的。因此，如果需要提高此函数的性能，我们可以使用 local 定义来一劳永逸地将数据库内容的宽度命名为 width。图 23-6 给出了从 row-integrity-check 提升（length schema）的结果。为了便于阅读，此最终定义还命名了 db 的 content 字段。

```
(define (integrity-check.v3 db)
  (local ((define schema  (db-schema db))
          (define content (db-content db))
          (define width   (length schema))
          ; Row -> Boolean
          ; row 满足（I1）和（I2）吗
          (define (row-integrity-check row)
            (and (= (length row) width)
                 (andmap (lambda (s c) [(second s) c])
                         schema
                         row))))
    (andmap row-integrity-check content)))
```

图 23-6 系统地提升表达式的结果

预测和选择

程序需要从数据库中提取数据。一种提取是选择（select）内容，这在 12.2 节中进行了解释。另一种提取生成减少后的数据库，它被称为投影（projection），更具体地说，投影通过仅保留给定数据库中的某些列来构建新数据库。

投影的描述表明：

```
; DB [List-of Label] -> DB
; 如果 db 中某列的标签在 labels 中，则保留它
(define (project db labels) (make-db '() '()))
```

鉴于投影的复杂性，最好首先来看一个示例。假设我们希望删除图 23-4 左侧数据库中的 Age 列。这种转换用表格表示就是：

原始数据库			删除“Age”列后	
Name	Age	Present	Name	Present
String	Integer	Boolean	String	Boolean
"Alice"	35	#true	"Alice"	#true
"Bob"	25	#false	"Bob"	#false
"Carol"	30	#true	"Carol"	#true
"Dave"	32	#false	"Dave"	#false

一种自然地将示例表达为测试的方式复用了图 23-5：

```
(define projected-content
  `(("Alice" #true)
    ("Bob"   #false)
    ("Carol" #true)
    ("Dave"  #false)))

(define projected-schema
  `(("Name" ,string?) ("Present" ,boolean?)))

(define projected-db
```

```
  (make-db projected-schema projected-content))
; 停下来！仔细阅读此测试。有什么问题？
(check-expect (project school-db '("Name" "Present"))
              projected-db)
```

如果在 DrRacket 中运行上面的代码，那么在 DrRacket 可以判断测试是否成功之前就会收到错误消息

```
first argument of equality cannot be a function
```

（比较运算的第一个参数不能是函数）。回想一下 14.4 节，函数是无限大的对象，没有方法可以确保当应用于相同的参数时，两个函数总是给出相同的输出。因此，我们削弱测试用例：

```
(check-expect
  (db-content (project school-db '("Name" "Present")))
  projected-content)
```

对于模板，我们还是复用现有的抽象，如图 23-7 所示。`local` 表达式定义了两个函数：一个配合 `filter`，用于缩小给定数据库的模式，另一个配合 `map` 以减少内容。此外，该函数还是从给定数据库中提取名称和模式。

```
(define (project db labels)
  (local ((define schema  (db-schema db))
          (define content (db-content db))
          ; Spec -> Boolean
          ; 此规范是否属于新模式
          (define (keep? c) ...))
          ; Row -> Row
          ; 保留名称在 labels 中的列
          (define (row-project row) ...))
    (make-db (filter keep? schema)
             (map row-project content))))
```

图 23-7　`project` 的模板

在转到愿望清单之前，我们退一步，研究两次复用现有的抽象的决定。签名告诉我们，该函数读入结构体并返回 `DB` 的元素，所以

```
(local ((define schema (db-schema db))
        (define content (db-content db)))
  (make-db ... schema ...
           ... content ...))
```

是显然的。此外，新模式是从旧模式创建的，新内容是从旧内容创建的，这也是显然的。另外，`project` 的目的声明要求仅保留第二个参数中提到的那些标签。因此，`filter` 函数正确地缩小了输入的 `schema`。相反，行本身保持不变，除了它们每个都丢失一些单元格。因此，`map` 是处理 `content` 的正确方式。

现在我们可以转向两个辅助函数的设计。`keep?`的设计很简单，其完整的定义是：

```
; Spec -> Boolean
; 此规范是否属于新模式
(define (keep? c)
  (member? (first c) labels))
```

该函数作用于 Spec，它将 Label 和 Predicate 组合到一个链表中。如果前者属于 `labels`，那么保留输入的 Spec。

对于 `row-project` 的设计，其目标是将 `content` 的每个 Row 的名称在输入的 `labels` 中的那些 Cell 保留下来。我们通过上面的示例来解决。示例中的 4 行是：

```
(list "Alice" 35 #true)
(list "Bob"   25 #false)
(list "Carol" 30 #true)
(list "Dave"  32 #false)
```

每一行都与 school-schema 一样长：

```
(list "Name" "Age" "Present")
```

该模式中的名称确定输入的行中单元格的名称。因此，row-project 必须保留每行的第一个和第三个单元格，因为它们的名称位于输入的 labels 中。

由于 Row 是递归定义的，因此这里需要一个递归的辅助函数，它匹配 Cell 们的内容与其名称，这样 row-project 可以对内容和单元格的标签调用辅助函数。我们将其指定为愿望：

```
; Row [List-of Label] -> Row
; 保留 names 中对应元素也在 labels 中的那些单元格
(define (row-filter row names) '())
```

使用这个愿望函数，row-project 只需一行就够了：

```
(define (row-project row)
  (row-filter row (map first schema)))
```

map 表达式提取出单元格的名称，并将这些名称传递给 row-filter 以提取匹配的单元格。

习题 405 设计函数 row-filter。用 project 的示例来构建 row-filter 的示例。

假定 输入的数据库能通过完整性检查，也就是说每行都与模式以及名称链表一样长。■

将所有部分放到一起就是图 23-8。函数 project 带有后缀 .v1，因为它还需要一些改进。后续的习题会实现其中一些改进。

```
(define (project.v1 db labels)
  (local ((define schema  (db-schema db))
          (define content (db-content db))

          ; Spec -> Boolean
          ; 该列是否属于新模式
          (define (keep? c)
            (member? (first c) labels))

          ; Row -> Row
          ; 保留名称在 labels 中的列
          (define (row-project row)
            (row-filter row (map first schema)))

          ; Row [List-of Label] -> Row
          ; 保留名称在 labels 中的单元格
          (define (row-filter row names)
            (cond
              [(empty? names) '()]
              [else
               (if (member? (first names) labels)
                   (cons (first row)
                     (row-filter (rest row) (rest names)))
                   (row-filter (rest row) (rest names)))])))
    (make-db (filter keep? schema)
             (map row-project content))))
```

图 23-8 数据库投影

习题 406 row-project 函数对数据库内容的每一行重新计算其标签。函数调用之间的返回值会有区别吗？如果没有，提升表达式。■

习题 407 使用 foldr 重新设计 row-filter。完成后就可以将 row-project 和 row-filter 合并到一个函数中。**提示** 中级+lambda 语言中的 foldr 函数可以读入两个链表，并行地处理它们。■

最后的观察是，row-project 对每一个单元格检查其标签是否在 labels 中。对于不同行中同一列的单元格，结果将是相同的。因此，从函数中提升该计算也是有意义的。

这种形式的提升比一般表达式的提升更难些。基本上，我们希望对所有行预先计算出

```
(member? label labels)
```

的结果，然后将此结果传入函数，而不再传入标签的链表。也就是说，我们将标签的链表替换为布尔值的链表，表示是否要保留相应位置的单元格。幸运的是，要计算这些布尔值只需要对模式调用 keep?就行了：

```
(map keep? schema)
```

这个表达式不再从输入的 schema 中保留一些 Spec 并丢弃其他 Spec，而只是收集决定值。

图 23-9 给出了最终版本的 project，并集成了前面习题的解。它还使用 local 来提取并命名 schema 和 content，外加用于检查某 Spec 中的标签是否值得保留的 keep?。后一个定义引入了 mask，它代表上面讨论的布尔值链表。最后一个定义是修改后的 row-project，它使用 foldr 并行地处理输入的 row 和 mask。

```
(define (project db labels)
  (local ((define schema  (db-schema db))
          (define content (db-content db))

          ; Spec -> Boolean
          ; 该列是否属于新模式
          (define (keep? c)
            (member? (first c) labels))

          ; Row -> Row
          ; 保留名称在 labels 中的列
          (define (row-project row)
            (foldr (lambda (cell m c) (if m (cons cell c) c))
                   '()
                   row
                   mask))
          (define mask (map keep? schema)))
    (make-db (filter keep? schema)
             (map row-project content))))
```

图 23-9 数据库投影

比较这个修改后的 project 定义与图 23-8 中的 project.v1。最终的定义比原始版本更简单也更快。系统设计与精心修改相结合得到了回报，测试套件确保修改不会破坏程序的功能。

习题 408 设计函数 select。它读入数据库、标签的链表和行的谓词。输出是满足输入谓词的行的链表，投影到输入的标签集。■

习题 409 设计 reorder。该函数读入数据库 db 和 Label 的链表 lol。它返回像 db 一样的数据库，但其列根据 lol 重新排序。**提示** 阅读 list-ref 的文档。

先假定 lol 正好包含 db 的列的标签。完成设计后，如果 lol 包含的标签少于 db 的列，或者其中包含不是 db 列标签的字符串，研究必须做出哪些修改。■

习题 410 设计函数 db-union，它读入两个模式完全相同的数据库，生成使用此模式并包

含两者共有内容的新数据库。该函数必须消除重复（具有完全相同内容）的行。

假定模式中所有对应列的谓词都一致。■

习题 411 设计 `join`，该函数读入两个数据库：`db-1` 和 `db-2`。`db-2` 模式的第一个 Spec 和 `db-1` 模式的最后一个 Spec 完全相同。函数通过将 `db-1` 每一行的最后一个单元格替换为 `db-2` 中的单元格的转化（translation）创建数据库。

来看一个示例，图 23-4 中的数据库。这两个数据库满足本习题的假定，即前者模式中的最后一个 Spec 等于后者模式中的第一个 Spec。因此可以连接它们：

Name String	Age Integer	Description String
"Alice"	35	"presence"
"Bob"	25	"absence"
"Carol"	30	"presence"
"Dave"	32	"absence"

这里的转化将`#true`映射到`"presence"`，将`#false`映射到`"absence"`。

提示 （1）一般来说，第二个数据库可以将单元格“转化”为一行的值，而不仅仅是一个值。修改示例，向`"presence"`和`"absence"`行添加其他的项。

（2）它还可以将单元格“转化”为多行，在这种情况下，该过程会在新数据库中添加行。来看第二个示例，与图 23-4 中的数据库略有不同：

Name String	Age Integer	Present Boolean
"Alice"	35	#true
"Bob"	25	#false
"Carol"	30	#true
"Dave"	32	#false

Present Boolean	Description String
#true	"presence"
#true	"here"
#false	"absence"
#false	"there"

将左侧数据库与右侧数据库连接，会产生包含 8 行的数据库：

Name String	Age Integer	Description String
"Alice"	35	"presence"
"Alice"	35	"here"
"Bob"	25	"absence"
"Bob"	25	"there"
"Carol"	30	"presence"
"Carol"	30	"here"
"Dave"	32	"absence"
"Dave"	32	"there"

（3）使用迭代改进来解决问题。第一次迭代时，假定每个单元格的“转化”只会找到一行。第二次迭代时，放弃此假定。

关于假定 本习题和整个小节都依赖关于输入数据库的非正式陈述的假定。这里，`join` 的设计假定“`db-2` 模式的第一个 Spec 与 `db-1` 模式的最后一个 Spec 完全相同。”现实中，数据库函数必须本着 6.3 节的精神，是带检查的函数。然而，设计 `check-join` 却是不可能的。要比较 `db-1` 模式中的最后一个 Spec 与 `db-2` 模式中的第一个 Spec，需要对函数进行比较。有关实际中的解决方案，参见关于数据库的教科书。■

第 24 章　总结

本书的第四部分讨论的是处理数据的函数的设计，其中对数据的描述涉及许多相互交织的定义。这种形式的数据会出现在现实世界中的任何地方，从计算机本地文件系统到万维网和动画电影中使用的几何形状。仔细阅读本书的这一部分后，读者就会知道，设计诀窍可以扩展到这些形式的数据：

（1）当程序的数据描述需要多个相互引用的数据定义时，设计诀窍要求同时开发多个模板，每个数据定义一个模板。如果数据定义 `A` 引用了数据定义 `B`，那么模板 `function-for-A` 需要在完全相同的位置、以完全相同的方式引用 `function-for-B`。除此之外，函数的设计诀窍和以前一样。

（2）当函数必须处理两种类型的复杂数据时，需要区分 3 种不同的情况。第一种情况，函数可以像处理原子数据一样处理其中一个参数。第二种情况，这两个参数会具有完全相同的结构，函数可以以完全并行的方式遍历它们。第三种情况，函数可能必须分别处理所有可能的组合。在这种情况下，我们需要创建二维的表格，沿着其中一个维度枚举来自一个数据定义的所有类型数据，沿着另一个维度处理另一类数据。最后，使用表格中的单元格来为各种情况编写条件和返回值。

本书的这一部分讨论了带有两个复杂参数的函数。如果遇到罕见的情况，如函数读入 3 个复杂数据，读者就知道需要三维的表格。

现在我们已经看到了在职业生涯中可能会遇到的所有形式的结构化数据，当然细节会有所不同。如果遇到困难，记住设计诀窍，它是启动的第一步。

独立章节 4　数值的本质

说到数值，编程语言调和了底层硬件和真实数学之间的差距。典型的计算机硬件用固定大小的数据块[1]表示数值，它们还配备了专门用来处理这些数据块的处理器。用纸笔计算时，我们不担心需要处理多少位数，原则上，我们可以处理由一位数、10 位数或 10 000 位数组成的数值。因此，如果编程语言使用来自底层硬件的数值，则其计算会非常高效。如果采用数学中的数值，它必须将这些数值转换成硬件数据块再将硬件数据块转换回数值——这种转换需要花费时间。出于成本考虑，大多数编程语言的创建者都选择采用基于硬件的数值。

本独立章节以数据表示练习的方式解释数值的硬件表示。具体来说，第一节介绍数值的具体固定大小的数据表示，讨论如何将数值映射到这种表示，并提示计算如何处理这些数值。第二节和第三节展示这种选择的两个最基本的问题：算术上溢出和下溢出。最后一节简单描述教学语言中的算术如何工作，这里的数值系统是今天的大多数编程语言的**一般化**。最后的习题表明，当程序计算数值时，事情可以变得多糟糕。

固定大小的数值算术

假设我们可以使用 4 位数来表示数值。如果表示自然数，一种可表示的范围是[0,10000]。如果表示实数，我们可以在 0 到 1 之间选择 10000 个分数，或者在 0 到 1 之间选择 5000 个、在 1 到 2 之间另选 5000 个，以此类推。对于任何一种情况，选定了区间之后，4 位数最多可表示 10000 个数值，尽管此区间中包含无限多个数值。

硬件数值的常见选择是使用所谓的科学记数法，这意味着数值由两部分表示：

（1）尾数，这是基数[2]；

（2）指数，用于确定以 10 为底的指数。

用公式表示，数值被写为

$$m \cdot 10^e$$

其中 m 是尾数，e 是指数。例如，用该方案表示 1200 的一种方法是

$$120 \times 10^1$$

另一种方法是

$$12 \times 10^2$$

通常，一个数值具有几个等值的表示。

我们也可以使用负指数，它以一个额外的数据位（指数的符号）为代价，增加了分数的表示方法。例如，

$$1 \times 10^{-2}$$

表示

---

① 这些块被称为比特（bit）、字节（byte）和字（word）。

② 对于纯科学记数法，基数在 0 到 9 之间；我们忽略这个约束条件。

$$\frac{1}{100}$$

要使用尾数-指数表示法的形式，我们必须决定 4 位数中的几位用于表示尾数，几位用于表示指数。这里我们各使用两位表示尾数和指数，此外还需要指数的符号，其他选择也是可行的。基于此决定，0 仍然可以表示为

$$0 \times 10^{0}$$

可以表示的最大数值是

$$99 \times 10^{99}$$

也就是 99 后跟 99 个 0。使用负指数，我们可以表示的分数可以一直小到

$$01 \times 10^{-99}$$

这是可表示的最小数值。总之，使用 4 位数（外加符号）的科学记数法，我们可以表示很大范围内的数值（包括分数），这是一种改进，但也随之带来了问题。

要理解这些问题，最好的办法是选定中级+lambda 语言中的某种数据表示，并运行一些试验。我们用具有 3 个字段的结构体来表示固定大小的数值：

```
(define-struct inex [mantissa sign exponent])
; Inex 是结构体：
;    (make-inex N99 S N99)
; S 是下列之一：
; -- 1
; -- -1
; N99 是 0 和 99（包含）之间的 N。
```

因为 Inex 字段的条件非常严格，所以我们定义 create-inex 函数来实例化此结构体类型定义，如图 04-1 所示。图中还定义了 inex->number，它使用上述公式将 Inex 转换为数值。

```
; N Number N -> Inex
; 检查参数后创建 Inex 的实例
(define (create-inex m s e)
  (cond
    [(and (<= 0 m 99) (<= 0 e 99) (or (= s 1) (= s -1)))
     (make-inex m s e)]
    [else (error "bad values given")]))

; Inex -> Number
; 将 Inex 转换为等价的数值
(define (inex->number an-inex)
  (* (inex-mantissa an-inex)
     (expt
       10 (* (inex-sign an-inex) (inex-exponent an-inex)))))
```

图 04-1 （数值）非精确表示的函数

我们来将上面的示例（1200）翻译成数据表示：

```
(create-inex 12 1 2)
```

然而，根据 Inex 的数据定义，将 1200 表示为 120×10^{1} 是非法的：

```
> (create-inex 120 1 1)
bad values given
```

但是，对于其他数值，我们可以找到两个等价的 Inex。例如 5e-19：

```
> (create-inex 50 -1 20)
(make-inex 50 -1 20)
```

```
> (create-inex 5 -1 19)
(make-inex 5 -1 19)
```

使用 `inex->number` 确认这两个数值相等。

使用 `create-inex` 还可以很容易地界定可表示数值的范围，这个范围对许多应用程序来说实际上非常小：

```
(define MAX-POSITIVE (create-inex 99 1 99))
(define MIN-POSITIVE (create-inex 1 -1 99))
```

问题是，`0` 到 `MAX-POSITIVE` 范围内的哪些实数可以转换为 Inex。特别地，任何小于

$$10^{-99}$$

的正数都没有相等的 Inex。类似地，这种表示中间也存在间隙。例如，

```
(create-inex 12 1 2)
```

的直接后继数是

```
(create-inex 13 1 2)
```

前一个 Inex 代表 `1200`，后一个 Inex 代表 `1300`。对于两者中间的数值，如 `1240`，可以表示为两者之一——使用其他任何 Inex 更没有意义。标准的做法是将数值四舍五入到最接近的可表示数，这就是计算机科学家说的非精确数（inexact number）的意思。也就是说，所选择的数据表示迫使我们将数学上的数值映射到其近似值。

最后，我们还必须考虑 Inex 结构体的算术运算。相加指数相同的两个 Inex 表示意味着将两个尾数相加：

```
(inex+ (create-inex 1 1 0) (create-inex 2 1 0))
==
(create-inex 3 1 0)
```

翻译成数学表示法，就是

$$\begin{array}{r} 1\times10^{0} \\ +\,2\times10^{0} \\ \hline 3\times10^{0} \end{array}$$

如果两个尾数相加产生太多数位，我们必须使用 Inex 中最接近的值。考虑 55×10^{0} 加 55×10^{0}。数学上我们得到

$$110\times10^{0}$$

但我们无法简单地将这个数值翻译成这里的表示，因为 $110>99$。正确的做法是将结果表示为

$$11\times10^{1}$$

或者，翻译成中级+`lambda` 语言，我们必须确保 `inex+`这样计算：

```
(inex+ (create-inex 55 1 0) (create-inex 55 1 0))
==
(create-inex 11 1 1)
```

更一般地说，如果结果的尾数太大，我们必须将它除以 10 并将指数加 1。

有时结果包含的尾数的位数比我们可以表示的位数更多，在这种情况下，`inex+`必须四舍五入到 Inex 世界中最接近的数。例如：

```
(inex+ (create-inex 56 1 0) (create-inex 56 1 0))
==
(create-inex 11 1 1)
```

与精确计算相比较：

$$56 \times 10^0 + 56 \times 10^0 = (56 + 56) \times 10^0 = 112 \times 10^0$$

因为结果有太多的尾数位，结果尾数做整数除以 10 会得到近似结果：

$$11 \times 10^1$$

这是 Inex 算术中许多近似的示例之一[①]。

我们也可以对 Inex 数值做乘法。回想一下

$$(a \times 10^n) \times (b \times 10^m)$$
$$=(a \times b) \times 10^n \times 10^m$$
$$=(a \times b) \times 10^{(n+m)}$$

因此得到：

$$2 \times 10^{+4} \times 8 \times 10^{+10} = 16 \times 10^{+14}$$

或者，用中级+lambda 语言表示：

```
(inex* (create-inex 2 1 4) (create-inex 8 1 10))
==
(create-inex 16 1 14)
```

与加法一样，事情并不简单。如果结果在尾数中有太多有效数字，inex*必须增加指数：

```
(inex* (create-inex 20 1 1) (create-inex  5 1 4))
==
(create-inex 10 1 6)
```

和 inex+一样，如果真正的尾数在 Inex 中没有精确的等价值，inex*就会引入近似值：

```
(inex* (create-inex 27 -1 1) (create-inex  7 1 4))
==
(create-inex 19 1 4)
```

习题 412 设计 inex+。该函数将两个 Inex 表示的数值相加，并且这两个数值具有相同的指数。该函数必须能处理需要增加指数的情况。此外，如果结果超出范围，它必须自己报错，而不依赖 create-inex 所进行的错误检查。

挑战 扩展 inex+，以便它可以处理指数相差 1 的输入：

```
(check-expect
  (inex+ (create-inex 1 1 0) (create-inex 1 -1 1))
  (create-inex 11 -1 1))
```

在阅读下一节之前，不要尝试处理大于此处的输入类。■

习题 413 设计 inex*。该函数将两个 Inex 表示的数值相乘，包括需要输出的指数额外增加的情况。和 inex+一样，如果结果超出范围，它必须自己报错，而不依赖 create-inex 来执行错误检查。■

习题 414 如本节所示，将数值映射到 Inex 时，数据表示中的间隙会导致舍入误差。问题是，这种舍入误差会在计算中累积。

设计 add，它是将 n 个#i1/185 相加的函数。示例的输入使用 0 和 1，对于后一个示例，允许的误差为 0.0001。(add 185)的结果是什么？期望的值是什么？如果将该结果乘以某个大数，会发生什么？

---

① **非精确**（inexact）这一说法是恰当的。

设计 sub。该函数计算参数不断减去 1/185 直到为 0 的次数。示例的输入使用 0 和 1/185。期望的结果是什么？(sub 1)和(sub #i1.0)的结果分别是什么？第二种情况中发生了什么？为什么？■

溢出

虽然科学记数法扩展了我们可以用固定大小的数据块表示的数值的范围，但它仍然是有限的。有些数值就是因为太大而无法放入固定大小的数值表示。例如：

$$99 \times 10^{500}$$

无法被表示，因为指数 500 无法用两位数表示，而且尾数已经是可以表示的最大值了。

对 Inex 来说太大的数值可能在计算中出现。例如，可以表示的两个数值相加，其结果可以是一个无法表示的数值：

```
(inex+ (create-inex 50 1 99) (create-inex 50 1 99))
==
(create-inex 100 1 99)
```

但这违反了数据定义。当 Inex 算术产生的数值太大而无法表示时，我们称其为（算术）*溢出*（overflow），有时也称**上溢出**。

当发生溢出时，某些语言实现会报错并停止计算。另一些语言实现指定了某个符号值，称为*无穷大*（infinity），来表示这种数值，并通过算术运算传播该值。

注意 如果 Inex 还包含尾数的符号字段，那么两个负数相加也可以得出无法被表示的负数。这被称为负方向上溢出。

习题 415 中级+lambda 语言使用+inf.0 来处理溢出。确定能使

```
(expt #i10.0 n)
```

为非精确数而(expt #i10. (+ n 1))由+inf.0 近似表示的整数 n。**提示** 设计计算 n 的函数。■

下溢出

在频谱的另一端，有一些小的数值在 Inex 中无法表示。例如，100^{-500} 不是 0，但它小于我们可以表示的最小非零数值。当将两个小的数值相乘，并且结果对 Inex 而言太小时，会出现（算术）*下溢出*（underflow），也称为**下溢**：

```
(inex* (create-inex 1 -1 10) (create-inex 1 -1 99))
==
(create-inex 1 -1 109)
```

这会导致报错。

当发生下溢时，有些语言实现会报错，另一些语言实现则使用 0 来给出近似结果。使用 0 来近似于下溢与在 Inex 中选择数值的近似表示在本质上是不同的。具体来说，使用(create-inex 12 1 2)来近似于 1250，会从尾数中去除有效数字，但结果始终在要表示的数值的 10%范围以内。但是，近似于下溢意味着丢弃整个尾数，意思是结果不在真实结果可预测的百分比范围内。

习题 416 中级+lambda 语言使用#i0.0 来近似于下溢。确定最小的整数 n，使得(expt

#i10.0 n)仍然是一个不精确的中级+lambda 语言的数值，而(expt #i10. (- n 1))近似为 0。**提示** 使用函数来计算 n。考虑对这个函数和习题 415 的解进行抽象。■

教学语言中的数值

大多数编程语言仅支持数值的近似表示[①]和算术。典型语言还将其整数限制到与其运行硬件的块大小相关的区间中。实数的表示大致就是基于上一节中的描述，当然使用的位数超过 Inex 使用的 4 位，而且数位基于二进制数值系统。

我们的教学语言同时支持精确数值和非精确数值。整数和有理数是任意大且精确的，唯一的限制来自计算机整个内存的大小。对于这种数值的计算，只要所涉及的有理数能放入硬件所支持的数据块，教学语言就会使用底层硬件；对于此区间外的数值，它会自动切换到另一种表示形式，并使用另一版本的算术运算。实数则分为两种：精确的和非精确的。精确数真的代表了实数，非精确数本着上一节的精神近似表示实数。算术运算会尽可能保持精确性，必要时，它们会给出非精确的结果。因此，给 sqrt 输入 2 的精确和非精确表示，返回的都是非精确数值。相反，当输入是精确的 4 时，sqrt 给出精确的 2，输入#i4.0 时，sqrt 则给出#i2.0。最后，教学程序中的数字常量，除非以#i 为前缀，否则都被理解为精确的有理数。

Racket 语言则将所有十进制小数都理解为非精确数值，它还将所有实数都以小数形式呈现，无论它们是精确的还是非精确的。这意味着，所有这些数值都是危险的，因为它们很可能是真实数值的非精确近似值。程序员可以通过在带点的数值常量前面添加#e，强制 Racket 将其理解为精确数。

到这里，你可能想知道，如果使用了这种非精确数值，程序运行的结果与真实结果会有多大的差异。这是早期计算机科学家们经常讨论的问题[②]，几十年来，这些研究开创了一个独立的领域，称为数值分析（numerical analysis）。每位计算机科学家，甚至每个使用计算机和软件的人，都应该意识到其存在，并对数值程序的运行有一些基本的了解。为了让读者体验一下，以下的习题会说明事情可以变得多么糟糕。完成这些习题，以确保自己永远不会忽视非精确数值带来的问题。

习题 417 在 Racket 和中级+lambda 语言中分别计算(expt 1.001 1e-12)。解释结果。■

习题 418 设计 my-expt，其中不使用 expt。该函数计算第一个输入数值的第二个输入数值（一个自然数）次幂。使用此函数进行以下试验。将

```
(define inex (+ 1 #i1e-12))
(define exac (+ 1 1e-12))
```

添加到定义区中。(my-expt inex 30)是什么？(my-expt exac 30)呢？哪个答案更有用？■

习题 419 当使两个数量级截然不同的非精确数值相加时，结果可能会是较大的那个数。例如，如果数值系统仅使用 15 位有效数字（小数点后），那么相加的两个数值相差超过 10^{16} 倍的

---

① 非精确实数有多种表示方式，如 float、double、extflonum 等。

② 一个容易理解的并且使用 Racket 的的介绍，参见“Practically Accurate Floating-Point Math”，这是一篇由 Neil Toronto 和 Jay McCarthy 编写的讨论错误分析的文章。在 YouTube 上观看 Neil Toronto 在 2011 年 Racket 会议上的演讲“Debugging Floating-Point Math in Racket”也很有意思。

话，会遇到问题：

$$1.0 \times 10^{16}+1=1.0000000000000001 \times 10^{16}$$

但最接近的、可表示的返回值是 10^{16}。

乍一看，这种近似不算太糟。错了 10^{16} 分之一不算什么，因为足够接近真实值。不幸的是，这种误差可能会累积而导致大的问题。考虑图 04-2 中的数值链表，确定这些表达式的值：

- `(sum JANUS)`
- `(sum (reverse JANUS))`
- `(sum (sort JANUS <))`

```
(define JANUS
  (list 31.0
        #i2e+34
        #i-1.2345678901235e+80
        2749.0
        -2939234.0
        #i-2e+33
        #i3.2e+270
        17.0
        #i-2.4e+270
        #i4.2344294738446e+170
        1.0
        #i-8e+269
        0.0
        99.0))
```

图 04-2 两面神系列非精确数值

假定 sum 从左到右对链表中的数值做加法，解释这些表达式所计算的内容。如何看待此结果？

关于非精确计算的一般建议告诉程序员，从最小的数值开始做加法。如果将两个较小的数值加到一个大数值上，可能会返回那个大数，但如果首先对两个小数值做加法，则会得到相对较大的数值，这就可能会改变结果：

```
> (expt 2 #i53.0)
#i9007199254740992.0
> (sum (list #i1.0 (expt 2 #i53.0)))
#i9007199254740992.0
> (sum (list #i1.0 #i1.0 (expt 2 #i53.0)))
#i9007199254740994.0
```

这个技巧可能**行不通**，参见上面 JANUS 的示例。

在中级+lambda 这样的语言中，可以将数值转换为精确的有理数，对这些数值使用精确算术，然后将结果转换回来：

```
(exact->inexact (sum (map inexact->exact JANUS)))
```

计算此表达式，并将结果与上面的 3 个总和进行比较。现在你对网上的建议有什么看法？■

习题 420 JANUS 只是一个固定的链表，来看看这个函数：

```
(define (oscillate n)
  (local ((define (O i)
            (cond
              [(> i n) '()]
              [else
               (cons (expt #i-0.99 i) (O (+ i 1)))])))
    (O 1)))
```

将 oscillate 应用于自然数 n，会得到某个数列的前 n 个元素。最好用图像来理解，如图 04-3 所示。在 DrRacket 中运行 (oscillate 15) 并检查结果。

从左到右求和的计算结果与从右到左不同：

```
> (sum (oscillate #i1000.0))
#i-0.49746596003269394
> (sum (reverse (oscillate #i1000.0)))
#i-0.4974659600326953
```

差异似乎很小，但是放入另一个上下文中：

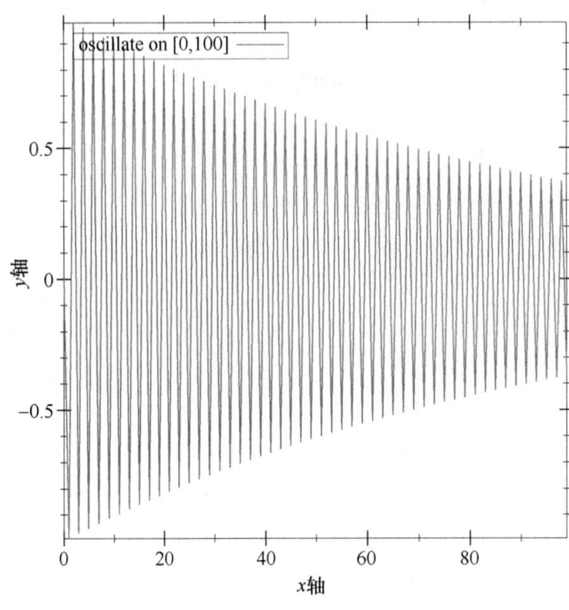

图 04-3 oscillate 的图像

```
> (- (* 1e+16 (sum (oscillate #i1000.0)))
     (* 1e+16 (sum (reverse (oscillate #i1000.0)))))
#i14.0
```

这种差异是否重要？我们可以信任计算机吗？

问题是，如果有选择的话，程序员应该在程序中使用哪种数值。答案当然取决于环境。在财务报表的世界中，数值常数应该被解释为精确数值，财务报表的计算应该能够依赖数学运算的精确性。毕竟，法律无法容纳非准确数值及其运算带来的严重错误。然而，在科学计算中，给出精确结果所需的额外时间可能会带来过大的负担。因此，科学家们倾向于使用非精确数值，但会仔细地分析自己的程序，以确保数值误差对程序输出的使用而言是可以容忍的。

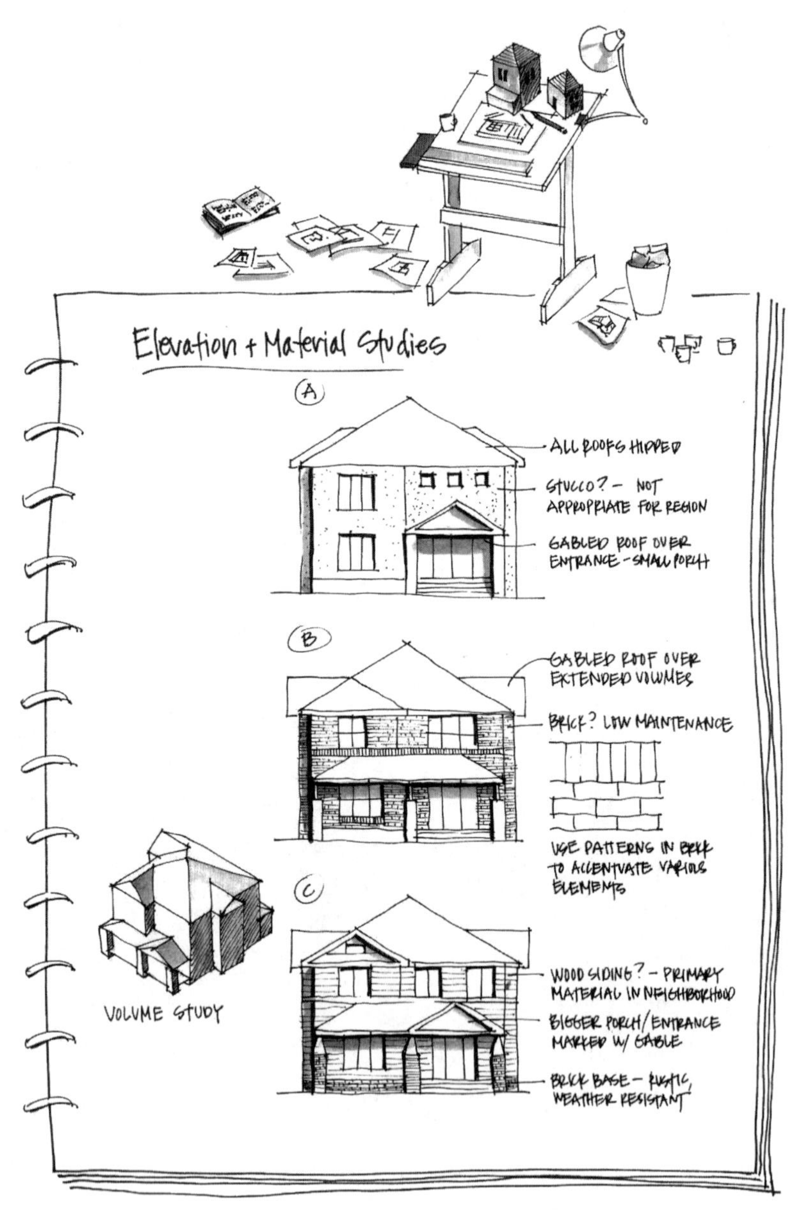

copyright © 2000 Tracey Brahier

第五部分　生成递归

如果遵循本书前四个部分的设计诀窍，那么要么将领域知识转化为代码，要么利用数据定义的结构来组织代码[①]。后一种函数通常将其参数分解为其直接的结构体组件，然后处理这些组件。如果这些直接的组件中的某一个与输入属于相同的数据类，那么该函数就是**结构递归的**（structurally recursive）。虽然经过结构设计的函数构成了世界上绝大多数的代码，但是某些问题无法使用结构化设计的方法解决。

为了解决这些复杂的问题，程序员使用**生成递归**（generative recursion），这是一种比结构化递归更强大的递归形式。生成递归的研究与数学一样古老，通常被称为**算法**（algorithm）研究。算法的输入就是问题。算法倾向于将问题重新排列成一组问题，解决这些问题，并将这些解决方案组合成一个整体的解决方案。通常，这些新**生成的**问题中的一些问题与原问题是同一类的，在这种情况下，算法可以被复用。在这种情况下，算法就是递归的，但这种递归使用了新生成的数据，而不是输入数据的直接组成部分。

从生成递归的描述中可以看出，设计生成递归的函数比设计结构化递归的函数更为特殊。尽管如此，一般设计诀窍的很多元素仍然适用于算法的设计，本书的这一部分就会说明设计诀窍如何起作用，以及能起多大作用。设计算法的关键是“生成”步骤，这通常意味着将问题分解。找出分解问题的新方法需要洞察力[②]。有时需要很少的洞察力。例如，可能只需要一些关于分解字母序列的常识。有时则可能依赖深刻的关于数值的数学定理。在实践中，简单的算法由程序员自行设计，对于复杂的情况则需要依赖领域专家。不管是哪种类型，程序员都必须完整地了解其中的基本思想，以便可以编写算法的代码，还要让程序与未来的读者沟通。熟悉这个思想的最好方法就是研究各种各样的示例，培养对可能出现在现实世界中的各种生成递归的感觉。

① 一些函数仅仅是函数的组合，我们将这些分类为“结构”类型的。

② 在希腊语中，就是“尤里卡”（eureka），中文意思为“顿悟”！

第 25 章　非标准递归

至此，我们已设计了许多采用结构化递归的函数。设计函数时，我们知道需要查看其主要输入的数据定义。如果此输入由自引用的数据定义所描述，就会得到引用自身的函数，自引用的位置基本上就是数据定义引用自身的位置。

本章介绍两个不按此方法使用递归的示例程序。它们说明有些问题需要“顿悟”，可以是明显的想法，也可以是复杂的洞察。

25.1　无结构体的递归

想象一下，你加入了 DrRacket 团队。团队正在开展共享服务，以支持程序员之间的协作。具体而言，下一个版本的 DrRacket 将支持中级语言程序员跨多台计算机共享其 DrRacket 定义区的内容。每当某个程序员修改缓冲区时，新版的 DrRacket 就会将定义区的内容广播到参与共享会话的 DrRacket 的实例。

示例问题　设计函数 bundle，它准备用于广播的定义区内容。DrRacket 移交过来的内容是 1String 的链表。该函数的任务是将各个“字母”团捆绑成块，从而产生给定长度字符串的链表，字符串被称为**块**（chunk），其长度称为**块长**（chunk size）。

可以看到，问题基本上说明了签名，也不需要任何针对问题的数据定义：

```
; [List-of 1String] N -> [List-of String]
; 将 s 中的团捆绑为长度为 n 的字符串
(define (bundle s n)
  '())
```

目的声明重新阐述了问题陈述中的语句，还用到了傀儡函数头中的参数。

第三步需要函数示例。下面是一个 1String 的表：

```
(list "a" "b" "c" "d" "e" "f" "g" "h")
```

如果告诉 bundle 将这个链表捆绑成对，也就是说，n 是 2，那么预期结果就是这个链表：

```
(list "ab" "cd" "ef" "gh")
```

如果 n 为 3，就会多出一个“字母”。由于问题陈述没有说明该剩下哪个字符，我们可以想象至少两种有效的做法：

- 函数给出 (list "abc" "def" "g")，即将最后一个字母视为剩余字母；
- 或者给出 (list "a" "bcd" "efg")，即将首字符单独打包成字符串。

停一下！想出至少一种其他选择。

为简单起见，我们选择第一种做法作为期望的结果，并写下相应的测试：

```
(check-expect (bundle (explode "abcdefg") 3)
              (list "abc" "def" "g"))
```

注意 explode 的使用，它使测试变得可读。

示例和测试还必须描述数据定义边界处发生的情况。在这里，边界显然意味着输入 bundle 链表对块长来说太短了：

```
(check-expect (bundle '("a" "b") 3) (list "ab"))
```

另外，我们必须考虑 bundle 传入'()时会发生什么。为简单起见，我们选择'()作为期望结果：

```
(check-expect (bundle '() 3) '())
```

另一个自然的选择是'("")。你能想到别的吗？

模板步骤表明，结构化方法不起作用。图 25-1 给出了 **4 种**可能的模板。由于 bundle 的两个参数都是复合值，前两个模板认为其中一个参数是原子的。显然情况并非如此，因为函数必须拆分每个参数。第三个模板基于如下假设，两个参数以同步的方式被处理，这很接近，但 bundle 显然必须以有规律的间隔将块长重置为其原始值。最后一个模板独立地处理两个参数，这意味着每个递归步骤都有 4 种可能。这种设计过多地解耦了参数，因为必须同时处理链表和计数。简而言之，我们必须承认，结构化模板似乎对此问题的设计毫无用处。

```
; 将N当作复合值，s当作原子值
; （同时处理两个链表：案例 1）
(define (bundle s n)
  (cond
    [(zero? n) (...)]
    [else (... s ... n ... (bundle s (sub1 n)))]))

; 将[List-of 1String]当作复合值，n当作原子值
; （同时处理两个链表：案例 1）
(define (bundle s n)
  (cond
    [(empty? s) (...)]
    [else (... s ... n ... (bundle (rest s) n))]))

; 并行处理[List-of 1String]和N
; （同时处理两个链表：案例 2）
(define (bundle s n)
  (cond
    [(and (empty? s) (zero? n)) (...)]
    [else (... s ... n ... (bundle (rest s) (sub1 n)))]))

; 考虑所有可能性
; （同时处理两个链表：案例 3）
(define (bundle s n)
  (cond
    [(and (empty? s) (zero? n)) (...)]
    [(and (cons? s) (zero? n)) (...)]
    [(and (empty? s) (positive? n)) (...)]
    [else (... (bundle s (sub1 n)) ...
            ... (bundle (rest s) n) ...)]))
```

图 25-1 将字符串分解为块的无用模板

图 25-2 给出了 bundle 的完整定义。该定义使用了习题 395 中的 drop 函数和 take 函数，标准库中也提供这两个函数。为完整起见，图中附带了它们的定义：drop 从链表的前部消除最多 n 个项，take 则返回最多 n 个项。使用这两个函数，定义 bundle 非常简单：

（1）如果输入的链表是'()，那么我们在前面已经确定了，结果也是'()；

（2）否则，bundle 使用 take 从 s 中获取前 n 个 1String，然后将它们 implode 成普通的字符串；

（3）接下来它对缩短 n 个项后的链表递归，这由 drop 完成；

```
; [List-of 1String] N -> [List-of String]
; 将 s 中的块打包成长为 n 的字符串
; 方法：每次取 n 个项，同时去掉前 n 个项
(define (bundle s n)
  (cond
    [(empty? s) '()]
    [else
     (cons (implode (take s n)) (bundle (drop s n) n))]))

; [List-of X] N -> [List-of X]
; 如果可行，取前 n 个项，否则取全部
(define (take l n)
  (cond
    [(zero? n) '()]
    [(empty? l) '()]
    [else (cons (first l) (take (rest l) (sub1 n)))]))

; [List-of X] N -> [List-of X]
; 如果可能，从 l 中去除前 n 个项，否则去除全部
(define (drop l n)
  (cond
    [(zero? n) l]
    [(empty? l) l]
    [else (drop (rest l) (sub1 n))]))
```

图 25-2 生成递归

（4）最后，cons 结合来自第 2 步的字符串与来自第 3 步的字符串链表，从而创建完整的结果链表。

第 3 步突显了 bundle 与本书前四部分中的任何函数之间的主要区别。由于 List-of 的定义将一个项 cons 到链表上以创建另一个链表，因此前四个部分中的所有函数都使用 first 和 rest 来解构非空链表。相比之下，bundle 使用 drop，它不是一次去除一个项，而是去除 n 个项。

虽然 bundle 的定义很不寻常，但其背后的想法很直观，并且与之前见过的函数也没有太大区别。实际上，如果块长 n 就是 1，那么 bundle 就特化为结构化递归的定义了。此外，drop 保证会给出输入链表不可缺少的一部分，而不是某个任意重新排列的版本。下一节会介绍那种想法。

习题 421 (bundle '("a" "b" "c") 0)是对 bundle 函数的正确使用吗？它给出什么？为什么？■

习题 422 定义函数 list->chunks。它读入任意数据的链表 l 和自然数 n。函数的返回值是块长为 n 的链表块的链表。每个块表示 l 中项的子序列。

使用 list->chunks，通过函数组合的方式定义 bundle。■

习题 423 定义 partition。它读入字符串 s 和自然数 n，生成块长为 n 的字符串块的链表。

对于非空字符串 s 和正自然数 n，

```
(equal? (partition s n) (bundle (explode s) n))
```

为#true，但不要使用此式来定义 partition，而使用 substring。■

提示 使 partition 对空字符串产生其自然结果。对于 n 为 0 的情况，参见习题 421。

注意 partition 函数比 bundle 更接近于协作 DrRacket 环境的所需。

25.2 忽略结构体的递归

回想一下，第 11 章中的 sort>函数读入数值链表，并按某种顺序重新排列，通常按升序或降序。做法是将第一个数值插入链表其余部分排序后的适当位置。换句话说，它是一个结构化递归函数，重新处理了自然递归的结果。

Hoare 的快速排序算法以完全不同的方式对链表进行排序，并且已经成为生成递归的典型示例，其基本的生成步骤使用了经典的分而治之策略。也就是说，它将问题的重要实例分为两个较小的相关问题，解决那些较小的问题，并将其解决方案结合到原始问题的解决方案中。对快速排序算法而言，中间目标是将数值链表分成两个链表：

- 一个链表中包含严格小于第一个数值的所有数值；
- 另一个链表包含所有严格大于第一个数值的项。

然后使用快速排序算法对两个较小的链表排序。这两个链表的排序完成后，就可以将第一项放在中间，组成最后的结果。由于其特殊作用，链表中的第一项被称为枢轴项（pivot item）。

为了理解快速排序算法的工作原理，我们来看一个示例，对`(list 11 8 14 7)`快速排序。图 25-3 以图形方式说明了排序过程。该图分成上半部分（分解阶段）和下半部分（治理阶段）。

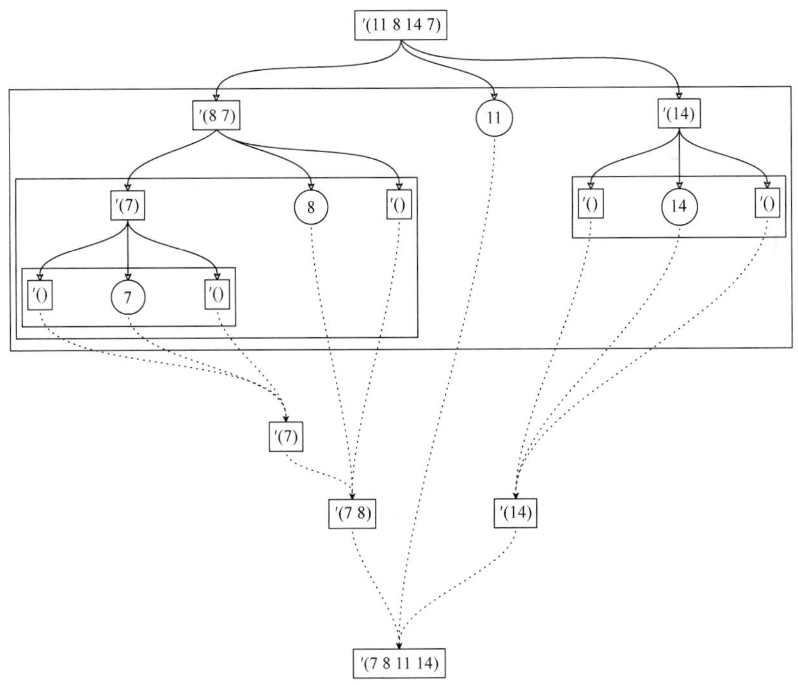

图 25-3 快速排序算法的图形说明

分解阶段用方框和实线箭头表示。每个包含链表的方框发出 3 个箭头，分别指向包含 3 项内容的方框：中间的是带圆圈的枢轴元素，左边是带方框的、数值小于枢轴元素链表，右边是带方框的、数值大于枢轴元素链表。每个步骤将至少将一个数值隔离为枢轴元素，意味着左右两个链表都比输入链表短。最终，整个过程会终止。

考虑第一步的输入`(list 11 8 14 7)`。枢轴项是`11`。将链表分解成大于和小于`11`的项，就得到了`(list 8 7)`和`(list 14)`。其余的分解阶段以类似的方式工作。当所有数值都被分解为枢轴元素时，分解结束。此时已经可以通过从左到右阅读枢轴来得到最终的结果。

治理阶段用虚线箭头和包含链表的方框表示。每个结果框接受 3 个箭头：中间的箭头来自枢轴，左边的箭头来自较小数值排序后的结果方框，右边的箭头来自较大数值排序后的结果方框。每个步骤将至少一个数值（即枢轴）添加到结果链表中，这意味着链表朝图底部的方向不断增长。底部的方框是顶部输入链表的排序版本。

来看一下最左边最上层的治理步骤。它将枢轴 7 与两个空链表组合起来，得到'(7)。下一步对应将 8 分解出去的步骤，从而得到'(7 8)。每个治理步骤对应于一个分解步骤。毕竟，整个过程是递归的。

习题 424 对(list 11 9 2 18 12 14 4 1)绘制类似于图 25-3 的快速排序图。■

现在我们已经很好地理解了快速排序的想法，可以将它翻译成中级+lambda 语言了。显然，quick-sort<区分两种情况。如果输入为'()，就返回'()，因为这个链表已排序，否则，就进行生成递归。这种拆分需要 cond 表达式：

```
; [List-of Number] -> [List-of Number]
; 生成 alon 的排序版本
(define (quick-sort< alon)
  (cond
    [(empty? alon) '()]
    [else ...]))
```

第一种情况的答案已经填入。对于第二种情况，当 quick-sort<输入是非空链表时，算法使用第一项将链表的其余部分划分为两个子链表：小于枢轴项的所有项的链表和大于枢轴项的所有项的链表。

由于链表其余部分的大小未知，我们将划分链表的任务交给两个辅助函数：smallers 和 largers。它们处理链表，分别过滤掉比枢轴项更小的项和更大的项。因此，每个辅助函数接受两个参数，即数值链表和数值。这两个函数的设计是结构化递归的练习。读者可以自己尝试，或阅读图 25-4 中所示的定义。

```
; [List-of Number] -> [List-of Number]
; 生成 alon 的排序版本
; 假定所有的数值都互不相同
(define (quick-sort< alon)
  (cond
    [(empty? alon) '()]
    [else (local ((define pivot (first alon)))
            (append (quick-sort< (smallers alon pivot))
                    (list pivot)
                    (quick-sort< (largers alon pivot))))]))

; [List-of Number] Number -> [List-of Number]
(define (largers alon n)
  (cond
    [(empty? alon) '()]
    [else (if (> (first alon) n)
              (cons (first alon) (largers (rest alon) n))
              (largers (rest alon) n))]))

; [List-of Number] Number -> [List-of Number]
(define (smallers alon n)
  (cond
    [(empty? alon) '()]
    [else (if (< (first alon) n)
              (cons (first alon) (smallers (rest alon) n))
              (smallers (rest alon) n))]))
```

图 25-4 快速排序算法

每个链表都使用 quick-sort<单独排序，这意味着使用递归，也就是以下两个表达式：

（1）(quick-sort< (smallers alon pivot))，对小于枢轴项的项的链表进行排序；

（2）(quick-sort< (largers alon pivot))，对大于枢轴项的项的链表进行排序。

一旦 quick-sort<完成了对两个链表的排序，它必须以正确的顺序组合两个链表外加枢轴项：首先是小于 pivot 的所有项，然后是 pivot，最后是所有大于 pivot 的项。由于第一个链表和最后一个链表已经排序，因此 quick-sort<可以简单地使用 append：

```
(append (quick-sort< (smallers alon pivot))
        (list (first alon))
        (quick-sort< (largers alon pivot)))
```

图 25-4 给出了完整的程序，需仔细阅读。

现在有了一个实际的函数定义，我们可以手动计算前面的示例：

```
(quick-sort< (list 11 8 14 7))
==
(append (quick-sort< (list 8 7))
        (list 11)
        (quick-sort< (list 14)))
==
(append (append (quick-sort< (list 7))
                (list 8)
                (quick-sort< '()))
        (list 11)
        (quick-sort< (list 14)))
==
(append (append (append (quick-sort< '())
                        (list 7)
                        (quick-sort< '()))
                (list 8)
                (quick-sort< '()))
        (list 11)
        (quick-sort< (list 14)))
==
(append (append (append '()
                         (list 7)
                         '())
                (list 8)
                '())
        (list 11)
        (quick-sort< (list 14)))
==
(append (append (list 7)
                (list 8)
                '())
        (list 11)
        (quick-sort< (list 14)))
...
```

计算显示了排序过程的基本步骤，即分解步骤、递归排序步骤，以及 3 个部分的串联。从这个计算中，很容易看出 quick-sort<如何实现图 25-3 所示的过程。

图 25-3 和手工计算都显示，quick-sort<完全忽略了输入链表的结构。第一个递归作用于最初输入链表中的两个远距离的数值，第二个递归作用于链表的第 3 项。这些递归不是随机的，但它们肯定不依赖数据定义的结构。

对比 quick-sort<和第 11 章中的 sort>函数的结构。后者的设计遵循结构化设计诀窍，得到的程序逐项处理链表。通过拆分链表，quick-sort<可以更快地对链表排序，尽管没有直

接使用通常的 first 和 rest。

习题 425 给出图 25-4 中 smallers 和 largers 的目的声明。■

习题 426 完成上面的手工计算。仔细检查计算过程，会发现 quick-sort<还有一种简单情况。每次对 quick-sort<使用一个项的链表时，它会原样返回此链表。毕竟，一个项的链表的排序版本就是其自身。

修改 quick-sort<以利用此观察结果。再次（手工）计算该示例。修改后的算法节省了多少步？■

习题 427 虽然 quick-sort<在很多情况下可以快速减小问题的规模，但对小问题来说，它显得非常慢。因此，人们先使用 quick-sort<来减小问题的规模，当链表足够小时，再切换使用其他排序函数。

开发 quick-sort<的变体，如果输入的长度低于某个阈值，就使用 sort<（11.3 节中对 sort>适当调整的变体）。■

习题 428 如果 quick-sort<的输入多次包含相同的数值，算法会返回严格比输入短的链表。为什么？修复此问题，使输出与输入一样长。■

习题 429 使用 filter 来定义 smallers 和 largers。■

习题 430 开发 quick-sort<的变体，只使用一个比较函数，如<。分解步骤将输入链表 alon 划分为两个链表，包含小于枢轴项的 alon 项的链表，以及不小于枢轴项的 alon 项的链表。

使用 local 将程序打包为单个函数。抽象此函数，使其读入链表和比较函数。■

第 26 章　设计算法

这一部分的概要介绍已经解释过，生成递归函数的设计比结构化递归函数的设计更具特殊性。正如第 25 章所述，两个生成递归在处理函数的方式上可能完全不同。bundle 和 quick-sort<都处理链表，前者至少遵从输入链表中的排到顺序，后者则随意地重新排列输入链表。问题是，单个设计诀窍是否可以帮助创建这种非常不同的函数。

本章第一节展示如何使设计诀窍的过程维度适用于生成递归，第二节涉及一种新现象——算法可能无法为某些输入生成答案。因此，程序员必须分析程序，并补充关于终止意见的设计信息。后面几节对比结构化递归和生成递归。

26.1　调整设计诀窍

我们根据第 25 章中的示例检查结构化设计诀窍的 6 个一般步骤。

（1）和以前一样，我们必须将问题中的信息表示为我们编程语言中的数据。对问题的**数据表示**的选择会影响对计算过程的思考，因此有必要进行一些规划。或者，准备好需要回过头来探索不同的数据表示。无论如何，我们都必须分析问题信息并定义数据集合。

（2）接下来需要签名、函数头和目的声明。由于生成步骤与数据定义的结构无关，因此目的声明除了描述函数计算**什么**，还要解释函数**如何**计算其结果。

（3）有必要通过函数示例解释它是如何计算的，如同第 25 章中解释 bundle 和 quick-sort<的方式。也就是说，虽然对结构化递归来说，函数示例仅需指定函数要为哪个输入生成哪个输出，但是对生成递归而言，示例的目的是解释计算过程背后的基本思想。

对于 bundle，示例描述函数在一般情况下以及在某些边界情况下的行为方式。对于 quick-sort<，图 25-3 中的示例说明函数是如何利用枢轴项划分输入链表的。通过将这些详细示例添加到目的声明中，我们（设计者）可获得对所需过程的更好理解，而且可以将此理解传达给代码的未来阅读者。

（4）这些讨论给出算法的通用模板。粗略地说，算法的设计区分两种问题：那些可以平凡解决的问题，和那些不可以平凡解决的问题[①]。如果问题可以平凡解决，那么算法就给出匹配的解。例如，对空链表或一个项的链表的排序问题可以平凡解决，而对于包含多个项的链表则无法平凡解决。对于这种复杂问题，算法通常会产生与原问题相同类型的新问题，以递归方式解决这些问题，再将解决方案组合成整体的解决方案。

基于这一框架，所有算法都大致具有以下的组织结构：

```
(define (generative-recursive-fun problem)
  (cond
    [(trivially-solvable? problem)
     (determine-solution problem)]
    [else
```

① 对于本书的这一部分，“平凡”（trivially）是一个技术术语。

```
(combine-solutions
  ... problem ...
  (generative-recursive-fun
    (generate-problem-1 problem))
  ...
  (generative-recursive-fun
    (generate-problem-n problem)))]))
```

有时需要将原问题与新生成问题的解相结合，这也是它被传给 combine-solutions 的原因。

（5）此模板只是引导性的蓝图，而不是明确的框架。模板的每一部分都是为了提醒我们思考以下 4 个问题：

- 哪些是可以平凡解决的问题？
- 如何解平凡问题？
- 算法如何生成比原问题更容易解决的新问题？是生成一个新问题，还是多个新问题？
- 原问题的解是否与新问题（之一）的解相同？或者，我们是否需要结合（新问题的）解，从而创建原问题的解？如果是，是否需要原问题数据中的任何内容？

要将算法定义成函数，必须将这 4 个问题的答案用数据表示表达为函数和表达式。

第 9 章中的表格方式尝试可能会对这一步有所帮助。再来看一下 25.2 节中 quick-sort< 的示例。quick-sort<背后的核心思想是将输入链表划分为较小项链表和较大项链表，再将它们分别排序。图 26-1 说明了一些简单的非平凡数值示例是如何求解的。通过这些示例，可以明显看出第 4 个问题的答案，即直接附加排序后的较小数值链表、枢轴项和排序后的较大数值链表，这些都可以很容易地由代码表达。

（6）一旦完成了函数设计，就可以进行测试了。和之前一样，测试的目标是发现并消除错误。

alon	pivot	排序后的较小数值	排序后的较大数值	期望结果
'(2 3 1 4)	2	'(1)	'(3 4)	'(1 2 3 4)
'(2 0 1 4)	2	'(0 1)	'(4)	'(0 1 2 4)
'(3 0 1 4)	3	'(0 1)	'(4)	'(0 1 3 4)

图 26-1 用表格来猜测求组合解的方法

习题 431 对 bundle 回答上述 4 个关键问题，对 quick-sort<回答上述前 3 个关键问题。需要多少个 generate-problem 的实例？■

习题 432 习题 219 引入了函数 food-create，它读入 Posn，随机地给出不同的 Posn。首先用 local 将两个函数重新表述为单个定义，然后证明 food-create 的设计正确。■

26.2 终止

生成递归导致计算出现了一种全新的可能——不终止。类似 bundle 这样的函数可能永远不会为某些输入产生值或报错。习题 421 问(bundle '("a" "b" "c") 0)的结果是什么，它没有结果的解释是：

```
(bundle '("a" "b" "c") 0)
==
(cons (implode (take  '("a" "b" "c") 0))
      (bundle (drop  '("a" "b" "c") 0)))
==
(cons (implode '())
       (bundle (drop  '("a" "b" "c") 0)))
```

```
== (cons "" (bundle (drop  '("a" "b" "c") 0)))
== (cons "" (bundle '("a" "b" "c") 0))
```

这一计算表明，计算`(bundle '("a" "b" "c") 0)`需要知道相同表达式的求值结果。就中级+lambda 语言而言，这意味着计算不会停止。计算机科学家的说法是，当第二个参数为 0 时，bundle 不会终止（terminate），另一种说法是，函数循环（loop），或者计算卡在无限循环（infinite loop）中。

将这个理解与前 4 部分中的设计对比。根据诀窍设计的任何函数，对于任何输入，要么产生答案，要么引发错误信号。毕竟，诀窍规定每个自然递归读入的是输入的直接组成部分，而非输入本身。因为数据是以分级的方式构建的，所以输入在每个步骤都会缩小。最终，函数被应用于原子数据，从而递归停止。

这也解释了为什么生成递归函数可能会发散。根据生成递归的设计诀窍，算法可以产生新的问题而没有任何限制。如果设计诀窍需要保证新问题比给定的问题“更小”，它就会终止，但是，强加此种限制会不必要地使类似 bundle 这样的函数的设计复杂化①。

因此，在本书中，设计诀窍的前 6 个步骤基本保持不变，但增加第 7 步：终止论证（termination argument）。图 26-2 给出生成递归设计诀窍的第一部分，图 26-3 给出其第二部分。设计诀窍以传统的表格形式给出。未修改的步骤的**行动**列以横线表示。其他步骤的行动列则描述生成递归的设计诀窍与结构化递归的设计诀窍有何不同。图 26-3 中的最后一行则是全新的。

步骤	结果	行动
问题分析	数据表示和数据定义	—
头部	关于函数是“怎么”计算的目的声明	除了函数计算**什么**，还需要简单的一句话描述**如何**计算
示例	示例和测试	通过几个示例来说明“如何”计算
模板	固定的模板	—

图 26-2 算法的设计（第一部分）

步骤	结果	行动
定义	完整的函数定义	为可以平凡解决的问题编写条件，给出平凡问题的答案，确定如何为非平凡问题生成新问题，可以使用辅助函数，确定如何将生成的问题的解组合成原问题的解
测试	发现错误	—
终止	（1）每次递归调用大小的论证，或者（2）不终止的示例	研究每次递归的数据是否小于输入数据，找到导致函数循环的示例

图 26-3 算法的设计（第二部分）

终止论证有两种形式。第一种论证为什么每个递归调用都作用于小于输入问题的问题。这种论证通常很简单，在极少数情况下，可能需要与数学家合作来证明定理以完成论证。第二种论证用示例说明函数可能不会终止。理想情况下，它还应该描述函数可能循环的数据类②。在极少数情况下，我们可能无法做出任何一种论证，因为计算机科学对此所知还不够。

我们用示例来说明两种终止论证。对于 bundle 函数，检查块长为 0 的情况就足够了：

```
; [List-of 1String] N -> [List-of String]
; 将 s 的子串打包为长为 n 的字符串
```

① 计算理论表明，我们最终必须放弃这些限制。

② 我们无法为这个类定义谓词，否则，就可以修改该函数并确保它始终终止。

```
; 终止：除非 s 是'()，否则(bundle s 0)会循环
(define (bundle s n) ...)
```

对于这个示例，可以定义准确描述 bundle 何时终止的谓词。对 quick-sort<来说，关键点在于每次递归 quick-sort<收到的都是比 alon 短的链表：

```
; [List-of Number] -> [List-of Number]
; 创建 alon 的已排序变体
; 终止：对 quick-sort<的两个递归调用
; 都会收到不包含枢轴项的链表
(define (quick-sort< alon) ...)
```

对于其中一种情况，链表由严格小于枢轴项的数值组成，另一种情况则是链表由严格大于枢轴项的数值组成。

习题 433 开发带检查版本的 bundle，保证其对所有输入都会终止。对于原来会循环的情况，它可以报错。■

习题 434 考虑如下的 smaller 定义，它是 quick-sort<的两个“问题生成器”之一：

```
; [List-of Number] Number -> [List-of Number]
(define (smallers l n)
  (cond
    [(empty? l) '()]
    [else (if (<= (first l) n)
              (cons (first l) (smallers (rest l) n))
              (smallers (rest l) n))]))
```

将这个版本与 25.2 节中的 quick-sort<定义一起使用，会出现什么问题？■

习题 435 当完成习题 430 或习题 428 时，你可能给出会导致循环的解。类似地，习题 434 实际上揭示了 quick-sort<的终止论证非常脆弱。在所有情况下，论证都依赖 smallers 和 largers 生成最长与输入链表一样长的链表的思想，并且根据我们的理解，两者的结果中都不包含枢轴项。

基于这一理解，修改 quick-sort<的定义，以使两个函数都读入比原输入链表更短的链表。■

习题 436 为习题 432 中的 food-create 编写终止论证。■

26.3 对比结构化递归和生成递归

算法的模板非常通用，甚至包含了结构化递归的函数。考虑图 26-4 的左侧。该模板专门用于处理一个简单的子句和一个生成步骤。如果用 empty?替代 trivial?，用 rest 替代 generate，我们就得到了链表处理函数的模板，如图 26-4 的右侧所示。

<table>
<tr>
<td><pre>(define (general P)
  (cond
    [(trivial? P) (solve P)]
    [else
     (combine-solutions
       P
       (general
         (generate P)))]))</pre></td>
<td><pre>(define (special P)
  (cond
    [(empty? P) (solve P)]
    [else
     (combine-solutions
       P
       (special (rest P)))]))</pre></td>
</tr>
</table>

图 26-4 从生成递归到结构化递归

习题 437 定义 solve 和 combine-solutions，使得

- special 计算其输入的长度；
- special 对输入数值链表中的每个数值取相反数；
- special 将字符串链表中的字母转变成大写字母。

从这些练习中可以得出什么结论？■

现在读者可能想问，结构化递归设计和生成递归设计之间是否存在真正的区别。我们的答案是“取决于环境”。当然，可以说所有使用结构化递归的函数都只是生成递归的特例。然而，如果希望了解函数的设计过程，这种“众生平等”的态度是无济于事的。它混淆了两种需要不同形式知识并且具有不同结果的设计。前者只依赖系统的数据分析，而后者需要对解决问题的过程本身具有深入的、通常是数学上的理解。前者给出的函数自然会终止，后者需要终止论证。将这两种方法混为一谈毫无帮助。

26.4 做出选择

当使用对数值链表排序的函数 f 时，无法知道 f 是 sort<还是 quick-sort<。这两个函数的行为方式是可观察的等价方式[①]。这提出了一个问题，编程语言应该提供哪个函数。更一般地说，当可以使用结构化递归或生成递归来设计函数时，我们必须弄清楚选择哪一个。

为了说明这种选择的后果，我们来讨论一个来自数学的经典示例：找到两个正自然数的最大公因数（greatest common divisor，gcd）的问题[②]。所有这样的数都有 1 作为共同的因数（也称为除数），有时候（如对 2 和 3 来说）这就是它们唯一的公因数。6 和 25 各自有好几个除数：

- 6 可以被 1、2、3 和 6 整除；
- 25 可以被 1、5 和 25 整除。

然而，它们的最大公因数是 1。相比之下，18 和 24 有许多公因数，其中最大的公因数是 6：

- 18 可以被 1、2、3、6、9 和 18 整除；
- 24 可以被 1、2、3、4、6、8、12 和 24 整除。

完成设计诀窍的前 3 步非常简单：

```
; N[>= 1] N[>= 1] -> N
; 找出 n 和 m 的最大公因数
(check-expect (gcd 6 25) 1)
(check-expect (gcd 18 24) 6)
(define (gcd n m) 42)
```

签名指定了输入为大于或等于 1 的自然数。

接下来我们设计结构化递归和生成递归的解。由于本书这一部分是关于生成递归的，因此我们仅在图 26-5 中给出结构化递归的解，设计思想留给读者练习。注意，代码 (= (remainder n i) (remainder m i) 0) 表示 n 和 m 都被 i“整除”。

习题 438 用自己的语言来解释：greatest-divisor-<=是如何工作的？使用设计诀窍来表达。为什么局部定义的 greatest-divisor-<=对 (min n m) 递归？■

虽然 gcd-structural 的设计相当直接，但也很幼稚。它简单地测试从 n 和 m 中的较小者到 1 之间的每个数是否能同时整除 n 和 m，并返回第一个这样的数。对于小的 n 和 m，这就

① 可观察等价（observable equivalence）是编程语言研究的核心概念。

② John Stone 建议最大公因数这个合适的示例。

能用了，但考虑以下示例：

```
(define (gcd-structural n m)
  (local (; N -> N
          ; 求 n 和 m 小于 i 的 gcd
          (define (greatest-divisor-<= i)
            (cond
              [(= i 1) 1]
              [else
               (if (= (remainder n i) (remainder m i) 0)
                   i
                   (greatest-divisor-<= (- i 1)))])))
    (greatest-divisor-<= (min n m))))
```

图 26-5 通过结构化递归找到最大公因数

```
(gcd-structural 101135853 45014640)
```

结果是 177。为了给出结果，gcd-structural 从 45014640 开始检查“整除”条件，也就是说它需要检查 45014640 - 177 次整除。做那么多次 remainder——两倍——非常费力，即使是相当快的计算机也需要很长时间来完成这项任务。

习题 439 将 gcd-structural 复制到 DrRacket 中，然后在交互区计算

```
(time (gcd-structural 101135853 45014640))
```
■

数学家很久以前就认识到这种结构函数的低效，因此他们深入研究了寻找因数的问题。关键的洞察是：

> 对于两个自然数，L 表示大的那个，S 表示小的那个，(它们的)最大公因数等于 S 和 L 除以 S 的余数的最大公因数。

将其表达为等式就是：

```
(gcd L S) == (gcd S (remainder L S))
```

因为(remainder L S)比 L 和 S 都小，所以右侧的 gcd 先读入 S。

将这种洞察应用于我们的简单示例：

- 输入的数值是 18 和 24。
- 根据等式，它们的 gcd 与 18 和 6 的 gcd 相同。
- 这两个数的最大公因数又与 6 和 0 的最大公因数相同。

到这里我们似乎陷入了困境，因为 0 意外地出现了。不过，0 可以整除任何数，这意味着我们找到了答案：6。

手工计算该示例，不仅可以验证关键的洞察，还表明如何将其转化为算法：

- 当较小的数值为 0 时，这是平凡可解的情况；
- 两个数值中较大的那个就是平凡情况中的解；
- 生成新的问题只需要一次 remainder 运算；
- 上面的等式表明，新生成问题的答案就是原问题的答案。

简而言之，这就是设计诀窍所问 4 个问题的答案。

图 26-6 给出了算法的定义。local 定义引入了函数 clever-gcd 的主要组成部分。其第一个 cond 行通过比较 smaller[①]和 0 来发现平凡的情况，并给出对应的答案。生成步骤使用

① 代码中为 S。——译者注

smaller[①]作为 clever-gcd 新的参数一，用(remainder large small)作为 clever-gcd 新的参数二。

```
(define (gcd-generative n m)
  (local (; N[>= 1] N[>=1] -> N
          ; 生成递归
          ; (gcd L S) == (gcd S (remainder L S))
          (define (clever-gcd L S)
            (cond
              [(= S 0) L]
              [else (clever-gcd S (remainder L S))])))
    (clever-gcd (max m n) (min m n))))
```

图 26-6 通过生成递归找到最大公因数

现在使用 gcd-generative 来处理上面的示例，

```
(gcd-generative 101135853 45014640)
```

可以看到响应几乎是瞬间的。手工计算表明，clever-gcd 只需 9 次递归就可以给出答案：

```
...
== (clever-gcd 101135853 45014640)
== (clever-gcd 45014640 11106573)
== (clever-gcd 11106573 588348)
== (clever-gcd 588348 516309)
== (clever-gcd 516309 72039)
== (clever-gcd 72039 12036)
== (clever-gcd 12036 11859)
== (clever-gcd 11859 177)
== (clever-gcd 177 0)
```

也就是说，它只检查了 9 次 remainder 条件，显然比 gcd-structural 的消耗小得多。

习题 440 将 gcd-generative 复制到 DrRacket 的定义区，然后在交互区计算

```
(time (gcd-generative 101135853 45014640))
```
■

你现在可能认为，生成递归设计已经发现了一个解决 gcd 问题的更快的方法，甚至得出结论，生成递归总是更好的方法。出于 3 个原因，这种判断过于轻率。首先，即使是精心设计的算法，也不见得总是比等价的结构化递归函数更快。例如，quick-sort<仅适用于大型链表，而对于小的链表，标准的 sort<函数更快。更糟糕的是，设计糟糕的算法会对程序的性能造成严重影响。其次，使用结构化递归诀窍设计函数通常更容易。相反，设计算法需要知道如何生成新问题，这一步通常需要深入的理解。最后，即使没有很多文档，阅读函数的程序员也可以轻松地理解结构化递归函数。然而，算法的生成步骤基于"顿悟"，如果没有良好的解释，对未来的读者（包括年长的自己）来说很难理解。

经验表明，程序中的大多数函数都采用结构化设计，只有少数会利用生成递归。当遇到可以使用结构化递归设计诀窍或生成递归设计诀窍的情况时，最好的方法是从结构化递归开始。如果结果太慢了（也只有在这种情况下），就需要研究生成递归了。

习题 441 手工计算

```
(quick-sort< (list 10 6 8 9 14 12 3 11 14 16 2))
```

只需给出那些引入新递归调用 quick-sort<的行。需要多少次递归调用 quick-sort<? 需要

① 代码中为 S。——译者注

多少次递归调用 append 函数？给出对于长度为 n 的链表的一般规则。

手工计算

```
(quick-sort< (list 1 2 3 4 5 6 7 8 9 10 11 12 13 14))
```

需要多少次递归调用 quick-sort<？需要多少次递归调用 append 函数？这是否与前半个习题矛盾？■

习题 442 将 sort<和 quick-sort<添加到定义区。对这两个函数运行测试以确保它们能在基本的示例上工作。接下来开发 create-tests，它是随机创建大型测试用例的函数。然后探讨它们对不同链表的运行速度。

试验是否证实了，对于短链表，普通的 sort<函数经常胜于 quick-sort<，而反过来的说法也成立？

确定它们的交叉点。然后以此构建 clever-sort 函数，对于大型链表其行为类似于 quick-sort<，对于交叉点下方的链表，其行为类似于 sort<。与习题 427 比较。■

习题 443 鉴于 gcd-structural 的头部信息，直接使用设计诀窍可能会使用以下模板或某些变体：

```
(define (gcd-structural n m)
  (cond
    [(and (= n 1) (= m 1)) ...]
    [(and (> n 1) (= m 1)) ...]
    [(and (= n 1) (> m 1)) ...]
    [else
     (... (gcd-structural (sub1 n) (sub1 m)) ...
      ... (gcd-structural (sub1 n) m) ...
      ... (gcd-structural n (sub1 m)) ...)]))
```

为什么用这种策略找不到公因数？■

习题 444 习题 443 意味着 gcd-structural 的设计需要一些规划，然后采用组合设计的方法。

“最大公因数”的定义表明存在两阶段的方法。首先设计可以计算自然数因数的链表[①]的函数。然后设计函数，从 n 和 m 的因数链表中选出最大公因数。完整的函数如下所示：

```
(define (gcd-structural S L)
  (largest-common (divisors S S) (divisors S L)))

; N[>= 1] N[>= 1] -> [List-of N]
; 计算 l 小于或等于 k 的因数
(define (divisors k l)
  '())

; [List-of N] [List-of N] -> N
; 找出 k 和 l 共有的最大数
(define (largest-common k l)
  1)
```

你认为为什么 divisors 需要读入两个数值？为什么在它的两处使用中都使用 S 作为第一个参数？■

① 理想情况下，应该使用集合而不是链表。

第 27 章　主题的变化

算法的设计始于对一个过程的非正式描述，这个过程涉及如何创建比给定问题更容易解决的问题，并且其解决方案有助于解决原问题。提出这种想法需要灵感并沉浸于应用所在的领域，以及体验许多不同类型的示例。

本章会介绍算法的几个说明性示例。有些直接来自数学，这是许多想法的来源，有些则来自计算的设置。第一个示例是对我们的原理的图解性说明：谢尔宾斯基三角形（Sierpinski triangle）。第二个示例通过简单的求根函数的数学示例解释分而治之的原则。然后我们会展示如何将这个想法转变为搜索序列的快速算法，这是一个广泛使用的应用。第三节涉及 1Strings 序列的“解析”，这也是现实世界中编程的常见问题。

27.1　初试分形

分形在计算几何中起着重要作用。Flake 在 *The Computational Beauty of Nature* 中写道：“几何可以扩展到具有分数维数的物体。这种被称为分形（fractal）的物体能非常好地描述自然界中所发现的形式的丰富性和多样性。分形在多个……尺度上具有结构上的自相似性，这意味着分形的部分看起来就像整体一样。”

图 27-1 展示了一个分形形状的示例，称为谢尔宾斯基三角形，其基本形状是（等边）三角形，就如图中间的三角形所示。当将三角形以三角形的方式堆叠多次时，就得到了最左边的形状。

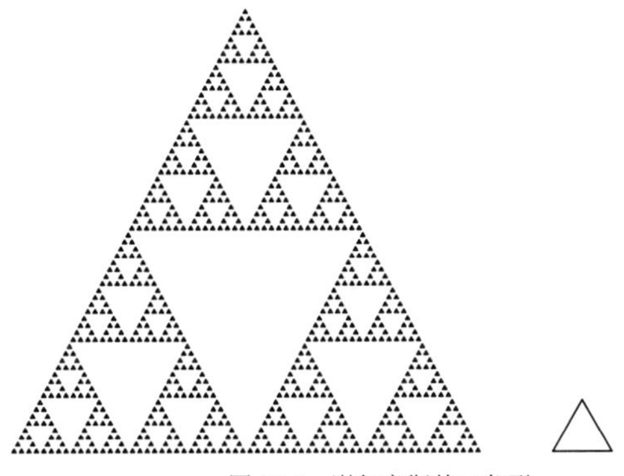

图 27-1　谢尔宾斯基三角形

图 27-1 最右边的图像解释了生成步骤。它表示，只做一次的话，对给定的三角形，找到每一边的中点并将它们相互连接。该步骤会产生 4 个三角形，除非这些三角形太小了，否则外部的 3 个三角形中的每个三角形都重复该过程。

还有一种解释，非常适合 *2htdp/image* 库中的形状合成功能[①]，是基于从中间图像到右边图像的过渡。通过并排放置两个三角形，然后将另一个副本三角形放到它们上面，我们也能得到图 27-1 右边的图形：

① 此方法来自 Marc Smith。

```
> (s-triangle 3)
```

```
> (beside (s-triangle 3) (s-triangle 3))
```

```
> (above (s-triangle 3)
         (beside (s-triangle 3) (s-triangle 3)))
```

本节使用后一种描述来设计谢尔宾斯基算法，33.3 节会讨论前一种描述。既然目标是生成等边三角形的图像，我们使问题编码读入一个（正的）数值，即三角形的边长。这就决定了签名、目的声明和头部：

```
; Number -> Image
; 创建边长为 side 的谢尔宾斯基三角形

(define (sierpinski side)
  (triangle side 'outline 'red))
```

是时候解决生成递归的 4 个问题了：

- 当输入的数值太小，以至于在其中绘制三角形毫无意义时，问题就是平凡的；
- 对于这种情况，生成三角形就足够了；
- 否则，算法必须生成边长为 *side* / 2 的谢尔宾斯基三角形，因为在任一方向上并排放置两个这样的三角形，就会产生一条边长为 *side* 的边；
- 如果边长为 *side* / 2 的谢尔宾斯基三角形是 half-sized，那么

  ```
  (above half-sized
         (beside half-sized half-sized))
  ```

  就是边长为 *side* 的谢尔宾斯基三角形。

有了这些答案，就可以直接定义函数了。图 27-2 给出了细节。“平凡条件”被表达为 (<= side SMALL)，其中 SMALL 是某个常量。对于这种平凡情况的答案，函数返回所需大小的三角形。在递归的情况中，local 表达式为指定尺寸一半的谢尔宾斯基三角形引入名称 half-sized。一旦递归调用生成了小的谢尔宾斯基三角形，就使用 above 和 beside 组合图像。

```
(define SMALL 4) ; 以像素为单位的度量

(define small-triangle (triangle SMALL 'outline 'red))

; Number -> Image
; 生成地创建边长为 side 的谢尔宾斯基三角形
; 方法是先创建边长为(/ side 2)的三角形，然后将一个三角形地放置在另两个并排的三角形上

(check-expect (sierpinski SMALL) small-triangle)
(check-expect (sierpinski (* 2 SMALL))
              (above small-triangle
                     (beside small-triangle small-triangle)))

(define (sierpinski side)
  (cond
    [(<= side SMALL) (triangle side 'outline 'red)]
    [else
     (local ((define half-sized (sierpinski (/ side 2))))
       (above half-sized (beside half-sized half-sized)))]))
```

图 27-2 谢尔宾斯基算法

图 27-2 突出了另外两点。首先，目的声明的阐述解释了函数完成**什么**

```
; 创建边长为 side 的谢尔宾斯基三角形
```

以及它**如何**实现这一目标：

```
; 方法是先创建边长为(/ side 2)的三角形，然后将一个三角形地放置在另两个并排的三角形上
```

其次，示例说明了两种可能的情况：一种是给定的尺寸足够小，另一种则尺寸足够大。在后一种情况下，计算期望值的表达式正好解释了目的声明的含义。

由于 `sierpinski` 基于生成递归，因此定义函数并对其进行测试并不代表已完成。我们还必须考虑，为什么算法对任何合法输入都会终止。`sierpinski` 的输入是一个正数。如果该数小于 `SMALL`，则算法终止，否则，递归调用使用的值是原来的值的一半。因此，假定 `SMALL` 也是正数，算法必然会对所有正的 `side` 终止。

一种理解谢尔宾斯基过程的方式是，它将问题分成两半直到它可以立即解决。运用一点想象力，可以看到该过程可用于搜索具有某些属性的数值。下一节将详细解释这一想法。

27.2 二分查找

应用数学家用非线性方程模拟现实世界，然后尝试求解这些非线性方程。具体来说，他们将问题转化为从数到数的函数 f，然后寻找数 r 使得

$$f(r) = 0$$

值 r 被称为 f 的根。

下面是一个来自物理领域的问题。

示例问题 火箭以每小时 v 公里的恒定速率直线飞向某个距离 d_0 公里外的目标。然后它以每小时 a 平方公里的速率加速 t 小时。它什么时候会到达目标？

物理学告诉我们，火箭所覆盖的距离是时间的函数：

$$d(t) = (v \times t + 1/2 \times a \times t^2)$$

何时击中目标这一问题要求我们找到物体到达预期目标的时间 t_0：

$$d_0 = (v \times t_0 + 1/2 \times a \times t_0^2)$$

运用代数知识，我们知道这是二次方程，如果 d_0、a 和 v 满足某些条件，就可以求解这样的方程。

一般来说，问题会比二次方程更为复杂。因此，数学家在过去的几个世纪里一直在为不同类型的函数开发求根方法。在本节中，我们研究一种基于中值定理的解法，这是通过（数学）分析在早期得出的结果。所得的算法是基于数学定理的生成递归的很好示例。计算机科学家还将其推广为**二分查找算法**。

中值定理的内容是，对于连续函数 f，如果 $f(a)$ 和 $f(b)$ 位于 x 轴的两侧，那么函数 f 在区间 $[a,b]$ 中有根。连续指的是函数不会“跳跃”，没有间隙，而是遵从“平滑”的路径。

图 27-3 说明了中值定理。如不间断的平滑图像所示，函数 f 是连续的。它在 a 处位于 x 轴的下方，在 b 处位于 x 轴的上方，也确实在该区间中的某个位置与 x 轴相交，该区间在图中标记为“区间 1”。

现在看一下 a 和 b 之间的中点：

$$m = (a+b) / 2$$

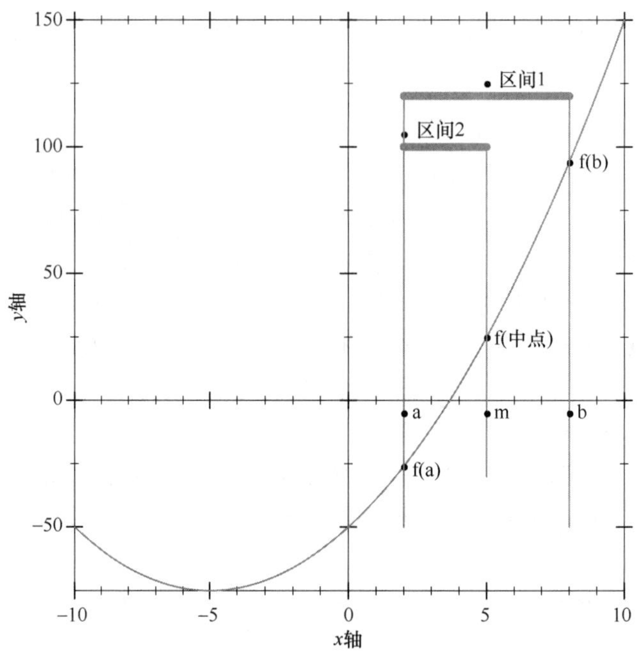

图 27-3 在区间[a，b]中有根的数值函数 *f*（第一阶段）

它将区间[*a*, *b*]划分为两个较小的、大小相等的区间。现在可以计算 *f* 在 *m* 点的值，看该值是小于 0 还是大于 0。这里 *f*(*m*) > 0，因此，根据中值定理，根位于左侧区间：[*a*, *m*]。图像也证实了这一点，因为根位于区间的左半部分，在图 27-3 中标记为“区间 2”。

这就描述了寻根过程中的关键步骤。接下来，我们将此描述转换为中级+`lambda` 语言的算法。第一个任务是声明其目的。显然，该算法读入函数以及期望找到根的区间的边界：

```
; [Number -> Number] Number Number -> ...
(define (find-root f left right) ...)
```

这 3 个参数不可能只是任何函数和数值。要使 `find-root` 工作，必须假定以下内容成立：

```
(or (<= (f left) 0 (f right))
    (<= (f right) 0 (f left)))
```

即`(f left)`和`(f right)`必须位于 *x* 轴的两侧。

接下来，我们需要修复函数的结果，还要编写目的声明。简单地说，`find-root` 寻找包含根的区间。搜索会划分区间，直到其大小`(- right left)`足够小为止，如小于某个常量 ε[①]。此时，函数可以给出 3 个结果之一：左边界、右边界或区间的表示。任一选择都可以表示区间，因为返回数值更简单，我们选择左边界。下面是完整的头部信息：

```
; [Number -> Number] Number Number -> Number
; 确定 R 使得 f 在[R,(+ R ε)]中有根
; 假定 f 是连续的
; (2) (or (<= (f left) 0 (f right)) (<= (f right) 0 (f left)))
; 生成地划分区间，根在两个区间之一中，
; 使用条件 (2) 选择区间
(define (find-root f left right)
  0)
```

习题 445 考虑如下函数定义：

① DrRacket 允许使用希腊符号，如 ε。但也可以将其写为 `EPSILON`。

```
; Number -> Number
(define (poly x)
  (* (- x 2) (- x 4)))
```

这定义了一个二项式，我们可以手工确定其根：

```
> (poly 2)
0
> (poly 4)
0
```

使用 poly 来编写一个 find-root 的 check-satisfied 测试。

然后使用 poly 来说明查找根的过程。从区间[3, 6]开始，令 ε= 0，将信息用表格表示如下：

步	*left*	*f left*	*right*	*f right*	*mid*	*f mid*
n=1	3	−1	6.00	8.00	4.50	1.25
n=2	3	−1	4.50	1.25	?	?

■

下一个任务是解决算法设计的 4 个问题。

（1）需要描述问题何时解决的条件和对应的答案。基于之前的讨论，这很简单：

```
(<= (- right left) ε)
```

（2）平凡情况所对应的答案就是 left。

（3）对于生成的情况，需要为 find-root 生成新问题的表达式。根据我们的非正式描述，这一步需要先确定中点，以及它的函数值：

```
(local ((define mid (/ (+ left right) 2))
        (define f@m (f mid)))
  ...)
```

接下来使用中点选择下一个区间。根据中值定理，如果

```
(or (<= (f left) 0 f@m) (<= f@m 0 (f left)))
```

下一个候选区间就是[*left, mid*]，而如果

```
(or (<= f@m 0 (f right)) (<= (f right) 0 f@m))
```

递归调用就使用[*mid, right*]。

翻译成代码，local 的主体就必须是条件语句：

```
(cond
  [(or (<= (f left) 0 f@m) (<= f@m 0 (f left)))
   (... (find-root f left mid) ...)]
  [(or (<= f@m 0 (f right)) (<= (f right) 0 f@m))
   (... (find-root f mid right) ...)])
```

在这两个子句中，我们都使用 find-root 继续搜索。

（4）最后一个问题的答案显而易见。由于对 find-root 的递归调用会找到 *f* 的根，因此无须做其他处理。

完整的函数如图 27-4 所示，后面的习题详细阐述了其设计。

习题 446 将习题 445 的测试添加到图 27-4 的程序中。用不同的 ε 值进行试验。■

习题 447 poly 函数有两个根。用 poly 和包含两个根的区间调用 find-root。■

习题 448 只要假定成立，对所有（连续）的 f、left 和 right，find-root 算法都会

终止。为什么？给出终止论证。

```
; [Number -> Number] Number Number -> Number
; 确定 R 使得 f 在[R,(+ R ε)]中有根
; 假定 f 是连续的
; 假定(or (<= (f left) 0 (f right)) (<= (f right) 0 (f left)))
; 生成地划分区间，根在两个区间之一中，
; 根据假定选择区间
(define (find-root f left right)
  (cond
    [(<= (- right left) ε) left]
    [else
      (local ((define mid (/ (+ left right) 2))
              (define f@mid (f mid)))
        (cond
          [(or (<= (f left) 0 f@mid) (<= f@mid 0 (f left)))
           (find-root f left mid)]
          [(or (<= f@mid 0 (f right)) (<= (f right) 0 f@mid))
           (find-root f mid right)]))]))
```

图 27-4 *find-root* 算法

提示 假设 `find-root` 的参数描述了大小为 `S1` 的区间。对 `find-root` 的第一次和第二次递归调用，`left` 和 `right` 之间的距离分别是多大？多少步之后，`(- right left)`会小于或等于 ε？■

习题 449 如图 27-4 所示，`find-root` 会为每个边界值两次计算 `f` 的值，以生成下一个区间。使用 `local` 来避免这种重复计算。

此外，`find-root` 的递归调用会重新计算边界的函数值。例如，`(find-root f left right)`计算 `(f left)`，如果下一个区间选择[*left, mid*]，那么 `find-root` 会再次计算`(f left)`。引入一个类似于 `find-root` 的辅助函数，但在每个递归阶段不仅读入 `left` 和 `right`，还读入`(f left)`和`(f right)`。

这种设计最多可以避免多少次重新计算`(f left)`？**注意** 这一辅助函数的两个附加参数在每个递归阶段都会改变，但这个改变和（之前的）数值参数的改变相关。这种参数被称为累积器（accumulator），它们是第六部分的主题。■

习题 450 如果 `(< a b)`成立，`(<= (f a) (f b))`就成立，那么我们说函数 `f` 是单调递增的（monotonically increasing）。假定输入的函数不仅是连续的，而且是单调递增的，简化 `find-root`。■

习题 451 表格是两个字段的结构体：自然数 `VL` 和函数 `array`[①]，该函数读入 `0` 和 `VL`（不包含）之间的自然数，并返回一个答案：

```
(define-struct table [length array])
; Table 是结构体：
;   (make-table N [N -> Number])
```

由于这种数据结构有些不寻常，因此用示例说明它是至关重要的：

```
(define table1 (make-table 3 (lambda (i) i)))

; N -> Number
(define (a2 i)
```

① 许多编程语言，包括 Racket，都支持数组（array）和向量（vector），这些都类似于表格。

```
    (if (= i 0)
        pi
        (error "table2 is not defined for i =!= 0")))

(define table2 (make-table 1 a2))
```

这里 table1 的 array 函数被定义为比其长度（length）字段允许的更多的输入，table2 仅为一个输入作了定义，输入为 0。最后，我们还定义一个用于在表格中查找值的有用函数：

```
; Table N -> Number
; 查找 t array 中的第 i 个值
(define (table-ref t i)
  ((table-array t) i))
```

表格 t 的根是(table-array t)中接近 0 的数。**根的索引**（*root index*）是使(table-ref t i)是表格 t 的根的自然数 i。如果(table-ref t 0)小于(table-ref t 1)，(table-ref t 1)小于(table-ref t 2)，以此类推，那么表格 t 就是单调递增的。

设计 find-linear。该函数读入单调递增的表格，查找表格的根的最小索引。使用 N 的结构化诀窍，按 0、1、2 到输入表格的 array-length 的顺序处理。这种寻根过程通常称为线性查找。

设计 find-binary，它也查找单调递增表格的根的最小索引，但使用生成递归来执行此操作。与普通的二分查找一样，算法将区间缩小到可能的最小范围，然后选择索引。不要忘了给出终止论证。

提示 关键的问题是，表格的索引是**自然数**，而不是普通的数。因此，find 的区间边界参数必须是自然数。考虑这会如何改变（1）平凡可解问题实例的本质，（2）中点计算，以及（3）生成下一个区间的决定。为了使这更具体，想象一个有 1024 个槽的表格，根在第 1023 槽的位置。find-linear 和 find-binary 分别需要多少次递归调用 find？■

27.3 初探解析

正如第 20 章中所提到的，计算机中有文件，文件提供了永久的存储形式。从我们的角度来看，文件只是 1String 的链表[①]，虽然会被特殊字符串打断：

```
; File 是以下之一：
; -- '()
; -- (cons "\n" File)
; -- (cons 1String File)
; 解释：表示文件的内容
; "\n"是换行符
```

我们的想法是将 File 分成多行，其中"\n"就是所谓的换行符，表示行的结尾。在继续之前，我们先介绍行：

```
; Line 是[List-of 1String]。
```

许多函数需要将文件作为行的链表来处理。来自 *2htdp/batch-io* 库的 read-lines 就是其中之一。具体来说，该函数将文件

```
(list
  "h" "o" "w" " " "a" "r" "e" " " "y" "o" "u" "\n"
  "d" "o" "i" "n" "g" "?" "\n"
```

① 具体的约定因操作系统而异，但就我们的目的而言，这是无关紧要的。

```
  "a" "n" "y" " " "p" "r" "o" "g" "r" "e" "s" "s" "?")
```

转化为 3 个行的链表：

```
(list
  (list "h" "o" "w" " " "a" "r" "e" " " "y" "o" "u")
  (list "d" "o" "i" "n" "g" "?")
  (list "a" "n" "y" " " "p" "r" "o" "g" "r" "e"
        "s" "s" "?"))
```

同样，文件

```
(list "a" "b" "c" "\n" "d" "e" "\n" "f" "g" "h" "\n")
```

对应于 3 个行的链表：

```
(list (list "a" "b" "c")
      (list "d" "e")
      (list "f" "g" "h"))
```

停一下！这 3 种情况对应的行链表表示是什么：`'()`、`(list "\n")`以及`(list "\n" "\n")`？为什么这些示例是重要的测试用例？

将 1String 序列转换为行链表的问题被称为解析（parsing）。许多编程语言提供从文件中检索行、单词、数值以及其他种类的所谓标记（token）的函数，但即使它们这样做了，程序通常也需要进一步解析这些标记。本节初步地讨论解析技术。然而，解析是如此复杂，对创建完整的软件应用又至关重要，因此大多数本科课程都至少包括一门关于解析的课程。因此，即使读者掌握了本节，也不要认为自己可以正确解决真正的解析问题。

我们从简单的部分开始，对于将 File 转换为 Line 链表的函数，就是签名、目的声明，以及头部：

```
; File -> [List-of Line]
; 将文件转换为行链表

(check-expect (file->list-of-lines
                (list "a" "b" "c" "\n"
                      "d" "e" "\n"
                      "f" "g" "h" "\n"))
              (list (list "a" "b" "c")
                    (list "d" "e")
                    (list "f" "g" "h")))

(define (file->list-of-lines afile) '())
```

基于 25.1 节的讨论，很容易描述解析的过程：

（1）如果文件是`'()`，问题是平凡可解的。

（2）在这种情况下，该文件不包含行。

（3）否则，该文件至少包含一个`"\n"`或其他 1String。这些项（包括第一个`"\n"`，如果有的话）必须与 File 的其余部分分离。剩下的项是 `file->list-of-lines` 可以解决的同类新问题。

（4）将最初这段内容作为一个行，`cons` 到由 File 的其余部分产生的 Line 链表就足够了。

这 4 个问题表明，生成递归函数的模板可以直接实例化。因为将第一段与文件的其余部分分离需要扫描任意长的 1String 链表，所以我们向愿望清单中加入两个辅助函数：`first-line`，它收集第一个出现的`"\n"`之前所有的 1String，不包括这个`"\n"`，或者直接收集到链表末尾为止；以及 `remove-first-line`，它去除 `first-line` 所收集的那些相同的项。

接下来创建程序的其余部分就很容易了。在 file->list-of-lines 中，第一个子句中的答案必须是'()，因为空文件不包含任何的行。第二个子句中的答案必须将(first-line afile)的值 cons 到(file->list-of-lines (remove-first-line afile))的值之上，因为前一个表达式计算第一行，而后一个表达式计算其余的行。最后，辅助函数以结构化递归的方式遍历其输入，它们的开发是简单的习题。图 27-5 给出了完整的程序代码。

```
; File -> [List-of Line]
; 将文件转换为行链表
(define (file->list-of-lines afile)
  (cond
    [(empty? afile) '()]
    [else
     (cons (first-line afile)
           (file->list-of-lines (remove-first-line afile)))]))

; File -> Line

(define (first-line afile)
  (cond
    [(empty? afile) '()]
    [(string=? (first afile) NEWLINE) '()]
    [else (cons (first afile) (first-line (rest afile)))]))

; File -> Line

(define (remove-first-line afile)
  (cond
    [(empty? afile) '()]
    [(string=? (first afile) NEWLINE) (rest afile)]
    [else (remove-first-line (rest afile))]))

(define NEWLINE "\n") ; the 1String
```

图 27-5 将文件转换为行链表

file->list-of-lines 这样处理第二个测试：

```
(file->list-of-lines
  (list "a" "b" "c" "\n" "d" "e" "\n" "f" "g" "h" "\n"))
==
(cons
  (list "a" "b" "c")
  (file->list-of-lines
    (list "d" "e" "\n" "f" "g" "h" "\n")))
==
(cons
  (list "a" "b" "c")
  (cons (list "d" "e")
        (file->list-of-lines
          (list "f" "g" "h" "\n"))))
==
(cons (list "a" "b" "c")
      (cons (list "d" "e")
            (cons (list "f" "g" "h")
                  (file->list-of-lines '()))))
==
(cons (list "a" "b" "c")
      (cons (list "d" "e")
            (cons (list "f" "g" "h")
                  '())))
```

这一计算再次说明，`file->list-of-lines` 递归调用的参数几乎从来不是原输入文件的其余部分。它还说明了为什么这种生成递归可以保证对任何输入 File 都终止。每次递归调用读入的链表都比原链表短，这意味着当处理到`'()`时，递归过程终止。

习题 452 `first-line` 和 `remove-first-line` 都缺少目的声明。描述正确的目的声明。■

习题 453 设计函数 `tokenize`。它将 Line 转换为标记的链表。这里的标记要么是 1String，要么是由小写字母（而不是其他字符）组成的 String。也就是说，所有的空白 1String 都会被丢弃，其他所有非字母 1String 保持原样，所有连续的字母被打包成“单词”。**提示** 查阅 `string-whitespace?`函数的文档。■

习题 454 设计 `create-matrix`。该函数读入数值 n 以及 n^2 个数值的链表。它产生 $n \times n$ 的矩阵，例如：

```
(check-expect
  (create-matrix 2 (list 1 2 3 4))
  (list (list 1 2)
        (list 3 4)))
```

再举出一个示例。■

第 28 章　数学的例子

许多数学问题的求解需要用生成递归。出于两个原因，未来的程序员必须了解这些解法。一方面，相当多的编程任务主要是将这些数学思想转化为程序。另一方面，对这些数学问题进行练习通常会产生算法设计的灵感。本章将讨论 3 个这样的问题。

28.1　牛顿法

27.2 节介绍了一种查找数学函数根的方法。正如该节中习题所示，该方法能自然地推广到其他计算问题，例如在表格、向量和数组中查找某个值。在数学应用中，程序员倾向于使用源自分析数学的方法。一个突出的例子是牛顿法。和二分查找一样，**牛顿法**反复改进对根的近似，直到“足够接近”为止。从某个猜测（如 r_1）开始，过程的本质是在 r_1 处构造 f 的切线，以此确定其根。切线是函数的近似，同时确定其根也很简单。通过多次重复这个过程，算法可以找到根 r，使 $f(r)$足够接近于 0[①]。

显然，这一过程依赖两个关于切线的领域知识：它们的斜率和根。从非正式的意义上说，在某个点 r_1 处 f 的切线是经过点$(r_1, f(r_1))$并与 f 斜率相同的直线。获得切线斜率的一种数学方法是，在 x 轴上选取与 r_1 接近且等距的两个点，然后使用 f 在这两个点处的值确定其斜率。习惯的做法是选择较小的数 ε，然后使用 $r_1+\varepsilon$ 和 $r_1-\varepsilon$。也就是说，这两个点分别是$(r_1-\varepsilon, f(r_1-\varepsilon))$和$(r_1+\varepsilon, f(r_1+\varepsilon))$，它们决定了直线和斜率：

$$slope(f,r_1)=\frac{f(r_1+\varepsilon)-f(r_1-\varepsilon)}{(r_1+\varepsilon)-(r_1-\varepsilon)}=\frac{1}{2\bullet\varepsilon}\ (f(r_1+\varepsilon)-f(r_1-\varepsilon))$$

习题 455　将此数学公式转换为中级+lambda 语言的函数 slope，它将函数 f 和数值 r1 映射到 r1 处的 f 的斜率。假定 ε 是全局常量。对于这个示例，使用可以确定斜率的函数，例如水平线、线性函数，如果了解一些微积分知识的话，可以使用多项式。■

第二个领域知识涉及切线的根，切线只是直线或者线性函数。切线经过点$(r_1, f(r_1))$，并具有上述的 *slope*。在数学上，它被定义为

$$tangent(x)=slope(f,r_1)\,(x-r_1)+f(r_1)$$

找 *tangent* 的根也就是找值 *root-of-tangent*，能使 *tanget*(*root-of-tangent*)等于 0：

$$0=slope(f,r_1)\,(root\text{-}of\text{-}tangent-r_1)+f(r_1)$$

这个等式可以直接求解：

$$root\text{-}of\text{-}tangent=r_1-\frac{f(r_1)}{slope(f,r_1)}$$

习题 456　设计 root-of-tangent，将 f 和 r1 映射到过(r1, (f r1))的切线的根。■

① 牛顿证明了这一事实。

现在我们可以使用设计诀窍将牛顿过程的描述转换为中级+lambda 语言程序。该函数（称其为 newton 是为了纪念发明者）读入函数 f 和数值 r1：

```
; [Number -> Number] Number -> Number
; 找到数 r，使得(f r)很小
; 生成地反复改进猜测
(define (newton f r1) 1.0)
```

有了 newton 的模板，我们转向生成递归设计诀窍的 4 个核心问题。

（1）如果(f r1)足够接近 0，问题就解决了。接近 0 意味着(f r1)是小的正数或小的负数。因此我们检查其绝对值：

```
(<= (abs (f r1)) ε)
```

（2）解就是 r1。

（3）算法的生成步骤需要找到 f 在 r1 处切线的根，这就生成了下一个猜测。只需将 newton 应用于 f 和这个新的猜测，我们就可以继续此过程。

（4）递归的答案就是原问题的答案。

图 28-1 给出了 newton，其中包括两个测试，测试源自 27.2 节中的 find-root 的测试。毕竟，这两个函数都查找函数的根，而 poly 有两个已知的根。

```
; [Number -> Number] Number -> Number
; 找到数 r，使得(<= (abs (f r)) ε)

(check-within (newton poly 1) 2 ε)
(check-within (newton poly 3.5) 4 ε)

(define (newton f r1)
  (cond
    [(<= (abs (f r1)) ε) r1]
    [else (newton f (root-of-tangent f r1))]))

; 参见习题 455
(define (slope f r) ...)

; 参见习题 456
(define (root-of-tangent f r) ...)
```

图 28-1　牛顿过程

这并没有完成 newton 的设计。设计诀窍新的第七步要求研究函数的终止行为。对 newton 来说，poly 会导致问题：

```
; Number -> Number
(define (poly x) (* (- x 2) (- x 4)))
```

如上所述，它的根是 2 和 4。图 28-2 中 poly 的图像也确认了这两个根，还表明在两个根之间，函数变平了。

对懂数学的人来说，这种图像会引发问题，用 newton 为初始猜测 3 计算会怎么样：

```
> (poly 3)
-1
> (newton poly 3)
/:division by zero
```

这里的解释是，slope 给出了“不好的”值，而 root-of-tangent 函数将其转换为错误：

```
> (slope poly 3)
```

```
0
> (root-of-tangent poly 3)
/:division by zero
```

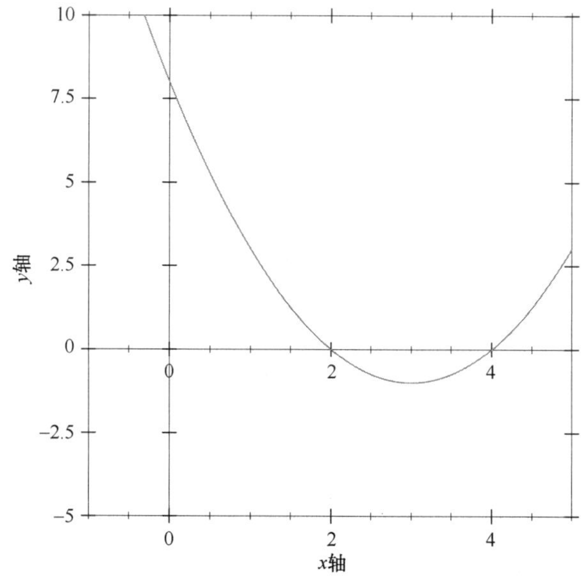

图 28-2 区间[-1,5]上 poly 的图像

除了这个运行时错误，newton 还有两个关于终止的问题。幸运的是，我们可以继续使用 poly 来演示。第一个涉及数值的性质，我们在 1.1 节中简要介绍过。对编程中的许多初级习题来说，忽略精确数和非精确数之间的区别是安全的，但是当涉及将数学转换为程序时，需要非常谨慎。考虑：

```
> (newton poly 2.9999)
```

中级+lambda 语言程序会将 2.9999 视为精确数，newton 中的计算也会这样处理，但由于该数值不是整数，因此计算会使用精确有理分数。由于分数算术比非精确数算术慢得多，因此上述函数调用在 DrRacket 中会占用大量的时间，这取决于计算机，可能需要几秒到一分钟或更长时间。如果碰巧选择了其他触发此种计算的数值，那么看起来好像对 newton 的调用根本不会终止。

第二个问题涉及不终止。示例是：

```
> (newton poly #i3.0)
```

这里使用了非精确数#i3.0 作为初始的猜测，与 3 不同，这会导致另一类问题。具体来说，slope 函数给 poly 算出了非精确的 0，于是 root-of-tangent 是无穷大：

```
> (slope poly #i3.0)
#i0.0
> (root-of-tangent poly #i3.0)
#i+inf.0
```

结果，计算立即陷入无限循环[①]。

简而言之，面对复杂的终止行为，newton 表现出各种各样的问题。对某些输入，该函数

① newton 中的计算将#i+inf.0 变为+nan.0，表示“不是数值”的数据。大多数算术运算传播这个值，这也解释了 newton 的行为。

会给出正确的结果。对某些输入，它会报错。对某些输入，它会陷入无限循环，或者似乎陷入无限循环。newton 的头部（或别的文字）必须警告其他希望使用此函数的人，以及这些复杂程序的未来阅读者，常见编程语言中优秀的数学库就是这么做的。

习题 457 设计函数 double-amount[①]，它计算当储蓄账户按月以固定利率支付利息时，使输入金额加倍所需的月数。

领域知识 使用一些代数操作技巧，可以显示输入的金额是无关的，只有利率会产生影响。领域专家就知道，如果利率 r“比较小”，大约 $72/r$ 个月之后输入的金额会翻倍。■

28.2 数值积分

许多物理问题都归结为求曲线下方的面积。

示例问题 汽车以每秒 v 米的恒定速度行驶。它在 5、10、15 秒内分别行驶多远？

火箭以恒定的 12m/s^2 加速度起飞。5、10、15 秒后它的高度分别是多少？

物理学告诉我们，如果车辆以恒定速度 v 行驶 t 秒，那么它行驶了 $d_{con}(t) = v \cdot t$ 米。对于加速移动的车辆，它行驶的距离取决于经过时间 t 的平方：

$$d_{acc}(t) = \frac{1}{2}at^2$$

一般来说，物理法则表明，距离对应于速度 $v(t)$随时间 t 变化的曲线下方的面积。

图 28-3 以图形方式说明了该想法。在左侧，我们看到两个图的叠加：实线是车辆行驶的速度，上升的虚线是行驶的距离。快速地检查表明，**在任意时间点**，后者都确实是由前者与 x 轴所确定区域的面积。同样，右侧的图显示了以恒定加速度行驶的火箭和其高度之间的关系。对某个特定区间确定函数图像下方的面积被称为（函数）积分（integration）。

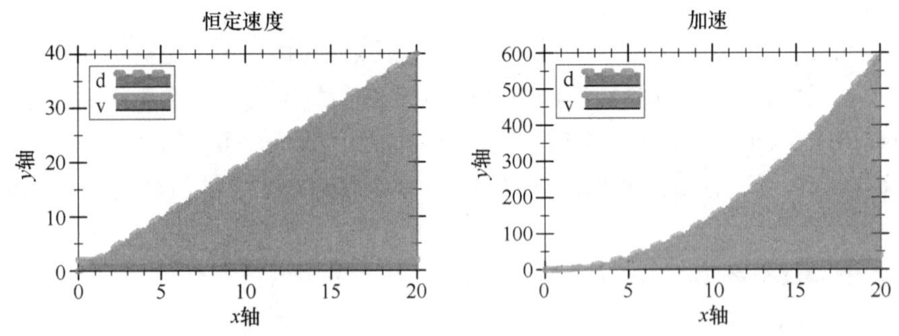

图 28-3 以恒定速度与以加速度行驶的距离

虽然对这两个示例问题来说，数学家可以给出精确答案的公式，但对一般的问题来说，需要通过计算来求解。问题是，曲线通常具有复杂的形状，如图 28-4 所示，这表明人们需要知道 x 轴、标记为 a 和 b 的垂直线以及 f 的图像所围成的区域面积。应用数学家以近似的方式确定这样的面积，将许多小几何形状的面积相加。因此，开发处理这些计算的算法是很自然的。

积分算法读入 3 个输入：函数 f 和两个边界 a 和 b。第 4 部分，即 x 轴，是隐含的。这表明以下签名：

```
; [Number -> Number] Number Number -> Number
```

① 这个习题由 Adrian German 提供。

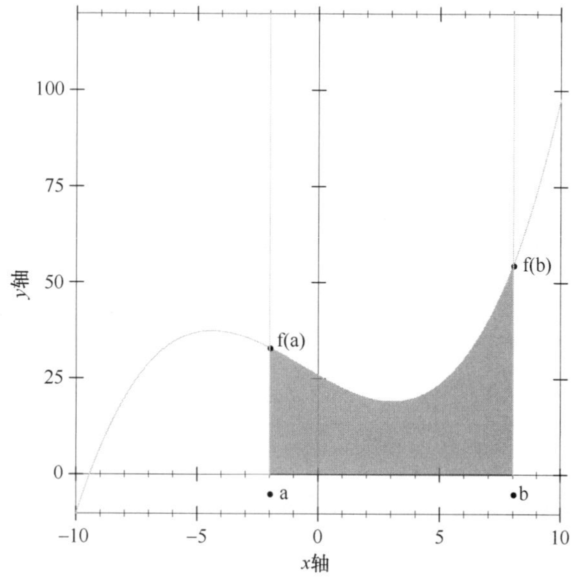

图 28-4 求函数 f 在 a 和 b 之间的积分

为了理解积分背后的思想，最好研究一些简单的示例，例如常函数或线性函数。因此，考虑

```
(define (constant x) 20)
```

将 constant 以及 12 和 22 一起传给 integrate，描述的就是一个宽度为 10、高度为 20 的矩形。这个矩形的面积是 200，这意味着如下的测试：

```
(check-expect (integrate constant 12 22) 200)
```

同样，我们可以用 linear 来创建第二个测试：

```
(define (linear x) (* 2 x))
```

如果将 linear、0 和 10 传给 integrate，这就是一个底边长为 10、高度为 20 的三角形。将这个示例写作测试就是：

```
(check-expect (integrate linear 0 10) 100)
```

毕竟，三角形的面积是其底边长和高度乘积的一半。

第三个示例需要用到一些特定领域的知识。如上所述，对于某些函数，数学家知道如何以精确的方式确定其下的面积。例如，函数

$$square(x) = 3x^2$$

下方在区间$[a, b]$的面积可以用这个公式

$$b^3 - a^3$$

来计算。

将这个想法变成具体的测试就是：

```
(define (square x) (* 3 (sqr x)))

(check-expect (integrate square 0 10)
              (- (expt 10 3) (expt 0 3)))
```

图 28-5 给出了设计诀窍前 3 个步骤的结果。图中还增加了目的声明，以及关于区间的两个边界的明显假定。它使用了 check-within 而不是 check-expect，因为我们预期在这种计算中，近似计算会带来数值的不精确。同样，integrate 的头部指定#i0.0 作为返回值，这也

表明该函数会返回非精确数值。

```
(define ε 0.1)

; [Number -> Number] Number Number -> Number
; 计算 a 和 b 之间 f 图像下方面积
; 假定 (< a b) 成立

(check-within (integrate (lambda (x) 20) 12 22) 200 ε)
(check-within (integrate (lambda (x) (* 2 x)) 0 10) 100 ε)
(check-within (integrate (lambda (x) (* 3 (sqr x))) 0 10)
              1000
              ε)

(define (integrate f a b) #i0.0)
```

图 28-5 通用的积分函数

接下来的两道习题将展示如何将领域知识转化为积分函数。这两个函数都计算相当粗略的近似值。虽然前者的设计仅使用数学公式，但后者的设计也采用一些结构化设计的思想。完成这些习题对于理解本节核心内容是十分必要的，本节给出了积分的一种生成递归算法。

习题 458 开普勒提出了一种简单的积分方法[①]。要计算 a 和 b 之间 f 下方面积的估计值：

（1）在 $mid = (a + b) / 2$ 处将区间分成两半；

（2）计算如下两个梯形的面积：

- $[(a, 0), (a, f(a)), (mid, 0), (mid, f(mid))]$
- $[(mid, 0), (mid, f(mid)), (b, 0), (b, f(b))]$；

（3）将两个面积相加。

领域知识 我们来看看这些梯形。以下是两种可能的形状，使用最少的注释以减小混乱：

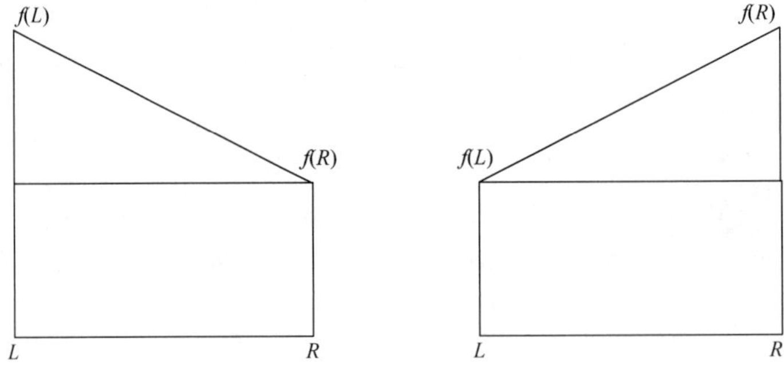

左边的图形假定 $f(L) > f(R)$，而右边的图形展示了 $f(L) < f(R)$ 的情况。尽管存在不对称，但仍然可以使用一个公式来计算这种梯形的面积：

$$[(R-L)\ f(R)] + \left[\frac{1}{2}(R-L)\,(f(L)-f(R))\right]$$

停一下！说服自己，对于左边那个梯形，这个公式将三角形的面积**添加到**下部矩形的面积之上，而对于右边的梯形，它从大矩形面积中**减去**三角形的面积。

另外还要证明，上述公式等于

$$\frac{1}{2}(R-L)\,(f(L)+f(R))$$

① 该方法被称为开普勒方法。

这是对公式不对称性的数学验证。

设计函数 `integrate-kepler`。也就是说，将数学知识转化为中级+lambda 语言的函数。修改图 28-5 中的测试用例以适用于此。3 个测试中哪个会失败，差了多少？■

习题 459 另一种简单的积分方法是将区域划分为许多小矩形。每个矩形具有固定的宽度，而矩形在中间点和函数图像一样高。将矩形面积相加就是函数图像下方面积的估算值。

使用

$$R = 10$$

代表矩形的总数。因此每个矩形的宽度是

$$W = (b - a) / R$$

其中某个矩形的高度是其中点处 f 的值。第一个中点显然是 a 加上矩形宽度的一半的位置，

$$S = width / 2$$

这意味着它的面积是

$$W \cdot f(a + S)$$

要计算第二个矩形的面积，我们必须在第一个中点基础上再加上一个矩形的宽度：

$$W \cdot f(a + W + S)$$

对于第三个矩形，我们得到

$$W \cdot f(a + 2 \cdot W + S)$$

一般情况下，第 i 个矩形的面积公式就是：

$$W \cdot f(a + i \cdot W + S)$$

第一个矩形的索引为 0，最后一个矩形的索引为 $R-1$。

使用这些矩形，现在可以确定图像下方的面积：

$$\sum_{i=0}^{i=R-1} W \cdot f(a + i \cdot W + S) = W \cdot f(a + 0 \cdot W + S) \\ + \\ \cdots \\ + \\ \cdots \\ W \cdot f(a + (R-1) \cdot W + S)$$

将此过程转换为中级+lambda 语言的函数。修改图 28-5 中的测试用例以适用于此。

算法中使用的矩形越多，估算值就越接近实际面积。将 `R` 设置为全局常量，不断将其扩大 `10` 倍，直到算法的精度达到 ε 为 `0.1` 为止。

将 ε 减小到 `0.01`，然后增加 `R` 以再次使所有测试用例都通过。比较此结果与习题 458。■

习题 458 中的开普勒方法立即表明，存在类似于 27.2 节中引入的分而治之的策略。粗略地说，算法会将区间分成两部分，以递归的方式计算每个部分的面积，然后将两者的结果相加。

习题 460 开发算法 `integration-dc`，它使用分而治之的策略在边界 `a` 和 `b` 之间求函数 `f` 的积分。当区间足够小时，使用开普勒方法。■

习题 460 中分而治之的方法很浪费。考虑这样一个函数，其图像在某个部分是水平的，而在另一部分快速变化，具体示例如图 28-6 所示。对于图像中的水平部分，继续划分区间是没有意义的。计算整个区间的梯形面积和计算两半的梯形面积同样容易。然而，对于“波浪”部分，算法必须继续划分区间，直到图像的不规则性相当小为止。

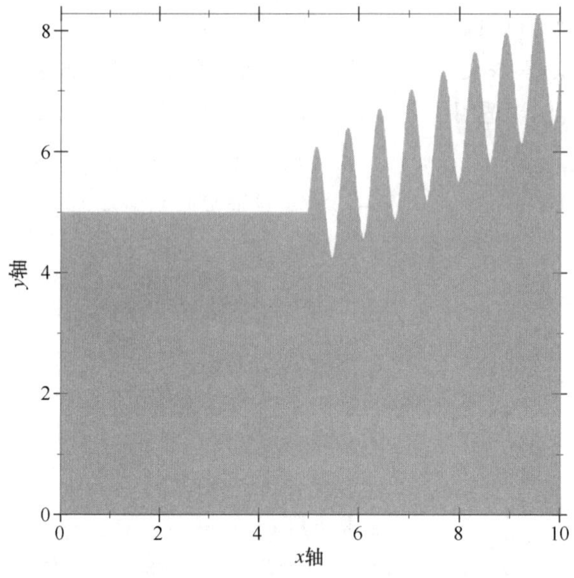

图 28-6 自适应积分的候选函数

要发现 f 在什么情况下是水平的，我们可以按如下方式修改算法。新算法不再测试区间的大小，而是计算 3 个梯形的面积：给定的梯形以及两个半区间的梯形。如果两者之间的差别小于高为 ε、宽为 $b-a$ 的小矩形的面积，即

$$\varepsilon(b-a)$$

就可以安全地假设原来的面积是一个很好的近似值。换句话说，算法确定 f 是否变化太大以至于影响误差容限。如果是，它会继续采用分而治之的方法，否则算法停止并使用开普勒的近似值。

习题 461 设计 `integrate-adaptive`，即将递归过程的描述转换为中级+`lambda` 语言的算法。确保将图 28-5 中的测试用例调整为此函数的测试。

不必讨论 `integrate-adaptive` 是否终止。

`integrate-adaptive` 总会算出比 `integrate-kepler` 或 `integrate-rectangles` 更好的答案吗？`integrate-adaptive` 确保哪个方面会得到改善？■

术语 该算法被称为自适应积分，因为它会自动将时间分配给图像中需要它的部分，而在其他部分花费较少时间。具体来说，对于 f 的那些水平的部分，它只执行少量计算，而对于其他部分，它会检查较小的区间以减小误差容限。计算机科学使用很多自适应算法，`integrate-adaptive` 只是其中之一。

28.3 项目：高斯消元

数学家不仅寻求单变量方程的解，他们还研究整个线性方程组。

示例问题 在一个易货的世界中，*coal*(x)、*oil*(y)和 *gas*(z)的值（煤、油、气）由这些交换方程所确定：

$$\begin{aligned} 2x+2y+3z&=10 \\ 2x+5y+12z&=31 \quad (\dagger) \\ 4x+1y-2z&=1 \end{aligned}$$

这种方程组的解由一组数值组成，每个变量一个数值，如果我们用相应的数值替换变量，那么分别计算每个方程的两边会得到相同的数值。在这个示例中，方程的解是

$$x = 1, y = 1, z = 2。$$

检查此声明也很容易：

$$2 \times 1 + 2 \times 1 + 3 \times 2 = 10$$
$$2 \times 1 + 5 \times 1 + 12 \times 2 = 31$$
$$4 \times 1 + 1 \times 1 - 2 \times 2 = 1$$

这 3 个方程可以缩简为

$$10 = 10, 31 = 31, 1 = 1$$

图 28-7 引入了这一问题领域的数据表示。图中包括一个方程组及其解的示例。这种表示抓住了方程组的本质，即左侧变量的数值系数和右侧的数值。变量的名称不起任何作用，它们就像函数的参数一样，这意味着，只要它们命名一致，方程组就会有相同的解。

```
; SOE（System of Equations）是非空 Matrix（参见习题 176）
; 限制：对于(list r1 ... rn)，(length ri)是(+ n 1)
; 解释：代表线性方程组

; Equation（方程）是[List-of Number]。
; 限制：每个 Equation 至少包含两个数值。
; 解释：如果(list a1 ... an b)是 Equation，
; a1, ..., an 是等式左侧变量的系数，
; 而 b 是等式的右侧

; Solution（解）是[List-of Number]

(define M ; 一个 SOE
  (list (list 2 2  3 10) ;一个 Equation
        (list 2 5 12 31)
        (list 4 1 -2  1)))

(define S '(1 1 2)) ;一个 Solution
```

图 28-7　方程组的数据表示

对于本节的后续部分来说，使用这些函数会很方便：

```
; Equation -> [List-of Number]
; 从 matrix 的一行中提取其左侧
(check-expect (lhs (first M)) '(2 2 3))
(define (lhs e)
  (reverse (rest (reverse e))))

; Equation -> Number
; 从 matrix 的一行中提取其右侧
(check-expect (rhs (first M)) 10)
(define (rhs e)
  (first (reverse e)))
```

习题 462　设计函数 check-solution。它读入 SOE 和 Solution。如果将 Solution 中变量的数值插入 SOE 的 Equation 中后得到相等的左侧值和右侧值，那么函数的结果是#true，否则该函数给出#false。使用 check-solution 和 check-satisfied 来编写测试。

提示　先设计 plug-in 函数。它读入 Equation 的左侧和 Solution，计算在插入解的变量的数值时左侧计算所得的值。■

寻找线性方程组解的标准方法是高斯消元法（gaussian elimination）。它包含两个步骤。第一步是将方程组转换为形状不同但解相同的方程组。第二步是一次找出一个方程的解。这里我们关注第一步，因为它是另一个生成递归的有趣示例。

高斯消元算法的第一步被称为“三角化”，因为结果是三角形的方程组。相比之下，原始方程组是矩形的。要理解这个术语，看一下这个代表原始方程组的链表：

```
(list (list 2 2  3 10)
      (list 2 5 12 31)
      (list 4 1 -2 1))
```

三角化会将这个矩阵转换为：

```
(list (list 2 2  3 10)
      (list   3  9 21)
      (list      1  2))
```

正如之前所说的，这个方程组的形状（大致）是一个三角形。

习题 463 验证以下方程组

$$
\begin{aligned}
2x+2y+3z&=10\\
3y+9z&=21 \qquad (*)\\
1z&=2
\end{aligned}
$$

与标记为(†)的方程组具有相同的解。分别用手工方式以及使用习题 462 中的 `check-solution` 验证。■

三角化的关键思想是，从剩余的 Equation 中减去第一个 Equation。从一个 Equation 中减去另一个 Equation 的意思是，将两个 Equation 中相应的系数相减。使用这里的示例，从第二个方程中减去第一个方程，就会得到如下的矩阵：

```
(list (list 2 2  3 10)
      (list 0 3  9 21)
      (list 4 1 -2  1))
```

这样做减法的目的是，使得除第一个方程之外的所有第一列变为 `0`。对于第三个方程，使第一个位置变为 0 意味着从第三个方程中**两次**减去第一个方程：

```
(list (list 2  2  3  10)
      (list 0  3  9  21)
      (list 0 -3 -8 -19))
```

按照惯例，我们可以丢弃后两个方程中前导的 `0`：

```
(list (list 2  2  3   10)
      (list    3  9   21)
      (list   -3 -8  -19))
```

也就是说，我们首先将第一行中的每个项乘以 2，然后从最后一行中减去这一结果。如上所述，这种减法不会改变方程组的解[①]，也就是说，原方程组的解就是转换后方程组的解。

习题 464 验证方程组

$$
\begin{aligned}
2x+2y+3z&=10\\
3y+9z&=21 \qquad (\ddagger)\\
-3y-8z&=-19
\end{aligned}
$$

① 数学课上会证明这些事实。我们只利用结果。

与标记为(†)的方程组具有相同的解。分别用手工方式验证，以及使用习题 462 中的 check-solution 验证。■

习题 465 设计 subtract。该函数读入两个等长的 Equation。它从第一个方程中逐项“减去”第二个方程的倍数，使得得到的 Equation 在第一个位置为 0。由于已知前导系数为 0，因此 subtract 只返回逐项减去后的链表的其余部分。■

接下来考虑 SOE 的其余部分：

```
(list (list  3  9   21)
      (list -3 -8  -19))
```

它也是一个 SOE，所以我们可以再次使用相同的算法。对于这个示例，下一个减法步骤需要从第二个 Equation 中减去-1 次第一个 Equation。这样做会得到

```
(list (list 3  9 21)
      (list    1  2))
```

这个 SOE 的其余部分是单个方程，无法被进一步简化。

习题 466 三角形 SOE 的表示可以是：

```
; TM 是 [NEList-of Equation]
; 其中的 Equation 长度递减：
;   n+1、n、n-1、...、2。
; 解释：表示三角形的矩阵
```

设计 triangulate 算法：

```
; SOE -> TM
; 将输入方程组三角化
(define (triangulate M)
  '(1 2))
```

将上面的示例转换为测试，并根据这里初步的描述给出针对 4 个问题的明确答案。

无须讨论设计诀窍的终止步骤。■

遗憾的是，习题 466 的解偶尔无法给出所需的三角形方程组。考虑如下的方程组表示：

```
(list (list 2  3  3 8)
      (list 2  3 -2 3)
      (list 4 -2  2 4))
```

其解是 $x = 1$，$y = 1$，$z = 1$。

第一步是从第二行中减去第一行，然后从最后一行中两次减去第一行，得到如下的矩阵：

```
(list (list  2  3  3   8)
      (list     0 -5  -5)
      (list    -8 -4 -12))
```

下一步，三角化会集中于矩阵的其余部分：

```
(list (list   0 -5  -5)
      (list  -8 -4 -12))
```

但是这个矩阵的第一项是 0。由于不能除以 0，因此算法中的 subtract 会报错。

要解决这个问题，我们需要使用另一条领域知识。数学告诉我们，交换方程组中的方程不会影响其解。当然，交换方程时，必须最终找到某个前导系数不是 0 的方程。这里我们可以简单地交换前两个方程：

```
(list (list  -8 -4 -12)
      (list   0 -5  -5))
```

从这里往下我们可以像以前一样处理，从后一个方程中减去第一个方程 0 次。最后的三角形矩阵是：

```
(list (list 2  3  3   8)
      (list   -8 -4 -12)
      (list      -5  -5))
```

停一下！验证 $x=1$，$y=1$，$z=1$ 仍然是此方程组的解。

习题 467 修改习题 466 中的 triangulate 算法，使它首先轮换方程，以便在从剩余的方程中减去第一个方程之前，找到一个前导系数不为 0 的方程。

该算法是否对所有可能的方程组都终止？

提示 以下表达式会轮换非空链表 L：

```
(append (rest L) (list (first L)))
```

解释一下为什么。■

有些 SOE 没有解。考虑：

$$2x+2y+2z=6$$
$$2x+2y+4z=8$$
$$2x+2y+1z=2$$

如果你尝试三角化此 SOE（无论是手动还是使用习题 467 的解）会得到中间矩阵，其所有方程都以 0 开头：

$$0x+0y+2z=6$$
$$0x+0y-1z=0$$

习题 468 修改习题 467 中的 triangulate，以便在遇到前导系数均为 0 的 SOE 时报错。■

在获得诸如习题 463 中的(*)三角形方程组之后，我们可以一次一个方程来求解方程组。在这里的示例中，最后一个方程表示 z 是 2。有了这一知识，我们可以通过替换从第二个方程中消去 z：

$$3y+9\times 2=21$$

而这么做又可以确定 y 的值：

$$y=(21-9\times 2)/3$$

我们知道了 $z=2$ 且 $y=1$，就可以将这些值代入第一个方程中：

$$2x+2\times 1+3\times 2=10$$

这就得到了另一个单变量方程，可以这样求解：

$$x=(10-(2\times 1+3\times 2))/2$$

这就确定了 x 的值，因此整个 SOE 的求解就完成了。

习题 469 设计 solve 函数。它读入三角形 SOE 并给出解。

提示 使用结构化递归来设计。从设计函数求解单个线性方程开始，该方程包含 $n+1$ 个变量，而最后 n 个变量的解已经确定。一般来说，此函数对方程左侧的其余部分插入变量的值，从右侧减去其结果，再除以第一个系数。使用前面的示例来试验这一方法。

挑战 使用现有的抽象和 lambda 来设计 solve。■

习题 470 定义 gauss，它结合习题 468 的 triangulate 函数和习题 469 的 solve 函数。■

第 29 章　回溯的算法

解决问题的过程并不总是沿着某条直线前进。有时我们可能会采用某种方法，发现自己转了错误的弯儿而陷入了困境。一个显而易见的选择是，回溯到我们做出决定的地方并采取不同的选择。有些算法就是这样的。本章介绍两个实例。第一节涉及遍历图的算法。第二节是扩展练习，对象棋谜题使用回溯法。

29.1　图的遍历

图在现实世界和计算世界中都无处不在。想象一群人，例如学校的学生。记下所有人的名字，然后连接彼此认识的人的名字。这就创建了一个无向图。

再来看一下图 29-1，其中显示了一个简单的有向图。图由 7 个节点（带圆圈的字母）和 9 条边（箭头）组成。该图可以表示小型的电子邮件网络。想象一个公司所有往来的电子邮件。记下所有员工的电子邮件地址。然后，对在一周内的发送的每封电子邮件，按逐个地址画出从发送者到接收者的箭头。这就是创建图 29-1 中有向图的方法，尽管它可能看起来更复杂，几乎无法理解。

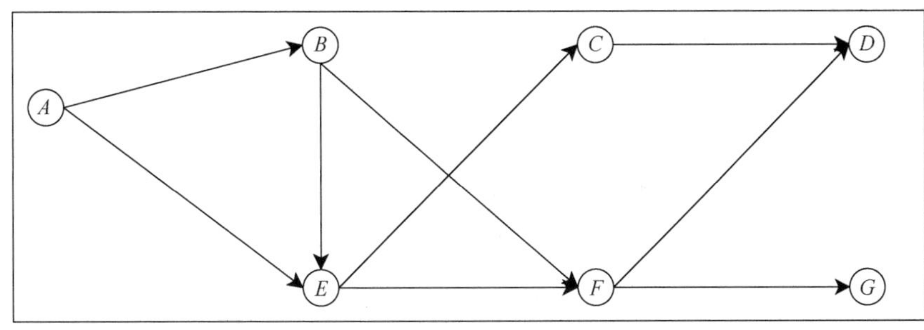

图 29-1　有向图

通常，图由结点（node）集合和连接结点的边（edge）集合组成。在有向图（directed graph）中，边表示结点之间的单向连接。在无向图（undirected graph）中，边表示结点之间的双向连接。基于这种设定，一种常见的问题是：[①]

示例问题　设计算法提出方法，可以在大型公司的有向电子邮件图中将一个人介绍给另一个人。该程序读入表示已建立电子邮件连接的有向图，以及两个电子邮件地址。它返回电子邮件地址序列，将第一个电子邮件连接到第二个邮件。

数学科学家将所求的序列称为路径（path）。

图 29-1 使示例问题具体化。例如，需要测试程序是否可以找到从 C 到 D 的路径。此特定路

---

① 社会科学家使用这种算法来厘清公司的权力结构。同样，可以使用这种图来预测人们可能参加的活动，即使不知道电子邮件内容。

径由起始结点 *C* 和目标结点 *D* 组成。相比之下，如果希望将 *E* 与 *D* 连接，则有两条路径：

- 从 *E* 发送电子邮件到 *F*，然后到 *D*；
- 从 *E* 发送电子邮件到 *C*，然后到 *D*。

有些情况下，无法使用路径连接两个结点。在图 29-1 所示的图中，不能跟随箭头从 *C* 移动到 *G*。

通过图 29-1，人们可以轻松地弄清楚如何从一个结点到另一个结点，而不必过多考虑如何做到这一点。因此可以想象图 29-1 中的图是一个大公园。然后想象自己位于 *E*，需要到达 *G*。可以清楚地看到两条路径，一条通向 *C*，另一条通向 *F*。延着第一条路径，并确保自己记住也可以从 *E* 到 *F*。现在有了一个新问题，即如何从 *C* 到 *G*。关键点在于，这个新问题和原来的问题一样；它要求找到从一个节点到另一个节点的路径。此外，如果能解决问题，就知道如何从 *E* 到 *G*——只需添加从 *E* 到 *C* 的步骤。然而不存在从 *C* 到 *G* 的路径。幸运的是，我们还记得，也可以从 *E* 到 *F*，这意味着我们可以*回溯*（backtrack）到之前做出选择的位置，从那里重新开始搜索。

现在我们以系统的方式设计这个算法。遵循通用的设计诀窍，我们从数据分析开始。以下是图 29-1 中图的基于链表的两种紧凑表示：

```
(define sample-graph          (define sample-graph
  '((A (B E))                   '((A B E)
    (B (E F))                     (B E F)
    (C (D))                       (C D)
    (D ())                        (D)
    (E (C F))                     (E C F)
    (F (D G))                     (F D G)
    (G ())))                      (G)))
```

在这两种表示中，每个结点都对应于一个链表。这种链表的开头都是结点的名称，后跟其（直接）*邻居*，也就是通过跟随单个箭头可到达的结点。两种表示的不同之处在于，它们如何连接结点（的名称）及其邻居：左边的表示使用 `list` 而右边的使用 `cons`。例如，第二个链表表示图 29-1 中的节点 *B* 以及其两条输出边 *E* 和 *F*。在左边的表示中，`'B` 是两个元素的链表中的第一个元素。在右边的表示中，`'B` 是 3 个元素的链表中的第一个元素。

习题 471 使用 `list` 和适当的符号将上述定义之一转换成严格的链表形式。

结点的数据表示很简单：

; *Node* 是 Symbol。

制定数据定义来描述所有 *Graph* 表示的类，要求允许任意数量的结点和边。前面两个表示中只需有一个属于 Graph。

设计函数 `neighbors`。它读入 Node `n` 和 Graph `g`，生成 `g` 中 `n` 的直接邻居的链表。■

使用 Node 和 Graph 的数据定义（无论选择了哪一种，只要还设计了 `neighbors`），我们现在就可以编写 `find-path` 的签名和目的声明，即搜索图中路径的函数：

```
; Node Node Graph -> [List-of Node]
; 在 G 中找出从 origination 到 destination 的路径
(define (find-path origination destination G)
  '())
```

这个头部没有说明的是结果的确切形状。它隐含了结果是一个结点的链表，但没有说明其中包含哪些结点。

为了理解这种模糊性及其重要性，我们来研究上面的示例。在中级+lambda 语言中，我们可以这么写：

```
(find-path 'C 'D sample-graph)
(find-path 'E 'D sample-graph)
(find-path 'C 'G sample-graph)
```

find-path 的第一个调用必须返回唯一的路径，第二个调用必须从两个路径中选择一个，第三个调用必须表明 sample-graph 中没有从'C 到'G 的路径，那么关于如何构造返回值就有两种可能。

- 该函数的结果包括从 origination 到 destination 的所有结点，包括这两个结点本身①。在这种情况下，可以使用空路径来表示两个结点之间没有路径。
- 另一种做法是，由于调用本身已经列出了两个结点，因此输出可以只提到路径的“内部”结点。这样，第一个调用的答案就是'()，因为'D 是'C 的直接邻居。当然，'()不再表示失败。

关于没有路径的问题，我们必须选择一个独特的值来表明这一点。因为#false 是独特、有意义的值，并且在任何一种情况下都可行，所以我们选择该值。至于多个路径问题，我们现在不做出选择，而是列出示例中的两种可能性：

```
; Path 是[List-of Node]。
; 解释：结点的链表确定了直接邻居的序列，
; 直接邻居是从链表中的第一个 Node 到最后一个 Node

; Node Node Graph -> [Maybe Path]
; 找出 G 中从 origination 到 destination 的路径
; 如果不存在这样的路径，该函数返回#false

(check-expect (find-path 'C 'D sample-graph)
              '(C D))
(check-member-of (find-path 'E 'D sample-graph)
                 '(E F D) '(E C D))
(check-expect (find-path 'C 'G sample-graph)
              #false)

(define (find-path origination destination G)
  #false)
```

下一个设计步骤是理解该函数的 4 个基本部分：“平凡问题”的条件、对应的解、新问题的产生，以及组合步骤。上面对搜索过程的讨论和对这 3 个示例的分析表明答案如下：

（1）如果输入的两个结点直接通过图中的箭头连接，那么路径仅由这两个结点组成。但是，有一种更简单的情况，即当 find-path 的 origination 参数等于其 destination 时。

（2）在后一种情况下，问题确实很平凡，对应的答案是(list destination)。

（3）如果这两个参数不同，那么算法必须检查 origination 的所有直接邻居，并确定是否存在从其中任何一个到 destination 的路径。换句话说，选择其中一个邻居，就生成了“查找路径”问题的新实例。

（4）最后，一旦算法找到了从 origination 的一个邻居到 destination 的路径，就很容易构建从前者到后者的完整路径——只需将 origination 结点添加到链表中。

从编程的角度来看，第 3 点是关键。由于结点可以有任意数量的邻居，因此“检查所有邻

① 还可以想象其他做法，例如跳过两个输入结点中的某一个。

居”的任务对单个基本运算来说过于复杂。我们需要一个辅助函数，它读入结点的链表，为其中每个结点生成一个新的路径问题。换句话说，该函数是面向链表的 find-path。

我们称这个辅助函数为 find-path/list，编写该愿望：

```
; [List-of Node] Node Graph -> [Maybe Path]
; 找出从 lo-originations 中某个结点到
; destination 的路径，否则，返回#false
(define (find-path/list lo-originations destination G)
  #false)
```

使用此愿望，我们可以填写生成递归函数的通用模板，从而获得 find-path 的初稿：

```
(define (find-path origination destination G)
  (cond
    [(symbol=? origination destination)
     (list destination)]
    [else
     (... origination ...
      ...(find-path/list (neighbors origination G)
                         destination G) ...)]))
```

它使用了习题 471 中的 neighbors 和愿望清单函数 find-path/list，此外还使用了关于生成递归函数 4 个问题的答案。

设计过程还包括正确组合这些函数的细节。考虑 find-path/list 的签名，和 find-path 一样，它产生[Maybe Path]。也就是说，如果它从任何一个邻居找到一条路径，就会给出这条路径，否则，如果没有邻居连接到 destination，则该函数返回#false。因此，find-path 的答案取决于 find-path/list 给出的结果的类型，这意味着代码必须用 cond 表达式区分两种可能的答案：

```
(define (find-path origination destination G)
  (cond
    [(symbol=? origination destination)
     (list destination)]
    [else
     (local ((define next (neighbors origination G))
             (define candidate
               (find-path/list next destination G)))
       (cond
         [(boolean? candidate) ...]
         [(cons? candidate) ...]))]))
```

这两种情况反映了我们可能得到的两种答案：布尔值或链表。对于第一种情况，find-path/list 找不到从任何邻居到 destination 的路径，这意味着 find-path 本身也无法构造这样的路径。对于第二种情况，辅助函数找到了一条路径，但是 find-path 还必须在该路径的前面添加 origination，因为 candidate 以 origination 的某个邻居开始，而不是如上所述的 origination 本身。

图 29-2 给出 find-path 的完整定义。它还包含 find-path/list 的定义，该定义使用结构化递归处理它的第一个参数。对于链表中的每个结点，find-path/list 使用 find-path 来查找路径。如果 find-path 确实给出了一条路径，那么该路径就是它的答案，否则，find-path/list 就回溯。

注意 19.1 节讨论了结构化世界中的回溯。一个很好的示例是搜索家谱树中蓝眼睛祖先的函数。当函数遇到一个结点时，它首先搜索家谱树的一个分支，如父亲的分支，如果该搜索给出#false，它会搜索另一个分支。由于图是树的一般化，因此将此函数与 find-path 进行比较是一项有启发性的练习。

```
; Node Node Graph -> [Maybe Path]
; 找出 G 中从 origination 到 destination 的路径
; 如果不存在这样的路径，该函数返回#false
(define (find-path origination destination G)
  (cond
    [(symbol=? origination destination) (list destination)]
    [else (local ((define next (neighbors origination G))
                  (define candidate
                    (find-path/list next destination G)))
            (cond
              [(boolean? candidate) #false]
              [else (cons origination candidate)]))]))

; [List-of Node] Node Graph -> [Maybe Path]
; 找出从 lo-Os 中某个结点到 D 的路径;
; 如果不存在这样的路径，该函数返回#false
(define (find-path/list lo-Os D G)
  (cond
    [(empty? lo-Os) #false]
    [else (local ((define candidate
                  (find-path (first lo-Os) D G)))
            (cond
              [(boolean? candidate)
               (find-path/list (rest lo-Os) D G)]
              [else candidate]))]))
```

图 29-2 在图中寻找路径

最后，我们需要检查 find-path 是否对所有可能的输入都会给出答案。检查这一点相对容易，当给定图 29-1 中的图以及该图中的任何两个结点时，find-path 总会给出答案。停一下！在继续阅读之前完成下一个习题。

习题 472 测试 find-path。使用该函数在 sample-graph 中查找从'A 到'G 的路径。它找到了哪一条路径？为什么？

设计 test-on-all-nodes，该函数读入图 g 并判断其任何结点对之间是否存在路径。■

然而，对于其他图，find-path 可能不会终止。考虑图 29-3 中的图。

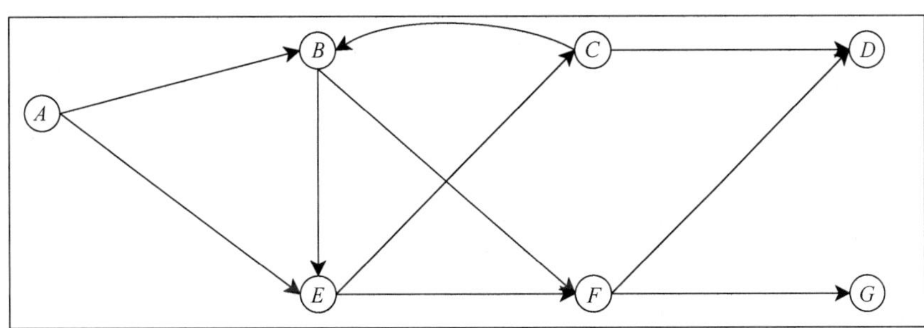

图 29-3 带循环的有向图

停一下！定义 cyclic-graph 以表示此图。

与图 29-1 相比，图 29-3 只多包含一条边，即从 *C* 到 *B* 的边。这个添加看似很小，但它允许我们从结点中开始查找，然后返回到同一结点。具体来说，可以从 *B* 移动到 *E* 再到 *C* 并返回 *B*。实际上，当将 find-path 应用于'B、'D 和此图时，它不会停止，通过手工计算可以确认：

```
(find-path 'B 'D cyclic-graph)
== .. (find-path 'B 'D cyclic-graph) ..
== .. (find-path/list (list 'E 'F) 'D cyclic-graph) ..
```

```
== .. (find-path 'E 'D cyclic-graph) ..
== .. (find-path/list (list 'C 'F) 'D cyclic-graph) ..
== .. (find-path 'C 'D cyclic-graph) ..
== .. (find-path/list (list 'B 'D) 'D cyclic-graph) ..
== .. (find-path 'B 'D cyclic-graph) ..
```

手工计算显示，在 7 次调用 find-path 和 find-path/list 之后，中级+lambda 语言必须对与开始时完全相同的表达式求值。由于对任何函数相同的输入会触发相同的计算①，因此 find-path 对于这些输入不会终止。

总而言之，**终止**论证是这样的。如果某个输入的图中没有循环，那么 find-path 会为任何输入给出输出。毕竟，每条路径只能包含有限数量的结点，路径的总数也是有限的。因此，该函数要么彻底检查从某个输入结点开始的所有路径，要么找到从起始结点到目标结点的路径。然而，如果图中包含循环，即从某个结点返回到自身的路径，那么 find-path 对于某些输入可能无法给出结果。

下一节会介绍一种解决这类问题的程序设计技术。特别地，它给出了 find-path 的变体，可以处理图中的循环。

习题 473 使用'B、'C 和图 29-3 中的图测试 find-path。此外，还需要在该图上测试习题 472 中的 test-on-all-nodes。■

习题 474 将 find-path 程序重新设计为单个函数。■

习题 475 重新设计 find-path/list，令其使用图 16-1 和图 16-2 中的链表抽象，而不是显式的结构化递归。**提示** 阅读 Racket 的 ormap 文档。它与中级+lambda 语言的 ormap 函数有何不同？在这里它会有用吗？■

关于数据抽象 你可能已经注意到，find-path 函数不需要知道 Graph 是如何定义的。只要为 Graph 提供了正确的 neighbors 函数，find-path 就可以正常工作。简而言之，find-path 程序使用了**数据抽象**。

正如第三部分所述，数据抽象就像函数抽象一样。在这里，我们可以创建函数 abstract-find-path，它将比 find-path 多读入一个参数 neighbors。只要总是将 Graph 的图 G 和对应的 neighbors 函数传给 abstract-find-path，它就会正确地处理图。虽然额外的参数表明可以进行传统意义上的抽象，但两个参数 G 和 neighbors 之间所需的关系实际上意味着 abstract-find-path 对 Graph 的定义是抽象的。由于后者是数据定义，因此该想法被称为数据抽象。

当程序变大时，数据抽象成为构建程序组件的关键工具。“如何设计”系列的下一卷将深入探讨这一想法，下一节会用另一个示例说明此想法。

习题 476 12.8 节提出了一个关于有限状态机和字符串的问题，但是将讨论推迟到了本章，因为需要生成递归。现在我们已经掌握了解决问题所需的设计知识。

设计函数 fsm-match。它读入有限状态机的数据表示和字符串。如果字符串中的字符序列能导致有限状态机从初始状态转换到最终状态，它就返回#true。

由于这里讨论的是生成递归函数的设计，因此我们提供基本的数据定义和数据示例：

```
(define-struct transition [current key next])
(define-struct fsm [initial transitions final])

; FSM 是结构体：
;    (make-fsm FSM-State [List-of 1Transition] FSM-State)
; 1Transition 是结构体：
```

① 这个规则只有一个例外：random。

```
;    (make-transition FSM-State 1String FSM-State)
; FSM-State 是 String。

; 数据示例：见习题 109

(define fsm-a-bc*-d
  (make-fsm
   "AA"
   (list (make-transition "AA" "a" "BC")
         (make-transition "BC" "b" "BC")
         (make-transition "BC" "c" "BC")
         (make-transition "BC" "d" "DD"))
   "DD"))
```

这里的数据示例对应于正则表达式 `a(b|c)*d`。如习题 109 中所述，"acbd"、"ad"和"abcd"是可接受字符串的示例，"da"、"aa"或"d"则不匹配。

综上所述，需要设计的是函数：

```
; FSM String -> Boolean
; an-fsm 是否识别输入的字符串
(define (fsm-match? an-fsm a-string)
  #false)
```

提示 在 `fsm-match?`函数内部设计必要的辅助函数。也就是说，将问题表示为一对参数：有限状态机的当前状态和剩余的 1String 链表。■

习题 477 检查图 29-4 中 `arrangements` 的函数定义。图中显示了 12.4 节中所讨论的扩展设计问题的生成递归解决方案[①]，即

输入单词，创建所有可能的字母重排列。

该扩展练习指导用结构化递归来设计主函数和两个辅助函数，而辅助函数的设计需要再创建两个辅助函数。相比之下，图 29-4 利用生成递归，以及 `foldr` 和 `map` 的能力定义单个函数就完成了任务。

```
; [List-of X] -> [List-of [List-of X]]
; 创建 w 中所有项重新排列的链表
(define (arrangements w)
  (cond
    [(empty? w) '(())]
    [else
      (foldr (lambda (item others)
               (local ((define without-item
                         (arrangements (remove item w)))
                       (define add-item-to-front
                         (map (lambda (a) (cons item a))
                              without-item)))
                 (append add-item-to-front others)))
        '()
        w)]))

(define (all-words-from-rat? w)
  (and (member (explode "rat") w)
       (member (explode "art") w)
       (member (explode "tar") w)))

(check-satisfied (arrangements '("r" "a" "t"))
                 all-words-from-rat?)
```

图 29-4 使用生成递归的 `arrangements` 定义

---

① 感谢 Mark Engelberg 建议这一习题。

解释生成递归版本的 arrangements 设计。解答生成递归设计诀窍中提出的所有问题，包括终止的问题。

图 29-4 中的 arrangements 是否与 12.4 节中的解决方案给出相同的链表？■

29.2 项目：回溯

n 皇后谜题是国际象棋界一个著名的问题，它以自然的方式说明了回溯的适用性。对我们来说，棋盘是 $n \times n$ 的方格。皇后是一种可以水平、垂直或对角线方向移动任意格的游戏棋子，但不能“跳过”另一个棋子[①]。如果皇后位于某个方格之上，或者可以（一步）移动到方格，我们就称皇后会威胁（threaten）到方格。图 29-5 以图的方式说明了该概念。皇后位于第二列和第六行。从皇后发出的实线穿过所有受皇后威胁的方格。

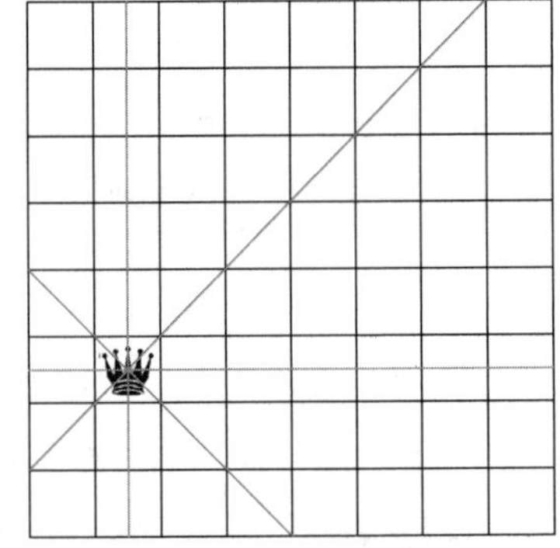

图 29-5　放有单个皇后的棋盘，以及被皇后威胁的位置

经典的皇后问题是，在 8×8 的棋盘上放置 8 个皇后，使得棋盘上的皇后不相互威胁。计算机科学家对这个问题进行了概括，问是否有可能将 n 个皇后放在 $n \times n$ 的棋盘上，并使皇后之间不会彼此构成威胁。

对于 $n = 2$，此问题显然没有解。因为将一个皇后放置在 4 个方格中的任何一个之上，她都会威胁到其他所有方格。

$n = 3$ 时也没有解。图 29-6 显示了两皇后的所有不同放置情况，即 $k = 3$ 且 $n = 2$ 时的解。对这 3 种情况，左边的皇后占据左列中的某一个方格，而第二个皇后被放置在剩下的没有被第一个皇后威胁到的两个方格之一。第二个皇后的放置威胁到了所有剩余未占用的方格，意味着无法放置第三个皇后。

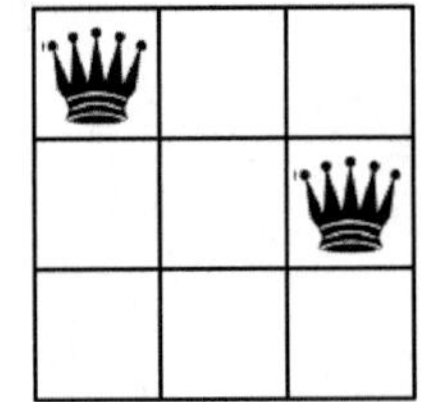
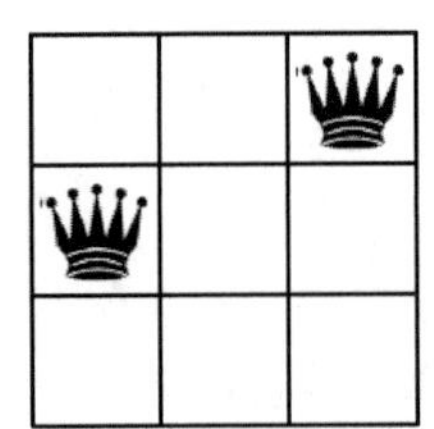
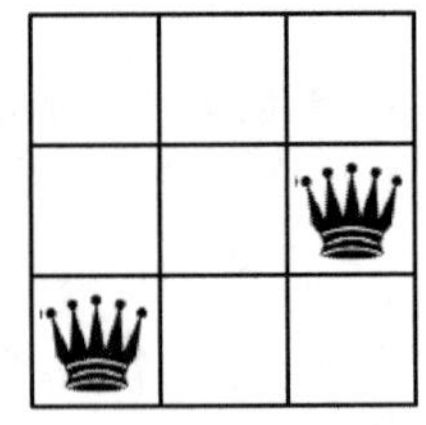

图 29-6　3×3 棋盘的 3 种皇后配置

习题 478　还可以将第一个皇后放置在最顶行、最右列和最底行的所有方格中。解释一下为什么所有这些解都与图 29-6 中描述的 3 种情况一样。

还剩中央的方格没有讨论。将一个皇后放在 3×3 棋盘的中央后，还能放置第二个皇后吗？■

图 29-7 展示了 n 皇后谜题的两个解：左边是 $n = 4$ 时的解，右边是 $n = 5$ 时的解。该图显示了对于每种情况，解中每行和每列中各有一个皇后，这是有道理的，因为一个皇后威胁了从其方格辐射出来的整行和整列。

现在我们已经进行了足够详细的分析，可以进入求解阶段。我们通过分析提出几个想法：

（1）可以一次放置一个皇后。在棋盘上放置一个皇后时，我们可以将相应的行、列和对角线标记为对其他皇后不可用。

---

① 感谢 Mark Engelberg 重新编写本节。

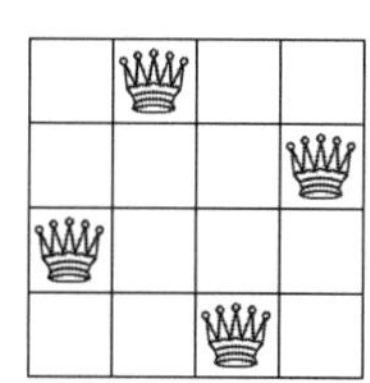
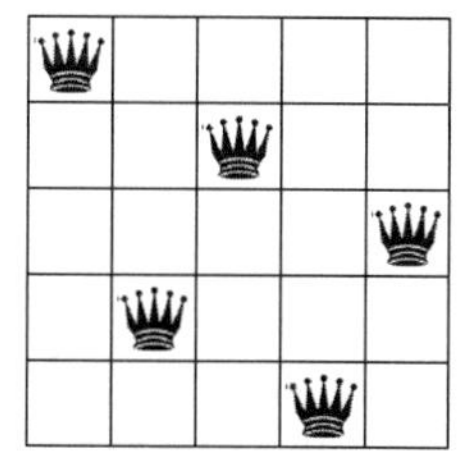

图 29-7 针对 4×4 和 5×5 棋盘 n 皇后谜题的解

（2）对于下一个皇后，我们只考虑没有威胁到的方格。

（3）如果在这个位置放置皇后以后导致了问题，我们还需要记住哪些其他方格对于放置这个皇后是可行的。

（4）如果还需要在棋盘上放置皇后，但已经没有剩余的安全的方格了，我们就回溯到过程中的前一个选择某个方格的点，并尝试其余的方格之一。

简而言之，此解决方案的过程类似于“查找路径”的算法。

从过程描述到算法的设计，显然需要两个数据表示：一个用于棋盘，另一个用于棋盘上的位置。我们从后者开始：

```
(define QUEENS 8)
; QP 是结构体：
;    (make-posn CI CI)
; CI 是[0,QUEENS)中的 N。
; 解释：(make-posn r c)表示位于
; r 行、c 列的方格
```

毕竟，国际象棋的棋盘基本上决定了我们的选择。

CI 的定义可以使用[1,QUEENS]而非[0,QUEENS]，但这两个定义的本质相同，而程序员从 0 开始计数。类似地，国际象棋位置的代数符号使用字母'a 到'h 作为棋盘的维度，这意味着 QP 可以使用 CI，也可以使用这样的字母。这两种做法本质还是一样的，而在中级+lambda 语言中使用自然数比使用字母更方便。

习题 479 设计 threatening?函数。它读入两个 QP，确定各自放置在两个方格上的皇后是否会相互威胁。

领域知识 （1）研究图 29-5。图中的皇后威胁了水平、垂直和对角线方向上的所有方格。反过来，这些线上任何一个方格上的皇后也会威胁图中的皇后。

（2）将这一理解转化为与方格坐标相关的数学条件。例如，水平线上所有的方格都具有相同的 y 坐标。类似地，一条对角线上所有的方格都具有相同的坐标总和。这是哪条对角线？对于另一条对角线，两个坐标之间的差保持不变。这又描述了哪条对角线？

提示 一旦掌握了领域知识，编写测试涵盖水平、垂直和对角线的情况。不要忘记包含 threatening?必须给出#false 的情况。■

习题 480 设计 render-queens。该函数读入自然数 n、QP 的链表以及图像。它产生 $n \times n$ 棋盘的图像，其中根据输入的 QP 放置输入的图像。

你可能需要在线查找国际象棋皇后的图像，或者使用现有的图像函数创建简单图像。■

至于棋盘（Board）的数据表示，我们需要在知道算法如何实现该过程之后再回过来讨论。这只是数据抽象的另一个练习。实际上，算法的签名中甚至不需要 Board 的数据定义：

```
; N -> [Maybe [List-of QP]]
```

```
; 找出 n 皇后问题的解

; 数据示例：[List-of QP]
(define 4QUEEN-SOLUTION-2
  (list  (make-posn 0 2) (make-posn 1 0)
         (make-posn 2 3) (make-posn 3 1)))

(define (n-queens n)
  #false)
```

完整的 n 皇后谜题需要在 $n \times n$ 的棋盘上放置 n 个皇后，所以很明显，算法只读入一个自然数，它会生成 n 个皇后位置的表示（如果存在解的话）。后者可以用 QP 的链表来表示，所以我们选择

```
; [List-of QP] or #false
```

作为结果。当然，`#false` 表示找不到解。

下一步是开发示例并将其编写为测试。我们知道，当输入是 2 或 3 时，`n-queens` 必须失败。对于输入 4，有两个解。图 29-7 的左侧显示了其中一个解，另一个解是：

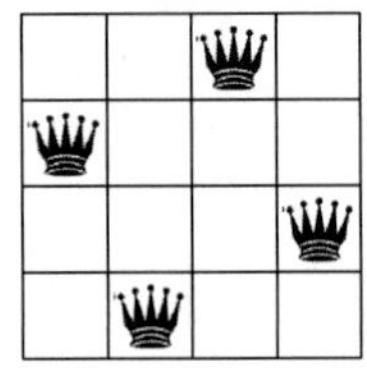

然而，就数据表示而言，有许多不同的方式可以表示这两个图像。图 29-8 了给出一些表示的框架，填写其余部分。

```
; N -> [Maybe [List-of QP]]
; 找出 n 皇后问题的解

(define 0-1 (make-posn 0 1))
(define 1-3 (make-posn 1 3))
(define 2-0 (make-posn 2 0))
(define 3-2 (make-posn 3 2))

(check-member-of
 (n-queens 4)
 (list 0-1 1-3 2-0 3-2)
 (list 0-1 1-3 3-2 2-0)
 (list 0-1 2-0 1-3 3-2)
 (list 0-1 2-0 3-2 1-3)
 (list 0-1 3-2 1-3 2-0)
 (list 0-1 3-2 2-0 1-3)
 ...
 (list 3-2 2-0 1-3 0-1))

(define (n-queens n)
  (place-queens (board0 n) n))
```

图 29-8 4 皇后谜题的解

习题 481 图 29-8 中的测试很糟糕。现实中程序员不会明确写出所有可能的结果。

一种方法是使用属性测试。设计 `n-queens-solution?`函数，它读入自然数 `n`，返回皇后放置的谓词，用于确定位置是否是 n 皇后谜题的解：

- n 皇后谜题解的长度必须为 n；

- 链表中的任一 QP 都不能威胁其他任何 QP。

完成了这个谓词的测试之后，就可以使用它以及 check-satisfied 来编写 n-queens 的测试。

另一种方法是将 QP 链表理解为集合。如果两个链表包含相同的 QP，但顺序不同，那么它们对应的图像是相同的。因此 n-queens 的测试可以写为

```
; [List-of QP] -> Boolean
; 结果[作为集合]是否与两个链表之一相等
(define (is-queens-result? x)
  (or (set=? 4QUEEN-SOLUTION-1 x)
      (set=? 4QUEEN-SOLUTION-2 x)))
```

设计函数 set=?。它读入两个链表，判断它们是否包含相同的项——不管顺序如何。■

习题 482 关键是需要设计函数，将 *n* 个皇后放置到可能已经包含一些皇后的国际象棋棋盘上：

```
; Board N -> [Maybe [List-of QP]]
; 将 n 个皇后放到棋盘上，否则，返回#false
(define (place-queens a-board n)
  #false)
```

图 29-8 已经在 n-queens 的定义中引用了这个函数。

设计 place-queens 算法。假定已经有了以下处理 Board 的函数：

```
; N -> Board
; 创建初始 n×n 的棋盘
(define (board0 n) ...)

; Board QP -> Board
; 在 a-board 上的 qp 位置放置皇后
(define (add-queen a-board qp)
  a-board)

; Board -> [List-of QP]
; 找出可以安全放置皇后的位置
(define (find-open-spots a-board)
  '())
```

图 29-8 中为 place-queens 创建初始棋盘表示就使用了第一个函数。描述算法的生成步骤会用到后两个函数。■

目前还无法确认之前习题的解是否有效，因为它依赖长长的愿望清单。我们需要支持愿望清单上 3 个函数的 Board 数据表示。这就是接下来的任务。

习题 483 为 Board 制定数据定义，然后设计习题 482 中指定的 3 个函数。考虑以下想法：

- Board 收集仍然可以放置皇后的位置；
- Board 包括放置皇后的位置的链表；
- Board 是由 n×n 个方格组成的网格，每个方格可能由一个皇后所占据。使用包含 3 个字段的结构体来表示方格：一个字段用于 x，一个字段用于 y，第三个字段用于表示方格是否受到威胁。

使用上述想法之一来完成此习题。

挑战 使用 3 个想法，给出 3 种不同的 Board 数据表示。抽象习题 482 的解，确保其适用于任何一种 Board 数据表示。■

第 30 章　总结

本书的第五部分介绍了程序设计中顿悟的想法。与前四个部分中的结构化设计不同，顿悟设计始于程序如何解决问题或处理表示问题的数据的想法。在这里，设计意味着想出一种聪明的方法，对新问题调用递归函数，这里新问题和原问题一样，但更简单。

记住，虽然我们将其称为**生成递归**，但大多数计算机科学家将这种函数称为**算法**。

完成本书的这一部分后，读者就了解了有关生成递归设计的以下内容：

（1）设计诀窍的标准结构仍然有效。

（2）主要变化涉及编码步骤。这里介绍了从生成递归的完全通用模板到完整函数所需的 4 个新问题。通过其中的两个问题，我们可以找出求解过程中的“平凡”部分。通过其他两个问题，我们给出求解的生成步骤。

（3）还有一个小变化，是关于生成递归函数的终止行为。与结构化设计所得的函数不同，算法针对某些输入可能不会终止。问题可能是想法中固有的限制，也可能是在将想法转换为代码中导致的。无论如何，程序的未来阅读者都应该受到关于对潜在的“不良”输入的警告。

在实际的编程任务中，你会遇到或简单或众所周知的算法，这些你都可以应对。对于真正聪明的算法，软件公司在要求程序员将概念转化为程序之前会聘请高薪专家、领域专家以及数学家制定概念的细节。你也必须为这种任务做好准备，而最好的准备就是练习。

独立章节 5　计算的成本

以下测试通过后，你对程序 f 了解多少呢？

```
(check-expect (f 0) 0)
(check-expect (f 1) 1)
(check-expect (f 2) 8)
```

如果这个问题出现在标准化测试中，你可能会回答：

```
(define (f x) (expt x 3))
```

但以下答案也可以：

```
(define (f x) (if (= x 2) 8 (* x x)))
```

测试只能说明程序对某些输入能够按预期工作。

本着同样的精神，用特定输入调用程序，对求值过程计时，能说明对这些输入计算答案需要多长时间，但不能说明其他任何东西①。可能有两个程序（prog-linear 和 prog-square）在给予相同输入时会计算出相同的答案，对于所有选中的输入，我们还会发现 prog-linear 总是比 prog-square 更快地计算出答案。26.4 节提供了这样一对程序：结构化递归程序 gcd，以及等效的生成递归程序 gcd-generative。对运行时间的比较表明，后者比前者快得多。

你有多自信应该使用 prog-linear 而不是 prog-square 呢？考虑图 05-1 中的图。在该

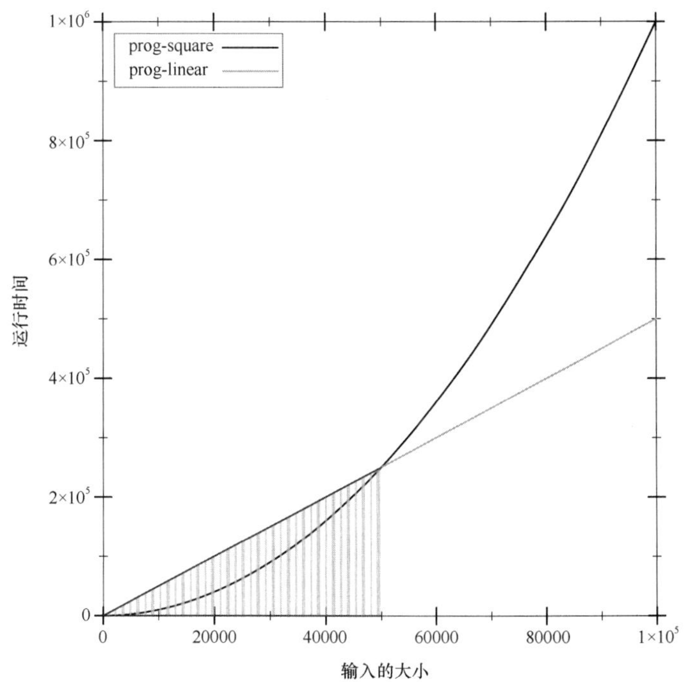

图 05-1　两个表达式运行时间的比较

① 读者还可以重新阅读 16.2 节，以及 23.7 节中关于完整性检查的讨论。

图中，x 轴记录输入的大小（如链表的长度），而 y 轴记录对特定大小的输入计算答案所花费的时间。假定直线表示 prog-linear 的运行时间，曲线表示 prog-square 的运行时间。在阴影区域中，prog-linear 比 prog-square 需要花费更多的时间，但是在该区域的边缘处，两条曲线交叉，并且在交叉点右边，prog-square 的性能比 prog-linear 的性能更差。如果出于某种原因，只对落入阴影区域的输入评估了 prog-linear 和 prog-square 的性能，而客户主要使用落入非阴影区域的输入来运行程序，那么就会交付错误的程序。

本独立章节介绍算法分析（algorithmic analysis）的思想，它允许程序员对程序的性能和对函数的增长趋势进行一般性陈述①。任何严肃的程序员和科学家最终都必须彻底熟悉这一概念。它是分析程序性能的基础。要完全理解这一想法，读者需要学习这方面的专门的教科书。

具体的时间和抽象的时间

26.4 节比较了 gcd 和 gcd-generative 的运行时间。在那一节中证明后者更好，因为它总是使用比前者更少的递归步骤来计算答案。我们使用这个想法作为分析 how-many 性能的起点，即第 9 章中的简单程序：

```
(define (how-many a-list)
  (cond
    [(empty? a-list) 0]
    [else (+ (how-many (rest a-list)) 1)]))
```

假设我们需要知道计算某个未知的非空链表的长度需要多长时间。使用独立章节 1 中的计算规则，可以将此过程视为一系列代数操作：

```
(how-many some-non-empty-list)
==
(cond
  [(empty? some-non-empty-list) 0]
  [else (+ (how-many (rest some-non-empty-list)) 1)])
==
(cond
  [#false 0]
  [else (+ (how-many (rest some-non-empty-list)) 1)])
==
(cond
  [else (+ (how-many (rest some-non-empty-list)) 1)])
==
(+ (how-many (rest some-non-empty-list)) 1)
```

第一步是用实际参数 some-non-empty-list 替换 how-many 定义中的 a-list，这样就得到了第一个 cond 表达式。接下来必须计算

```
(empty? some-non-empty-list)
```

根据假设，结果是#false。问题是确定此结果需要多长时间。虽然我们不知道精确的时间长度，但可以肯定地说，检查链表的构造函数需要花费很少且固定的时间。事实上，这个假设也适用于下一步，当 cond 检查第一个条件的值是什么时。由于它是#false，因此第一个 cond 行被丢弃。检查 cond 行是否以 else 开头同样非常快，这意味着接下来得到的是

```
(+ (how-many (rest some-non-empty-list)) 1)
```

① 我们感谢 Prabhakar Ragde 分享将本书第一版与算法分析相关联的笔记。

最后，我们可以安全地假设，rest 能在固定的时间内提取出链表的其余部分，但除此以外看起来我们被卡住了。要计算 how-many 确定某个链表的长度需要多长时间，我们需要知道 how-many 计算该链表其余部分包含多少项需要多长时间。

换一种说法，假定谓词和选择函数花费的时间为固定值，那么 how-many 确定链表长度所需的时间取决于它所需递归步骤的数量。更准确的说法是，计算(how-many some-list)大约需要 n 次固定量的时间，其中 n 是链表的长度，或者等效的说法是，n 是程序递归的次数。

从该示例推广开来，运行时间取决于输入的大小，并且递归的步数是对计算序列的长度的很好的估值。出于这个原因，计算机科学家讨论的程序的*抽象运行时间*[①]，也就是输入大小和计算中递归步数之间的关系。在第一个示例中，输入的大小是链表中项的数量。因此，一个项的链表需要一个递归步骤，两个项的链表需要两个递归步骤，n 个项的链表需要 n 个递归步骤。

计算机科学家这样描述程序 f 的抽象运行时间：f 需要"数量级为 n 的步数"。要正确使用该短语，必须附带 n 的解释，例如，"它是输入链表中项的数量"或"它是输入数值的位数"。如果不给出这样的解释，那么原来的短语实际上毫无意义。

并非所有程序都像 how-many 一样具有简单的抽象运行时间。看一下本书中的第一个递归程序：

```
(define (contains-flatt? lo-names)
  (cond
    [(empty? lo-names) #false]
    [(cons? lo-names)
     (or (string=? (first lo-names) 'flatt)
         (contains-flatt? (rest lo-names)))]))
```

对于以'flatt 开头的链表，例如，

```
(contains-flatt?
  (list 'flatt 'robot 'ball 'game-boy 'pokemon))
```

程序不需要任何递归步骤。相反，如果'flatt 出现在链表的末尾，例如，

```
(contains-flatt?
  (list 'robot 'ball 'game-boy 'pokemon 'flatt))
```

那么计算需要与链表中的项一样多的递归步骤。

第二个分析将我们带入了程序分析中的第二个重要思想，即分析的类型。

- *最好情况分析*侧重于程序可以轻松找到与答案对应的输入类。在我们的示例中，以'flatt 开头的链表就是最好情况的输入。
- 反过来，*最坏情况分析*确定程序对那些压力最大的输入执行得有多糟糕。当'flatt 位于输入链表的末尾时，contains-flatt?函数表现出最差的性能。
- 最后，*平均情况分析*的想法是，程序员不能假定输入始终呈现可能的最好的形状，但必须希望输入不会呈现可能的最糟糕的形状。在许多情况下，必须估计程序的**平均**运行时间。例如，对于平均情况而言，contains-flatt?会在输入链表的中间某处找到'flatt。因此，如果链表由 n 项组成，那么 contains-flatt?的平均运行时间就是 $n/2$，也就是说，递归的次数是输入中的项数的一半。

因此，计算机科学家通常将"数量级"一词与"平均"或"最坏情况下"结合使用。

回到 contains-flatt?平均而言使用"数量级为 $n/2$ 步"这一想法，我们得出了抽象运

① "抽象"是因为这种测量忽略了基本步骤花费多长时间这一细节。

行时间的另一个特征。因为忽略了计算原始计算步骤（检查谓词、选择值、选择 cond 子句）所需的确切时间，所以我们可以去掉除以 2。原因如下。假设，每个基本步骤需要 k 单位的时间，这意味着 contains-flatt?需要时间

$$k \cdot \frac{1}{2} \cdot n$$

如果有一台较新的计算机，这些基本计算的运行速度可能会快两倍，在这种情况下，我们会说基本运算使用常量 $k/2$ 的时间，将该常量称为 c 并计算：

$$k \cdot \frac{1}{2} \cdot n = \frac{1}{2} k \cdot n = c \cdot n$$

也就是说，抽象运行时间总是 n 乘以一个常量，这就是“数量级为 n”的意思。

现在考虑图 11-1 中的排序程序。下面是对某个简单输入的手工计算过程，列出了所有的递归步骤：

```
(sort (list 3 1 2))
== (insert 3 (sort (list 1 2)))
== (insert 3 (insert 1 (sort (list 2))))
== (insert 3 (insert 1 (insert 2 (sort '()))))
== (insert 3 (insert 1 (insert 2 '())))
== (insert 3 (insert 1 (list 2)))
== (insert 3 (cons 2 (insert 1 '())))
== (insert 3 (list 2 1))
== (insert 3 (list 2 1))
== (list 3 2 1)
```

这一计算显示了 sort 如何遍历输入链表以及如何为链表中的每个数值调用 insert。换句话说，sort 程序分为两个阶段。在第一阶段，sort 的递归步骤设置和输入链表中的项数一样多的 insert 调用。在第二阶段，每个 insert 调用遍历排好序的链表。

插入项类似于查找项，因此 insert 和 contains-flatt?的性能是一样的，这不足为奇。对 l 项的链表调用 insert，需要的递归步骤数在 0 和 l 之间。平均而言，可以假设需要 $l/2$ 步，也就是说，insert 需要“数量级为 l 步”，其中 l 是输入链表的长度。

问题是 insert 插入数值的这些链表有多长。从上面的计算中进行一般化，我们可以看到，第一个链表的长度是 $n-1$，第二个是 $n-2$，以此类推，直到空链表为止。因此，insert 执行了

$$\sum_{l=0}^{l=n-1} \frac{1}{2} l = \frac{1}{2} \sum_{l=0}^{n-1} l = \frac{1}{2} \times \frac{(n-1)n}{2} = \frac{1}{4}(n-1)n = \frac{1}{4}(n^2 - n)$$

这说明

$$\frac{1}{4}n^2 - \frac{1}{4}n$$

就是对平均插入步数的最佳“猜测”。在最后这个式子中，n^2 是主导项，因此我们说排序过程需要“数量级为 n^2 步”。习题 486 会要求读者说明，为什么可以用这种方式简化。

参见习题 486，了解为什么。

也可以采取较不正式和不严谨的方式推理。因为 sort 对链表中的每个项使用一次 insert，所以我们得到“数量级为 n”的 insert 步骤，其中 n 是链表的长度。由于 insert 需要 $n/2$ 步，可以看到排序过程需要 $n \cdot n/2$ 步，即“数量级为 n^2”。

把这些加起来，对于项数为 n 的链表，sort 使用了“数量级为 n 步”，外加 insert 用了 n^2 个递归步骤，总和是

$$n^2 + n$$

步。有关详细信息，还是参见习题 486。**注意**：此分析假定比较链表中的两个项所需的时间为定值。

最后一个示例是 16.2 节中的 inf 程序：

```
(define (inf l)
  (cond
    [(empty? (rest l)) (first l)]
    [else (if (< (first l) (inf (rest l)))
              (first l)
              (inf (rest l)))]))
```

我们从短输入开始：(list 3 2 1 0)。结果是 0。手工计算的话，第一个重要步骤是：

```
(inf (list 3 2 1 0))
==
(if (< 3 (inf (list 2 1 0)))
    3
    (inf (list 2 1 0)))
```

这里，我们必须计算第一个递归调用。结果为 0，因此条件为#false，所以必须计算 else 分支中的递归。

这样做的话，就会两次计算(inf (list 1 0))：

```
(inf (list 2 1 0))
==
(if (< 2 (inf (list 1 0))) 2 (inf (list 1 0)))
```

至此，我们总结出模式，并用表格汇总：

原始表达式	需要两次计算
(inf (list 3 2 1 0))	(inf (list 2 1 0))
(inf (list 2 1 0))	(inf (list 1 0))
(inf (list 1 0))	(inf (list 0))

总的来说，对于项数为 4 的链表，手工计算需要 8 个递归步骤。如果我们在链表的前端添上 4，递归步骤的数量将会再次翻倍。用代数的方式说，当最后那个数值是极大值时，对于 n 个数值的链表，inf 需要大约 2^n 个递归步骤，这显然是 inf 的最坏情况。

停一下！如果仔细看的话，你知道上述结论很草率。对于项数为 n 的链表，inf 程序实际上只需要 2^{n-1} 个递归步骤。这是怎么回事？

记住，当我们说“数量级”时，我们并不真正测量确切的时间。相反，我们忽略所有内置的谓词、选择函数、构造函数、算术运算等，而仅关注递归步骤。考虑这个计算：

$$2^{n-1} = \frac{1}{2} \times 2^n$$

这表明，2^{n-1} 和 2^n 的差别很小：2 倍，意思是，教学语言提供的所有基本运算在“数量级为 2^{n-1}”所描述的 inf 程序中的运行速度是在“数量级为 2^n”的 inf 程序中运行速度的一半。从这个意义上说，这两个表达式实际上表示了相同的事情。问题是它们究竟表示什么意思，这是下一节的主题。

习题 484 虽然按降序排序的链表显然是 inf 的最糟糕的可能的输入，但 inf 的抽象运行时间的分析解释了为什么用 local 重写 inf 会缩短运行时间。为方便起见，此版本为：

```
(define (infL l)
  (cond
```

```
        [(empty? (rest l)) (first l)]
        [else (local ((define s (infL (rest l))))
                (if (< (first l) s) (first l) s))]))
```

手工计算(infL (list 3 2 1 0))。然后说明，infL 在最好和最坏的情况下，都使用“数量级为 n 步”。现在可以重新访问习题 261，它要求探索类似的问题。■

习题 485　数值树要么是一个数值，要么是一对数值树。设计 sum-tree，它确定树中数值的总和。它的抽象运行时间是多少？这种树的大小的公认的衡量标准是什么？最糟糕的树的可能的形状是什么？最好的可能的形状呢？■

“数量级”的定义

上一节在所有关键的地方都提到了“数量级”这一短语。现在是时候对该短语进行严谨的描述了。我们从上一节产生的两个想法开始：

（1）性能的抽象度量是两个量之间的关系：输入的大小，以及确定答案所需递归的步数。这种关系实际上是一个数学函数，它将自然数（输入的大小）映射到另一个自然数（所需的时间）。

（2）因此，对程序性能的一般陈述就是对函数的陈述，而对两个程序的性能比较则是对两个这种函数的比较。

如何判断一个函数是否比另一个函数更“好”？①

回过来看之前介绍的虚构程序 prog-linear 和 prog-square。它们计算出相同的结果，但性能不同。prog-linear 程序需要“数量级为 n 步”，而 prog-square 程序需要“数量级为 n^2 步”。从数学上讲，prog-linear 的性能函数是

$$L(n) = c_L \cdot n$$

而 prog-square 的性能函数是

$$S(n) = c_S \cdot n^2$$

在这些定义中，c_L 是 prog-square 中每个递归步的成本，而 c_S 是 prog-linear 中每步的成本。

假设我们发现 $c_L = 1000$ 而 $c_S = 1$，那么我们就可以将这些抽象运行时间制成表格，使比较具体化：

n	10	100	1000	2000
prog-square	100	10000	1000000	4000000
prog-linear	10000	100000	1000000	2000000

与图 05-1 中的图形一样，该表似乎首先表明 prog-square 比 prog-linear 更好，因为对于相同大小的输入 n，prog-square 的结果小于 prog-linear 的结果。然而可以查看表格中的最后一列，一旦输入变大，prog-square 的优势就会变小，直到输入为 1000 时优势消失。**此后**，prog-square **总是**慢于 prog-linear。

最后的见解是准确定义短语“数量级”的关键。如果自然数上的函数 f，对于**所有**自然数给出的数都比函数 g 给出的数大，那么 f 显然大于 g。然而，如果这种比较仅针对少数输入（如 1000

① 习题 245 解决了一个不同的问题，即是否可以通过编写程序来判断另外两个程序是否等同。在本独立章节中，我们不是在编写程序，而是在使用普通的数学论证。

个或 1 000 000 个）不成立，而对所有其他输入都成立，那该怎么办？在这种情况下，我们仍然说 f 比 g 好。这就得到了以下的定义。

定义 对于自然数上的函数 g，$O(g)$（发音："g 的大 O"）是一类自然数上的函数。

如果**存在**数 c 和 *bigEnough*（足够大），使得

对所有 $n \geq bigEnough$，$f(n) \leq c \cdot g(n)$ 成立

那么，函数 f 是 $O(g)$ 的成员。

术语 如果 $f \in O(g)$，我们就说 f 并不比 g 差。

自然地，我们希望用前面 `prog-linear` 和 `prog-square` 的示例来说明这个定义。回想一下 `prog-linear` 和 `prog-square` 的性能函数，包括其中的常量是：

$$S(n) = n^2$$

和

$$L(n) = 1000n$$

关键是找到使 $H \in O(G)$ 成立的数 c 和 *bigEnough*，这将验证 `prog-square` 的性能并不比 `prog-linear` 的性能差。现在，我们直接告诉读者这两个数是：

$$bigEnough = 1000, c = 1$$

要使用这些数，我们需要证明

$$L(n) \leqslant S(n)$$

对所有大于 1000 的 n 都成立。以下是论证过程。

选择某个满足条件的 n_0 使得：

$$1000 \leqslant n_0$$

这里使用符号 n_0，表示我们不对其做出任何具体的假设。回想一下代数知识，将不等式两侧同时乘以某个正数，不等式仍成立。这里乘以 n_0：

$$1000n_0 \leqslant n_0 \cdot n_0$$

此时，注意到不等式的左侧就是 $H(n_0)$，而右侧是 $G(n_0)$：

$$L(n_0) \leqslant S(n_0)$$

由于 n_0 是任何满足要求的数，证毕。

通常这样的论证需要反过来进行，从而计算得出 *bigEnough* 和 c。虽然这种数学推理很有意思，但我们将它留到算法课程上去讨论。

O 的定义也从严谨的数学角度解释了为什么在比较抽象运行时间时无须注意特定的常量。假设可以使 `prog-linear` 的每个基本步骤变快两倍，那么：

$$S(n) = \frac{1}{2}n^2$$

而

$$L(n) = 1000n$$

只需将 *bigEnough* 加倍到 2000，论证一样成立。

最后，大多数人将 O 和函数的简写连用。例如，`how-many` 的运行时间是 $O(n)$，n 代表（数学）函数 $id(n) = n$。同样，`sort` 的最坏情况运行时间是 $O(n^2)$，而 `inc` 的最坏情况运行时间是

$O(2^n)$，n^2 是函数 $sqr(n) = n^2$ 的简写，而 2^n 是 $expt(n) = 2^n$ 的简写。

停一下！如果某个函数的性能是 $O(1)$，表示什么意思？

习题 486 在本章第一节中，我们说函数 $f(n) = n^2 + n$ 属于 $O(n^2)$类。确定数值 c 和 *bigEnough*，以验证此声明。■

习题 487 考虑函数 $f(n) = 2^n$ 和 $g(n) = 1000\ n$。证明 g 属于 $O(f)$，也就是说，抽象意义上，f 比 g 更贵（或者至少一样贵）。如果确保输入的大小在 3 到 12 之间，哪个函数更好？■

习题 488 比较 $f(n) = n\log(n)$ 和 $g(n) = n^2$ 。f 属于 $O(g)$，还是 g 属于 $O(f)$？■

为何使用谓词和选择函数

“数量级”概念解释了为什么设计诀窍会给出组织良好和“高效”的程序。我们用一个示例来说明这一点，设计程序在数值链表中搜索某个数值。以下是其签名、目的声明和以测试形式给出的示例：

```
; Number [List-of Number] -> Boolean
; x 是否在 l 中

(check-expect (search 0 '(3 2 1 0)) #true)
(check-expect (search 4 '(3 2 1 0)) #false)
```

下面是两个符合期望的定义：

```
(define (searchL x l)
  (cond
    [(empty? l) #false]
    [else
     (or (= (first l) x)
         (searchL
           x (rest l)))]))
```

```
(define (searchS x l)
  (cond
    [(= (length l) 0) #false]
    [else
     (or (= (first l) x)
         (searchS
           x (rest l)))]))
```

左边的程序遵循了设计诀窍。特别地，模板开发要求在数据定义中的每个子句中使用结构体谓词。遵循此建议得出的条件程序，其第一个 `cond` 行处理空链表，第二个 `cond` 行处理其他所有的链表。第一个 `cond` 行中的问题是 `empty?`，第二个 `cond` 行使用 `else` 的 `cons?`。

`searchS` 的设计并没有遵循结构体的设计诀窍[①]。相反，其灵感来自链表是有大小的容器的思想。因此，程序可以检查此大小是否为 `0`，这相当于检查空链表。

虽然这个想法在功能上是正确的，但它假定教学语言提供的运算的成本是固定的常量。然而，如果 `length` 更类似于 `how-many`，那么 `searchS` 会比 `searchL` 慢。使用新的术语，对于项数为 n 的链表，`searchL` 需要 $O(n)$个递归步骤，而 `searchS` 需要 $O(n^2)$步。简而言之，随意使用教学语言运算来编写条件，可能会使性能从一类函数变成更糟糕的一类函数。

我们用一个试验来结束本独立章节，检查 `length` 函数所需的时间是固定的，还是与输入链表的长度成比例。最简单的方法是定义一个程序来创建很长的链表，然后确定两个版本的搜索程序分别需要多长时间：

```
; N -> [List Number Number]
; 在(list 0 ... (- n 1))中寻找n,
; searchS 和 searchL 分别需要多长时间
(define (timing n)
```

① 而是使用了生成递归。

```
(local ((define long-list
          (build-list n (lambda (x) x))))
  (list
    (time (searchS n long-list))
    (time (searchL n long-list)))))
```

现在对 10000 和 20000 运行此程序。如果 length 类似于 empty?，那么第二次的运行时间大约是第一次运行时间的两倍，否则，searchS 的运行时间会急剧增加。

停一下！进行试验。

假定读者完成了试验，就会知道，length 需要的时间与输入链表的大小成正比。searchS 中的“S”代表“squared”（平方），因为它的运行时间是 $O(n^2)$，但不要立即得出结论得出这对所有的编程语言都成立①。许多语言处理容器的方式与我们的教学语言不同。要了解如何做到这一点，还需要一个设计概念，即累积器，本书的最后一部分会重点讨论它。

① 对于其他语言如何跟踪容器大小的信息，参见 33.2 节。

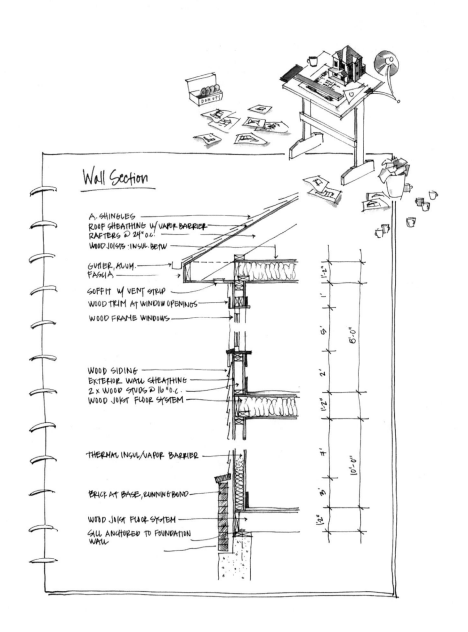

DONUTS

Wall Section

A. SHINGLES
ROOF SHEATHING W/ VAPOR BARRIER
RAFTERS @ 24" O.C.
WOOD JOISTS : INSUL. BETW
GUTTER, ALUM.
FASCIA
SOFFIT W/ VENT STRIP
WOOD TRIM AT WINDOW OPENINGS
WOOD FRAME WINDOWS
WOOD SIDING
EXTERIOR WALL SHEATHING
2 x WOOD STUDS @ 16" O.C.
WOOD JOIST FLOOR SYSTEM
THERMAL INSUL/VAPOR BARRIER
BRICK AT BASE, RUNNING BOND
WOOD JOIST FLOOR SYSTEM
SILL ANCHORED TO FOUNDATION WALL

1'-2"
1'
5'
8'-0"
2'
1'-2"
4'
10'-0"
3'
1'2"

copyright © 2000 tracy Butler

第六部分　知识的累积

在中级+lambda 语言中，对某个参数 a 调用某个函数 f a 时，通常会得到某个值 v。如果再次计算 (f a)，就会再次得到 v。事实上，无论对(f a)求值多少次，都会得到 v①。无论函数是第一次被调用还是第一百次，无论调用是位于 DrRacket 的交互区还是函数内部，都无关紧要。函数根据其目的声明工作，这就是我们所需要知道的全部内容。

这种上下文独立的原则在递归函数的设计中起着关键作用。在设计方面，即使函数尚未定义，我们也可以自由地假定函数计算的是目的声明所承诺的内容。特别地，可以自由地使用递归调用的结果来创建函数的代码，通常在其 cond 子句之一中创建。结构化递归函数和生成递归函数设计诀窍的模板和编码步骤都依赖这一想法。

虽然上下文独立性有助于函数的设计，但它会导致两个问题。一般而言，上下文独立会导致在递归计算期间失去知识，即函数不“知道”它调用于完整的链表还是链表的一部分。对于结构化递归程序，这种知识的丢失意味着它们可能不得不多次遍历数据，从而导致性能方面的成本增加。对于采用生成递归的函数，这种丢失意味着函数可能根本无法计算结果。本书前一部分中用图遍历函数说明了第二个问题，该函数无法在循环图的两个结点之间找到路径。

本部分介绍设计诀窍的一种变体，以解决这种“上下文丢失”的问题。由于我们希望保留(f a)返回相同结果这一原则，而不管计算的次数和位置如何，因此唯一的方法是**添加表示函数调用上下文的参数**。我们称这个附加参数为累积器（accumulator）。在遍历数据期间，递归调用继续接收常规的参数，而累积器相对上下文而变化。

正确设计具有累积器的函数显然比前面章节中的任何设计方法都复杂。关键是要理解普通参数和累积器之间的关系。以下各章会解释如何使用累积器设计函数及其工作原理。

① 函数调用也可能永远循环，或者报错，但我们忽略这些可能性。我们还忽略 random，它是这条规则真正的例外。

第 31 章　知识的丢失

根据结构诀窍和生成诀窍设计的两种函数都会遭遇知识丢失，尽管原因不同。本章以两个示例（每类一个示例）来说明缺乏上下文知识如何影响函数的性能。第一节讨论结构递归，第二节讨论生成递归。

31.1　结构处理的问题

我们从一个看似简单的示例开始：

示例问题　我们正在为一个测量路段长度的几何团队工作。该团队需要设计一个程序，将一系列道路点之间的相对距离转换为距离某个起点的绝对距离。

例如，输入可以是如下的行：

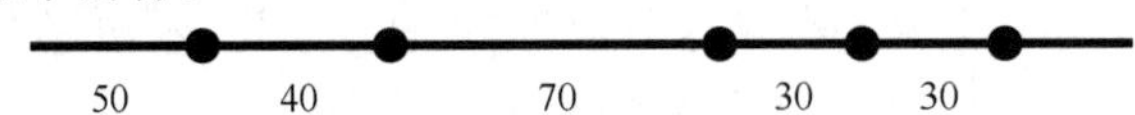

每个数值代表两个点之间的距离。我们需要的是下图，其中每个点都标注了与最左端的距离：

设计执行此计算的程序仅仅是结构函数设计的练习。图 31-1 给出了完整的程序。当输入链表不是`'()`时，自然递归计算`(rest l)`中其余点与第一个点的绝对距离。因为第一个点不是真正的原点，而是距原点`(first l)`，所以必须对自然递归的结果中的每个数值都加上`(first l)`。第二步（为数值链表中的每个项加上一个数值）需要辅助函数。

```
; [List-of Number] -> [List-of Number]
; 将相对距离的链表转换为绝对距离的链表
; 第一个数值代表距原点的距离

(check-expect (relative->absolute '(50 40 70 30 30))
              '(50 90 160 190 220))

(define (relative->absolute l)
  (cond
    [(empty? l) '()]
    [else (local ((define rest-of-l
                    (relative->absolute (rest l)))
                  (define adjusted
                    (add-to-each (first l) rest-of-l)))
            (cons (first l) adjusted))]))

; Number [List-of Number] -> [List-of Number]
; 在 l 中的每个数值上加 n

(check-expect (cons 50 (add-to-each 50 '(40 110 140 170)))
              '(50 90 160 190 220))

(define (add-to-each n l)
  (cond
    [(empty? l) '()]
    [else (cons (+ (first l) n) (add-to-each n (rest l)))]))
```

图 31-1　将相对距离转换为绝对距离

虽然设计程序相对简单，但对越来越大的链表使用它时就会发现问题。考虑以下表达式的求值：

```
(relative->absolute (build-list size add1))
```

随着 size 的增加，所需时间增加得更快：

size	1000	2000	3000	4000	5000	6000	7000
时间	25	109	234	429	689	978	1365

size 从 1000 增加到 2000，时间变为原来的 4 倍，而不是两倍。从 2000 到 4000 的增长关系也近似如此，其他情况也一样①。使用独立章节 5 的术语，我们说函数的性能是 $O(n^2)$，其中 n 是输入链表的长度。

习题 489 使用 map 和 lambda 重新编写 add-to-each。■

习题 490 给出描述 relative->absolute 的抽象运行时间的公式。**提示** 手工计算表达式

```
(relative->absolute (build-list size add1))
```

从将 size 替换为 1、2、3 开始。每次需要多少次递归调用 relative->absolute 和 add-to-each？■

考虑到问题这么简单，程序执行的工作量令人惊讶。如果我们要手工转换相同的链表，我们会沿着直线计算总距离，并不断将相对距离添加到其上。为什么程序不能这样做？

我们尝试设计接近于手工方法的版本的函数，还是从链表处理模板开始：

```
(define (relative->absolute/a l)
  (cond
    [(empty? l) ...]
    [else
     (... (first l) ...
      ... (relative->absolute/a (rest l)) ...)]))
```

接下来模拟手工计算：

```
(relative->absolute/a (list 3 2 7))
== (cons ... 3 ... (relative->absolute/a (list 2 7)))
== (cons ... 3 ...
    (cons ... 2 ...
      (relative->absolute/a (list 7))))
== (cons ... 3 ...
    (cons ... 2 ...
      (cons ... 7 ...
        (relative->absolute/a '()))))
```

结果链表中的第一项显然应该是 3，很容易构造这个链表。然而，第二项应该是(+ 3 2)，但是 relative->absolute/a 的第二个实例无法“知道”**原始**链表的第一项是 3。“知识”丢失了。

问题就出在递归函数与其上下文无关。函数处理(cons N L)中 L 的方式与处理(cons K L)中 L 的方式一样。实际上，如果单独给出 L，它也会以同样的方式处理链表。

为了弥补“知识”的丢失，我们为函数配备一个额外的参数 accu-dist，它表示累积的距离，也就是将相对距离链表转换为绝对距离链表时保持的计数，其初始值显然为 0。随着函数遍

① 运行时间因计算机而异，不同年代的计算机也不同。这些测量是在 2017 年在运行 OS X 10.11 的 MacMini 上进行的，上一次测量是在 1998 年，时间要多 100 倍。

历链表，必须不断将数值加到计数中。

修改后的定义是：

```
(define (relative->absolute/a l accu-dist)
  (cond
    [(empty? l) '()]
    [else
     (local ((define tally (+ (first l) accu-dist)))
       (cons tally
         (relative->absolute/a (rest l) tally)))]))
```

递归调用使用链表的其余部分以及当前点到原点的新的绝对距离。虽然每次调用时两个参数都在变化，但第二个参数的变化严格依赖第一个参数。该函数仍然是一个简单的链表处理程序。

再次计算示例：

```
(relative->absolute/a (list 3 2 7))
== (relative->absolute/a (list 3 2 7) 0)
== (cons 3 (relative->absolute/a (list 2 7) 3))
== (cons 3 (cons 5 (relative->absolute/a (list 7) 5)))
== (cons 3 (cons 5 (cons 12 ???)))
== (cons 3 (cons 5 (cons 12 '())))
```

停一下！填写第 4 行中的问号。

手工计算显示，累积器的使用简化了转换过程。链表中的每个项都只会被处理一次。当 relative->absolute/a 走到参数链表的末尾时，结果已经完全确定，无须做进一步的工作。对具有 N 个项的链表，通常该函数执行数量级为 N 的自然递归步骤。

有一个问题是，与 relative->absolute 不同，新函数读入两个参数，而不是一个参数。更糟糕的是，relative->absolute/a 可能被应用于数值链表和不是 0 的数值，从而被意外滥用。使用 local 定义封装 relative->absolute/a 的函数定义可以同时解决这两个问题，图 31-2 显示了这一结果。现在，仅依赖输入和输出无法区分 relative->absolute 和 relative->absolute.v2。

```
; [List-of Number] -> [List-of Number]
; 将相对距离的链表转换为绝对距离的链表
; 第一个数值代表距原点的距离

(check-expect (relative->absolute.v2 '(50 40 70 30 30))
              '(50 90 160 190 220))

(define (relative->absolute.v2 l0)
  (local (
    ; [List-of Number] Number -> [List-of Number]
    (define (relative->absolute/a l accu-dist)
      (cond
        [(empty? l) '()]
        [else
          (local ((define accu (+ (first l) accu-dist)))
            (cons accu
                  (relative->absolute/a (rest l) accu)))])))
    (relative->absolute/a l0 0)))
```

图 31-2 使用累积器转换相对距离

下一步来看看此版本程序的性能。为此，我们计算

```
(relative->absolute.v2 (build-list size add1))
```

并将几个 size 值的结果制成表格：

size	1000	2000	3000	4000	5000	6000	7000
时间	0	0	0	0	0	1	1

棒极了，即使对于 7000 个数值的链表的处理，relative->absolute.v2 所需的时间也不会超过一秒。将这种性能与 relative->absolute 的性能对比，读者可能会认为，累积器是对所有慢速运行程序的神奇治疗方法。不幸的是，事实并非如此，然而，当结构化递归函数必须重新处理自然递归的结果时，确实应该考虑使用累积器。对于这个示例，性能从 $O(n^2)$提高到了 $O(n)$——常量部分也大幅减少。

习题 491　通过一些设计和修补，一位朋友提出了示例问题的以下解决方案[①]：

```
(define (relative->absolute l)
 (reverse
   (foldr (lambda (f l) (cons (+ f (first l)) l))
          (list (first l))
          (reverse (rest l)))))
```

这个简单的解仅使用了中级+lambda 语言中大家熟悉的函数：reverse 和 foldr。众所周知，使用 lambda 只是一种便利。回想第三部分，foldr 使用本书前两部分中介绍的设计诀窍就可以设计出。

这位朋友的解是否意味着，本节中的问题无需如此复杂的设计？答案参见 32.1 节，但先思考本问题。**提示**　尝试自行设计 reverse。■

31.2　生成递归的问题

我们重温一下沿图中路径“旅行”的问题：

示例问题　设计算法，用于检查**简单图**（simple graph）中的两个结点是否有连接。在这种图中，从每个结点出发的连接只有一个，指向另一个结点（也可能是其自身）。

第 29 章讨论了如何发现路径的算法。此示例问题更为简单，因为本节重点介绍累积器版本算法的设计。

考虑图 31-3 中的示例图。图有 6 个结点，从 *A* 到 *F*，以及 6 个连接。从 *A* 到 *E* 的路径必须包含 *B* 和 *C*，但是，不存在从 *A* 到 *F* 的路径，除 *F* 自身之外，也没有任何其他结点到 *F* 的路径。

图 31-3 的右侧显示了如何使用嵌套的链表表示此图。每个结点由两个符号的链表表示。第一个符号是结点的标签，第二个符号是可从第一个符号表示的结点到达的那个结点。相关的数据定义是：

```
; SimpleGraph 是 [List-of Connection]
; Connection 是两个项的链表：
;     (list Node Node)
; Node 是 Symbol。
```

这就是非正式描述的直接翻译。

我们已经知道问题需要生成递归，编写头部信息很容易：

```
; Node Node SimpleGraph -> Boolean
; 在简单图 sg 中
; 是否存在从 origin 到 destination 的路径
```

① 本习题由 Adrian German 和 Mardin Yadegar 推荐。

```
(check-expect (path-exists? 'A 'E a-sg) #true)
(check-expect (path-exists? 'A 'F a-sg) #false)

(define (path-exists? origin destination sg)
  #false)
```

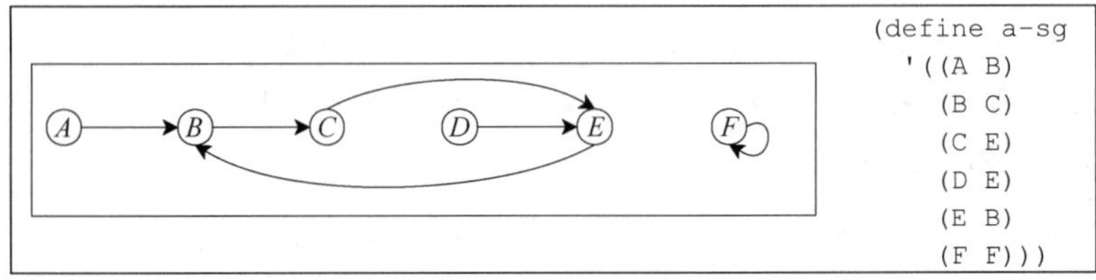
A
B
C
D
E
F
(define a-sg
 '((A B)
   (B C)
   (C E)
   (D E)
   (E B)
   (F F)))

图 31-3 一个简单图

需要的是生成递归的诀窍的 4 个基本问题的答案。

- 如果 origin 与 destination 相同，问题就是平凡可解的。
- 平凡的解是#true。
- 如果 origin 与 destination 不同，能做的事只有一件：走到直接邻居，并从那里开始寻找 destination。
- 如果找到了新问题的解，那么无须再做任何事情。如果 origin 的邻居连接到 destination，那么 origin 也是如此，否则它们之间没有连接。

要获得完整的程序，我们只需用中级+lambda 语言表达此解。

图 31-4 给出了完整的程序，包括在简单图中查找邻居结点的函数（结构递归中的简单练习）以及两种可能结果的测试用例，但不要运行此程序。如果这样做了，准备好用鼠标去停止失控的程序。实际上，即使随意看一下这个函数，也能发现问题。如果没有从 origin 到 destination 的路径，该函数应该给出#false，但程序中完全不包含#false。因此，我们需要问一下，当两个结点之间没有路径时，函数实际执行了什么操作。

```
; Node Node SimpleGraph -> Boolean
; sg 中有从 origin 到 destination 的路径吗？

(check-expect (path-exists? 'A 'E a-sg) #true)
(check-expect (path-exists? 'A 'F a-sg) #false)

(define (path-exists? origin destination sg)
  (cond
    [(symbol=? origin destination) #t]
    [else (path-exists? (neighbor origin sg)
                        destination
                        sg)]))

; Node SimpleGraph -> Node
; 确定 sg 中 a-node 所连接的结点
(check-expect (neighbor 'A a-sg) 'B)
(check-error (neighbor 'G a-sg) "neighbor: not a node")
(define (neighbor a-node sg)
  (cond
    [(empty? sg) (error "neighbor: not a node")]
    [else (if (symbol=? (first (first sg)) a-node)
              (second (first sg))
              (neighbor a-node (rest sg)))]))
```

图 31-4 在简单图中寻找路径

再看一下图 31-3。在这个简单图中，不存在从 *C* 到 *D* 的路径。离开 *C* 的连接跳过 *D* 直接到达了 *E*，所以来看一下手工计算：

```
(path-exists? 'C 'D '((A B) ... (F F)))
== (path-exists? 'E 'D '((A B) ... (F F)))
== (path-exists? 'B 'D '((A B) ... (F F)))
== (path-exists? 'C 'D '((A B) ... (F F)))
```

这证实了当函数递归时，它会一次又一次地使用完全相同的参数调用自身。换句话说，计算永远不会停止。

path-exists?的问题和前面的 relative->absolute 一样，还是“知识”的丢失。和 relative->absolute 一样，path-exists?的设计使用了诀窍并假定递归调用独立于其上下文。具体对 path-exists?来说，这意味着该函数不“知道”当前递归链中先前的调用是否收到了完全相同的参数。

这一设计问题的解决方案遵循前一节的模式。我们添加一个参数，称之为 seen，表示从最初的调用开始，函数遇到过的累积的起始结点链表，其初始值必须为'()。当函数检查特定 origin 并移动到其邻居时，就将 origin 添加到 seen 中。

下面是 path-exists?的第一个修改版本，称其为 path-exists?/a：

```
; Node Node SimpleGraph [List-of Node] -> Boolean
; 是否存在从 origin 到 destination 的路径
; 假定 seen 中的结点不存在路径
(define (path-exists?/a origin destination sg seen)
  (cond
    [(symbol=? origin destination) #true]
    [else (path-exists?/a (neighbor origin sg)
                          destination
                          sg
                          (cons origin seen))]))
```

仅添加新参数并不能解决问题，但是手工计算

```
(path-exists?/a 'C 'D '((A B) image (F F)) '())
```

显示，这提供了解决问题的基础：

```
== (path-exists?/a 'E 'D '((A B) image (F F)) '(C))
== (path-exists?/a 'B 'D '((A B) image (F F)) '(E C))
== (path-exists?/a 'C 'D '((A B) image (F F)) '(B E C))
```

和原来的函数相比，修改后的函数不再使用完全相同的参数调用自身。虽然第三次递归调用时 3 个严格意义上的参数与第一次调用相同，但是累积器参数与第一次调用不同了，它不是'()，而是'(B E C)。这个新值告诉我们，在搜索从'C 到'D 的路径时，该函数已检查过起点'B、'E 和'C。

现在需要做的就是令算法利用累积的知识。具体来说，该算法可以判断给定的 origin 是否已经是 seen 中的项了。如果是，问题也是平凡可解的，答案就是#false。图 31-5 给出了 path-exists.v2?的定义，它是对 path-exists?的修改。定义中使用了中级+lambda 语言的函数 member?。

path-exists.v2?的定义还去除了第一次修改中的两个小问题。通过将累积函数的定义局部化，我们可以确保第一次调用始终用'()作为 seen 的初始值。此外，path-exists.v2?满足与 path-exists?函数完全相同的签名和目的声明。

不过，path-exists.v2?和 relative-to-absolute2 之间存在显著的差异。

relative-to-absolute2 等价于原函数，而 path-exists.v2?改进了 path-exists?。path-exists?无法找到某些输入的答案，而 path-exists.v2?对任何简单图都能找到解。

```
; Node Node SimpleGraph -> Boolean
; sg 中是否有从 origin 到 destination 的路径

(check-expect (path-exists.v2? 'A 'E a-sg) #true)
(check-expect (path-exists.v2? 'A 'F a-sg) #false)

(define (path-exists.v2? origin destination sg)
  (local (; Node Node SimpleGraph [List-of Node] -> Boolean
          (define (path-exists?/a origin seen)
            (cond
              [(symbol=? origin destination) #t]
              [(member? origin seen) #f]
              [else (path-exists?/a (neighbor origin sg)
                                    (cons origin seen))])))
    (path-exists?/a origin '())))
```

图 31-5 使用累积器在简单图中寻找路径

习题 492 修改图 29-2 中的定义，即使程序第二次遇到相同的原点，也返回#false。■

第 32 章 累积器风格函数的设计

第 31 章通过两个示例说明了累积额外知识的必要性。对其中一种情况，累积使得函数变得容易理解，并且得到了比原始版本快得多的函数。对另一种情况，累积是函数正常工作所必需的。当然，对这两种情况，只要给出了正确设计的函数，累积的需求就变得明显了。

在前一章的基础上一般化，可以看出，累积器函数的设计涉及两个主要方面：

（1）认识到函数受益于累积器；

（2）理解累积器代表什么。

本章前两节就讨论这两个问题。因为第二节讨论的主题有难度，所以第三节会通过将常规函数转换为累积函数的一系列示例来说明。

32.1 认识到需要累积器

认识到需要累积器并非易事。我们已经说过两个原因，也是最普遍的原因。无论哪种情况，首先需要编写基于**传统**设计诀窍的完整函数，这一点至关重要。接下来研究该函数并按如下方式进行。

（1）如果结构化递归函数在辅助递归函数内遍历其自然递归的结果，考虑使用累积器参数。

看一下图 32-1 中 `invert` 的定义。递归调用给出了链表其余部分反转后的结果。它使用 `add-as-last` 将第一项添加到此反转后的链表中，从而创建整个链表的反转。第二个辅助函数也是递归的。因此，我们确定了一个累积器候选者。

```
; [List-of X] -> [List-of X]
; 构造 alox 的反转

(check-expect (invert '(a b c)) '(c b a))

(define (invert alox)
  (cond
    [(empty? alox) '()]
    [else
     (add-as-last (first alox) (invert (rest alox)))]))

; X [List-of X] -> [List-of X]
; 将 an-x 添加到 alox 的结尾

(check-expect (add-as-last 'a '(c b)) '(c b a))

(define (add-as-last an-x alox)
  (cond
    [(empty? alox) (list an-x)]
    [else
     (cons (first alox) (add-as-last an-x (rest alox)))]))
```

图 32-1 使用累积器进行设计，结构的示例

这时可以研究一些手工计算，如 31.1 节里那样，看看累积器是否能帮上忙。考虑以下计算：

```
(invert '(a b c))
== (add-as-last 'a (invert '(b c)))
== (add-as-last 'a (add-as-last 'b (invert '(c))))
== ...
== (add-as-last 'a (add-as-last 'b '(c)))
== (add-as-last 'a '(c b))
== '(c b a)
```

停一下！填写省略号表示的两个没有给出的步骤。这样我们就可以看到，invert 最终会走到输入链表的末尾（和 add-as-last 一样），如果它知道要放在那里的项，就不需要辅助函数了。

（2）如果处理的是基于生成递归的函数，那么面临的任务更加困难。目标必须是了解算法是否无法为期望有结果的输入生成结果。如果是，那么添加累积知识的参数可能会有所帮助。由于这些情况很复杂，我们将示例的讨论推迟到第 33 章。

习题 493 使用独立章节 5 中的术语，说明当输入链表由 n 个项组成时，invert 消耗 $O(n^2)$ 时间。■

习题 494 11.3 节中的插入 sort>函数是否需要累积器？如果需要，为什么？如果不需要，为什么？■

32.2 添加累积器

一旦确定某个函数需要配备累积器，执行以下两个步骤：

（1）确定累积器所表示的知识，使用何种数据，以及如何获取数据形式的知识。

例如，要将相对距离转换为绝对距离，累积到目前为止遇到的总距离就足够了。当函数处理相对距离的链表时，它会将发现的每个新的相对距离与累积器的当前值相加。对于路由问题，累积器会记住遇到过的每个结点。检查路径函数在遍历图时会将每个新结点都 cons 到累积器上。

一般来说，需要按以下步骤操作：

- 创建累积器模板：

```
; 定义域 -> 值域
(define (function d0)
  (local (; 定义域 累积器定义域 -> 值域
          ; 累积器...
          (define (function/a d a)
            ...))
    (function/a d0 a0)))
```

  起草 function 调用的手工计算，以了解累积器的性质。

- 确定累积器所记录的数据类型。

  写出解释累积器作为辅助函数 function/a 的参数 d 与原始参数 d0 之间关系的声明。

注意 在计算过程中，这一关系保持不变，因此也被称为**不变量**。由于此属性，累积器声明通常也被称为不变量。

- 使用不变量来确定 a 的初始值 a0。
- 继续利用不变量来确定如何在 function/a 的定义中计算递归函数调用的累积值。

（2）利用累积器的知识来设计 function/a。

对于结构化递归函数，累积器的值常常会被用于基本情况，即不递归的 cond 子句。对于使用生成递归函数的函数，累积的知识可能被用于已有的基本情况、新的基本情况或处理生成递归的 cond 子句中。

正如所见，关键是对累积器角色的精确描述。因此，练习这项技能很重要。

来看 invert 的示例：

```
(define (invert.v2 alox0)
  (local (; [List-of X] ??? -> [List-of X]
          ; 构造 alox 的反序
          ; 累积器...
          (define (invert/a alox a)
            (cond
              [(empty? alox) ...]
              [else
               (invert/a (rest alox) ... a ...)])))
    (invert/a alox0 ...)))
```

如上一节所示，此模板足以草拟手工计算的示例了，例如：

```
(invert '(a b c))
== (invert/a '(a b c) a0)
== (invert/a '(b c) ... 'a ... a0)
== (invert/a '(c) ... 'b ... 'a ... a0)
== (invert/a '() ... 'c ... 'b ... 'a ... a0)
```

这一草稿表明，invert/a 可以记下它所看到的链表中的所有的项，该链表以反序形式记录 alox0 和 a 之间的差异。初始值显然应该是'()，使用 cons 更新 invert/a 内的累积器，当 invert/a 到达'()时就正好可以给出期望的值。

加入这些见解之后，改进后的模板就是：

```
(define (invert.v2 alox0)
  (local (; [List-of X] [List-of X] -> [List-of X]
          ; 构造 alox 的反序
          ; 累积器 a 是 alox0 中所有 alox
          ; 之前项反序组成的链表
          (define (invert/a alox a)
            (cond
              [(empty? alox) a]
              [else
               (invert/a (rest alox)
                         (cons (first alox) a))])))
    (invert/a alox0 '())))
```

local 定义的主体用'()初始化累积器，递归调用使用 cons 将 alox 当前的头部添加到累积器上。在基本情况中，invert/a 使用累积器中的知识，也就是反序的链表。

注意，invert.v2 只遍历一次链表。相比之下，invert 使用 add-as-last 重新处理其自然递归的每个结果。停一下！测量 invert.v2 的运行速度比 invert 快多少。

术语 程序员将使用累积器参数的函数称为*累积器风格函数*（accumulator-style function）。累积器风格函数的示例包括 relative->absolute/a、invert/a 和 path-exists?/a。

32.3 将函数转换为累积器风格

给出累积器声明的精确描述是很困难的，但是，如果不制定出正确的不变量，就无法理解累积器风格函数。由于程序员的目标是确保其他人能够轻松理解代码，因此练习此技能至关重要。制定不变量值得进行大量的实践。

本节的目的是通过 3 个示例来研究如何编写累积器声明，这 3 个示例是：求和函数、阶乘函数和遍历树函数。每个示例都是将结构化递归函数转换为累积器风格函数。其实这里没有哪个案例必须要使用累积器参数。但是这几个示例很容易理解，并且通过消除其他所有干扰，使用这样的示例使我们能够专注于累积器不变量的准确描述。

第一个示例，考虑 sum 函数的如下定义：

```
(define (sum.v1 alon)
  (cond
    [(empty? alon) 0]
    [else (+ (first alon) (sum.v1 (rest alon)))]))
```

累积器版本的第一步是：

```
(define (sum.v2 alon0)
  (local (; [List-of Number] ??? -> Number
          ; 计算 alon 中数值的总和
          ; 累积器...
          (define (sum/a alon a)
            (cond
              [(empty? alon) ...]
              [else (... (sum/a (rest alon)
                      ... ... a ...) ...)])))
    (sum/a alon0 ...)))
```

停一下！编写签名和同时适用于这两者的测试用例。

正如第一步所示，我们已将 sum/a 的模板放入 local 定义中，添加了累积器参数，并重命名了 sum 的参数。

图 32-2 并排显示了两个手工计算的草图。这一比较立即表明了核心的思想，即 sum/a 可以使用累积器来累加它所遇到的数值。关于累积器不变量，手工计算表明 a 代表到目前为止遇到过的数值的总和：

a 是 alon 中 alon0 之外的数值的总和。

(sum.v1 '(10 4))	(sum.v2 '(10 4))
== (+ 10 (sum.v1 '(4)))	== (sum/a '(10 4) a0)
== (+ 10 (+ 4 (sum.v1 '())))	== (sum/a '(4) ... 10 ... a0)
== (+ 10 (+ 4 (+ 0)))	== (sum/a '() ... 4 ... 10 ... a0)
...	...
== 14	== 14

图 32-2 使用累积器风格的模板进行计算

例如，这一不变量会保证以下关系成立：

如果	alon0	是	'(10 4 6)	'(10 4 6)	'(10 4 6)
并且	alon	是	'(4 6)	'(6)	'()
那么	a	应为	10	14	20

有了这个精确的不变量，后续的设计很简单：

```
(define (sum.v2 alon0)
  (local (; [List-of Number] ??? -> Number
          ; 计算 alon 中数值的总和
          ; 累积器 a 是 alon 中 alon0 之外的数值的总和
          (define (sum/a alon a)
            (cond
              [(empty? alon) a]
              [else (sum/a (rest alon)
                           (+ (first alon) a))])))
    (sum/a alon0 0)))
```

如果 alon 是'()，sum/a 就返回 a，因为它代表了 alon 中所有数值的总和。不变量还表明 a0 的初始值是 0，并且+通过将即将被“遗忘”的数值(first alox)添加到累积器 a 来更新累积器。

习题 495 完成图 32-2 中(sum/a '(10 4) 0)的手工计算。这样做表明，sum 和 sum.v2 以相反的顺序加总输入的数。sum 从右到左加总，累积器风格的版本则从左到右加总。

关于数值 记住，对于精确数，这种差异对最终结果没有影响。对于非精确数，差异可能很大。参见独立章节 5 末尾的习题。■

第二个示例，我们来看众所周知的阶乘函数[①]：

```
; N -> N
; 计算(* n (- n 1) (- n 2) ... 1)
(check-expect (!.v1 3) 6)
(define (!.v1 n)
  (cond
    [(zero? n) 1]
    [else (* n (!.v1 (sub1 n)))]))
```

relative-2-absolute 和 invert 处理链表，而阶乘函数处理自然数，其模板也反映了这一点。

我们像以前一样继续使用累积器风格的模板：

```
(define (!.v2 n0)
  (local (; N ??? -> N
          ; 计算(* n (- n 1) (- n 2) ... 1)
          ; 累积器...
          (define (!/a n a)
            (cond
              [(zero? n) ...]
              [else (... (!/a (sub1 n)
                              ... a ...) ...)])))
    (!/a n0 ...)))
```

接下来起草手工计算：

```
(!.v1 3)                        (!.v2 3)
== (* 3 (!.v1 2))               == (!/a 3 a0)
== (* 3 (* 2 (!.v1 1)))         == (!/a 2 ... 3 ... a0)
...                             ...
== 6                            == 6
```

左边展示了原版本的工作原理，右边的草稿描述了累积器风格函数的运行情况。两者在结构上都遍历了自然数，直到它们达到 0。原版本只调用了乘法，而累积器版本随着结构遍历沿着自然数减小时，使用累积器记录了每个数值。

既然目标是将这些数值相乘，!/a 可以使用累积器立即做这些数值的乘法：

a 是区间[n0, n]中自然数的乘积。

特别地，当 n0 为 3 且 n 为 1 时，a 为 6。

习题 496 当 n0 为 3 且 n 为 1 时，a 的值应该是多少？当 n0 为 10 且 n 为 8 时呢？■

基于此不变量选择 a 的初始值就很容易了：它是 1。我们还知道，将当前累积器与 n 相乘是正确的更新操作：

---

① 阶乘函数对算法分析很有用。

```
(define (!.v2 n0)
  (local (; N N -> N
          ; 计算(* n (- n 1) (- n 2) ... 1)
          ; 累积器 a 是区间[n0,n)中自然数的乘积
          (define (!/a n a)
            (cond
              [(zero? n) a]
              [else (!/a (sub1 n) (* n a))])))
    (!/a n0 1)))
```

累积器声明还表明，当 n 为 0 时，累积器是 n 到 1 的乘积，这意味着它就是所需的结果。所以，和 sum 一样，!/a 在这种情况下返回 a，在另一情况下则使用递归的结果。

习题 497 与 sum 一样，!.v1 以相反的顺序执行基本计算，在这里就是乘法。令人惊讶的是，这会对函数的性能产生负面的影响。

测量一下计算 1000 次 (!.v1 20)所需的时间。回想一下，(time an-expression)函数确定运行 an-expression 所需的时间。■

第三个示例也是最后一个示例，我们使用函数来测量简化二叉树的高度。这个示例表明，累积器式编程适用于所有类型的数据，而不限于只有单个自引用定义的数据。实际上，它通常用于复杂的数据定义，定义方式和链表与自然数一样。

相关的定义是：

```
(define-struct node [left right])
; Tree 是以下之一：
; -- '()
; -- (make-node Tree Tree)
(define example
  (make-node (make-node '() (make-node '() '())) '()))
```

这种树中不包含信息，其叶子就是'()，但如同图 32-3 所示，仍有许多种不同的树，图中的表示法还暗示了如何将这些数据看作树。

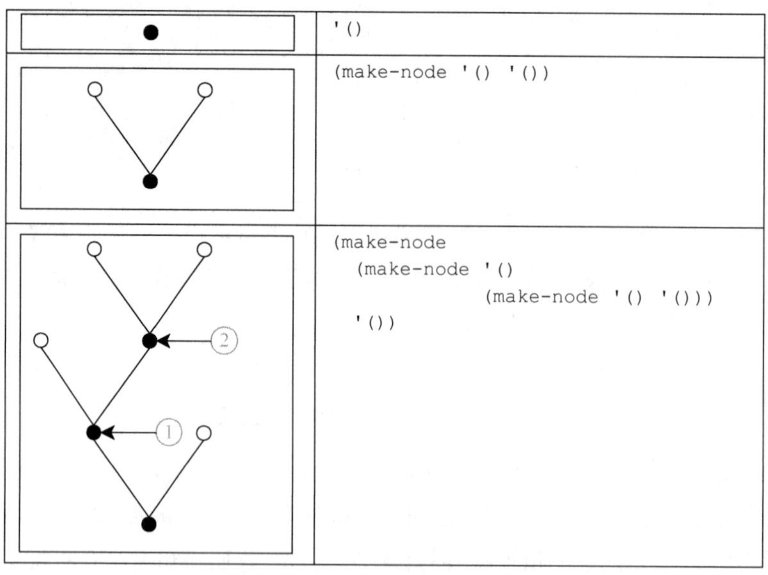

图 32-3 一些精简的二叉树

我们可能希望计算的一种属性是这样一棵树的高度：

```
(define (height abt)
  (cond
    [(empty? abt) 0]
    [else (+ (max (height (node-left abt))
                  (height (node-right abt))) 1)]))
```

停一下！给出签名和测试。图 32-3 中的表格说明如何测量树的高度，尽管其概念有些模糊：它要么是从树根到最高叶子结点的结点数，要么是这种路径上的连接数。height 函数遵循后者。

要将此函数转换为累积器风格的函数，我们遵循标准的做法，从适当的模板开始：

```
(define (height.v2 abt0)
  (local (; Tree ??? -> N
          ; 求 abt 的高度
          ; 累积器...
          (define (height/a abt a)
            (cond
              [(empty? abt) ...]
              [else
                (... (height/a (node-left abt)
                               ... a ...) ...
                 ... (height/a (node-right abt)
                               ... a ...) ...)])))
    (height/a abt0 ...)))
```

与往常一样，问题是确定累积器代表哪种知识。一个明显的选择是遍历过的分支的数量：

a 是从 abt0 到达 abt 所需的步数。

要说明此累积器不变量，最好使用图形示例。再看一下图 32-3。最底部的树带有两个注释，每个分别指出一棵子树：

（1）如果 abt0 是完整的树而 abt 是圆圈 1 所指向的子树，那么累积器的值必须为 1，因为从 abt 的根到 abt0 的根只需要一步。

（2）同理，对于标记为 2 的子树，累积器必须是 2，因为需要两步才能到达这里。

对于这前两个示例，不变量基本上就决定了如何遵循累积器的后续设计诀窍：a 的初始值为 0，更新操作是 add1，基本情况只需用到返回的累积知识。将其转换为代码就得到了以下的定义草稿：

```
(define (height.v2 abt0)
  (local (; Tree N -> N
          ; 求 abt 的高度
          ; 累积器 a 是从 abt0 到达 abt 所需的步数
          (define (height/a abt a)
            (cond
              [(empty? abt) a]
              [else
                (... (height/a (node-left abt)
                               (+ a 1)) ...
                 ... (height/a (node-right abt)
                               (+ a 1)) ...)])))
    (height/a abt0 0)))
```

然而，与前两个示例不同，a 不是最终的解。在第二个 cond 子句中，两个递归调用给出了两个值。结构函数的设计诀窍要求我们将这两个值结合起来，以得出答案，草稿中的省略号表示我们仍然需要选择组合这些值的操作。

遵循设计诀窍，我们需要解释这两个值来找到合适的函数。根据 height/a 的目的声明，第一个值是左子树的高度，第二个值是右子树的高度。由于需要的是 abt 本身的高度，而高度是到达叶子所需的最大步数，因此我们使用 max 函数来选择合适的值，完整定义如图 32-4 所示。

```
; Tree -> N
; 求 abt0 的高度
(check-expect (height.v2 example) 3)
(define (height.v2 abt0)
  (local (; Tree N -> N
          ; 求 abt 的高度
          ; 累积器 a 是从 abt0 到达 abt 所需的步数
          (define (height/a abt a)
            (cond
              [(empty? abt) a]
              [else
               (max
                 (height/a (node-left abt)  (+ a 1))
                 (height/a (node-right abt) (+ a 1)))])))
    (height/a abt0 0)))
```

图 32-4 height 的累积器风格版本

另一种设计

除计算到达结点所需的步数之外，累积器函数还可以记录到目前为止遇到的最大高度。这一设计理念下的累积器声明是：

> 第一个累积器表示从 abt0 到达 abt 所需的步数，第二个累积器代表在 abt 中 abt0 的**左侧**部分的最大高度。

显然，这个声明假定带有两个累积器参数的模板，这是我们之前没有遇到过的：

```
... ; Tree N N -> N
    ; 求 abt 的高度
    ; 累积器 s 是从 abt0 到达 abt 所需的步数
    ; 累积器 m 是 abt 中 abt0 左侧部分的最大高度
    (define (h/a abt s m)
      (cond
        [(empty? abt) ...]
        [else
         (... (h/a (node-left abt)
                   ... s ... ... m ...) ...
          ... (h/a (node-right abt)
                   ... s ... ... m ...) ...)]))  ...
```

习题 498 完成 height.v3 的设计。**提示** 就图 32-3 中最底部的树而言，没有包含到标记为 1 的子树的左侧的树的路径，而包含从根到标记为 2 的子树的左侧的树有一条完整的路径，这条路径由两步组成。■

第二种设计中的累积器不变量比第一种更复杂。这意味着，其实施需要比第一个更加谨慎，同时它没有任何明显优势，这意味着它不如第一个。

重点是，不同的累积器不变量会给出不同的变体。我们可以遵循相同的设计诀窍系统地设计两种变体。当完成了完整的函数定义后，就可以比较和对比结果，然后可以基于结果确定要保留哪一个。

习题 499 设计累积器风格的 product，该函数计算数值链表中各项的乘积。在编写出累积器不变量之后，让他人检查。

product 的性能是 $O(n)$，其中 n 是链表的长度。累积器版本是否对此有所改进？■

习题 500 设计累积器风格的 how-many，该函数确定链表中的项数。在编写出累积器不变量之后，让他人检查。

how-many 的性能是 $O(n)$，其中 n 是链表的长度。累积器版本是否对此有所改进？

在手工计算(how-many some-non-empty-list)时，当函数走到'()时，会有 n 个 add1 的调用被挂起，其中 n 是链表中的项数。计算机科学家有时会说，how-many 需要 $O(n)$的空间[①]来表示这些被挂起的函数调用。累积器是否减少了计算结果所需的空间？■

习题 501 设计累积器风格的 add-to-pi。该函数在不使用+的情况下将 pi 加到自然数上：

```
; N -> Number
; 将 n 加 pi，不使用+
(check-within (add-to-pi 2) (+ 2 pi) 0.001)
(define (add-to-pi n)
  (cond
    [(zero? n) pi]
    [else (add1 (add-to-pi (sub1 n)))]))
```

在编写出累积器不变量之后，让他人检查。■

习题 502 设计函数 palindrome，它读入一个非空链表，通过围绕链表的最后一项镜像来构建回文。输入是(explode "abc")时，它会给出(explode "abcba")。

提示 由函数组合设计得到的解是：

```
; [NEList-of 1String] -> [NEList-of 1String]
; 用 s0 创建回文
(check-expect
  (mirror (explode "abc")) (explode "abcba"))
(define (mirror s0)
  (append (all-but-last s0)
          (list (last s0))
          (reverse (all-but-last s0))))
```

关于 last 可参见 11.4 节，以类似的方式设计 all-but-last。

这一解遍历 s0 共 4 次：

（1）all-but-last 中；

（2）last 中；

（3）all-but-last 中再次；

（4）reverse 中，也就是中级+lambda 语言中的 invert。

即使对 all-but-last 的结果进行 local 定义，该函数也需要 3 次遍历。虽然这些遍历不是“堆叠”的，不会对函数的性能产生灾难性的影响，但是累积器版本可以通过单次遍历计算出相同的结果。■

习题 503 习题 467 中需要设计一个旋转 Matrix 的函数，直到第一行的第一个系数不等于 0 为止。就习题 467 而言，其解决方案需要一个生成递归函数，通过在第一个位置遇到 0 时将第一行移动到末尾来创建新的矩阵。完整的解是：

```
; Matrix -> Matrix
; 找出不由 0 开始的行，
```

① 计算机科学家将此空间称为栈空间（stack space），但读者现在可以放心地忽略此术语。

```
; 将其作为第一行
; 生成地将第一行移至末尾
; 如果所有行都以 0 开头，将不会终止
(check-expect (rotate-until.v2 '((0 4 5) (1 2 3)))
              '((1 2 3) (0 4 5)))
(define (rotate M)
  (cond
    [(not (= (first (first M)) 0)) M]
    [else
     (rotate (append (rest M) (list (first M))))]))
```

停一下！修改此函数，以便在所有行都以 0 开始时报错。

如果对大型 Matrix 实例测量此函数，会得到令人惊讶的结果：

M 中的行数	1 000	2 000	3 000	4 000	5 000
rotate	17	66	151	272	436

随着行数从 1 000 增加到 5 000，rotate 所花费的时间不是增加了 5 倍而是增加了 20 倍。

问题在于，rotate 使用了 append，它会创建类似于(rest M)的全新链表，只是为了在其末尾添加(first M)。如果 M 由 1 000 行组成且最后一行是唯一具有非 0 系数的行，就需要创建大约

$$1\,000 \times 1\,000 = 1\,000\,000$$

个链表。如果 M 由 5 000 行组成，我们最终需要多少个链表？

现在假设我们猜想累积器风格的版本会比生成版本快。结构化递归版本的 rotate 的累积器模板是：

```
(define (rotate.v2 M0)
  (local (; Matrix ... -> Matrix
          ; 累积器...
          (define (rotate/a M seen)
            (cond
              [(empty? M) ...]
              [else (... (rotate/a (rest M)
                                   ... seen ...)
                     ...)])))
    (rotate/a M0 ...)))
```

我们的目标是，如果第一行的前导系数为 0，记住它，而不是每次递归都使用 append。

编写累积器声明。然后遵循累积器设计诀窍完成上述函数。测量它在 Matrix 上运行的速度，该矩阵除最后一行以外的行的前导系数都是 0。如果正确地完成了设计，函数应该非常快。■

习题 504 设计 to10。它读入数位的链表并产生相应的数值。链表中的第一项是**最高**数位。因此，当应用于'(1 0 2)时，它给出 102。

领域知识 回想一下小学知识，结果是 $1\times10^2+0\times10^1+2\times10^0=((1\times10+0)\times10)+2=102$。■

习题 505 设计函数 is-prime，它读入自然数，如果是质数就返回#true，否则返回#false。

领域知识 如果数值 n 不能被 n–1 和 2 之间的任何数值整除，那么 n 是质数。

提示 N [>=1]的设计诀窍建议以下的模板：

```
; N [>=1] -> Boolean
; 判断 n 是否为质数
(define (is-prime? n)
  (cond
```

```
    [(= n 1) ...]
    [else (... (is-prime? (sub1 n)) ...)]))
```

这一模板立即表明该函数在递归时会忘记初始参数 n。要确定 n 是否可以被 (- n 1)、(- n 2) 等整除显然需要 n，所以我们知道这里需要累积器风格的函数。■

关于速度 第一次遇到累积器风格函数的程序员经常会得出这样的印象：它们总是比相应的普通版本快。我们来看一下习题 497 的解[①]：

!.v1	5.760	5.780	5.800	5.820	5.870	5.806
!.v2	5.970	5.940	5.980	5.970	6.690	6.111

表格中上一行显示了运行 5 次 (!.v1 20) 所需的秒数，而下一行列出了运行 (!.v2 20) 所需的秒数。最后一列是平均值。简而言之，这张表格表明上面的结论过于草率，至少这个累积器风格函数的性能比原始函数的性能差。**不要相信偏见。**相反，自己测量程序的性能特征。

习题 506 设计累积器风格的 map。■

习题 507 习题 257 解释了如何使用本书前两部分的设计诀窍和指南设计 foldl：

```
(check-expect (f*ldl + 0 '(1 2 3))
              (foldl + 0 '(1 2 3)))
(check-expect (f*ldl cons '() '(a b c))
              (foldl cons '() '(a b c)))

; 第 1 版
(define (f*ldl f e l)
  (foldr f e (reverse l)))
```

也就是说，foldl 是反转输入链表后的结果，然后使用 foldr 对该中间链表折叠输入函数。

f*ldl 函数显然遍历了两次链表，但是一旦完成了所有函数的设计，就会发现它到底遍历了几次：

```
; 第 2 版
(define (f*ldl f e l)
  (local ((define (reverse l)
            (cond
              [(empty? l) '()]
              [else (add-to-end (first l)
                                (reverse (rest l)))]))
          (define (add-to-end x l)
            (cond
              [(empty? l) (list x)]
              [else (cons (first l)
                          (add-to-end x (rest l)))]))
          (define (foldr l)
            (cond
              [(empty? l) e]
              [else (f (first l) (foldr (rest l)))])))
    (foldr (reverse l))))
```

我们知道 reverse 必须为链表中的每个项遍历一次链表，这意味着 f*ldl 实际上对长度为 n 的链表执行了 n^2 次遍历。幸运的是，我们知道如何使用累积器来消除这一瓶颈：

```
; 第 3 版
(define (f*ldl f e l)
  (local ((define (invert/a l a)
```

① 对这些时间的解释超出了本书的范围。

```
          (cond
            [(empty? l) a]
            [else (invert/a (rest l)
                            (cons (first l) a))]))
        (define (foldr l)
          (cond
            [(empty? l) e]
            [else
             (f (first l) (foldr (rest l)))])))
  (foldr (invert/a l '()))))
```

reverse 使用了累积器之后，我们终于得到了表面上两次遍历链表的性能。问题是，是否可以通过为局部定义的 fold 加入累积器来进一步提高性能：

```
; 第 4 版
(define (f*ldl f e l0)
  (local ((define (fold/a a l)
            (cond
              [(empty? l) a]
              [else
               (fold/a (f (first l) a) (rest l))])))
    (fold/a e l0)))
```

由于使用累积器函数会以相反的顺序遍历链表，因此最初对链表的反转是多余的。

任务 1　回想一下 foldl 的签名：

```
; [X Y] [X Y -> Y] Y [List-of X] -> Y
```

它也是 f*ldl 的签名。编写 fold/a 的签名和累积器不变量。**提示**　假定 l0 和 l 之间的差异是(list x1 x2 x3)，那么 a 是什么？

读者可能也想知道，为什么 fold/a 以这种不寻常的顺序读入参数，即先是累积器后是链表。要理解这种顺序的原因，想象一下 fold/a 还读入 f 作为第一个参数。此时很明显 fold/a 就是 foldl：

```
; 第 5 版
(define (f*ldl f i l)
  (cond
    [(empty? l) i]
    [else (f*ldl f (f (first l) i) (rest l))]))
```

任务 2　使用累积器风格的方法设计 build-l*st。对任何自然数 n 和函数 f，该函数必须满足测试：

```
(check-expect (build-l*st n f) (build-list n f))
```
■

32.4　带鼠标的图形编辑器

5.10 节介绍了单行编辑器的概念，并提供了许多关于创建图形编辑器的习题。回想一下，图形编辑器是一个交互式程序，它将键盘事件解释为对字符串的编辑操作。特别地，当用户按下左箭头或右箭头键时，光标向左或向右移动；同理，按下删除键会从编辑文本中删除一个 1String。编辑器程序的数据表示使用了结构体，其中包含两个字符串。10.4 节继续此类习题，并展示了该程序如何从另一种包含两个字符串的数据结构中受益。

虽然所有现代的应用程序都支持鼠标，但这两节中都没有涉及鼠标操作。鼠标事件的基本难点是将光标放在适当的位置。由于程序处理单行文本，因此在 (x, y) 处单击鼠标的目的显然是将光标放在 x 的位置或 x 附近的字母之间。本节填补这一空白。

回想一下 10.4 节的相关定义：

```
(define FONT-SIZE 11)
(define FONT-COLOR "black")

; [List-of 1String] -> Image
; 将字符串呈现为编辑器的图像
(define (editor-text s)
  (text (implode s) FONT-SIZE FONT-COLOR))

(define-struct editor [pre post])
; Editor 是结构体：
;    (make-editor [List-of 1String] [List-of 1String])
; 解释：如果(make-editor p s)是交互式编辑器的状态，
; 那么(reverse p)对应于光标左侧的文本，
; 而 s 对应于光标右侧的文本
```

习题 508 使用结构化设计诀窍设计 split-structural。该函数读入 1String 链表 ed 和自然数 x，前者表示编辑器中的完整字符串，后者表示鼠标单击的 *x* 坐标。该函数返回

```
(make-editor p s)
```

使得（1）p 和 s 组成 ed，（2）*x* 大于 p 的图像，并且小于 p 加上 s 中第一个 1String（如果有的话）的图像。

第一个条件表达为中级+lambda 语言表达式就是：

```
(string=? (string-append p s) ed)
```

第二个条件表达为

```
(<= (image-width (editor-text p))
    x
    (image-width (editor-text (append p (first s)))))
```

假设(cons? s)成立。

提示 （1）*x* 坐标从左往右测量距离。因此，函数必须检查 ed 越来越小的前缀，判断其是否符合宽度。第一个不符合宽度的前缀对应于所需编辑器的 pre 字段，其余的 ed 对应于 post 字段。

（2）此函数的设计需要开发全面的示例和测试。参见第 4 章。■

习题 509 设计函数 split。使用累积器设计诀窍来改进习题 508 的解。毕竟，提示已经指出，当函数发现正确的分割点时，它需要链表的两个部分，而其中一个部分由于递归显然已经丢失。■

完成此习题后，为 10.4 节的 main 函数配备鼠标单击子句。当尝试通过单击鼠标来移动光标时，你会注意到，即便 split 通过了所有的测试，它与其他设备上使用的应用程序的行为也不完全相同。

和编辑器一样，图形程序需要通过试验提供最佳的“外观和感觉”体验。在这里，编辑器的光标定位过于简单了。在计算机上的应用程序确定分割点后，它们还确定哪个字母分区更接近于 *x* 坐标并将光标放在那里。

习题 510 许多操作系统都带有 fmt 程序，它可以重新排列文件中的单词，以便生成的文件中的所有行都不超过最大宽度。作为一种被广泛使用的程序，fmt 支持一系列相关功能。本习题着重于其核心功能。

设计程序 fmt。它读入自然数 w、输入文件名 in-f、输出文件名 out-f（与 *2htdp/batch-io* 库中的 read-file 相同）。其目的是读取 in-f 中的所有单词，按原来的顺序将这些单词排列成最大宽度为 w 的行，并将这些行写入 out-f。■

第 33 章 累积的更多用途

本章介绍累积器的其他 3 种用途。第一节将累积器与树处理函数结合使用，使用中级+lambda 语言的编译作为说明性示例。第二节解释为什么我们偶尔会想要将累积器放在数据表示中，以及如何将它们放入数据表示中。最后一节继续讨论分形的呈现。

33.1 累积器和树

要求 DrRacket 运行中级+lambda 语言程序时，它会将程序转换为特定于所用计算机的指令，此过程称为编译（compilation），执行此任务的 DrRacket 部分则被称为编译器（compiler）。在编译器转换中级+lambda 语言程序之前，它会检查程序是否使用 define、define-struct 或 lambda 声明了每个变量。

停一下！在 DrRacket 中输入完整的中级+lambda 语言程序 x、(lambda (y) x)和(x 5)，然后分别运行每个程序。你期待得到什么？

我们将这一想法描述为示例问题。

示例问题 有人聘请你重新创建中级+lambda 语言编译器的一部分。具体来说，这里的任务是处理语言片段，这种片段在许多编程语言手册中使用所谓的文法符号指定[①]：

```
expression = variable
           | (λ (variable) expression)
           | (expression expression)
```

独立章节 1 中提到过，阅读文法的方式是将=替换为“是其中之一”，并将|替换为“或”。

回想一下，λ 表达式是没有名称的函数。它们将参数在表达式主体内绑定。反过来说，变量出现由围绕的 λ 所声明，而且该 λ 指定的参数名相同才行。读者可能需要重新阅读独立章节 3，因为它从程序员的角度处理了相同的问题。查阅术语“绑定发生”“被绑定发生”和“自由”。

为上述语言片段开发数据表示，使用符号来表示变量。然后设计函数将所有未声明的变量替换为'*undeclared。

这个问题代表了程序翻译过程中的许多步骤，同时也是关于累积器风格函数的一个很好的案例。

在深入研究这个问题之前，我们先来看这个迷你语言中的一些示例，同时也回顾一下我们对 lambda 的理解：

- (λ (x) x)函数返回它的输入，也被称为恒等函数；
- (λ (x) y)看起来像函数，不管传入哪个参数它都返回 y，不过没有声明 y；
- (λ (y) (λ (x) y))是一个函数，当传入某个值 v 时，它总是给出返回 v 的函数；

① 这里使用希腊字母 λ 而不是 lambda 来表示此练习作为研究对象处理中级+lambda 语言，而不是只作为一种编程语言。

- `((λ (x) x) (λ (x) x))`将对其自身调用恒等函数；
- `((λ (x) (x x)) (λ (x) (x x)))`是一个很短的无限循环；
- `(((λ (y) (λ (x) y)) (λ (z) z)) (λ (w) w))`是一个复杂的表达式，最好在中级+lambda 语言中运行以确定它是否终止。

实际上，可以在 DrRacket 中运行上述所有的中级+lambda 语言表达式来确认关于它们的内容。

习题 511 解释上述示例中每个绑定出现的作用域。绘制从被绑定出现到绑定出现的箭头。■

为该语言开发数据表示很容易，特别是由于其描述使用了文法符号。一种可能是：

```
; Lam 是以下之一：
; -- Symbol
; -- (list 'λ (list Symbol) Lam)
; -- (list Lam Lam)
```

由于 quote 的存在，这种数据表示可以很容易地为中级+lambda 语言子集中的表达式创建数据表示：

```
(define ex1 '(λ (x) x))
(define ex2 '(λ (x) y))
(define ex3 '(λ (y) (λ (x) y)))
(define ex4 '((λ (x) (x x)) (λ (x) (x x))))
```

这 4 个数据示例表示的是上述的某些表达式。停一下！为其余示例创建数据表示。

习题 512 定义 is-var?、is-λ?和 is-app?，也就是将变量与 λ 表达式和函数调用区分开的谓词。

再定义

- λ-para，从 λ 表达式中提取参数；
- λ-body，从 λ 表达式中提取函数体；
- app-fun，从调用中提取函数；
- app-arg，从调用中提取参数。

有了这些谓词和选择函数，基本上就类似于定义了面向结构体的数据表示。

设计 declareds，它给出在 λ 项中所有用作 λ 参数的符号的链表。无须担心重复的符号。■

习题 513 为同样的中级+lambda 语言子集开发使用结构体而不是链表的数据表示。然后按此数据定义给出 ex1、ex2 和 ex3 的数据表示。■

遵循结构化设计诀窍，第二步和第三步所得到的就是：

```
; Lam -> Lam
; 对 le 中的所有符号 s，如果它们不是出现
; 在某个参数是 s 的 λ 表达式的函数体内，
; 就将其替换为'*undeclared

(check-expect (undeclareds ex1) ex1)
(check-expect (undeclareds ex2) '(λ (x) *undeclared))
(check-expect (undeclareds ex3) ex3)
(check-expect (undeclareds ex4) ex4)

(define (undeclareds le0)
  le0)
```

注意，虽然运行表达式 ex4 会导致死循环，但我们期望 undeclareds 可以处理此表达式，编译器不运行程序，它们读取程序然后创建其他程序。

仔细查看目的声明直接表明该函数需要累积器。如果检查 undeclareds 的模板，这一点变得更加清晰：

```
(define (undeclareds le)
  (cond
    [(is-var? le) ...]
    [(is-λ? le) (... (undeclareds (λ-body le)) ...)]
    [(is-app? le)
     (... (undeclareds (app-fun le))
      ... (undeclareds (app-arg le)) ...)]))
```

当 undeclareds 对 λ 表达式的函数体（的表示）递归时，它会忘记声明的变量(λ-para le)。

那么，我们从累积器风格的模板开始：

```
(define (undeclareds le0)
  (local
    (; Lam ??? -> Lam
     ; 累积器 a 表示...
     (define (undeclareds/a le a)
       (cond
         [(is-var? le) ...]
         [(is-λ? le)
          (... (undeclareds/a (λ-body le)
                              ... a ...) ...)]
         [(is-app? le)
          (... (undeclareds/a (app-fun le)
                              ... a ...)
           ... (undeclareds/a (app-arg le)
                              ... a ...) ...)])))
    (undeclareds/a le0 ...)))
```

这里，我们可以编写累积器不变量：

a 表示从 le0 开始到 le 开始的路径上所遇到的 λ 参数的链表。

例如，如果 le0 是

```
'(((λ (y) (λ (x) y)) (λ (z) z)) (λ (w) w))
```

而 le 是其中带灰底显示的子树，那么 a 中包含 y。图 33-1 的左侧给出了该示例的图形说明。它将 Lam 表达式表示为倒置的树，也就是说，根位于顶部。@结点表示具有两棵子树的函数调用，其他结点则是不言自明的。在此树形图中，粗线标出的从 le0 到 le 的路径只通过了一处变量声明。

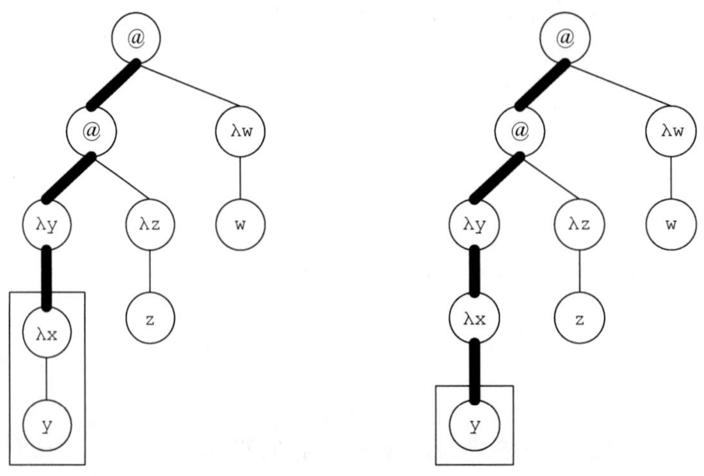

图 33-1 Lam 项的树

类似地，如果我们选择同一个数据中的另一棵子树，

```
'(((λ (y) (λ (x) y)) (λ (z) z)) (λ (w) w))
```

就得到了包含'y 和'x 的累积器。图 33-1 的右侧也说明了这一点，其中粗线标出的路径通过了两个'λ 结点才到达方框标出的子树，而累积器就是沿粗线路径所声明的变量的链表。

现在我们已经确定了累积器及其不变量的数据表示，接下来解决其他设计问题：

- 对于初始累积器的值我们选择'()；
- 使用 cons 将(λ-para le)添加到 a 中；
- 在 undeclareds/a 处理变量的子句中使用累积器。具体来说，该函数使用累积器来检查变量是否在声明的作用域内。

图 33-2 显示了如何将这些想法转换为完整的函数定义。注意累积器的名称 declareds，它表明累积器不变量背后的关键思想，从而帮助程序员理解此定义。基础情况使用中级+lambda 语言的 member?确定变量 le 是否在 declareds 中，如果不是，就用'*undeclared 替换之。第二个 cond 子句使用 local 来引入扩展的累积器 newd。因为 para 也用于重建表达式，所以它也有自己的局部定义。最后一个子句涉及函数调用，它们不声明变量也不直接使用任何变量。因此，它是 3 个子句中最简单的子句。

```
; Lam -> Lam
(define (undeclareds le0)
  (local (; Lam [List-of Symbol] -> Lam
          ; 累积器 declareds 是从 le0 到 le 的
          ; 路径上所有 λ 参数的链表
          (define (undeclareds/a le declareds)
            (cond
              [(is-var? le)
               (if (member? le declareds) le '*undeclared)]
              [(is-λ? le)
               (local ((define para (λ-para le))
                       (define body (λ-body le))
                       (define newd (cons para declareds)))
                 (list 'λ (list para)
                   (undeclareds/a body newd)))]
              [(is-app? le)
               (local ((define fun (app-fun le))
                       (define arg (app-arg le)))
               (list (undeclareds/a fun declareds)
                     (undeclareds/a arg declareds)))])))
    (undeclareds/a le0 '())))
```

图 33-2 找出未声明的变量

习题 514 构造一个中级+lambda 语言表达式，其中既有自由出现的 x，也有被绑定出现的 x，将其表示为 Lam 的元素。undeclareds 能否对此表达式正常工作？■

习题 515 考虑以下表达式：

```
(λ (*undeclared) ((λ (x) (x *undeclared)) y))
```

是的，其中使用了变量*undeclared，将其表示为 Lam，然后检查 undeclareds 为此表达式生成什么。

修改 undeclareds，使其将自由出现的'x 替换为

```
(list '*undeclared 'x)
```

而将被绑定出现的'y 替换为

```
(list '*declared 'y)
```

这样做可以明确地识别出问题点，DrRacket 等程序开发环境就可以使用它们来高亮显示错误。

注意　将变量出现替换为函数调用的表示似乎很尴尬。如果你不喜欢这种做法，考虑合成符号'*undeclared:x 和'declared:y。■

习题 516　使用习题 513 中基于结构体的数据表示重新设计 undeclareds 函数。■

习题 517　设计 static-distance。该函数用自然数替换所有的变量出现，该自然数表示（对应的）λ 声明的距离。图 33-3 用

```
'((λ (x) ((λ (y) (y x)) x)) (λ (z) z))
```

的图形表示解释了这一想法。图中包含从变量出现指向对应变量声明的虚线箭头。右侧的图中显示了相同形状的树，但不包含箭头。'λ 结点不再包含名称，变量出现则被自然数替代，自然数指定了声明变量的'λ。每个自然数 n 表示绑定发生在向上（朝向 Lam 树根）的第 n 步。值 0 表示通向根的路径上的第一个'λ，1 表示第二个，以此类推。

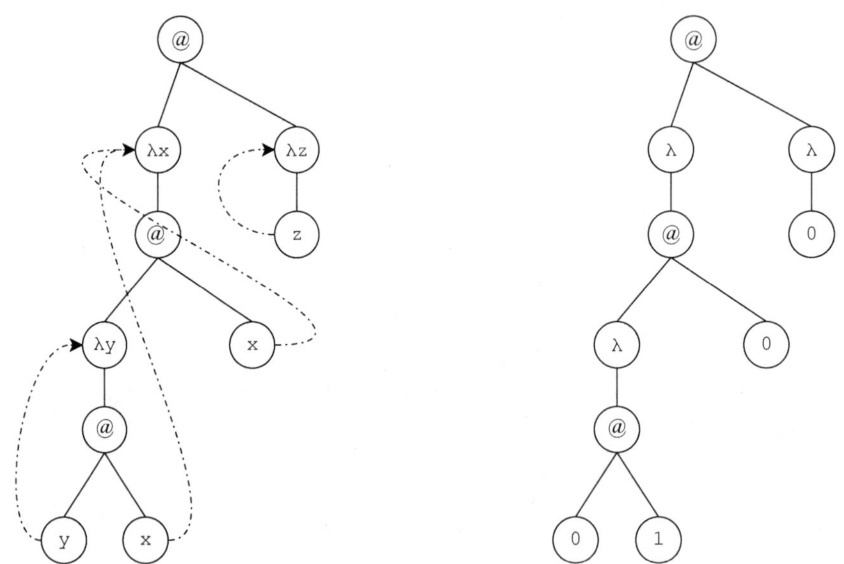

图 33-3　静态距离

提示　undeclareds/a 中的 undeclareds 累积器是从 le 到 le0 路径上所有参数的**反序**链表——最后看到的参数是链表中的第一项。■

33.2　带累积器的数据表示

独立章节 5 的结尾处解释，教学语言通过遍历来测量容器（如链表）的大小，还提示其他编程语言使用更便宜[①]的方式来计算大小。在本节中，我们将展示如何通过**向数据表示添加累积器**来实现此想法。

考虑教学语言中无处不在的链表。所有链表都是由 cons 和'() 构成的，例如，quote 和

① 关于此想法更早的一个示例，参见 12.8 节。

list 等运算仅仅是这两者的简写。正如 8.2 节所示，也可以用适合的结构体类型和函数定义来模仿初级语言中的链表。

图 33-4 回顾了基本的思想。停一下！现在你能定义出 our-rest 吗？

```
(define-struct pair [left right])
; ConsOrEmpty 是以下之一：
; -- '()
; -- (make-pair Any ConsOrEmpty)

; Any ConsOrEmpty -> ConsOrEmpty
(define (our-cons a-value a-list)
  (cond
    [(empty? a-list) (make-pair a-value a-list)]
    [(our-cons? a-list) (make-pair a-value a-list)]
    [else (error "our-cons: ...")]))

; ConsOrEmpty -> Any
; 提取出输入序对的左部
(define (our-first mimicked-list)
  (if (empty? mimicked-list)
      (error "our-first: ...")
      (pair-left mimicked-list)))
```

图 33-4　初级语言中链表的实现

关键的见解是，我们可以在 pair 的结构体类型定义中添加第 3 个字段：

```
(define-struct cpair [count left right])
; [MyList X]是以下之一：
; -- '()
; -- (make-cpair (tech "N") X [MyList X])
; 累积器：count 字段是 cpair 的数量
```

正如累积器声明所述，添加的字段用于记录创建链表所用的 cpair 实例的数量，也就是说，它记下了有关链表构建的事实。我们称这种结构体字段为**数据累积器**（data accumulator）。

在链表的主构造函数中添加字段不是免费的。首先，它需要更改构造函数的带检查版本，即程序实际可用的版本：

```
; 数据定义，使用了构造函数
(define (our-cons f r)
  (cond
    [(empty? r) (make-cpair 1 f r)]
    [(cpair? r) (make-cpair (+ (cpair-count r) 1) f r)]
    [else (error "our-cons: ...")]))
```

如果被扩展的链表是'()，那么在 count 中填入 1，否则，该函数使用输入 cpair 的长度来计算其值。

于是 our-length 的函数定义很显然：

```
; Any -> N
; l 中包含多少项
(define (our-length l)
  (cond
    [(empty? l) 0]
    [(cpair? l) (cpair-count l)]
    [else (error "my-length: ...")]))
```

这一函数读入任何类型的值。对于'()和 cpair 的实例，它给出自然数，否则它会报错。

添加 count 字段的第二个问题涉及性能。实际上，有两个方面，一方面，现在每次构建链表都需要一个额外的字段，这意味着内存消耗增加了 33%。另一方面，添加的字段会降低 my-cons 构建链表的速度。除检查被扩展的链表是'()还是 cpair 的实例之外，构造函数现在还要计算链表的大小。虽然这个计算耗费固定长度的时间，但是每次使用 our-cons 时都需要耗费这部分时间，只要想想本书中使用 cons 的次数是多少，其中又有多少次不会计算结果链表的长度！

习题 518　证明 our-cons 只需耗费固定长度的时间来计算其结果，无论其输入的大小如何。■

习题 519　将额外成本强加给所有 cons 调用以换取 length 成为耗费固定时间的函数，这是否可以接受？■

虽然在链表中添加 count 字段不见得可行，但有时数据累积器对问题的求解起着至关重要的作用。下一个示例是关于在棋盘游戏程序中添加所谓的人工智能，其中数据累积器是绝对必要的。

在玩棋盘游戏或解决谜题时，玩家会需要考虑在每个阶段可能采取的行动。更高级的玩家甚至可以想象在第一步之后的各种可能性。结果就是所谓的游戏树，即规则允许的所有可能移动的（部分）树。我们从一个问题开始。

示例问题　经理讲了这么一个故事。

“很久以前，有 3 个食人族正在引导 3 名传教士通过丛林。他们正在前往最近的任务点的路上。这时，他们来到了一条宽阔的河前，其中充满了能够致命的蛇和鱼。没有船就没有办法过河。幸运的是，经过短暂的搜索后，他们发现了一艘带有两条桨的船。不幸的是，这艘船太小而无法承载所有人。它一次勉强能承载两个人。更糟糕的是，由于河流的宽度，必须有人将船划回来。”

“由于传教士不能相信食人族，他们不得不制定一项计划，让所有 6 人安全地过河。问题是，一旦有个地方的食人族比传教士多，食人族就会杀死并吃掉传教士。传教士们必须制定一项计划，以保证在河的两边传教士都不会变成少数。不过，在其他情况下可以信任食人族会合作。具体而言，他们不会放弃任何潜在的食物，就像传教士不会放弃任何潜在的皈依者一样。”

虽然经理没有指派任何特定的设计任务，但他想探索公司是否可以设计（和销售）解决此类谜题的程序。

虽然谜题不是棋盘游戏，但该程序以可能的最直接的方式说明了游戏树的概念。

原则上，手工解决这种谜题也不难。粗略的想法如下。选择问题状态的图形表示。这里用由 3 部分组成的盒子表示：左边的部分代表传教士和食人族，中间部分结合河和船，第三部分表示河流的右侧。看一下初始状态的表示：

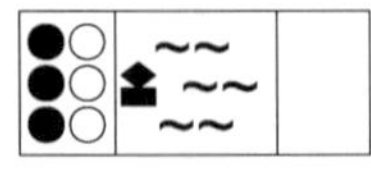

黑色圆圈表示传教士，白色圆圈表示食人族。他们现在都在左边的河岸。船也在左边。河的右边没有人。再来看两种状态：

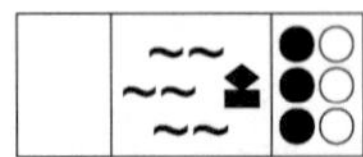

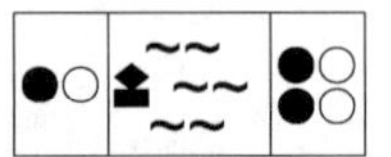

左边的是最终状态，所有人和船都在河的右岸。右边描绘了一种中间状态，其中两个人和船在

河的左边，4 个人在河的右边。

现在如果有办法记下谜题的状态，就可以考虑每个阶段的可能性了。这样做会产生可能的移动树。图 33-5 描绘了这种树中的前两层和一个半层。最左边的是最初的状态。因为这艘船最多可以运送两个人并且必须至少有一个人划船，所以有 5 种可能的探索方式：一个食人族划船过河，两个食人族划船过河，一个传教士和一个食人族划船过河，一个传教士划船过河，两个传教士划船过河。这些可能性用从初始状态到 5 个中间状态的 5 个箭头表示。

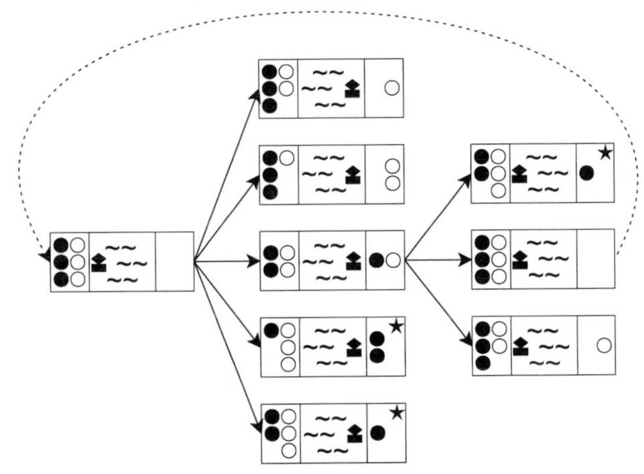

图 33-5 创建游戏树

对于这 5 个中间状态中的每一个，都可以继续这样玩游戏。在图 33-5 中，我们可以看到游戏如何从中间的（第 3 个）新状态继续。因为右岸只有两个人，所以我们看到 3 种可能性：一个食人族回来，一个传教士回来，两个人都回来。因此，3 个箭头将中间状态连接到树右侧的 3 个状态。如果继续以系统的方式绘制这种可能性树，最后就能找到所需的最终状态。

仔细研究图 33-5，它揭示了这种简单的生成可能性树的方法有两个问题。虚线箭头指出了第一个问题，它连接了右边的中间状态和初始状态，其含义是，从右到左划回两个人使谜题回到了初始状态，这意味着重新开始，显然是不可取的。第二个问题涉及那些在右上角有星的状态。在这两种情况下，左岸上的白圈食人族比黑圈传教士多，这意味着食人族会吃掉传教士，而目标是避免这种状态，所以这些操作不合需要。

将这个谜题变成程序的一种方法是设计函数，该函数确定某些最终状态（这里就是**唯一的**最终状态）是否可以从某个输入状态到达。一个适合的函数定义是：

```
; PuzzleState -> PuzzleState
; 最终状态是否可以从 state0 到达
; 生成地创建可能的划船树
; 终止？？？

(check-expect (solve initial-puzzle) final-puzzle)

(define (solve state0)
  (local (; [List-of PuzzleState] -> PuzzleState
          ; 生成地给出 los 的后继状态
          (define (solve* los)
            (cond
              [(ormap final? los)
               (first (filter final? los))]
              [else
               (solve* (create-next-states los))])))
    (solve* (list state0))))
```

这里的辅助函数使用了生成递归，在给定可能的状态的情况下生成所有新的可能。如果某个输入的可能状态就是最终状态，那么函数返回它。

显然，solve 非常通用。只要定义了 *PuzzleState*（用于识别最终状态的函数）的集合，以及用于创建所有“后继”状态的函数，solve 就可以解决谜题。

习题 520 在查看需要划船 *n*+1 次的状态之前，solve*函数会生成所有可通过 *n* 次划船到达的状态，即使某些划船会回到先前遇到过的状态。由于这种系统地遍历树的方式，solve*不会进入无限循环。为什么？**术语**：这种搜索树或图的方式被称为广度优先搜索。■

习题 521 为传教士和食人族谜题的状态创建表示法。与图形表示一样，数据表示必须记录河两侧传教士和食人族的数量以及船的位置。

PuzzleState 的描述需要一种新的结构体类型。使用该表示法表示上述初始、中间和最终状态。

设计函数 final?，它检测输入状态中是否所有人都在河的右岸。

设计函数 render-mc，它将传教士和食人族谜题的状态映射为图像。■

问题是，返回最终状态并没有说明玩家如何从初始状态到最终状态。换句话说，create-next-states 会忘记它从输入状态到达返回状态的方式。这种情况显然需要累积器，但与此同时，累积的知识最好与每个 PuzzleState 相关联，而不是和 solve*或其他任何函数相关联。

习题 522 修改习题 521 中的表示，使得状态记录到达本状态所遍历的状态的序列。使用状态的链表。

使用解释添加的字段的数据定义，给出累积器声明。

根据需要对这个表示修改 final?或 render-mc。■

习题 523 设计 create-next-states 函数。它读入传教士和食人族的状态的链表，生成一次划船所能达到的所有状态的链表。

在 create-next-states 的初稿中忽略累积器，但要确保该函数不会给出食人族吃掉传教士的状态。

在第二稿的设计中，更新状态结构体中的累积器字段，并使用它来去除在到达当前状态的路上遇到过的状态。■

习题 524 利用面向累积器的数据表示修改 solve。修改后的函数生成从最初的 PuzzleState 到最终的 PuzzleState 的状态的链表。

还可以考虑使用 render-mc 从这个链表创建电影。使用 run-movie 来播放电影。■

33.3 作为结果的累积器

再看一下图 27-2。其中显示了谢尔宾斯基三角形并建议创建它的方法。具体来说，右边的图像解释了一种生成创建的思想：

> 输入问题是三角形。当三角形太小而无法进一步细分时，算法什么都不做，否则，算法找到 3 条边的中点，然后以递归的方式处理 3 个小三角形。

相比之下，27.1 节显示了如何以代数方式组合谢尔宾斯基三角形，这与此描述并不不符。

大多数程序员理解的“绘制”是指在画布上添加如三角形这样的动作。*2htdp/image* 库中的 scene+line 函数使这个想法具体化。该函数读入图像 s 和两个点的坐标，向 s 中添加通过这两个点的线。很容易将 scene+line 一般化为 add-triangle，然后再一般化为 add-sierpinski。

示例问题 设计 add-sierpinski 函数。它读入图像和描述三角形的 3 个 Posn，以此为图像添加谢尔宾斯基三角形。

注意，这个问题隐含地引用了上述绘制谢尔宾斯基三角形的过程描述。换句话说，这里面对的是经典的生成递归问题，我们可以从生成递归的经典模板和 4 个核心设计问题开始：

- 如果三角形太小而无法划分，问题是平凡的；
- 对于平凡情况，函数返回输入的图像；
- 否则，确定输入三角形各边的中点，从而加入一个新的三角形。然后递归地处理 3 个“外”三角形；
- 每个递归步骤都会给出图像。接下来的问题是如何组合这些图像。

图 33-6 展示了将这些问题的答案转换为函数定义框架的结果。由于每个中点需要使用两次，因此用中级+lambda 语言的 local 来编写这里的生成步骤。local 表达式引入了 3 个新的中点，以及 add-sierpinski 的 3 个递归调用。local 主体中的省略号表示场景的组合。

```
; Image Posn Posn Posn -> Image
; 生成地添加三角形(a, b, c)到 s 中,
; 通过各边的中点将其细分为 3 个小三角形;
; 如果(a, b, c)太小就停止
(define (add-sierpinski scene0 a b c)
  (cond
    [(too-small? a b c) scene0]
    [else
     (local
       ((define scene1 (add-triangle scene0 a b c))
        (define mid-a-b (mid-point a b))
        (define mid-b-c (mid-point b c))
        (define mid-c-a (mid-point c a))
        (define scene2
          (add-sierpinski scene0 a mid-a-b mid-c-a))
        (define scene3
          (add-sierpinski scene0 b mid-b-c mid-a-b))
        (define scene4
          (add-sierpinski scene0 c mid-c-a mid-b-c)))
       ; --- IN ---
       (... scene1 ... scene2 ... scene3 ...))]))
```

图 33-6 作为生成递归结果的累积器（框架）

习题 525 完成框架中隐含的愿望清单：

```
; Image Posn Posn Posn -> Image
; 在 scene 中添加黑色三角形 a、b、c
(define (add-triangle scene a b c) scene)

; Posn Posn Posn -> Boolean
; 三角形 a、b、c 是否太小而无法分割
(define (too-small? a b c)
  #false)

; Posn Posn -> Posn
; 确定 a 和 b 之间的中点
(define (mid-point a b)
  a)
```

完成这 3 个函数的设计。

领域知识 对于 too-small?函数，测量两点之间的距离，然后检查它是否低于某个阈值（如 10）就足够了。点(x_0, y_0)和(x_1, y_1)之间的距离是

$$\sqrt{(x_0 - x_1)^2 + (y_0 - y_1)^2}$$

即(x_0-x_1, y_0-y_1)与原点之间的距离。

点(x_0, y_0)和(x_1, y_1)之间中点的坐标就是相应 x 和 y 坐标的中点：

$$\left(\frac{1}{2}(x_0 + x_1),\ \frac{1}{2}(y_0 + y_1)\right) \blacksquare$$

有了所有的辅助函数，现在是时候回过来研究如何组合递归调用创建的 3 个图像了。一种显然的猜测是使用 overlay 函数或 underlay 函数，但在 DrRacket 交互区中的计算显示，这种函数会隐藏底下的三角形。

具体来说，假设 3 个递归调用分别给出以下的场景，在空场景的适当位置添加了一个三角形：

```
> scene1

> scene2

> scene3
```

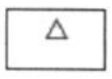

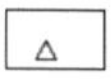

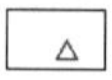

它们的组合应该如下图所示：

但是，将这些形状用 overlay 或 underlay 组合不会给出所需的形状：

```
> (overlay scene1 scene2 scene3)

> (underlay scene1 scene2 scene3)
```

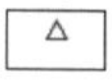

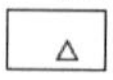

实际上，中级+lambda 语言的图像库不支持正确组合这些场景的函数。

我们再来看看这些交互。如果 scene1 是将上边三角形添加到输入场景的结果，而 scene2 是添加左下角三角形的结果，那么第二次递归调用可以在第一次调用的结果中添加三角形。这样做会得到

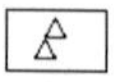

将此场景移交给第三个递归调用就得到了所需的形状：

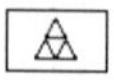

图 33-7 给出了基于这种见解重新编写的函数。带灰底的 3 个部分指出了关键的设计理念。这些都涉及三角形足够大并因此需要被添加到输入场景的情况。一旦三角形的边被细分，第一个外三角形就会使用 scene1 递归处理，得到添加该三角形的结果。类似地，第一次递归的结果（称为 scene2）被用于第二次递归，它处理第二个三角形。最后，scene3 流入第三个递归调用。总之，这里的新颖点在于，累积器同时是参数、收集知识的工具，以及函数的结果。

要研究 add-sierpinski，最好从等边三角形和留下足够大边界的图像开始。满足这两个条件的定义是：

```
(define MT (empty-scene 400 400))
(define A (make-posn 200  50))
(define B (make-posn  27 350))
(define C (make-posn 373 350))

(add-sierpinski MT A B C)
```

```
; Image Posn Posn Posn -> Image
; 生成地添加三角形(a, b, c)到 s 中，
; 通过各边的中点将其细分为 3 个三角形；
; 如果(a, b, c)太小就停止
; 累积器：该函数累积于三角形 scene0
(define (add-sierpinski scene0 a b c)
  (cond
    [(too-small? a b c) scene0]
    [else
     (local
       ((define scene1 (add-triangle scene0 a b c))
        (define mid-a-b (mid-point a b))
        (define mid-b-c (mid-point b c))
        (define mid-c-a (mid-point c a))
        (define scene2
          (add-sierpinski scene1 a mid-a-b mid-c-a))
        (define scene3
          (add-sierpinski scene2 b mid-b-c mid-a-b)))
       ; --- IN ---
       (add-sierpinski scene3 c mid-c-a mid-b-c))]))
```

图 33-7 作为生成递归结果的累积器（函数）

检查这一代码片段给出的谢尔宾斯基分形。用习题 525 中的定义做试验，创建比这第一个示例更稀疏以及更密集的谢尔宾斯基三角形。

习题 526 为了计算等边谢尔宾斯基三角形的顶点，绘制一个圆并在圆上选取相隔 120 度的 3 个点，例如 120 度、240 度和 360 度。

设计 circle-pt 函数：

```
(define CENTER (make-posn 200 200))
(define RADIUS 200) ; 半径，以像素为单位

; Number -> Posn
; 用 CENTER 和 RADIUS 确定给出的角度的圆上的点

; 示例
; 当输入 120/360、240/360、360/360 时，
; 所需点的 x 坐标和 y 坐标是什么

(define (circle-pt factor)
  (make-posn 0 0))
```

领域知识 这个设计问题需要数学知识。理解问题的一种方法是，将复数从极坐标表示转换为 Posn 表示。查阅中级+lambda 语言中的 make-polar、real-part 和 imag-part。另一种方法是使用三角函数 sin 和 cos 来确定坐标。如果选择此方法，记住这些三角函数用弧度而不是角度来计算正弦和余弦。还要记住，屏幕上的坐标向下增长，而不是向上增长。■

习题 527 看一下下面的两个图像：

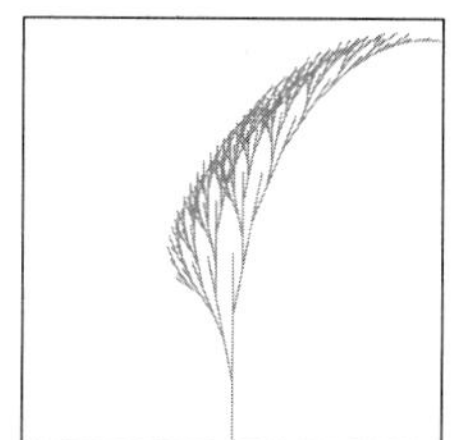

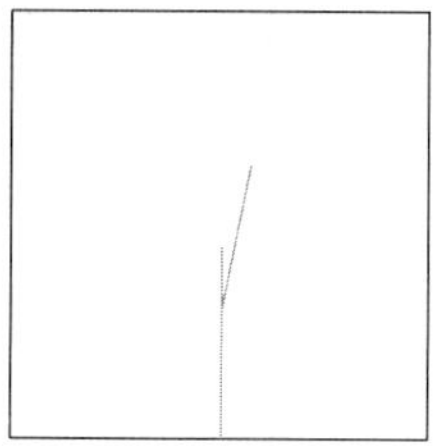

类似于图 27-1 中绘制谢尔宾斯基三角形的方式，它们展示了如何生成地绘制分形草原树。左边的图像显示了分形草原树的样子，右边的图像解释了生成构造的步骤。

设计函数 `add-savannah`。该函数读入一个图像和 4 个数值：（1）线段基点的 x 坐标，（2）线段基点的 y 坐标，（3）线段的长度，以及（4）线段的角度。它将分形草原树添加到给定的图像中。

除非线段太短，否则该函数会先将指定的线段添加到图像中。然后它将该线段分为 3 个部分。递归地使用两个中间点作为两条新线段的起点。两条新线段彼此独立，但它们的长度和角度以固定的方式变化。使用常量来定义这些变化，不断修改直到对（生成的）树满意为止。

提示　试验将左分支缩短至少三分之一并向左旋转至少 `0.15` 度。对于右分支，将其缩短至少 20%并向右旋转 `0.2` 度。■

习题 528　图形程序员经常需要将两个点连接成平滑曲线，其中“平滑”与某个视角有关[①]。草图如下：

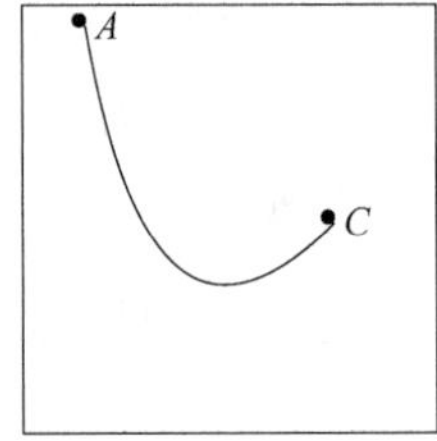

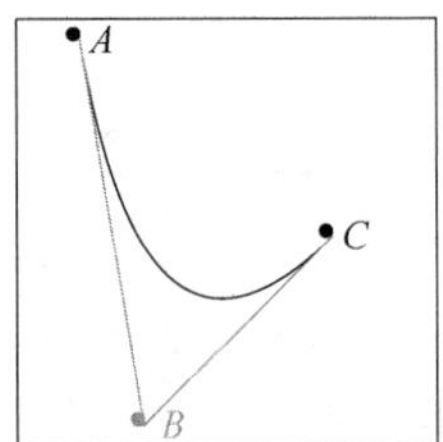

左边的图显示一条平滑的曲线，连接了点 *A* 和点 *C*；右边的图提供了视点 *B*，即观察者的角度。

一种绘制这种曲线的方法来自 Bézier。下面是一个很好的生成递归的示例，下图解释了算法背后的思想：

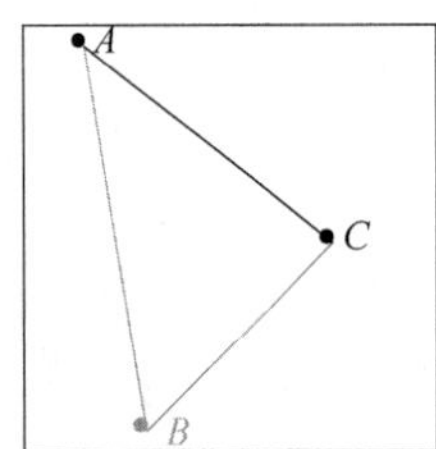

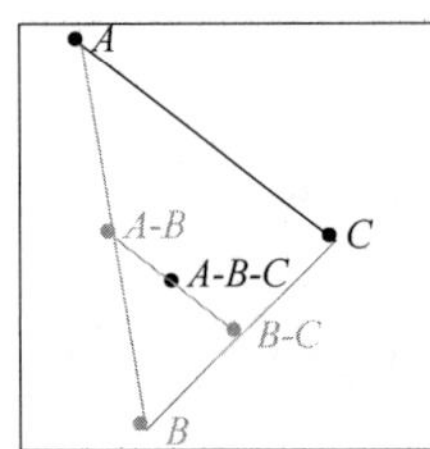

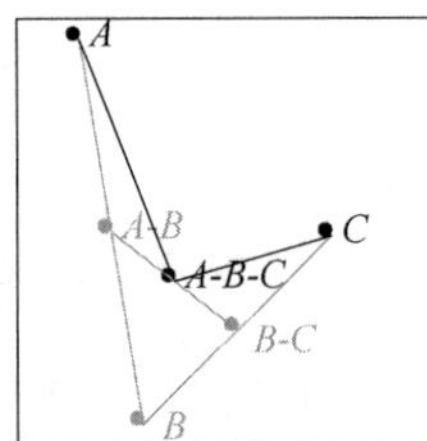

考虑左图。它表明 3 个给定的点确定一个三角形，算法的焦点是建立从 *A* 到 *C* 的连接。目标是拉出从 *A* 和 *C* 指向 *B* 的线，从而使曲线变得平滑。

现在来看中间的图。它解释了生成步骤的基本思想。算法先确定两条观察线 *A-B* 和 *B-C* 的中点，以及它们的中点 *A-B-C*。

最后，右图显示了这 3 个新点如何生成两个新的递归调用：一个处理左边的新三角形，另一个处理右边的新三角形。更确切地说，*A-B* 和 *B-C* 成为新的观察点，从 *A* 到 *A-B-C*，以及从 *C* 到 *A-B-C* 的线成为两个递归调用的新焦点。

当三角形足够小时，问题就是平凡可解的。算法只需绘制三角形，在图像上它显示为单个的点。在实现此算法时，需要尝试“足够小”这一概念，以使曲线看起来是平滑的。■

---

① Géraldine Morin 建议此习题。

第 34 章　总结

本书最后一部分讨论了使用累积器进行设计，累积器是一种在遍历数据结构期间收集知识的机制。添加累积器可以修复性能缺陷，还可以消除终止问题。我们从这一部分中学到两个半设计教训。

（1）第一步是认识到引入累积器的必要性。当遍历从一个数据段走向另一个数据段时，它会“忘记”之前的参数。如果发现此类知识可以简化函数的设计，可以考虑引入累积器。第一步是换而使用**累积器模板**。

（2）关键的步骤是编写累积器声明。它必须表明累积器将**哪种知识**收集为**哪种数据**。在大多数情况下，累积器声明描述了原参数与当前参数之间的差异。

（3）第三步，也是不太重要的一步，是从累积器声明中推导出：（a）初始累积器值是什么，（b）如何在遍历步骤中维护它，（c）如何利用这一知识。

累积知识的想法无处不在，它以许多不同的形式和形状出现。它被广泛用于所谓的函数式语言，包括 ISL+（中级+lambda）语言。使用命令式语言的程序员以不同的方式使用累积器，主要是通过原始循环结构中的赋值语句，因为后者不能返回值。设计这样的命令式累积器程序就像设计这里的累积器函数一样，但其细节超出了本系统程序设计第一本书的范围。

copyright © 2002 Torrey Butler

尾声：继续前进

这就到达了本计算和编程课程的最后，尽管我们更喜欢将其称为程序设计课程。虽然关于这两个主题还有更多需要了解的内容，但是该停下来作总结和展望了。

计算

在小学，大家学会了用数值来计算。起初，人们用数值来计算真实的东西：3 个苹果、5 个朋友、12 个百吉饼。稍后会遇到加法、减法、乘法，还有除法，然后是分数。接下来会学习变量和函数，老师将其称为**代数**。变量代表数值，而函数将数值与数值联系起来。

由于在整个过程中都使用了数值，因此读者并没有将很多数值视为表示现实世界信息的手段。是的，开始时只是 3 只熊、5 匹狼和 12 匹马，但到了高中时，没有人会再提醒大家这种关系。

当从数学计算转向（计算机）计算时，从信息到数据再返回的步骤变得至关重要。如今，程序处理音乐、视频、分子、化合物、商业案例研究、电子图表和蓝图的表示。幸运的是，人们不需要用数值来对所有这些信息进行编码，或者更糟糕的是，只用 0 和 1 来编码，如果必须这么做的话，生活将变得难以想象的乏味。相反，计算概括了算术和代数，以便在编程时，人们可以编码，而程序可以使用字符串、布尔值、字符、结构体、链表、函数和更多种类的数据进行计算。

数据类及作用于其上的函数带有等式定律解释其含义，例如数值及数值函数的定律。虽然这些等式定律就像“`(+ 1 1)`求值为 `2`”和“`(not #true)`等于`#false`”一样简单，但我们可以用它们来预测整个程序的行为。当运行一个程序时，实际上只是调用了其中的许多函数之一，这个行为可以用独立章节 1 中首次提到的β规则来解释。一旦变量被值所替换，数据定律就会接管，直到只剩下一个值，或者是另一个函数调用。是的，这就是计算的全部。

程序设计

典型的软件开发项目需要许多程序员的协作，结果往往包含数千个函数。在这样一个项目的整个生命周期中，程序员来来去去。因此，程序的设计结构实际上是程序员之间跨越时间的通信手段。当访问别人之前写的代码时，程序应该表达它的目的以及它与其他部分的关系——因为其他人可能不在旁边了。

在这样一个动态的环境中，程序员必须以规范的方式创建程序，如果他们希望工作合理的小时数或生产高质量的产品的话。遵循系统的设计方法可以保证程序组织的可理解性。其他人可以很容易地理解这些部分和整体，然后修复错误或添加新功能。

本书中的设计过程就是这些方法之一，每当创建自己可能会关注的程序时，都应该遵循它。首先分析信息世界和表示信息的数据描述。然后制定计划，即所需函数的愿望清单。如果此清单很长，那么以迭代的方式优化此过程。从其中的一部分函数开始，这些函数可以快速生成客户可以与之交互的产品。当观察这些交互时，你将能很快地找出下一步要处理愿望清单中的哪些元素。

设计程序，或仅设计一个函数，都需要严格理解它计算的内容。除非能用简洁的陈述描述一段代码的目的，否则你不能为将来的程序员生成任何有用的东西。创建并研究示例。将这些示例转换为一组测试。在未来对程序进行修改时，这种测试组件更为重要。任何更改代码的人都可以重新运行这些测试，并再次确认该程序仍适用于基本的示例。

最终你的程序也会失败。其他程序员可能会以某种意料之外的方式使用它。真实世界的用户可能会发现预期行为和实际行为之间的差异。因为代码是以系统的方式设计的，所以你知道该怎么做。需要为程序的主函数编写一个失败的测试用例。从这个测试出发，再为主函数用到的每个函数派生一个测试用例。通过新测试的那些函数不是导致失败的原因。有时候，其中的一个函数测试失败。有时候，可能几个函数共同导致一个 bug。如果出错的函数由其他函数组成，那就继续创建测试，否则你就找到了问题的根源。当程序作为一个整体通过所有测试时，问题也就解决了。

无论如何努力工作，对一个函数或者程序来说，第一次通过测试组件时都不意味着完成。必须抽出时间检查设计缺陷并重复设计。如果发现任何设计模式，就形成新的抽象或使用现有的抽象来消除这些模式。

如果遵守这些准则，你将能通过合理的努力生成可靠的软件。它会起作用，因为你了解它为什么运作以及如何运作。其他必须修改或增强该软件的人会很快地理解它，因为代码传达了它的过程和目的。通过本书，你入门了。现在必须练习、练习、再练习。此外，你必须学习更多关于程序设计和计算的知识，超过本书可以教授的内容范围。

开发人员和计算机科学家之路

现在，你可能想知道接下来要学什么。答案是更多的编程和更多的计算。

作为程序设计的学生，下一个任务是学习设计过程如何应用于完整的编程语言。其中一些语言类似于我们的教学语言，过渡会很容易。其他语言需要不同的思维模式，因为它们提供了编写数据定义（类和对象）以及制定签名的方法，以便在程序运行之前对它们进行（类型）检查[①]。此外，读者还必须学习如何将设计过程扩展到使用和生成所谓的框架（“栈”）和组件。粗略地说，框架抽象了许多软件系统常见的功能，如图形用户界面、数据库连接和网络连接。读者需要学习实例化这些抽象，读者自己的程序将组合这些实例以创建连贯的系统。同样，学习创建新系统组件本身也是扩展技能的一部分。

作为计算机专业的学生，读者还必须扩展对计算过程的理解。本书重点介绍了描述过程本身的规则。为了当一名真正的软件工程师，读者需要从理论层面和实践层面了解计算的成本。更深入地研究大 O 的概念是朝着这个方向迈出的第一步，学习衡量和分析项目的性能是真正的目标，因为开发人员时常需要这种基本技能。除这些基本思想外，还需要有关各种硬件、网络、软件分层和专业算法的不同学科的知识。

① 基于本书中的知识，对你来说学习 Racket——本书的教学语言背后的语言——会很容易。关于其中的一种可选的方案，参见 *Realm of Racket* 一书。

会计师、记者、外科医生和其他人之路

有些人只是想看看计算和编程是什么。我们现在知道，计算只是算术的概括，你可能会感觉到程序设计对自己是有用的。即使以后再也不开发程序，你也了解车库程序员与真正的软件开发人员之间的区别。当作为专业人士与开发人员互动时，你知道系统设计很重要，因为它会影响自己的生活质量和业务的基础。

但实际上，你很可能会定期再次“编程”，只是你可能没有意识到这种活动。想象一下记者的工作。他的故事始于信息和数据的收集、整理、组织和添加轶事。如果眯起眼睛，你会发现这只是设计过程的第一步。我们来看一位家庭医生，在检查病人的症状之后，他制定一个可能会影响病人的假设。看到第二步了吗？或者，想象一位律师用一些示例来说明自己的论点——这是第三步的实例。最后，土木工程师在建造桥梁时对其进行交叉检查，以确保其符合蓝图和基础的静态计算。交叉检查是测试的一种形式——过程的第六步，它将实际测量值与计算的预测值进行比较。这些专业人员中的每一个都开发了一个有效和高效的工作体系，在其核心之处，这个系统很可能与本书中采用的设计过程类似。

现在，如果接受许多活动是编程的一种形式，你就可以将其他想法从设计过程转移到自己的生活中。例如，如果识别到了模式，就可以花一点点的时间来创建“抽象”（即单点控制）来简化自己未来的工作。因此，无论你从事会计、医生或其他职业，无论走到哪里，无论做什么，都要记住设计过程。

练习 写一篇关于设计过程如何帮助自己选择职业的短文。■

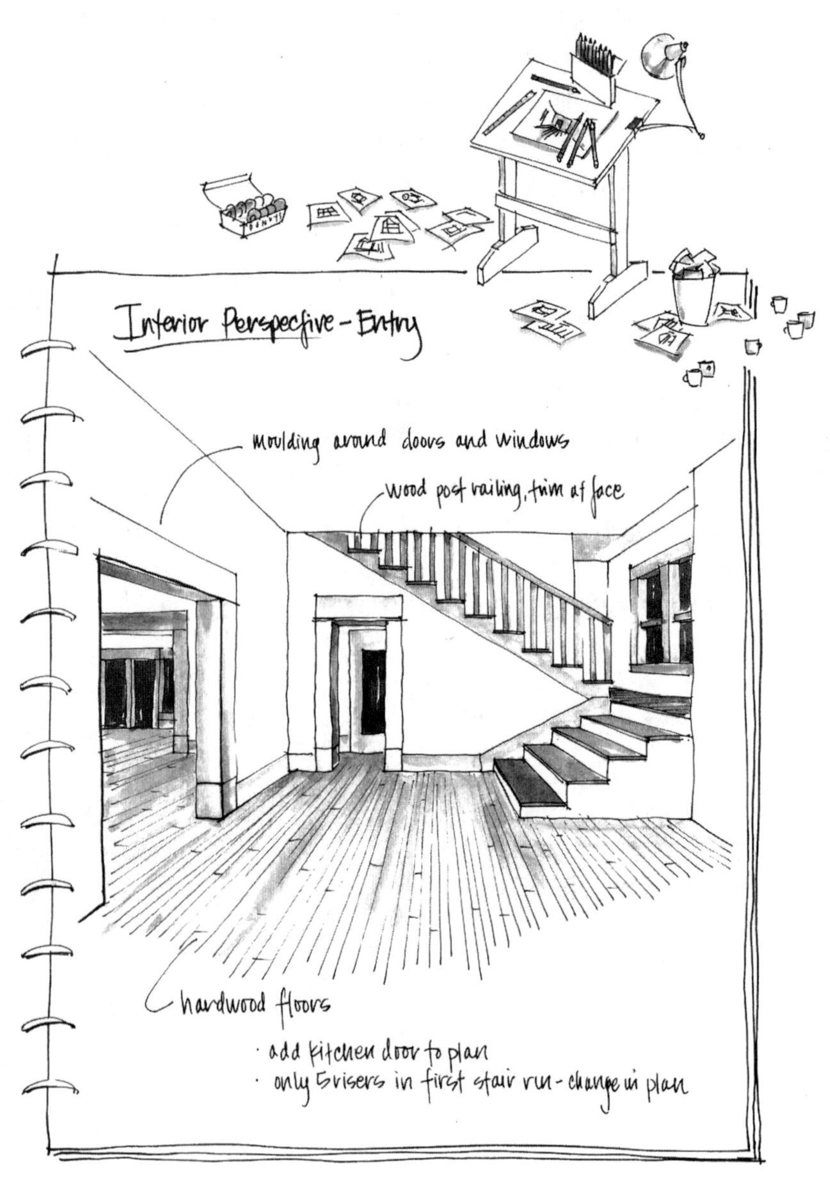

copyright © 2000 tracey brutzer